仕事の現場で即使えるAccess

実践 ド

今村ゆうこ 著

技術評論社

ご注意

ご購入・ご利用の前に必ずお読みください

- 本書に記載された内容は、情報の提供のみを目的としています。したがって、本書を用いた運用は、必ずお客様自身の責任と判断によって行ってください。これらの情報の運用の結果について、技術評論社および著者はいかなる責任も負いません。
  また、サンプルファイルに掲載されているプログラムコードの実行などの結果、万一障害が発生しても、弊社及び著者は一切の責任を負いません。あらかじめご了承ください。
- 弊社サイトより本書で解説しているサンプルファイルをダウンロードしてご利用できます。ただし、サンプルファイルをご利用される場合、P.12の「サンプルファイルの使い方」を必ずお読みください。お読みいただかずにサンプルファイルをご利用になられた場合のご質問や障害には一切対応いたしません。ご了承ください。
- 本書記載の情報は、2023年9月現在のものを掲載していますので、ご利用時には、変更されている場合もあります。
- 本書はWindows 11、Microsoft 365版のAccessを使って作成されており、2023年9月現在での最新バージョンを元にしています。Access 2021／2019／2016でも本書で解説している内容を学習することは問題ありませんが、一部画面図が異なることがあります。
  また、ソフトウェアはバージョンアップされる場合があり、本書での説明とは機能内容や画面図などが異なってしまうこともあり得ます。本書ご購入の前に、必ずバージョン番号をご確認ください。OSやソフトウェアのバージョンが異なることを理由とする、本書の返本、交換および返金には応じられませんので、あらかじめご了承ください。
- サンプルファイルの著作権はすべて著者に帰属しています。本書をご購入いただいた方のみ、個人的な目的に限り自由にご利用いただけます。

以上の注意事項をご承諾いただいた上で、本書をご利用願います。これらの注意事項に関わる理由にもとづく、返金、返本を含む、あらゆる対処を、技術評論社および著者は行いません。あらかじめ、ご承知おきください。

動作環境

- 本書はAccess 2021／2019／2016、およびMicrosoft 365版のAccessを対象としています。お使いのパソコンの特有の環境によっては、上記のAccessを利用していた場合でも、本書の操作が行えない可能性があります。本書の動作は、一般的なパソコンの動作環境において、正しく動作することを確認しております。

動作環境に関する上記の内容を理由とした返本、交換、返金には応じられませんので、あらかじめご注意ください。

はじめに

Acccssはとても多機能なデータベースソフトです。オブジェクトと呼ばれる、さまざまな部品の組み合わせによって、同じ目的を達成するのにも複数の方法が存在します。

オブジェクトがたくさんありすぎて、それぞれの特徴や使い方など覚えることも多く、何をどのように使ってよいのか迷う場面もあるかもしれません。

そこで、本書ではオーソドックスな販売管理の骨組みを用意し、同じ目的のアプリを3つのレベルで作成しながら、オブジェクトの利用方法を学べる構成としました。

レベル1は、必要最低限な部品のみで作る、シンプルかつベーシックな機能を備えたデータベースアプリです。

レベル2は、レベル1の機能に、専用の操作画面とマクロを加えます。この組み合わせで見た目や操作性が向上し、より使いやすくなります。

レベル3は、レベル2のオブジェクトをSQLとVBAのプログラミングに置き換えます。さらにログイン機能などを加えて、高性能に仕上げます。

段階ごとに難易度は上がりますが、どのレベルでも業務に生かせるヒントが見つかると思いますので、作って動かしながら、ご自身のお仕事に役立てていただけたら嬉しく思います。

2023年9月

今村 ゆうこ

サンプルファイルの使い方

◉ 注意事項

本書のサンプルファイルをお使いの前に、必ずこのページをお読みください。

・サンプルファイルのダウンロードサイト

本書で解説しているコードは以下のURLからダウンロードして利用することができます。なお、サンプルファイルの著作権はすべて著者に帰属しています。本書をご購入いただいた方のみ、個人的な目的に限り自由にご利用いただけます。

https://gihyo.jp/book/2023/978-4-297-13875-2/support

・圧縮ファイルの解凍

サンプルファイルはZIP 形式で圧縮されています。ダウンロードした「Sample.zip」ファイルをクラウド上ではなく、ご自身のPCのドライブに展開してください。

・フォルダー階層

サンプルファイルを展開すると、各Chapterごとにフォルダーが分かれており、各Chapterフォルダーの直下に「Before」フォルダーと「After」フォルダーがあります。

「Before」フォルダーには、該当Chapterの解説前のサンプルファイルが、「After」フォルダーには該当Chapterの解説後のサンプルファイルが、それぞれ保存されています。

なお、Chapter8だけは、操作の分量が多いため、各Sectionの「Before」「After」フォルダーにサンプルを用意してあります。また、「After」フォルダー内にサブフォルダーがあり、項の区切りごとのサンプルもあります。中間ファイルとしてご利用ください。

・保護ビューの警告

「ドキュメント」フォルダーなどに解凍したファイルを初めて利用する場合、保護ビューの警告メッセージが表示される場合があります。その場合、[編集を有効にする]をクリックしてご利用ください。

・セキュリティリスクのメッセージバー

サンプルファイルをダウンロードして自身のPCのドライブに展開が完了したあとでファイルを開くとセキュリティリスクのメッセージバーが表示されることがあります。セキュリティリスクを回避するには、Accessを起動して[ファイル]タブの[オプション]を選択して[Accessのオプション]を表示します。

[Accessのオプション]の左側で[トラストセンター]を選択し、[トラストセンターの設定]をクリックします。すると、[トラストセンター]が開くので、[新しい場所の追加]を選択して、開いた[Microsoft Officeの信頼する場所]の[パス]にダウンロードファイルを展開したパスを指定します。

またこの際、[この場所のサブフォルダーも信頼する]のチェックを「オン」にするのを忘れないでください。

アプリの概要

CHAPTER 1

1-1 Accessとは

1-1-1 Accessの立ち位置

Microsoft Officeでは、表計算アプリのExcel、文書作成アプリのWord、プレゼンテーションアプリのPowerPointなどが有名ですが、Accessは**データベース管理アプリ**という位置付けです(**図1**)。

図1 Microsoft Office

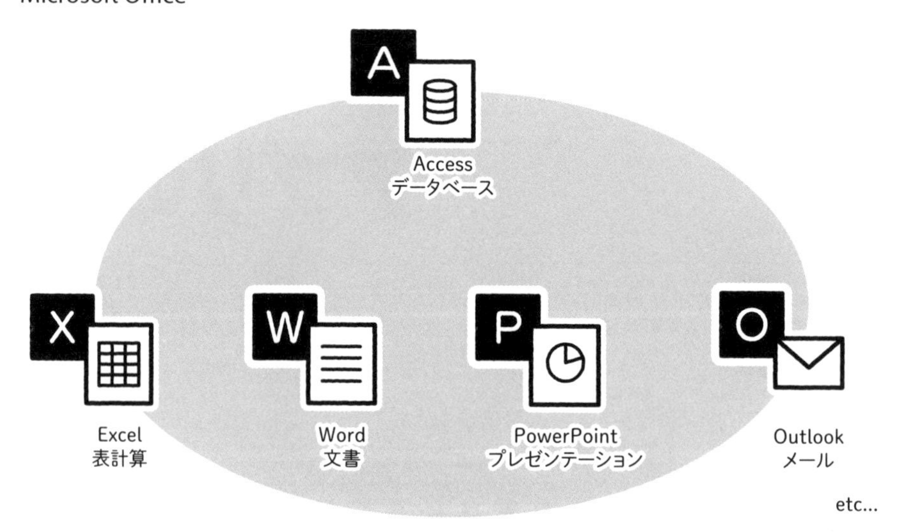

ExcelやWord、PowerPointなどは、**個人**での使われ方がメインのアプリです。対して、データベース管理ができるAccessは**組織**で使いたいアプリです。管理するデータを「さまざまな形で利用する必要があるか」を考えてみるとわかります。

たとえば、Excelで月/シート、年/ブックで管理されている、アイテムA、B、Cの売上データがあるとします。きれいに整理されていて、装飾もグラフもわかりやすくて、探しやすいデータです。

これは1つの目的としては素晴らしい管理ですが、この中から「過去5年のアイテムAだけの売上をまとめて」となったら、どうでしょう？　複数のブック、複数のシートからAのデータだけ別集計しなければなりません。不可能ではなくても、かなり大変です(**図2**)。

図2 Excelでの再集計は手間がかかる

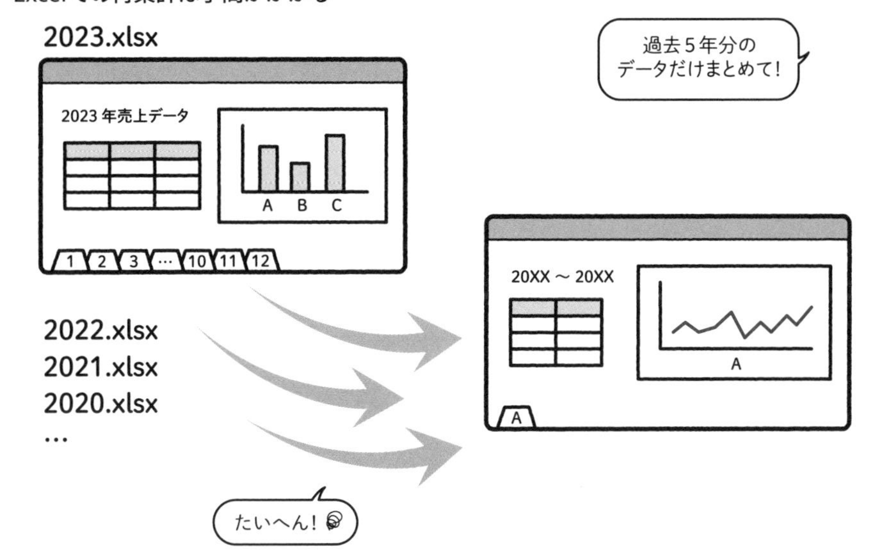

このように、1つの目的だけでなくデータを広く利用したい場合、データの**管理**と**利用**を分割するべきです。データ自体は別の場所で管理しておいて、そのつど必要なデータだけを取り出して利用する、という考え方です。管理するデータは、1年ごとに区切らずに全期間保存したほうが便利です。せっかくなら売上だけでなく、付随するデータもまるごと収まっているとよいですよね。

ということは、データ量は大きくなります。保管するだけなら、装飾のないシンプルなデータのみにしてしまったほうが、たくさん収納できます。これが、データベースです(**図3**)。

図3 「管理」と「利用」を分割する

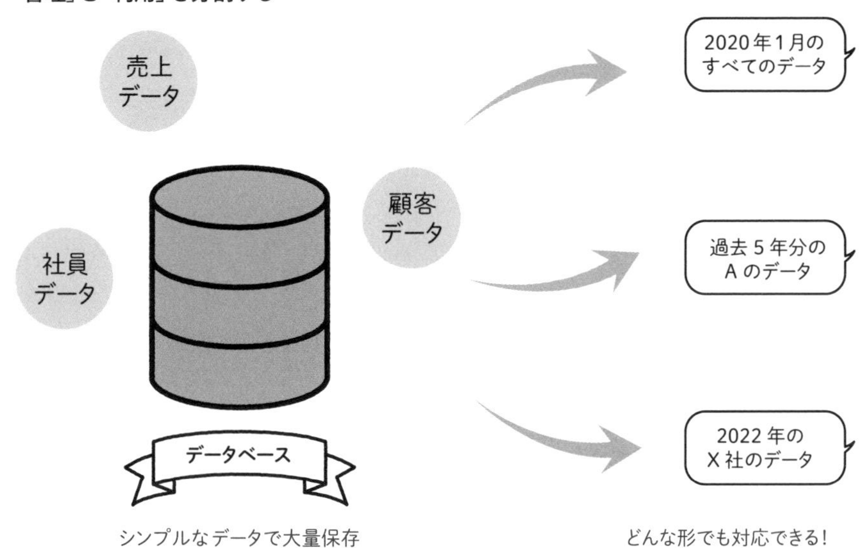

データベースは、データを最大限に活用するために「利用しやすい形で」「整然と」「長期的に」管理していかなくてはなりません。しかし、データというものは生き物のように気難しく、大量で複雑になっていくデータを人間が地道に管理していくのは、たいへん難しいのです。そのため、入力するデータの場所、データの種類などを徹底して効率的に管理するための機能が備わっている、データベース専用のアプリが存在します。Accessはその1つです。

実のところ、Excelを使って「データベース的」な管理をしていくことは、不可能ではありません。しかし、難しいのが現実です。

1つ目に、Excelは「データシート」による表計算を行うソフトウェアで、「データベース」とは目的が異なり、データを大量に収納するために作られていません。PCのスペックにもよりますが、数千件になら耐えられても、たいていは数万件を超えるとフリーズしてしまいます。

2つ目に、高すぎる自由度がデータ管理に向いていません。Excelではデータ入力にルールがなく、任意の場所に自由に入力できますが、これはデータベース管理には致命的なデメリットです。たとえば日付の欄に日付ではないものが間違って入ってしまう可能性があり、データベースとしての信頼度は低いといわざるを得ません。データ入力のルールを設定することは可能ですが、最大の魅力である自由度を失うことになります(図4)。

図4 Excelで「データベース的」管理は難しい

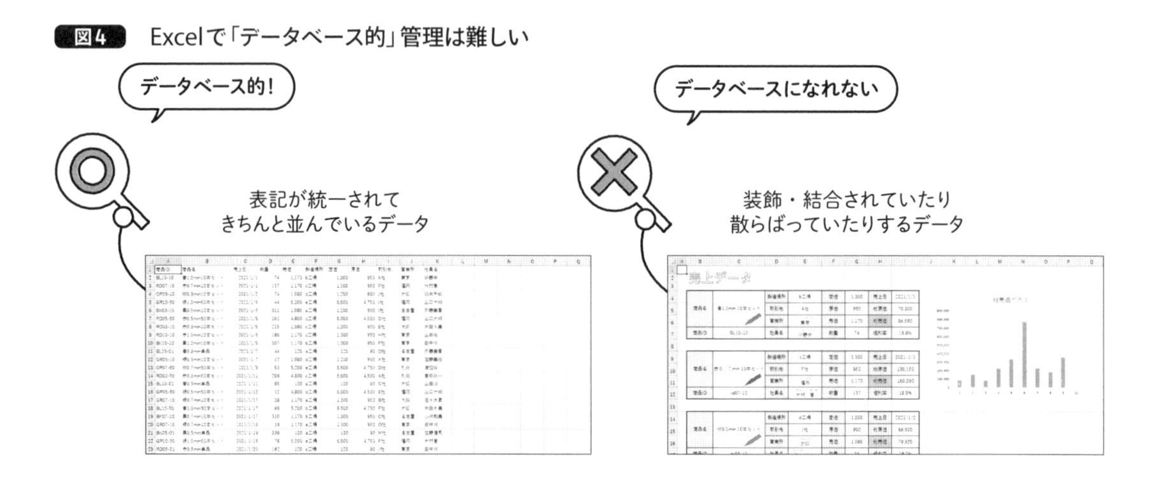

このように、Excelはデータベースとしてデータを管理するのには不向きですが、その代わりに美しい図形やグラフでデータを視覚的に活用する豊富な機能があります。データベースとデータシート、どちらにも得意・不得意があるので、「管理」と「活用」を分割することで、それぞれの得意な分野を生かすことができます(図5)。

図5 ExcelとAccessの得意分野の違い

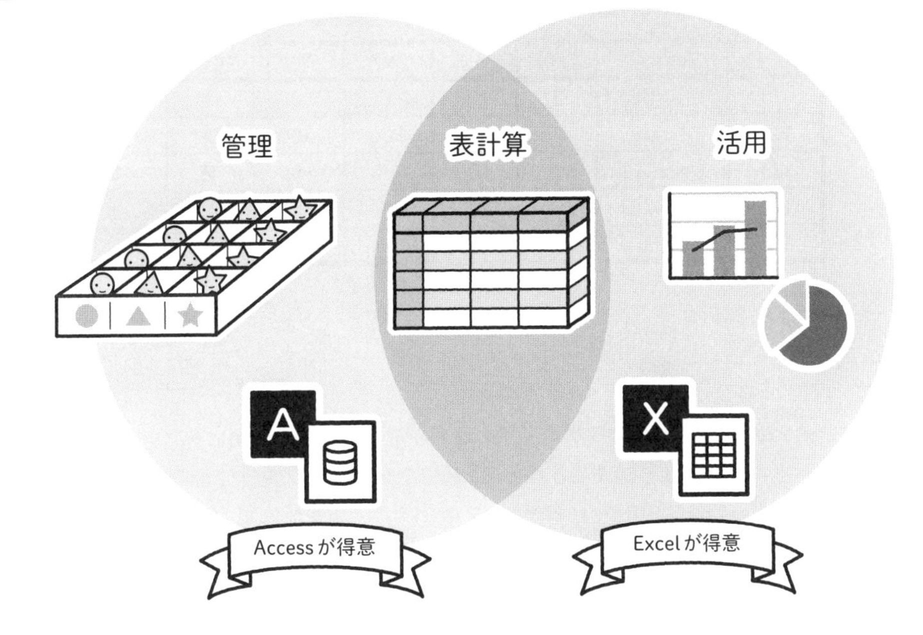

ただし、データが1つの目的で完結し、ほかに利用しない、または利用頻度が少ないのであれば、それはExcelで管理していったほうがよい案件です。データベース化することで、かえって複雑で使いにくくなってしまいます。

すべての業務がデータベース化で便利になるわけではないということも、留意しておきましょう。

1-1-2 リレーショナルデータベース

データベースには階層(ツリー)型やネットワーク(網)型などの種類がありますが、多く使われているのは**リレーショナルデータベース**(**RDB**)という種類のもので、Accessもこの形です。RDBは表形式の**テーブル**にデータを収納し、複数のテーブルを**関連**(**リレーショナル**)付けて使う特徴があり、データを効率的に管理することができます。

たとえばアイテムの売上を、なにが、いくつ、どこに売れたか、というデータを考えてみましょう。ほしいデータをすべて1つのテーブルに収納すると、似たようなデータが重複してしまいます。この形で大量にデータを収納していくのは望ましくありません。少しの無駄でも、数千件、数万件ともなると無視できない容量になってしまうからです(図6)。

図6 1つのテーブルだと無駄が多い

販売日	商品名	数量	売価	原価	売上	顧客名	顧客所在地
1/1	アイテム1	3	100	30	300	Y	大阪
1/1	アイテム2	2	300	100	600	X	東京
1/3	アイテム1	1	100	30	100	Z	福岡
1/5	アイテム3	5	200	80	1000	X	東京
1/6	アイテム1	4	95	30	380	X	東京

同じデータが
何度も書き込まれる

これらの重複は、1つのテーブルに違うグループの情報が混在しているために起こります。そのため、グループを整理して、**主キー**（**IDなど識別できるもの**）を持たせ、テーブルを分割します。こうすると、売上があったときに記録するのはこの中の1つのテーブルだけで、必要最低限のデータだけを増やせばよいことになります。さらに、テーブル同士を関連付けることによって、データに重複や不整合が起こらないように監視することもできるのです（**図7**）。

図7 テーブルの分割と関連付け

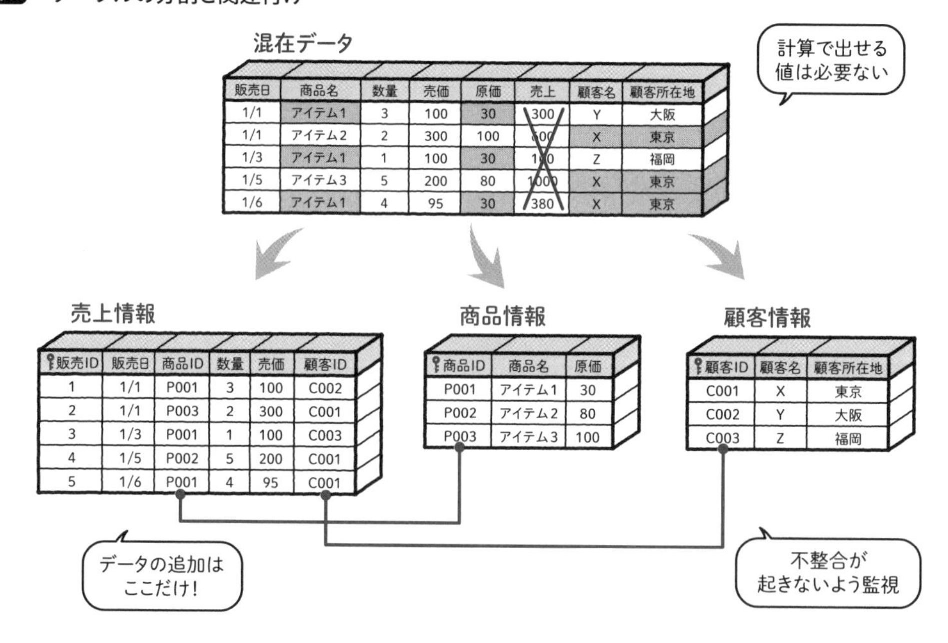

販売日	商品名	数量	売価	原価	売上	顧客名	顧客所在地
1/1	アイテム1	3	100	30	300	Y	大阪
1/1	アイテム2	2	300	100	600	X	東京
1/3	アイテム1	1	100	30	100	Z	福岡
1/5	アイテム3	5	200	80	1000	X	東京
1/6	アイテム1	4	95	30	380	X	東京

販売ID	販売日	商品ID	数量	売価	顧客ID
1	1/1	P001	3	100	C002
2	1/1	P003	2	300	C001
3	1/3	P001	1	100	C003
4	1/5	P002	5	200	C001
5	1/6	P001	4	95	C001

商品ID	商品名	原価
P001	アイテム1	30
P002	アイテム2	80
P003	アイテム3	100

顧客ID	顧客名	顧客所在地
C001	X	東京
C002	Y	大阪
C003	Z	福岡

しかし、テーブルの分割によってデータの収納が効率的になっても、必要最低限のテーブルだけでは人間にはわかりやすくありません。そこにも便利なしくみがあり、複数のテーブルから好きなデータを選んで組み合わせて、仮想的な表として閲覧することができるのです。この表は**レコードセット**と呼ばれ、**テー**

ブルからデータを借りて表示しているだけなので、データベースの容量は増えません(**図8**)。

図8 レコードセット

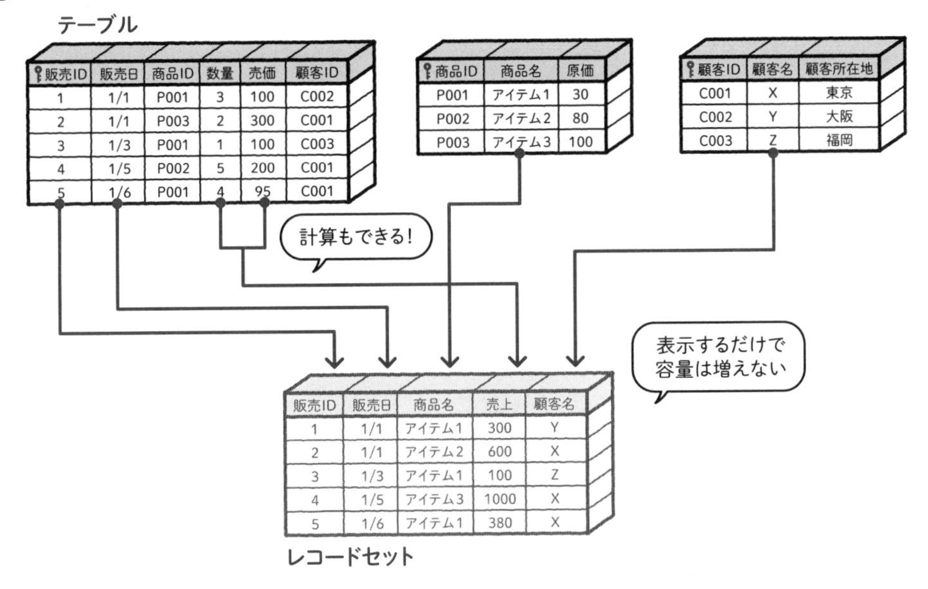

このように、RDB(リレーショナルデータベース)では、機械側には効率的に、人間側にはわかりやすく、大量のデータを管理することができます。

利用しているデータベースソフトにもよりますが、必要なデータだけを取り出したレコードセットはCSVやXMLなど別形式で書き出せます。Accessは、Excelの形式でデータを書き出すことも可能なので、Accessでデータを管理し、Excelでグラフ化することもかんたんです。

1-1-3 一般的なデータベースシステムとの違い

RDBはテーブルの集まりのことを指し、実際に利用するには、それらを制御するRDBMS(リレーショナル・データベース・マネージメント・システム)を使います。RDB管理システム、とも表現できます。

有名なRDBMSにはOracle、SQL Server、MySQLなどがあり、AccessもRDBMSのその1つですが、Accessはこの中では特殊な立ち位置です。

一般的にデータベースを使ったシステムは、**3層アーキテクチャー**と呼ばれる構造を作ります。**プレゼンテーション層**といわれる**画面の表示を行う層(UI/ユーザーインターフェース)**、**アプリケーション層**といわれる**データを処理する層(ビジネスロジック)**、**データ層**といわれる**データを保管する層(データベース)**で構成され、この3層を連携させてデータベースへの命令、読み書き、出力を行います(**図9**)。

図9 3層アーキテクチャー

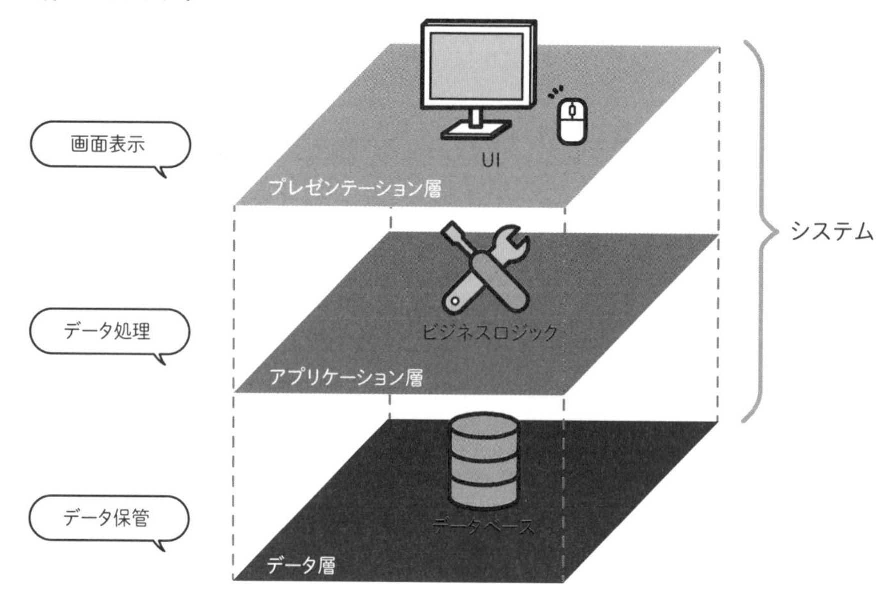

企業などが大規模に利用するデータベースシステムでは、信頼性もセキュリティも堅牢でなくてはなりません。それぞれ独立していると、大規模なシステムを同時進行で開発することができ、1つの層で問題が起きても別の層へ影響を与えにくく、データの保全性が高い、といったメリットがあります。

さらに大人数で使われるケースだと、ネットワークを利用して画面表示を行う層にブラウザ経由で利用する方法が一般的です(図10)。

図10 一般的なデータベースシステム

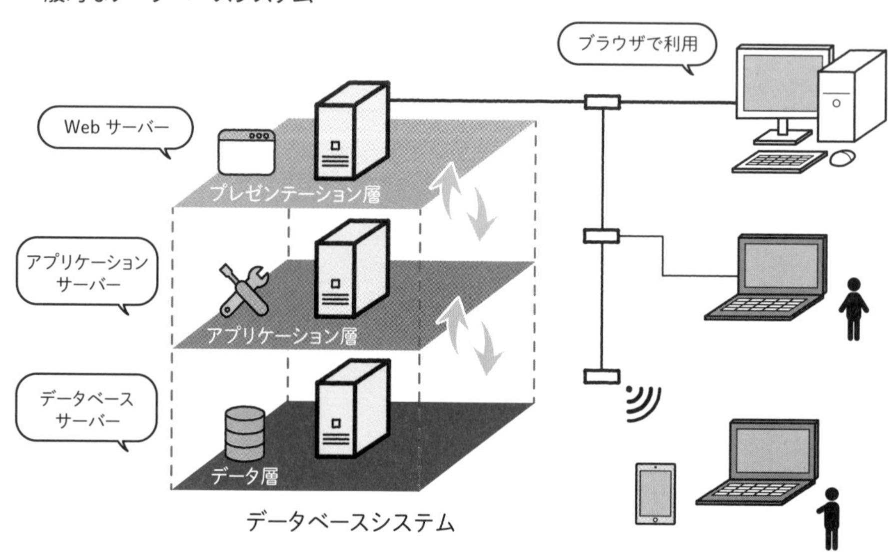

これだけの規模のシステムを構築するには、当然ですが高額な導入・運用資金、そして高い専門知識が必要です。実際には業者に発注して委託するケースがほとんどでしょう。

それに対してAccessは、小規模なデータベースを手軽に扱えるように開発されたRDBMSです。大きな特徴として、Accessではテーブルを扱うのに必要な3層アーキテクチャーを独自のGUI（グラフィック・ユーザー・インターフェース）に集約して、Excelのデータシートのような見た目と操作感でテーブルにデータを読み書きすることができます。

しかも、テーブルを含めたさまざまなしくみを、すべて**.accdb**という拡張子の「ファイル」に内包します。つまり、AccessではWindows PC上で動く1つのファイルとして、最低限の設備でデータベースシステムが構築できるのです（**図11**）。

図11 Accessで作るデータベースシステム

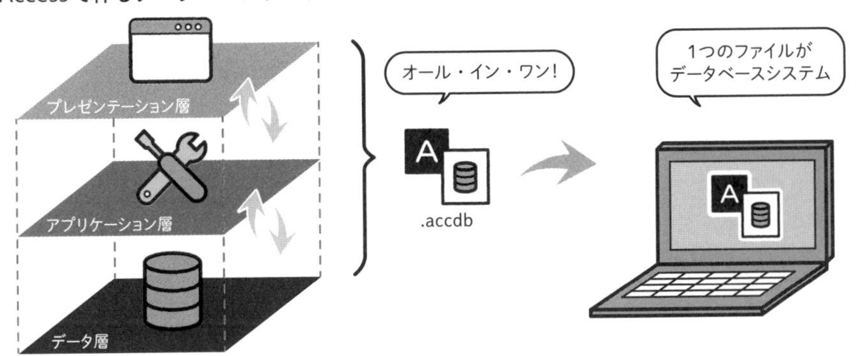

また、小規模（最大容量2GB）、少人数、クローズドな環境で使われることが前提なので、前述した一般的なデータベースシステムに比べると格段に難易度が低いのも特徴です。独自のGUI機能が豊富で、プログラム言語を使わない簡易的なシステムから、SQLとVBAを駆使した小規模ながら本格的なシステムまで、個人の学習レベルで難易度の違うシステムを構築・運用することが可能です。

つまりAccessは、Excelで管理するにはデータが煩雑すぎる、もっと効率的に使いたい、でも高額なコストをかけて大仰なシステムを導入するほどの規模でもない、そんな目的にぴったりなデータベース管理ソフトです。小規模の会社、社内の1部署、個人事業、そういった環境でのデータ管理に高い効果を発揮します。

1-1-4 バックアップと最適化

データベースは組織の情報の要であり、財産です。一般的なデータベースシステムは、高額な運用コストに見合うデータ保全対策が施されています。

Accessはデータベースシステムを低コストで手軽に導入できますが、ExcelやWordなどと同じように1つのファイルとしての扱いになります。そのため、手違いで削除してしまったり、使っていたPCが突然不調になってしまったりで、データが失われてしまう可能性があります。失われてしまったら大変な損失です。

大切な財産を守るために、必ず外部ストレージに**バックアップ**をとりましょう。毎日同じ時刻にコピーして、数日から数週間分残しておくと安心です(**図12**)。

図12 バックアップ

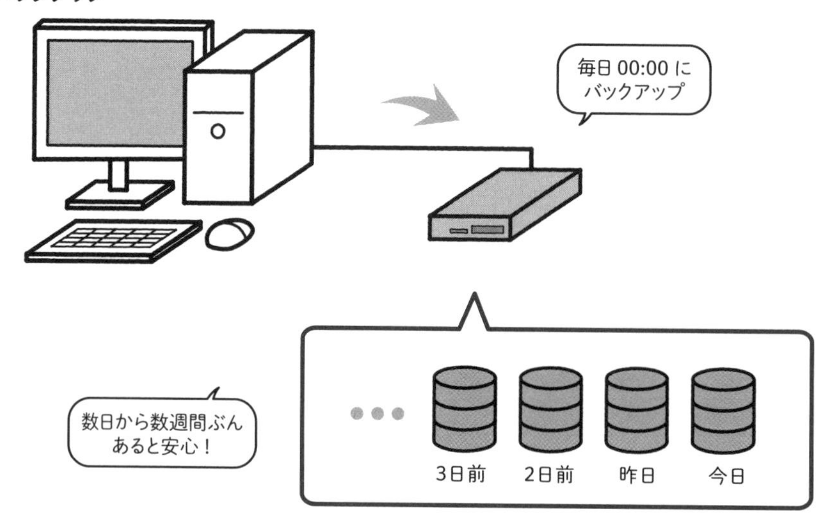

また、データベースは使い続けていると、少しずつ不要な領域が溜まっていきます。ファイル→アカウント→情報の「**データベースの最適化/修復**」を行うと、内部が整理されてファイル破損の予防になります。頻繁に行う必要はありませんが、定期的に行うとよいでしょう(**図13**)。

図13 最適化と修復

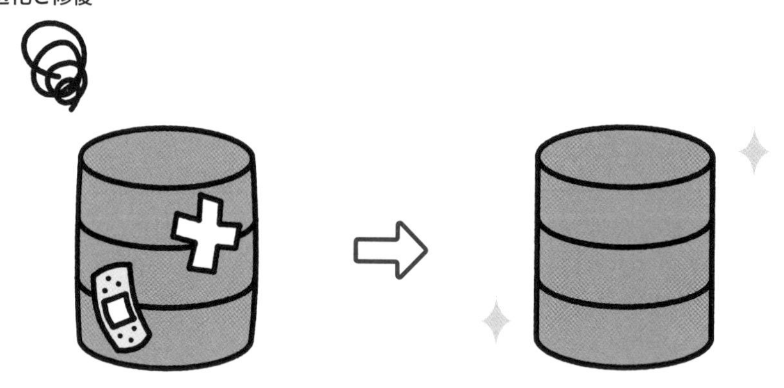

1-2 Accessの操作体系

1-2-1 主要な4つのオブジェクト

Excelを新規作成したとき、そこには「シート」が1つ作られています。これは、少し難しいいい方をするとシートオブジェクトというExcelの持つ機能の1つです。

Accessにも、Excelにおけるシートのような**オブジェクト**があります。オブジェクトは、複雑なデータベースを管理・利用するために役割の違う種類が複数存在していて、これらのオブジェクトをそれぞれ作成、設定、連携させることで、複雑な「システム」を作ることができます(図14)。

図14 オブジェクト

たくさんのオブジェクトを組み合わせて使う

複数種類のオブジェクトの中でも主要なものは4つで、もっとも重要なのはデータを収納する**テーブル**です。テーブルが複数集まったものがデータベースであり、システムの要となるものです。

そのほかに、テーブルのデータを入力・更新・削除したり、取り出したりする**クエリ**、帳票などの印刷を行う**レポート**、データ入力などの自作の画面を作成できる**フォーム**というオブジェクトがあります(図15)。

図15 Accessの主要オブジェクト

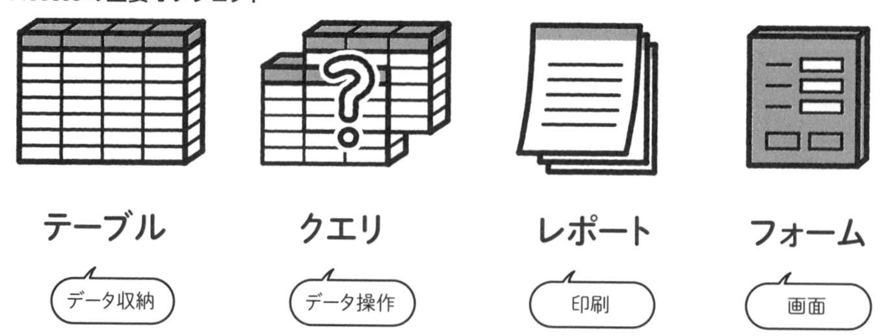

1-2-2 利便性を向上させるオブジェクト

テーブル、クエリ、レポート、フォームのほかに、これらを補助し、使いやすくする**マクロ**というオブジェクトもあります。フォームと相性がよく、「画面のボタンをクリックしたらこの動作を行う」といった登録を行い、より使いやすいアプリケーションを作ることができます。

このオブジェクトは、マクロツールという画面を使ってクリックやドラッグなどのかんたんな操作でビジュアルプログラミングができますが、バックグラウンドでは**VBA**（**Visual Basic for Applications**）というプログラミング言語で動いています。これはクエリも同じしくみで、クエリはSQLというデータベース言語をビジュアルプログラミングで組み立てられる機能です（図16）。

図16 マクロとVBA

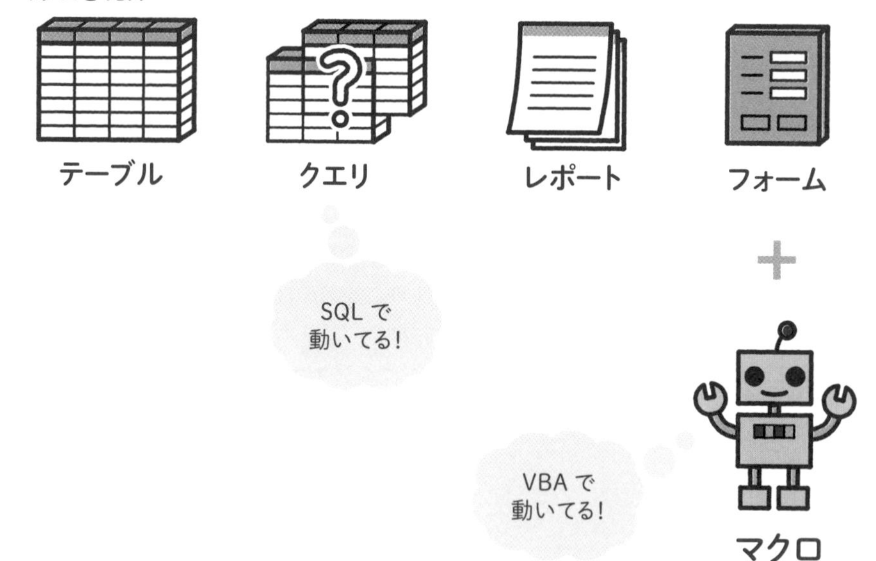

1-2-3　ビュー

　オブジェクトを扱うには、いきなり操作するのではなく、まずは**設計**を行います。Excelのシートオブジェクトでたとえるなら、シートの列名を任意のものにしたり、列や行の最大数を設定したり、そういったシート自体の設計を最初にしっかり行っておき、それからデータ入力などの操作を行う、といったイメージです。

　オブジェクトの設計と操作は同時に行うことはできません。そのためAccessでは、目的によって**ビュー**と呼ばれるモードがあり、「設計するときのビュー」「操作するときのビュー」のように適宜ビューを切り替えながら利用します（**図17**）。

図17　オブジェクトとビュー

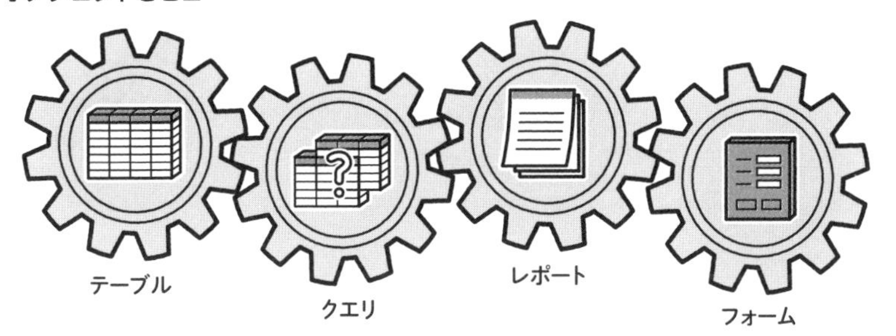

　たとえばテーブルだったら、設計用の**デザインビュー**と、操作用の**データシートビュー**があります（**図18**）。オブジェクトによって備わっているビューの数や名称は異なりますが、共通して設計・設定用のビューと閲覧・操作用のビューはどのオブジェクトも持っています。詳しくは各Chapterにて説明しています。

図18 テーブルのビューの違い

設計用のビュー

デザインビュー

T_商品マスター

フィールド名	データ型
fld_商品ID	短いテキスト
fld_商品名	短いテキスト
fld_定価	通貨型
fld_原価	通貨型
fld_参考単価	通貨型

データシートビュー

T_商品マスター

fld_商品ID	fld_商品名	fld_定価	fld_原価
P001	カードケース	¥1,500	¥500
P002	カフスボタン	¥1,000	¥350
P003	キーケース	¥1,000	¥350
P004	キーホルダー	¥800	¥250
P005	コインケース	¥2,500	¥900
P006	ネクタイピン	¥2,000	¥700
P007	ネックレス	¥1,500	¥600
P008	ピアス	¥1,000	¥300
P009	ブレスレット	¥2,000	¥650
P010	メガネケ	¥3,000	¥1,200

どちらも同じオブジェクト！

1-2-4 ナビゲーションウィンドウ

作成したオブジェクトは、**ナビゲーションウィンドウ**と呼ばれる画面左側の領域に一覧で表示されます。さまざまな種類のオブジェクトが多数並ぶことになるので、わかりやすい名前にしておくとよいでしょう。オブジェクトの種類は左側のアイコンで判断できます。

ナビゲーションウィンドウでは、オブジェクトを右クリックして表示されるメニューから、どのビューで開くかを選択することができます。一番上にある「開く」は各オブジェクトの**既定のビュー**が設定されていて、オブジェクトによって動作が異なります（図19）。

図19 ナビゲーションウィンドウ

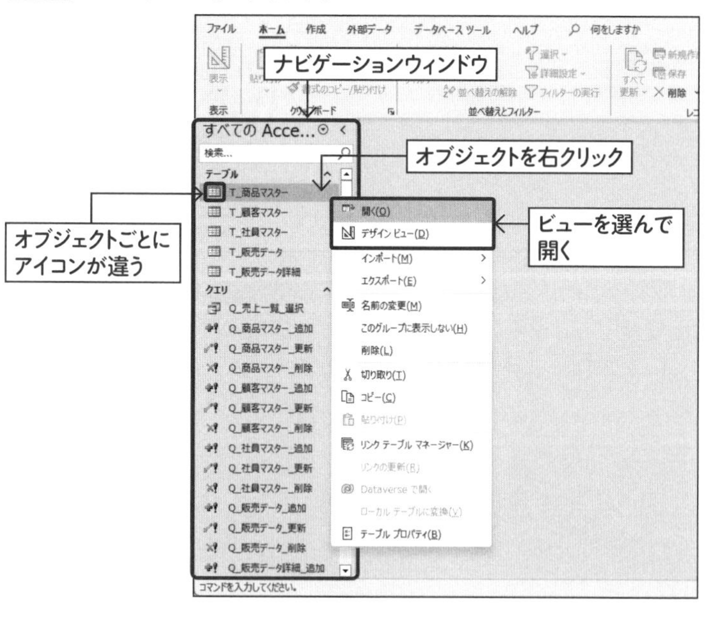

なお、ナビゲーションウィンドウでオブジェクトをダブルクリックした場合、既定のビューで開きます。

1-3 3段階のアプリ

1-3-1 利用人数と環境

本書では、Accessオブジェクトの使い方を学びながら、アイテムの売上管理をするアプリケーションを作成していきます。

利用人数は1～3人を想定します。そのうち1人はAccessでデータベースシステムを設計・作成し、運用・保守していく**管理者**です。それ以外の方は、日々のデータを入力して、決められた内容を出力する役割の**オペレーター**です（図20）。管理者がオペレーターを兼任することもあります。

図20 管理者とオペレーター

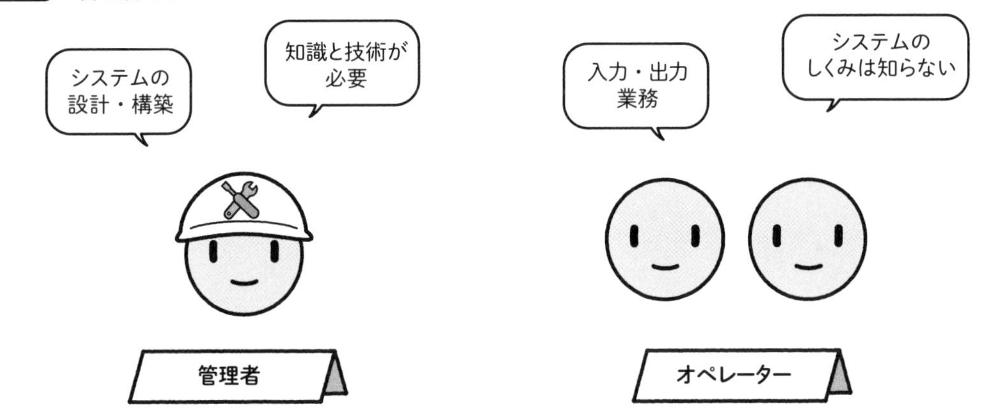

作成するのは1つのAccessファイルのみで完結するシステムです。PCは1台、またはワークグループなどの限定されたネットワークにおけるファイル共有で1つのAccessファイルを利用できるPCを想定します（図21）。

図21 利用環境

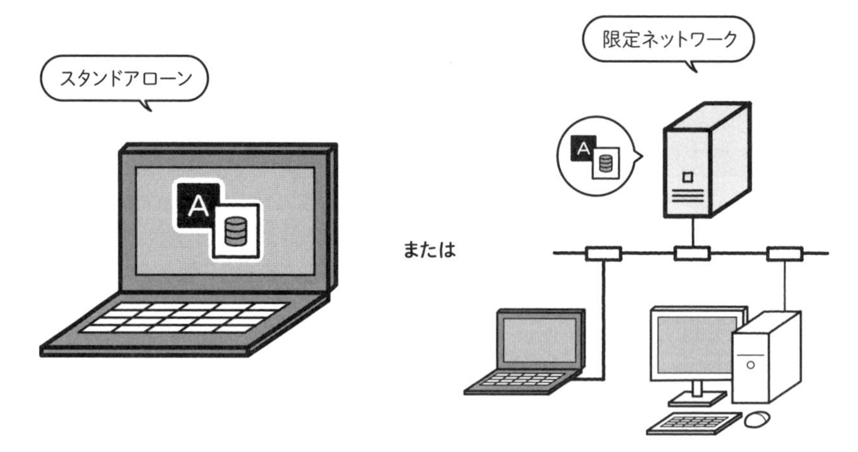

小規模なデータベースシステムですが、最終的には管理者とオペレーターで利用範囲を区別できる高機能なアプリケーションを目指します。

1-3-2 アプリの目的

作成するアプリケーションの機能として、次のような**商品情報**(図22)、**社員情報**(図23)、**顧客情報**(図24)、**販売情報**(図25)をテーブルに収納して管理します。

図22 商品情報

T_商品マスター

fld_商品ID	fld_商品名	fld_定価	fld_原価
P001	カードケース	¥1,500	¥500
P002	カフスボタン	¥1,000	¥350
P003	キーケース	¥1,000	¥350
P004	キーホルダー	¥800	¥250
P005	コインケース	¥2,500	¥900
P006	ネクタイピン	¥2,000	¥700
P007	ネックレス	¥1,500	¥600
P008	ピアス	¥1,000	¥300
P009	ブレスレット	¥2,000	¥650
P010	メガネケース	¥3,000	¥1,200

図23 社員情報

T_社員マスター

fld_社員ID	fld_社員名	fld_入社日
E001	佐々木昇	2013/08/01
E002	松本香織	2014/03/11
E003	井上直樹	2016/02/16

図24 顧客情報

T_顧客マスター

fld_顧客ID	fld_顧客名	fld_郵便番号	fld_住所1	fld_住所2	fld_電話番号
C001	A社	342-0011	埼玉県吉川市深井新田	1-1-1	111-1111-1111
C002	B社	108-0073	東京都港区三田	Bビル202	222-2222-2222
C003	C社	270-1454	千葉県柏市柳戸	33-3	333-3333-3333
C004	D社	197-0011	東京都福生市福生	Dタワー404	444-4444-4444
C005	E社	239-0802	神奈川県横須賀市馬堀町	Eヒルズ550	555-5555-5555

図25 販売情報

T_販売データ

fld_販売ID	fld_売上日	fld_顧客ID	fld_社員ID
1	2023/01/05	C003	E001
2	2023/01/09	C004	E003
3	2023/01/13	C001	E002
4	2023/01/17	C005	E001
5	2023/01/23	C003	E003
6	2023/01/25	C002	E001
7	2023/01/30	C003	E002
8	2023/01/31	C004	E001
9	2023/02/06	C001	E002
10	2023/02/10	C002	E003

T_販売データ詳細

fld_詳細ID	fld_販売ID	fld_商品ID	fld_単価	fld_個数
1	1	P009	¥1,800	6
2	1	P003	¥900	4
3	1	P004	¥700	20
4	1	P001	¥1,200	8
5	2	P002	¥800	4
6	2	P004	¥700	20
7	2	P003	¥900	6
8	2	P010	¥2,800	10
9	2	P004	¥700	3
10	3	P002	¥800	3
11	3	P005	¥2,300	19
12	4	P003	¥900	14
13	4	P008	¥850	4
14	4	P004	¥700	13

これらのテーブルから必要な要素をレコードセットとして取得し、指定した日付範囲の売上一覧(合算)を閲覧する機能を作ります(**図26**)。また、指定した日付範囲の売上一覧(詳細)と、売上ごとの明細書の2種類の帳票を印刷する機能を作ります(**図27**)。

図26 売上一覧(合算)の閲覧

Q_売上一覧_選択

fld_販売ID	fld_売上日	fld_顧客ID	fld_顧客名	売上
1	2023/01/05	C003	C社	¥38,000
2	2023/01/09	C004	D社	¥52,700
3	2023/01/13	C001	A社	¥46,100
4	2023/01/17	C005	E社	¥25,100
5	2023/01/23	C003	C社	¥104,250
6	2023/01/25	C002	B社	¥43,300
7	2023/01/30	C003	C社	¥19,600

図27 2種類の帳票

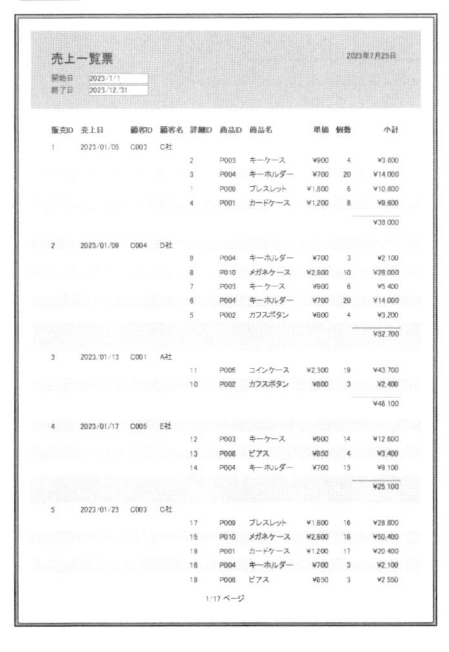

売上一覧票　2023年7月25日

開始日 2023/1/1
終了日 2023/12/31

販売ID	売上日	顧客ID	顧客名	詳細ID	商品ID	商品名	単価	個数	小計
1	2023/01/05	C003	C社						
				2	P003	キーケース	¥900	4	¥3,600
				3	P004	キーホルダー	¥700	20	¥14,000
				1	P009	ブレスレット	¥1,800	6	¥10,800
				4	P001	カードケース	¥1,200	8	¥9,600
									¥38,000
2	2023/01/09	C004	D社						
				9	P004	キーホルダー	¥700	3	¥2,100
				8	P010	メガネケース	¥2,800	10	¥28,000
				7	P003	キーケース	¥900	6	¥5,400
				6	P004	キーホルダー	¥700	20	¥14,000
				5	P002	カフスボタン	¥800	4	¥3,200
									¥52,700
3	2023/01/13	C001	A社						
				11	P005	コインケース	¥2,300	19	¥43,700
				10	P002	カフスボタン	¥800	3	¥2,400
									¥46,100
4	2023/01/17	C005	E社						
				12	P003	キーケース	¥900	14	¥12,600
				13	P008	ピアス	¥850	4	¥3,400
				14	P004	キーホルダー	¥700	13	¥9,100
									¥25,100
5	2023/01/23	C003	C社						
				17	P009	ブレスレット	¥1,800	16	¥28,800
				15	P010	メガネケース	¥2,800	18	¥50,400
				19	P001	カードケース	¥1,200	17	¥20,400
				16	P004	キーホルダー	¥700	3	¥2,100
				18	P008	ピアス	¥850	3	¥2,550

1/17 ページ

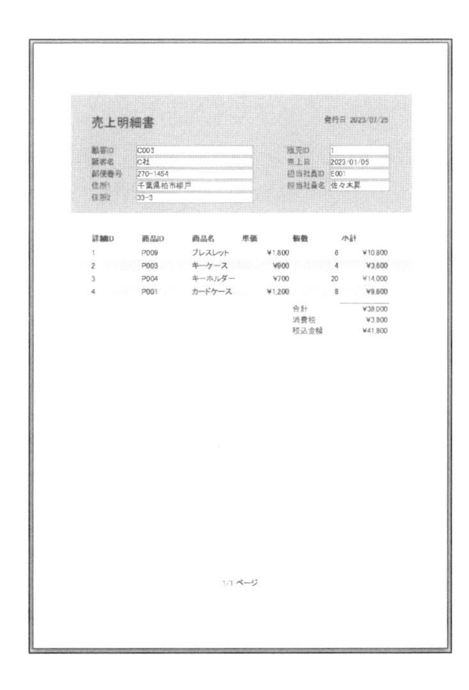

売上明細書　発行日 2023/07/25

顧客ID C003
顧客名 C社
郵便番号 270-1454
住所1 千葉県柏市柳戸
住所2 33-3

販売ID 1
売上日 2023/01/05
担当社員ID E001
担当社員名 佐々木昇

詳細ID	商品ID	商品名	単価	個数	小計
1	P009	ブレスレット	¥1,800	6	¥10,800
2	P003	キーケース	¥900	4	¥3,600
3	P004	キーホルダー	¥700	20	¥14,000
4	P001	カードケース	¥1,200	8	¥9,600

合計 ¥38,000
消費税 ¥3,800
税込金額 ¥41,800

1/1 ページ

以上の目的で、使用人数や制作難易度を考慮して、レベル1、2、3と段階的に異なる仕様のアプリケーションを作っていきます。アプリの目的は同じですが、想定する人数や使い方によって、幅広いジャンルの機能を取り入れたアプリ作成を紹介します。

1-3-3 本書における命名規則

Accessのオブジェクトは、テーブルなどの土台となるオブジェクトの中に、フィールド、レコードなどの要素オブジェクトが含まれ、多くを管理しなくてはなりません。それらはビューによって見える姿が変わったり、別のオブジェクトから指定されたりするので、識別のためにも**名前**がとても重要です。

プログラミングで利用する場合などは、文字情報だけで短く確実に区別できないと混乱を招くため、本書では、テーブル、クエリ、レポート、フォームなどのナビゲーションウィンドウに一覧表示される土台となるオブジェクトと、その中で使われる要素のオブジェクトを**表1**の**命名規則**で区別します(**図28**)。

図28 土台オブジェクトと要素オブジェクト

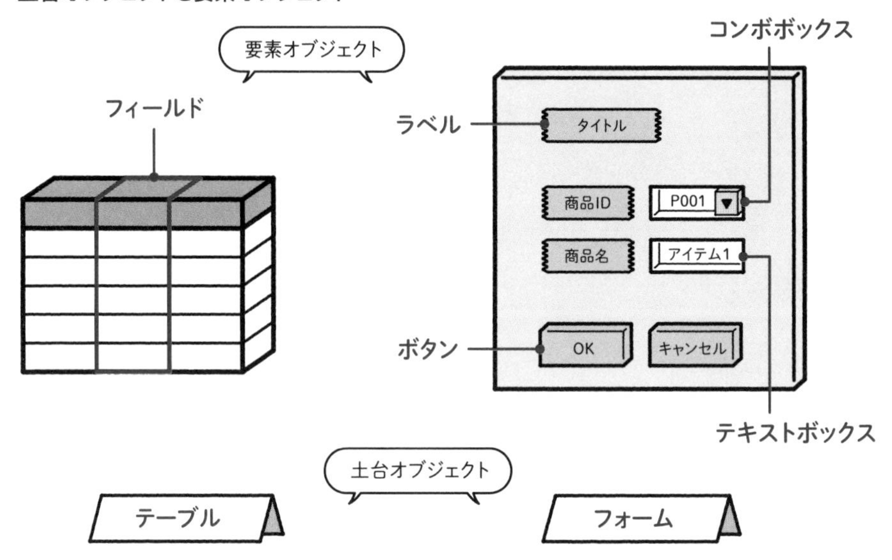

表1 オブジェクトごとの命名規則

種類	土台オブジェクト	要素オブジェクト
規則	頭文字に英大文字1文字を付ける	頭文字に英小文字3文字を付ける
例	「販売データ」テーブル 「入力」フォーム	「商品名」フィールド 「商品ID」コンボボックス
命名	T_販売データ F_入力	fld_商品名 cmb_商品ID

区切りの文字は**アンダースコア**（_）です。命名規則のルールはそのとき、その現場で使いやすいもので結構ですが、似たような名前が多くなる場合、どの種類のオブジェクトなのかがわかるようにしておくと混乱を招きにくくなります。

1-3-4 利用するオブジェクト

本書で作成するオブジェクトを以下にまとめます。レベルごとに利用するオブジェクトを変更して、機能を拡大させていきます。

表2 テーブル

オブジェクト名	役割	レベル1	レベル2	レベル3	解説ページ
T_商品マスター	商品情報を収納	○	○	○	P.48
T_顧客マスター	顧客情報を収納	○	○	○	P.49
T_社員マスター	社員情報を収納	○	○	○	P.49
T_販売データ	販売情報の親データを収納	○	○	○	P.50
T_販売データ詳細	販売情報の子データを収納	○	○	○	P.50

表3 クエリ

オブジェクト名	役割	レベル1	レベル2	レベル3	解説ページ
Q_売上一覧_選択	売上一覧の合算を閲覧	○	○	—	P.82
Q_商品マスター_追加	T_商品マスターへデータを追加	○	○	—	P.93
Q_商品マスター_更新	T_商品マスターのデータを更新	○	○	—	P.102
Q_商品マスター_削除	T_商品マスターのデータを削除	○	○	—	P.111
Q_顧客マスター_追加	T_顧客マスターへデータを追加	○	○	—	P.98
Q_顧客マスター_更新	T_顧客マスターのデータを更新	○	○	—	P.107
Q_顧客マスター_削除	T_顧客マスターのデータを削除	○	○	—	P.114
Q_社員マスター_追加	T_社員マスターへデータを追加	○	○	—	P.99
Q_社員マスター_更新	T_社員マスターのデータを更新	○	○	—	P.108
Q_社員マスター_削除	T_社員マスターのデータを削除	○	○	—	P.115
Q_販売データ_追加	T_販売データへデータを追加	○	○	—	P.100
Q_販売データ_更新	T_販売データのデータを更新	○	○	—	P.109
Q_販売データ_削除	T_販売データのデータを削除	○	○	—	P.115
Q_販売データ詳細_追加	T_販売データ詳細へデータを追加	○	○	—	P.101
Q_販売データ詳細_更新	T_販売データ詳細のデータを更新	○	○	—	P.110
Q_販売データ詳細_削除	T_販売データ詳細のデータを削除	○	○	—	P.116

表4 レポート

オブジェクト名	役割	レベル1	レベル2	レベル3	解説ページ
R_売上明細書	売上明細書を印刷	○	○	○	P.125
R_売上一覧票	売上一覧の詳細を印刷	○	○	○	P.152

表5 フォーム

オブジェクト名	役割	レベル1	レベル2	レベル3	解説ページ
F_メニュー	メインメニューを表示	—	○	○	P.188
F_マスター閲覧	マスターテーブル3種を一覧表示	—	○	○	P.199
F_商品マスター_編集	T_商品マスターの追加・更新・削除	—	○	○	P.204
F_顧客マスター_編集	T_顧客マスターの追加・更新・削除	—	○	○	P.218
F_社員マスター_編集	T_社員マスターの追加・更新・削除	—	○	○	P.222
F_販売データ_一覧	T_販売データを一覧表示・削除	—	○	○	P.227
F_販売データ_編集	T_販売データの追加・更新	—	○	○	P.231
F_販売データ詳細_一覧	T_販売データ詳細を一覧表示・削除	—	○	○	P.237
F_販売データ詳細_編集	T_販売データ詳細の追加・更新	—	○	○	P.241
F_レポート印刷	Q_選択_売上一覧を表示 R_売上明細書/R_売上一覧のプレビュー・印刷	—	○	○	P.247
F_ログイン	IDとパスワードを要求	—	—	○	P.376

表6 マクロ

オブジェクト名	役割	レベル1	レベル2	レベル3	解説ページ
AutoExec	起動時にメニューを表示	—	○	○	P.265

レベル2アプリでは、**表5**のフォームと**表6**のマクロを組み合わせて利用します。レベル3アプリでは、**表3**のクエリの代わりにSQLを、**表6**のマクロの代わりにVBAを組み合わせて利用します。

1-4 3つのアプリの仕様の違い

1-4-1 レベル1アプリ(個人用)の概要

レベル1アプリでは、利用者は1人を想定しています。管理者兼オペレーターで、**自分で作って自分で使う**スタイルです。自分が管理者なので、すべての機能にアクセスできます。

オブジェクトはテーブル、クエリ、レポートの、必要最低限のシンプルな機能で実装します。本書ではデータ保全の観点からテーブルの直接編集は行わず、データの追加・更新・削除はすべてクエリを使って行います。売上一覧の閲覧もクエリを使って表示し、2種類の帳票はレポートオブジェクトで作成します(図29、図30)。

図29 レベル1アプリの想定

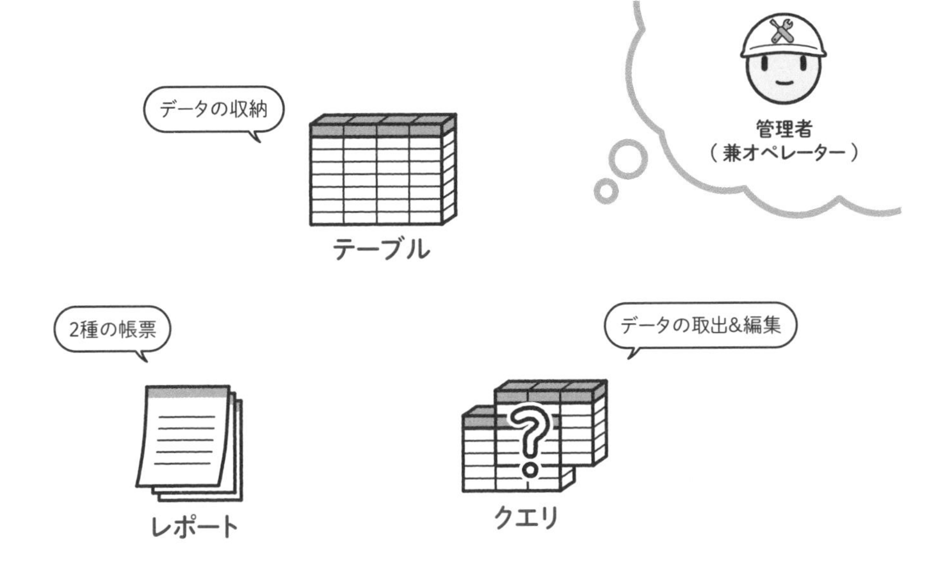

図30 レベル1アプリの画面

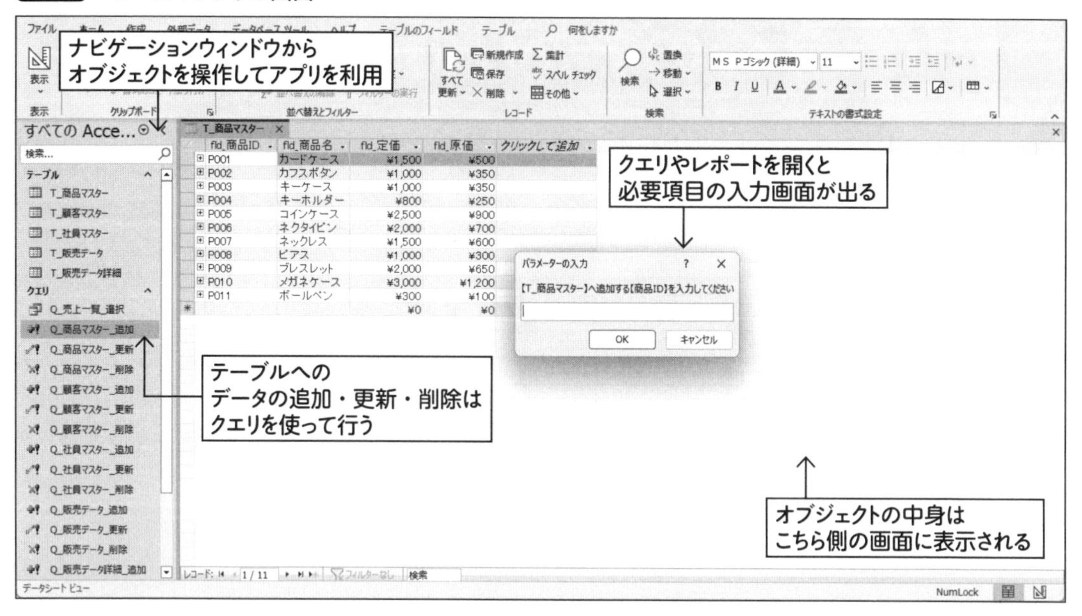

1-4-2 レベル2アプリ(複数人用)の概要

レベル2アプリでは、利用者は3人を想定しています。**管理者1人、オペレーターが2人**で、オペレーターはAccessやデータベースといった事情に詳しくありません。そのため、オペレーターがクエリ、レポートといったオブジェクトを理解していなくても使えるアプリです。オペレーターの誤操作を防ぐため、ナビゲーションウィンドウは非表示にします。

オブジェクトは、レベル1のテーブル、クエリ、レポートのみのシンプルな構造に、フォームとマクロを加えて、より便利に、かんたんに使える形にします(**図31**、**図32**)。

図31　レベル2アプリの想定

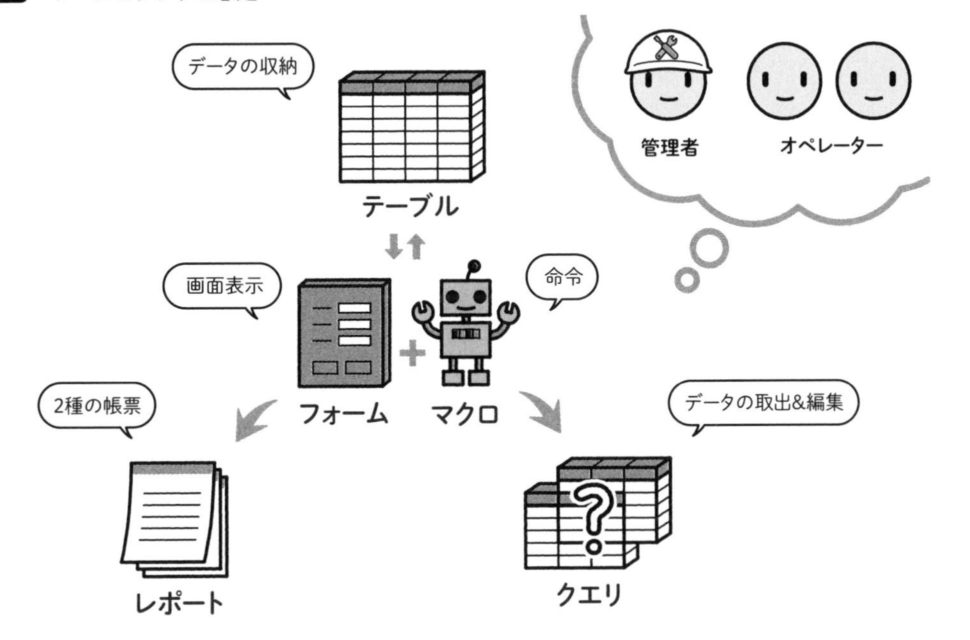

図32　レベル2アプリの画面

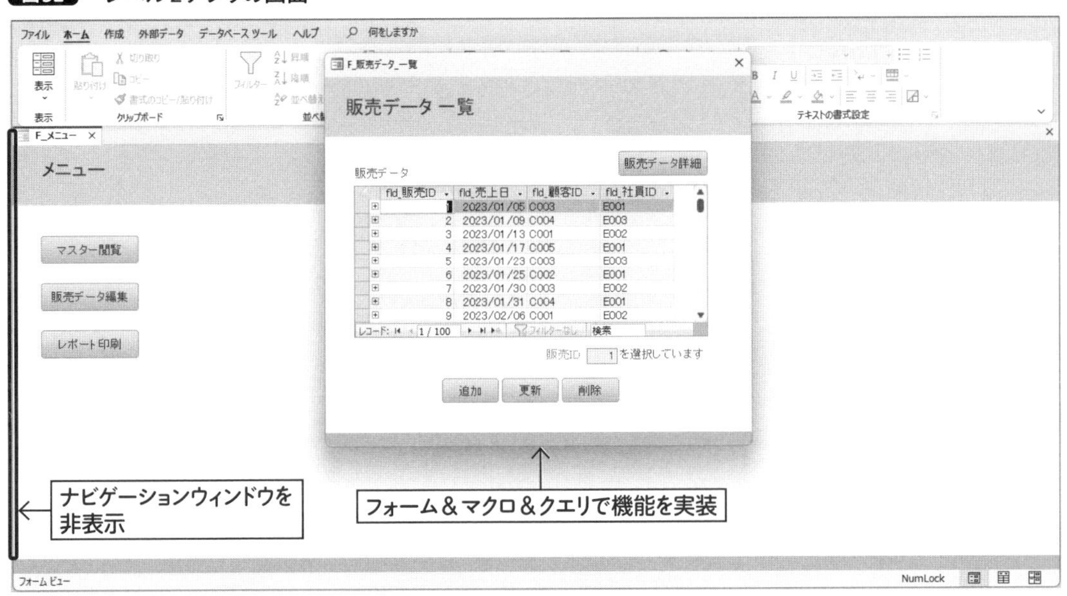

1-4-3　レベル3アプリ（完全版）の概要

レベル3アプリでは利用者はレベル2と同様に、管理者1人、オペレーターが2人の想定です。レベル2

よりも高機能な、IDとパスワードを使った処理の分岐やデータのコピー機能などを実装します。

オブジェクトはレベル2の状態からクエリとマクロを撤廃し、SQLとVBAを使ってスマートで高機能なアプリを目指します(**図33**、**図34**)。

図33 レベル3アプリの想定

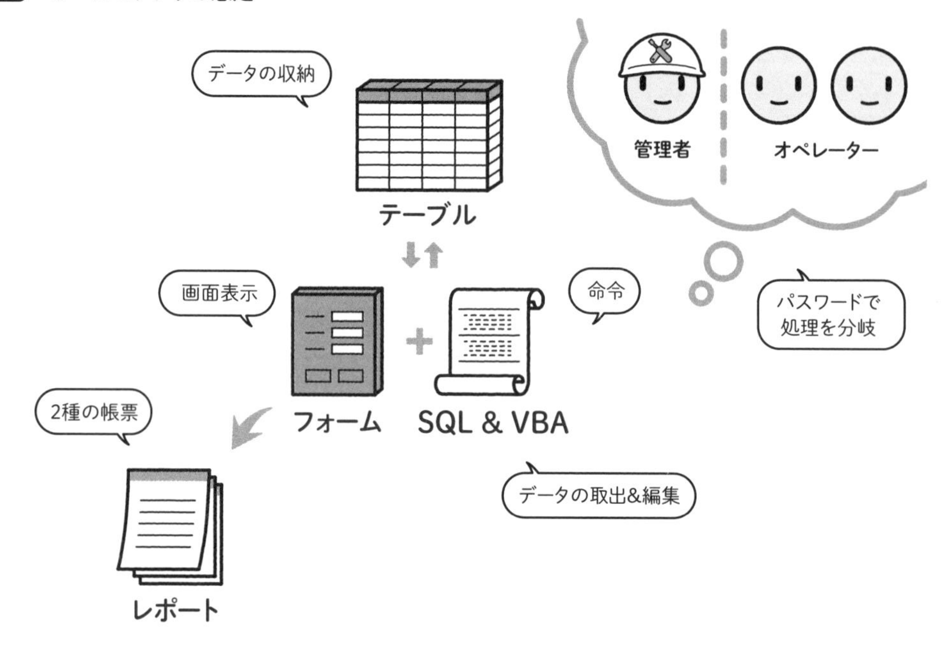

図34 レベル3アプリの画面

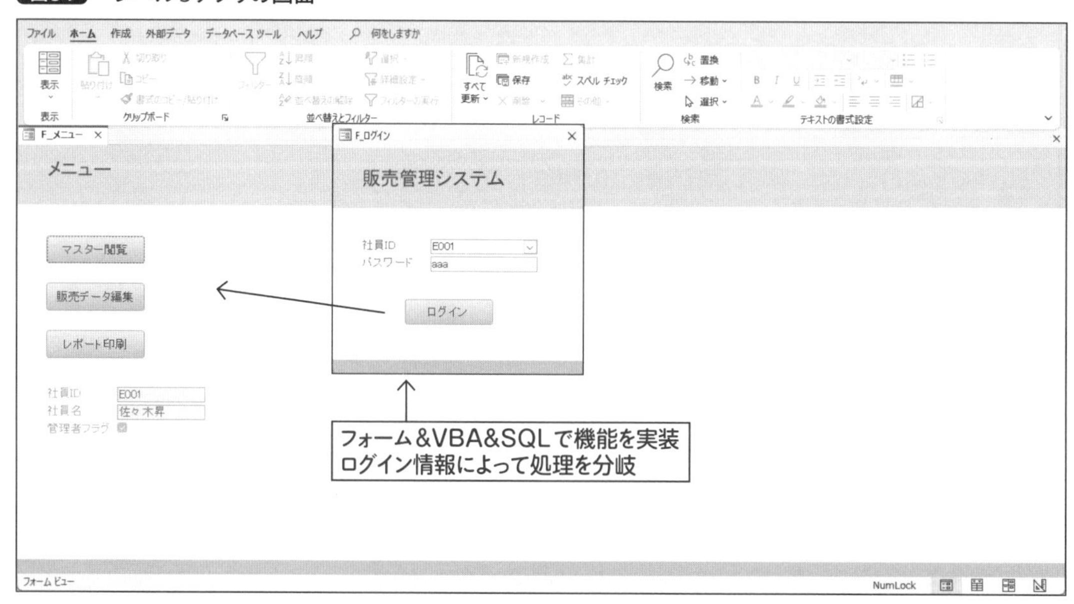

テーブルの作成

2-1 テーブルの基礎

2-1-1 フィールドとレコード

テーブルは、RDB（リレーショナルデータベース）を構成するもっとも重要なオブジェクトです。クエリやレポートなどのオブジェクトはテーブルを利用しないと成立しないため、最初に作っておかなくてはなりません。本書では、レベル１、２、３すべてのアプリで同じテーブルを利用します。

テーブルは、まず縦方向に「どんなデータを収納するか」を決めます。この縦方向の項目を**フィールド**、項目の見出しの名称を**フィールド名**と呼びます。そして、データは横方向にすべてのフィールドが揃った状態が最小単位となります。これを**レコード**と呼び、削除や追加はレコード単位で行われます（**図1**）。

1マスずつの**セル**単位では増減しないのが、Excelと違うポイントです。

図1 テーブルを構成する要素

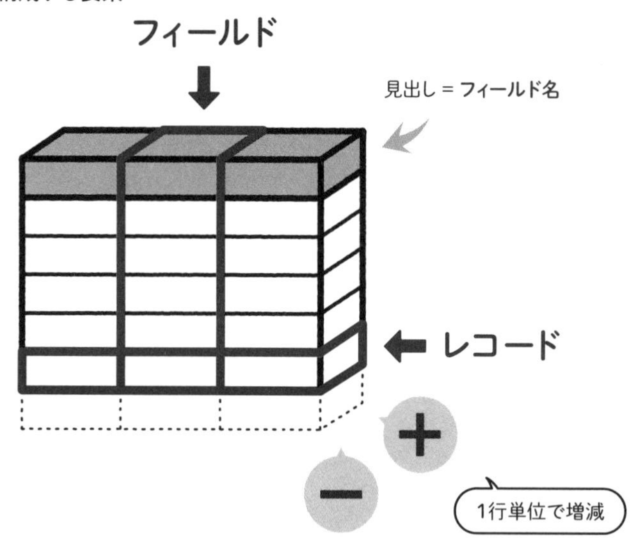

フィールドにはそれぞれ**制約**（ルール）を設定します。データ入力の際、すべてのフィールド制約が守られていないとレコードとして登録することができません。数値で管理すべき場所に文字列が混ざっていて計算できない、といった不具合が起こらないようになっています。

2-1-2 データ型

フィールドを作成するときは、フィールド名と合わせて**データ型**を設定します。フィールドの属性を決めるもので、この属性に合わない形のデータは、フィールドに収めることができません。

よく使われる属性は**テキスト型、数値型、日付型**などがあります。テキスト型は日本語、英数字など幅広い表現の入力ができますが、計算はできません。計算や集計が必要なフィールドは必ず数値型にしておきましょう。日付型は時間を含むことができて、日付同士の計算も可能です(**図2**)。

図2 データ型

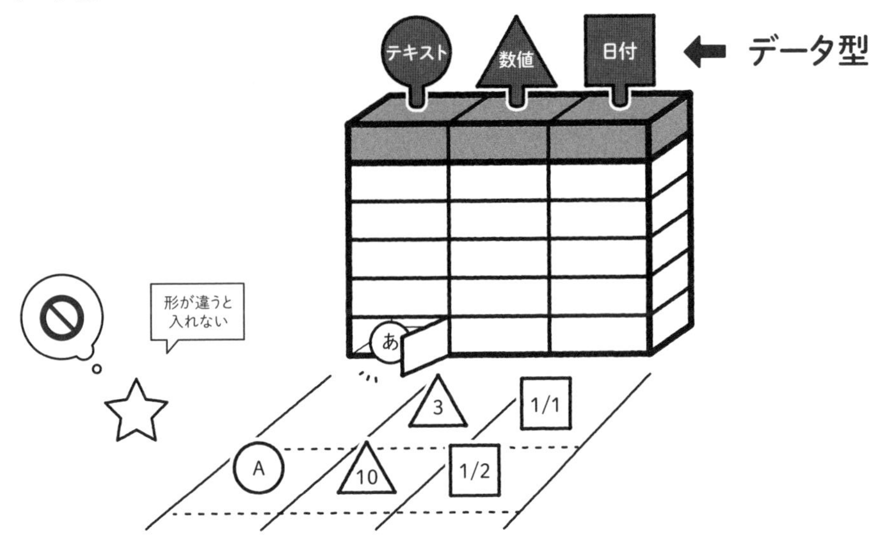

また、コンピュータは2進数処理のため小数点以下の表現が苦手です。税率など小数点計算が厳密な金額を扱いたいフィールドには、**通貨型**を使いましょう。通常と違う数値処理を使って誤差が出ないしくみになっています。

2-1-3 主キー

データ管理では、**重複データ**についても注意しなければなりません。たとえば社員の管理をする場合、氏名、入社日がまったく同じレコードが2件あったら、それは「同姓同名の別人」なのか「入力間違いによる重複」なのか判断できません。そのため、同じデータが2つ以上存在できない制約(**一意性制約**)を設定したフィールドを用意して、IDなどの符号を発行するのが一般的です。

また、フィールドは**未入力**状態の許可または禁止を選ぶことができます。未入力状態を専門用語で**NULL**と呼びます。備考などのフィールドではNULLを許可すべきですが、必ず入力してほしいフィールドはNULLを禁止します。

この2点を踏まえて、NULL禁止かつ一意性制約、つまり「未入力でなく、同じデータがほかに存在しない」制約が設定されたフィールドのことを**主キー**と呼びます。**プライマリーキー**(**PK**)と表記されること

もあります。テーブルに主キーのフィールドを設定することで、「必ず1つのレコードを特定できる」確約となるのです(図3)。

図3 主キー

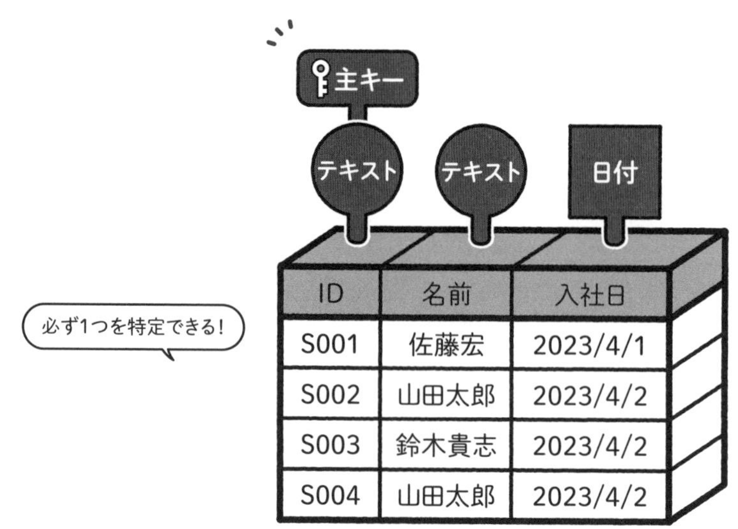

CHAPTER 2

2-2 テーブルの性質

2-2-1 マスターテーブル

1-1-2（P.18）で、1つのテーブルにはたくさんの情報を詰め込まずに、情報をグループ分けして別のテーブルで管理する、と説明しました。分割したテーブルは「更新の頻度」によって2種類の性質に分類できます。

図4のように情報をグループ化してテーブルを分割すると、「売上情報」は売上が発生するたび、頻繁にレコードが追加されていきます。それに対して「商品情報」や「顧客情報」はどうでしょう？　「売上情報」ほどの頻度では追加されないでしょうし、1度登録したらそうそう変更することもなさそうです。

図4　テーブルによって更新頻度が違う

混在データ

販売日	商品名	数量	売価	原価	売上	顧客名	顧客所在地
1/1	アイテム1	3	100	30	300	Y	大阪
1/1	アイテム2	2	300	100	600	X	東京
1/3	アイテム1	1	100	30	100	Z	福岡
1/5	アイテム3	5	200	80	1000	X	東京
1/6	アイテム1	4	95	30	380	X	東京

売上情報

販売ID	販売日	商品ID	数量	売価	顧客ID
1	1/1	P001	3	100	C002
2	1/1	P003	2	300	C001
3	1/3	P001	1	100	C003
4	1/5	P002	5	200	C001
5	1/6	P001	4	95	C001

商品情報

商品ID	商品名	原価
P001	アイテム1	30
P002	アイテム2	80
P003	アイテム3	100

顧客情報

顧客ID	顧客名	顧客所在地
C001	X	東京
C002	Y	大阪
C003	Z	福岡

更新少

更新多

「商品情報」や「顧客情報」のような、比較的変化の少ない、情報の基礎となるデータを収納するテーブルのことを**マスターテーブル**と呼びます。マスターテーブルは、「○○マスター」や「○○マスタ」というテーブル名を付けられる慣習があり、ひと目で性質を判別できるようにするのが一般的です。また、マスターテーブルの主キーには一定のルールに則った固有のIDを利用するケースが多く見られます（**図5**）。

図5 マスターテーブル

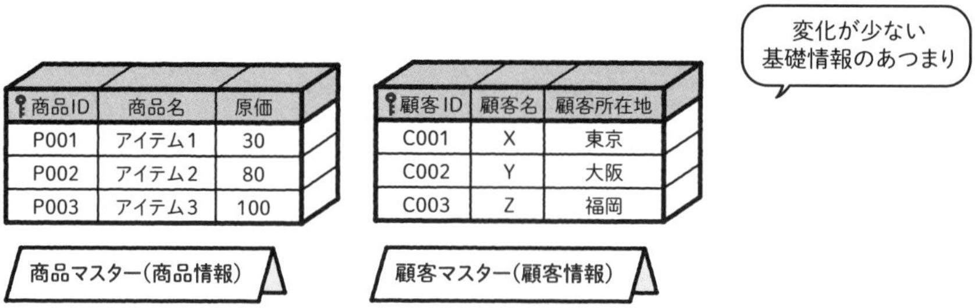

🔑商品ID	商品名	原価
P001	アイテム1	30
P002	アイテム2	80
P003	アイテム3	100

商品マスター（商品情報）

🔑顧客ID	顧客名	顧客所在地
C001	X	東京
C002	Y	大阪
C003	Z	福岡

顧客マスター（顧客情報）

変化が少ない
基礎情報のあつまり

本書で扱うマスターテーブルは、商品情報、顧客情報、社員情報の3つです。**1-3-3**の命名規則にしたがって、**T_商品マスター**、**T_顧客マスター**、**T_社員マスター**というテーブル名で作成します。

2-2-2 トランザクションテーブル

マスターテーブルとは対称に、頻繁にレコードが追加されていく性質のテーブルのことを、**トランザクションテーブル**と呼びます。一般的に記録や履歴などを扱うテーブルです（**図6**）。

図6 トランザクションテーブル

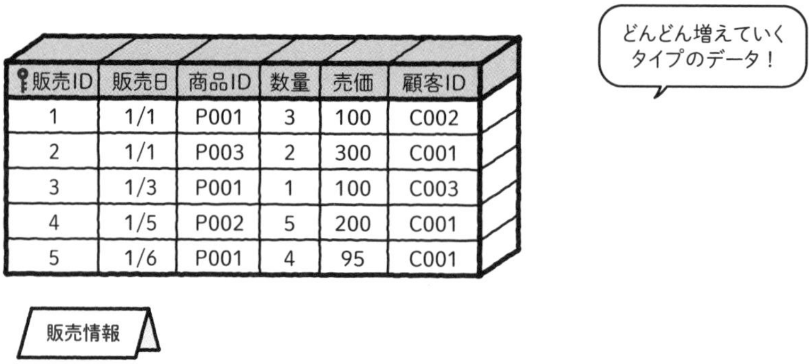

🔑販売ID	販売日	商品ID	数量	売価	顧客ID
1	1/1	P001	3	100	C002
2	1/1	P003	2	300	C001
3	1/3	P001	1	100	C003
4	1/5	P002	5	200	C001
5	1/6	P001	4	95	C001

販売情報

どんどん増えていく
タイプのデータ！

トランザクションテーブルは登録の頻度が多いため、主キーとなるフィールドに毎回違ったIDを考えるのは大変です。マスターテーブルと違って、IDにルールがなく識別のみが目的の場合は、**オートナンバー型**のデータ型が便利です（**図7**）。連番またはランダムの数値を自動採番してくれるデータ型で、主キーの値を自分で考える必要がありません。オートナンバー型は一度割り振られた数値は変更不可で、削除後は欠番となります。

図7 オートナンバー型

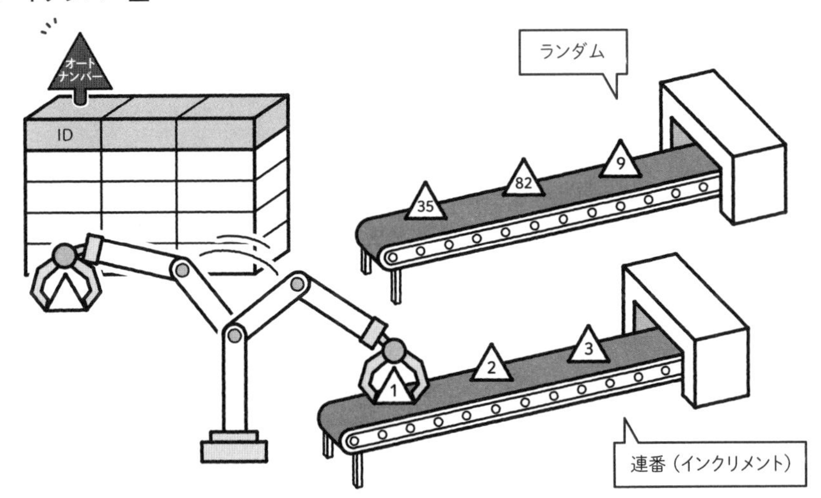

本書では、アイテムの販売情報を2つのトランザクションテーブルに分けて利用します。

2-2-3 一対多のテーブル

販売情報を2つのテーブルに分けるとは、どういうことなのでしょうか？　たとえば、1回の販売で1つのアイテムの情報しか扱わないのであれば、テーブルは**図8**のように、1つのテーブルで問題ありません。

図8 1回の販売で1つのアイテムを扱う

1回の販売

販売ID	販売日	商品ID	数量	売価	顧客ID
1	1/1	P001	3	100	C002
2	1/1	P003	2	300	C001
3	1/3	P001	1	100	C003
4	1/5	P002	5	200	C001
5	1/6	P001	4	95	C001

では、1回の販売で複数アイテムの情報を扱うとどうでしょう？　販売日や販売先の顧客情報が重複してしまいますね。こんな場合はテーブルを2つに分けて、**親情報**と**子情報**で管理すると、無駄なデータを持たずに済みます。このような、1つのレコードに対して別のテーブルで複数のレコードが関連付けられている状態を、**一対多**の関係と呼びます（**図9**）。

図9 1回の販売で複数のアイテムを扱う

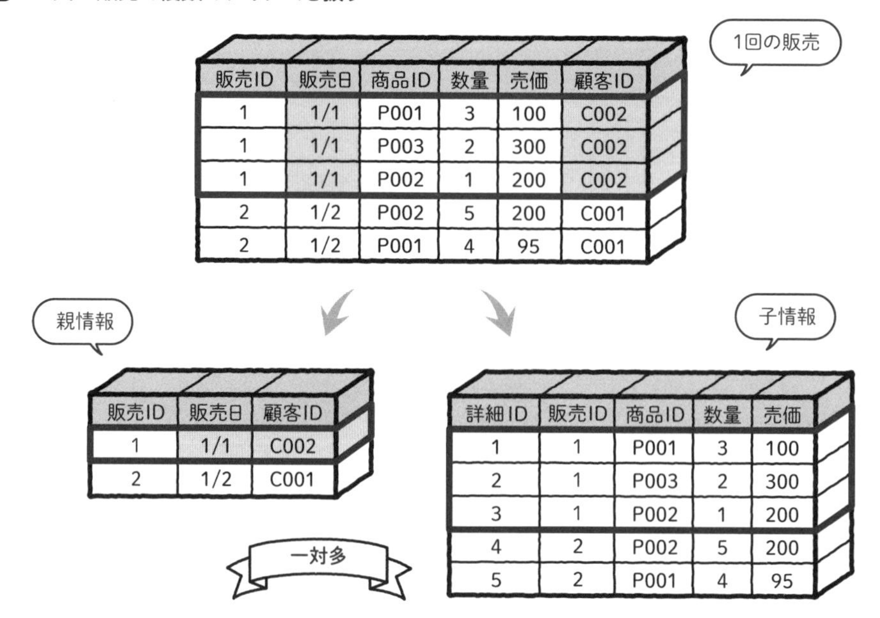

本書では、2つのトランザクションテーブルを一対多の関係にして、販売情報を管理します。**1-3-3**の命名規則（P.30）にしたがって、**T_販売データ**、**T_販売データ詳細**というテーブル名で作成します。

2-3 テーブルの作成

2-3-1 デザインビューとデータシートビュー

それではAccessを起動して、テーブルを作ってみましょう。「空のデータベース」から、任意の場所とファイル名を設定して「作成」をクリックします（図10）。

なお、作成する場所は、P.12で補足した「セキュリティリスクのメッセージバー」が表示されない、[Microsoft Officeの信頼する場所]に設定したフォルダーにしてください。

図10 空のデータベースを作成

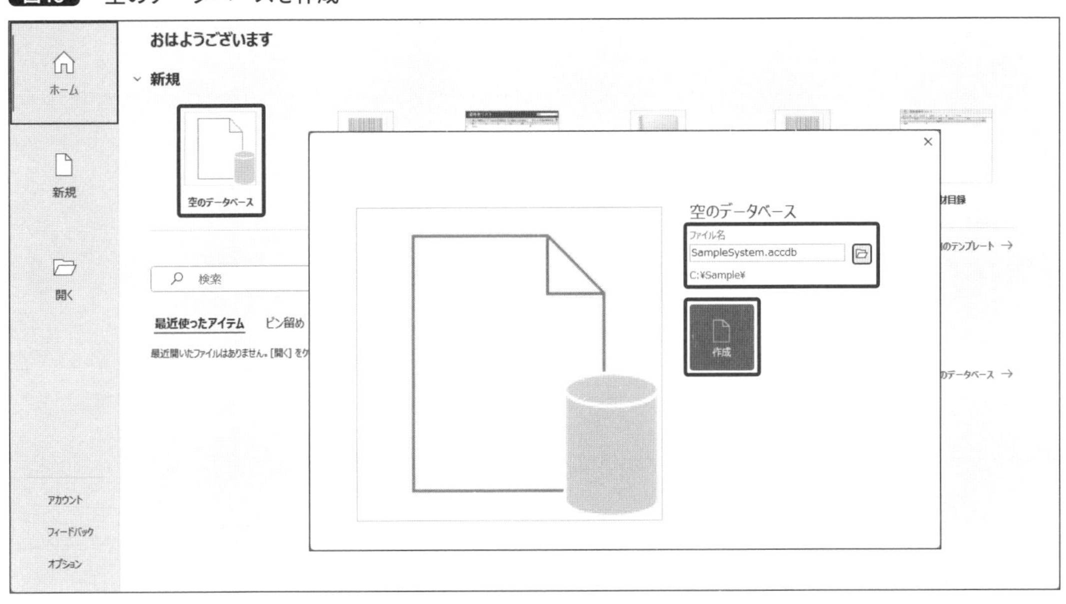

新規作成された状態では、新しいテーブルが開いています。まずはこのテーブルを保存しましょう。「テーブル1」と表示されているタブを右クリックして「上書き保存」を選択し、**T_商品マスター**と入力します（図11）。

図11 テーブルを保存

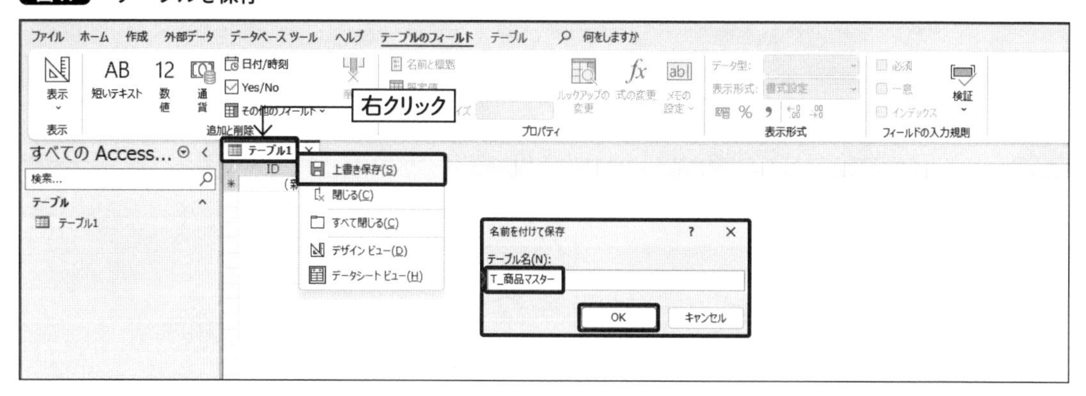

テーブルに名前が付いて、タブの表示名も変わりました。現在の状態はテーブルを操作するためのビュー(**データシートビュー**)になっているので、設計用のビュー(**デザインビュー**)に切り替えます。リボンの「表示」から「デザインビュー」をクリックします(**図12**)。

右下のアイコンでもビューを切り替えることができます。

図12 ビューの切り替え

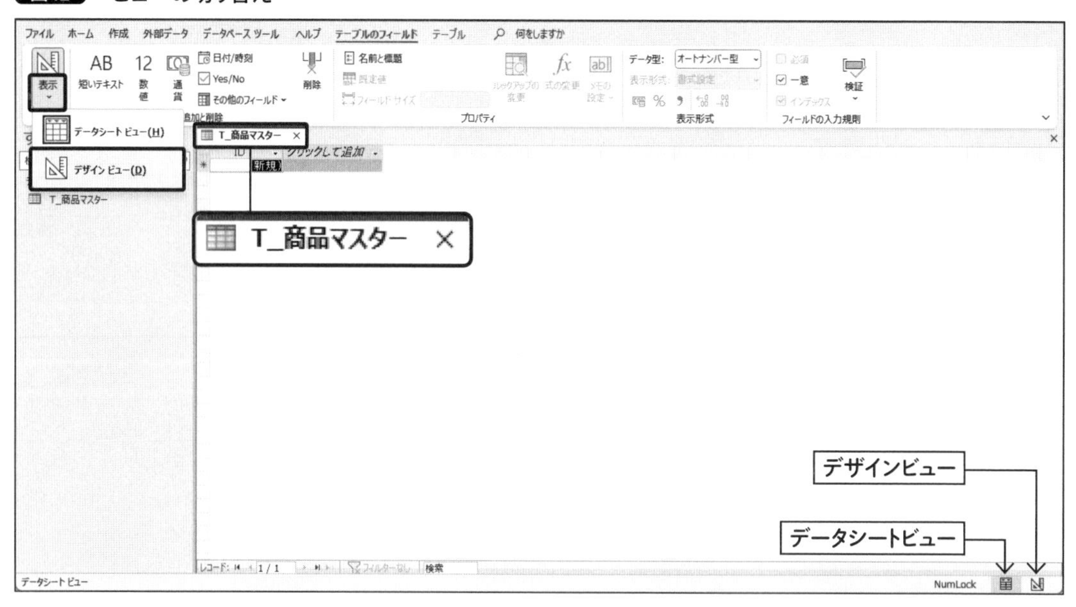

画面が切り替わりました。**図13**が、テーブルの設計を行うデザインビューです。

図13 テーブルのデザインビュー

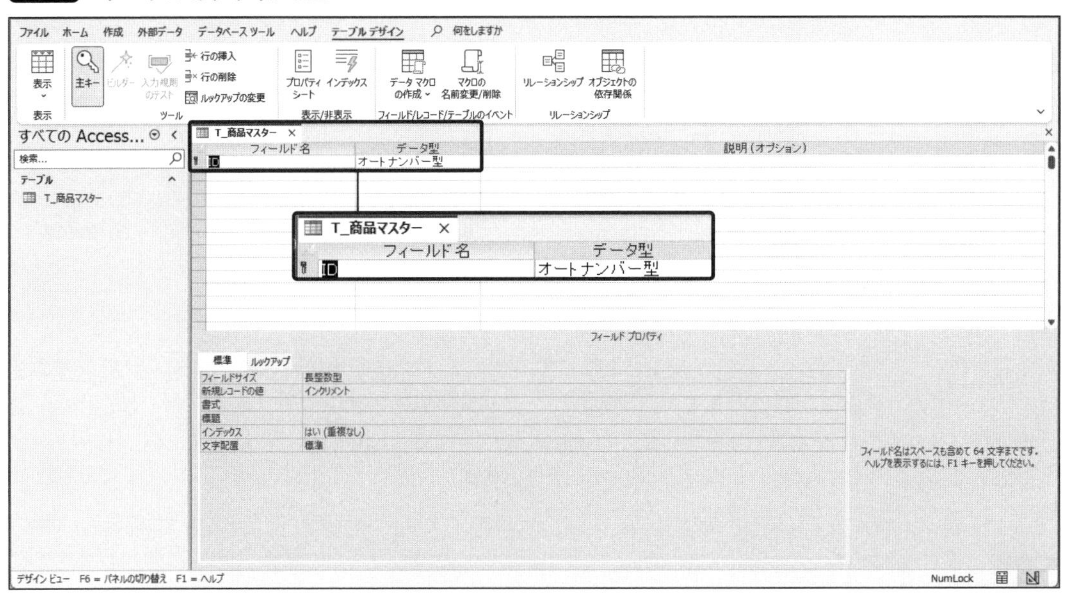

まず、主キーとなるIDのフィールドを設定しましょう。テーブルという土台の中の要素オブジェクトという位置付けなので、命名規則にしたがってフィールド名を「fld_商品ID」に変更します。データ型はデフォルトではオートナンバー型になっていますが、Productの頭文字をとって「P000」という形で使いたいので、データ型の▼をクリックして、**テキスト型**に変更します。テキスト型は255文字までしか入力できない型の**短いテキスト**、それより多い文字を入力できる型の**長いテキスト**と分かれていますが、特別な理由がなければ、短いテキストでよいでしょう(**図14**)。

図14 フィールド名とデータ型の変更

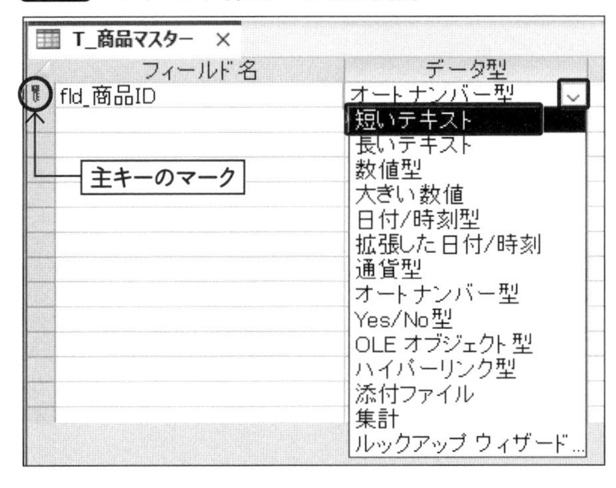

そのほかのフィールドとして、**図15**と**表1**を参考に「商品名」「定価」「原価」を作ります。

図15 フィールドの追加

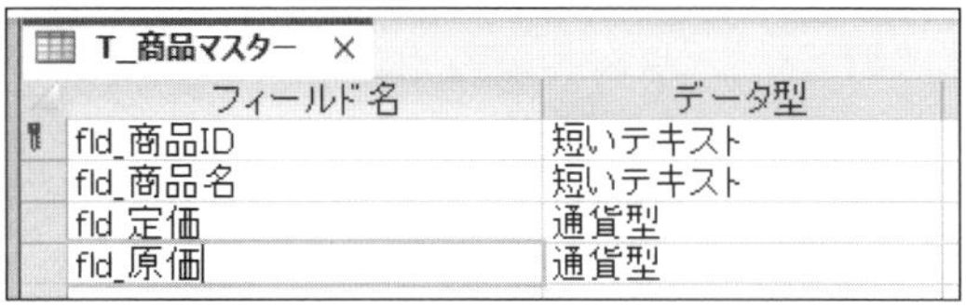

T_商品マスター

フィールド名	データ型
fld_商品ID	短いテキスト
fld_商品名	短いテキスト
fld_定価	通貨型
fld_原価	通貨型

表1 「T_商品マスター」テーブルの設定内容

フィールド名	データ型	主キー設定
fld_商品ID	短いテキスト	○
fld_商品名	短いテキスト	
fld_定価	通貨型	
fld_原価	通貨型	

上書き保存してデータシータビューに切り替えてみましょう。設定した通りのフィールド名が表示され、データが入力可能な状態になります。決められたデータ型以外の値は登録することができません。通貨型はデフォルトでは既定値(あらかじめ入力される値)が0なので、「¥0」と表示されています。テーブルを閉じる場合、タブの右側の×印をクリックします(**図16**)。

図16 データシートビュー

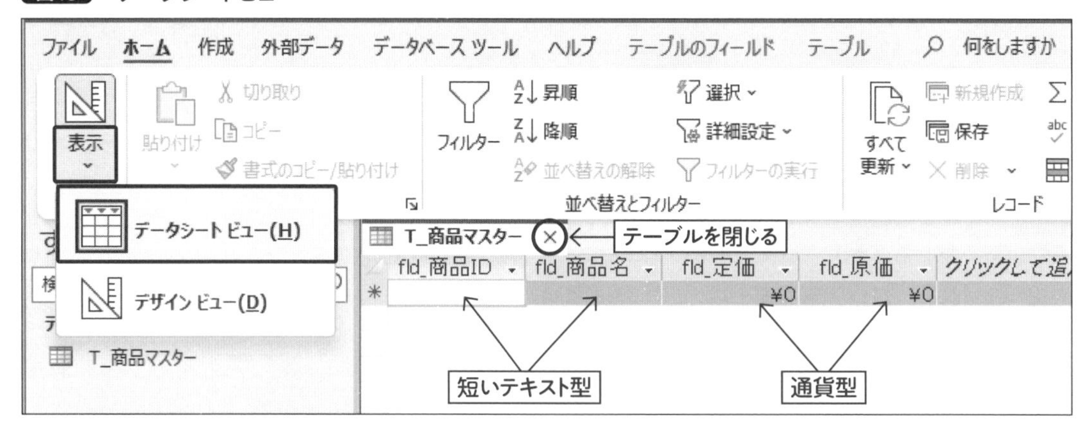

ほかのテーブルも作成しましょう。「作成」タブの「テーブルデザイン」をクリックすると、新規テーブルをデザインビューで開くことができます(**図17**)。

図17 新規テーブルをデザインビューで開く

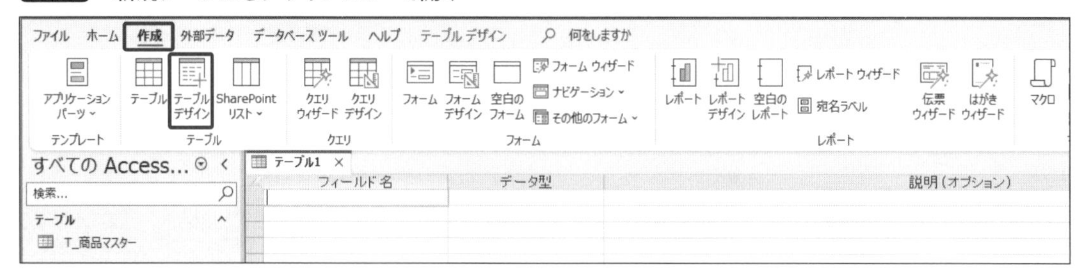

フィールド名、データ型を、それぞれ**図18**と**表2**を参考に設定します。主キーは、該当のフィールドにカーソルを置いた状態で「テーブルデザイン」タブの「主キー」をクリックすると、設定することができます。上書き保存して**T_顧客マスター**というテーブル名に設定しましょう。

図18 「T_顧客マスター」テーブルの設定

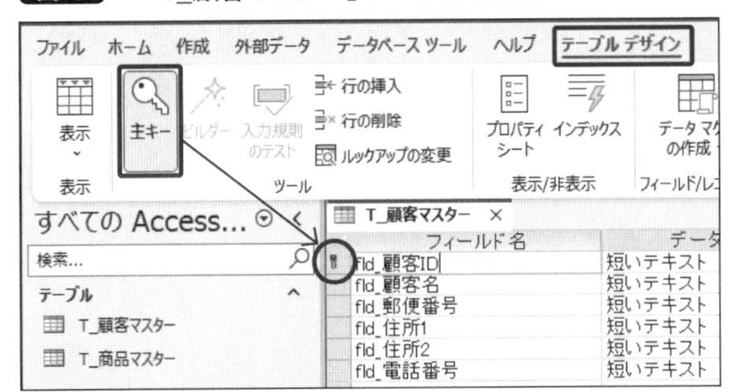

表2 「T_顧客マスター」テーブルの設定内容

フィールド名	データ型	主キー設定
fld_顧客ID	短いテキスト	○
fld_顧客名	短いテキスト	
fld_郵便番号	短いテキスト	
fld_住所1	短いテキスト	
fld_住所2	短いテキスト	
fld_電話番号	短いテキスト	

続けて**T_社員マスター**テーブルも作りましょう。「作成」タブの「テーブルデザイン」から新規テーブルを作り、**図19**と**表3**を参考にテーブル名、フィールド名、データ型を設定します。主キーも忘れずに設定しましょう。

日付/時刻型は、画面下部の**フィールドプロパティ**で書式を選択できます。本書では「日付(S)」にしておきます。

図19 「T_社員マスター」テーブルの設定

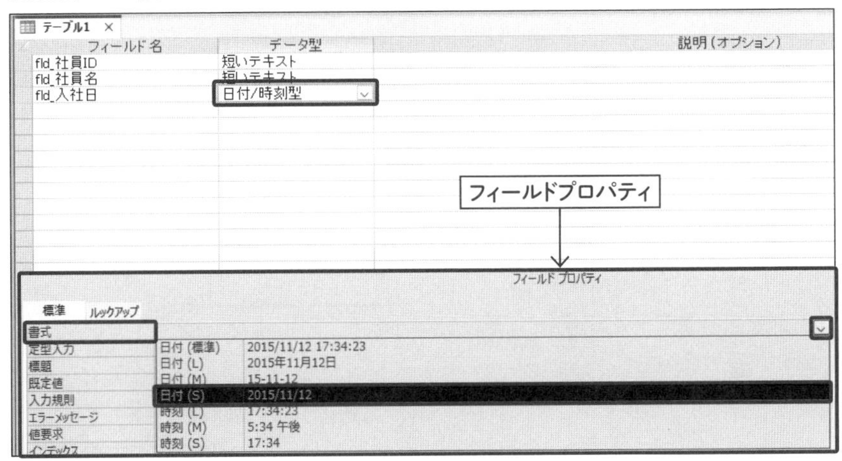

表3 「T_社員マスター」テーブルの設定内容

フィールド名	データ型	書式	主キー設定
fld_社員ID	短いテキスト		○
fld_社員名	短いテキスト		
fld_入社日	日付/時刻型	日付(S)	

同じ要領で、**図20**と**表4**を参考に**T_販売データ**テーブルを作成します。トランザクションテーブルなので主キーのデータ型はオートナンバー型で、「fld_売上日」の日付/時刻型の書式は**図19**と同様に「日付(S)」にしておきます。

図20 「T_販売データ」テーブルの設定

T_販売データ

フィールド名	データ型
fld_販売ID	オートナンバー型
fld_売上日	日付/時刻型
fld_顧客ID	短いテキスト
fld_社員ID	短いテキスト

表4 「T_販売データ」テーブルの設定内容

フィールド名	データ型	書式	主キー設定
fld_販売ID	オートナンバー型		○
fld_売上日	日付/時刻型	日付(S)	
fld_顧客ID	短いテキスト		
fld_社員ID	短いテキスト		

図21と**表5**を参考に**T_販売データ詳細**テーブルを作成します。トランザクションテーブルなので主キーの「fld_詳細ID」はオートナンバー型ですが、「fld_販売ID」は1回の売上情報として同じ数字を複数登録するので、数値型にしておきます。

図21 「T_販売データ詳細」テーブルの設定

T_販売データ詳細

フィールド名	データ型
fld_詳細ID	オートナンバー型
fld_販売ID	数値型
fld_商品ID	短いテキスト
fld_単価	通貨型
fld_個数	数値型

表5 「T_販売データ詳細」テーブルの設定内容

フィールド名	データ型	主キー設定
fld_詳細ID	オートナンバー型	○
fld_販売ID	数値型	
fld_商品ID	短いテキスト	
fld_単価	通貨型	
fld_個数	数値型	

これで、本書で利用する5つのテーブルの設計が完了しました。作成されたテーブルはナビゲーションウィンドウにリスト表示されます。デフォルトでは文字コード順に並びますが、「テーブル」部分を右クリックして、「並び替え」→「自動並び替えの解除」にしておくと、任意の順番に並び替えることができます(**図22**)。

図22 自動並び替えの解除

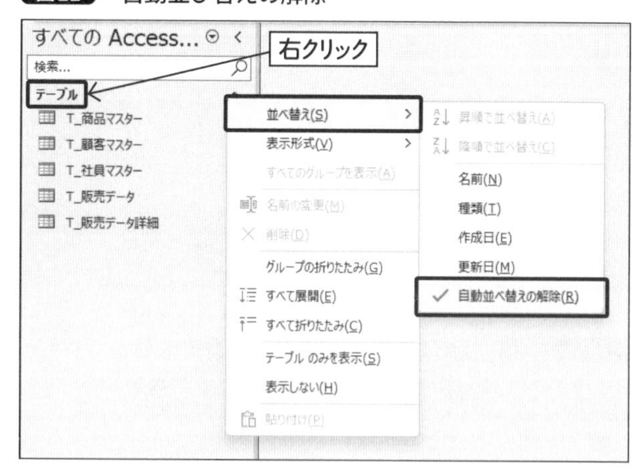

この時点のAccessのファイルは、ダウンロードファイルの「Chapter2」→「Before」→「SampleSystem 2-1.accdb」という名称で収録されています。

2-3-2 データのインポート

5つのテーブルの設計ができましたが、いずれも中身は空っぽです。テーブルに収納するためのデータをExcel形式で用意してあるので、Accessに読み込んでレコードを登録してみましょう。

「外部データ」タブの「新しいデータソース」から、「ファイルから」→「Excel」を選択します(図23)。

図23 外部データからExcelを選択

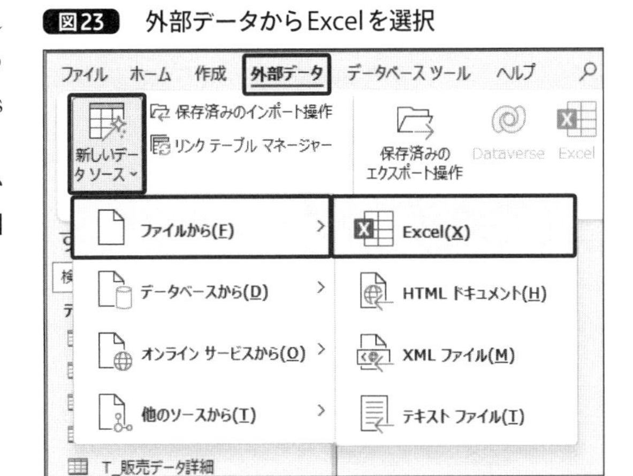

インポート元を、ダウンロードファイルの「CHAPTER2」→「Before」→「Data.xlsx」に指定し、続いてインポート先にテーブルを指定します。まずは「T_商品マスター」テーブルにして、「OK」をクリックします(図24)。

図24 外部データの取り込み

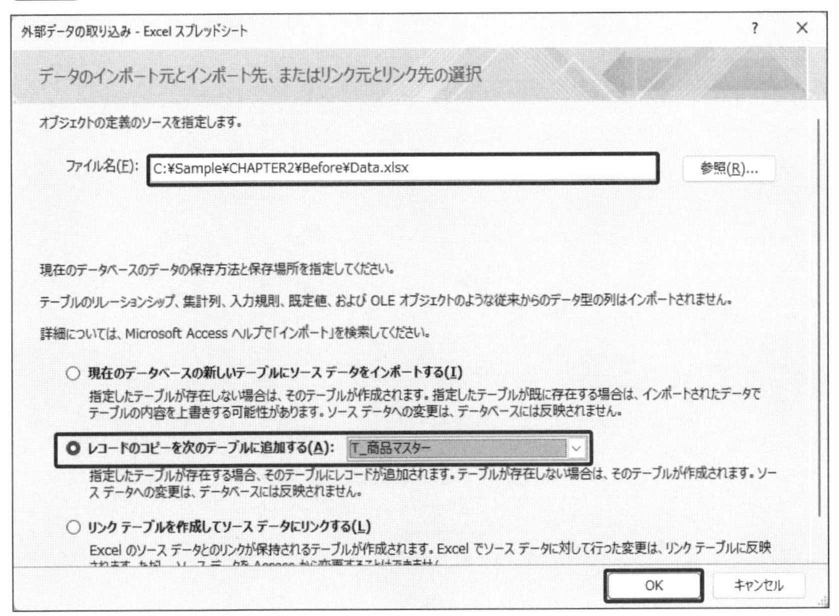

Excelのワークシートの名前をテーブルと同じ名前にしてあるので、「T_商品マスター」を選択して進みます（図25）。

図25　ワークシート名の指定

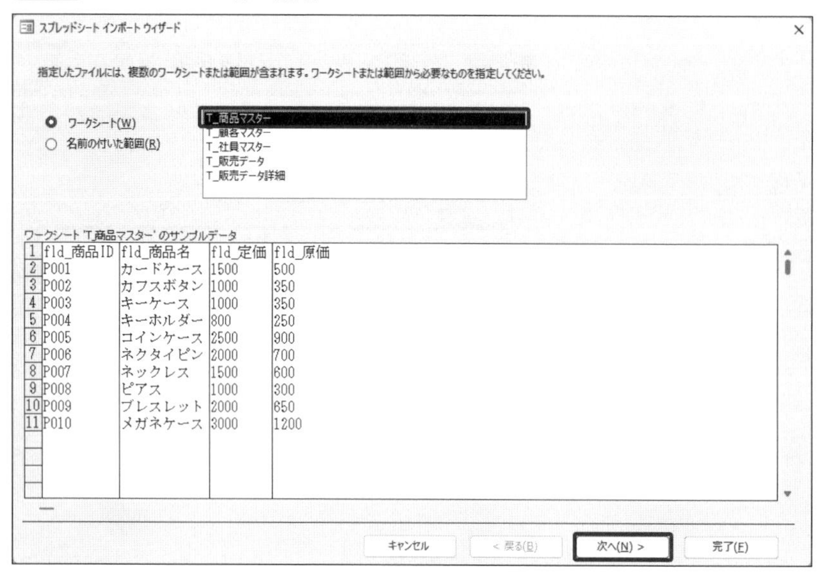

1	fld_商品ID	fld_商品名	fld_定価	fld_原価
2	P001	カードケース	1500	500
3	P002	カフスボタン	1000	350
4	P003	キーケース	1000	350
5	P004	キーホルダー	800	250
6	P005	コインケース	2500	900
7	P006	ネクタイピン	2000	700
8	P007	ネックレス	1500	600
9	P008	ピアス	1000	300
10	P009	ブレスレット	2000	650
11	P010	メガネケース	3000	1200

先頭行と列見出し（フィールド名）も同じなので、このまま次へ進みます（図26）。

図26　フィールド名の指定

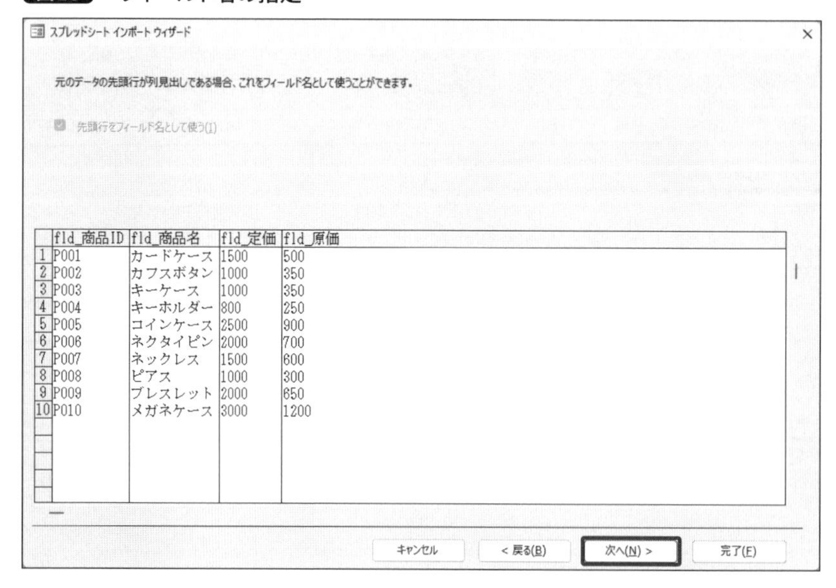

	fld_商品ID	fld_商品名	fld_定価	fld_原価
1	P001	カードケース	1500	500
2	P002	カフスボタン	1000	350
3	P003	キーケース	1000	350
4	P004	キーホルダー	800	250
5	P005	コインケース	2500	900
6	P006	ネクタイピン	2000	700
7	P007	ネックレス	1500	600
8	P008	ピアス	1000	300
9	P009	ブレスレット	2000	650
10	P010	メガネケース	3000	1200

「完了」をクリックして終了します(図27)。

図27 インポートの完了

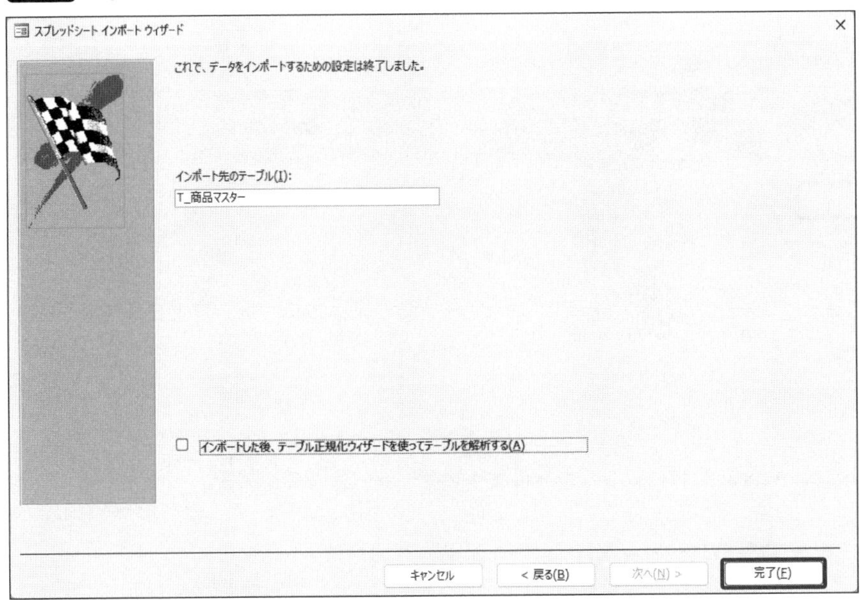

「インポート操作の保存」にチェックを付けると同じ操作を何度も行いたい場合に便利ですが、本書ではチェックを付けずに「閉じる」をクリックして構いません(図28)。

図28 インポート操作の保存

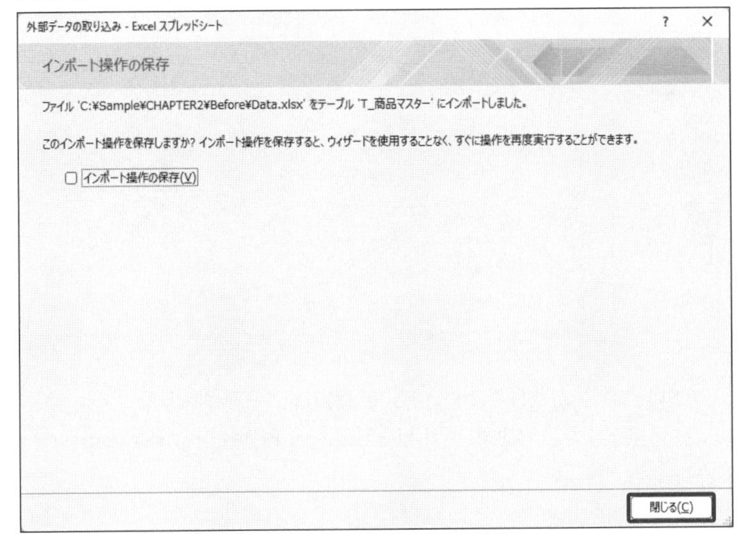

ナビゲーションウィンドウの「T_商品マスター」をダブルクリックすると、既定値であるデータシートビューで開き、中身が確認できます。Excelシートに入力されていたデータがインポートされました(図29)。

図29 インポートされたデータの確認

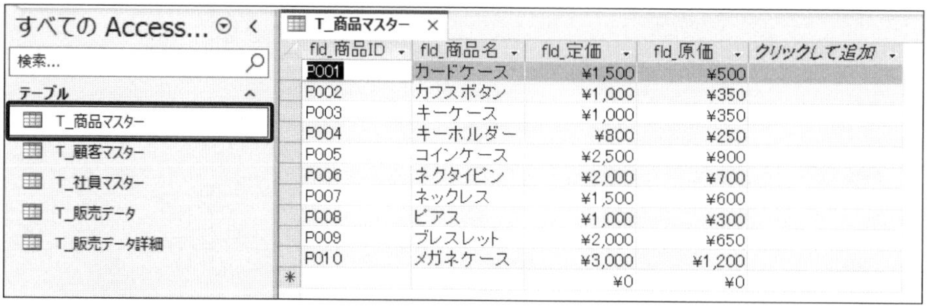

すべての Access...
検索...
テーブル
T_商品マスター
T_顧客マスター
T_社員マスター
T_販売データ
T_販売データ詳細

T_商品マスター

fld_商品ID	fld_商品名	fld_定価	fld_原価	クリックして追加
P001	カードケース	¥1,500	¥500	
P002	カフスボタン	¥1,000	¥350	
P003	キーケース	¥1,000	¥350	
P004	キーホルダー	¥800	¥250	
P005	コインケース	¥2,500	¥900	
P006	ネクタイピン	¥2,000	¥700	
P007	ネックレス	¥1,500	¥600	
P008	ピアス	¥1,000	¥300	
P009	ブレスレット	¥2,000	¥650	
P010	メガネケース	¥3,000	¥1,200	
*		¥0	¥0	

同様の手順で残り4つのテーブルにデータをインポートしたら、完成です(図30)。もしエラーが発生して作業が中断された場合、Accessを再起動してから再度インポートを行ってください。

図30 「T_商品マスター」以外のテーブルへのインポート結果

T_顧客マスター

fld_顧客ID	fld_顧客名	fld_郵便番号	fld_住所1	fld_住所2	fld_電話番号
C001	A社	342-0011	埼玉県吉川市	1-1-1	111-1111-11
C002	B社	108-0073	東京都港区三	Bビル202	222-2222-22
C003	C社	270-1454	千葉県柏市柳	33-3	333-3333-33
C004	D社	197-0011	東京都福生市	Dタワー404	444-4444-44
C005	E社	239-0802	神奈川県横須	Eヒルズ550	555-5555-55

T_社員マスター

fld_社員ID	fld_社員名	fld_入社日
E001	佐々木昇	2013/08/01
E002	松本香織	2014/03/11
E003	井上直樹	2016/02/16

T_販売データ

fld_販売ID	fld_売上日	fld_顧客ID	fld_社員ID
1	2023/01/05	C003	E001
2	2023/01/09	C004	E003
3	2023/01/13	C001	E002
4	2023/01/17	C005	E001
5	2023/01/23	C003	E003
6	2023/01/25	C002	E001
7	2023/01/30	C003	E002
8	2023/01/31	C004	E001
9	2023/02/06	C001	E002
10	2023/02/10	C002	E003
11	2023/02/13	C001	E002
12	2023/02/16	C005	E001
13	2023/02/20	C002	E002
14	2023/02/23	C005	E003
15	2023/02/27	C001	E001

T_販売データ詳細

fld_詳細ID	fld_販売ID	fld_商品ID	fld_単価	fld_個数
1	1	P009	¥1,800	6
2	1	P003	¥900	4
3	1	P004	¥700	20
4	1	P005	¥900	8
5	2	P001	¥1,200	4
6	2	P004	¥700	20
7	2	P003	¥900	6
8	2	P010	¥2,800	10
9	2	P004	¥700	3
10	3	P002	¥800	3
11	3	P005	¥2,300	19
12	4	P003	¥900	14
13	4	P008	¥850	4
14	4	P004	¥700	13
15	5	P010	¥2,800	18

なお、オートナンバー型のフィールドは自動生成されるため、Excel側にはデータはありません。

この時点のAccessのファイルは、ダウンロードファイルの「CHAPTER2」→「Before」→「SampleSystem2-2.accdb」という名称で収録されています。

2-3-3 データの編集

テーブルのデータシートビューは、データの閲覧だけでなく、編集も可能です。**1-1-3**(P.19)で解説した3層の構造を強力なGUI(グラフィック・ユーザー・インターフェース)に集約して、Excelのデータシートのような感覚でデータを書き換えることができるのです。

これは大変に手軽なのですが、あまりにかんたんすぎてデータを誤って書き換えても気が付かない可能性があります。したがって本書で作成するアプリではデータ保全の観点から、**データシートビューによるテーブルの直接編集は行いません**。

ここではデータシートビューでの編集方法や注意事項の紹介のみ行います。管理者がしくみを理解したうえで、必要な場合のみ利用するとよいでしょう。

既存データを変更する場合は編集したいフィールドを直接編集します。新規で入力したい場合は一番下の行、「*」と表示されている行へ入力します。リボンの「ホーム」タブの「新規作成」、または下部の移動ボタンを使うとかんたんに移動できます。最小単位が横1行のレコードなので、横方向に必要なフィールドを入力します(**図31**)。

図31 レコードの編集

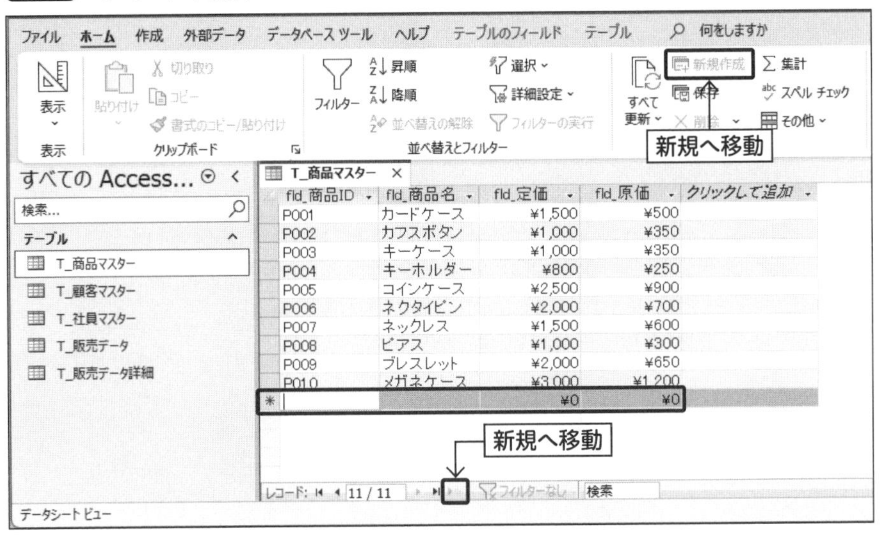

データを入力している最中、左端に**鉛筆のマーク**が表示されます。これは、レコードが編集中であることを表しています。編集したデータは、リボンの「ホーム」タブの「保存」をクリック、または**レコードからカーソルが離脱したときに確定**され、鉛筆のマークが消えます。間違ってデータを変更してしまっても、Excelのように「変更せずに閉じる」ことができないので、十分注意してください。鉛筆のマークが表示されている間に Esc キーを押すと、レコードが編集前の状態に戻ります(**図32**)。

図32 データの編集と確定

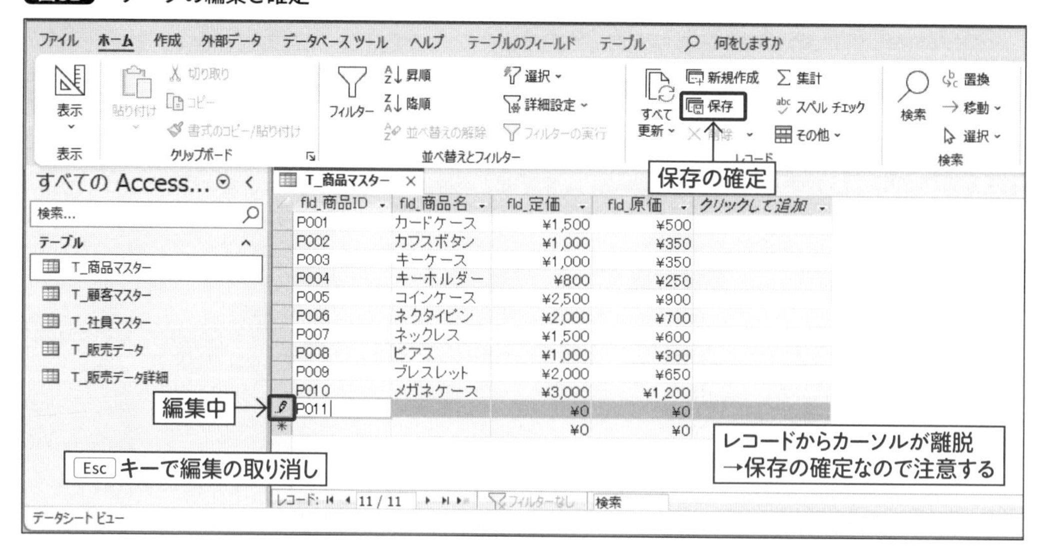

削除の場合は、対象の行を選択して「ホーム」タブの「削除」ボタン、または行を右クリックして「レコードの削除」で行います。元に戻せませんので注意してください（**図33**）。

図33 レコードの削除

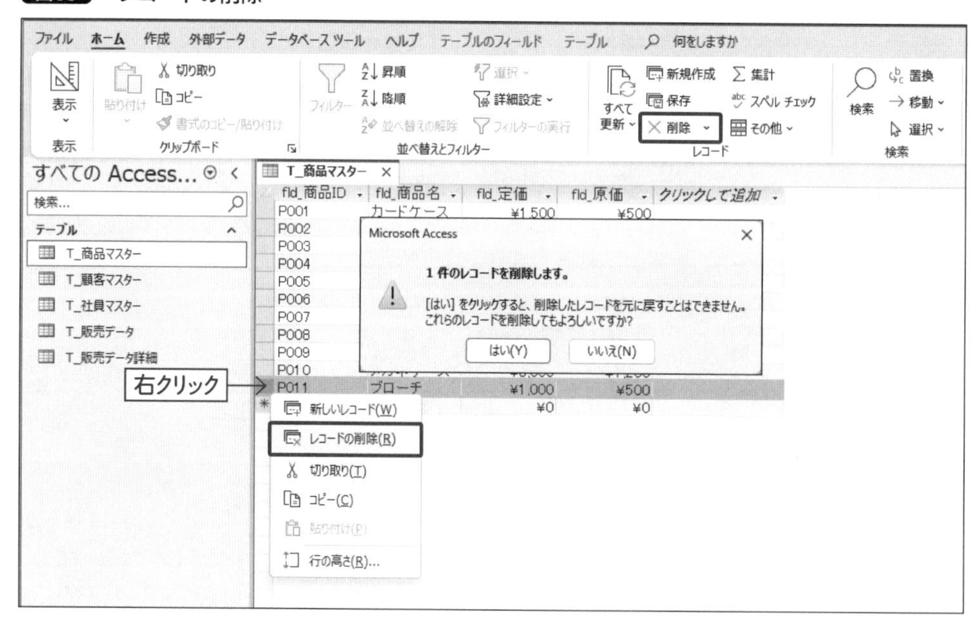

このように、データシートビューではテーブルの編集がかんたんに行うことができます。「うっかり」で編集してしまわないよう十分に注意しましょう。

2-4 リレーションシップ

2-4-1 リレーションシップと外部キー

ここまで何度も、テーブルは分割して管理すると説明してきましたが、そこにもルールがないと関係が破綻してしまうかもしれません。そこで、お互いのテーブルの関係性が崩れないように**リレーションシップ**を設定します。テーブル同士を1対のフィールドで結び、結ばれたフィールド(**共通フィールド**)の値を監視してお互いのテーブルに矛盾を起こさないよう保つしくみです。

一般的に共通フィールドは、片方のテーブルでは主キーとなるフィールドを、もう片方は結ばれた主キーと同一データを収めるフィールドにします。同一データをたどることで、片方のほかのフィールドを参照することができるのです。別のテーブルを参照するためのフィールドを**外部キー**と呼びます(**図34**)。

図34 リレーションシップ

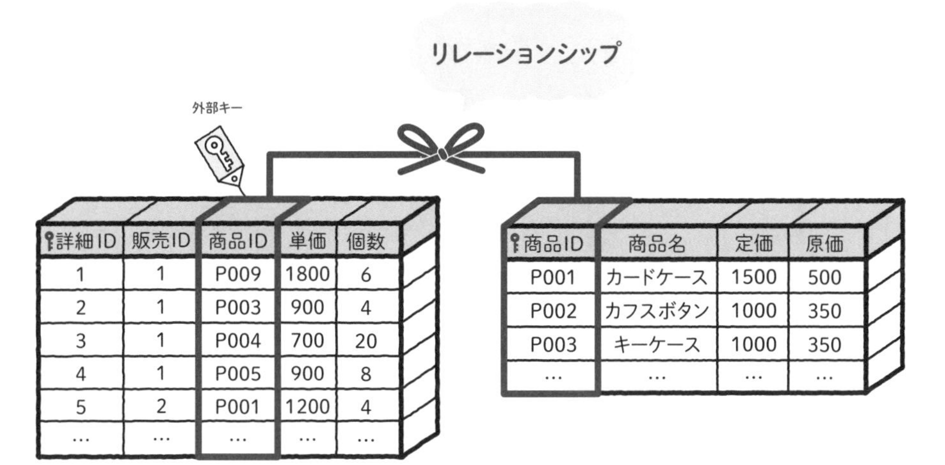

たとえば**2-2**(P.41)で説明したマスターテーブルとトランザクションテーブルをリレーションシップで結び付けておくと、外部キーには商品IDしか入っていなくても、商品名や原価などの情報を知ることができます(**図35**)。

図35 外部キーからマスターテーブルを参照できる

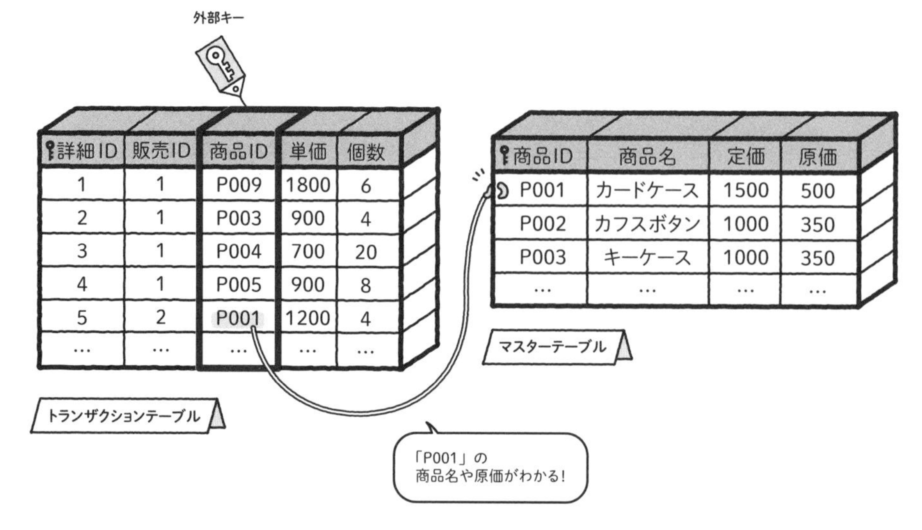

2-2-3(P.43)の**一対多**関係のテーブルでも、リレーションシップは親子関係を結び付けるために重要です。子レコードからは親情報を、逆に親レコードから子情報を知ることもできるようになります(**図36**)。

図36 親子関係を結び付ける

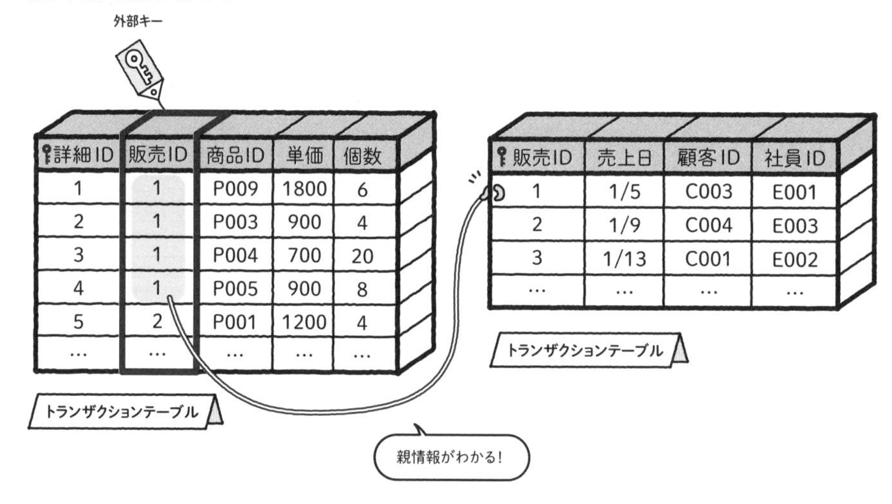

2-4-2 リレーションシップの設定

先ほど作成したテーブルにリレーションシップを設定してみましょう。リボンの「データベースツール」タブの「リレーションシップ」をクリックします(**図37**)。

図37 データベースツール

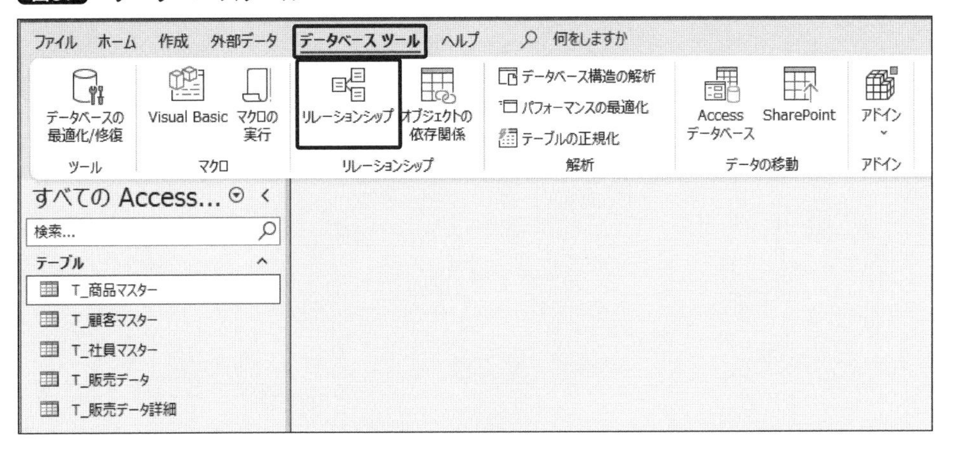

画面右側の「テーブルの追加」(非表示の場合はリボンの「テーブルの追加」をクリックで表示)に、作成したテーブルがリスト表示されています。Ctrl キーを押しながらすべて選択し、画面下部の「選択したテーブルを追加」をクリックすると、選択したテーブルの概要が画面中央に表示されます。**図38**は、テーブルの配置を手動で(ドラッグ)調整したものです。

図38 テーブルの配置

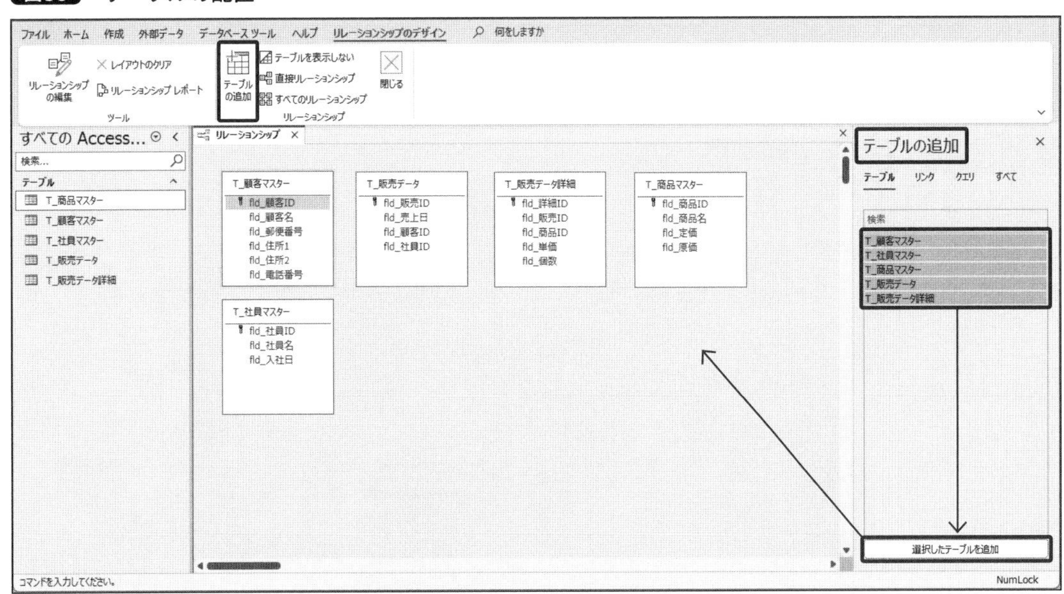

ここで、共通フィールドを結びます。

まずは「T_販売データ」の「fld_販売ID」をドラッグして、「T_販売データ詳細」の「fld_販売ID」の上でマウスのボタンから手を離します(**図39**)。

図39 共通フィールド同士をドラッグ

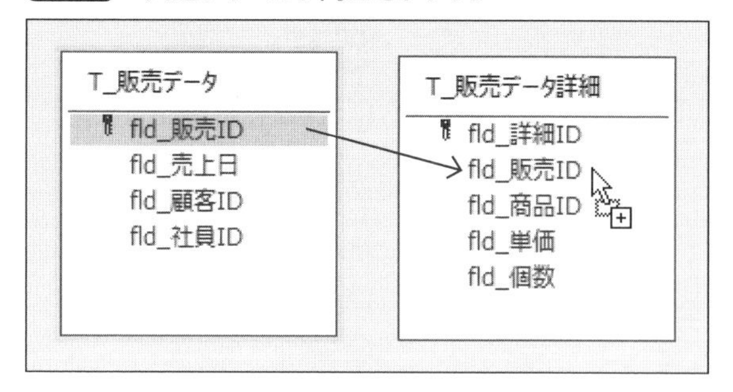

すると、**リレーションシップ**というウィンドウが開きます(**図40**)。

この画面では、共通フィールドにどんなルールを設定するかを決めることができます。

図40 リレーションシップの設定

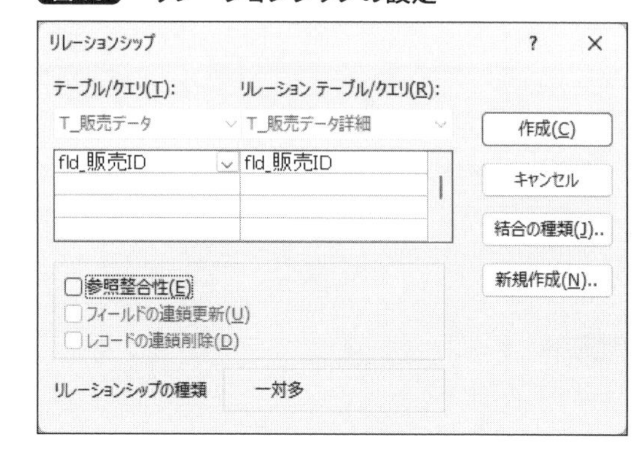

2-4-3 参照整合性

リレーションシップを保つためのルールはいくつかあって、まずは**参照整合性**です。**図41**のように、「参照整合性」にチェックを入れます。

図41 参照整合性

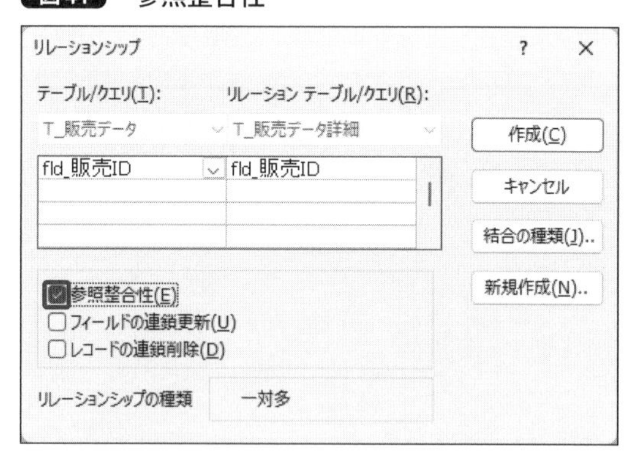

参照整合性を設定すると、共通フィールドにおいて「主キー」側のテーブルに存在する値しか、「外部キー」側のテーブルに収納することができなくなります。具体的には、ここでは「T_販売データ」の「fld_販売ID」に存在するIDしか、「T_販売データ詳細」の「fld_販売ID」には登録できなくなります(**図42**)。

図42 参照整合性の特徴

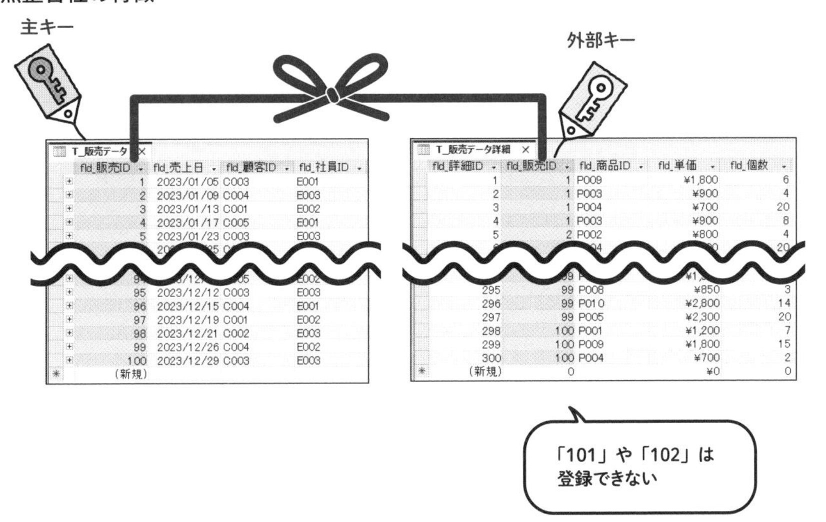

「T_販売データ」を親、「T_販売データ詳細」を子と表現すると、先に親テーブルで販売IDを作っておかないと、子テーブルの詳細は登録できない、ということです。親情報の「いつ、どこに、だれが」が存在しない状態で、子情報の「なにが、いくつ、いくらで」が登録できてしまうと、子情報が宙に浮いて困ってしまうからです。参照整合性を設定しておくと、このような矛盾を防ぐことができます。

参照整合性にはもう1つ特徴があり、子情報が存在する場合に親情報の結合フィールドの更新（値の変更）、または該当レコードの削除はできません。ここでも、宙に浮いた子情報が生まれないしくみになっています（図43）。

図43 更新と削除の禁止

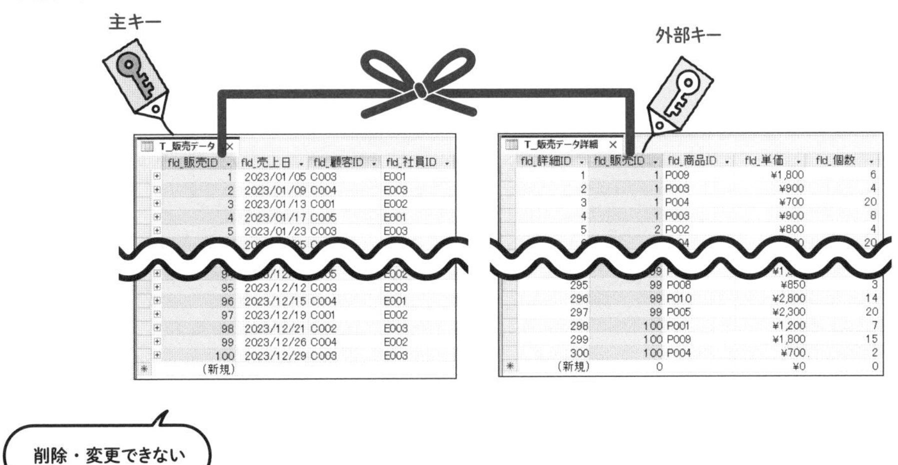

ただし、「T_販売データ」の「fld_販売ID」はオートナンバー型なので、参照整合性に関係なく更新はできません。

2-4-4 連鎖更新／連鎖削除

参照整合性にチェックを付けると、その下の「フィールドの連鎖更新」「レコードの連鎖削除」にもチェックが可能になります(図44)。ここでは、**この2つの項目にチェックを付けて**ください。

ここにチェックを付けると、子情報が存在する親情報の結合フィールドの更新、または該当レコードの削除が可能になります。宙に浮いた子情報が生まれないようにするため、子情報の外部キーも同じ値に更新されるか、該当レコードがすべて削除される形で整合性を保ちます(図45)。

図44 連鎖更新と連鎖削除

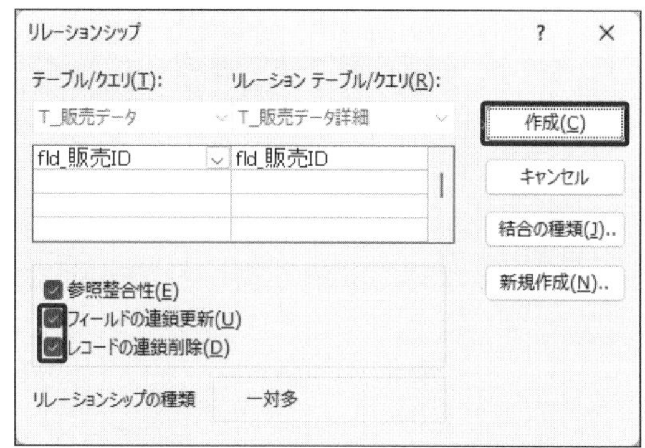

図45 連鎖更新／連鎖削除

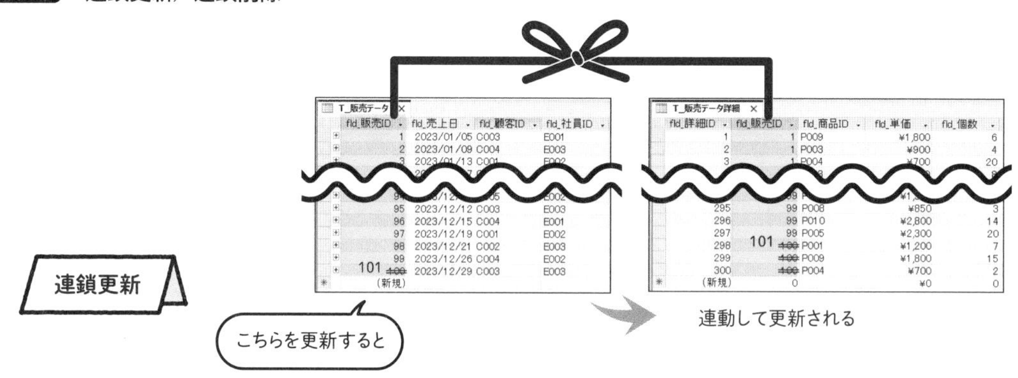

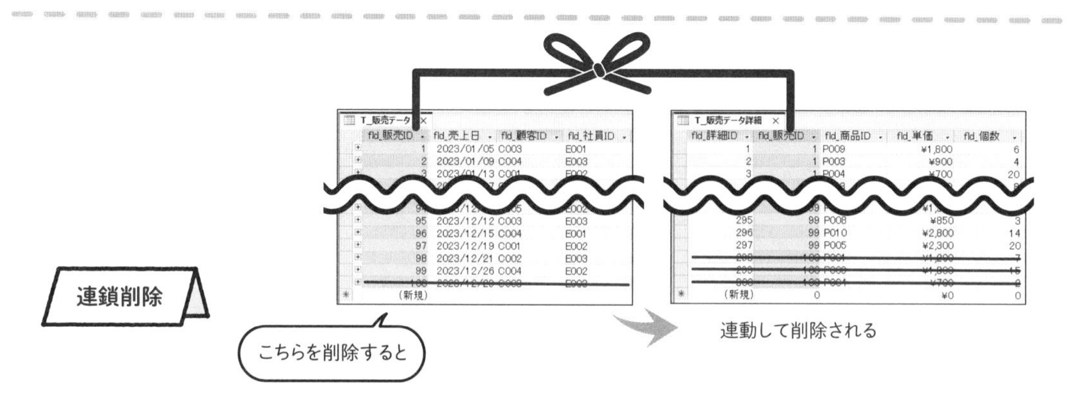

なお、解説のため図では更新例を紹介していますが、「T_販売データ」の「fld_販売ID」はオートナンバー型なので更新はできません。「フィールドの連鎖更新」のチェックを外しても問題ありません。

この設定で「作成」をクリックすると、「リレーションシップ」ウィンドウが閉じます。共通フィールドが線で結ばれ、リレーションシップが設定されました。**1**と**∞**のマークは、一対多を表しています（**図46**）。リレーションシップの線をダブルクリックすると、先ほどの設定ウィンドウを再度表示することができます。

図46 リレーションシップが設定された

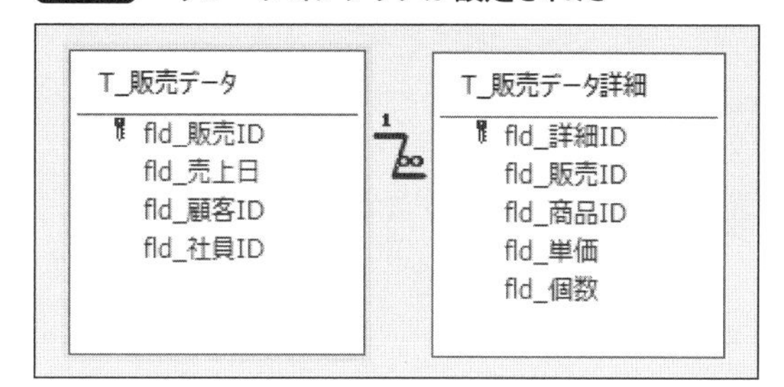

ほかのテーブルも**図47**を参考にリレーションシップを設定します。本書では、「T_販売データ」「T_販売データ詳細」間以外では「フィールドの連鎖更新」「レコードの連鎖削除」は設定しません。設定後、上書き保存して「リレーションシップのデザイン」タブの「閉じる」をクリックして、リレーションシップの設定を終了します。

図47 リレーションシップ全貌

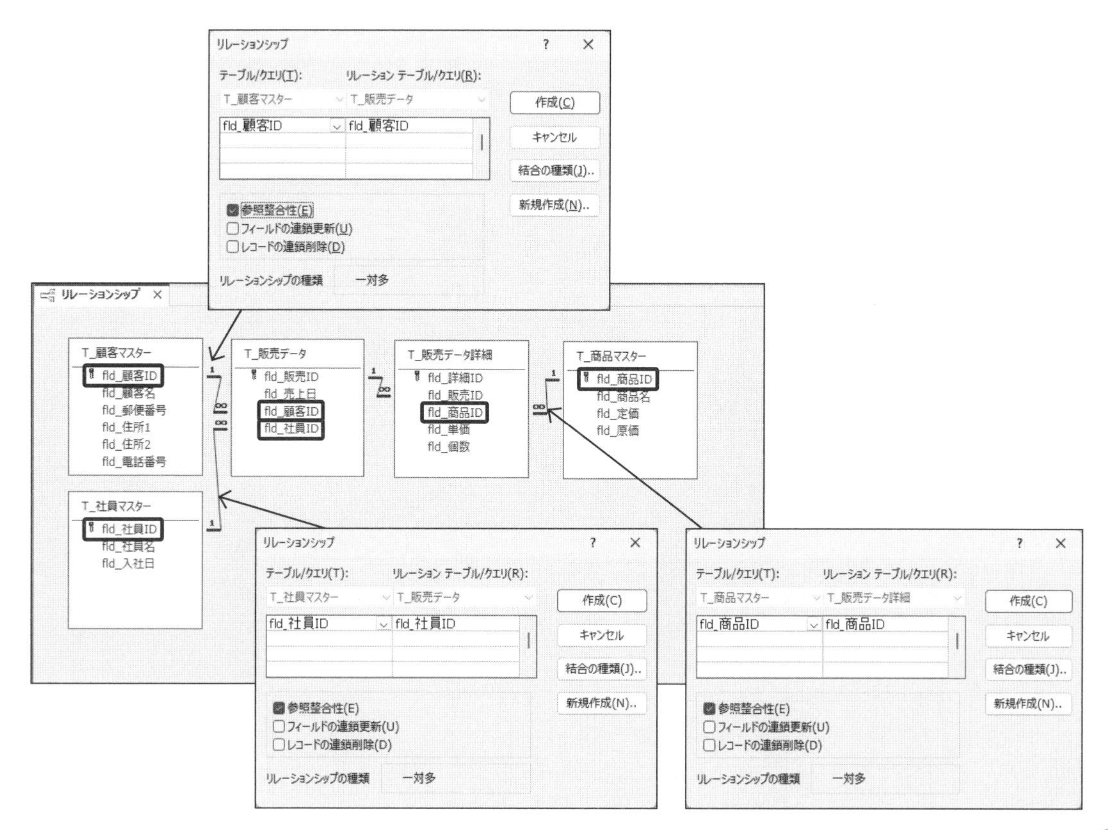

ちなみに、マスターの登録が間に合わずに仮のIDで利用せざるを得ない状況が多いケースなどは、参照整合性にチェックを入れずに運用することも可能です。ただし、その場合は監視が働いていないことになるので、「宙に浮いた子情報が発生する可能性がある」ことは必ず把握しておきましょう。

2-4-5 サブデータシート

リレーションシップを設定すると、一対多の**一側**のテーブルをデザインビューで見たときに、[+]が表示されます。クリックすると展開され、関連付けられているテーブルから該当するレコードのみを表示することができます。

図48 サブデータシート

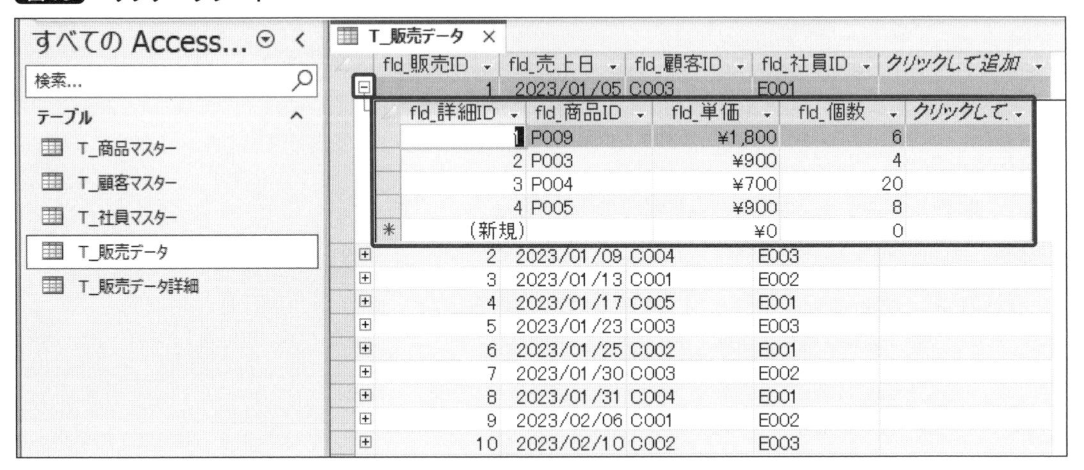

サブデータシート内のレコードは、この状態でも編集可能です。ここでもレコードからカーソルが離脱すると変更が確定してしまうので、うっかりで編集してしまわないように注意しましょう。

クエリの作成

3-1 クエリの基礎

3-1-1 データベースを操作する手段

Accessでは**クエリ**というと**クエリオブジェクト**を指す場合が多いですが、一般的にはクエリとは、ユーザーがデータベースに対して「要求する行為」のことを指します。日本語では**問い合わせ**と表現されます。

一般的にRDBMSでは、SQL (Structured Query Language) というデータベース言語でクエリを記述してデータベースへ渡し、データベースは受け取ったクエリに応じて処理を行ってくれます(**図1**)。

図1 一般的なクエリの意味

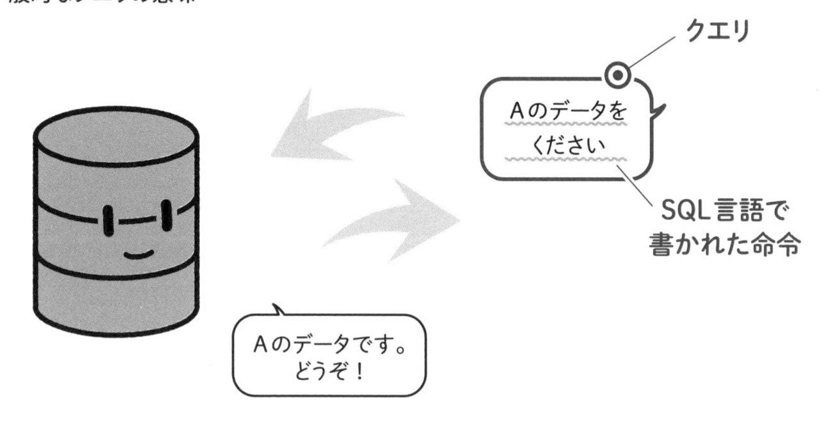

Accessでクエリを実行する手段は3つあり、そのうち2つはSQLの知識がなくても使えるようになっています(**図2**)。

1つ目は、テーブルオブジェクトのデータシートビューです。Excelのワークシートと似たような操作感で、実はデータを編集するたびに作業がSQLに変換され、クエリが実行されています。

2つ目は、クエリオブジェクトです。これはAccess特有のもので、SQLを記述しなくてもビジュアルプログラミングでクエリを作ることができます。このオブジェクトの名称としてクエリという単語が使われています。

3つ目は、SQLを自分で記述して実行する方法です。ほかの選択肢より難易度は高くなりますが、別のオブジェクトを介さないので、まわりくどいことをせずにスマートに処理ができます。

図2 Accessでクエリを実行する3つの手段

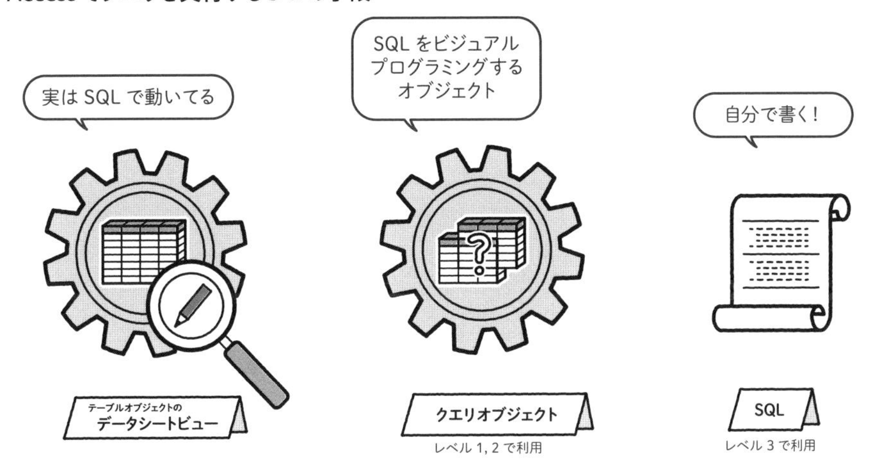

本書では、**2-3-3**（P.55）でも書いた通り、データ保全の観点からテーブルのデータシートビューは使いません。レベル1、2のアプリでクエリオブジェクトを、レベル3のアプリでSQLを直接使う方法を紹介します。

この章では、レベル１、２アプリで使うためのクエリオブジェクトを作ります。**CHAPTER 2**で作ったテーブルオブジェクトから、データを取り出したり、データを編集したりするオブジェクトです。このオブジェクトはちょっと珍しくて、ドラッグや選択など、かんたんな操作でSQLをビジュアルプログラミングできるのが大きな特徴です。

ゲームや教材で、パズルのようにプログラミングができる商品を見たことがあるでしょうか？　同じように、SQLがわからなくてもデータベースへの要求を作ることができるのです（**図3**）。

図3 SQLをビジュアルプログラミングできるオブジェクト

SQLがわからなくても使える、という点ではテーブルのデータシートビューと同じですが、クエリオブ

ジェクトのほうが明確に**実行**させないと動かないため、知らないうちにデータを変更してしまったという事態が起こりにくくなります。

また、1つのテーブル内の複数レコードを一度に処理する、ということも可能です。

3-1-2 クエリの種類

クエリオブジェクトは、主に2つの種類に分類できます。

1つ目は、テーブルからデータを「取り出す」役割のクエリで、**選択クエリ**と呼ばれます。容量を増やさずに仮想的な表として閲覧できるレコードセット(P.19)を作成することができます。単一のテーブルから必要なデータだけ取り出すことはもちろん、複数テーブルからデータを組み合わせたり計算したり、人間の読みやすいように整形して閲覧させてくれるオブジェクトです(**図4**)。

図4 選択クエリ

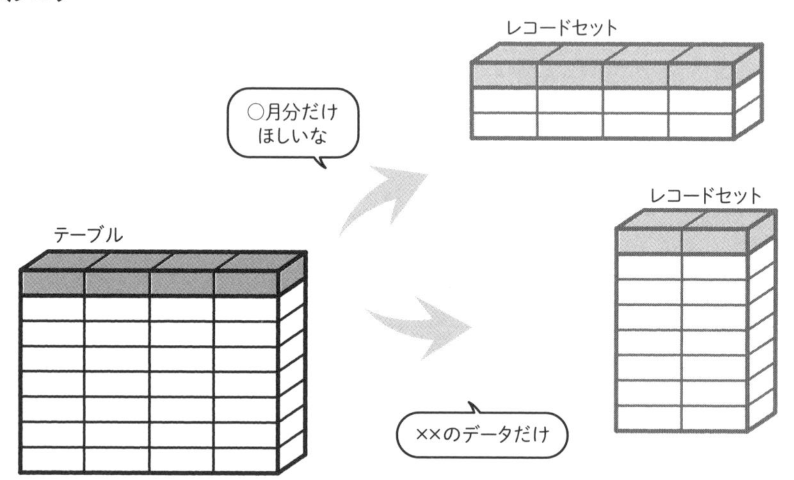

2つ目は、テーブルのデータに「変更を加える」役割のクエリです。**アクションクエリ**と呼ばれます。テーブルのデータシートビューでは変更が容易すぎて安全面に心配があり、SQLを記述するとなると難易度が高い、その中間に位置する存在です。オブジェクトに動作を登録して、実行することでテーブルを操作することができます。

アクションクエリの中で、新規レコードを加える役割のクエリを**追加クエリ**、既存レコードのデータを変更する役割のクエリを**更新クエリ**、既存レコードを削除する役割のクエリを**削除クエリ**と呼びます(**図5**)。

図5 アクションクエリ

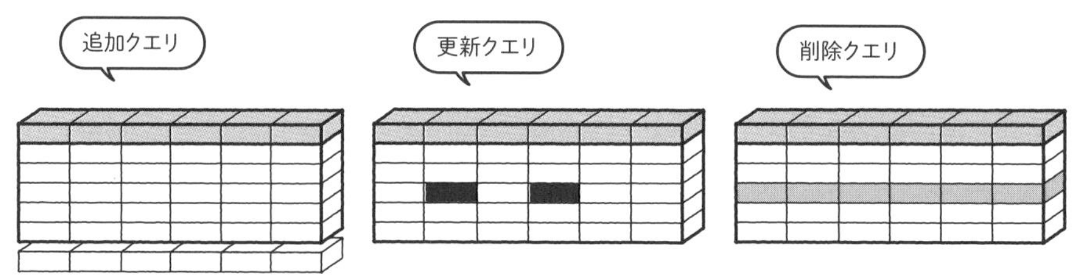

ほかにも複雑な処理をできるクエリはありますが、まずはこの4つのクエリを覚えれば、基本の動作が可能です。

3-1-3 ビューの種類

クエリには、**デザインビュー、SQLビュー、データシートビュー**の3つのビューがあります。

デザインビューは、クエリの設計・設定を行うビューです（**図6**）。画面が上下に分かれていて、上部に利用するテーブルを配置し、下部のグリッドにフィールドを配置し、設定を行います。

図6 クエリのデザインビュー

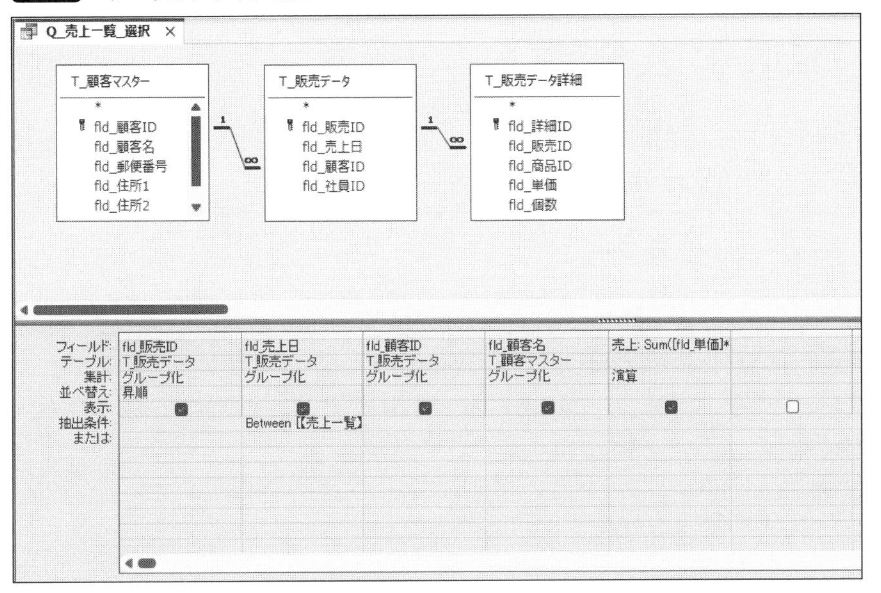

SQLビューは、デザインビューで設計したクエリがSQLに変換された形が格納されているビューです（**図7**）。クエリを実行すると、実際にはこのSQLが動作します。SQL側を編集すると、デザインビュー側にも反映されます。

図7 クエリのSQLビュー

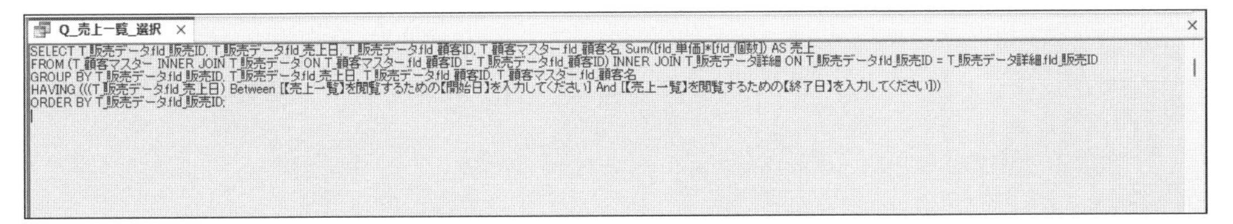
```
SELECT T_販売データ.fld_販売ID, T_販売データ.fld_売上日, T_販売データ.fld_顧客ID, T_顧客マスター.fld_顧客名, Sum([fld_単価]*[fld_個数]) AS 売上
FROM (T_顧客マスター INNER JOIN T_販売データ ON T_顧客マスター.fld_顧客ID = T_販売データ.fld_顧客ID) INNER JOIN T_販売データ詳細 ON T_販売データ.fld_販売ID = T_販売データ詳細.fld_販売ID
GROUP BY T_販売データ.fld_販売ID, T_販売データ.fld_売上日, T_販売データ.fld_顧客ID, T_顧客マスター.fld_顧客名
HAVING (((T_販売データ.fld_売上日) Between [【売上一覧】を閲覧するための【開始日】を入力してください] And [【売上一覧】を閲覧するための【終了日】を入力してください]))
ORDER BY T_販売データ.fld_販売ID;
```

データシートビューは、クエリの結果を表示するビューです（**図8**）。テーブルのデータシートビューと似ていて、主に選択クエリで取得したレコードセットを閲覧するために使います。アクションクエリでは、

追加・更新・削除する対象のレコードを閲覧することができます。

図8 クエリのデータシートビュー

Q_売上一覧_選択

fld_販売ID	fld_売上日	fld_顧客ID	fld_顧客名	売上
1	2023/01/05	C003	C社	¥35,600
2	2023/01/09	C004	D社	¥54,300
3	2023/01/13	C001	A社	¥46,100
4	2023/01/17	C005	E社	¥25,100
5	2023/01/23	C003	C社	¥104,250
6	2023/01/25	C002	B社	¥43,300
7	2023/01/30	C003	C社	¥19,600
8	2023/01/31	C004	D社	¥77,600
9	2023/02/06	C001	A社	¥115,400
10	2023/02/10	C002	B社	¥73,600

これらのビューを使い分けて、**CHAPTER 2**で作ったテーブルからデータを取り出したり、データを編集したりするクエリオブジェクトを作っていきましょう。

3-1-4 クエリの実行方法

Accessでは基本的に、ナビゲーションウィンドウでオブジェクトをダブルクリックすると、**開く**という動作をします。この「開く」はオブジェクトの種類によって異なり、それぞれの「既定の動作」に従います。テーブルならばデータシートビューで開くのですが、クエリの場合は「実行」です(**図9**)。この仕様には注意してください。

図9 ナビゲーションウィンドウからクエリを実行

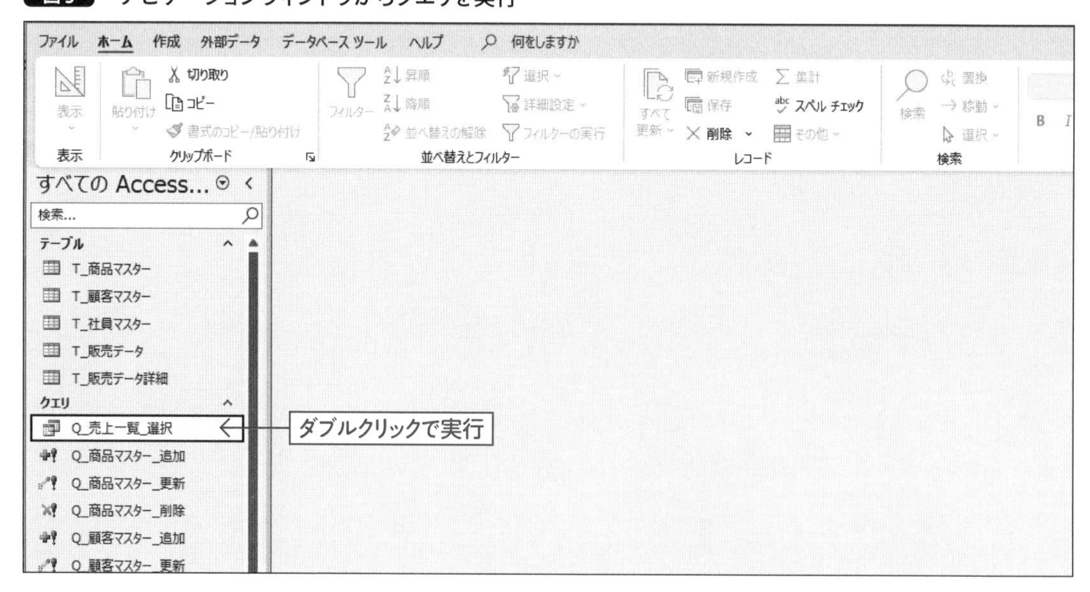

設定のためにデザインビューで開きたい場合は、右クリックして「デザインビュー」を選択してください（図10）。

図10 クエリをデザインビューで開く

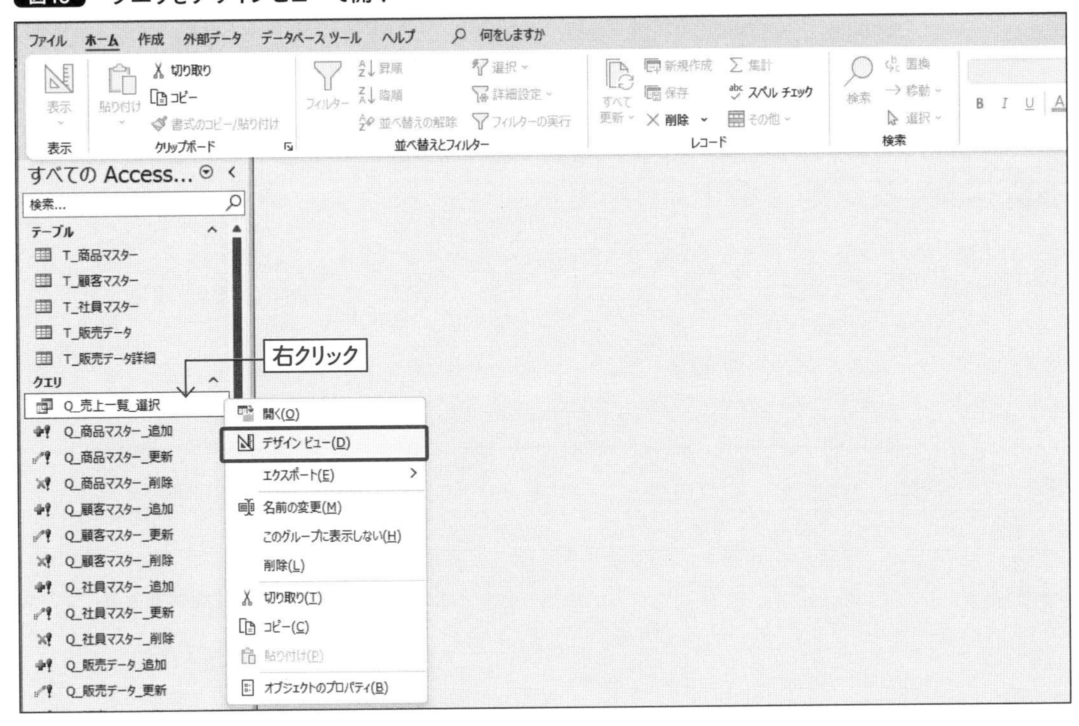

また、デザインビューでは、リボンの「クエリデザイン」の「実行」ボタンからもクエリを実行することができます（図11）。

図11 デザインビューからのクエリの実行

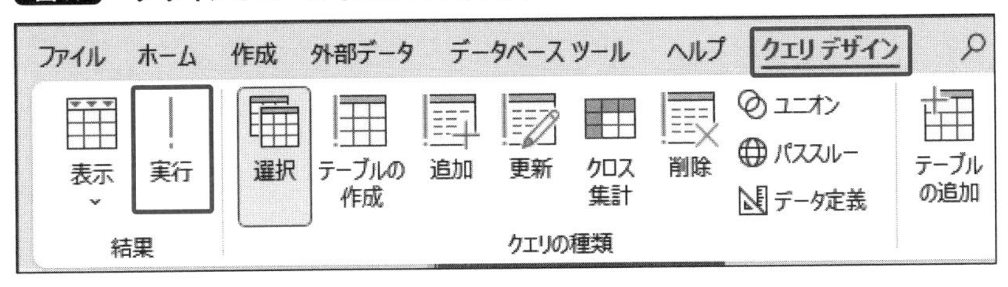

CHAPTER 3

単一テーブルからの選択クエリ

3-2-1 オブジェクトの作成

まずは選択クエリからはじめましょう。ここでは単一テーブルからデータを取り出す、かんたんな選択クエリの作成方法を学びます。このクエリはアプリでは使いませんが、**3-3**（P.82）以降で実用的なクエリを作る前の予習として作ってみてください。

「作成」タブから「クエリデザイン」をクリックします（図12）。この操作では、新規のクエリオブジェクトをデザインビューで開きます。

図12 クエリデザインから作成

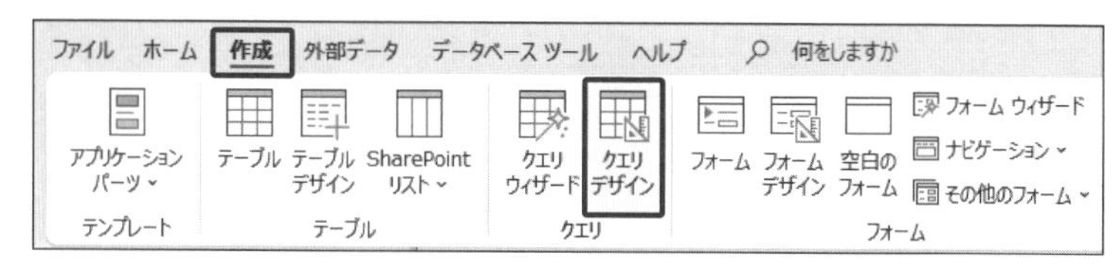

開いた画面が、クエリのデザインビューです。新規で作成した場合、デフォルトが「選択クエリ」なのでこのまま先に進みます（図13）。

図13 新規クエリのデザインビュー

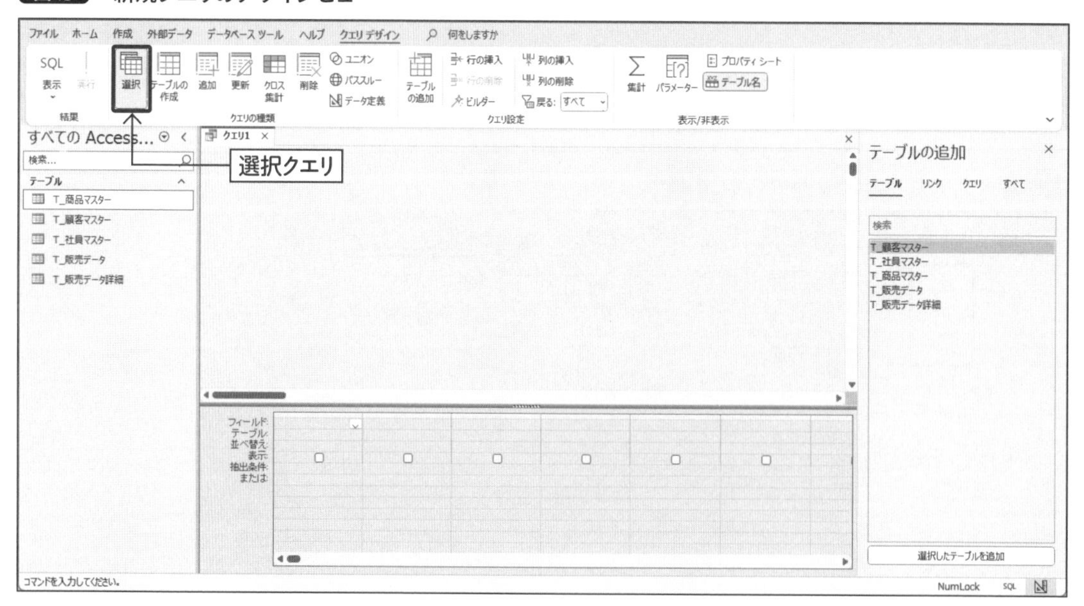

保存して名前を設定しましょう。オブジェクト名のタブを右クリックして「上書き保存」を選択し、名前は「Q_商品情報_選択」とします。「**Q_内容_クエリの種類**」のルールで名前を付けていきましょう（**図14**）。

図14 名前を付けて保存

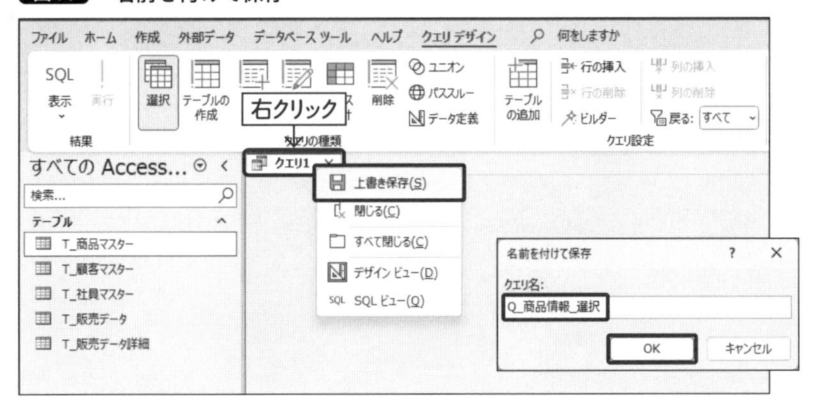

タブの名称が変わり、ナビゲーションウィンドウにも「クエリ」の項目とともにオブジェクト名が表示されました（**図15**）。ちなみに、ナビゲーションウィンドウのアイコンはクエリの種類によって違います。

図15 ナビゲーションウィンドウに表示された

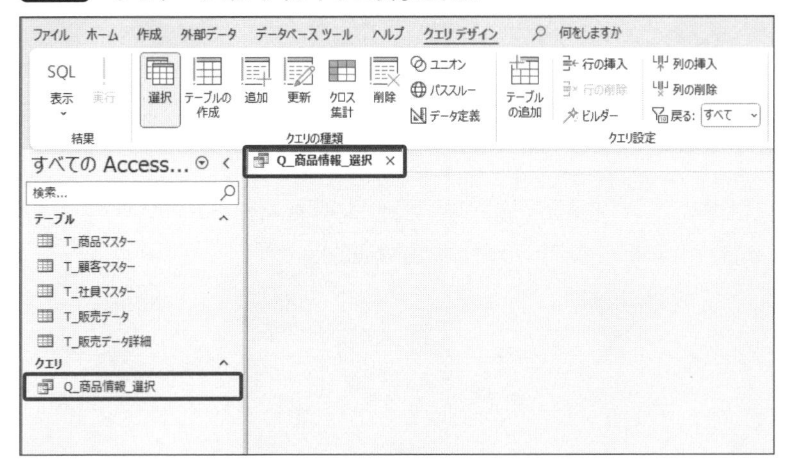

3-2-2 クエリの設定と実行

利用したいテーブルを追加します。右側の「テーブルの追加」（非表示の場合、「クエリデザイン」タブの「テーブルの追加」をクリック）から「T_商品マスター」を選択し、「選択したテーブルを追加」をクリックすると、画面上部にテーブルの概要が表示されます（**図16**）。

図16 テーブルの追加

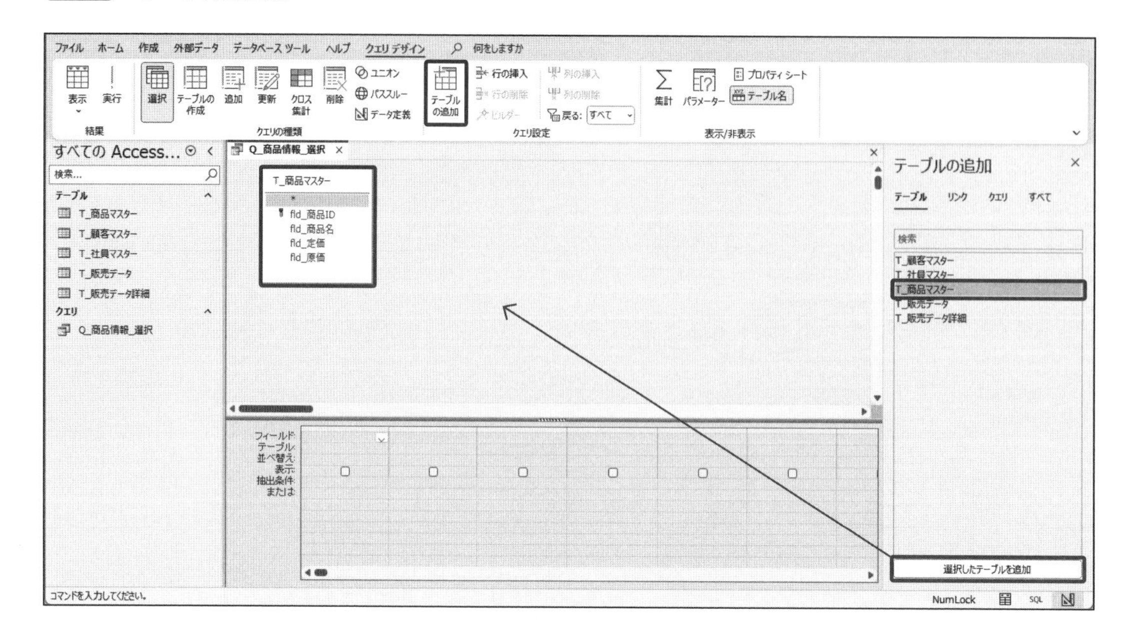

追加したテーブルから取り出したいフィールドを、画面下部のグリッドへドラッグします。「fld_商品ID」と「fld_商品名」の2つをドラッグしてみましょう。一番上の「フィールド」欄にフィールド名が、二番目の「テーブル」欄にそのフィールドが所属するテーブル名が表示されます。

このグリッドでの順番が取り出したレコードセットの横方向の順番になります（図17）。

図17 フィールドをドラッグ

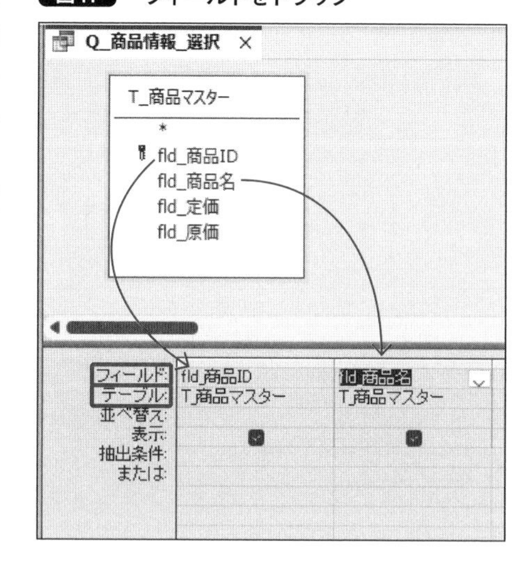

これで選択クエリの設定ができました。実行して、データを取り出してみましょう。

クエリの実行は、ナビゲーションウィンドウでオブジェクトをダブルクリックするほか、「クエリデザイン」タブの「実行」ボタンで行います。選択クエリの実行はデータシートビューへの切り替えと同じなので、どちらでも同じ結果になります（図18）。

図18 選択クエリの実行

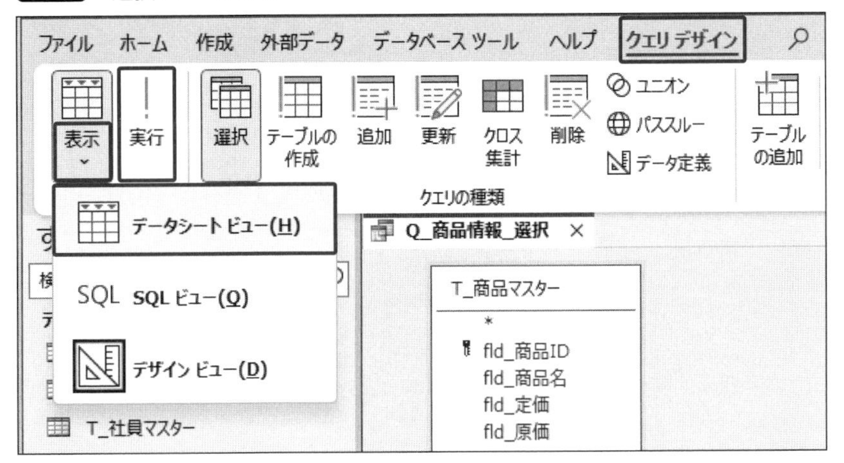

選択クエリが実行され、データシートビュー表示になりました。「T_商品マスター」テーブルから、「fld_商品ID」と「fld_商品名」の2つのフィールドが抽出されています（図19）。

図19 選択クエリの実行結果

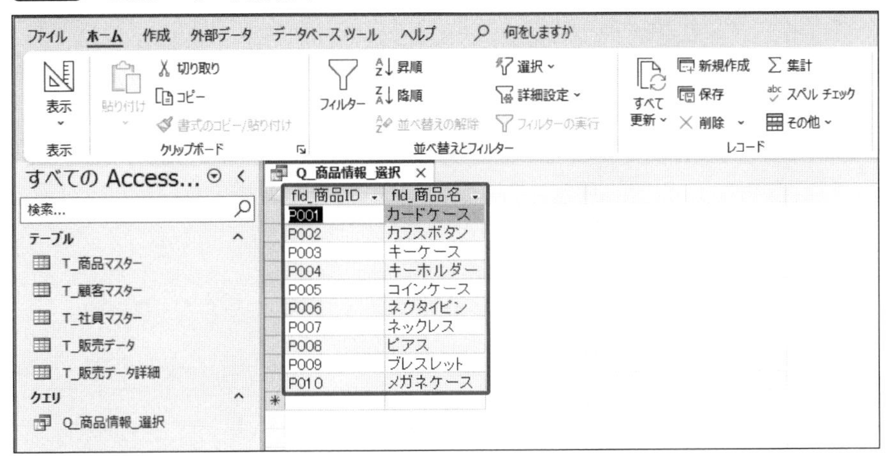

3-2-3 クエリのデータシートビューの危険性

選択クエリのデザインビューは、デフォルトの状態では値を変更することが可能です。つまり、ここでレコードを変更すると**直接テーブルの値が書き換わってしまいます**（図20）。

テーブルもクエリも、データシートビューは実際のテーブルを表示しているのと変わらないため、**不用意に操作しないよう十分に注意してください**。本書で作るアプリでは、データの編集は必ずアクションクエリを使うことを仕様としています。

図20 データシートビューはテーブルが編集できてしまう

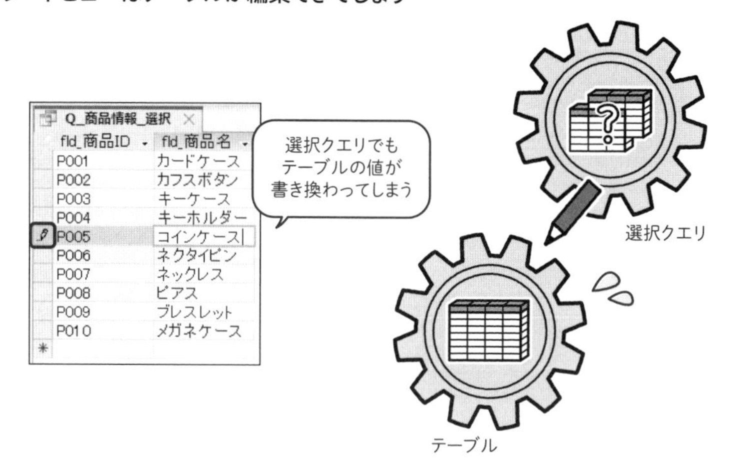

選択クエリのデータシートビューを閲覧専用で使う場合は、デザインビューの「クエリデザイン」タブから**プロパティシート**を表示し、余白をクリックしてから「レコードセット」の項目を「スナップショット」にすることで、データシートビューでの編集を禁止することができます（図21）。

図21 選択クエリのデータシートビューを閲覧専用にする設定

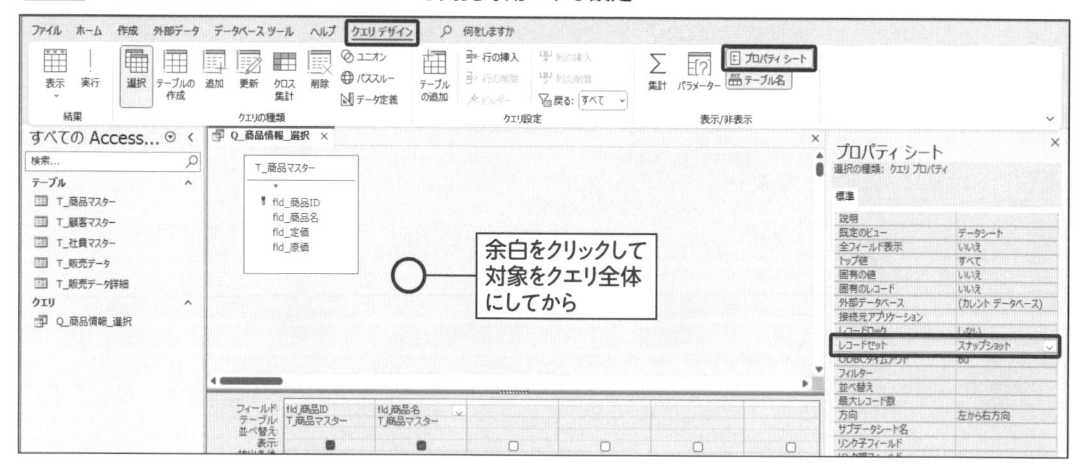

ただし、新規に作成する選択クエリは、**デフォルトではテーブルの値が変更可能**です。この点は忘れずに、十分に注意してください。

3-2-4 演算フィールド

選択クエリでは、存在するフィールドだけでなく、フィールドを使った演算結果を仮想のフィールドとして表示することができます。これを**演算フィールド**と呼びます。試しにそれぞれのレコードの「定価-原価」を表示する演算フィールドを作ってみましょう。

デザインビューに切り替えて、グリッドの空いているフィールドを選択して、「クエリデザイン」タブの「ビルダー」をクリックします。表示された**式ビルダー**ウィンドウへ、「定価-原価: [fld_定価]-[fld_原価]」と入力し、「OK」をクリックします(**図22**)。なお、**記号はすべて半角英数で入力**します。

「:(コロン)」の左側が表示されるフィールド名、右側が計算式になります。

図22 演算フィールドの作成

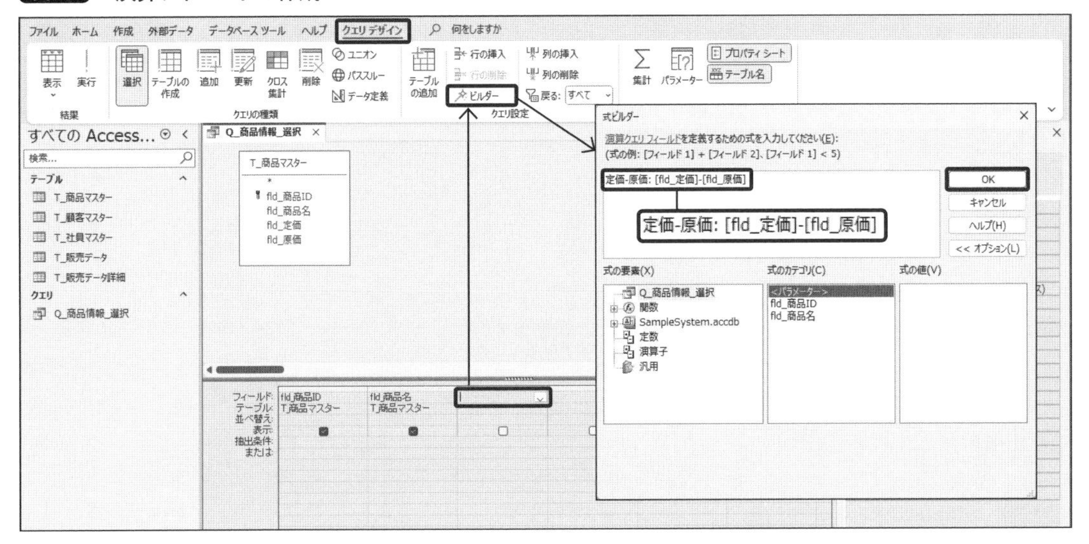

データシートビューに切り替えて結果を見てみましょう。「定価-原価」というフィールドができています(**図23**)。なお、表示だけなので、テーブルの容量は増えていません。

図23 演算フィールドの実行結果

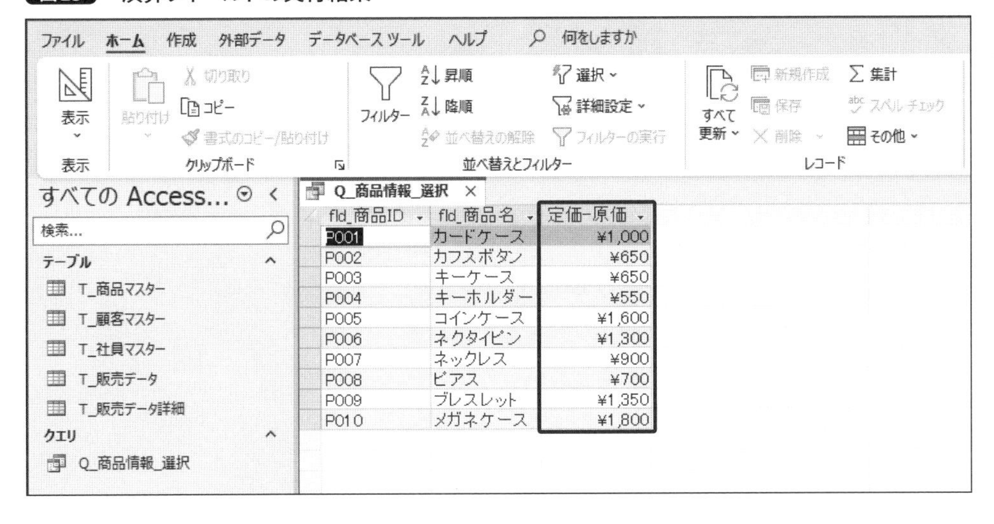

fld_商品ID	fld_商品名	定価-原価
P001	カードケース	¥1,000
P002	カフスボタン	¥650
P003	キーケース	¥650
P004	キーホルダー	¥550
P005	コインケース	¥1,600
P006	ネクタイピン	¥1,300
P007	ネックレス	¥900
P008	ピアス	¥700
P009	ブレスレット	¥1,350
P010	メガネケース	¥1,800

3-2-5 抽出条件の設定

現状は、テーブルにあるレコード10件をすべて取り出しています。ここへ条件を加えて、必要なレコードだけにしてみましょう。デザインビューに切り替えます。

「fld_商品ID」列の「抽出条件」欄に「"P005"」と書くと、「商品IDがP005と一致する」条件となります。" はAccessが**テキスト型と判断するための識別子**なので、忘れずに入れてください(**図24**)。

識別子はフィールドのデータ型によって異なり、日付型(売上日など)ならば#で囲んで「#2023/01/01#」のように、**通貨型や数値型(単価や個数など)は識別子なし**で「100」のように書きます。

図24 抽出条件の設定

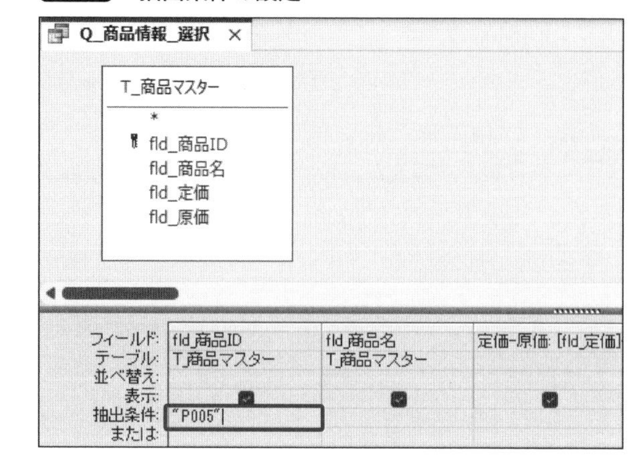

データシートビューに切り替えると、設定した通り「商品IDフィールドがP005に一致する」レコードのみが抽出されました(**図25**)。

図25 条件を設定した実行結果

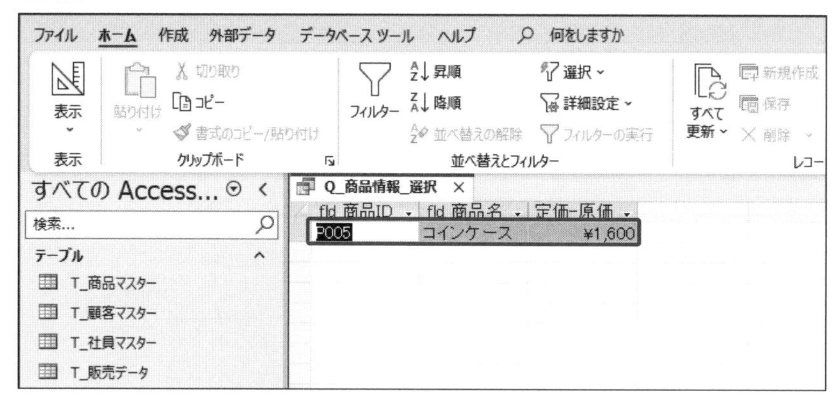

頭に <> を付けると**以外**になります。また、テキスト型では「**Like "*○"**」で後方一致、「**Like "○*"**」で前方一致、「**Like "*○*"**」で含む、などの書き方ができます(**図26**)。

図26 さまざまな条件抽出

P005以外

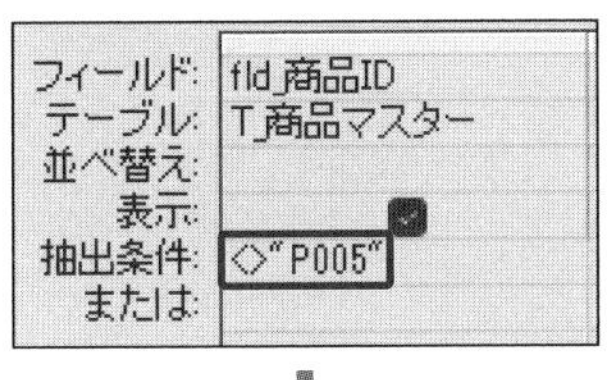

Q_商品情報_選択

fld_商品ID	fld_商品名	定価-原価
P001	カードケース	¥1,000
P002	カフスボタン	¥650
P003	キーケース	¥650
P004	キーホルダー	¥550
P006	ネクタイピン	¥1,300
P007	ネックレス	¥900
P008	ピアス	¥700
P009	ブレスレット	¥1,350
P010	メガネケース	¥1,800

後方一致

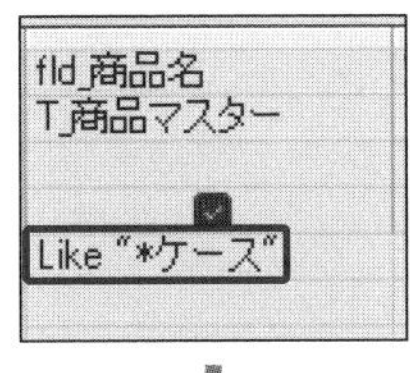

Q_商品情報_選択

fld_商品ID	fld_商品名	定価-原価
P001	カードケース	¥1,000
P003	キーケース	¥650
P005	コインケース	¥1,600
P010	メガネケース	¥1,800

前方一致

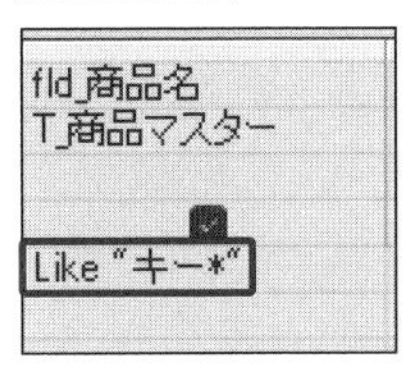

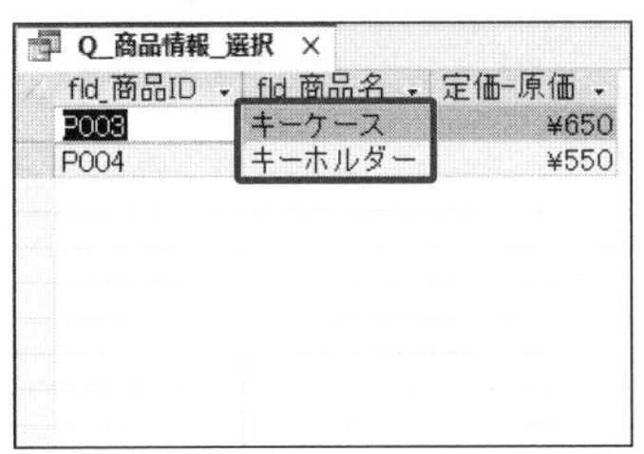

Q_商品情報_選択

fld_商品ID	fld_商品名	定価-原価
P003	キーケース	¥650
P004	キーホルダー	¥550

また、数値型、通貨型、日付型などの計算ができるフィールドでは、>=（**以上**）、<=（**以下**）、>（**より大きい**）、<（**より小さい**）を条件にできます。もちろん演算フィールドにも条件は設定可能です（**図27**）。

図27 比較を使った条件抽出

1000未満

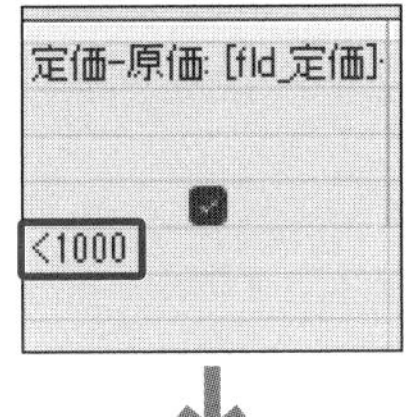

Q_商品情報_選択

fld_商品ID	fld_商品名	定価-原価
P002	カフスボタン	¥650
P003	キーケース	¥650
P004	キーホルダー	¥550
P007	ネックレス	¥900
P008	ピアス	¥700

1000以上

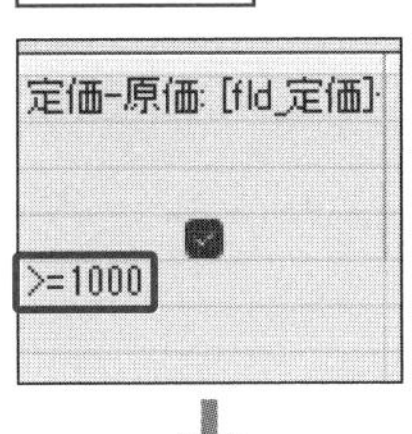

Q_商品情報_選択

fld_商品ID	fld_商品名	定価-原価
P001	カードケース	¥1,000
P005	コインケース	¥1,600
P006	ネクタイピン	¥1,300
P009	ブレスレット	¥1,350
P010	メガネケース	¥1,800

3-2-6 パラメータークエリ

抽出条件はデザインビューに保存されるので、実行するたびに同じ条件でデータが抽出されることになります。条件を変えたいときはデザインビューを開いて式を書き換えないといけないので、毎回だったら大変ですよね。そこで、クエリを実行するたびに条件を入力要求してくれる、**パラメータークエリ**に変更してみましょう。

デザインビューで、「fld_商品ID」列の「抽出条件」欄に「[IDを入力]」と書きます（**図28**）。**3-2-4**の演算フィールド（P.76）のように、式で **[ ]** を使う場合は中に既存のオブジェクト（フィールドやテキストボックスなど）を書きますが、あえて存在しないものを書くことができます。

図28　パラメータークエリの設定

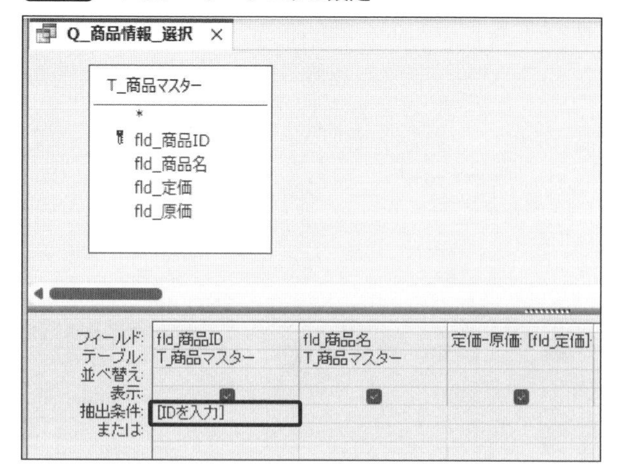

この状態で実行すると、[IDを入力] と書いたテキストを使って入力要求してくれます。これがパラメータークエリです。パラメーターを入力すると、その値を使った結果がデザインビューで表示されます（**図29**）。なお、パラメーター入力時は「"」などの識別子は必要ありません。

図29　パラメータークエリの実行

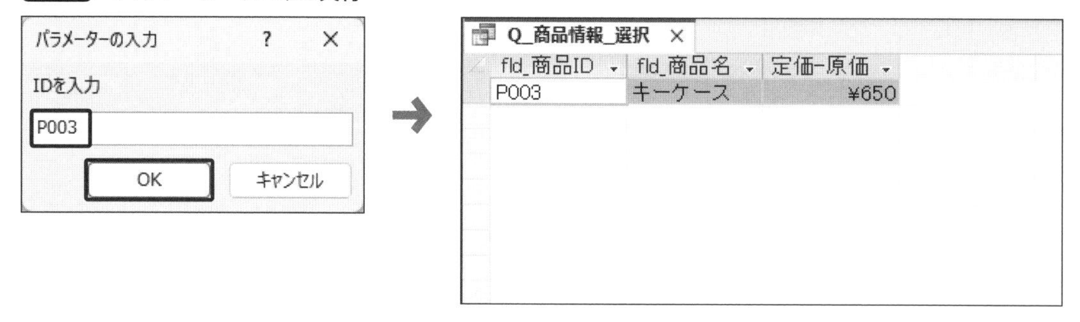

3-2-7 オブジェクトの削除

作成したオブジェクトが不要になったら、ナビゲーションウィンドウから削除します。該当のオブジェクトを右クリックし、「削除」を選択します（**図30**）。

図30 オブジェクトの削除

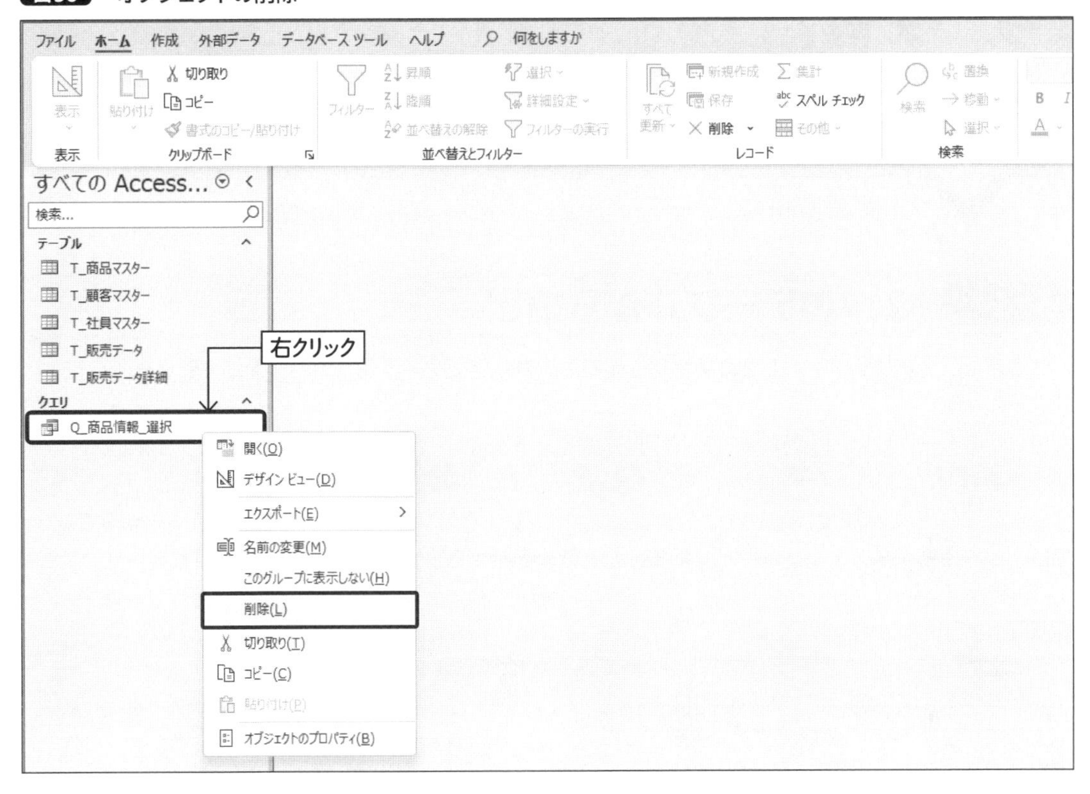

確認メッセージが表示されるので、「はい」をクリックするとオブジェクトが削除されます。元に戻せないので、操作は慎重に行ってください（図31）。

図31 削除の実行

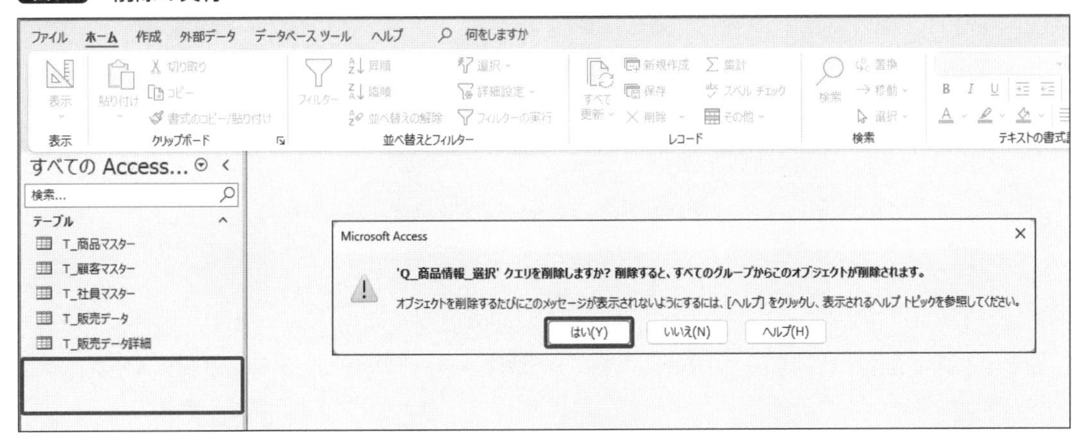

複数テーブルからの選択クエリ

3-3-1 2つのテーブルから抽出

ここからは実際にレベル1と2のアプリで使うための、売上データをコンパクトに一覧できる選択クエリを作ります。

元になるテーブルは「T_販売データ」、「T_販売データ詳細」、「T_顧客マスター」の3つです。「T_販売データ詳細」にはどのアイテムが、いくらで、いくつ売れたかの情報が入っていますが、その情報をすべて合算して、1つの販売で合計がいくらになったかを一覧できるレコードセットを作ります。顧客IDだけでは、どの会社かピンとこないので、顧客名も一緒に表示できるようにします(図32)。

図32 売上一覧の構想

T_販売データ

fld_販売ID	fld_売上日	fld_顧客ID	fld_社員ID
1	2023/01/05	C003	E001
2	2023/01/09	C004	E003
3	2023/01/13	C001	E002
4	2023/01/17	C005	E001
5	2023/01/23	C003	E003

T_販売データ詳細

fld_詳細ID	fld_販売ID	fld_商品ID	fld_単価	fld_個数
1	1	P009	¥1,800	6
2	1	P003	¥900	4
3	1	P004	¥700	20
4	1	P001	¥1,200	8
5	2	P002	¥800	4
6	2	P004	¥700	20

T_顧客マスター

fld_顧客ID	fld_顧客名	fld_郵便番号	fld_住所1	fld_住所2	fld_電話番号
C001	A社	342-0011	埼玉県吉川市深井新田	1-1-1	111-1111-1111
C002	B社	108-0073	東京都港区三田	Bビル202	222-2222-2222
C003	C社	270-1454	千葉県柏市柳戸	33-3	333-3333-3333
C004	D社	197-0011	東京都福生市福生	Dタワー404	444-4444-4444
C005	E社	239-0802	神奈川県横須賀市馬堀町	Eヒルズ550	555-5555-5555

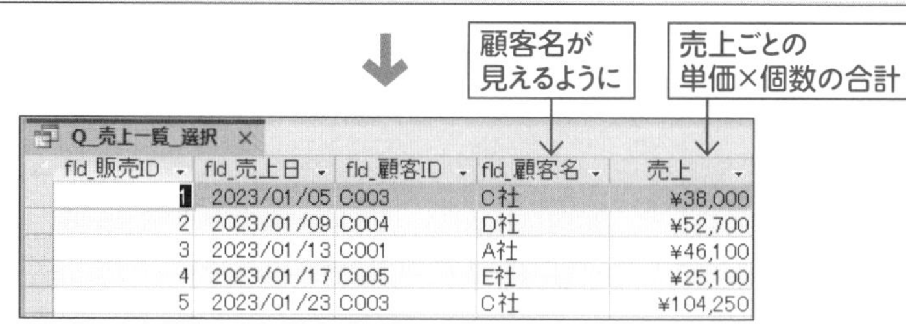

Q_売上一覧_選択

fld_販売ID	fld_売上日	fld_顧客ID	fld_顧客名	売上
1	2023/01/05	C003	C社	¥38,000
2	2023/01/09	C004	D社	¥52,700
3	2023/01/13	C001	A社	¥46,100
4	2023/01/17	C005	E社	¥25,100
5	2023/01/23	C003	C社	¥104,250

まずは**3-2-1**(P.72)で解説した方法を参考に、「Q_売上一覧_選択」という名前で選択クエリを作成します。第一段階として、「T_販売データ」、「T_顧客マスター」の2テーブルからはじめます。

新規クエリのデザインビューが開いたら、右側の「テーブルの追加」ウィンドウから、Ctrlキーを押しながら「T_顧客マスター」「T_販売データ」を選択し、「選択したテーブルを追加」をクリックします(**図33**)。

ここでテーブル同士の共通フィールドを繋ぐ必要があるのですが、テーブルのリレーションシップが存在している場合(P.63で設定済み)、それが継承されます。

図33　テーブルの追加

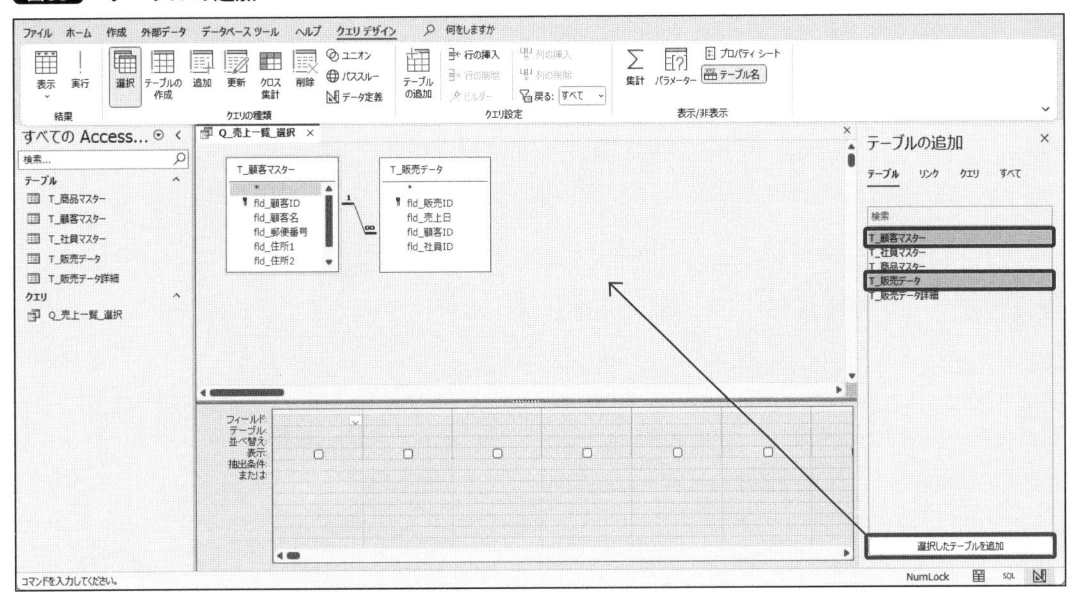

取り出したいフィールドを、画面下部のグリッドへドラッグします。「並び替え」欄では、レコードの並び順を指定できます。「fld_販売ID」が**昇順**(小さい順)になるように指定します(**図34**)。

図34　フィールドの設定

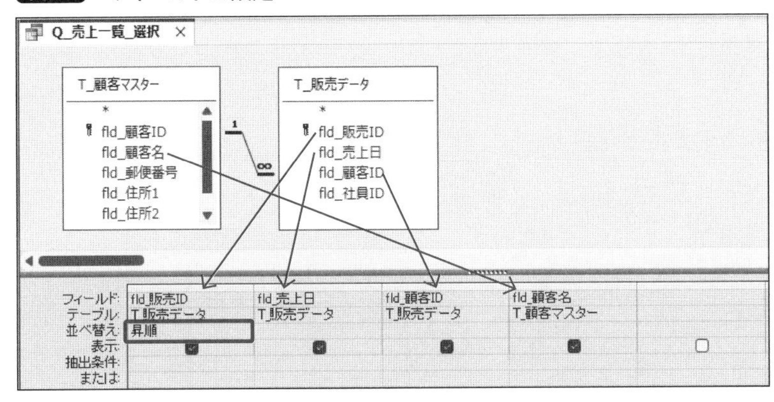

なお、選択クエリのデザインビューはデフォルトでは**直接テーブルの値が書き換わってしまう**ので、**3-2-3**(P.76)で解説した方法で、プロパティシートからレコードセットの項目を「スナップショット」にしておきましょう。

データシートビューに切り替えると、「T_販売データ」テーブルにはなかった「fld_顧客名」が表示され、IDだけのときよりデータが読みやすくなりました(図35)。

図35 実行結果

ファイル ホーム 作成 外部データ データベースツール ヘルプ 何をしますか

すべての Access...　Q_売上一覧_選択

テーブル: T_商品マスター / T_顧客マスター / T_社員マスター / T_販売データ / T_販売データ詳細

fld_販売ID	fld_売上日	fld_顧客ID	fld_顧客名
1	2023/01/05	C003	C社
2	2023/01/09	C004	D社
3	2023/01/13	C001	A社
4	2023/01/17	C005	E社
5	2023/01/23	C003	C社
6	2023/01/25	C002	B社
7	2023/01/30	C003	C社
8	2023/01/31	C004	D社
9	2023/02/06	C001	A社

3-3-2 一対多テーブルの抽出結果

ここで、複数テーブルからデータを抽出したときの特徴について学びましょう。もともと「T_販売データ」テーブルには100、「T_顧客マスター」テーブルには5つのレコードが登録されていました。画面下部にある抽出レコード数を見ると、この2つのテーブルから作成したレコードセットの総レコード数は100であることがわかります。複数テーブルからデータを抽出した場合、レコード数の多いほうに合わせられます(図36)。

図36 レコードは数の多いほうに合わせられる

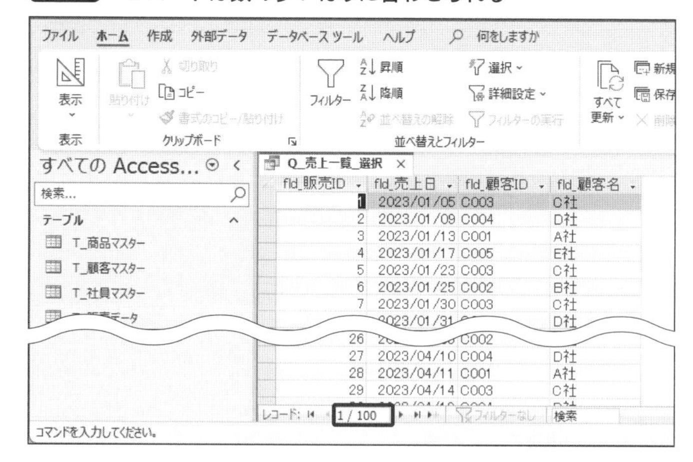

数が少ないテーブルの値は、共通フィールドをたどって読み込まれます(図37)。

図37 共通フィールドをたどって補完される

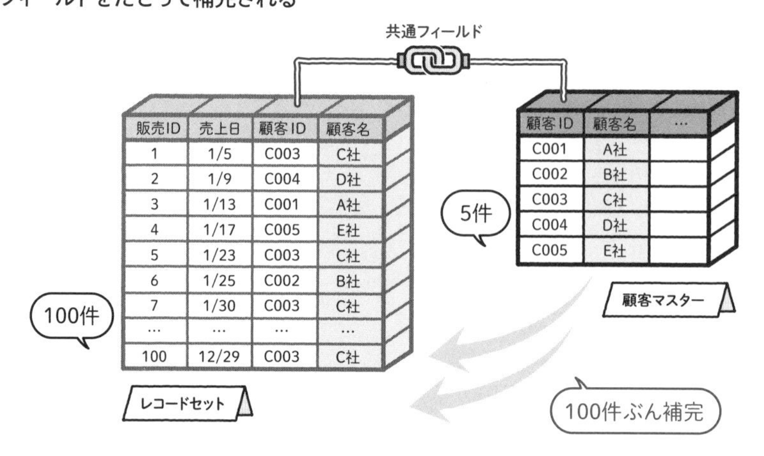

販売ID	売上日	顧客ID	顧客名
1	1/5	C003	C社
2	1/9	C004	D社
3	1/13	C001	A社
4	1/17	C005	E社
5	1/23	C003	C社
6	1/25	C002	B社
7	1/30	C003	C社
…	…	…	…
100	12/29	C003	C社

顧客ID	顧客名	…
C001	A社	
C002	B社	
C003	C社	
C004	D社	
C005	E社	

したがって、少ないテーブル側の値は同じものが複数回表示されることになります。このように、テーブルに収納するのは必要最低限のデータでも、選択クエリを使うことで人間に読みやすい形で取り出すことができるのです。

3-3-3 3つのテーブルから抽出

もう1つテーブルを増やしてみましょう。デザインビューに切り替えて「テーブルの追加」ウィンドウから「T_販売データ詳細」テーブルを追加します。テーブルのリレーションシップが継承され、ここでも共通フィールドはすでに繋がっています（図38）。

図38　テーブルの追加

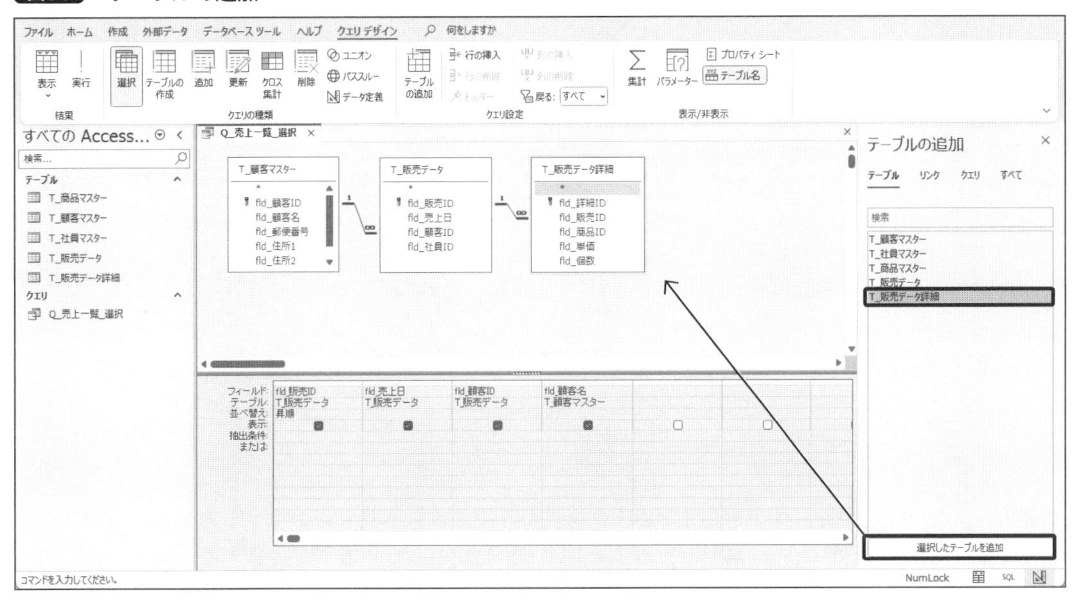

「T_販売データ詳細」テーブルからは、「単価×個数」の演算フィールド（P.77）を作ります。グリッドの空いているフィールドへ、ビルダーを利用して「売上: [fld_単価]*[fld_個数]」と入力します（図39）。これで単価と個数を掛けた値を「売上」というフィールド名で取り出せます。

図39 演算フィールドを作る

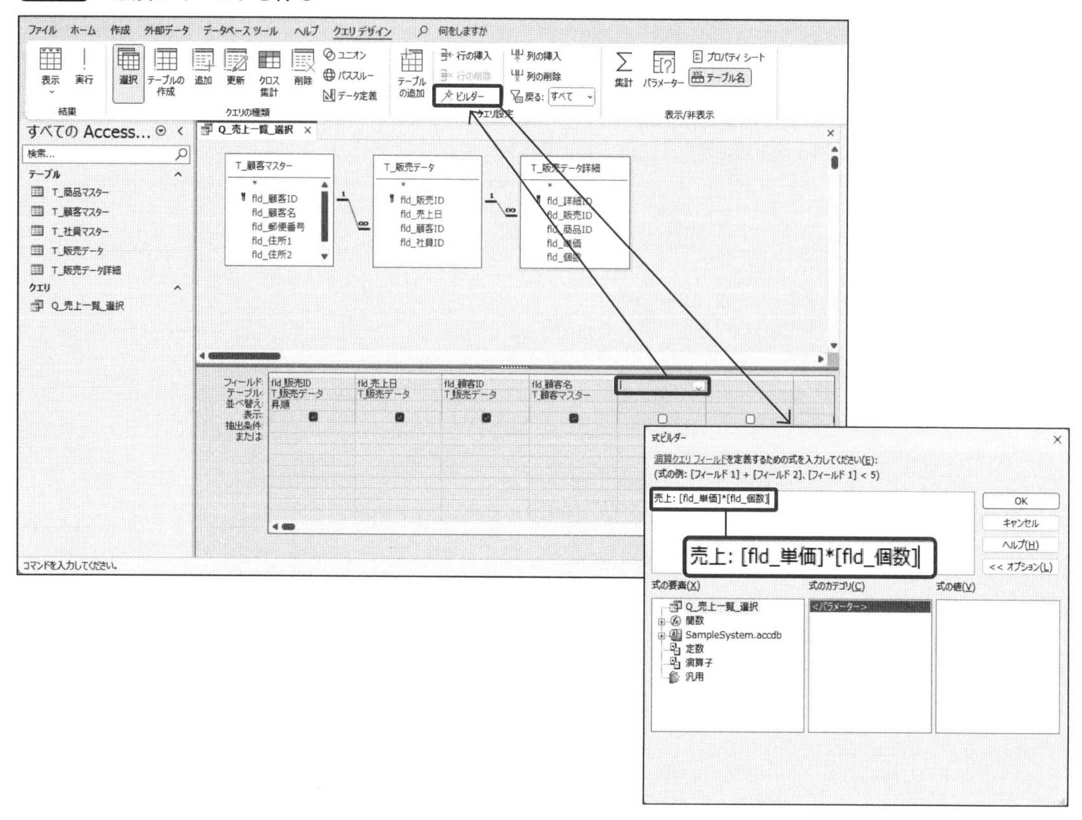

データシートビューへ切り替えて結果を確認します。「T_販売データ詳細」テーブルから「単価×個数」で算出された「売上」フィールドができていますね。**3-3-2**(P.84)の通り、レコード数は多いものに合わせられるので、「T_販売データ詳細」テーブルと同じ300件になっています。共通フィールドである「fld_販売ID」の値が「1」であるレコードが「T_販売データ詳細」では4件あるため、「売上」以外のフィールドは4件すべて同じデータが読み込まれて補完されます(**図40**)。

図40 実行結果

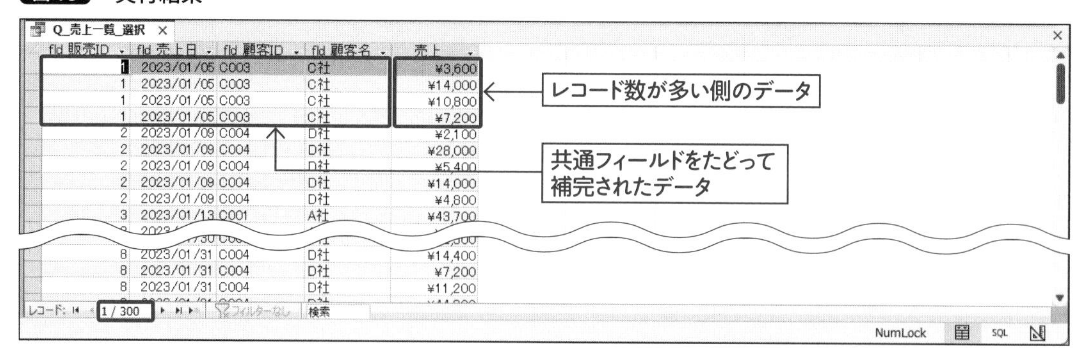

3-3-4 集計とグループ化

目指しているのは「1つの販売で」「売上の合算」が見えるデータなので、これを1つの販売ごとにまとめましょう。デザインビューに戻り、リボンの「集計」をクリックすると、グリッドの上から3段目に「集計」欄が現れます。これは、同じ値のフィールドを1つにまとめてくれる機能です。

デフォルトではすべて**グループ化**と入力されているので、「売上」フィールドのみ「合計」に変更します。これで、ほかのフィールドで同じ値を持つレコードの「合計」値を算出してくれます（**図41**）。

図41　集計の設定

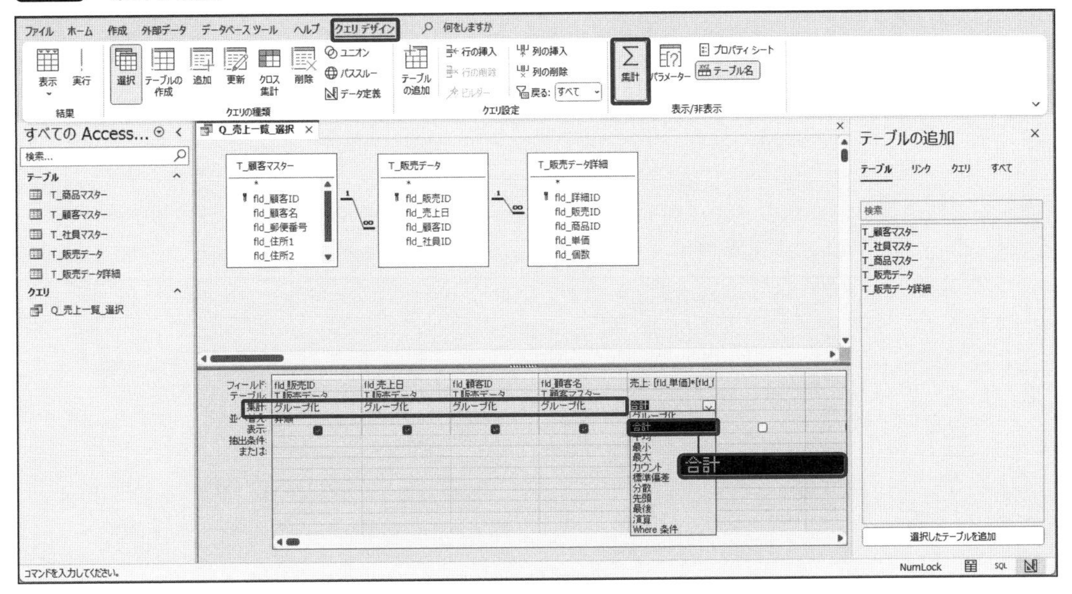

データシートビューに切り替えると、先ほど1つの販売IDに対して複数あった売上のフィールドが同じ販売IDでまとめられて、合計値で表示されました（**図42**）。レコードの総数も100件になっています。

図42　同じ販売IDの売上が合計された

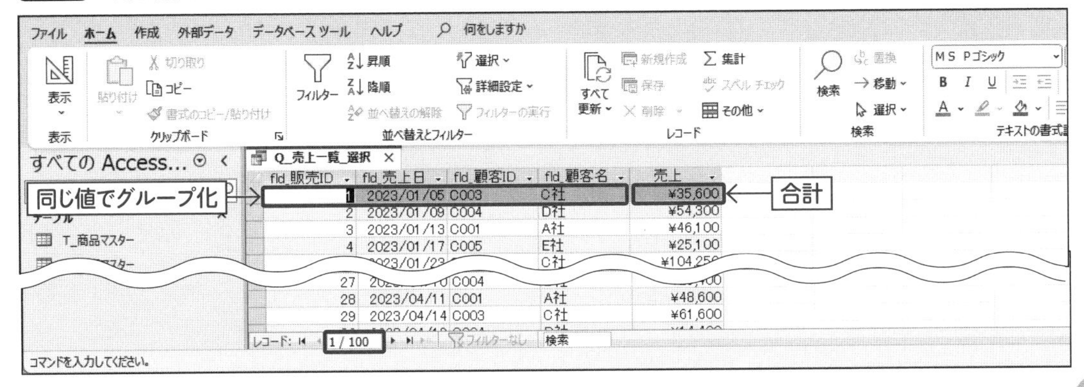

これで、構想した形のレコードセットを得ることができました。

なお、作成したクエリを一度閉じてから開き直すと、グリッドに書いた式の形が変わる場合があります。これはAccess側で解釈しやすい形に変更されるためです。先ほど書いた演算フィールドの「売上: [fld_単価]*[fld_個数]」の式も「売上: Sum([fld_単価]*[fld_個数])」に変更され、「合計」にしていた集計欄も「演算」になりますが、結果は変わりません。

3-3-5 日付範囲の設定

現状では「Q_売上一覧_選択」クエリを実行すると、用意されているサンプルデータのすべてが抽出されます。**3-2-5**(P.78)のように条件を設定して、ほしいデータだけ抽出してみましょう。

数値や日付型では、2つの値を使って「**Between** 値1 **AND** 値2」と書くと「ここからここまで」と範囲を設定することができます。「fld_売上日」フィールドの「抽出条件」欄に「Between #2023/01/01# AND #2023/01/31#」と書いて、2023年1月分を設定してみます。式が長くなるので、P.77で解説した方法で、ビルダーを使いましょう(**図43**)。

図43 式ビルダーでBETWEENを使う

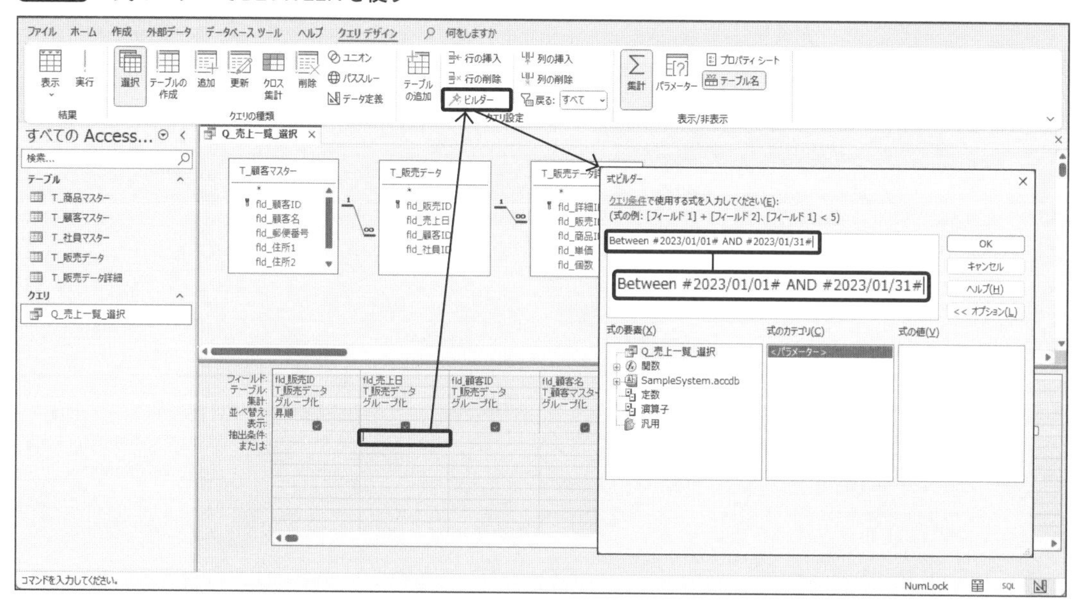

これを実行すると、指定した日付の範囲のレコードのみを取得することができました(**図44**)。

図44 範囲指定の結果

Q_売上一覧_選択

fld_販売ID	fld_売上日	fld_顧客ID	fld_顧客名	売上
1	2023/01/05	C003	C社	¥35,600
2	2023/01/09	C004	D社	¥54,300
3	2023/01/13	C001	A社	¥46,100
4	2023/01/17	C005	E社	¥25,100
5	2023/01/23	C003	C社	¥104,250
6	2023/01/25	C002	B社	¥43,300
7	2023/01/30	C003	C社	¥19,600
8	2023/01/31	C004	D社	¥77,600

今度はパラメータークエリを使って、日付の範囲を実行のたびに変えられるようにしましょう。

デザインビューに切り替えて、「Between #2023/01/01# AND #2023/01/31#」の日付部分を[ ]で置き換えます。かっこの中身はパラメーター入力時に表示されるテキストとなるので、すこし長いですが、**表1**と**図45**のように設定しましょう。パラメーター入力時は「#」などの識別子は必要ありません。

表1 パラメータークエリのテキスト

設置部分	テキスト
日付1	[【売上一覧】を閲覧するための【開始日】を入力してください]
日付2	[【売上一覧】を閲覧するための【終了日】を入力してください]

図45 式ビルダーと実行時のパラメーター

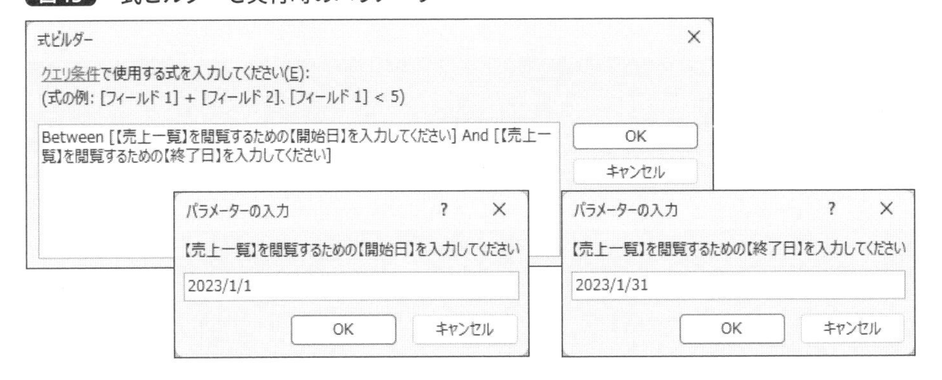

これで、実行するたびに範囲を変更できる売上一覧を作ることができました。

3-3-6 内部結合と外部結合

選択クエリで複数のテーブルからデータを取り出すとき、テーブルの「結合の種類」によってレコードの数が変わることがあります。解説として「T_販売データ」テーブルに**図46**のように新規レコードを作ります。

なお、この変更は**3-3-6**の解説のみに使うため、例外としてデータシートビューでの直接入力を行います。また、収録サンプルにはこの変更は含まれません。

図46 「T_販売データ」テーブルにレコードを追加

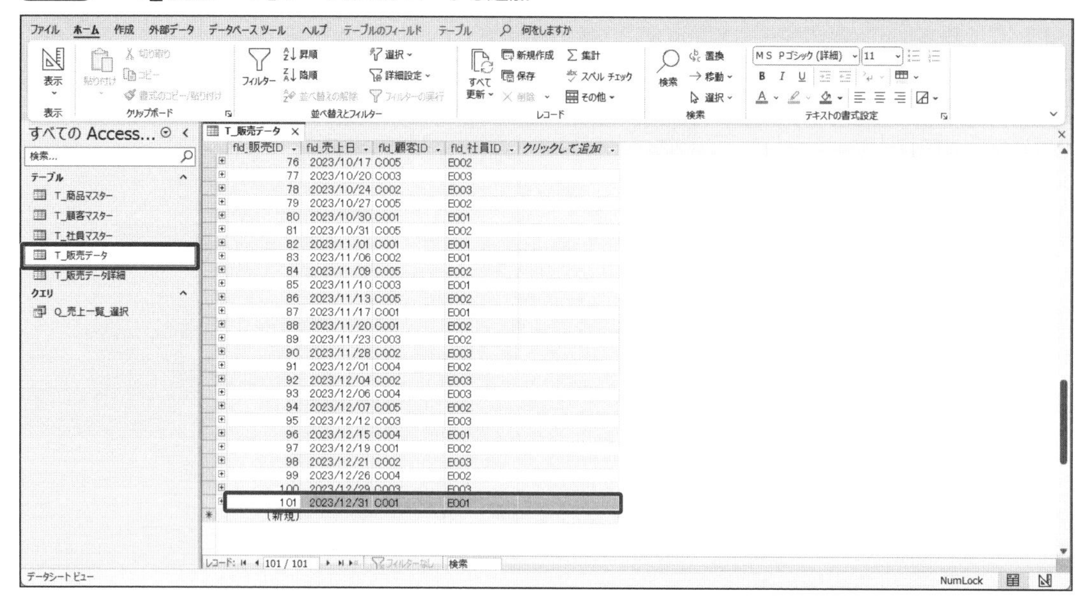

この変更により、販売ID「101」というレコードができました。しかし、「T_販売データ詳細」テーブルではこの販売ID「101」に関するレコードは持っていません。親データのみが存在し、子データを持たない状態です。

「T_販売データ」テーブルを閉じて、「Q_売上一覧_選択」クエリを実行します。日付の範囲は全データの「2023/1/1」から「2023/12/31」とします。しかし、販売ID「101」は抽出されません(**図47**)。これはテーブルの**結合の種類**によるものです。

図47 「Q_売上一覧_選択」クエリ

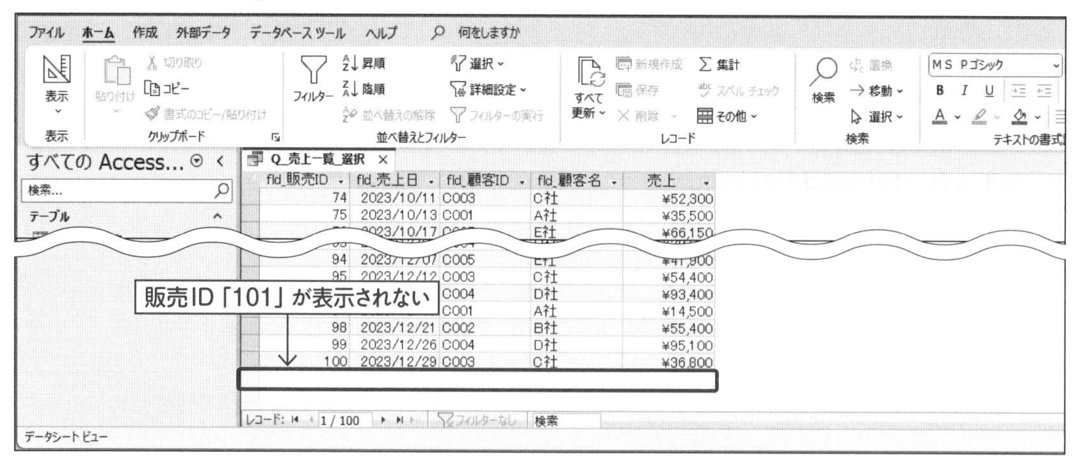

このクエリをデザインビューに切り替えます。「T_販売データ」と「T_販売データ詳細」間の線をダブルクリックすると、**結合プロパティ**ウィンドウが開きます。ここで、「両方のテーブルの結合フィールドが同じ行だけを含める。」にチェックが入っています（**図48**）。

図48　内部結合

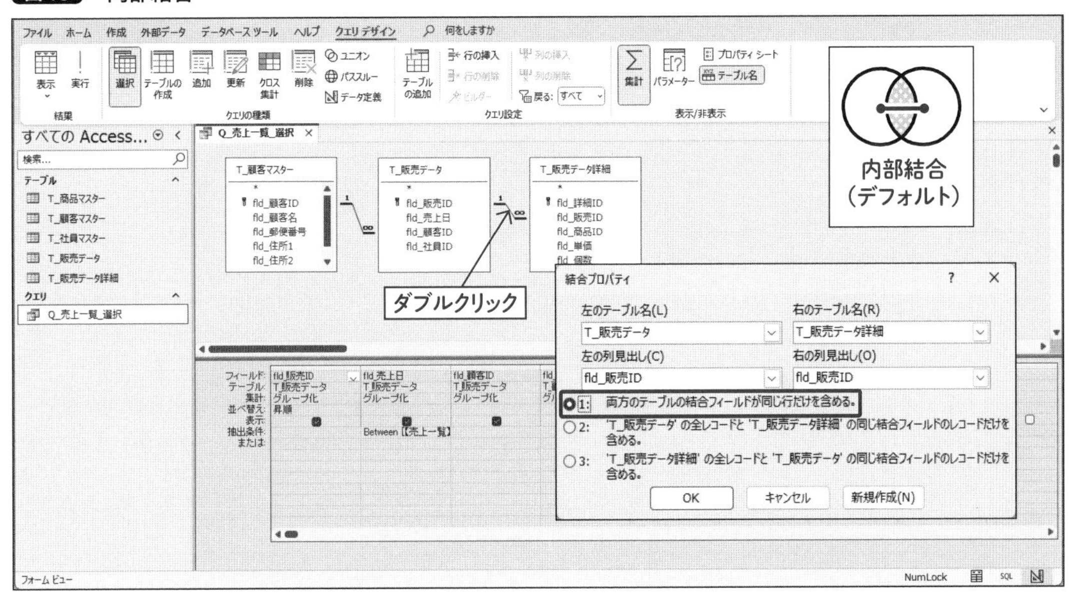

これは**内部結合**という種類で、「T_販売データ」と「T_販売データ詳細」に**同じ「fld_販売ID」が存在するレコードのみ取り出す**、という意味になります。先ほどの販売ID「101」は「T_販売データ」側にしかなかったため、抽出されなかったのです。

結合プロパティを2番目にして「OK」をクリックします。すると、テーブル間の矢印が右向きの矢印になりました（**図49**）。これは**外部結合**という種類です。先ほどの内部結合で得られるデータに加え、「T_販売データ」の全レコードが抽出されます。

図49 外部結合

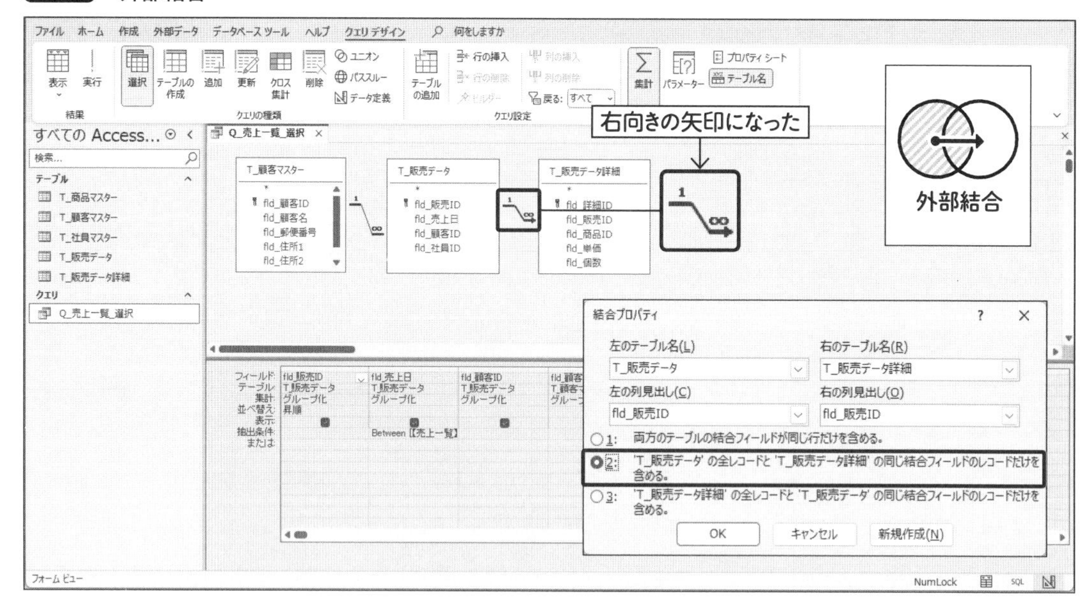

これでデータシートビューへ切り替えると、販売ID「101」のデータが表示されました（**図50**）。「T_販売データ」の全レコードが抽出された結果です。

図50 外部結合の結果

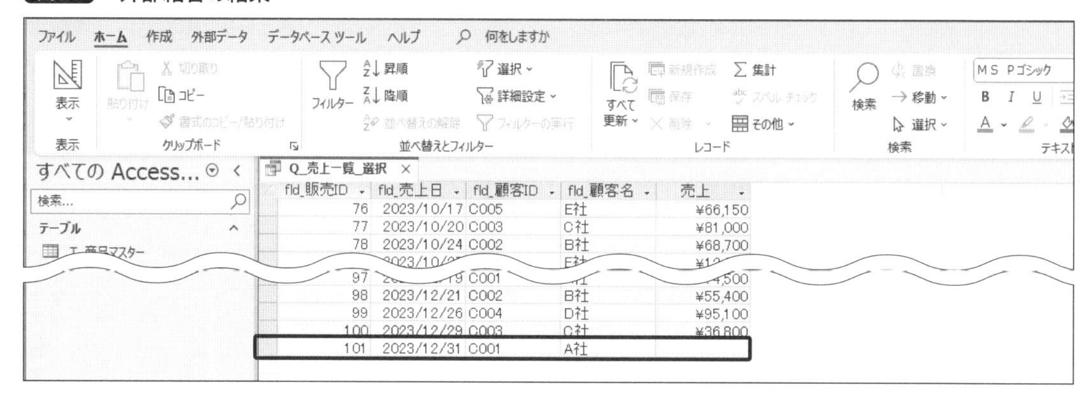

販売ID「101」のデータは、「T_販売データ詳細」には存在しないので、「売上」の演算フィールドは空になっています。このように、内部結合と外部結合では選択クエリで抽出されるデータに違いが出ます。

本書ではテーブルの結合はすべて内部結合で扱いますが、一対多の**一側のみ**にデータが存在するレコードも抽出したい場合は、適宜外部結合に変更して利用してください。

なお、クエリのデザインビューで結合の種類を変更しても、**2-4-2**のリレーションシップの設定（P.58）には影響しません。

3-4 追加クエリ

3-4-1 オブジェクトの作成

次に、テーブルへレコードを新規に登録する、**追加クエリ**を作ってみましょう。P.72で解説した方法で、リボンの「作成」タブの「クエリデザイン」をクリックして、新規クエリをデザインビューで開きます。

リボンでクエリの種類を「追加」に変更すると、対象となるテーブル名を指定するウィンドウが開きます。ここでは「T_商品マスター」テーブルを選択して、「OK」をクリックします(**図51**)。

図51 対象テーブルの指定

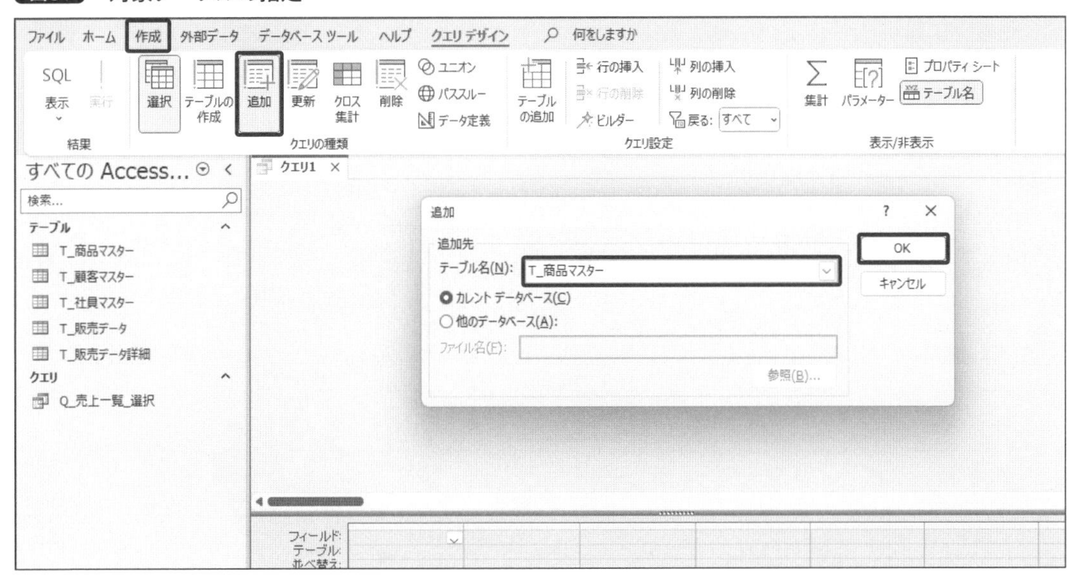

選択クエリのときのように上部にテーブルは表示されません。P.73で解説した方法で、オブジェクト名のタブを右クリックして、上書き保存します。命名規則にしたがって、「Q_商品マスター_追加」という名前にします。すると、ナビゲーションウィンドウに「Q_商品マスター_追加」クエリが表示されます(**図52**)。

図52 追加クエリが作成された

3-4-2 クエリの設定と実行

画面下部グリッドの「レコードの追加」欄で対象のフィールドを選び、「フィールド」欄に入力したい値を書きます。テキスト型の識別子は「"」、数値型の識別子は「なし」です（図53）。「式1:」などの文字は自動で挿入されます。

図53 追加クエリの設定

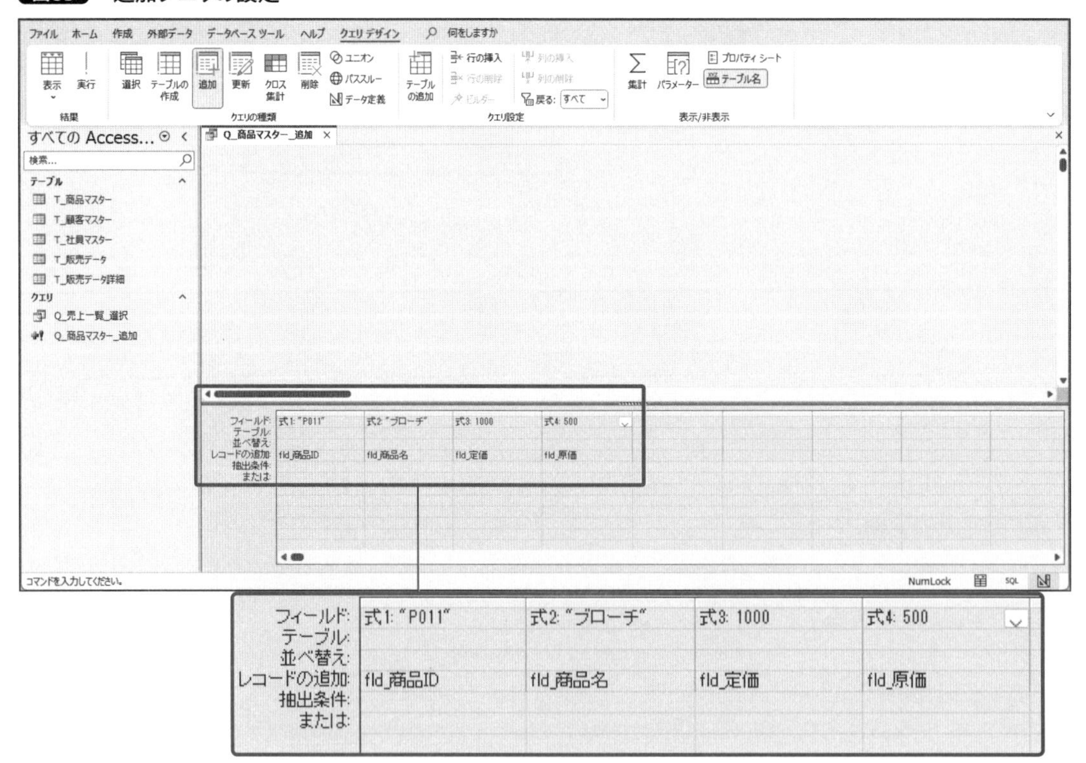

テーブルに変更を加えるクエリは、「実行」ボタンから動かします。クリックすると、実行前の確認メッセージが表示されるので、「はい」をクリックします（**図54**）。

図54　追加クエリの実行

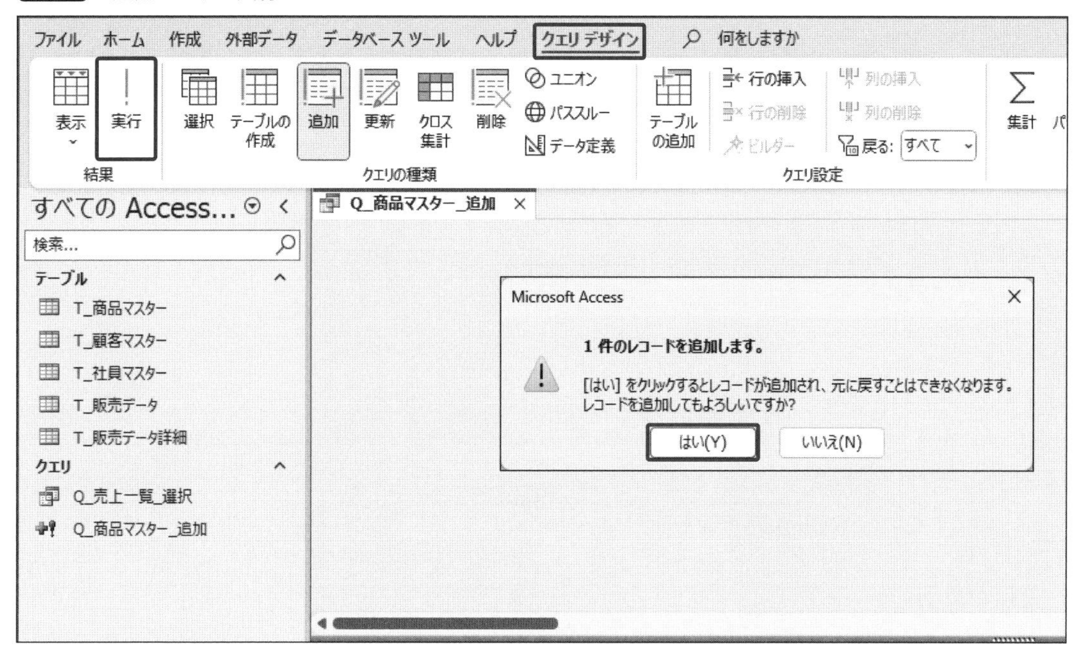

「T_商品マスター」テーブルを見てみましょう。入力した値でレコードが追加されています（**図55**）。

図55　テーブルの確認

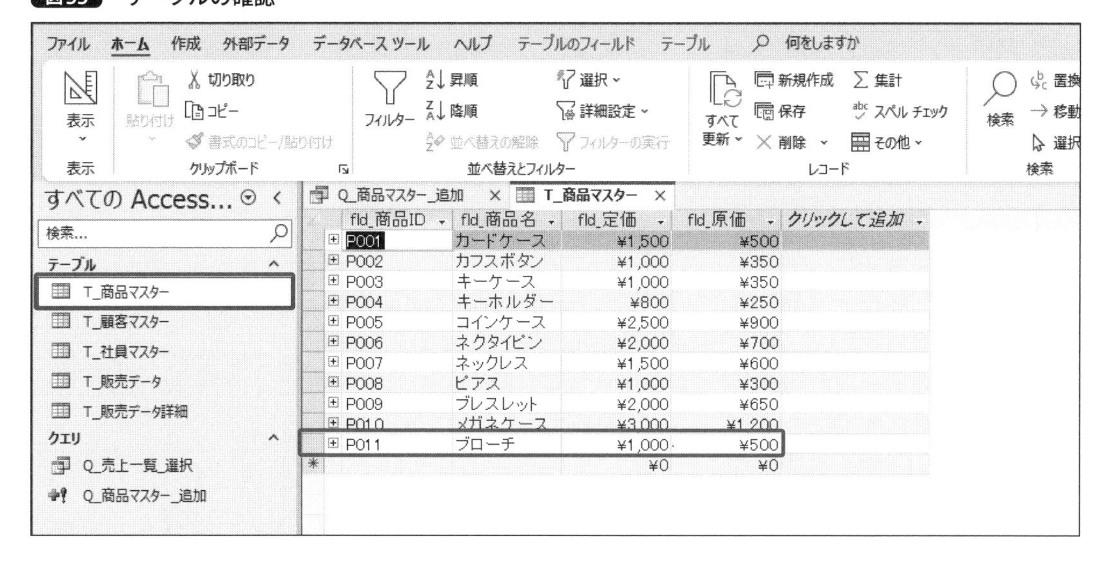

3-4-3 パラメーターへの置き換え

毎回同じ値を追加するわけにはいかないので、こちらもパラメータークエリにしましょう。図56と表2を参考に、入力要求時に表示されるメッセージを設定します。

図56 パラメータークエリの設定

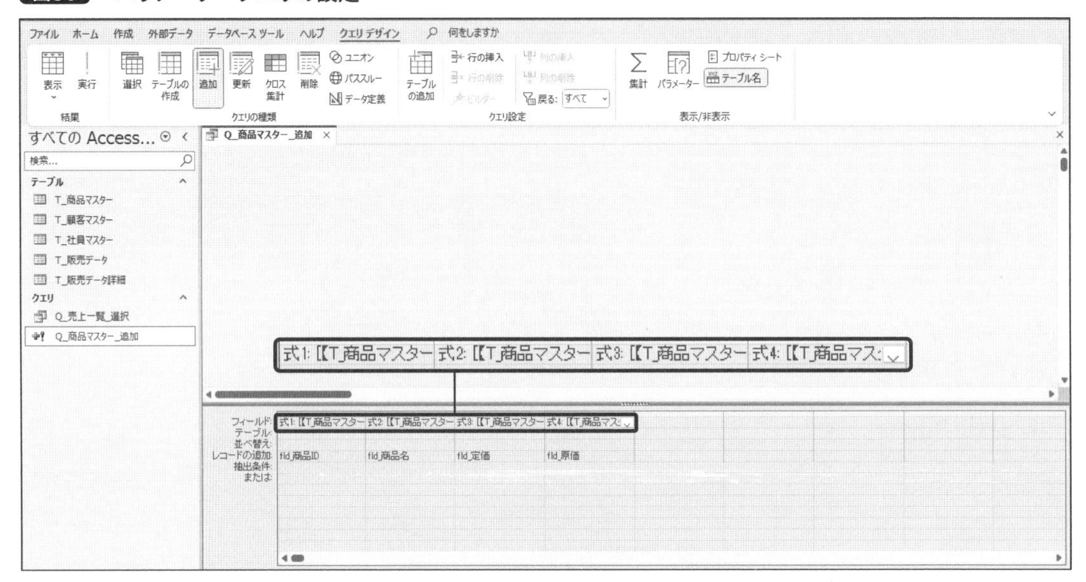

表2 グリッドへの入力項目

フィールド	レコードの追加
式1: [【T_商品マスター】へ追加する【商品ID】を入力してください]	fld_商品ID
式2: [【T_商品マスター】へ追加する【商品名】を入力してください]	fld_商品名
式3: [【T_商品マスター】へ追加する【定価】を入力してください]	fld_定価
式4: [【T_商品マスター】へ追加する【原価】を入力してください]	fld_原価

このクエリを実行すると、順番にパラメーターの入力要求ウィンドウが出るので、1つずつ入力します。識別子は必要ありません。主キーには既存の値は使えないので注意してください。最後に確認メッセージが表示されます（図57）。

図57 パラメータークエリの実行

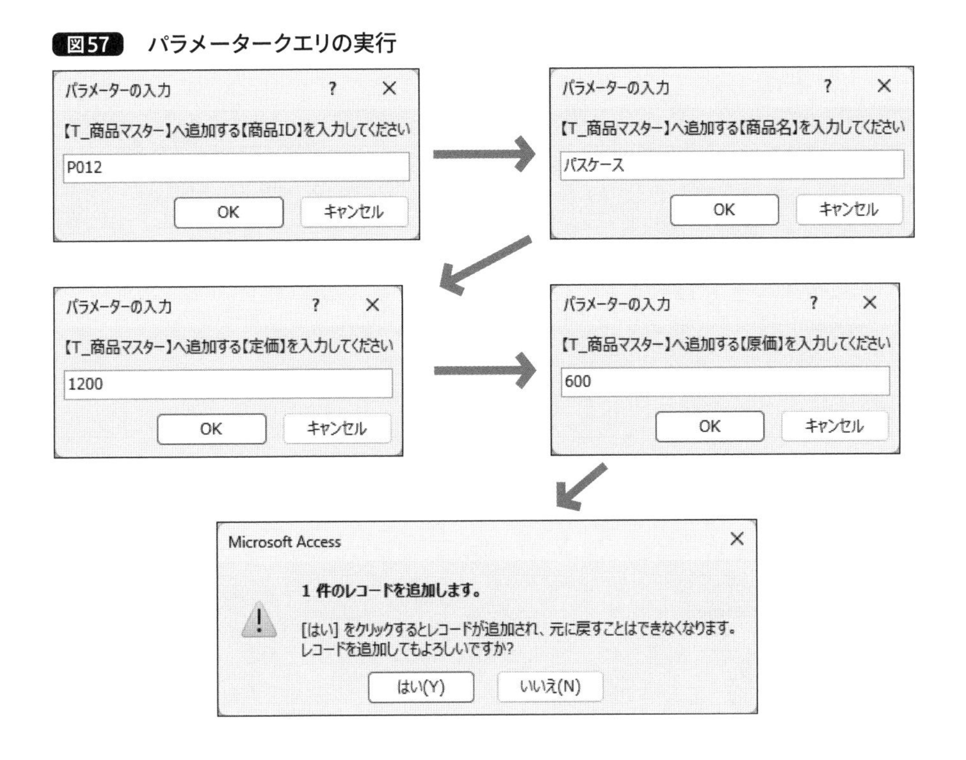

「T_商品マスター」テーブルを確認すると、入力した値でレコードが追加されています(**図58**)。

図58 テーブルの確認

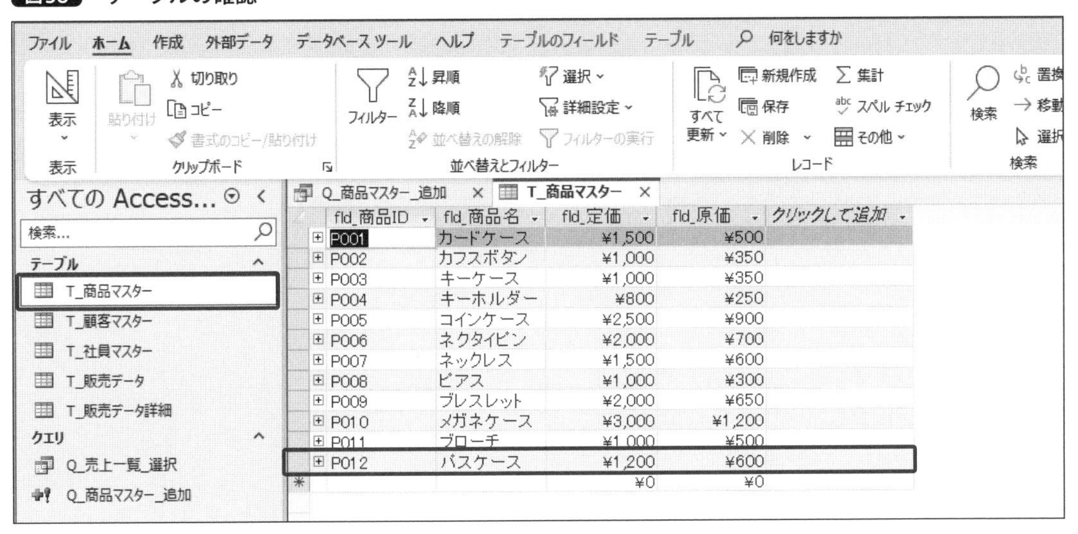

以上の手順を踏まえて、同様にほかの4つのテーブルへの追加クエリを作成しましょう。

「T_顧客マスター」テーブルへの追加クエリは**図59**と**表3**を参考に作成してください。

図59　「Q_顧客マスター_追加」クエリ

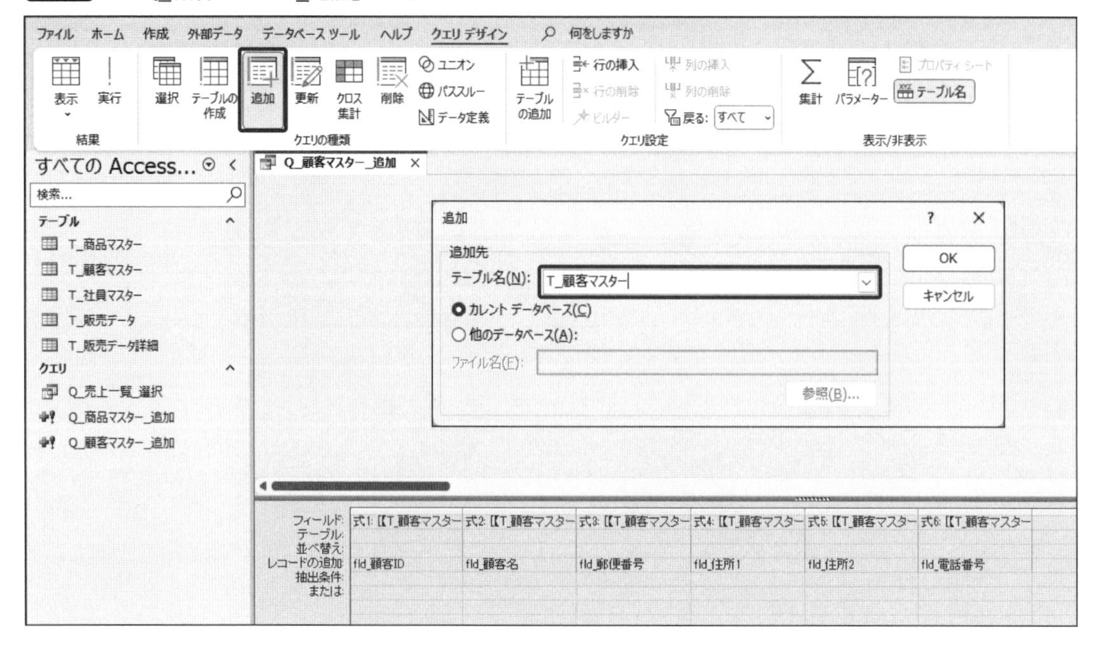

表3　「Q_顧客マスター_追加」クエリの入力項目

フィールド	レコードの追加
式1: [【T_顧客マスター】へ追加する【顧客ID】を入力してください]	fld_顧客ID
式2: [【T_顧客マスター】へ追加する【顧客名】を入力してください]	fld_顧客名
式3: [【T_顧客マスター】へ追加する【郵便番号】を入力してください]	fld_郵便番号
式4: [【T_顧客マスター】へ追加する【住所1】を入力してください]	fld_住所1
式5: [【T_顧客マスター】へ追加する【住所2】を入力してください]	fld_住所2
式6: [【T_顧客マスター】へ追加する【電話番号】を入力してください]	fld_電話番号

「T_社員マスター」テーブルへの追加クエリは**図60**と**表4**を参考に作成してください。

図60 「Q_社員マスター_追加」クエリ

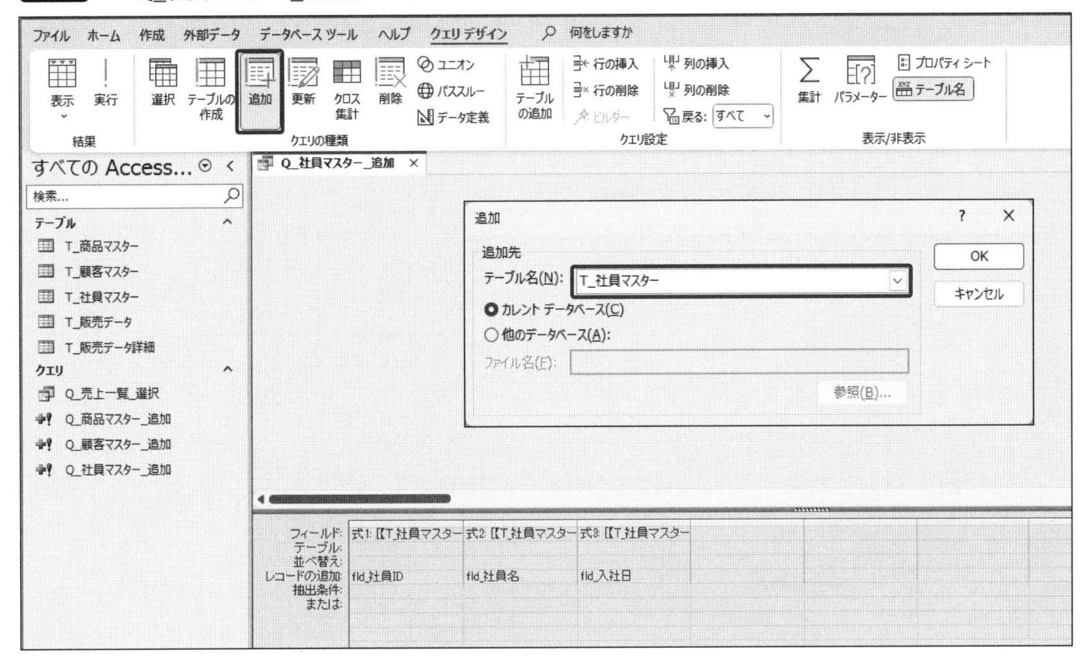

表4 「Q_社員マスター_追加」クエリの入力項目

フィールド	レコードの追加
式1: [【T_社員マスター】へ追加する【社員ID】を入力してください]	fld_社員ID
式2: [【T_社員マスター】へ追加する【社員名】を入力してください]	fld_社員名
式3: [【T_社員マスター】へ追加する【入社日】を入力してください]	fld_入社日

「T_販売データ」テーブルへの追加クエリは**図61**と**表5**を参考に作成してください。「fld_販売ID」は**オートナンバーのため必要ありません**。なお、リレーションシップで参照整合性を設定してあるので、存在しない顧客IDや社員IDを指定すると登録できません。

図61 「Q_販売データ_追加」クエリ

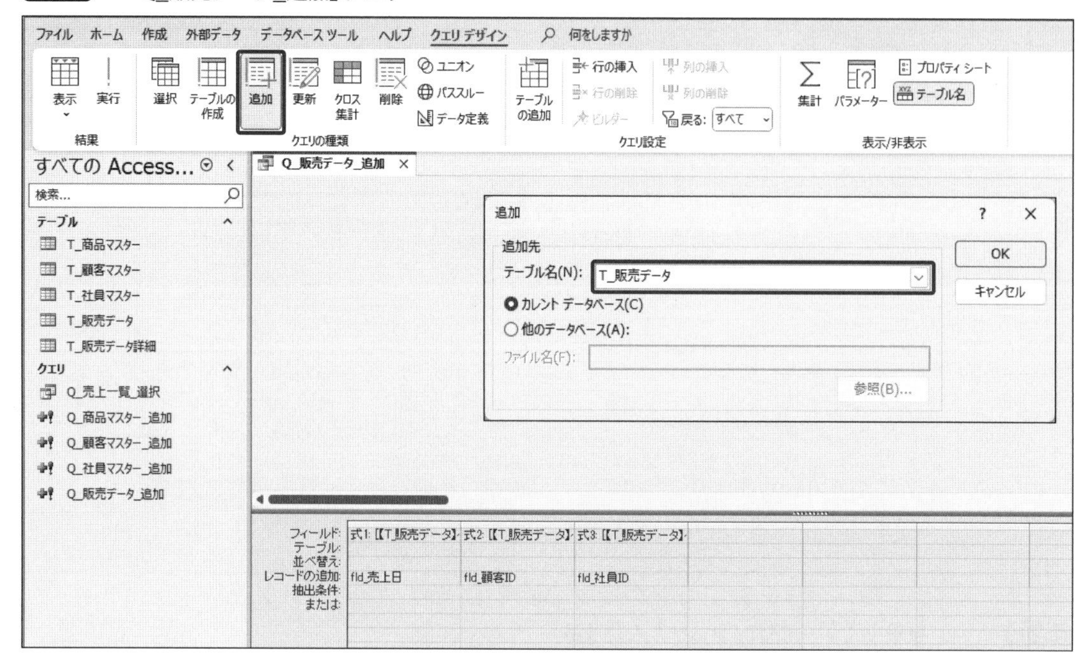

表5 「Q_販売データ_追加」クエリの入力項目

フィールド	レコードの追加
式1: [【T_販売データ】へ追加する【売上日】を入力してください]	fld_売上日
式2: [【T_販売データ】へ追加する【顧客ID】を入力してください]	fld_顧客ID
式3: [【T_販売データ】へ追加する【社員ID】を入力してください]	fld_社員ID

「T_販売データ詳細」テーブルへの追加クエリは**図62**と**表6**を参考に作成してください。「fld_詳細ID」は**オートナンバーのため必要ありません**。なお、リレーションシップで参照整合性を設定してあるので、存在しない販売IDや商品IDを指定すると登録できません。

図62 「Q_販売データ詳細_追加」クエリ

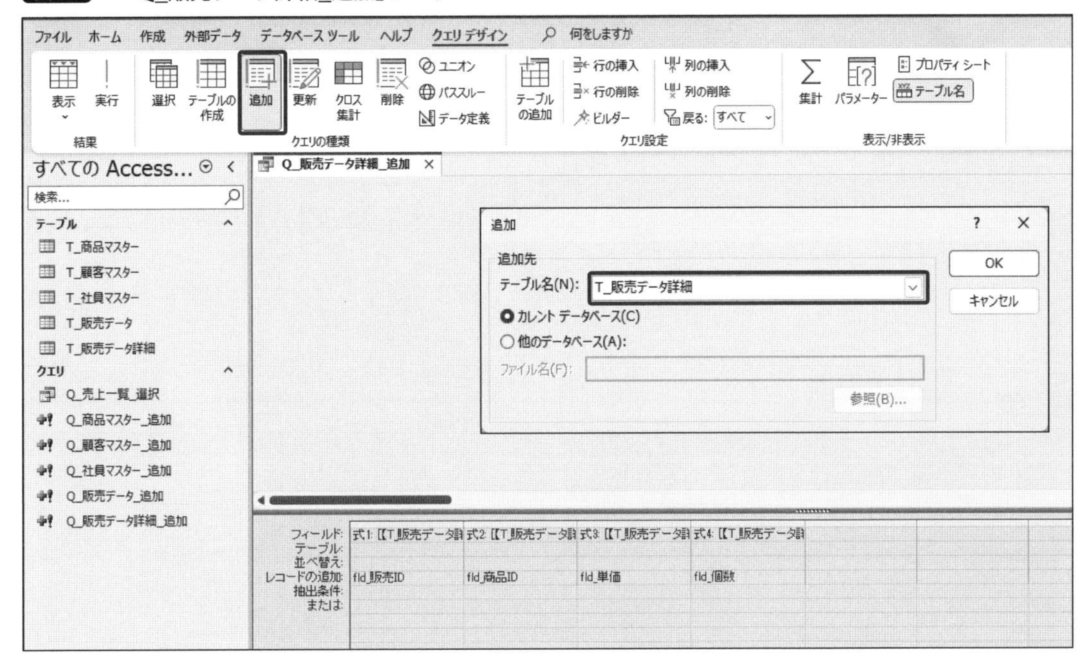

表6 「Q_販売データ詳細_追加」クエリの入力項目

フィールド	レコードの追加
式1: [【T_販売データ詳細】へ追加する【販売ID】を入力してください]	fld_販売ID
式2: [【T_販売データ詳細】へ追加する【商品ID】を入力してください]	fld_商品ID
式3: [【T_販売データ詳細】へ追加する【単価】を入力してください]	fld_単価
式4: [【T_販売データ詳細】へ追加する【個数】を入力してください]	fld_個数

更新クエリ

3-5-1 オブジェクトの作成

次に、テーブルの既存レコードの値を書き換える、**更新クエリ**を作ってみましょう。P.72で解説した方法で、リボンの「作成」タブの「クエリデザイン」で新規クエリをデザインビューで開きます。

リボン上でクエリの種類を「更新」に変更して、「テーブルの追加」ウィンドウから対象のテーブルを追加します。ここでは「T_商品マスター」テーブルを追加しましょう(**図63**)。

図63 テーブルの追加

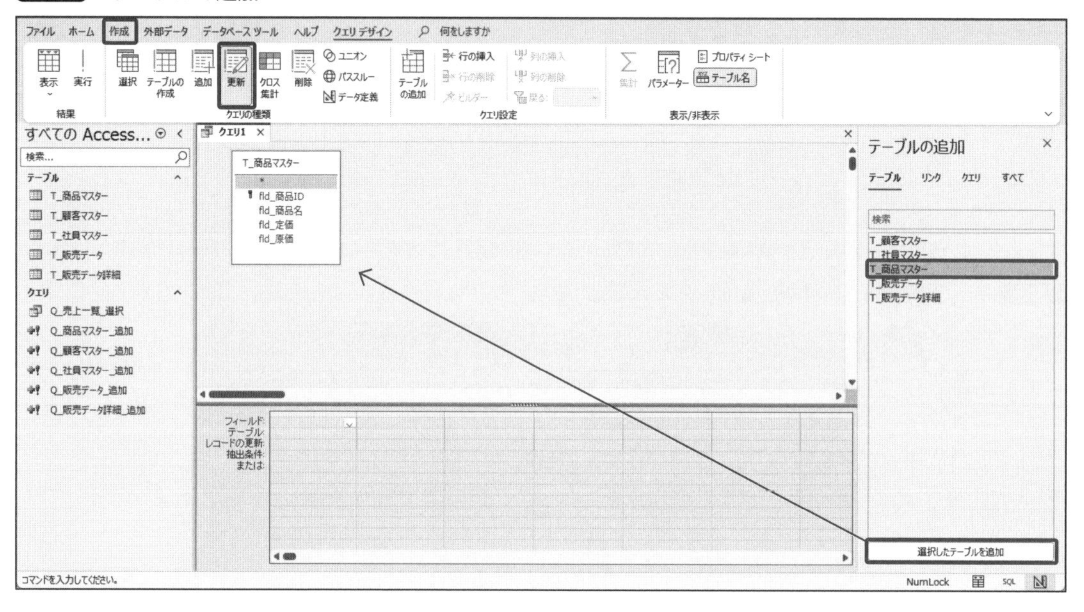

作成したクエリは「Q_商品マスター_更新」という名前にして保存すると、ナビゲーションウィンドウに「Q_商品マスター_更新」クエリが表示されます。P.50で「自動並び替えの解除」を設定してあるので、ドラッグして任意の順番に並び替えることができます(**図64**)。

図64　更新クエリが作成された

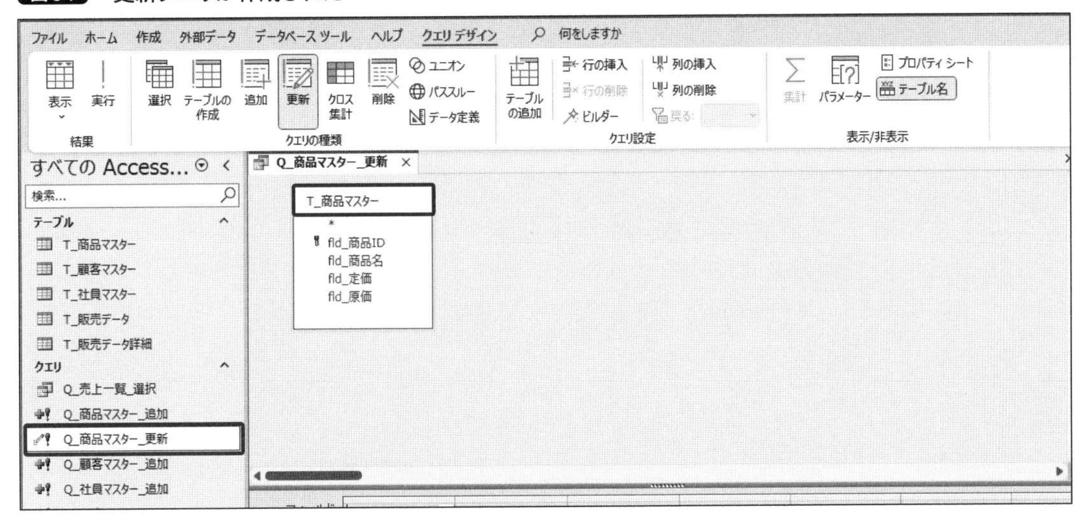

3-5-2 クエリの設定と実行

テーブルにあるフィールドを、画面下部グリッドへそれぞれドラッグします。「レコードの更新」欄に、更新後の値を書きます。テキスト型の識別子は「"」、数値型の識別子は「なし」です。

「抽出条件」欄には、この更新をどのレコードに作用させるかを指定します。この例では、商品ID「P011」へ変更を加えます（図65）。

図65　更新クエリの設定

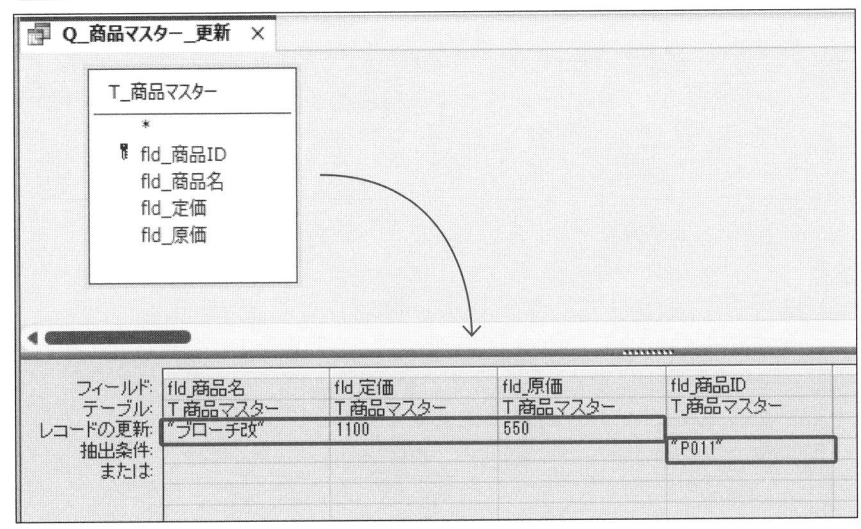

「実行」ボタンをクリックすると、実行前の確認メッセージが表示されます。正しく条件が設定されていないと思わぬ数のレコードを更新してしまうので、注意して確認してから「はい」をクリックします(**図66**)。

図66　更新クエリの実行

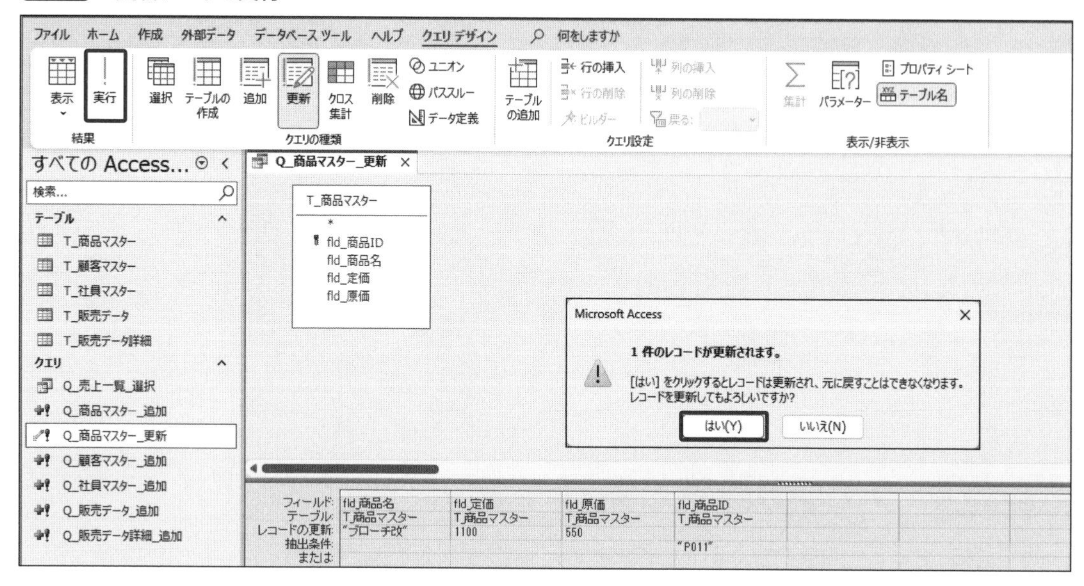

「T_商品マスター」テーブルを見てみましょう。入力した値でレコードが更新されています(**図67**)。リレーションシップで参照整合性を設定してあるので、ほかのテーブルで使われている商品IDは変更できません。

図67　テーブルの確認

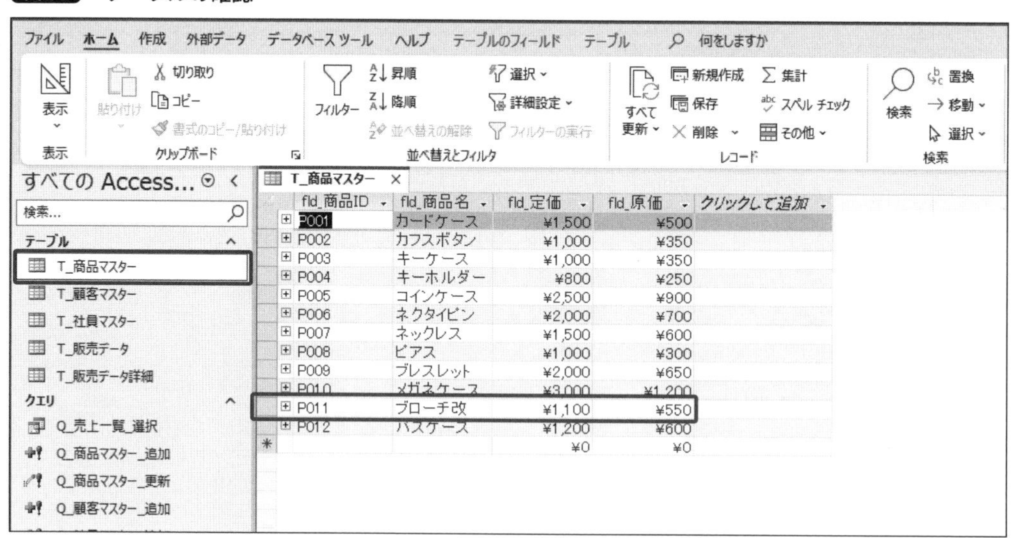

3-5-3 パラメーターへの置き換え

こちらもパラメータークエリにしましょう。**図68**と**表7**を参考に、入力要求時に表示されるメッセージを設定します。

図68　パラメータークエリの設定

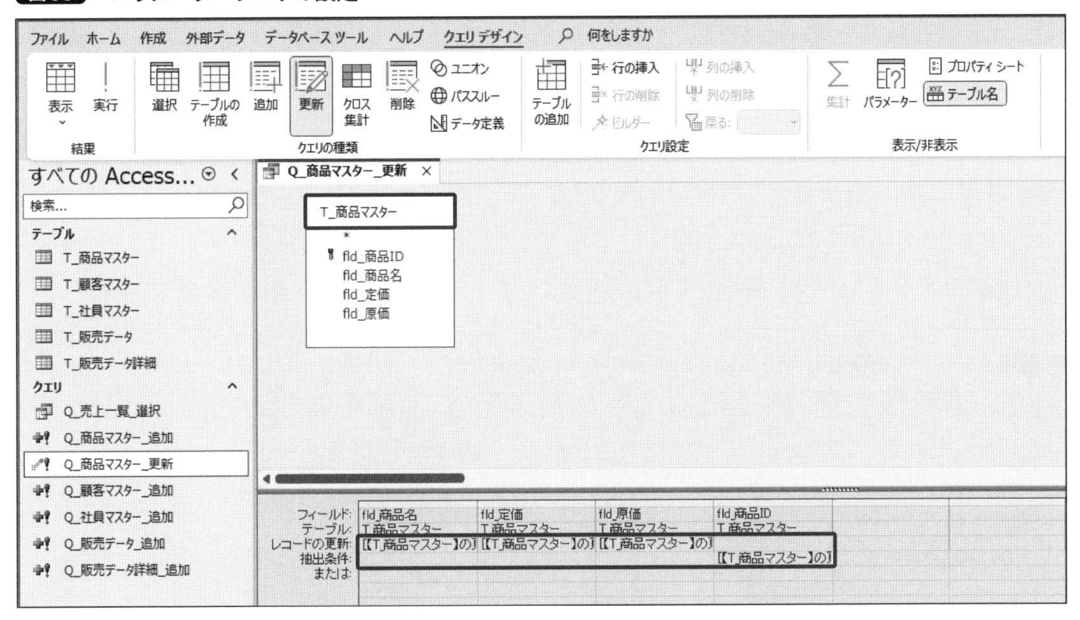

表7　グリッドへの入力項目

フィールド	レコードの更新	抽出条件
fld_商品名	[【T_商品マスター】の更新後の【商品名】を入力してください]	
fld_定価	[【T_商品マスター】の更新後の【定価】を入力してください]	
fld_原価	[【T_商品マスター】の更新後の【原価】を入力してください]	
fld_商品ID		[【T_商品マスター】の更新する【商品ID】を入力してください]

このクエリを実行すると、順番にパラメーターの入力要求ウィンドウが表示されるので、1つずつ入力します。識別子は必要ありません（**図69**）。

図69 パラメータークエリの実行

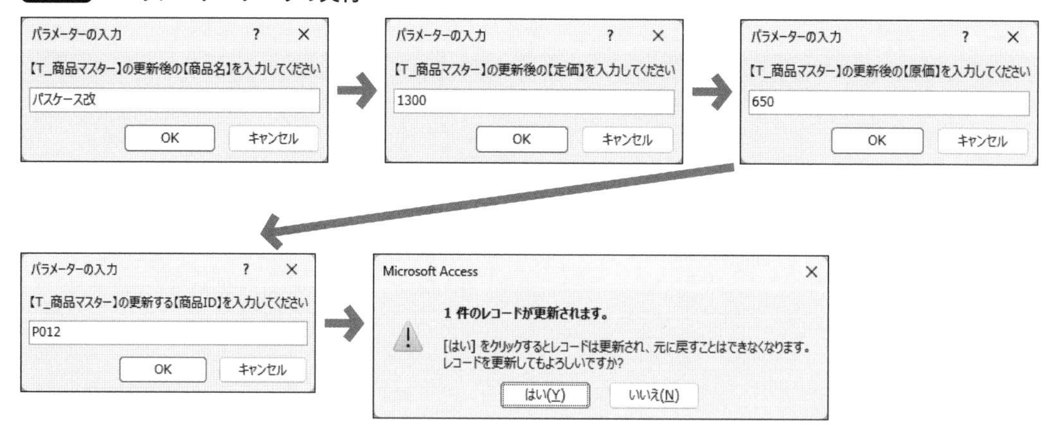

「T_商品マスター」テーブルを確認すると、入力した値でレコードが更新されています(図70)。

図70 テーブルの確認

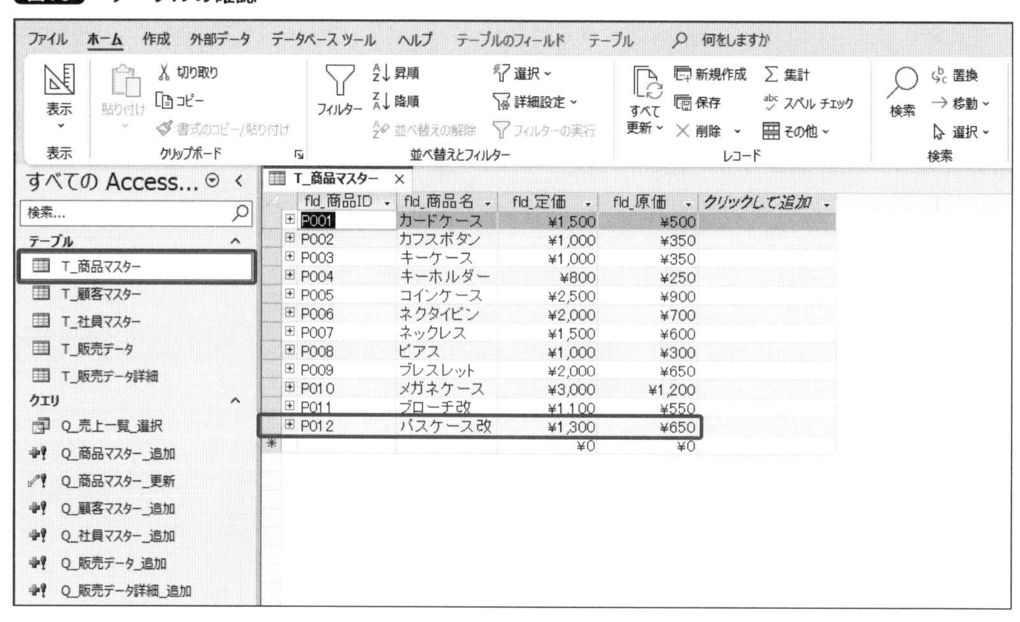

fld_商品ID	fld_商品名	fld_定価	fld_原価	クリックして追加
P001	カードケース	¥1,500	¥500	
P002	カフスボタン	¥1,000	¥350	
P003	キーケース	¥1,000	¥350	
P004	キーホルダー	¥800	¥250	
P005	コインケース	¥2,500	¥900	
P006	ネクタイピン	¥2,000	¥700	
P007	ネックレス	¥1,500	¥600	
P008	ピアス	¥1,000	¥300	
P009	ブレスレット	¥2,000	¥650	
P010	メガネケース	¥3,000	¥1,200	
P011	ブローチ改	¥1,100	¥550	
P012	パスケース改	¥1,300	¥650	
		¥0	¥0	

以上の手順を踏まえて、同様にほかの4つのテーブルへの更新クエリを作成しましょう。

「T_顧客マスター」テーブルへの更新クエリは**図71**と**表8**を参考に作成してください。

図71 「Q_顧客マスター_更新」クエリ

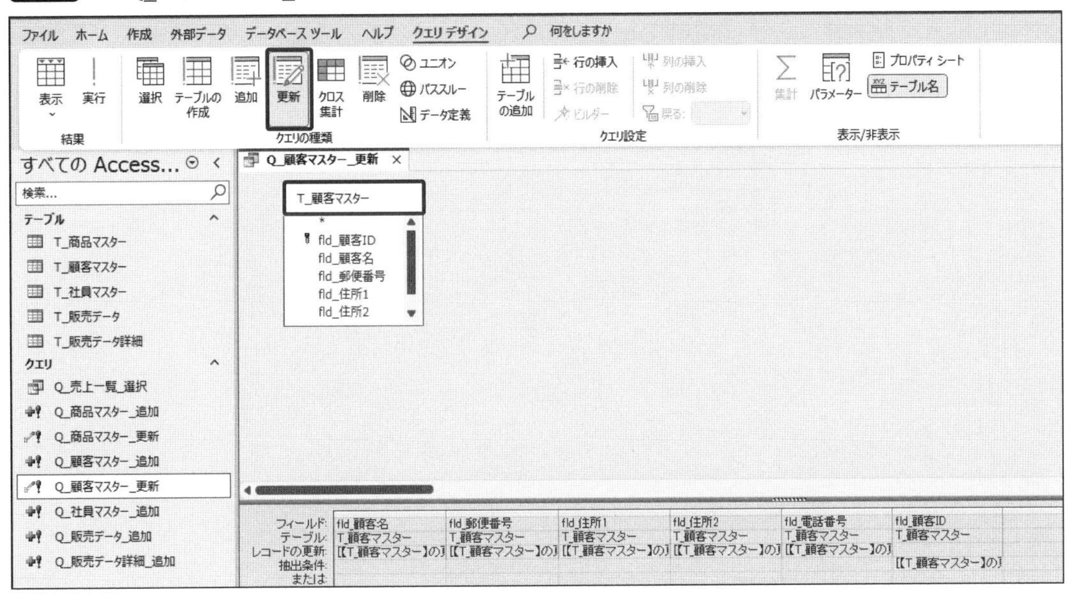

表8 「Q_顧客マスター_更新」クエリの入力項目

フィールド	レコードの更新	抽出条件
fld_顧客名	[【T_顧客マスター】の更新後の【顧客名】を入力してください]	
fld_郵便番号	[【T_顧客マスター】の更新後の【郵便番号】を入力してください]	
fld_住所1	[【T_顧客マスター】の更新後の【住所1】を入力してください]	
fld_住所2	[【T_顧客マスター】の更新後の【住所2】を入力してください]	
fld_電話番号	[【T_顧客マスター】の更新後の【電話番号】を入力してください]	
fld_顧客ID		[【T_顧客マスター】の更新する【顧客ID】を入力してください]

「T_社員マスター」テーブルへの追加クエリは**図72**と**表9**を参考に作成してください。

図72　「Q_社員マスター_更新」クエリ

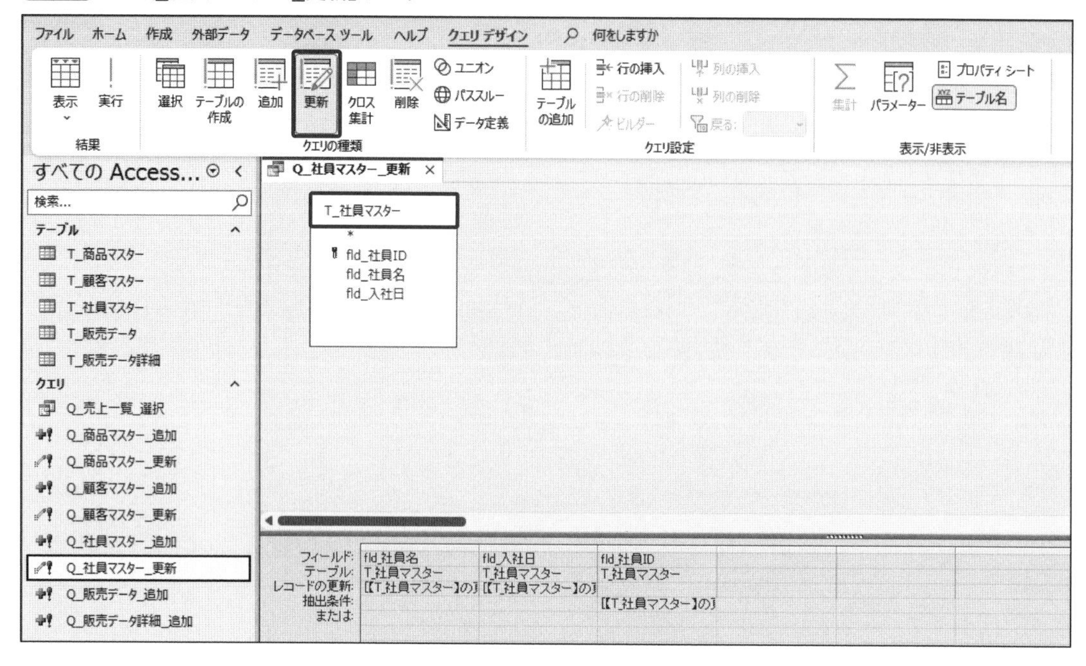

表9　「Q_社員マスター_更新」クエリの入力項目

フィールド	レコードの更新	抽出条件
fld_社員名	[【T_社員マスター】の更新後の【社員名】を入力してください]	
fld_入社日	[【T_社員マスター】の更新後の【入社日】を入力してください]	
fld_社員ID		[【T_社員マスター】の更新する【社員ID】を入力してください]

「T_販売データ」テーブルへの追加クエリは**図73**と**表10**を参考に作成してください。

図73　「Q_販売データ_更新」クエリ

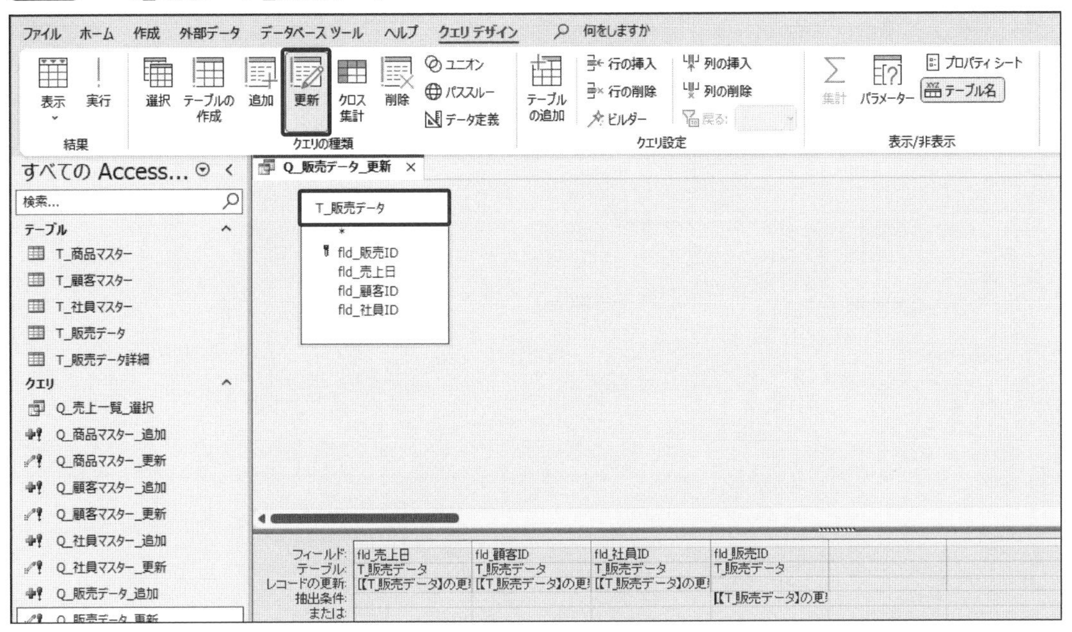

表10　「Q_販売データ_更新」クエリの入力項目

フィールド	レコードの更新	抽出条件
fld_売上日	[【T_販売データ】の更新後の【売上日】を入力してください]	
fld_顧客ID	[【T_販売データ】の更新後の【顧客ID】を入力してください]	
fld_社員ID	[【T_販売データ】の更新後の【社員ID】を入力してください]	
fld_販売ID		[【T_販売データ】の更新する【販売ID】を入力してください]

「T_販売データ詳細」テーブルへの追加クエリは**図74**と**表11**を参考に作成してください。

図74 「Q_販売データ詳細_更新」クエリ

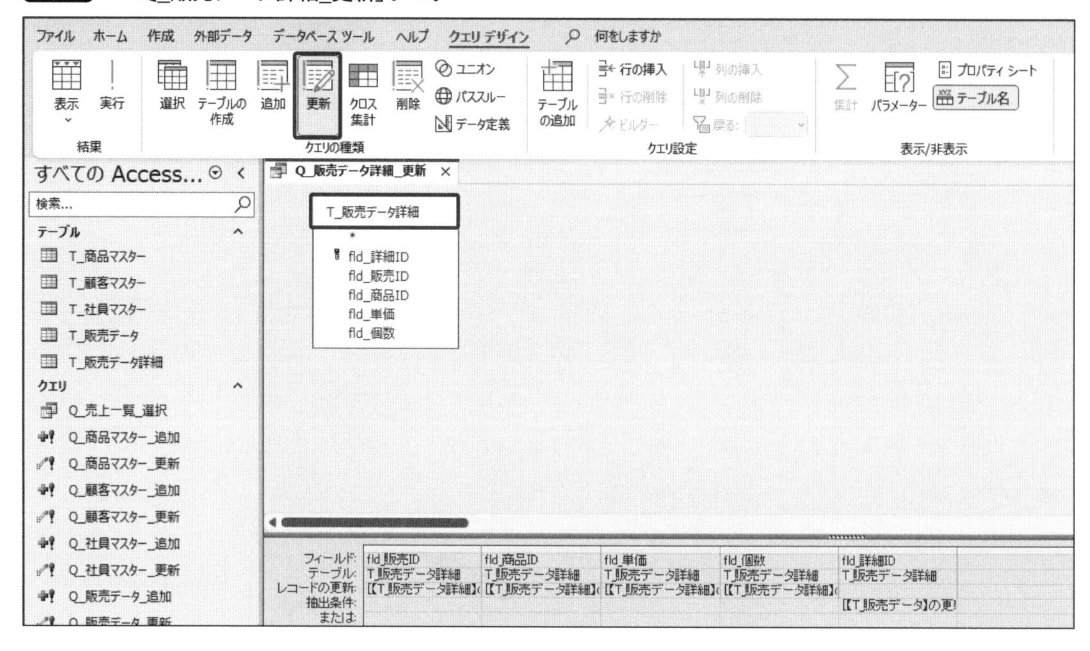

表11 「Q_販売データ詳細_更新」クエリの入力項目

フィールド	レコードの更新	抽出条件
fld_販売ID	[【T_販売データ詳細】の更新後の【販売ID】を入力してください]	
fld_商品ID	[【T_販売データ詳細】の更新後の【商品ID】を入力してください]	
fld_単価	[【T_販売データ詳細】の更新後の【単価】を入力してください]	
fld_個数	[【T_販売データ詳細】の更新後の【個数】を入力してください]	
fld_詳細ID		[【T_販売データ詳細】の更新する【詳細ID】を入力してください]

3-6 削除クエリ

3-6-1 オブジェクトの作成

最後に、テーブルの既存レコードを削除する**削除クエリ**を作ってみましょう。リボンの「作成」タブの「クエリデザイン」で新規クエリをデザインビューで開きます。

クエリの種類を「削除」に変更して、「テーブルの追加」ウィンドウから対象のテーブルを追加します。ここでは「T_商品マスター」テーブルを追加しましょう（**図75**）。

図75 テーブルの追加

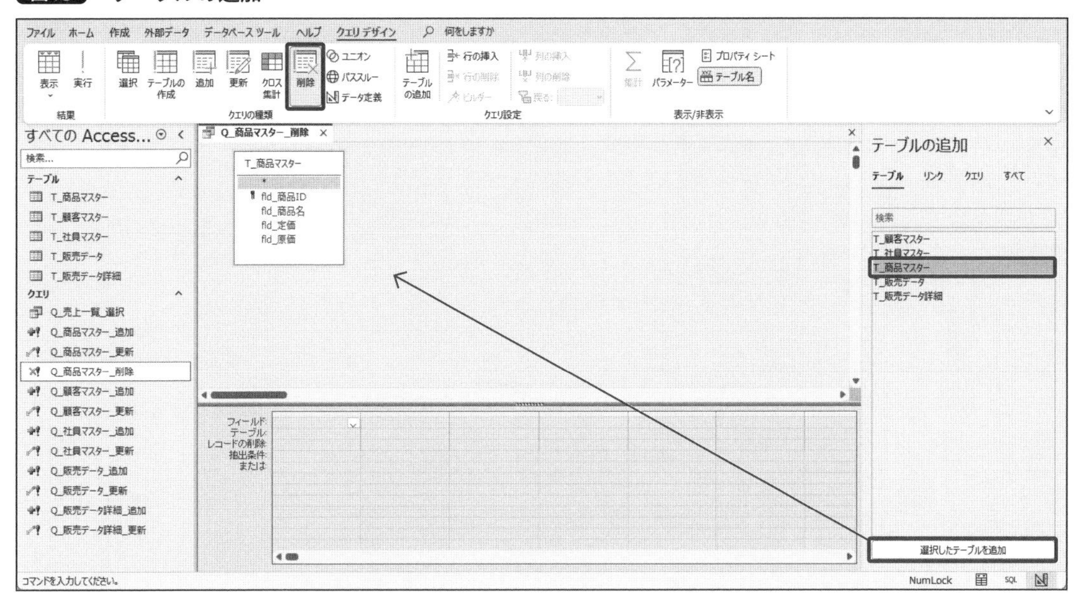

作成したクエリを「Q_商品マスター_削除」という名前で保存しておきます。

3-6-2 クエリの設定と実行

削除に必要なフィールドは主キーだけなので、「fld_商品ID」を画面下部グリッドへドラッグして「抽出条件」欄に条件を指定します。この例では、商品ID「P011」を削除します。テキスト型の識別子は「"」です（**図76**）。

図76 削除クエリの設定

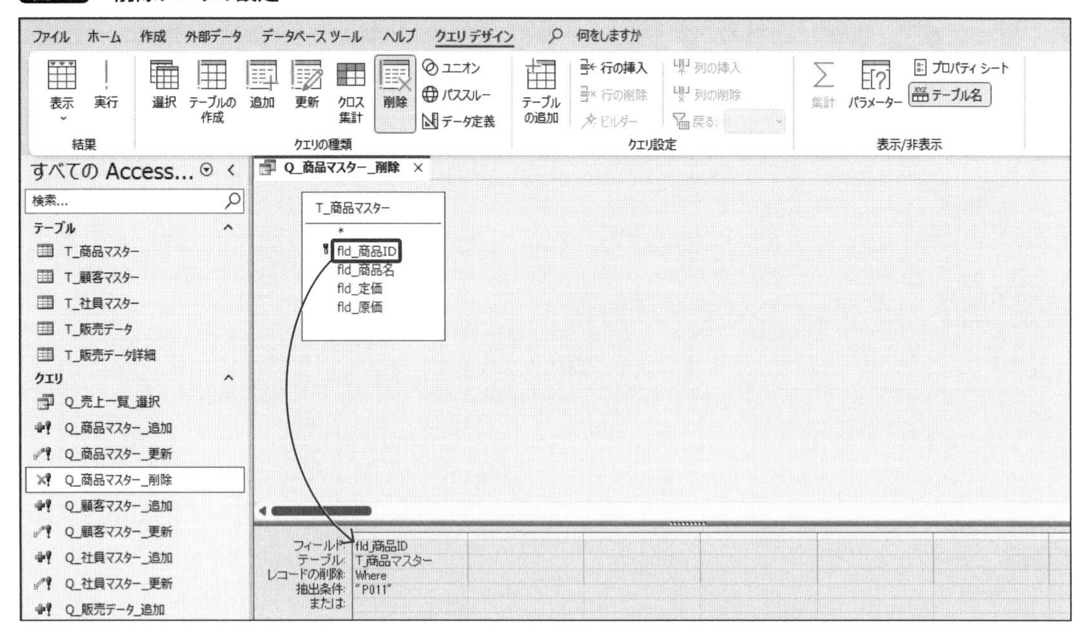

「実行」ボタンをクリックすると、実行前の確認メッセージが表示されます。削除クエリは**条件が設定されていないとテーブルの中身をすべて削除**することになってしまいますので、メッセージで削除件数に間違いがないか必ず確認してください（**図77**）。

図77 削除クエリの実行

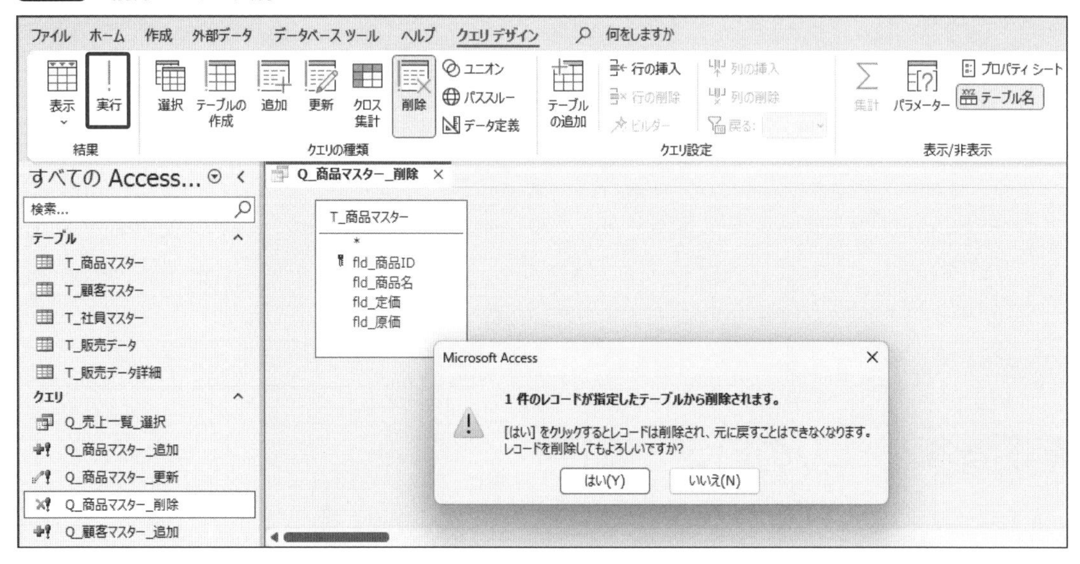

「T_商品マスター」テーブルを見てみましょう。指定したレコードが削除されています(図78)。リレーションシップで参照整合性を設定してあるので、ほかのテーブルで使われている商品IDは削除できません。

図78 テーブルの確認

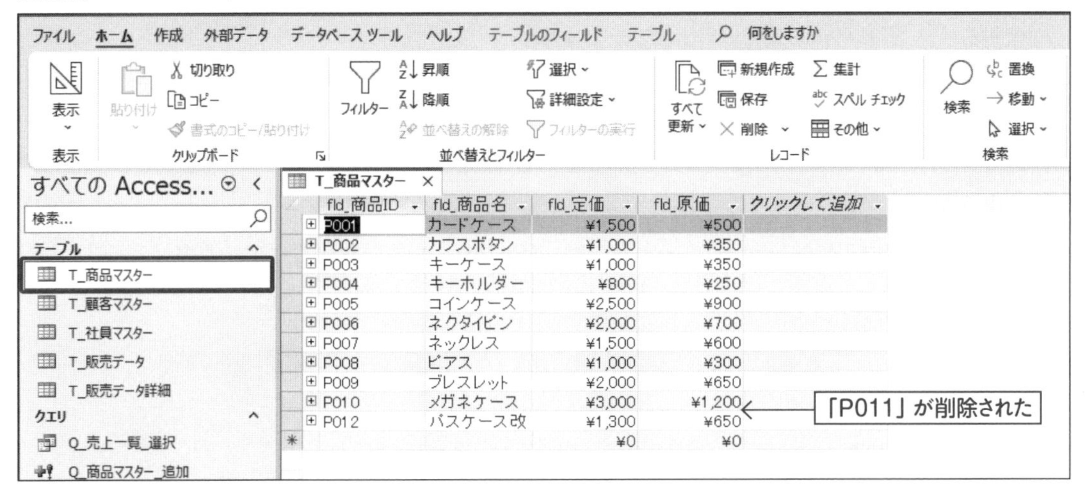

3-6-3 パラメーターへの置き換え

こちらもパラメータークエリにしましょう。図79と表12を参考に、入力要求時に表示されるメッセージを設定します。

表12 グリッドへの入力項目

フィールド	抽出条件
fld_商品ID	[【T_商品マスター】の削除する【商品ID】を入力してください]

図79 パラメータークエリの設定

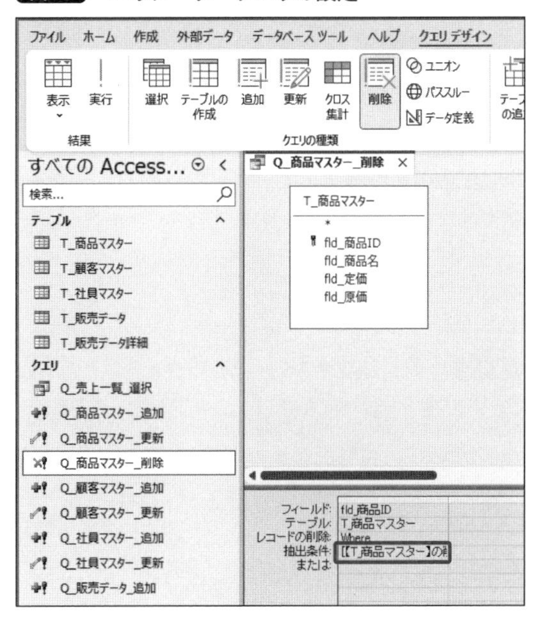

このクエリを実行すると、削除対象の商品IDの入力要求ウィンドウが出るので、商品IDを入力します。識別子は必要ありません。その後、確認メッセージが表示されます(図80)。

図80 パラメータークエリの実行

「T_商品マスター」テーブルを確認すると、指定したレコードが削除されています(図81)。

図81 テーブルの確認

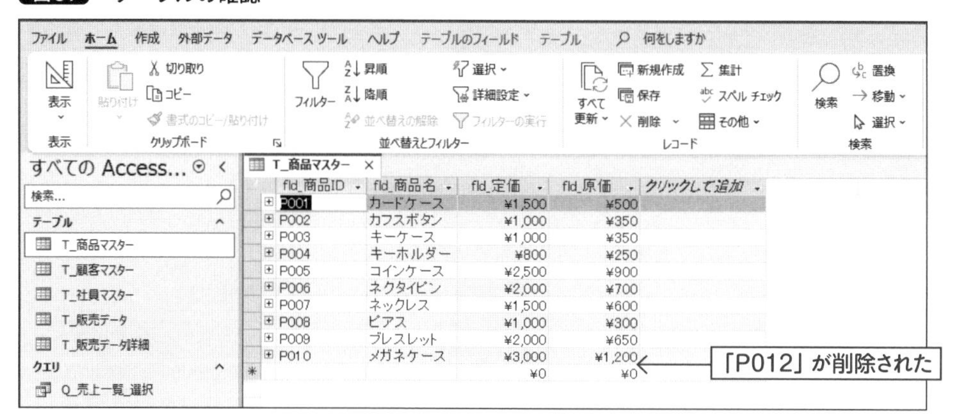

図82 「Q_顧客マスター_削除」クエリ

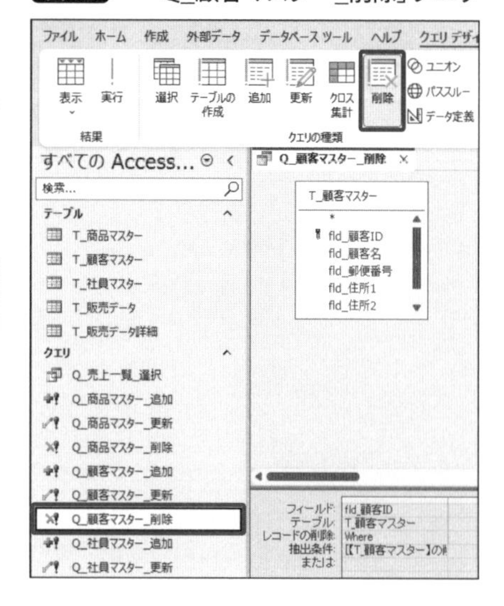

以上の手順を踏まえて、同様にほかの4つのテーブルへの削除クエリを作成しましょう。

「T_顧客マスター」テーブルへの削除クエリは図82と表13を参考に作成してください。

表13 「Q_顧客マスター_削除」クエリの入力項目

フィールド	抽出条件
fld_顧客ID	[【T_顧客マスター】の削除する【顧客ID】を入力してください]

「T_社員マスター」テーブルへの削除クエリは図83と表14を参考に作成してください。

表14 「Q_社員マスター_削除」クエリの入力項目

フィールド	抽出条件
fld_社員ID	[【T_社員マスター】の削除する【社員ID】を入力してください]

図83 「Q_社員マスター_削除」クエリ

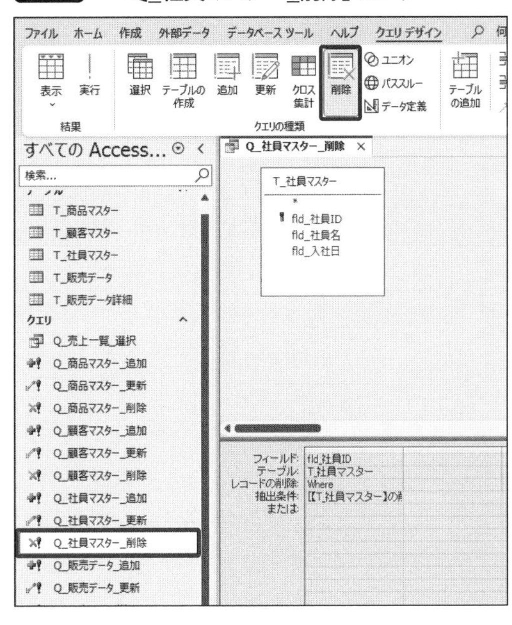

「T_販売データ」テーブルへの削除クエリは図84と表15を参考に作成してください。

表15 「Q_販売データ_削除」クエリの入力項目

フィールド	抽出条件
fld_販売ID	[【T_販売データ】の削除する【販売ID】を入力してください]

図84 「Q_販売データ_削除」クエリ

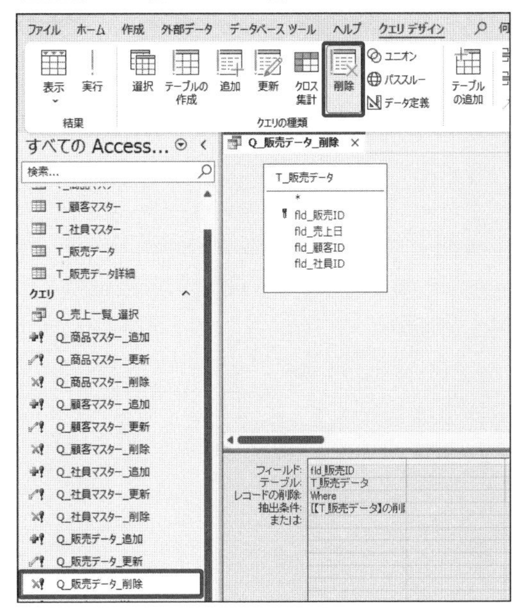

「T_販売データ詳細」テーブルへの削除クエリは図85と表16を参考に作成してください。

表16　「Q_販売データ詳細_削除」クエリの入力項目

フィールド	抽出条件
fld_詳細ID	[【T_顧客マスター詳細】の削除する【詳細ID】を入力してください]

図85　「Q_販売データ詳細_削除」クエリ

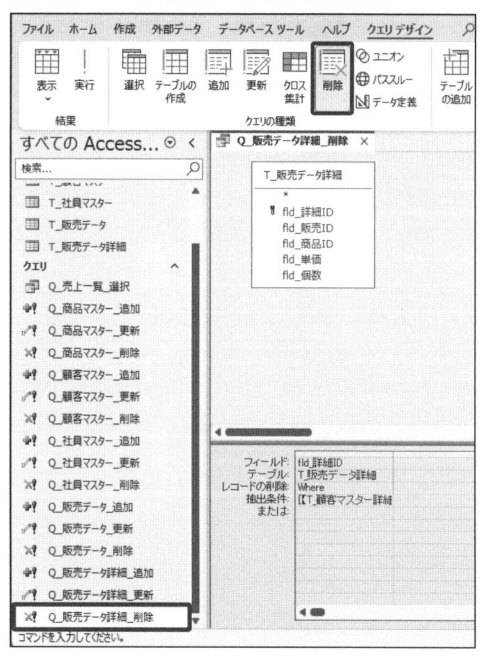

以上で、本書で利用するクエリオブジェクトの作成が終了しました。選択クエリが1つと、5つのテーブルそれぞれに追加・更新・削除クエリがあるため、オブジェクトの数が多くなります（計16）。

ナビゲーションウィンドウではオブジェクト種類の右端にある矢印ボタンでグループをたたんで、見た目をすっきりさせることができます（図86）。

図86　グループをたたむ

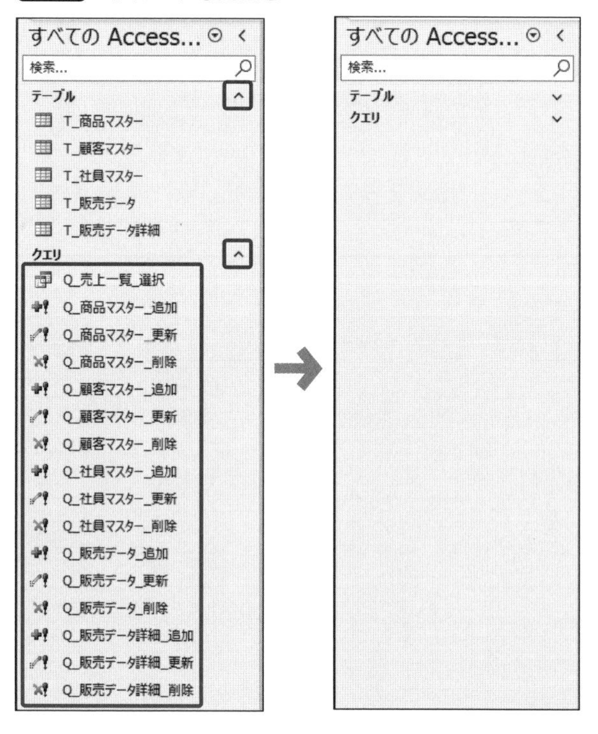

レポートの作成と
レベル１アプリの完成

4-1 レポートの基礎

4-1-1 レポートで扱う要素

ここからは、レポートオブジェクトについて学んでいきます。

レポートは、印刷に使うオブジェクトです。テーブルはデータ収納に特化していて印刷機能を持っていないため、納品書や請求書など紙で印刷したい帳票は、レポートオブジェクトでフォーマットを作成しておいて、そこへテーブルのデータを当てはめて印刷します（**図1**）。

図1 レポート

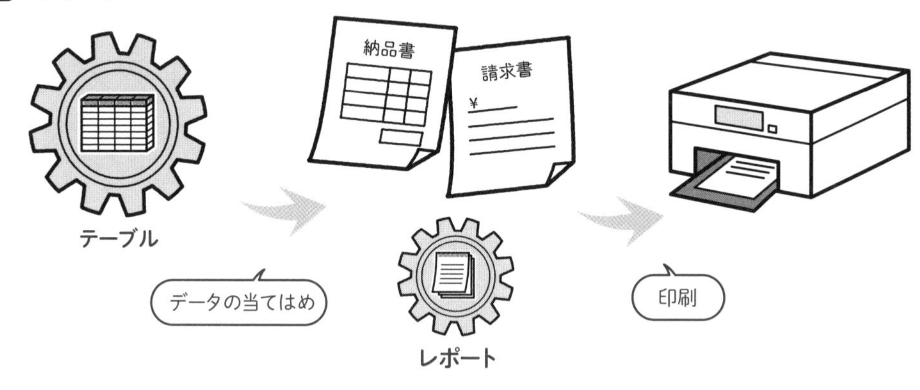

印刷のフォーマットを作るには、レポートという土台の上に要素オブジェクトを配置して理想の形を作っていきます。この要素は**コントロール**というオブジェクトです。レポートでよく使うコントロールは**ラベル**や**テキストボックス**があり、ラベルはタイトルや見出しなどの固定の値、テキストボックスはテーブルのデータや日付など、変化する値が入ると覚えておきましょう（**図2**）。

図2 コントロール

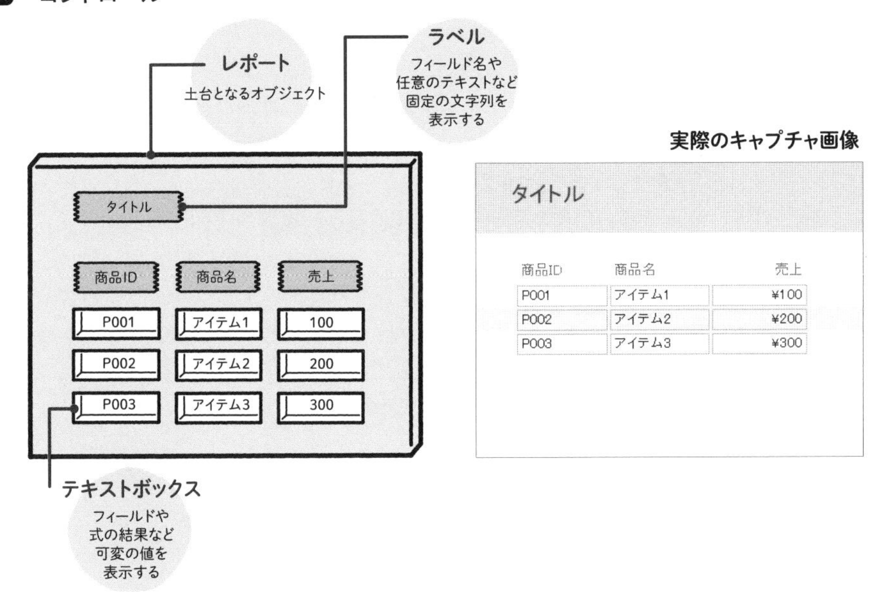

また、コントロールを土台のどの領域に置くかも大切です。レコードの件数分繰り返し表示する**詳細**や、複数ページに渡ったときに最初のページのみ表示する**レポートヘッダー**、全ページ表示する**ページヘッダー**など、表示したい要素の性質に適した領域に配置します。この領域のことを**セクション**と呼びます（図3）。

図3 セクション

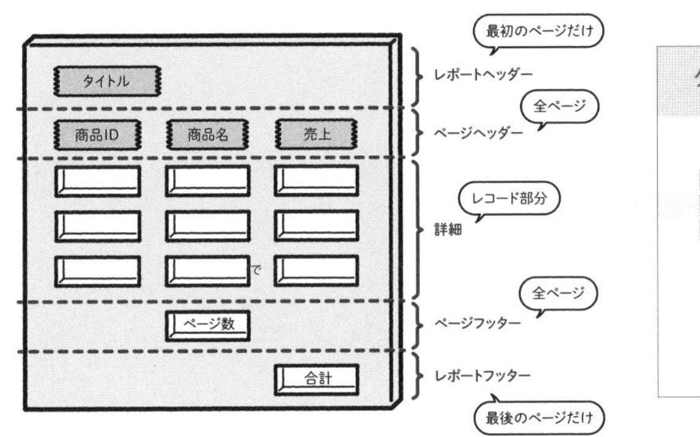

実際のキャプチャ画像

タイトル

商品ID	商品名	売上
P001	アイテム1	¥100
P002	アイテム2	¥200
P003	アイテム3	¥300
		¥600

1/1 ページ

4-1-2 連結オブジェクト

レポートは自身ではデータを持つことができないので、データの元となるテーブル（またはクエリ）と連結して使います。このため、レポートはテーブルやクエリに対する**連結オブジェクト**と呼ばれます。**連結できるのはテーブル、名前付きクエリ、埋め込みクエリの3種類**です。

名前付きクエリとは、CHAPTER 3で学んだ通常のクエリオブジェクトのことです。ナビゲーションウィンドウの一覧に表示されて、単体での利用やレポートとの連結など、複数の場面から利用することができます。

埋め込みクエリとは、特定の連結オブジェクト専用として使われるクエリです。操作は通常の名前付きクエリと変わりませんが、レポートとの表裏一体型として保存され、**ナビゲーションウィンドウに表示されません**。レポート専用に使うクエリの場合、埋め込みにしておくとクエリを誤って変更してレポートが表示されなくなる、といったミスを減らすことができます（図4）。

図4 連結オブジェクト

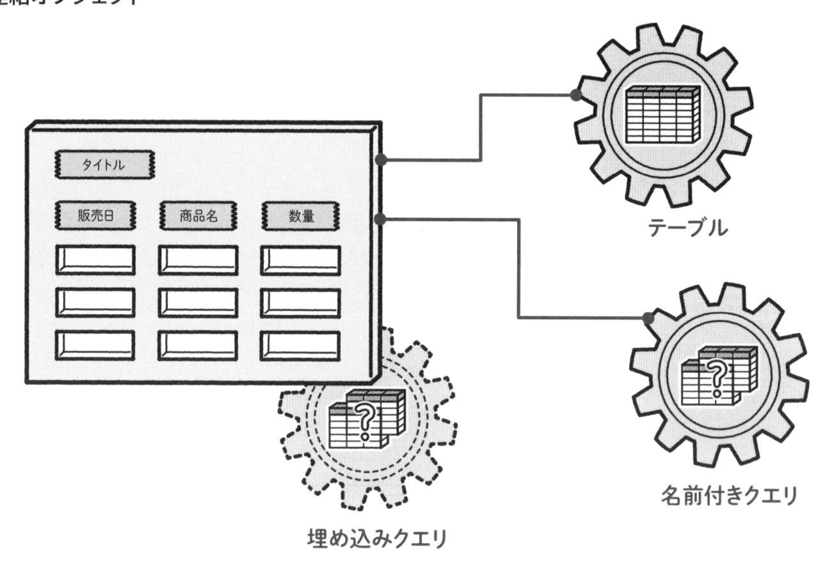

なお、**レポートの連結は読み取り専用**で、レポートオブジェクトからテーブルのデータが変更されることはありません。

4-1-3 レコードソースとコントロールソース

4-1-2のようにレポートに連結するテーブルやクエリのことを**レコードソース**と呼びます。これは、レポートに表示する情報源の指定です（図5）。

図5 レコードソース

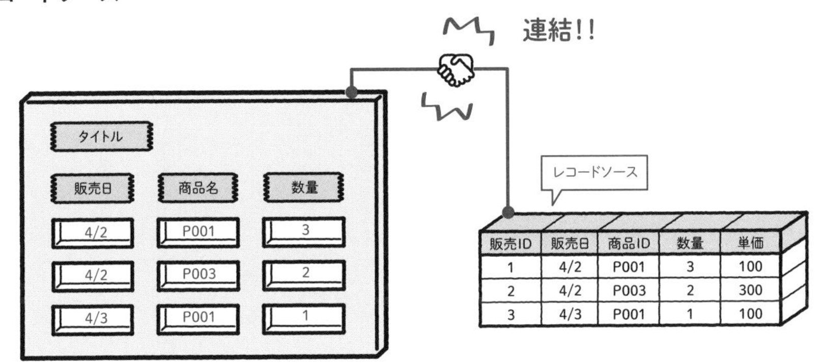

レコードソース（情報源）を設定すると、そこに存在するレコードやフィールドの値を、テキストボックスなどのコントロールに連結できるようになります。これを**連結コントロール**と呼び、連結された情報をコントロール上に表示できます。コントロールに連結された情報源のことを**コントロールソース**と呼びます（**図6**）。

図6 コントロールソース

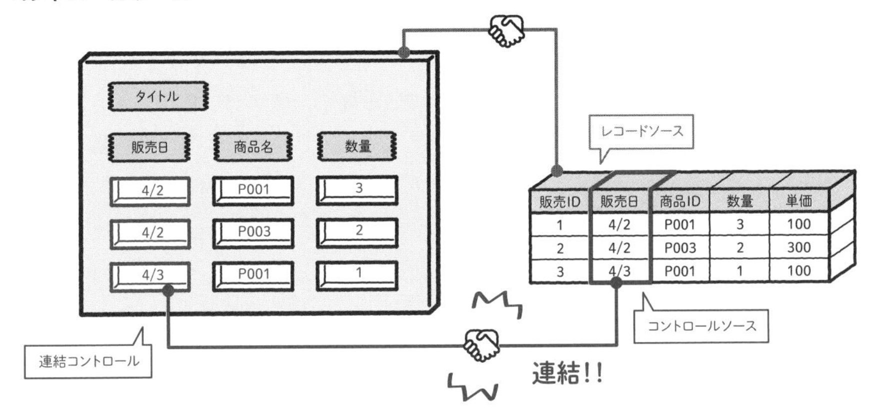

4-1-4 ビューの種類

レポートのビューは、デザインビュー、レポートビュー、レイアウトビュー、印刷プレビューの4種類あります。

デザインビューは、レイアウトの詳細な設計を行うためのビューです。縦横のグリッド線、セクションが表示されるのが特徴です。デザインビュー上では、連結コントロールにはコントロールソースの名称が表示されます（**図7**）。

図7 デザインビュー

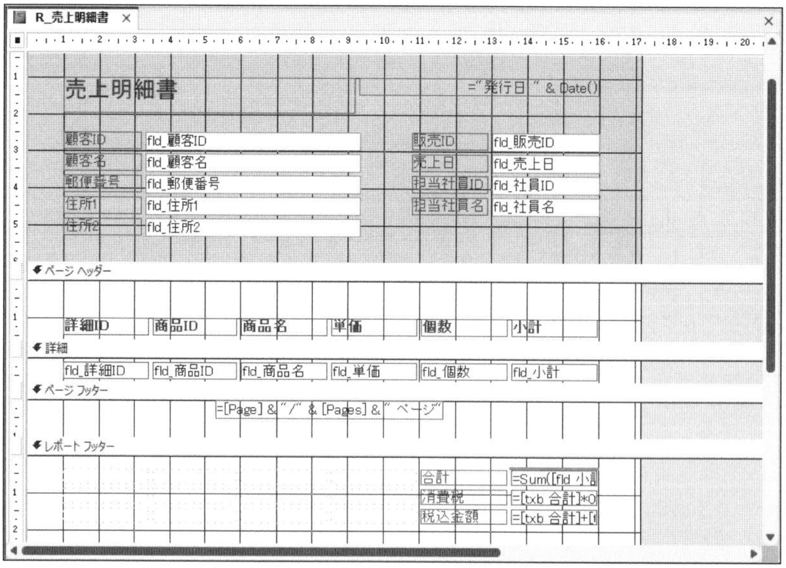

レポートビューは、レポートのデフォルトのビューで、データの閲覧ができます。ナビゲーションウィンドウでレポートオブジェクトをダブルクリックすると、このビューで開きます。

デザインビューでコントロールソース名が表示されていた場所には実際の値が表示され、詳細セクションに配置されたフィールドがレコードの件数分繰り返して表示されます。また、フィルターでの絞り込みが可能です(**図8**)。

図8 レポートビュー

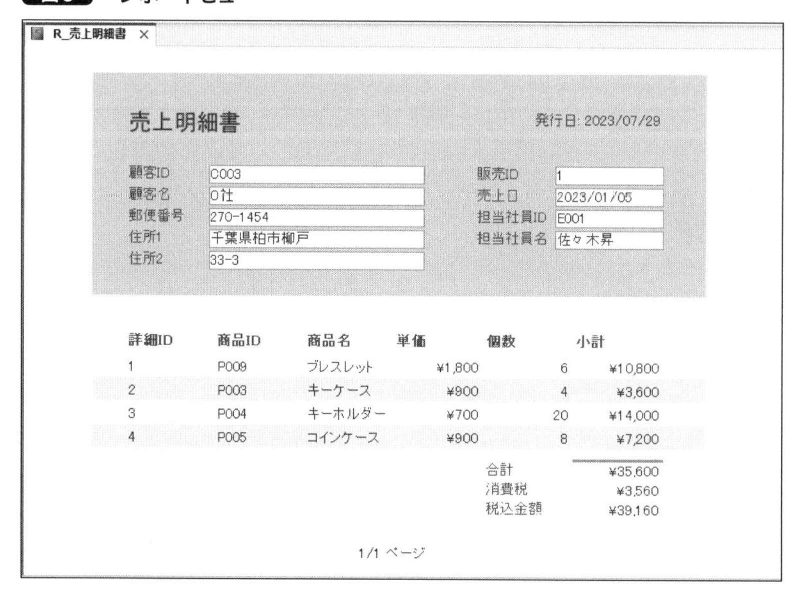

レイアウトビューは、デザインビューとレポートビューの中間にあたるビューで、実際の値を確認しながらコントロール幅や表示形式の変更などを行うことができます。デザインビューほど詳細な設定はできないので、作り込んだあとの最終的な微調整として使うとよいでしょう（**図9**）。

図9 レイアウトビュー

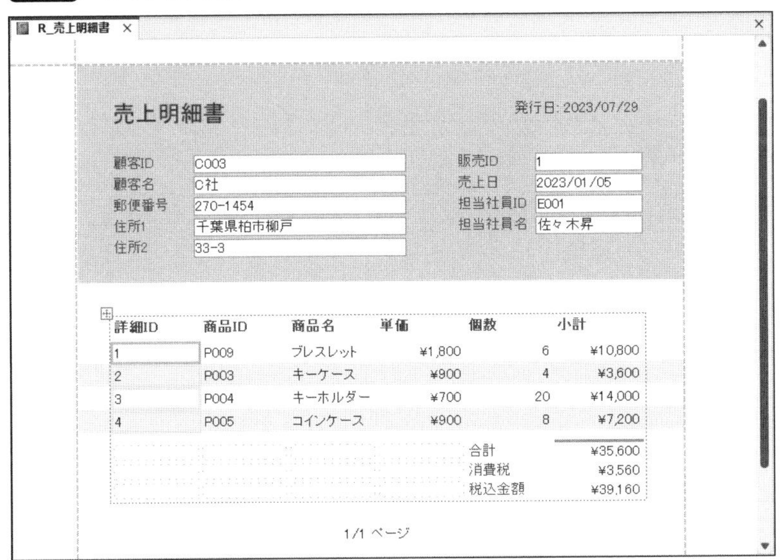

印刷プレビューは、レポートビューで閲覧したデータを印刷用紙に割り付けた場合のプレビューを表示します。用紙の大きさや余白などの印刷時の詳細設定や、ページ区切りの状態、セクションで設定したヘッダーやフッターの印刷位置や内容を確認できます（**図10**）。

図10 印刷プレビュー

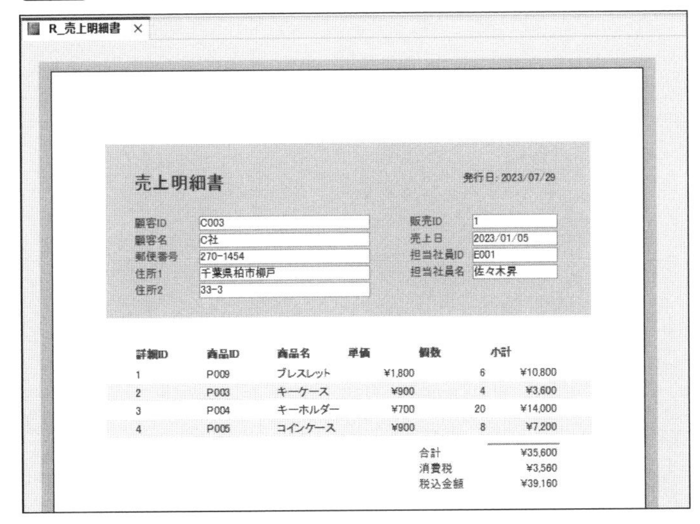

4-2 「売上明細書」レポート

4-2-1 レポートの作成

まずは、指定の販売IDの「売上明細書」を出力する**図11**のようなレポートを作ってみましょう。レコードソースは専用の埋め込みクエリを作成し、「販売ID」はパラメータークエリでそのつど入力できるようにします。

図11 完成図

リボンの「作成」タブの「レポートデザイン」をクリックします(**図12**)。

図12 新規のレポートをデザインビューで開く

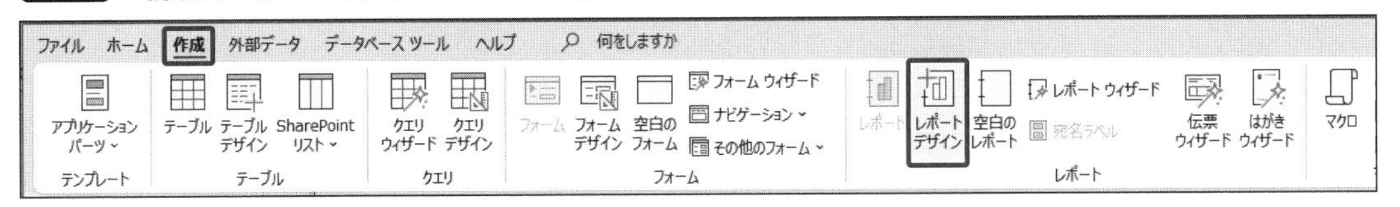

新規のレポートがデザインビューで開くので、オブジェクト名のタブを右クリックして「上書き保存」を選択し、「R_売上明細書」という名前を付けます（**図13**）。

図13 名前を付けて保存

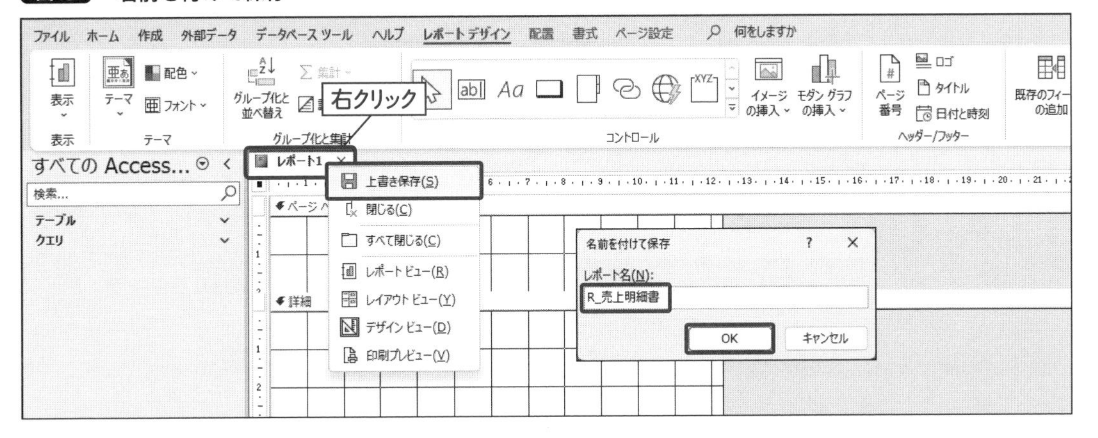

レポートが保存され、ナビゲーションウィンドウに表示されました（**図14**）。

図14 レポートが作成できた

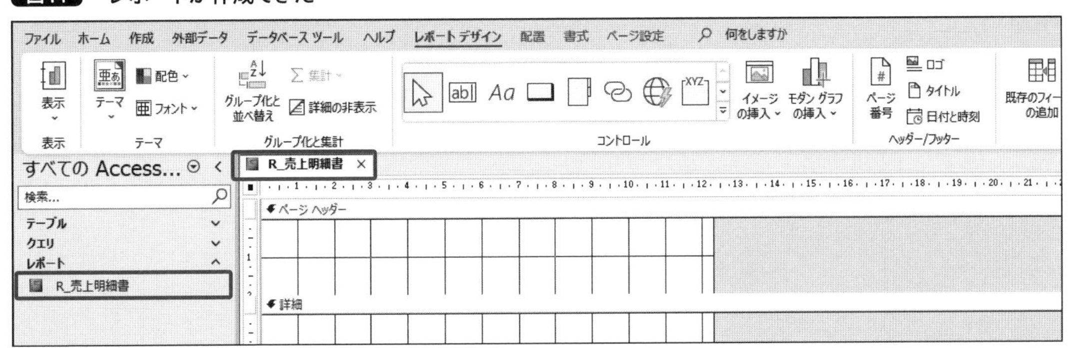

4-2-2 セクションと用紙の設定

横に伸びているバーを上下に動かすとセクションの縦幅が調節できるので、詳細セクションの高さを縮めます。デフォルトでは一部のセクションが非表示になっているので、任意のセクションを右クリックし、

「レポートヘッダー/フッター」を選択すると、非表示だったセクションが表示されます(図15)。

図15 セクションの設定

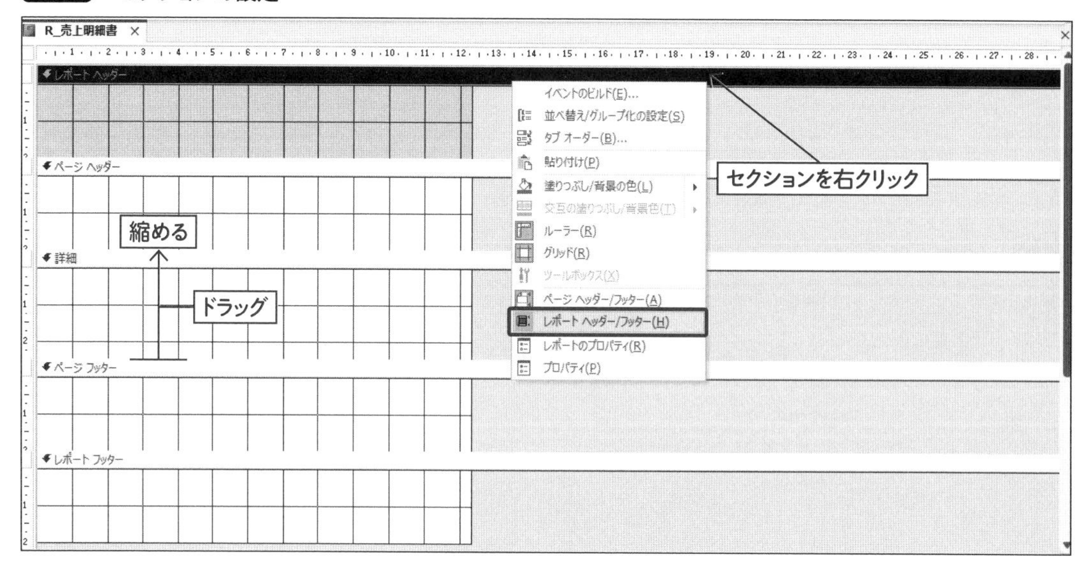

要素を配置する前に、用紙サイズと余白、レポートの横幅を決めておきましょう。「レポートデザイン」タブの「表示」から「印刷プレビュー」を選択します。右下のアイコンからも切り替えることができます(図16)。

図16 印刷プレビューへの切り替え

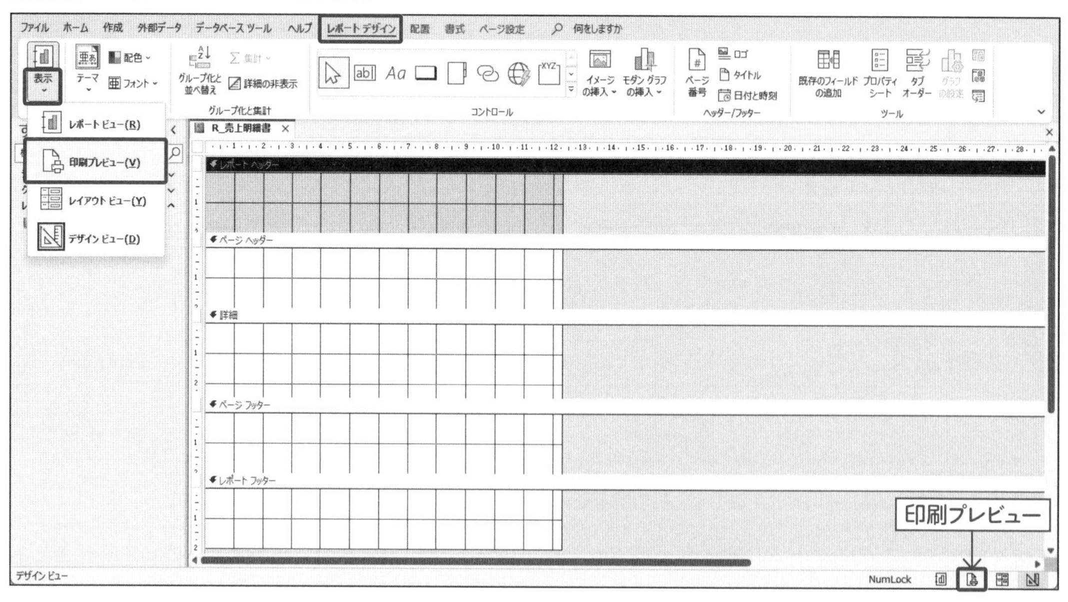

用紙サイズはスタンダードなA4縦、横に並べる要素が少なめなので余白は「広い」にして、「印刷プレビューを閉じる」をクリックすると、前のビューへ戻ります(**図17**)。

図17 用紙と余白の設定

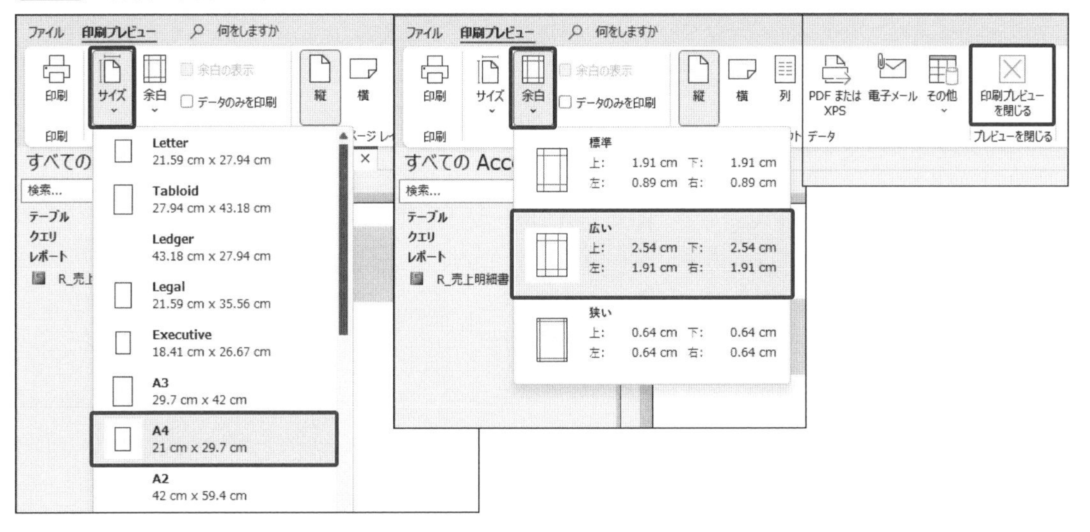

A4用紙で余白「広い」だと、横幅はルーラーの「17」に合わせておくとちょうどよいです(**図18**)。

図18 レポートの横幅を用紙に合わせる

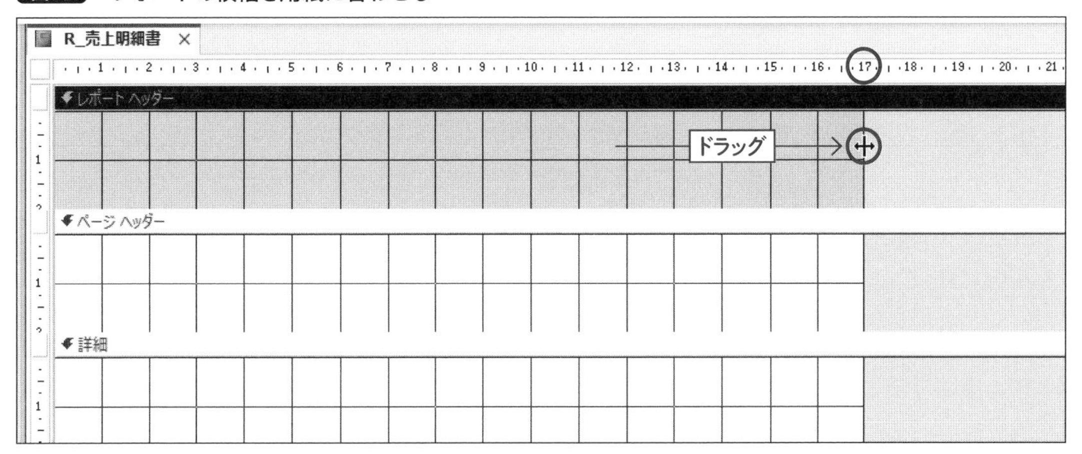

4-2-3 レコードソースの設定

レポートに表示するデータの情報源である、レコードソースを設定します。セクション外をクリックして、プロパティシートの選択の種類が「レポート」であることを確認します。

「データ」タブにあるレコードソースの項目で、「▼」からは既存のテーブルやクエリを選択できますが、今回は埋め込みクエリを新たに作成するので「…」ボタンをクリックします（**図19**）。

図19　レコードソース（埋め込みクエリ）の作成

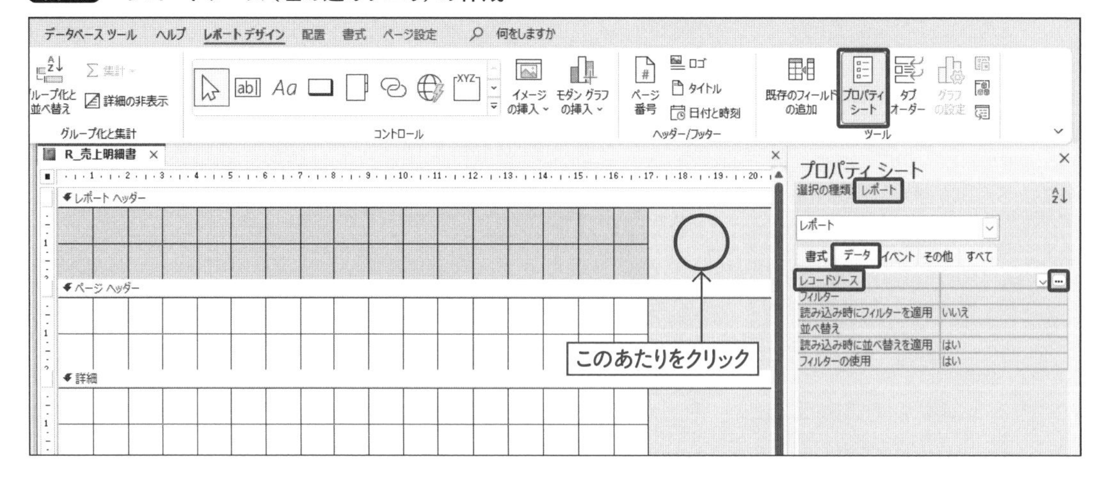

すると、**図20**のような画面になりました。これが「R_売上明細書」専用の埋め込みクエリを設定するデザインビューです。上書き保存はツールバー上部の「上書き保存」ボタン（または Ctrl + S のショートカット）を利用します。「名前を付けて保存」ボタンは、名前付きクエリとしての保存になるので注意してください。この画面を閉じてレポートへ戻るには、「閉じる」をクリックします。

図20　埋め込みクエリのデザインビュー

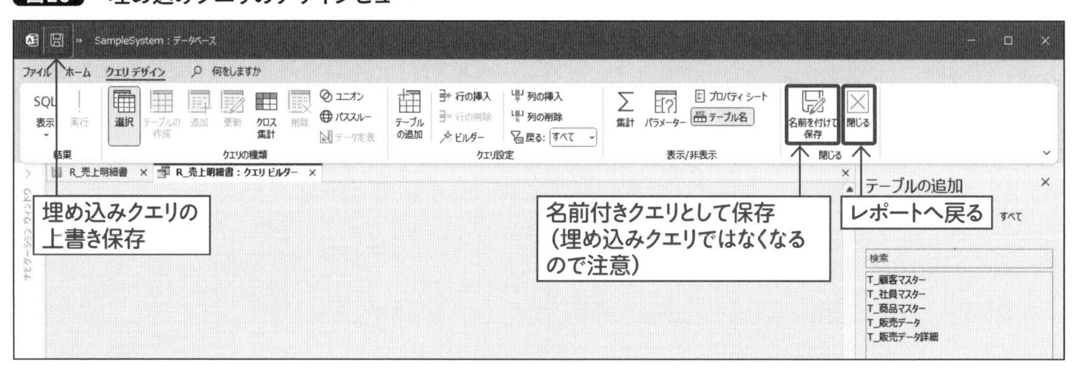

今回のレポートでは、すべてのテーブルから要素を使っているので、 Shift キーを押しながら5つすべてのテーブルを選択して「選択したテーブルを追加」をクリックします。

図21と**表1**を参考に、利用したいフィールドをドラッグし、加えて演算フィールドを1つ作ります（図では見やすいようにテーブルの配置やグリッド幅を調整しています）。抽出条件はあらかじめ設定しておいたほうが作りやすいので、ひとまず「販売IDが1」という条件を入れておきます。

なお、このクエリはレポートのレコードソースとして使うものなので、利用したいフィールドが含まれてさえいれば、グリッド上の並びは順不同で問題ありません。

図21 フィールドの設定

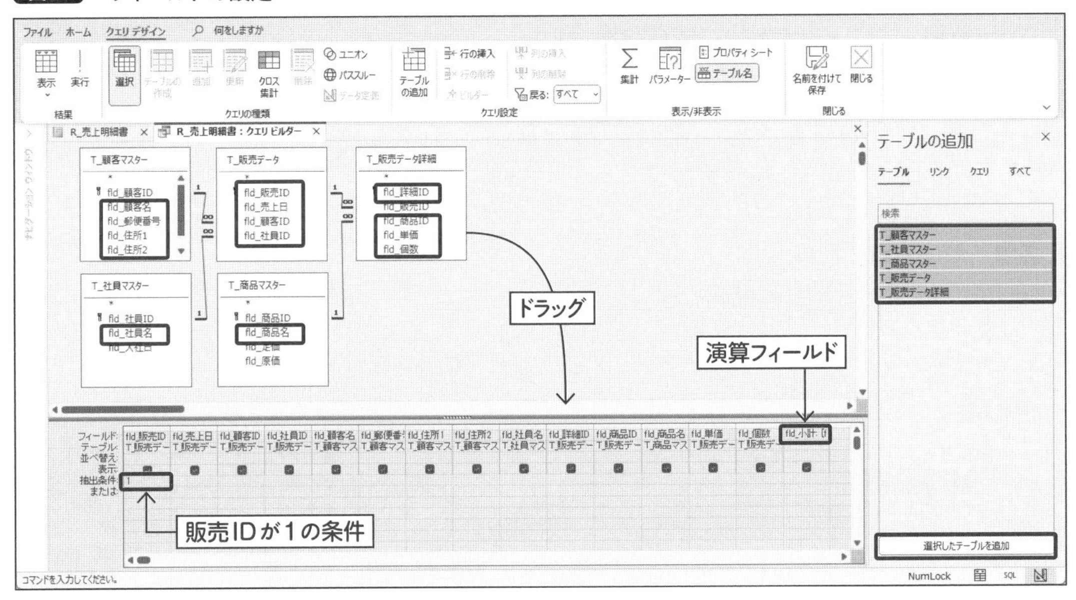

表1 グリッドへの入力項目

フィールド	テーブル	抽出条件
fld_販売ID	T_販売データ	1
fld_売上日	T_販売データ	
fld_顧客ID	T_販売データ	
fld_社員ID	T_販売データ	
fld_顧客名	T_顧客マスター	
fld_郵便番号	T_顧客マスター	
fld_住所1	T_顧客マスター	
fld_住所2	T_顧客マスター	
fld_社員名	T_社員マスター	
fld_詳細ID	T_販売データ詳細	
fld_商品ID	T_販売データ詳細	
fld_商品名	T_商品マスター	
fld_単価	T_販売データ詳細	
fld_個数	T_販売データ詳細	
fld_小計: [fld_単価]*[fld_個数]		

これでレコードソースの設定ができました。保存して「閉じる」をクリックし、レポートのデザインビューへ戻りましょう。

4-2-4 コントロールの挿入

まず、タイトルと発行日を配置しましょう。「レポートデザイン」タブにある「タイトル」と、「日付と時刻」を順番にクリックします。表示された「日付と時刻」ウィンドウでは、「日付を含める」のみにチェックを入れて「OK」をクリックします(図22)。

図22 タイトルと日付を挿入

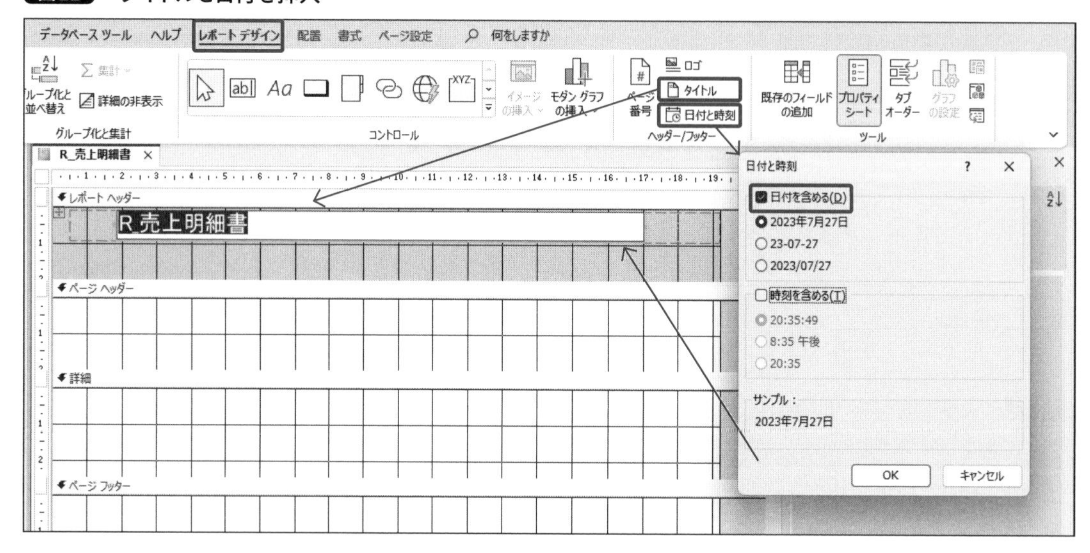

オブジェクト名がタイトルとして左上に、本日の日付を取得する関数が右上に配置されました。左端のブロックはアイコンなどの画像を入れることができますが、不要であれば Delete キーで削除します(図23)。

図23 タイトルと日付が挿入された

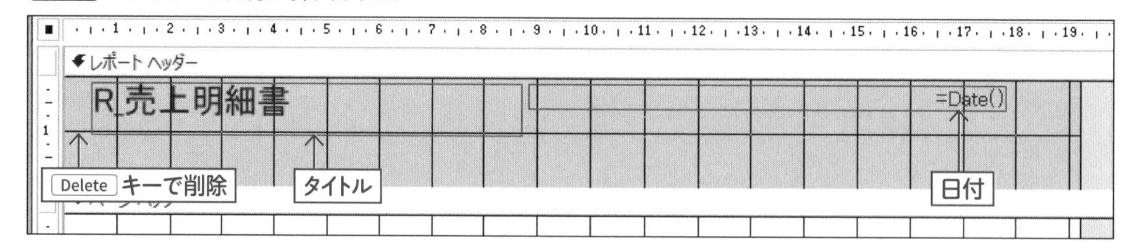

オブジェクト名が使われたのでタイトルに「R_」が入っていますが、帳票としては不要なのでテキストを修正します。タイトルをドラッグして左上の位置をグリッドに合わせ、セクションの高さも広げて見栄え

をよくしましょう。レポートの横幅が伸びてしまったので、右側のコントロールの端をルーラーの16に合わせ、レポートの幅を17に合わせます（**図24**）。

図24 テキストや配置を修正

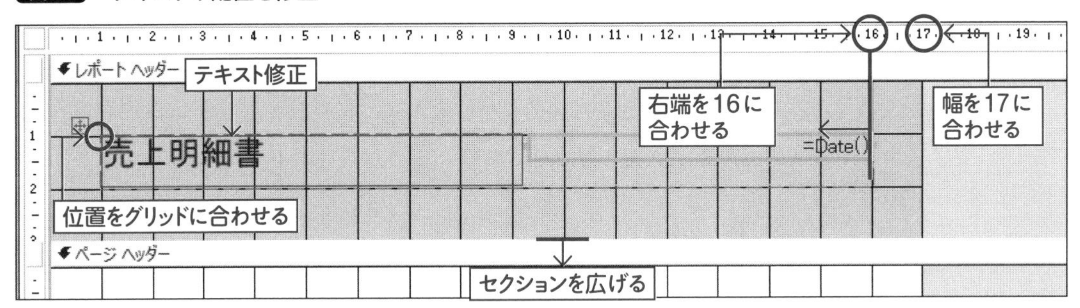

ここで、挿入されたコントロールの種類を確認してみましょう。タイトルを選択してプロパティシートを見ると、このコントロールは**ラベル**であることがわかります（**図25**）。ラベルは固定のテキストを表示する、タイトルに適したコントロールです。

「すべて」タブの**名前**はコントロールの名称、**標題**は表示されるテキストを表します。挿入しただけだと名前が「Auto_Header0」になっているので、**1-3-3**の命名規則（P.30）にしたがって「lbl_売上明細書」へ変更しておきましょう（**表2**）。

図25 タイトルのコントロール詳細

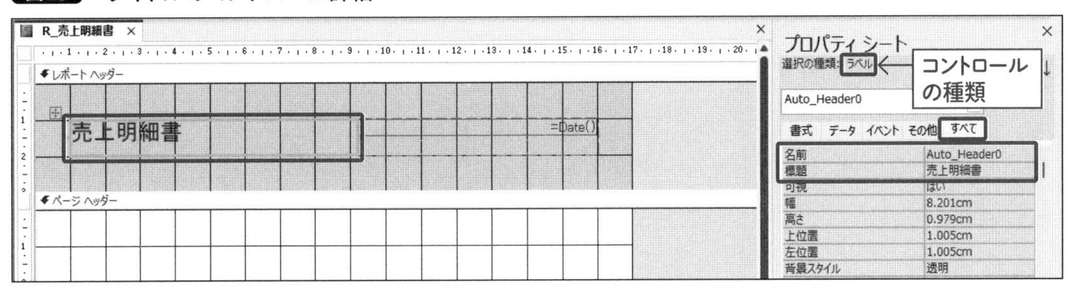

表2 プロパティシートの設定

項目	意味	変更前	変更後
名前	コントロールの名称	Auto_Header0	lbl_売上明細書
標題	表示される文字列	売上明細書	-（変更なし）

日付のコントロールを選択すると、これは**テキストボックス**であることがわかります（**図26**）。テキストボックスはフィールドの内容や式の結果など、変化する値を表示するコントロールです。

プロパティシートの「名前」はコントロールの名称、**コントロールソース**（P.120）は情報源を表します。今回のようにコントロールソースに数式が入っているものは**演算コントロール**と呼びます。

名前を「txb_発行日」へ変更しておきましょう。また、コントロールソースの日付も「発行日: 」というテキストも一緒に表示されるようにします(**表3**)。

図26 日付のコントロール詳細

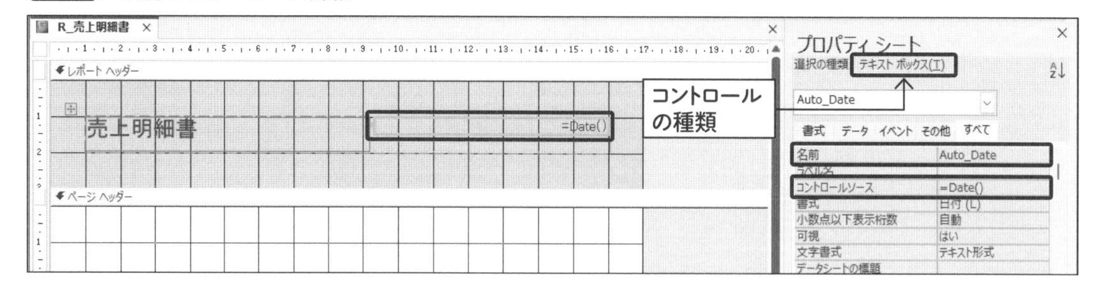

表3 プロパティシートの設定

項目	意味	変更前	変更後
名前	コントロールの名称	Auto_Date	txb_発行日
コントロールソース	情報源	=Date()	="発行日:" & Date()

続けてリボンの「ページ番号」をクリックして、**図27**のような設定でページ番号を表示するテキストボックスを挿入します。テキストボックスの高さに合わせてページフッターの縦幅を縮めます。コントロールソースの数式はそのままで、名前だけ変更しましょう(**表4**)。

図27 ページ番号の挿入

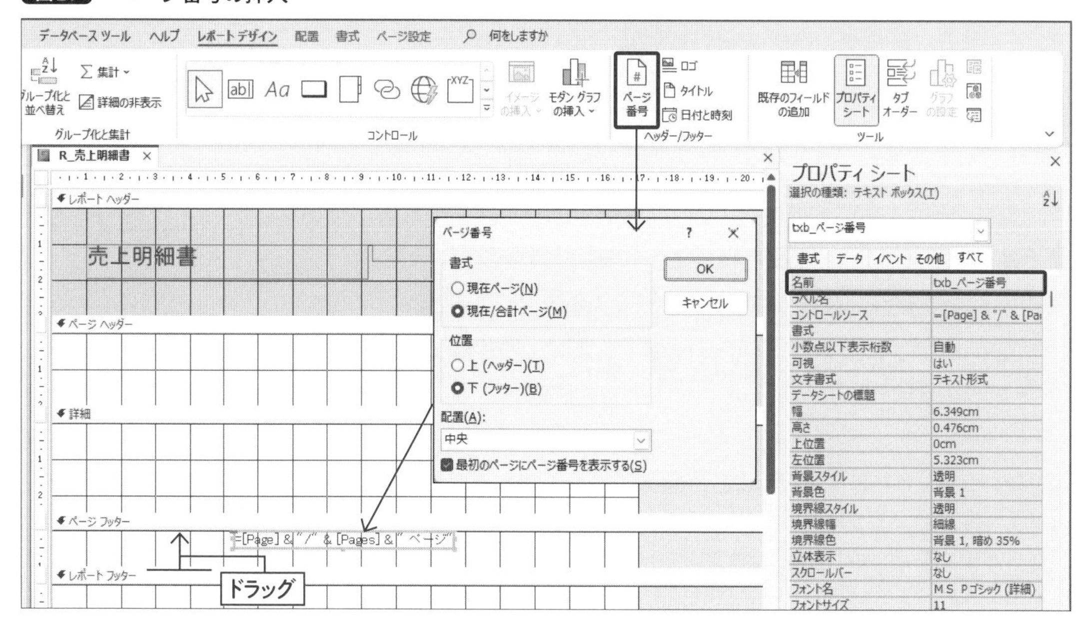

表4 プロパティシートの設定

項目	変更後
名前	txb_ページ番号

ここでレポートビューに切り替えて、どんな状態になっているか確認してみましょう。ラベルであるタイトルはそのまま、テキストボックスの発行日とページ番号はそれぞれ現在の値が入っています（図28）。

図28 レポートビューでの見え方

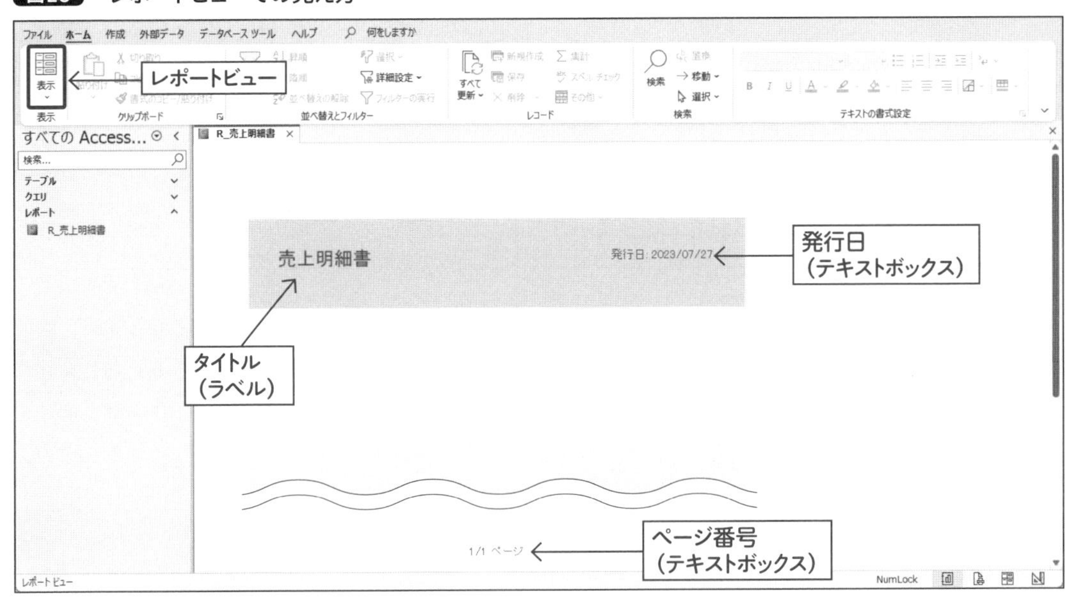

このように、ラベルとテキストボックスでは、デザインビューとレポートビューでの見え方が異なります。

4-2-5 親データの配置

次はこのレポートに、レコードソースのデータを表示します。販売データの親情報である、販売先や担当者を配置しましょう。この情報は、内容が複数ページに渡った場合でも最初のページに1度だけあればよいので、レポートヘッダーのセクションへ配置します。

デザインビューに戻り、リボンの「レポートデザイン」タブの「既存のフィールドの追加」をクリックして「フィールドリスト」を表示します。ここにはP.129で設定した埋め込みクエリで抽出するレコードセットのフィールドが一覧表示されています。Ctrl キーを押しながら**表5**のフィールドを選択してレポートヘッダーのセクションへドラッグすると、左側に

表5 挿入するフィールド

フィールド名
fld_顧客ID
fld_顧客名
fld_郵便番号
fld_住所1
fld_住所2

ラベル、右側にテキストボックスが1対になった状態で挿入されます（**図29**）。

図29 フィールドの挿入

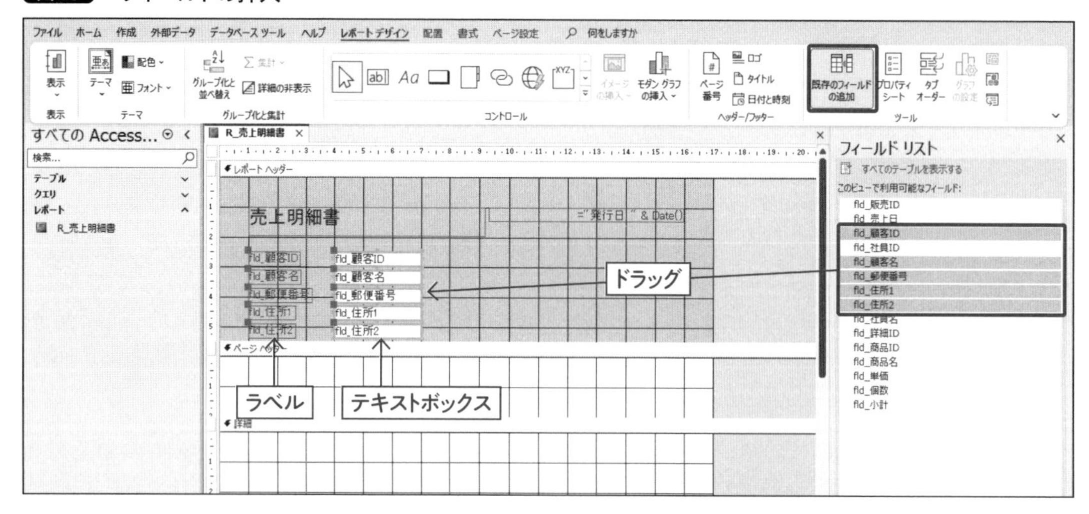

一見左右同じ内容に見えますが、ラベルには標題、テキストボックスにはコントロールソースの名称が表示されています。標題に「fld_」は不要なので、テキストを修正しましょう。また、**4-2-4**と同様にプロパティシートでコントロールの名前も直しておきます（**図30**、**表6**）。

図30 名前と標題の変更

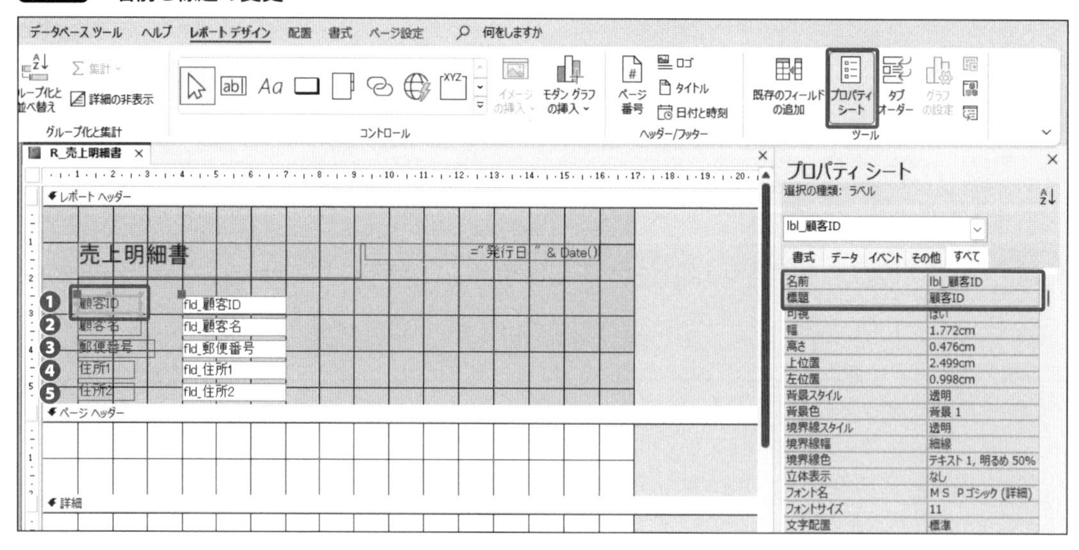

表6 プロパティシートで名前と標題を変更する内容

番号	挿入フィールド	コントロールの種類	名前	標題
❶	fld_顧客ID	ラベル	lbl_顧客ID	顧客ID
		テキストボックス	txb_顧客ID	-
❷	fld_顧客名	ラベル	lbl_顧客名	顧客名
		テキストボックス	txb_顧客名	-
❸	fld_郵便番号	ラベル	lbl_郵便番号	郵便番号
		テキストボックス	txb_郵便番号	-
❹	fld_住所1	ラベル	lbl_住所1	住所1
		テキストボックス	txb_住所1	-
❺	fld_住所2	ラベル	lbl_住所2	住所2
		テキストボックス	txb_住所2	-

これらのコントロールの位置を動かそうとすると、1対のラベルとテキストボックスは連動して動きますが、フィールドごとに独立しています。対象のコントロールをすべて選択して、「配置」タブの「集合形式」をクリックすると、位置や幅を揃えることができます。コントロール同士の間が広めになるので、「スペースの調整」で「狭い」に設定しておきましょう（図31）。

図31 集合形式レイアウトとスペースの調整

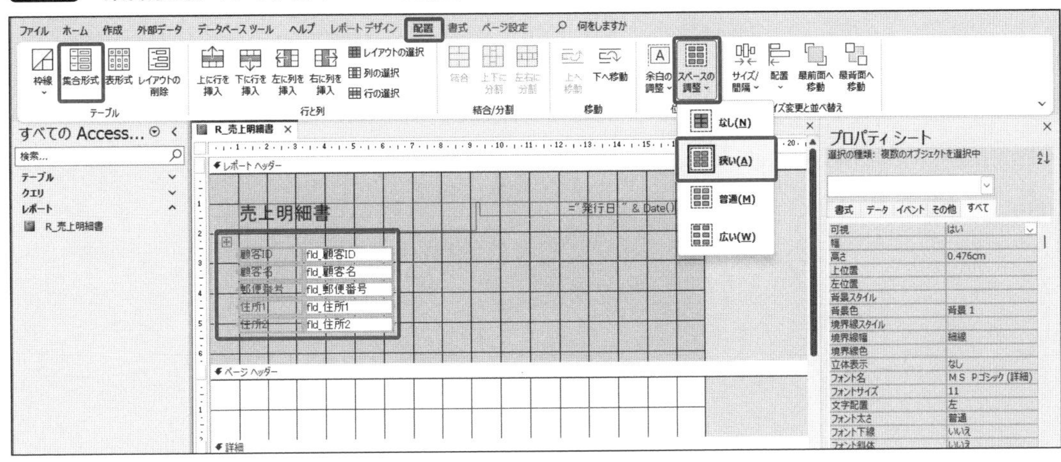

P.133の方法で、再度フィールドリストを表示して、**図32**と**表7**を参考に売上日や社員情報のフィールドを設定します。先ほどと同様にコントロールの名前、標題の変更と、「集合形式」レイアウトと「スペースの調整」を「狭い」の設定も行います。ラベルの標題はフィールド名と違っていても問題ないので、帳票としてわかりやすい表示にしておきましょう。

図32 フィールドの挿入と設定

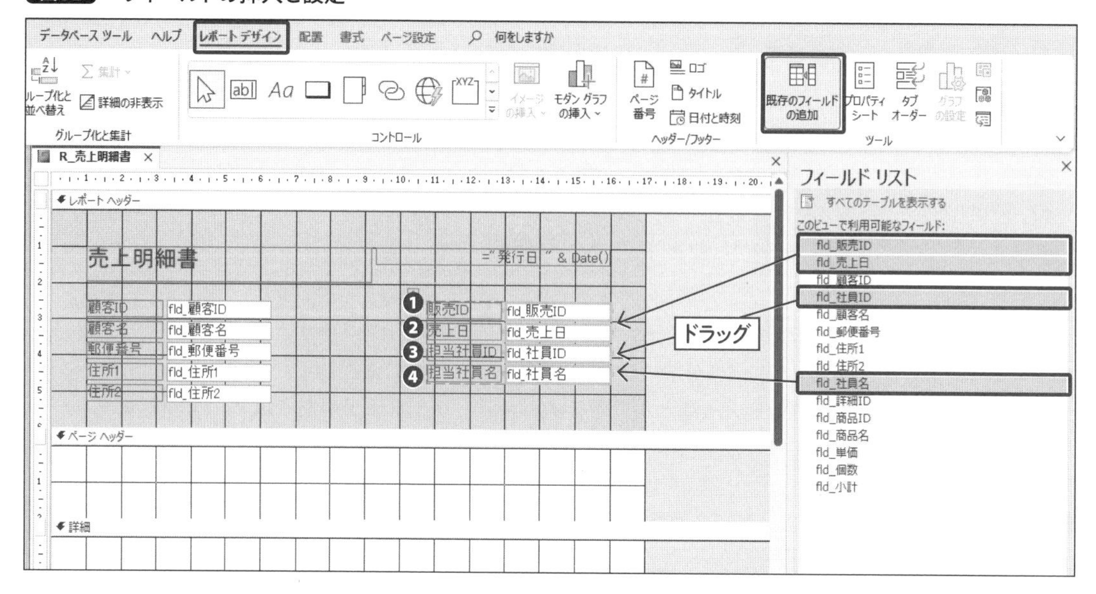

表7 プロパティシートで名前と標題を変更する内容

番号	挿入フィールド	コントロールの種類	名前	標題
❶	fld_販売ID	ラベル	lbl_販売ID	販売ID
		テキストボックス	txb_販売ID	-
❷	fld_売上日	ラベル	lbl_売上日	売上日
		テキストボックス	txb_売上日	-
❸	fld_社員ID	ラベル	lbl_社員ID	担当社員ID
		テキストボックス	txb_社員ID	-
❹	fld_社員名	ラベル	lbl_社員名	担当社員名
		テキストボックス	txb_社員名	-

レポートビューに切り替えて、現状を確認します。ラベルには設定したテキストが、テキストボックスにはレコードソースで条件を設定した「販売ID」が「1」の場合のそれぞれのフィールドが表示されています。しかし、「T_顧客マスター」の「fld_住所1」の内容が、テキストボックスの横幅に余裕がありません(**図33**)。しかし、レポートビューではテキストボックスの幅は変更できません。

図33 レポートビューで表示確認

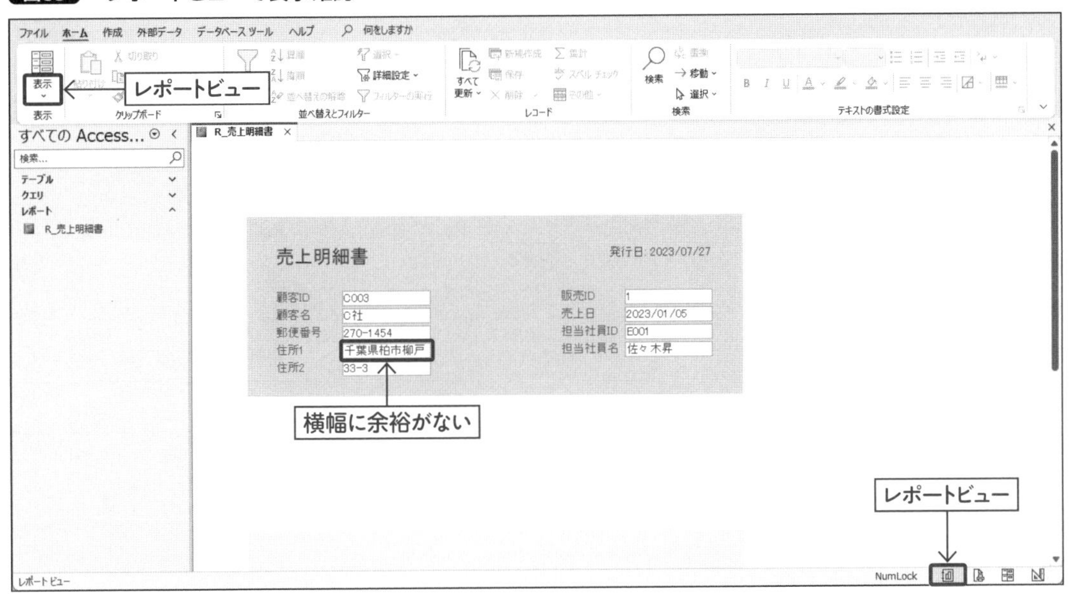

レイアウトビューへ切り替えると、実際の値を確認しながらテキストボックスの幅を広げることができます(図34)。

図34 レイアウトビューで幅の調整

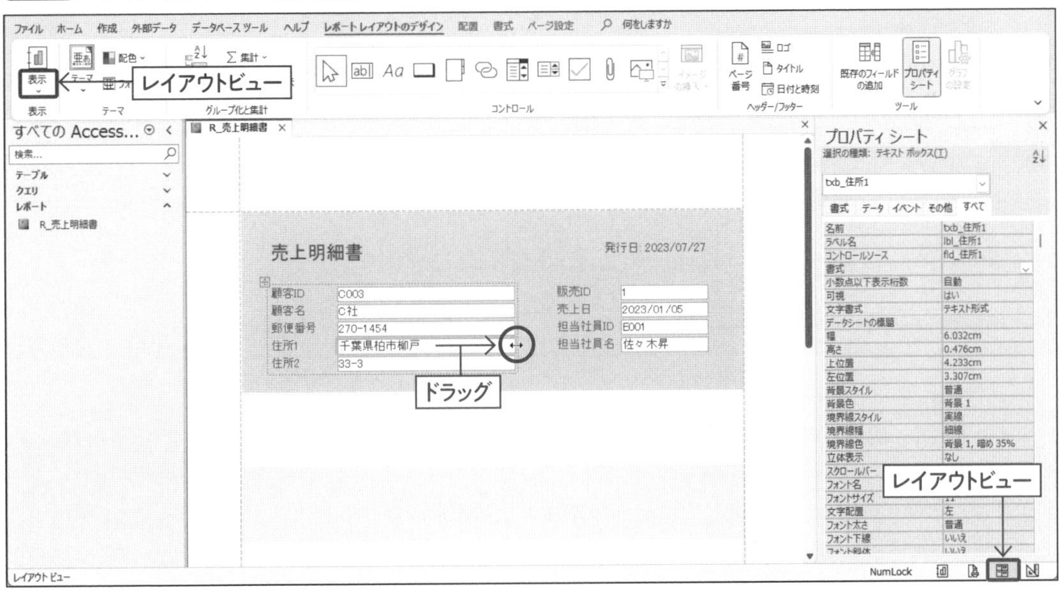

4-2-6 子データの配置

続けて、子情報である「なにがいくつ売れたか」のデータを挿入します。この情報は、1つの販売IDに対して複数レコードあるので、詳細セクションへ配置します。

デザインビューでフィールドリストを表示し、Ctrl キーを押しながら**表8**のフィールドを選択してドラッグすると、左側にラベル、右側にテキストボックスが1対になった状態で挿入されます（**図35**）。

表8　挿入するフィールド

フィールド名
fld_詳細ID
fld_商品ID
fld_商品名
fld_単価
fld_個数
fld_小計

図35　詳細セクションへフィールドを挿入

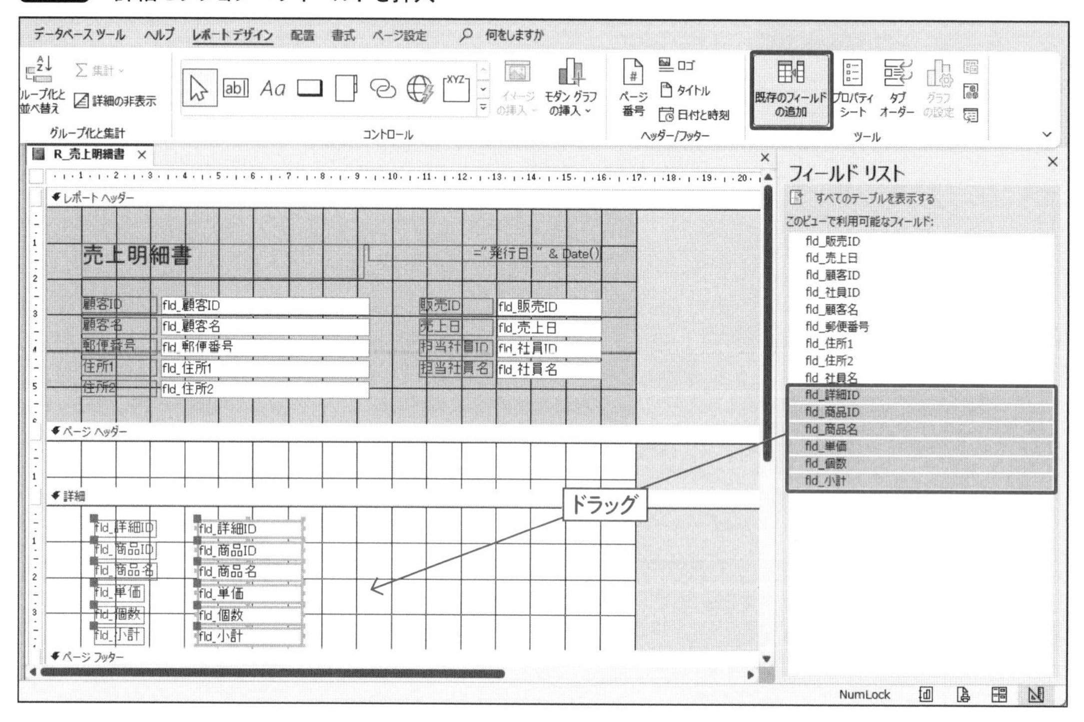

この状態で、「配置」タブの「**表形式**」をクリックします。すると、**図36**のようにページヘッダーにラベルが、詳細にテキストボックスが横一列に並びました。このレイアウトは、テーブルのデータシートビューのように、上部にラベル、下方向にレコードが繰り返し並ぶ形になります。

図36 レイアウトを表形式へ

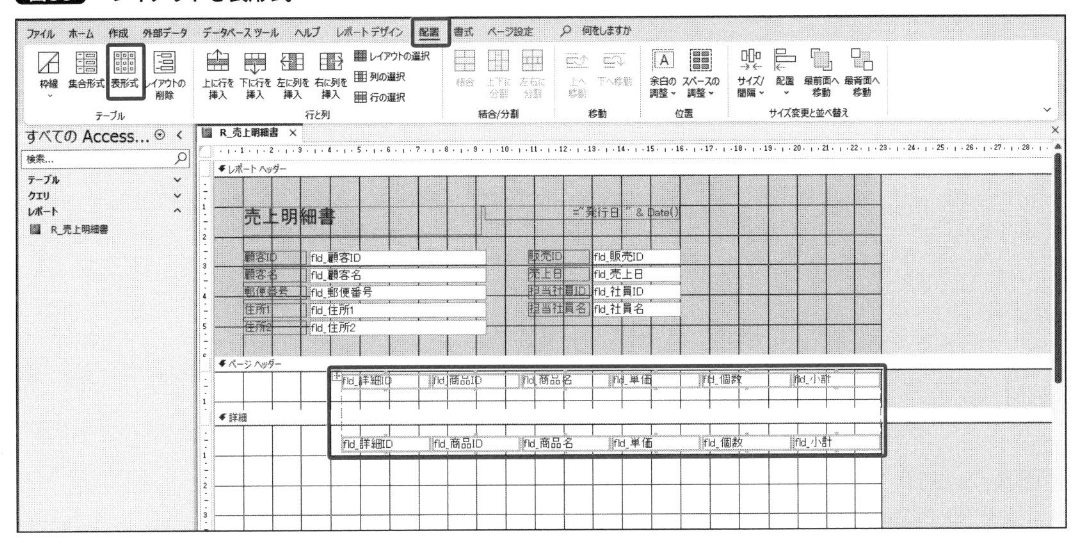

ページヘッダーセクションにある「fld_詳細ID」ラベルを選択して、プロパティシートの「書式」タブの**上位置**、**左位置**の両方に「1」と入力します。すると単位cmが補完され、レイアウトが設定されているまとまりがすべてページヘッダーセクションの上から1cm、左から1cmの位置に移動します。Accessは内部では別の単位で処理されているため少々の誤差が発生する場合がありますが、問題ありません(**図37**)。

図37 上位置と左位置

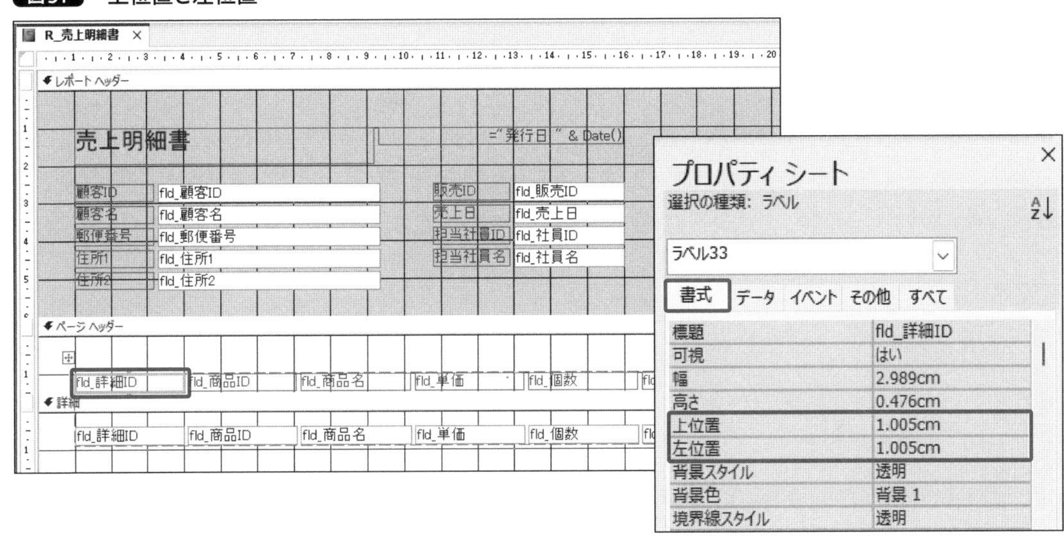

ページヘッダーセクションをクリックして選択して、**高さ**を「1.6」にします。cmは補完されます(**図38**)。

図38 ページヘッダーセクションの高さ

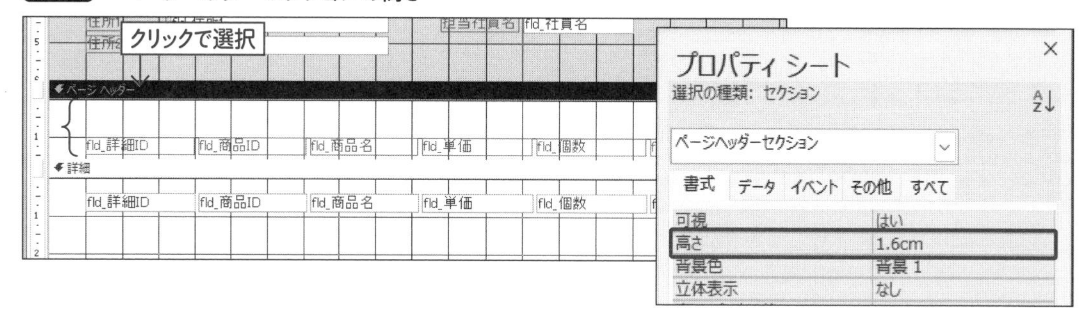

詳細セクションにある「fld_詳細ID」テキストボックスを選択して「上位置」を「0.1」と入力します（**図39**）。

図39 上位置

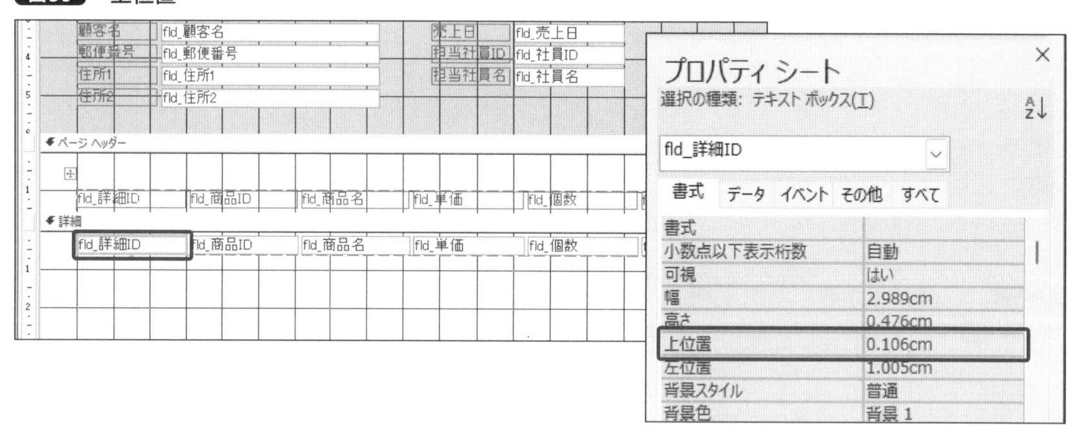

詳細セクションをクリックして選択して、高さを「0.6」にします（**図40**）。ここは、繰り返しレコードが表示される部分になるので、できるだけ高さを短く設定すると、たくさんのレコードを表示できます。

図40 詳細セクションの高さ

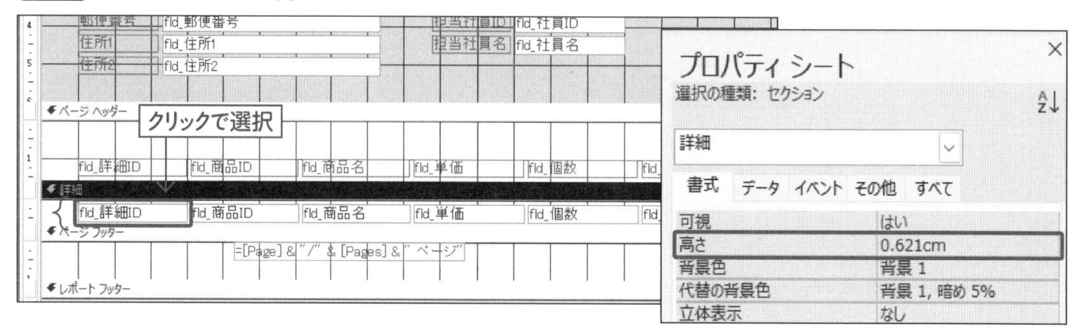

Shift キーを押しながらページヘッダーセクションのラベルをすべて選択して、**幅**を「2.4」にします（**図41**）。これでだいたいレポートヘッダーのコントロールと幅が揃います。

図41 コントロールの幅を変更

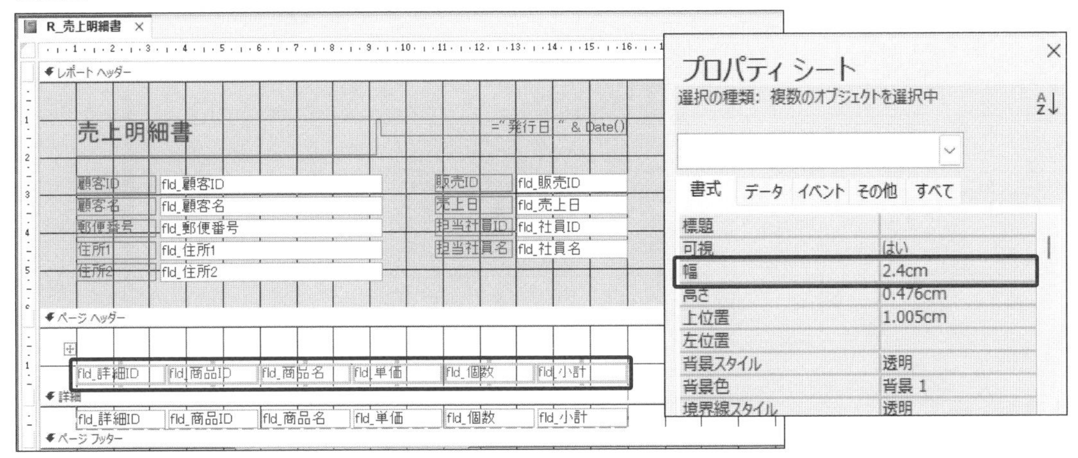

レポートの横幅が広がってしまったので、再度ルーラーの「17」を目安に横幅を縮めます（**図42**）。

図42 レポート幅の修正

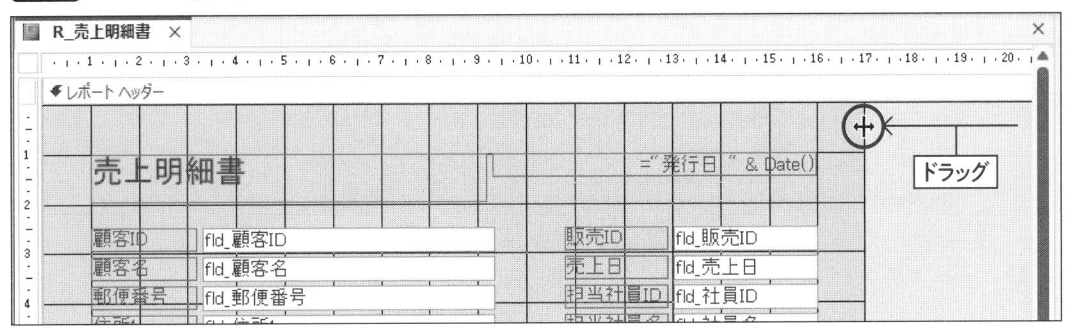

これで、コントロールのサイズと位置が定まりました。名前と標題を**表9**のように変更しましょう（**図43**）。

図43 レポート幅やコントロールの設定

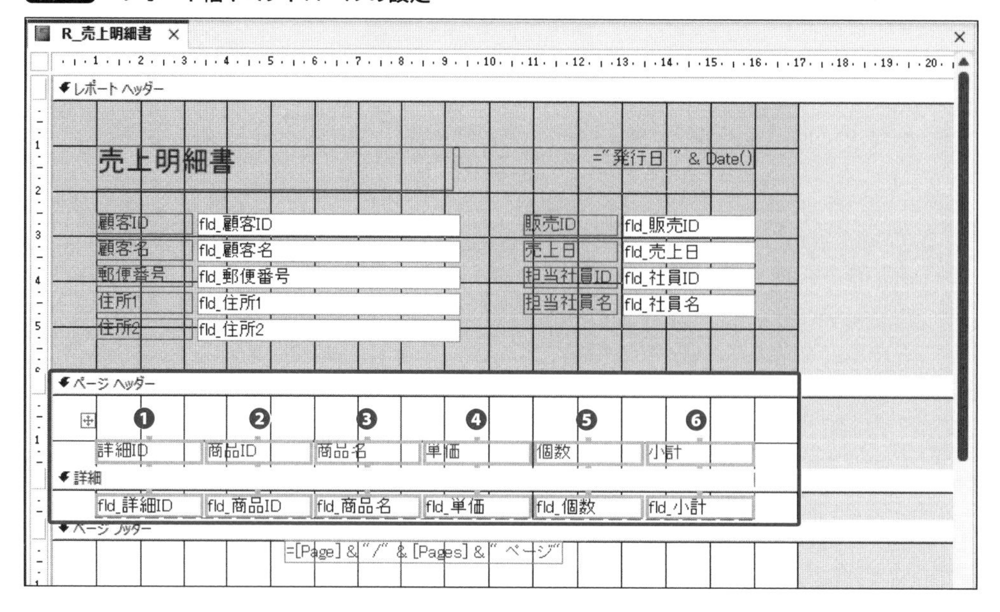

表9 プロパティシートで名前と標題を変更するコントロール

番号	挿入フィールド	コントロールの種類	名前	標題
❶	fld_詳細ID	ラベル	lbl_詳細ID	詳細ID
		テキストボックス	txb_詳細ID	-
❷	fld_商品ID	ラベル	lbl_商品ID	商品ID
		テキストボックス	txb_商品ID	-
❸	fld_商品名	ラベル	lbl_商品名	商品名
		テキストボックス	txb_商品名	-
❹	fld_単価	ラベル	lbl_単価	単価
		テキストボックス	txb_単価	-
❺	fld_個数	ラベル	lbl_個数	個数
		テキストボックス	txb_個数	-
❻	fld_小計	ラベル	lbl_小計	小計
		テキストボックス	txb_小計	-

レイアウトビューへ切り替えて、データを見ながら調整を行いましょう。詳細セクションに配置したテキストボックスが、「販売ID」が「1」に該当する数だけ表示されています（図44）。

図44 レイアウトビューで調整

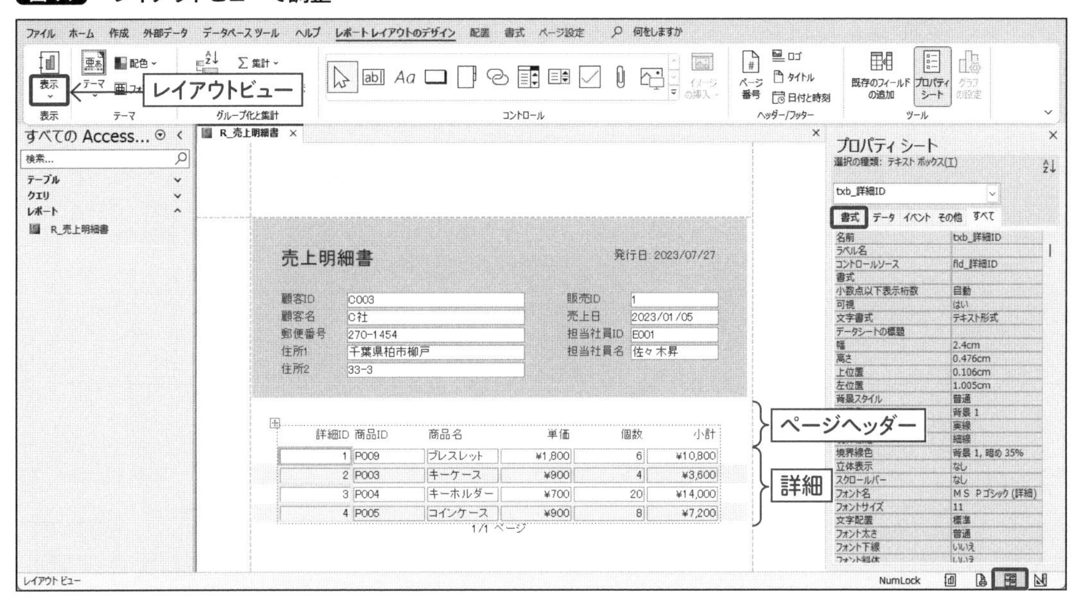

デフォルトではテキストボックスに境界線が付いています。選択して、プロパティシートの「書式」タブの**境界線スタイル**を「透明」にすると、線が見えなくなります（**図45**）。

図45 境界線スタイルを透明にする

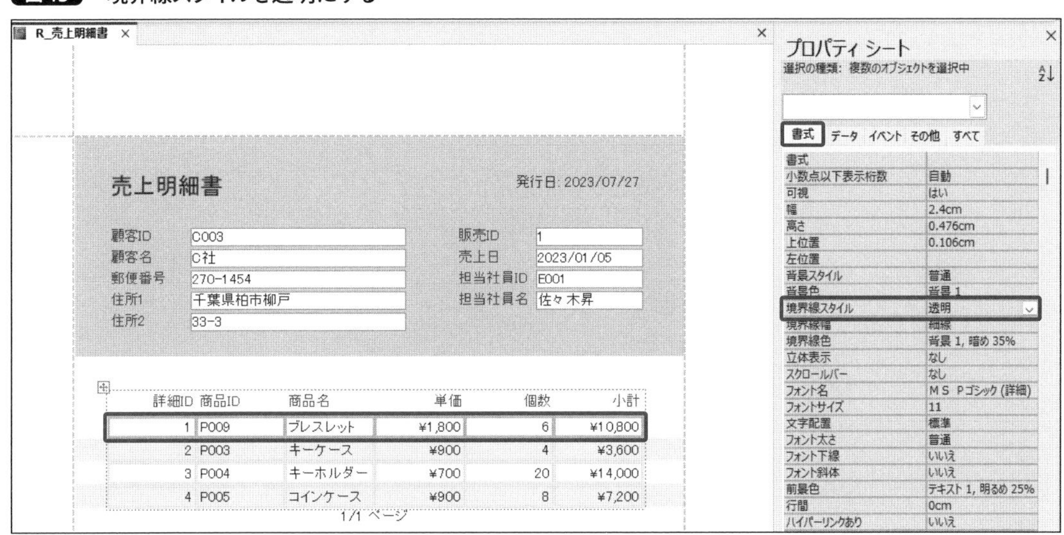

テキスト型は左寄せ、日付や数値型は右寄せで表示されます。このままでも問題ありませんが、詳細IDが右寄せだと商品IDに近くて少し読みにくいので、詳細IDのみ左寄せにします（**図46**）。

図46 左寄せにする

見出しとなるラベルを太字にしておくと、データと差別化できて読みやすくなります（図47）。

図47 見出しを太字にする

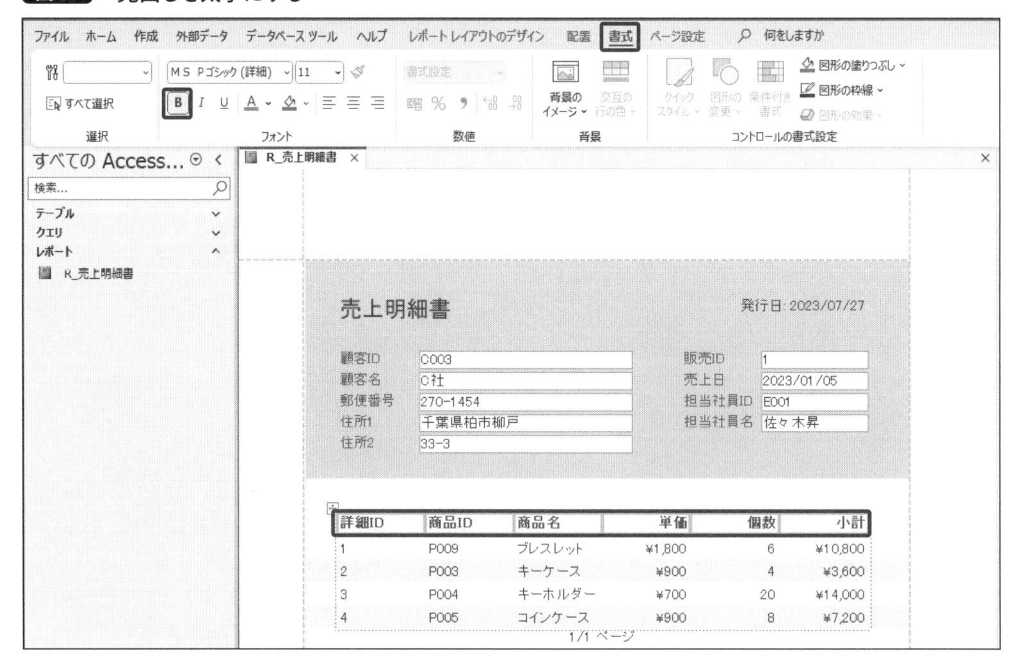

4-2-7 集計の配置

最後に、レポートフッターに合計、消費税、税込金額を入れます。

デザインビューで詳細セクションの「txb_小計」テキストボックスを選択した状態で、「レポートデザイン」タブの「集計」から**合計**を選びます。すると、レポートフッターに合計を算出してくれる演算コントロールが挿入されます(**図48**)。「表形式」レイアウトが継承されて、レイアウトを保つための空白セルも一緒に配置されます。

図48 合計の演算コントロールを挿入

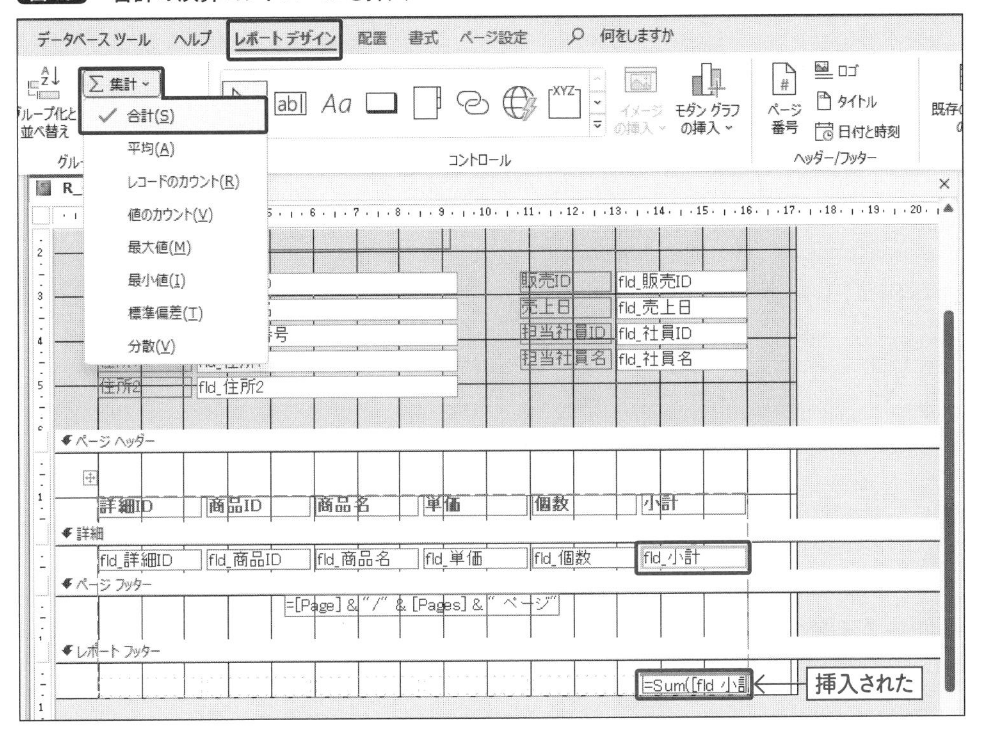

空白セルを利用すると、要素のレイアウトを揃えてきれいに配置できます。新しく追加されたテキストボックスには見出しがないので、ラベルを1つ追加しましょう。「コントロール」から「ラベル」を選んで、任意の場所でクリックします(**図49**)。

図49 ラベルの挿入

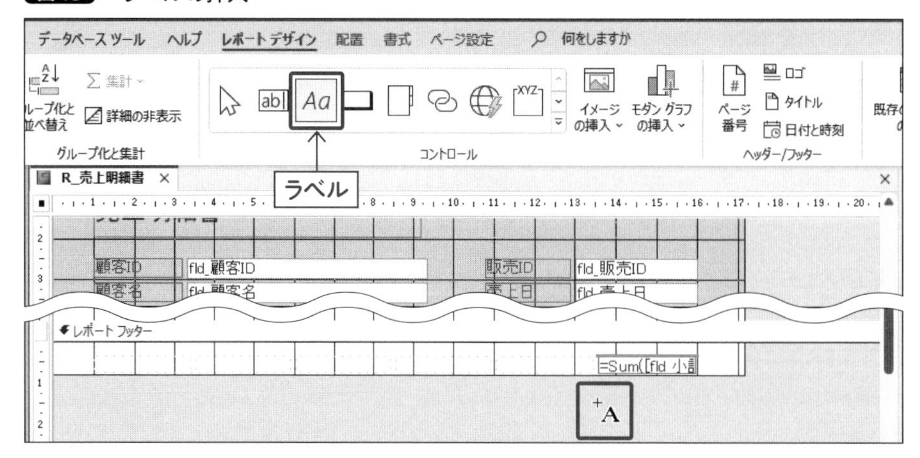

「合計」というテキストを入力して、先ほど挿入された演算コントロールの左側の空白セル上にドラッグすると、ラベルがその場所に配置されます（図50）。

図50 ラベルをレイアウトに配置

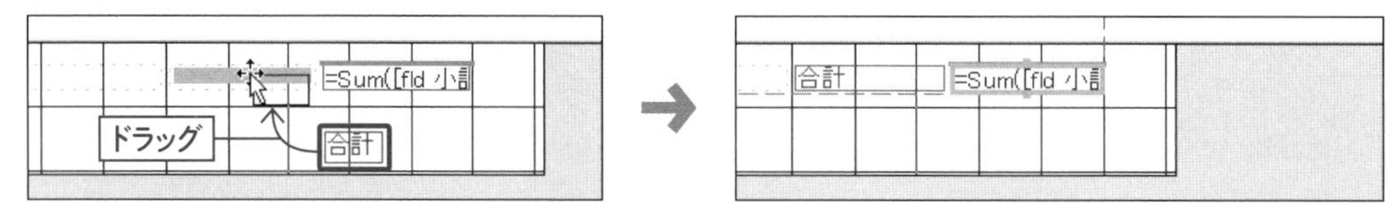

「配置」タブの「下に行を挿入」をクリックすると、選択しているコントロールの下に、レイアウト用の空白セルが1行分追加されます（図51）。

図51 レイアウト行を追加

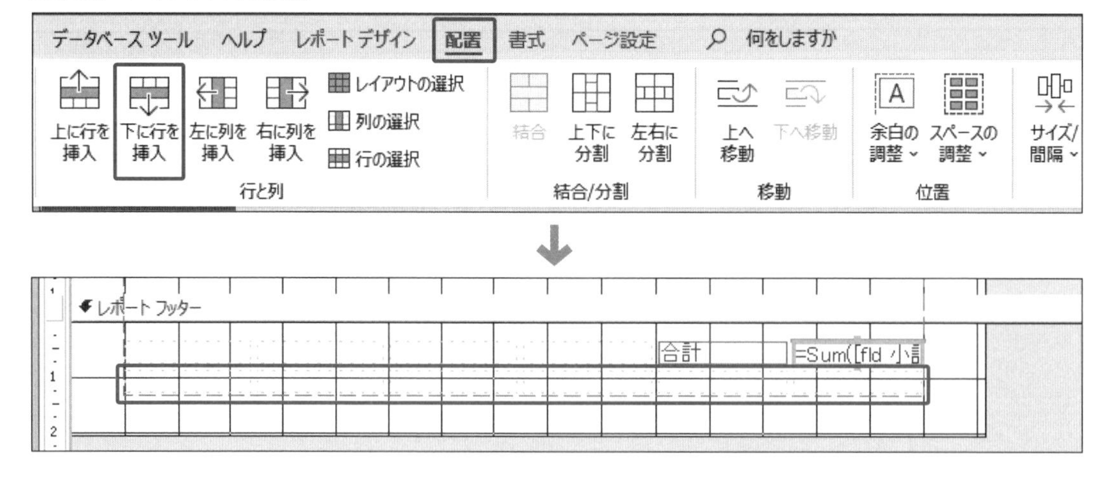

「コントロール」から「テキストボックス」を選んで、任意の場所でクリックします。非連結と書かれたテキストボックスと、任意の数字の付いたラベルが挿入されます（**図52**）。デザインビューでは、コントロールソースを持たないテキストボックスには**非連結**と表示されます。

図52　テキストボックスを挿入

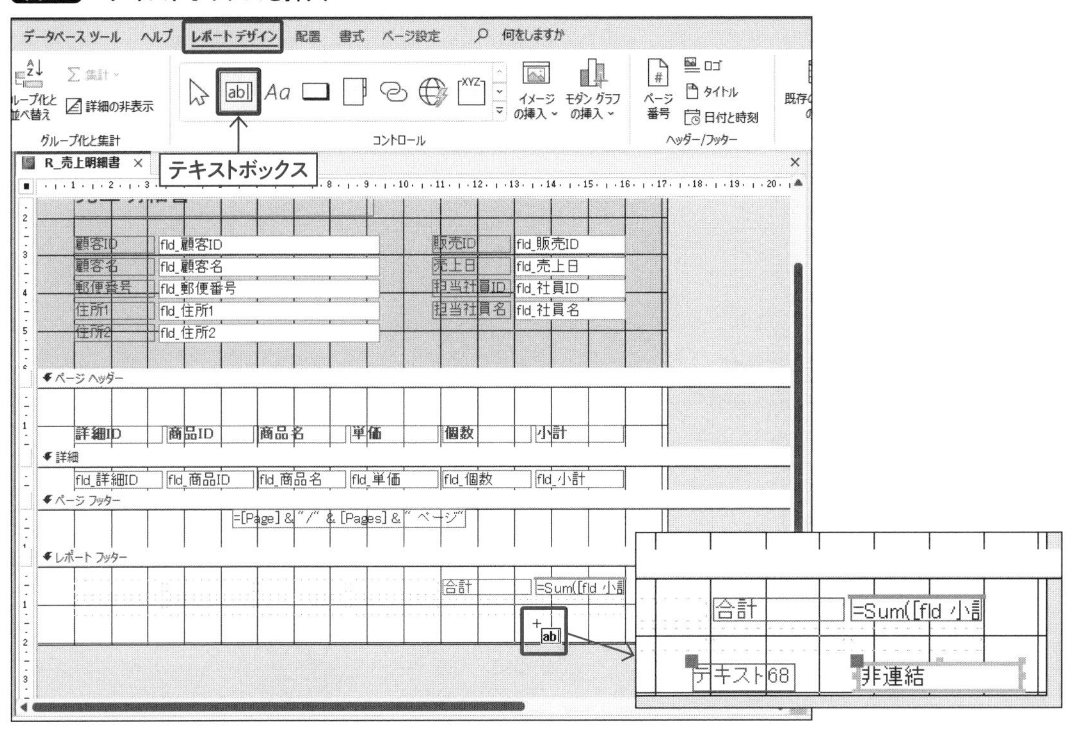

テキストボックスを**図51**で追加した空白セル上にドラッグすると、ラベルとともに配置されます（**図53**）。

図53　レイアウトに配置

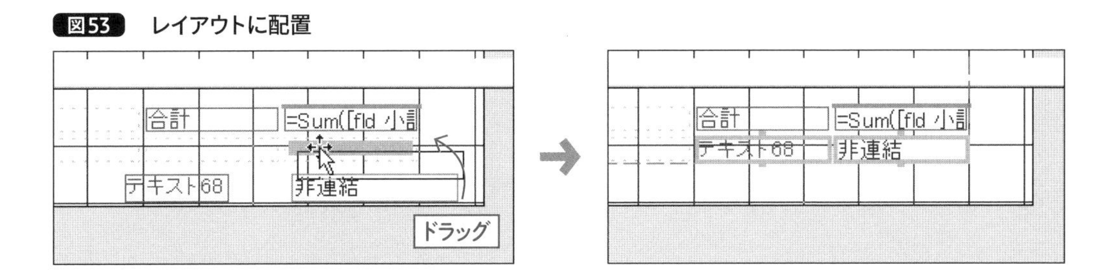

レイアウトの行を挿入する操作から繰り返して、もう1組のラベルとテキストボックスも追加します（**図54**）。追加後、コントロールの名前と標題を**表10**のように変更します。

図54 ラベルとテキストボックスを追加

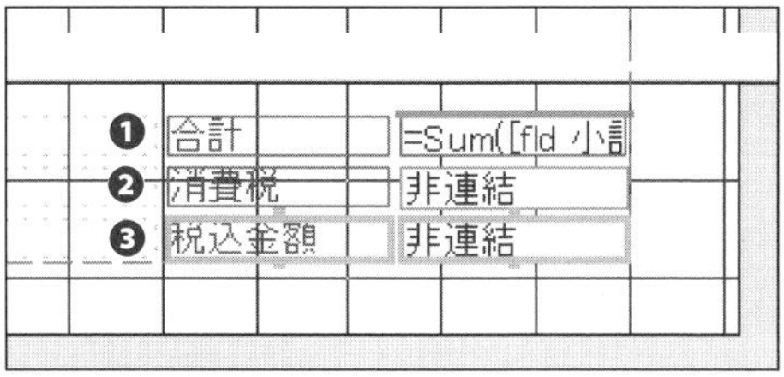

表10 プロパティシートで名前と標題を変更する内容

番号	コントロールの種類	名前	標題
❶	ラベル	lbl_合計	合計
	テキストボックス	txb_合計	-
❷	ラベル	lbl_消費税	消費税
	テキストボックス	txb_消費税	-
❸	ラベル	lbl_税込金額	税込金額
	テキストボックス	txb_税込金額	-

2つの非連結テキストボックスのコントロールソースを設定します。それぞれ対象のテキストボックスを選択し、プロパティシートの「コントロールソース」項目の「…」ボタンから式ビルダーを起動して**表11**の数式を入力します（**図55**）。

図55 コントロールソースを設定

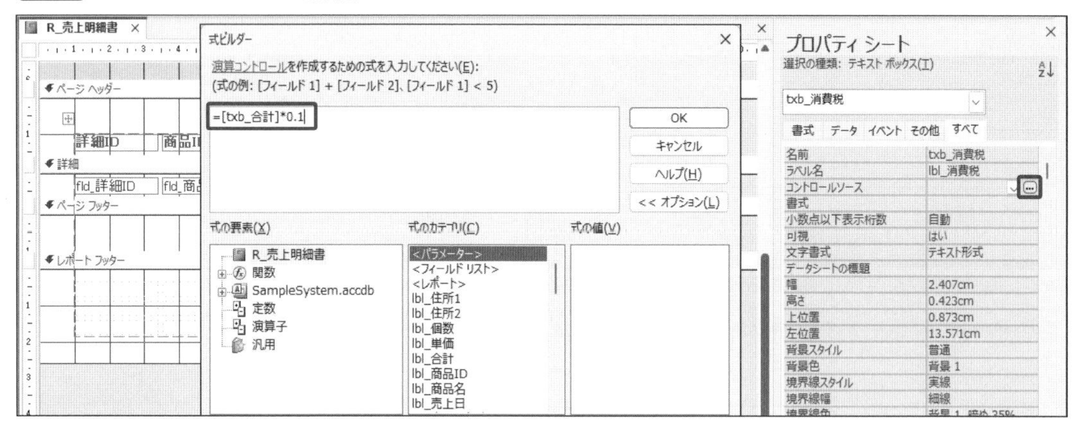

表11 コントロールソースに入力する数式

テキストボックスの名前	コントロールソース
txb_消費税	=[txb_合計]*0.1
txb_税込金額	=[txb_合計]+[txb_消費税]

レイアウトビューに切り替えて確認すると、コントロールソースの通りに計算された値が入っています。レポートフッターは最終ページの詳細セクションの直下に表示されるため、デザインビューで見えていた位置とは異なる場所に表示されます。

テキストボックスを選択して、プロパティシートの「境界線スタイル」を「透明」にします（**図56**）。

図56 境界線スタイルを透明に

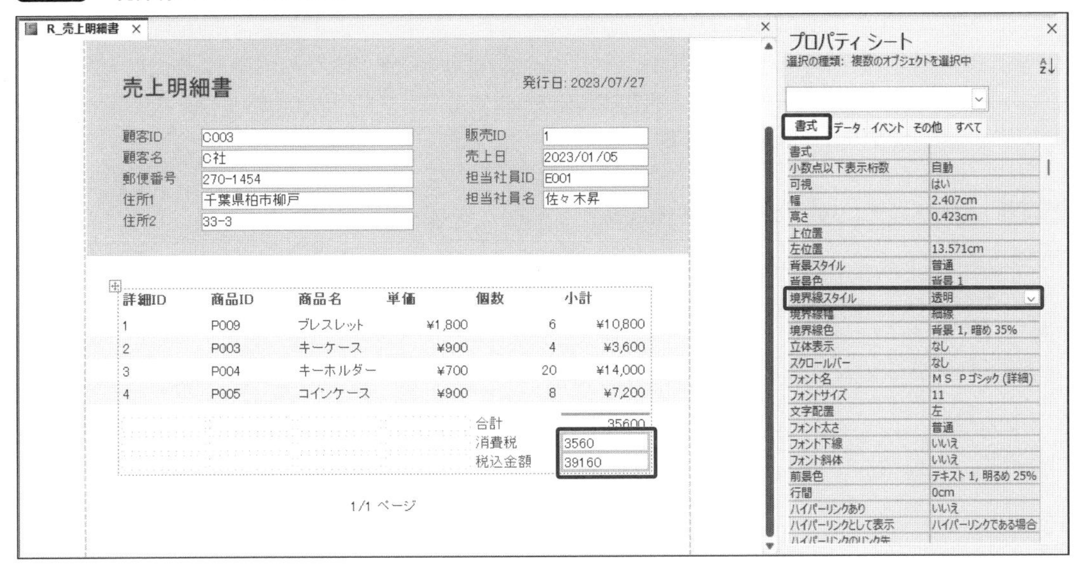

最後に、3つのテキストボックスを選択して、書式を「通貨」、「右寄せ」にしたら完成です(図57)。

図57 書式の設定

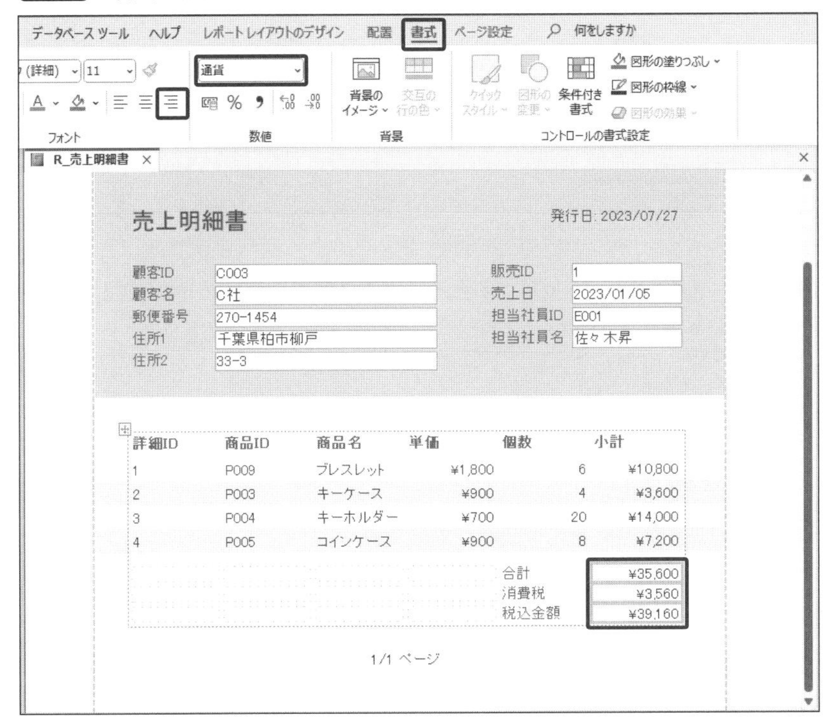

4-2-8 レコードソースのパラメーター化

現在はレコードソースの条件が「販売ID」が「1」なので、これを変更できるようにパラメータークエリにしましょう。デザインビューで、レポートの外側をクリックして、プロパティシートのレコードソース右端の「…」ボタンをクリックします（図58）。

図58　埋め込みクエリのデザインビューを起動

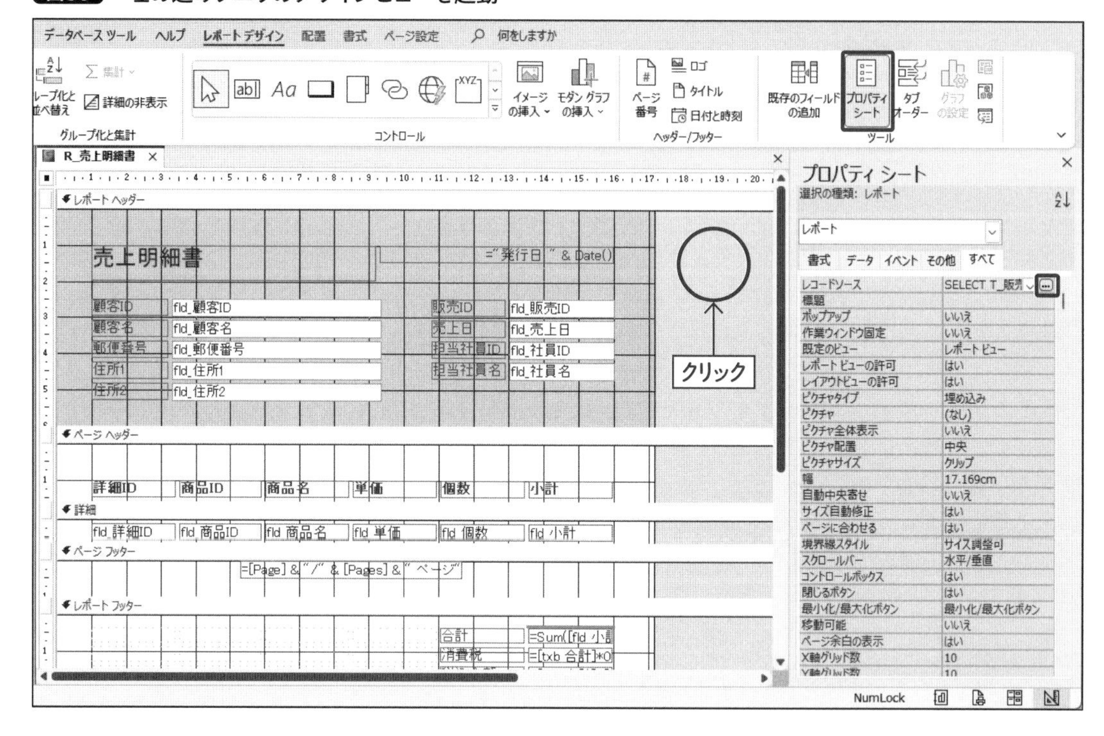

埋め込みクエリのデザインビューが開きます。一度閉じるとテーブルの配置やグリッドの横幅は初期値に戻ってしまいますが、設定自体は変わっていません。

「fld_販売ID」フィールドの抽出条件を選択して式ビルダーを起動し、**表12**のテキストを入力します（**図59**）。入力したら、上書き保存して「閉じる」をクリックし、レポートのデザインビューへ戻ります。

表12　コントロールソースに入力する数式

フィールド	抽出条件
fld_販売ID	[【売上明細書】を出力する【販売ID】を入力してください]

図59 抽出条件をパラメーターへ

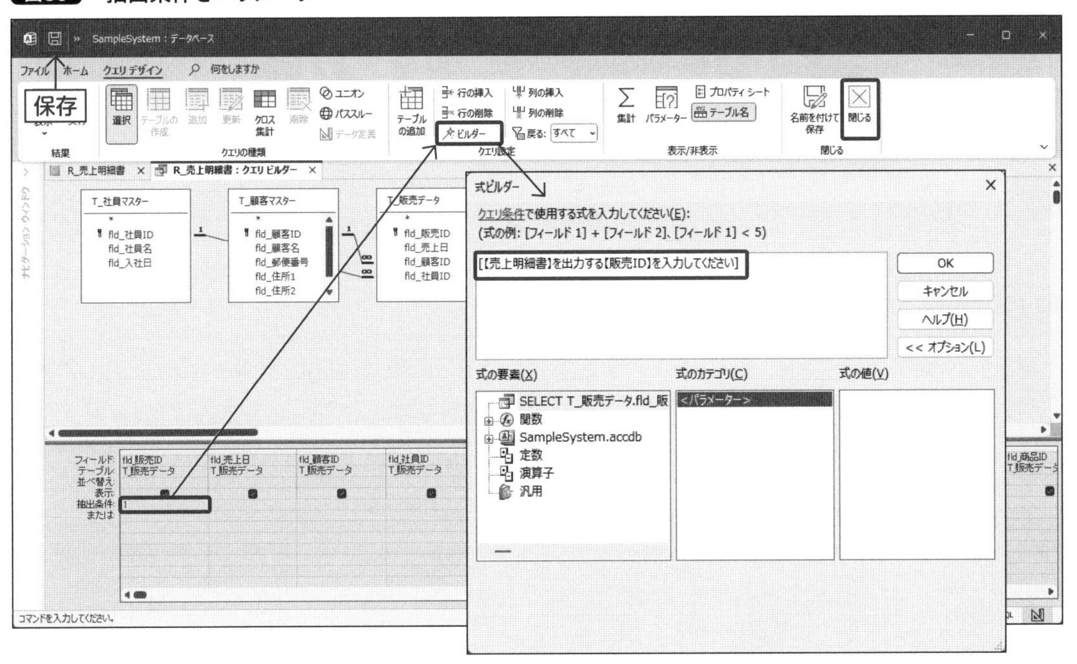

レポートビューやレイアウトビューなど、データを表示するビューへ切り替えると、販売IDの入力を求められるようになります(図60)。これで「R_売上明細書」レポートの完成です。

図60 レポートビューで動作確認

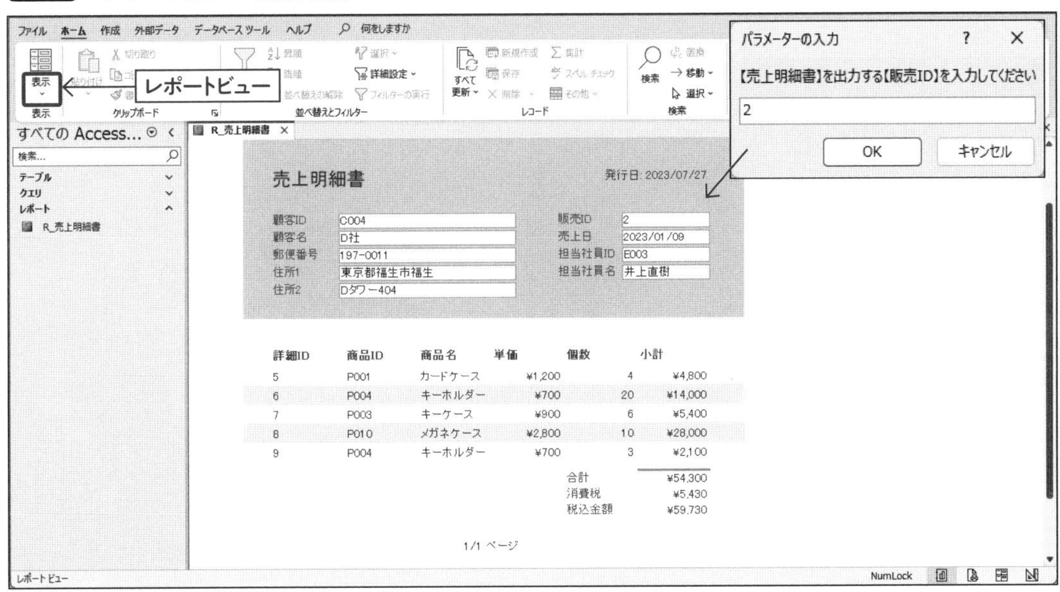

4-3 「売上一覧票」レポート

4-3-1 レポートの作成と初期設定

続けて、指定期間の「売上一覧票」を出力する**図61**のようなレポートを作ってみましょう。**CHAPTER 3**で売上一覧の合計値が見渡せる「Q_売上一覧_選択」クエリを作りましたが、その詳細情報を印刷できるレポートです。「開始日」と「売上日」はパラメータークエリを使ってそのつど入力できるようにします。

図61 完成図

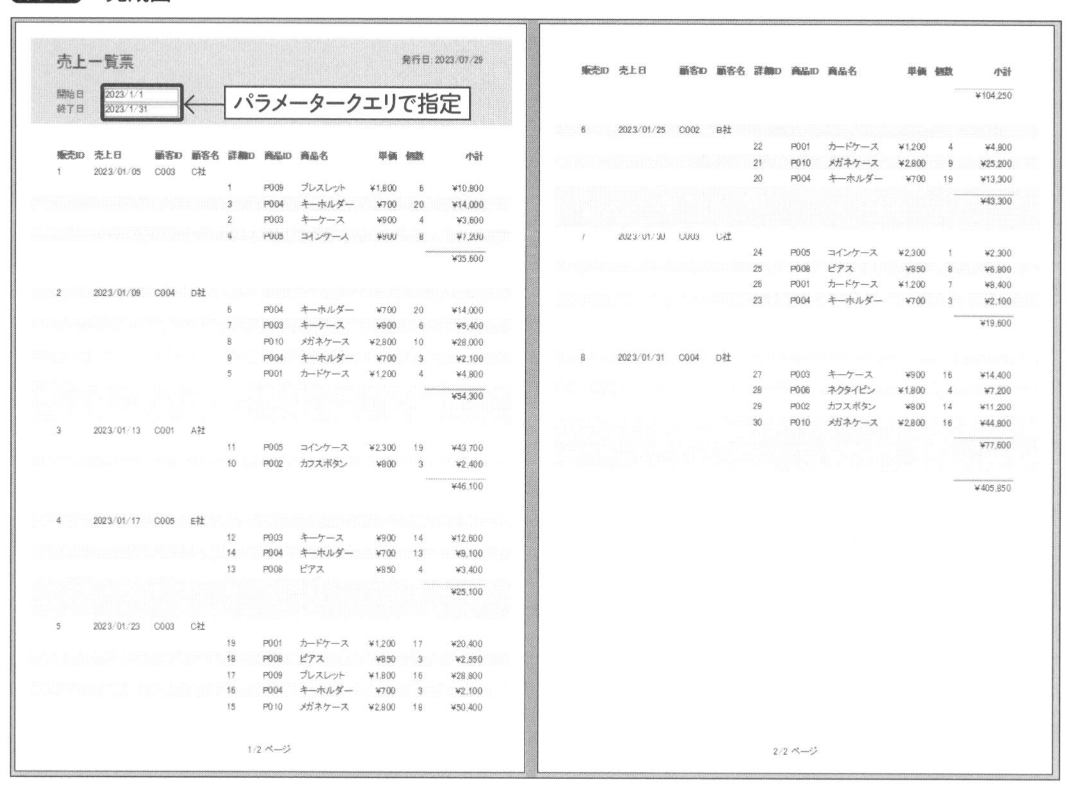

売上一覧票　　発行日：2023/07/29

開始日 2023/1/1
終了日 2023/1/31

販売ID	売上日	顧客ID	顧客名	詳細ID	商品ID	商品名	単価	個数	小計
1	2023/01/05	C003	C社						
				1	P009	ブレスレット	¥1,800	6	¥10,800
				3	P004	キーホルダー	¥700	20	¥14,000
				2	P003	キーケース	¥900	4	¥3,600
				4	P005	コインケース	¥900	8	¥7,200
									¥35,600
2	2023/01/09	C004	D社						
				6	P004	キーホルダー	¥700	20	¥14,000
				7	P003	キーケース	¥900	6	¥5,400
				8	P010	メガネケース	¥2,800	10	¥28,000
				9	P004	キーホルダー	¥700	3	¥2,100
				5	P001	カードケース	¥1,200	4	¥4,800
									¥54,300
3	2023/01/13	C001	A社						
				11	P005	コインケース	¥2,300	19	¥43,700
				10	P002	カフスボタン	¥800	3	¥2,400
									¥46,100
4	2023/01/17	C005	E社						
				12	P003	キーケース	¥900	14	¥12,600
				14	P004	キーホルダー	¥700	13	¥9,100
				13	P008	ピアス	¥850	4	¥3,400
									¥25,100
5	2023/01/23	C003	C社						
				19	P001	カードケース	¥1,200	17	¥20,400
				18	P008	ピアス	¥850	3	¥2,550
				17	P009	ブレスレット	¥1,800	16	¥28,800
				16	P004	キーホルダー	¥700	3	¥2,100
				15	P010	メガネケース	¥2,800	18	¥50,400

1/2 ページ

販売ID	売上日	顧客ID	顧客名	詳細ID	商品ID	商品名	単価	個数	小計
									¥104,250
6	2023/01/25	C002	B社						
				22	P001	カードケース	¥1,200	4	¥4,800
				21	P010	メガネケース	¥2,800	9	¥25,200
				20	P004	キーホルダー	¥700	19	¥13,300
									¥43,300
7	2023/01/30	C003	C社						
				24	P005	コインケース	¥2,300	1	¥2,300
				25	P008	ピアス	¥850	8	¥6,800
				26	P001	カードケース	¥1,200	7	¥8,400
				23	P004	キーホルダー	¥700	3	¥2,100
									¥19,600
8	2023/01/31	C004	D社						
				27	P003	キーケース	¥900	16	¥14,400
				28	P006	ネクタイピン	¥1,800	4	¥7,200
				29	P002	カフスボタン	¥800	14	¥11,200
				30	P010	メガネケース	¥2,800	16	¥44,800
									¥77,600
									¥405,850

2/2 ページ

4-2-1（P.124）と同様に、リボンの「作成」タブの「レポートデザイン」から新規のレポートを開きます。「R_売上一覧票」という名前を付けて保存します。

4-2-2(P.125)と同様に詳細セクションの高さを縮め、非表示だったレポートヘッダー/フッターを表示します(**図62**)。

図62 セクションの設定

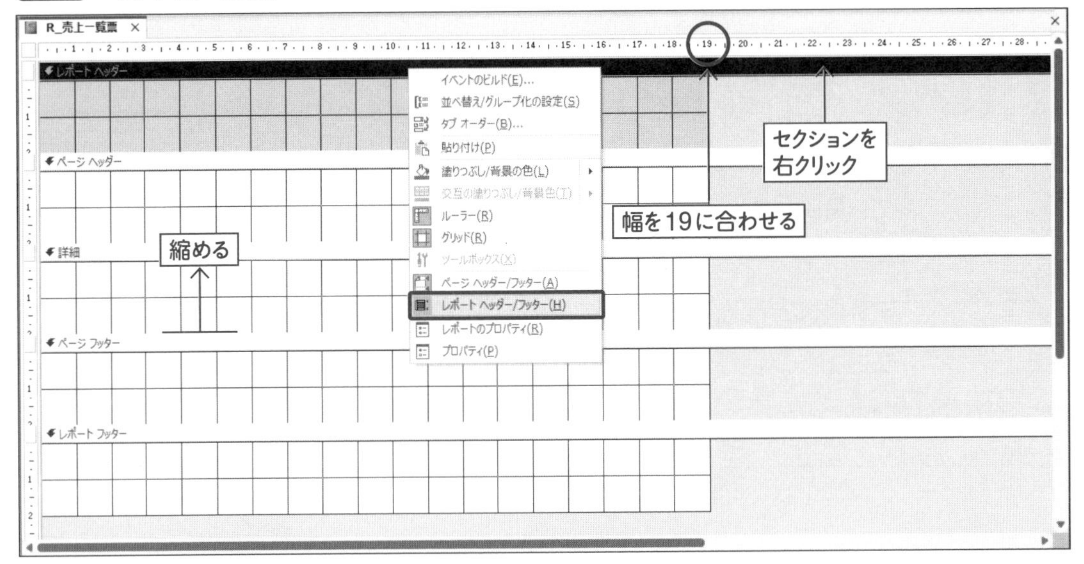

用紙サイズと余白、レポートの横幅を決めておきます。P.126で解説した方法で、用紙サイズをA4縦、余白は「狭い」に設定します。横幅はルーラーの「19」に合わせておきましょう。

4-3-2 レコードソースの設定

このレポートのレコードソース(埋め込みクエリ)を設定します。P.127で解説した方法で、プロパティシートのレコードソースの項目で「…」をクリックします。

埋め込みクエリのデザインビューが開いたら、Ctrl キーを押しながら4つのテーブルを選択して「選択したテーブルを追加」をクリックします。**図63**と**表13**を参考に、利用したいフィールドをドラッグし、演算フィールドを作ります(図では見やすいようにテーブルの配置やグリッド幅を調整しています)。並び替えの条件と抽出条件も入力しておきます。

抽出条件がないと動作確認のたびにすべてのレコードが表示されて動作が重くなってしまうので、短めの範囲で絞り込んでおくとレポートが作りやすくなります。

図63 フィールドの設定

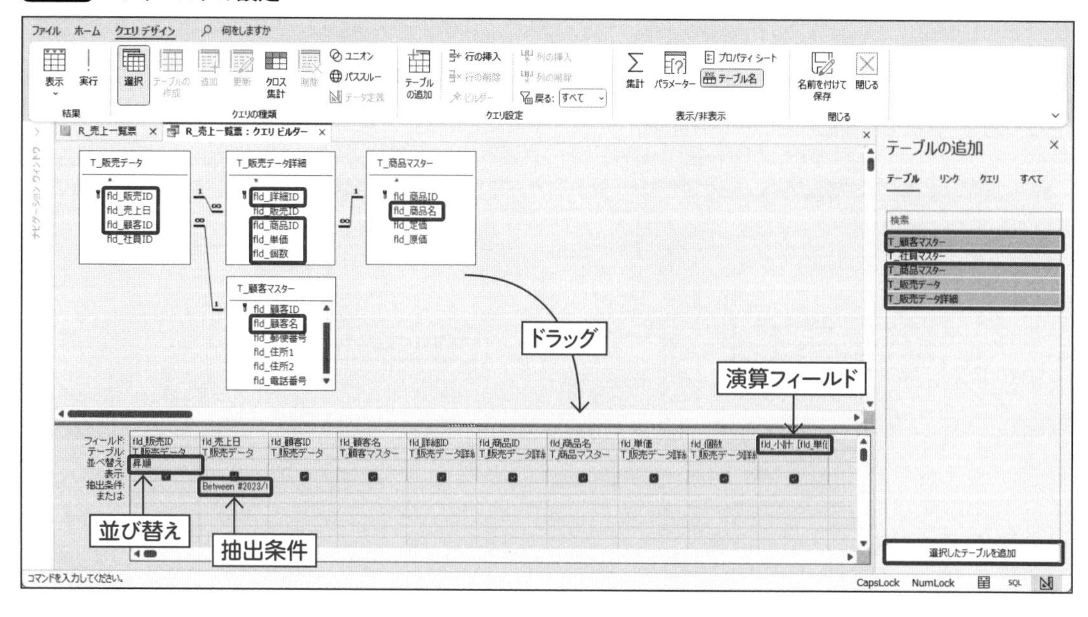

表13 グリッドへの入力項目

フィールド	テーブル	並び替え	抽出条件
fld_販売ID	T_販売データ	昇順	
fld_売上日	T_販売データ		Between #2023/01/01# And #2023/01/31#
fld_顧客ID	T_販売データ		
fld_顧客名	T_顧客マスター		
fld_詳細ID	T_販売データ詳細		
fld_商品ID	T_販売データ詳細		
fld_商品名	T_商品マスター		
fld_単価	T_販売データ詳細		
fld_個数	T_販売データ詳細		
fld_小計: [fld_単価]*[fld_個数]			

上書き保存して「閉じる」をクリックしてレポートのデザインビューへ戻ります。**4-2-4**(P.130)と同様に、タイトル、発行日、ページ番号を配置しましょう(**図64**、**表14**)。

図64 タイトル、発行日、ページ番号の設置

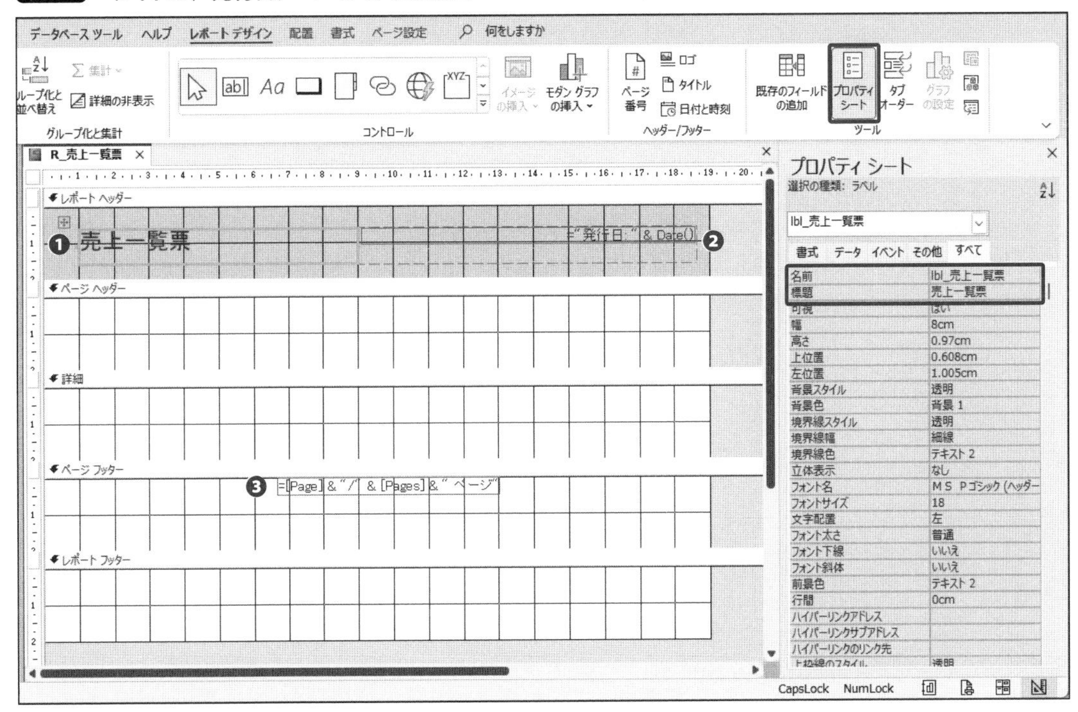

表14 プロパティシートの設定

番号	コントロールの種類	名前	標題	幅	コントロールソース
❶	ラベル	lbl_売上一覧票	売上一覧票	8cm	-
❷	テキストボックス	txb_発行日	-	9.5cm	="発行日: " & Date()
❸	テキストボックス	txb_ページ番号	-		(変更なし)

4-3-3 詳細データの配置

レポートに、レコードソースのデータを表示します。アイテムの売上情報は複数レコードを表示させたいので、詳細セクションへ配置します。

デザインビューでフィールドリストを表示し、Ctrl キーを押しながらすべてのフィールドを選択してドラッグすると、左側にラベル、右側にテキストボックスが1対になった状態で挿入されます（**図65**）。

図65 フィールドの挿入

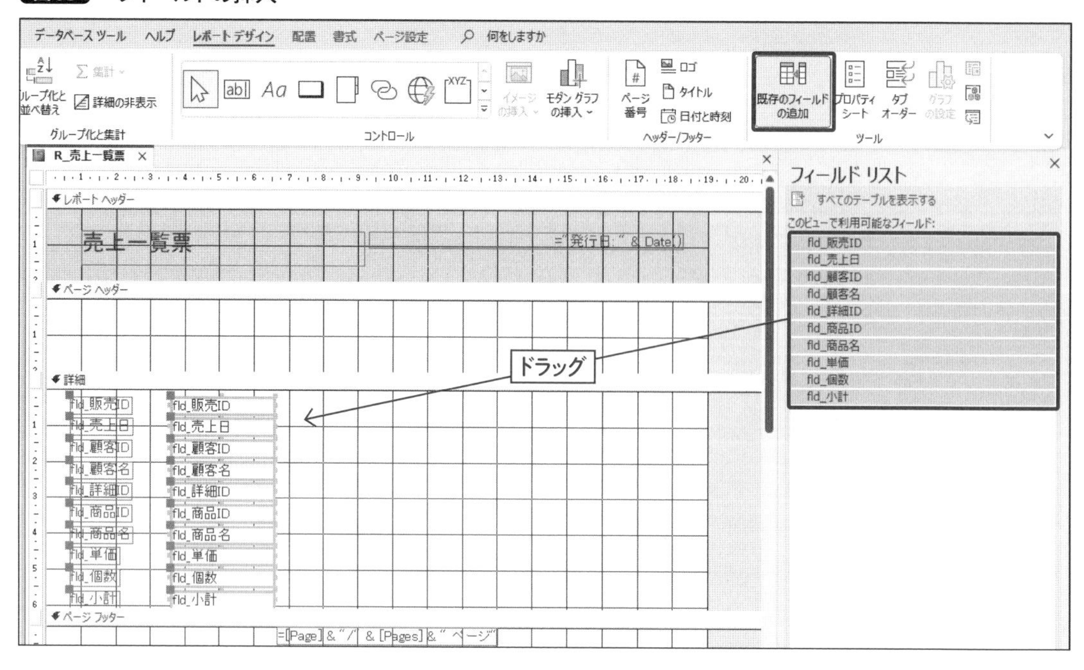

P.138で解説した方法で、「配置」タブの「表形式」レイアウトを適用します。続いて、**図66**を参考にページヘッダーと詳細セクションの高さ、コントロールの幅、名前、標題を**表15**のように変更します。レポートの横幅が広がってしまうので、再度ルーラーの「19」を目安に、ラベルとテキストボックスの横幅を縮めます。

図66 レポート横幅とセクションの設定

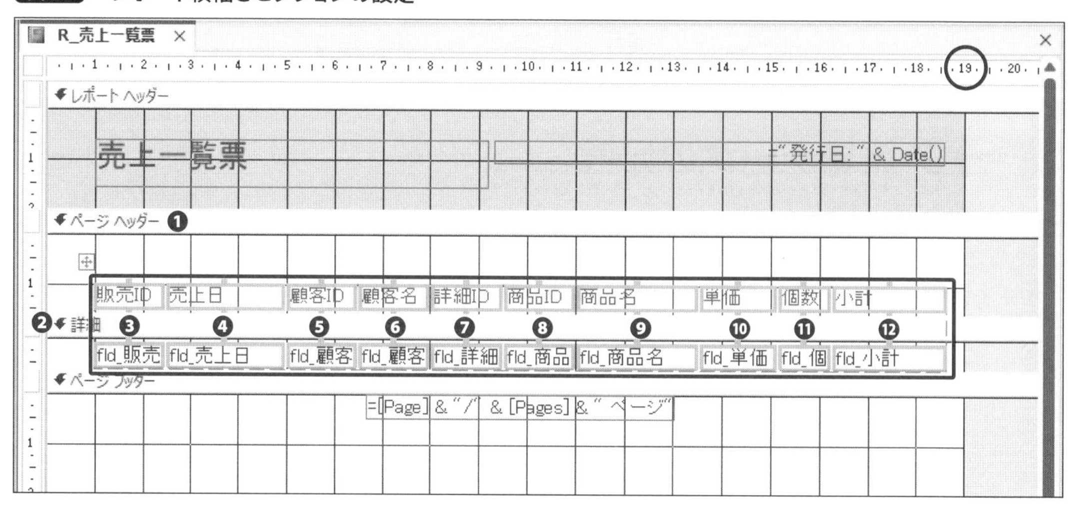

表15 プロパティシートの変更内容

番号	セクション/コントロールの種類	名前	標題	幅	上位置	左位置	高さ
❶	ページヘッダー	-	-				1.6cm
❷	詳細	-	-				0.6cm
❸	ラベル	lbl_販売ID	販売ID	1.4cm	1cm	1cm	
	テキストボックス	txb_販売ID	-		0.1cm		
❹	ラベル	lbl_売上日	売上日	2.4cm			
	テキストボックス	txb_売上日	-				
❺	ラベル	lbl_顧客ID	顧客ID	1.4cm			
	テキストボックス	txb_顧客ID	-				
❻	ラベル	lbl_顧客名	顧客名	1.4cm			
	テキストボックス	txb_顧客名	-				
❼	ラベル	lbl_詳細ID	詳細ID	1.4cm			
	テキストボックス	txb_詳細ID	-				
❽	ラベル	lbl_商品ID	商品ID	1.4cm			
	テキストボックス	txb_商品ID	-				
❾	ラベル	lbl_商品名	商品名	2.4 cm			
	テキストボックス	txb_商品名	-				
❿	ラベル	lbl_単価	単価	1.5 cm			
	テキストボックス	txb_単価	-				
⓫	ラベル	lbl_個数	個数	1 cm			
	テキストボックス	txb_個数	-				
⓬	ラベル	lbl_小計	小計	2.3 cm			
	テキストボックス	txb_小計	-				

レイアウトビューへ切り替えて、データを見ながら調整を行いましょう。P.143で解説した方法で、テキストボックスの「境界線スタイル」を「透明」にします。

テキスト型は左寄せ、日付や数値型は右寄せで表示されています。このままでも問題ありませんが、読みやすくするため、Ctrlキーを押しながら販売ID、売上日、詳細IDの該当のコントロールをすべて選択して左寄せにします（図67）。

図67 近接するデータに距離を空ける

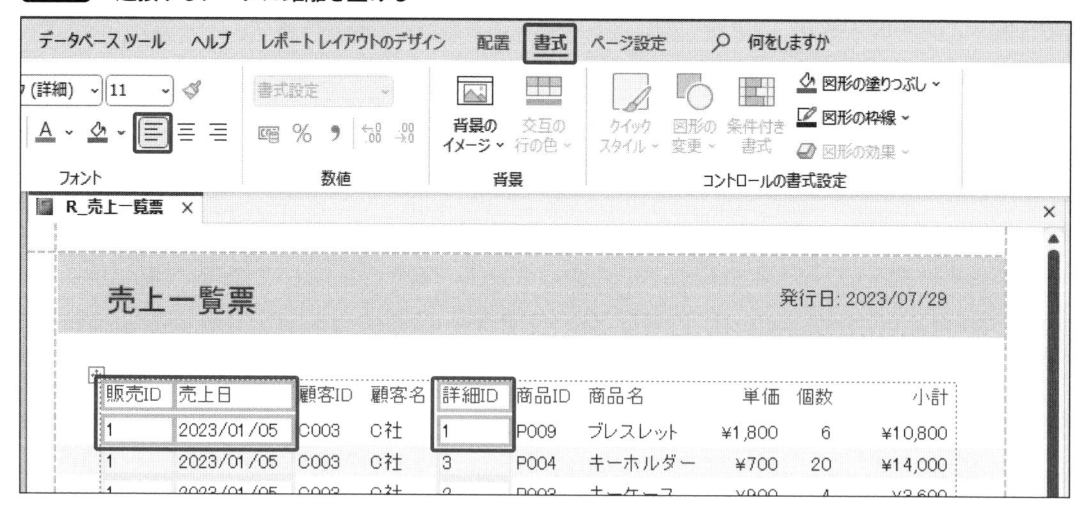

また、P.144で解説した方法で、見出しのラベルも太字にしておきましょう。

4-3-4 グループ化

引き続き、レイアウトビューで作業を行います。販売IDが同じレコードを**グループ化**します。「レポートレイアウトのデザイン」タブから「グループと並べ替え」をクリックし、下部に表示された画面で「グループの追加」をクリックします（図68）。

図68 グループの追加

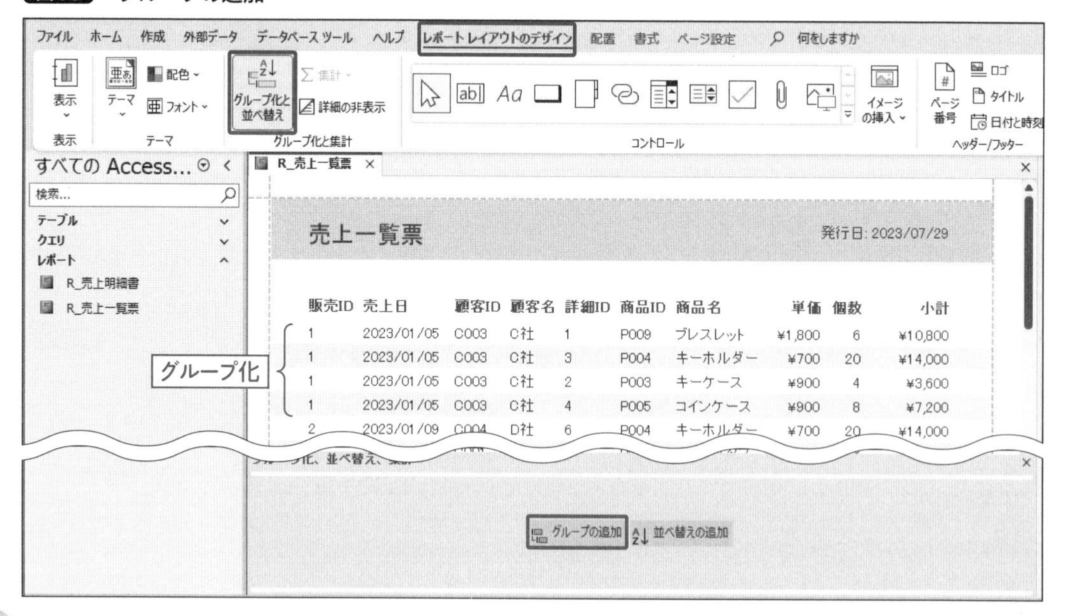

グループ化のためのフィールドの種類を、「fld_販売ID」で指定します（図69）。

図69 フィールドの種類を指定

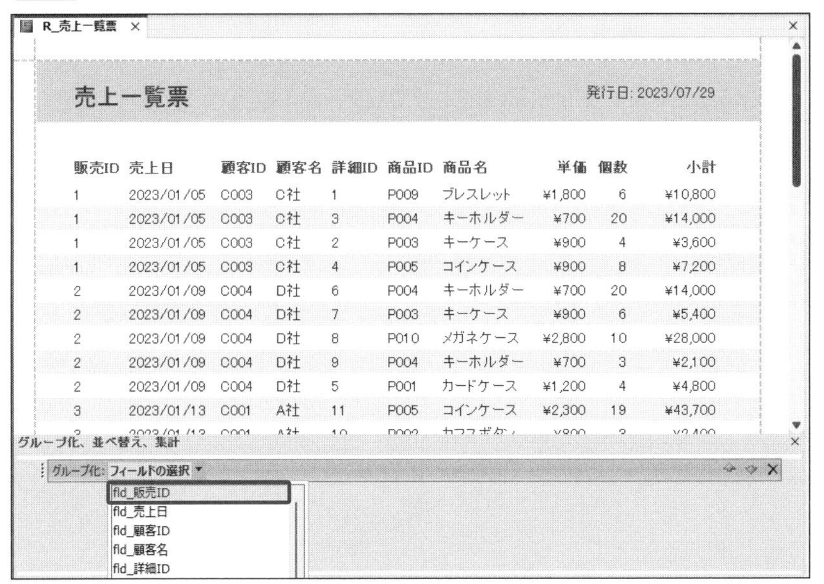

すると、販売ID、売上日、顧客IDがグループ化されて表示が分割されました。ただ、よく見ると顧客名はグループから外れてしまっています（図70）。

図70 グループ化された結果

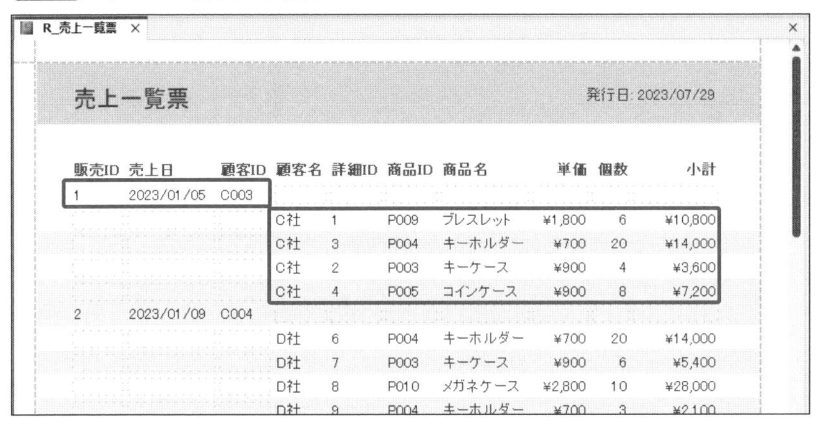

デザインビューに切り替えてセクションを詳しく見てみましょう。グループ化により、「fld_販売IDヘッダー」という新しいセクションが追加されています。「txb_顧客名」テキストボックスを選択して「配置」タブの「上へ移動」をクリックすると、コントロールを1つ上のセクションに移動させることができます（図71）。グループ化のときに表示された設定画面は、閉じてしまって構いません。

図71 セクションの移動

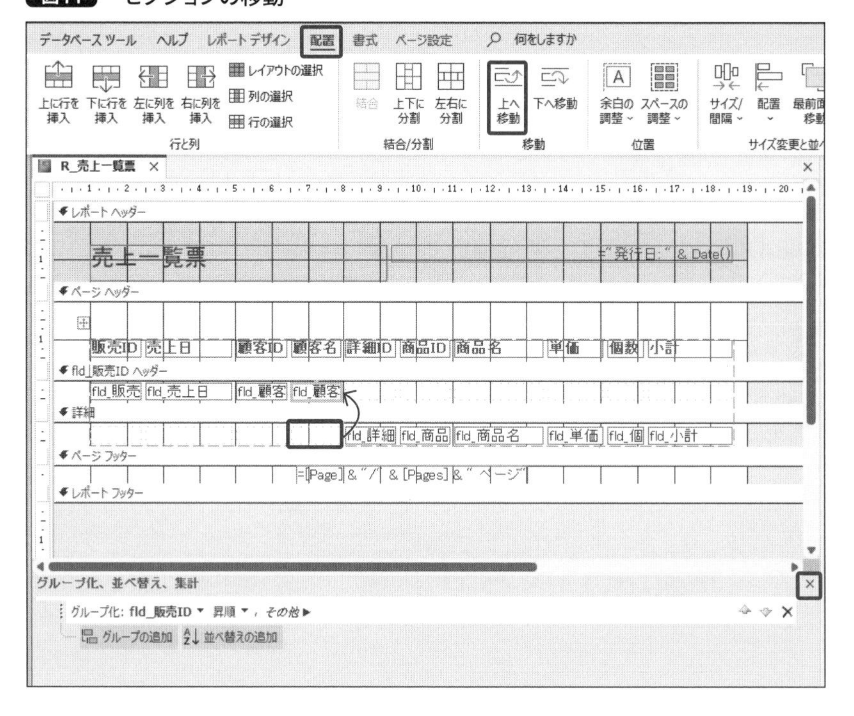

レイアウトビューへ戻って確認すると、顧客名がグループ化されています(図72)。

図72 顧客名もグループ化された

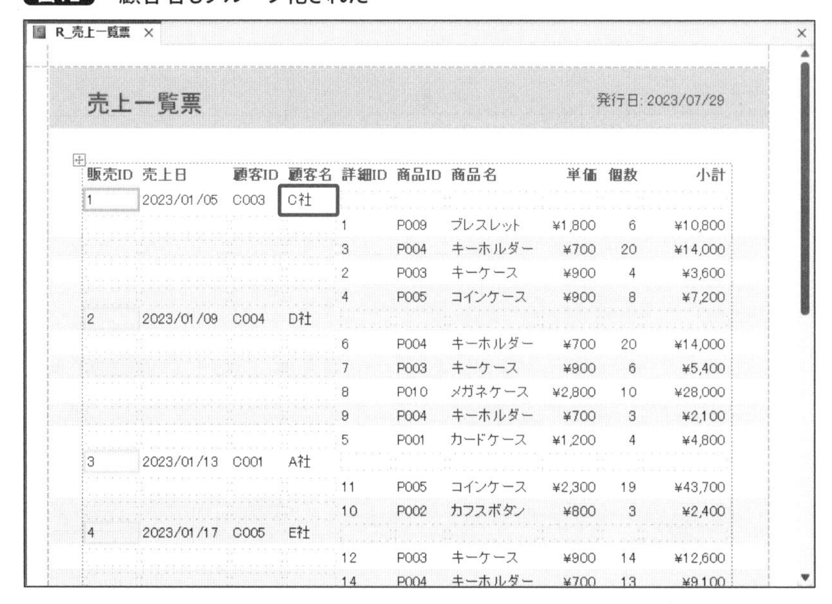

4-3-5 集計の配置

グループの合計額と、抽出期間のすべての合計額を表示します。

デザインビューで詳細セクションの「txb_小計」テキストボックスを選択した状態で、「レポートデザイン」タブの「集計」から「合計」を選びます。すると、新たに「fld_販売IDフッター」セクションが挿入され、グループの合計額を、レポートフッターにはすべての合計額を算出してくれる演算コントロールが挿入されました（**図73**）。「表形式」レイアウトが継承されて、レイアウトを保つための空白セルも一緒に配置されます。

図73 合計の演算コントロールを挿入

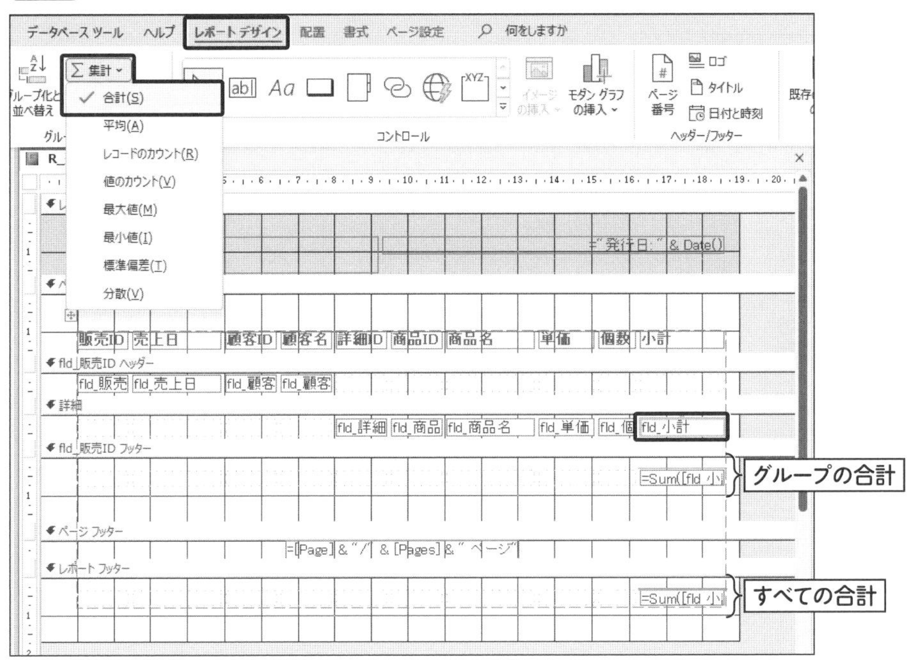

レイアウトビューに切り替えると、合計額が表示されます。また、スクロールバーを下までおろすと、レポートフッターの合計額も表示されます。なお、P.149で解説した方法で、2つのテキストボックスを選択して、書式を「通貨」にしておきます。

4-3-6 レコードソースのパラメーター化

最後に、レコードソースの条件をパラメータークエリに変更しましょう。P.150で解説した方法で、デザインビューでプロパティシートのレコードソース右端の「…」ボタンをクリックします。

埋め込みクエリのデザインビューが開くので、「fld_売上日」フィールドの抽出条件を選択して式ビルダーを起動し、**表16**のテキストを入力します（**図74**）。入力したら、上書き保存し「閉じる」をクリックしてレポートのデザインビューへ戻ります。

表16 コントロールソースに入力する数式

フィールド	抽出条件
fld_売上日	Between [【売上一覧票】を出力するための【開始日】を入力してください] And [【売上一覧票】を出力するための【終了日】を入力してください]

図74 抽出条件をパラメーターへ

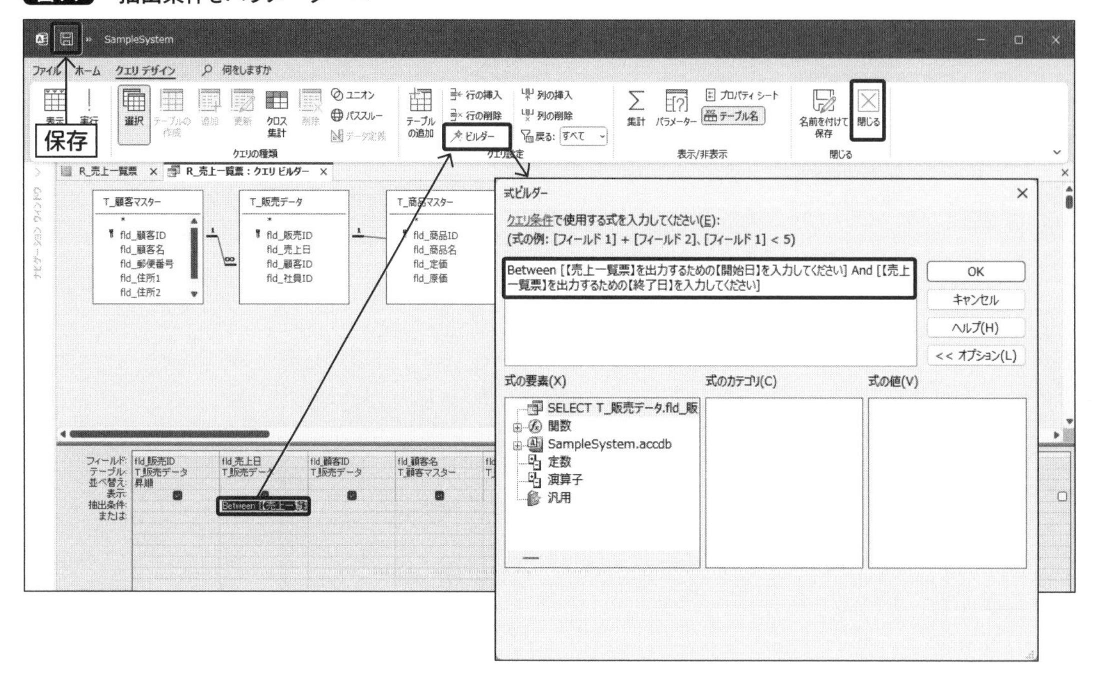

レポートを開いたとき、抽出条件に指定した日付が見えていたほうがわかりやすいので、テキストボックスを2つ挿入します。図75と表17を参考に付随するラベルとともに名前、標題、コントロールソースを設定します。

図75 入力したパラメーター値を表示するコントロールを追加

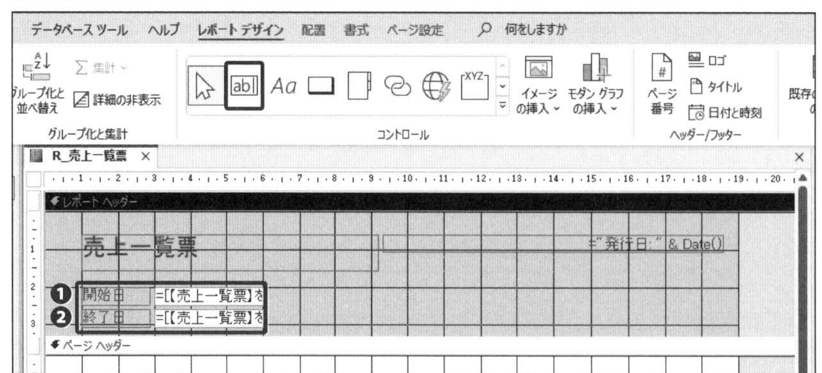

表17 コントロールソースに入力する数式

番号	コントロールの種類	名前	標題	コントロールソース
❶	ラベル	lbl_開始日	開始日	
	テキストボックス	txb_開始日	-	=[【売上一覧票】を出力するための【開始日】を入力してください]
❷	ラベル	lbl_終了日	終了日	
	テキストボックス	txb_終了日	-	=[【売上一覧票】を出力するための【終了日】を入力してください]

挿入した2つのラベル、2つのテキストボックスすべてを選択して、P.135で解説した方法で、「集合形式」レイアウトを設定、スペースの調整を「狭い」にします。再度、位置を**図75**のように整えます。

レポートビューやレイアウトビューなど、データを表示するビューへ切り替えると、開始日と終了日の入力を求められるようになります(**図76**)。これで「R_売上一覧票」レポートの完成です。

図76 レポートビューで表示確認

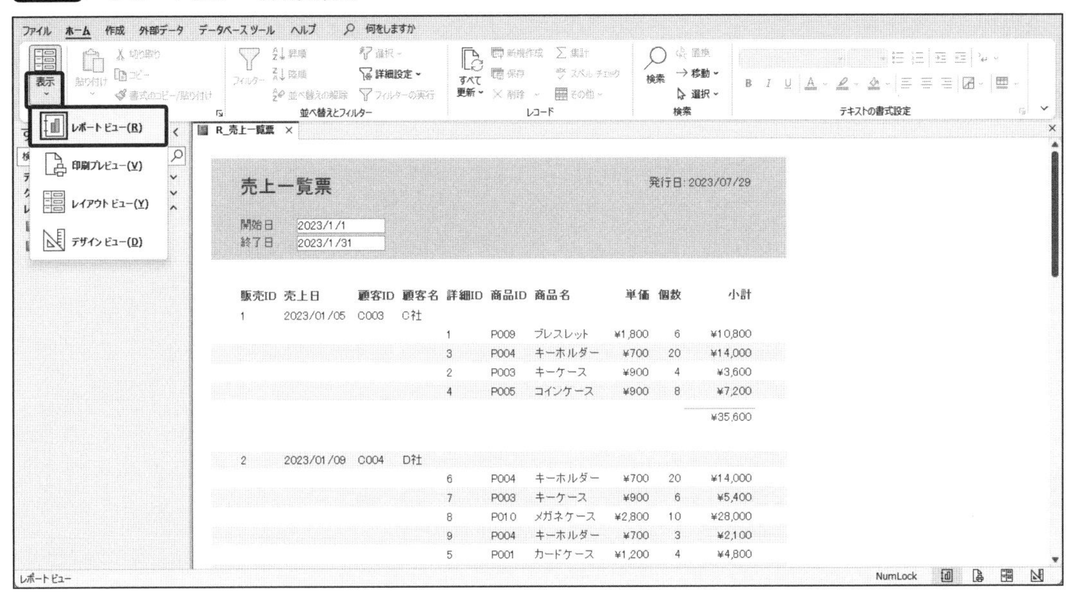

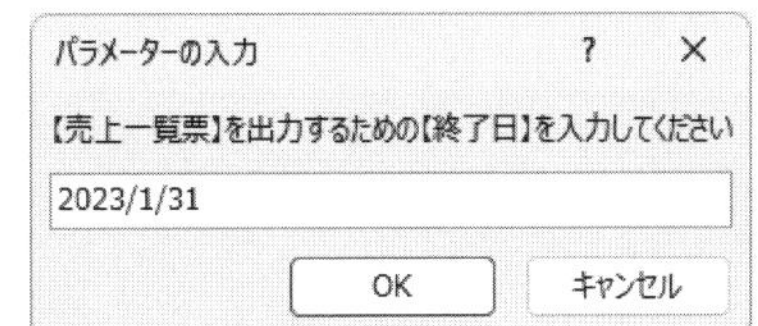

レベル1アプリの完成

4-4-1 アクションクエリの起動について

これでレベル1アプリの機能がすべて実装されたので、操作方法と動作の確認を行いましょう。

テーブルへのデータの操作はデータシートビューからは行わず、「Q_テーブル名_機能」の名前が付いたアクションクエリから行います。アクションクエリは、ナビゲーションウィンドウの該当のクエリをダブルクリックすることで起動します。

起動時と、パラメーターをすべて入力したあとに確認メッセージが表示されるので、よく読んで進めてください（図77）。

図77　アクションクエリの確認メッセージ

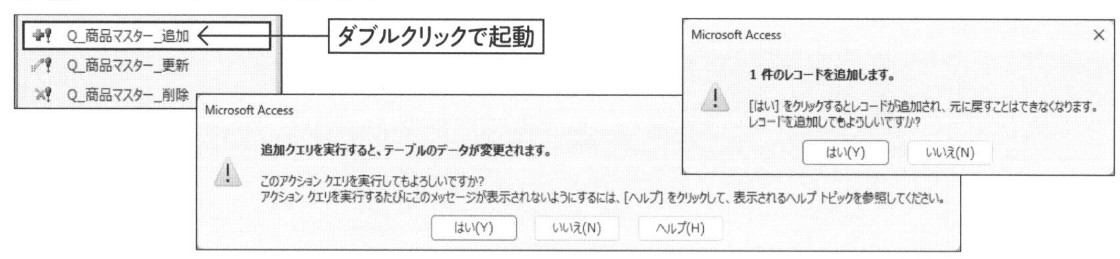

ここより、確認メッセージの画面キャプチャは割愛して機能の紹介をします。

4-4-2 テーブルへデータを追加する操作

「T_商品マスター」テーブルへのデータの追加は、「Q_商品マスター_追加」クエリを利用します。ダブルクリックで起動します（図78）。

図78　「Q_商品マスター_追加」クエリの起動

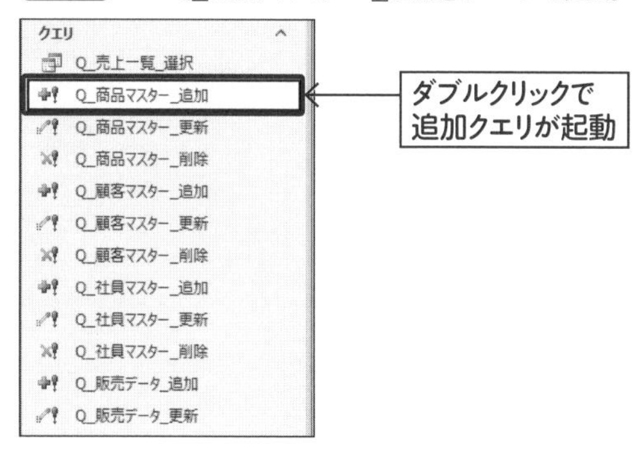

クエリ実行の確認メッセージが表示されたのち、各フィールドの値を要求されます。まず「商品ID」を入力するダイアログが表示されるので、入力して「OK」ボタンをクリックします。次に「商品名」を入力するダイアログ、「定価」を入力するダイアログ、「原価」を入力するダイアログが、それぞれ順番に開くので、値を入力して「OK」を順番に繰り返します（**図79**）。

図79 パラメーターの入力

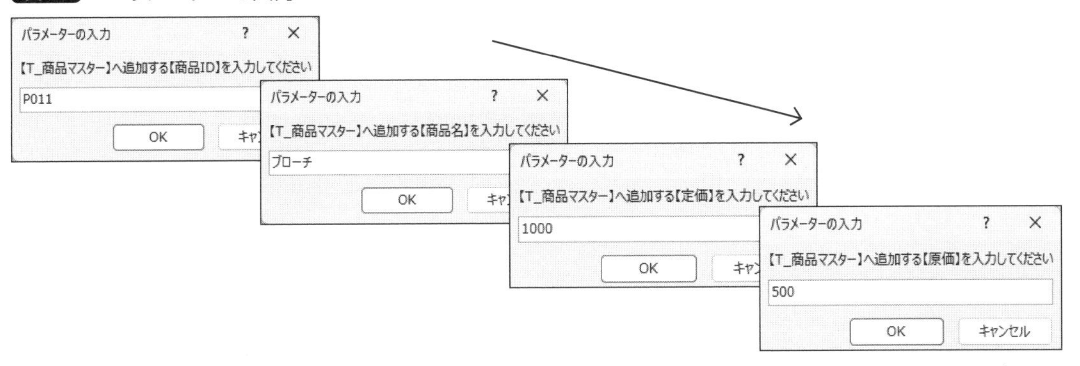

パラメーターをすべて入力したのち、確認メッセージを「OK」にしたらテーブルにデータが書き込まれます。テーブルをデータシートビューで開いて確認すると、入力した値で新規レコードが追加されています（**図80**）。

図80 テーブルのデータシートビューで確認できる

T_商品マスター

fld_商品ID	fld_商品名	fld_定価	fld_原価
P001	カードケース	¥1,500	¥500
P002	カフスボタン	¥1,000	¥350
P003	キーケース	¥1,000	¥350
P004	キーホルダー	¥800	¥250
P005	コインケース	¥2,500	¥900
P006	ネクタイピン	¥2,000	¥700
P007	ネックレス	¥1,500	¥600
P008	ピアス	¥1,000	¥300
P009	ブレスレット	¥2,000	¥650
P010	メガネケース	¥3,000	¥1,200
P011	ブローチ	¥1,000	¥500
*		¥0	¥0

同様に、「T_顧客マスター」テーブルへのデータの追加は、「Q_顧客マスター_追加」クエリを利用します（**図81**）。

図81 「Q_顧客マスター_追加」クエリ

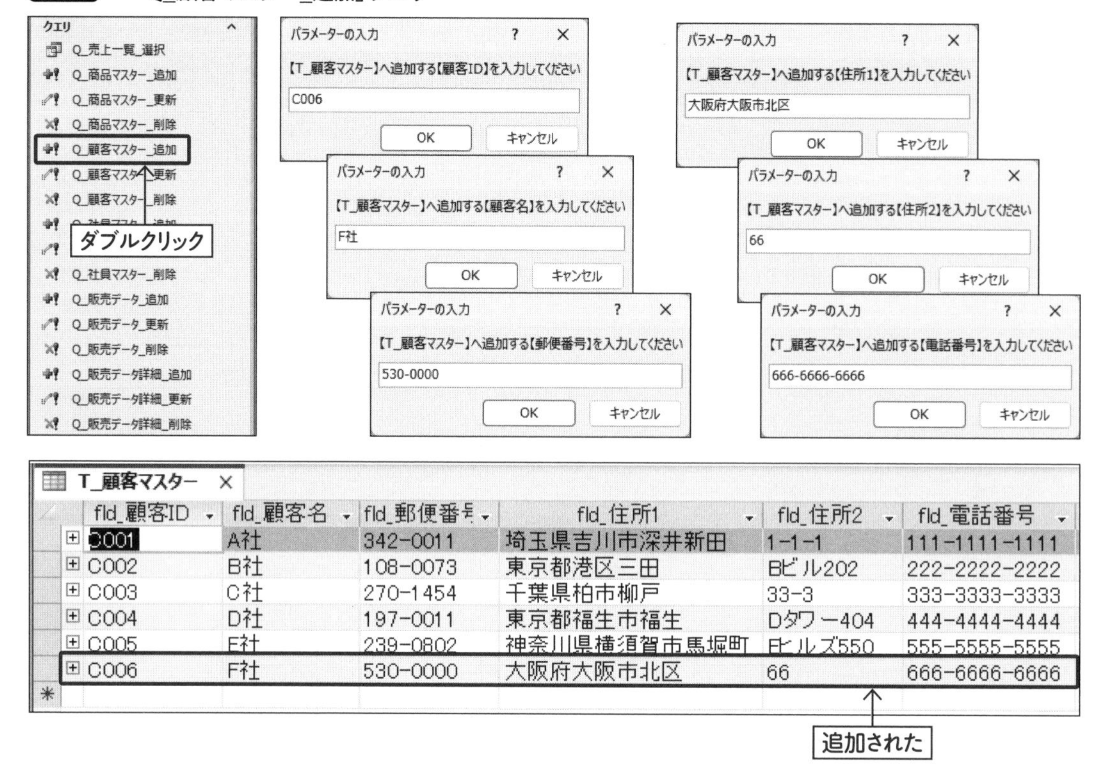

「T_社員マスター」テーブルへのデータの追加は、「Q_社員マスター_追加」クエリを利用します(図82)。

図82 「Q_社員マスター_追加」クエリ

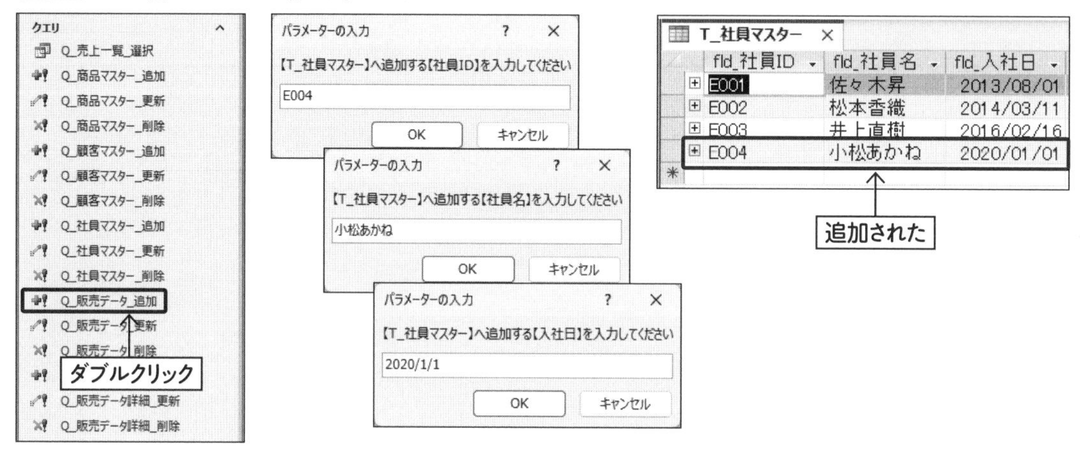

「T_販売データ」テーブルへのデータの追加は、「Q_販売データ_追加」クエリを利用します(図83)。参

照整合性が設定されているので、「顧客ID」「社員ID」は各マスターテーブルに存在するID以外は登録できません。

図83 「Q_販売データ_追加」クエリ

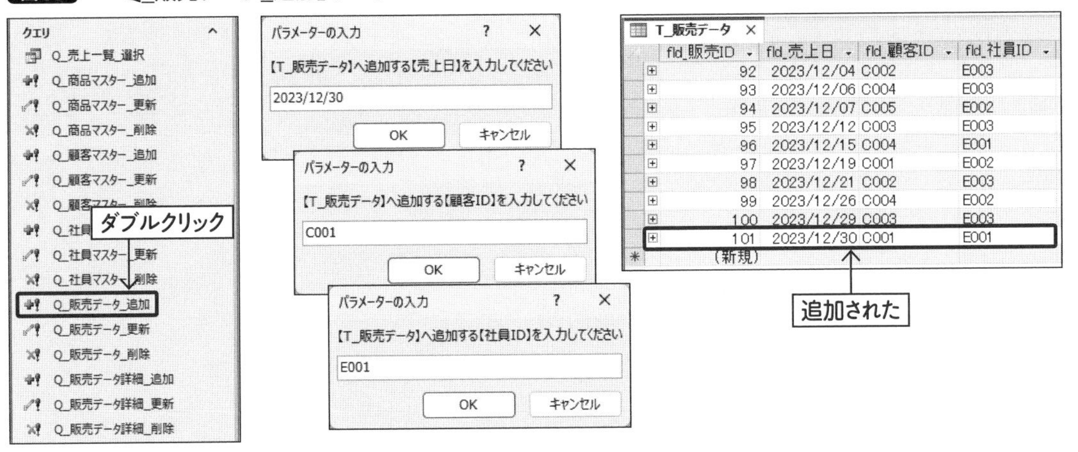

「T_販売データ詳細」テーブルへのデータの追加は、「Q_販売データ詳細_追加」クエリを利用します(**図84**)。参照整合性が設定されているので、「販売ID」「商品ID」は親テーブル/マスターテーブルに存在するID以外は登録できません。

図84 「Q_販売データ詳細_追加」クエリ

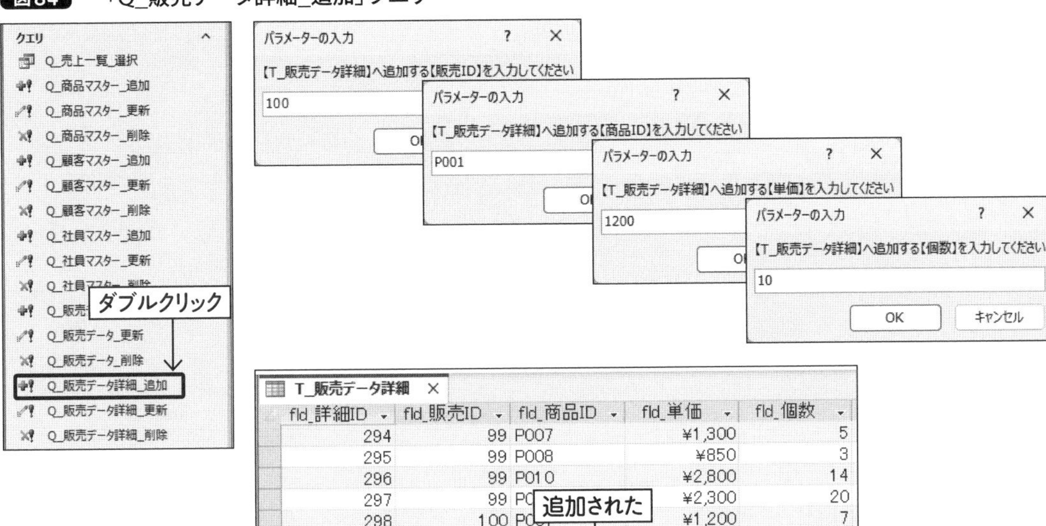

4-4-3 テーブルのデータを更新する操作

「T_商品マスター」テーブルへのデータの更新は、「Q_商品マスター_更新」クエリを利用します。ダブルクリックで起動します(図85)。

図85 「Q_商品マスター_更新」クエリの起動

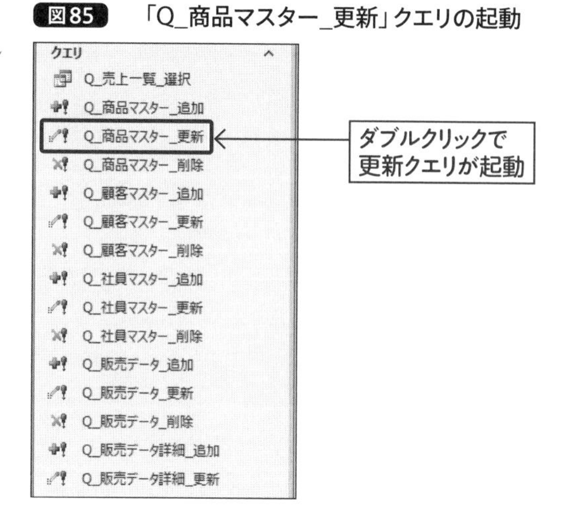

クエリ実行の確認メッセージが出たのち、各フィールドの値を要求されます。まず更新後の「商品名」を入力するダイアログが表示されるので、入力して「OK」ボタンをクリックします。次に更新後の「定価」を入力するダイアログ、更新後の「原価」を入力するダイアログが順番に開くので、入力して「OK」を順番に繰り返します。最後に更新対象のレコードを特定する「商品ID」を指定します(図86)。

図86 パラメーターの入力

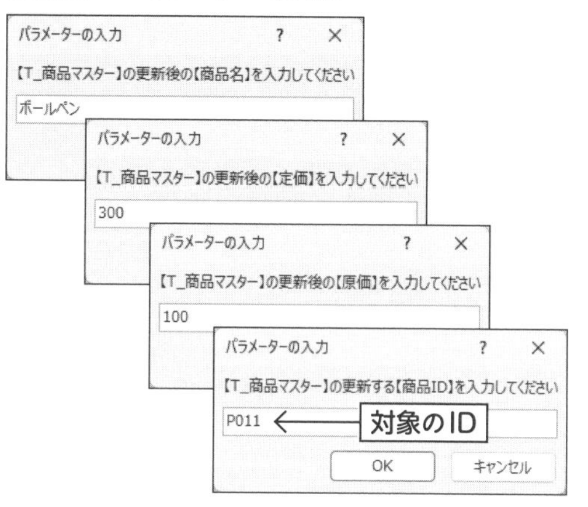

パラメーターをすべて入力したのち、確認メッセージを「OK」にしたらデータが更新されます。テーブルをデータシートビューで開くと、更新されたレコードが確認できます(図87)。

図87 テーブルのデータシートビューで確認

T_商品マスター

fld_商品ID	fld_商品名	fld_定価	fld_原価
P001	カードケース	¥1,500	¥500
P002	カフスボタン	¥1,000	¥350
P003	キーケース	¥1,000	¥350
P004	キーホルダー	¥800	¥250
P005	コインケース	¥2,500	¥900
P006	ネクタイピン	¥2,000	¥700
P007	ネックレス	¥1,500	¥600
P008	ピアス	¥1,000	¥300
P009	ブレスレット	¥2,000	¥650
P010	メガネケース	¥3,000	¥1,200
P011	ボールペン	¥300	¥100
		¥0	¥0

同様に、「T_顧客マスター」テーブルへのデータの更新は、「Q_顧客マスター_更新」クエリを利用します（**図88**）。

図88 「Q_顧客マスター_更新」クエリ

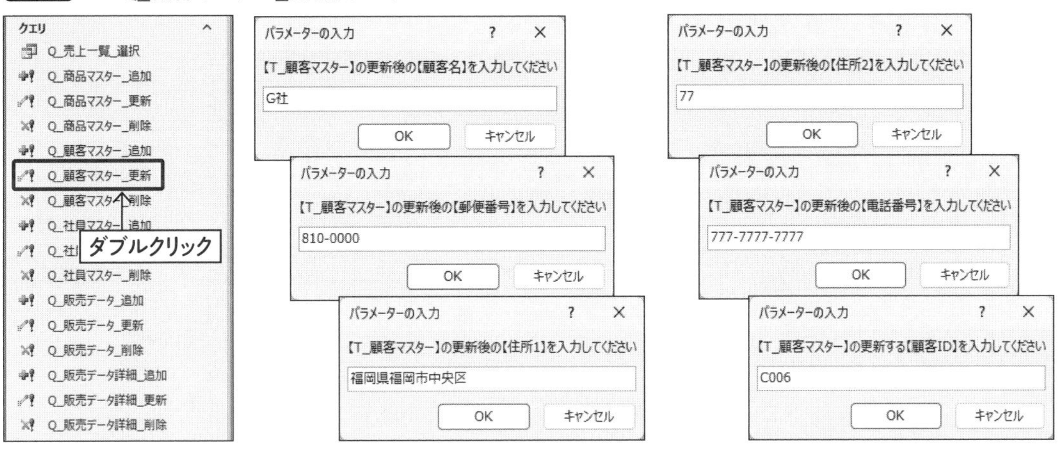

T_顧客マスター

fld_顧客ID	fld_顧客名	fld_郵便番号	fld_住所1	fld_住所2	fld_電話番号
C001	A社	342-0011	埼玉県吉川市深井新田	1-1-1	111-1111-1111
C002	B社	108-0073	東京都港区三田	Bビル202	222-2222-2222
C003	C社	270-1454	千葉県柏市柳戸	33-3	333-3333-3333
C004	D社	197-0011	東京都福生市福生	Dタワー404	444-4444-4444
C005	E社	239-0802	神奈川県横須賀市馬堀町	Eヒルズ550	555-5555-5555
C006	G社	810-0000	福岡県福岡市中央区	77	777-7777-7777

更新された

「T_社員マスター」テーブルへのデータの更新は、「Q_社員マスター_更新」クエリを利用します（**図89**）。

図89 「Q_社員マスター_更新」クエリ

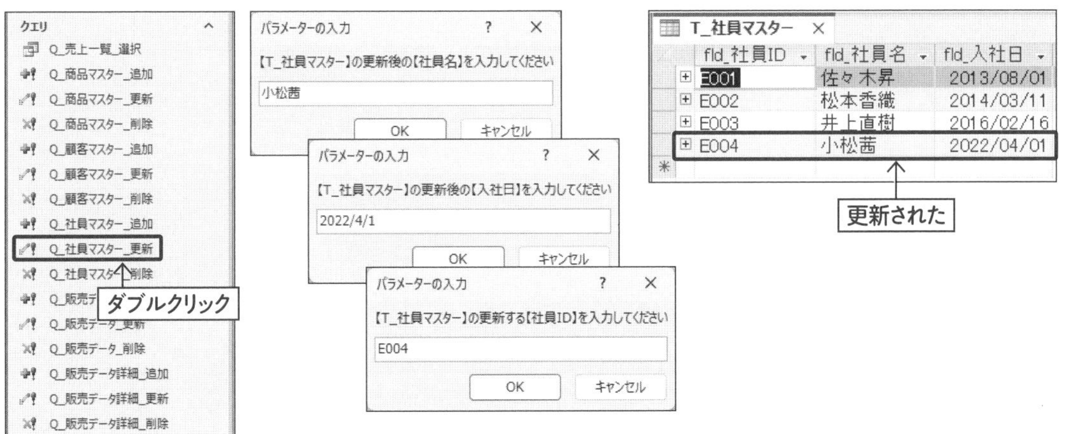

T_社員マスター

fld_社員ID	fld_社員名	fld_入社日
E001	佐々木昇	2013/08/01
E002	松本香織	2014/03/11
E003	井上直樹	2016/02/16
E004	小松茜	2022/04/01

「T_販売データ」テーブルへのデータの更新は、「Q_販売データ_更新」クエリを利用します（図90）。参照整合性が設定されているので、「顧客ID」「社員ID」は各マスターテーブルに存在するID以外は登録できません。

図90 「Q_販売データ_更新」クエリ

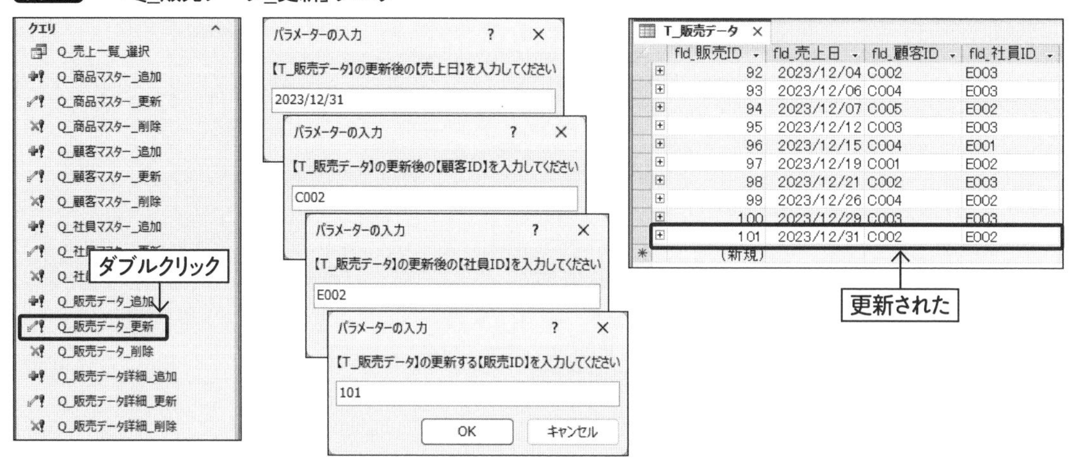

「T_販売データ詳細」テーブルへのデータの更新は、「Q_販売データ詳細_更新」クエリを利用します（図91）。参照整合性が設定されているので、「販売ID」「商品ID」は親テーブル／マスターテーブルに存在するID以外は登録できません。

図91 「Q_販売データ詳細_更新」クエリ

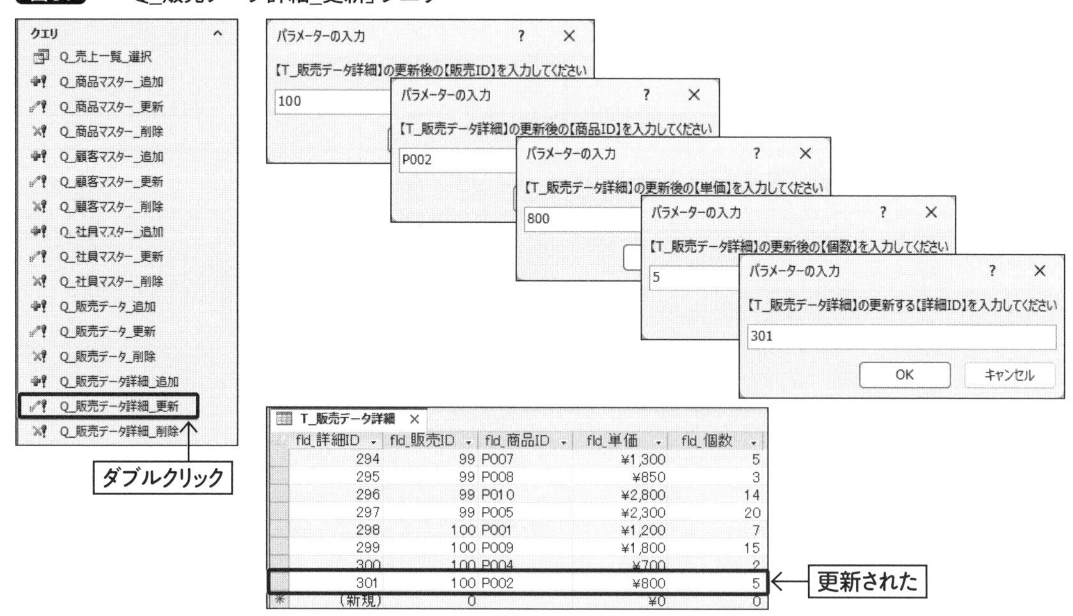

4-4-4 テーブルのデータを削除する操作

「T_商品マスター」テーブルのデータ削除は、「Q_商品マスター_削除」クエリを利用します。ダブルクリックで起動します（図92）。

図92 「Q_商品マスター_削除」クエリの起動

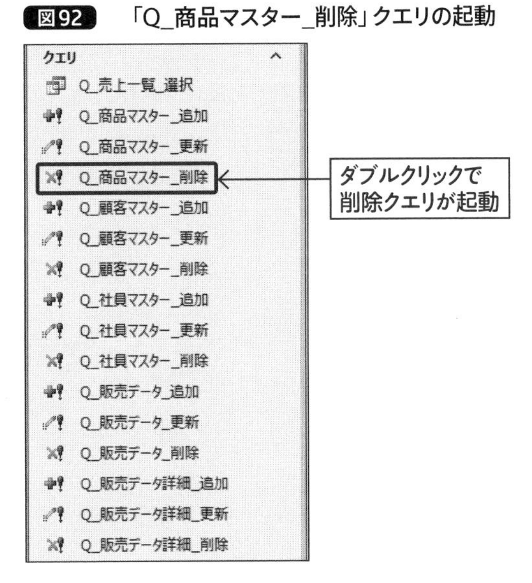

クエリ実行の確認メッセージが出たのち、削除するレコードの主キーとなる「商品ID」を入力します（図93）。参照整合性が設定されているので、「T_販売データ詳細」テーブルで使用されているIDのレコードは削除できません。

図93 パラメーターの入力

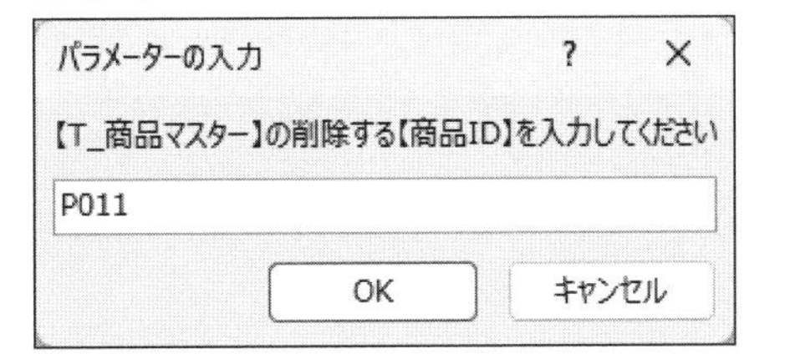

IDを入力したのち、確認メッセージで「OK」をクリックするとデータが削除されます。テーブルをデータシートビューで開くと、レコードの削除が確認できます（図94）。

図94 テーブルのデータシートビューで確認

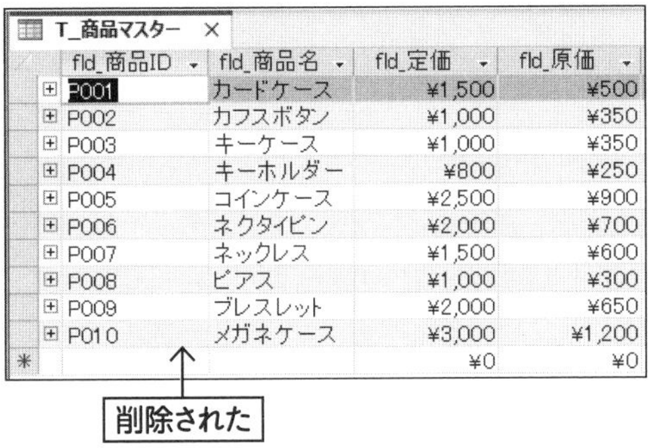

T_商品マスター

fld_商品ID	fld_商品名	fld_定価	fld_原価
P001	カードケース	¥1,500	¥500
P002	カフスボタン	¥1,000	¥350
P003	キーケース	¥1,000	¥350
P004	キーホルダー	¥800	¥250
P005	コインケース	¥2,500	¥900
P006	ネクタイピン	¥2,000	¥700
P007	ネックレス	¥1,500	¥600
P008	ピアス	¥1,000	¥300
P009	ブレスレット	¥2,000	¥650
P010	メガネケース	¥3,000	¥1,200
*		¥0	¥0

削除された

同様に、「T_顧客マスター」テーブルへのデータの削除は、「Q_顧客マスター_削除」クエリを利用します（図95）。参照整合性が設定されているので、「T_販売データ」テーブルで使用されているIDのレコードは削除できません。

図95 「Q_顧客マスター_削除」クエリ

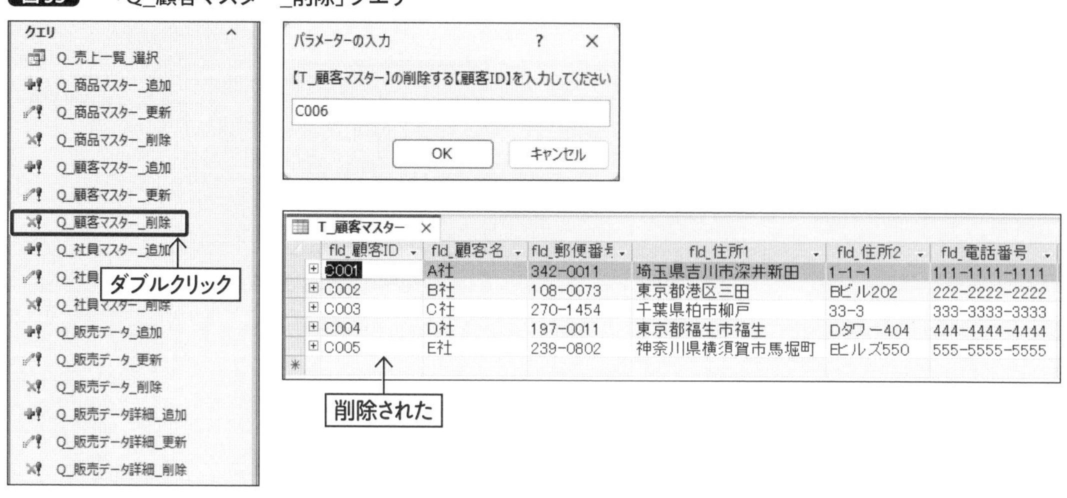

fld_顧客ID	fld_顧客名	fld_郵便番号	fld_住所1	fld_住所2	fld_電話番号
C001	A社	342-0011	埼玉県吉川市深井新田	1-1-1	111-1111-1111
C002	B社	108-0073	東京都港区三田	Bビル202	222-2222-2222
C003	C社	270-1454	千葉県柏市柳戸	33-3	333-3333-3333
C004	D社	197-0011	東京都福生市福生	Dタワー404	444-4444-4444
C005	E社	239-0802	神奈川県横須賀市馬堀町	Eヒルズ550	555-5555-5555

「T_社員マスター」テーブルへのデータの削除は、「Q_社員マスター_削除」クエリを利用します（図96）。参照整合性が設定されているので、「T_販売データ」テーブルで使用されているIDのレコードは削除できません。

図96 「Q_社員マスター_削除」クエリ

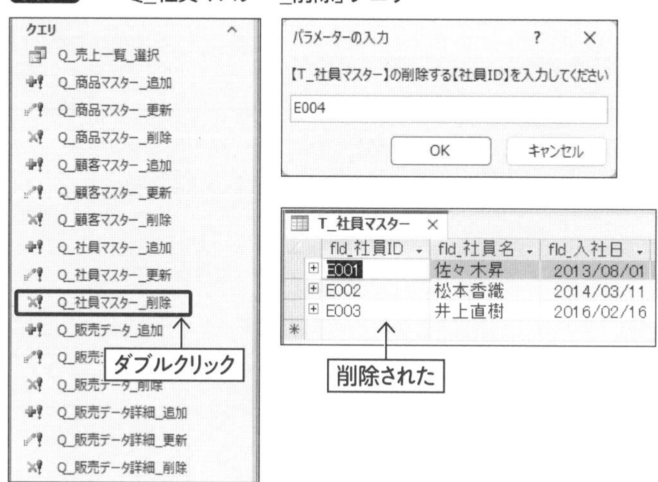

fld_社員ID	fld_社員名	fld_入社日
E001	佐々木昇	2013/08/01
E002	松本香織	2014/03/11
E003	井上直樹	2016/02/16

「T_販売データ」テーブルへのデータの削除は、「Q_販売データ_削除」クエリを利用します(**図97**)。「連鎖削除」の参照整合性が設定されているので、ここで削除する「販売ID」は、「T_販売データ詳細」テーブルで同じ「販売ID」を持つレコードも**すべて削除されます**。

エラーが発生する場合、P.62を参照して、「T_販売データ」「T_販売データ詳細」間の「レコードの連鎖削除」にチェックが付いているか確認してください。

図97 「Q_販売データ_削除」クエリ

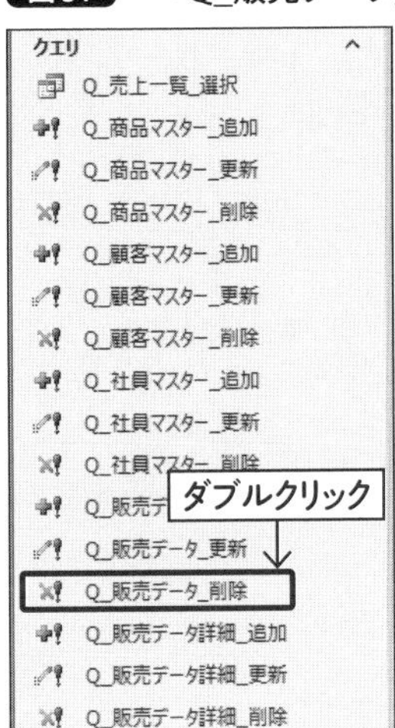

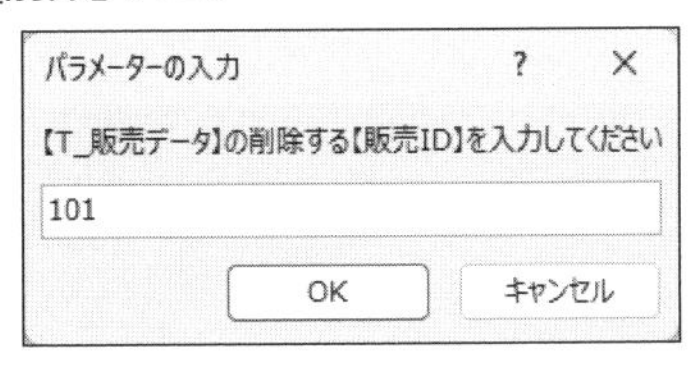

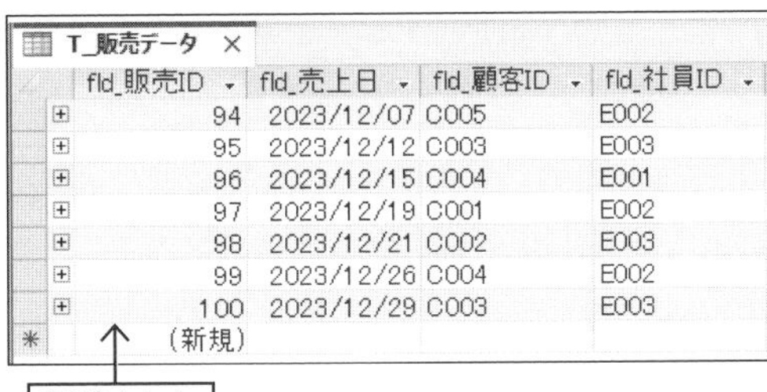

T_販売データ

fld_販売ID	fld_売上日	fld_顧客ID	fld_社員ID
94	2023/12/07	C005	E002
95	2023/12/12	C003	E003
96	2023/12/15	C004	E001
97	2023/12/19	C001	E002
98	2023/12/21	C002	E003
99	2023/12/26	C004	E002
100	2023/12/29	C003	E003
(新規)			

削除された

「T_販売データ詳細」テーブルへのデータの削除は、「Q_販売データ詳細_削除」クエリを利用します(**図98**)。

図98 「Q_販売データ詳細_削除」クエリ

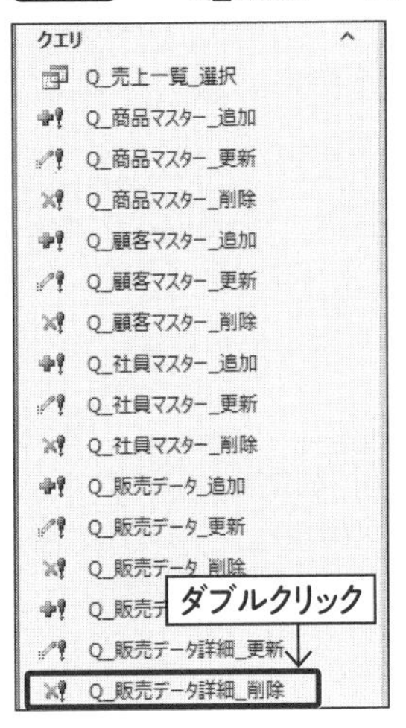

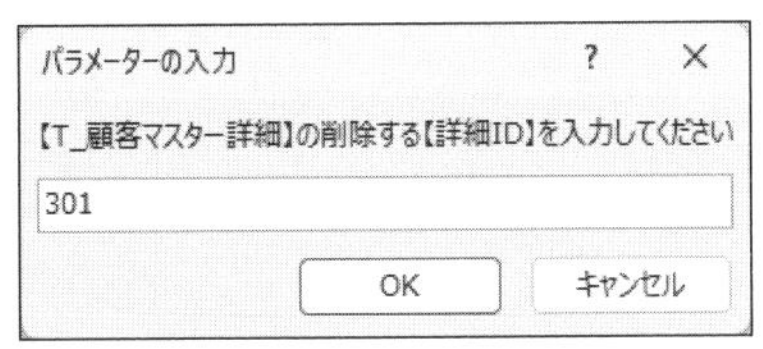

T_販売データ詳細

fld_詳細ID	fld_販売ID	fld_商品ID	fld_単価	fld_個数
292	98	P003	¥900	17
293	99	P008	¥850	1
294	99	P007	¥1,300	5
295	99	P008	¥850	3
296	99	P010	¥2,800	14
297	99	P005	¥2,300	20
298	100	P001	¥1,200	7
299	100	P009	¥1,800	15
300	100	P004	¥700	2
(新規)	0		¥0	0

削除された

CHAPTER 4

4-4-5 選択クエリの操作

「Q_売上一覧_選択」クエリで販売IDごとの合計額の一覧を見ることができます。ダブルクリックで起動します（図99）。

図99 「Q_売上一覧_選択」クエリ

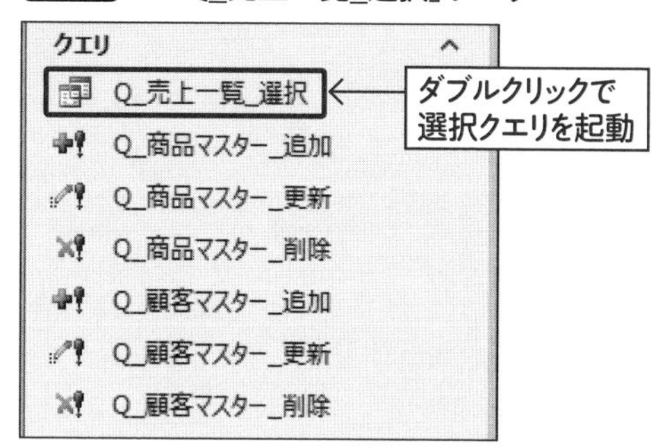

範囲を指定するための「開始日」を入力するダイアログが表示されるので、入力して「OK」ボタンをクリックします。次に「終了日」を入力して「OK」クリックします（図100）。

図100 パラメーターの入力

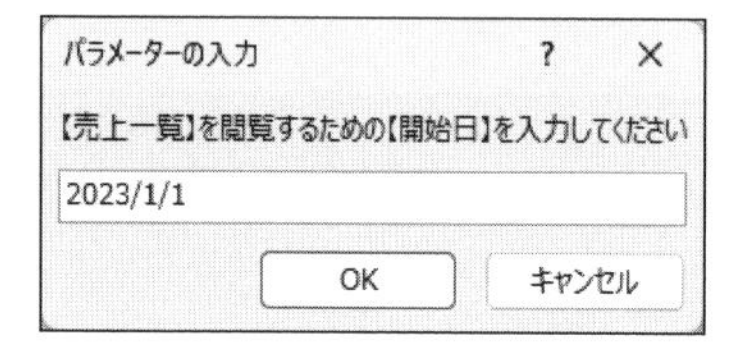

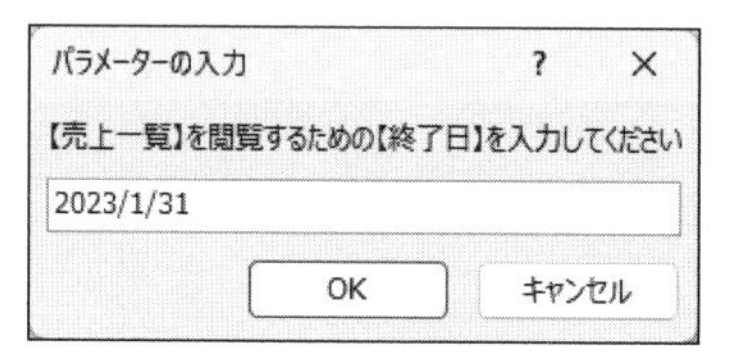

パラメーターを入力すると、指定した期間の「Q_売上一覧_選択」クエリがデータシートビューで開きます（図101）。

図101 データシートビューで開いた

Q_売上一覧_選択

fld_販売ID	fld_売上日	fld_顧客ID	fld_顧客名	売上
1	2023/01/05	C003	C社	¥35,600
2	2023/01/09	C004	D社	¥54,300
3	2023/01/13	C001	A社	¥46,100
4	2023/01/17	C005	E社	¥25,100
5	2023/01/23	C003	C社	¥104,250
6	2023/01/25	C002	B社	¥43,300
7	2023/01/30	C003	C社	¥19,600
8	2023/01/31	C004	D社	¥77,600

4-4-6 レポートの操作

「R_売上明細書」レポートで、販売IDごとの明細書を印刷できます。ダブルクリックで起動します（図102）。

図102 「R_売上明細書」レポートの起動

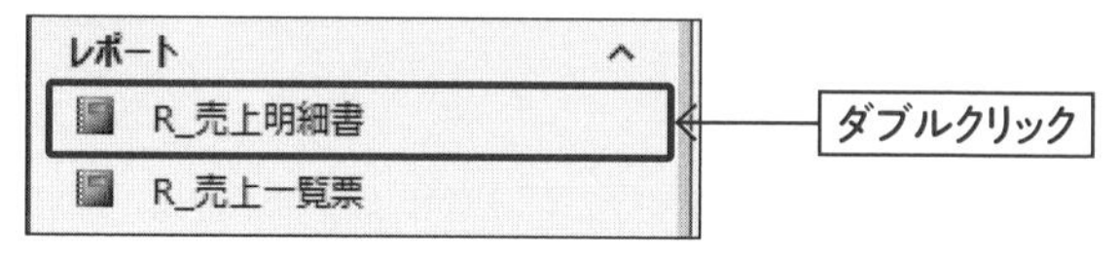

ダイアログが表示されるので、明細を出力したい「販売ID」を入力して「OK」をクリックします（図103）。

図103　パラメーターの入力

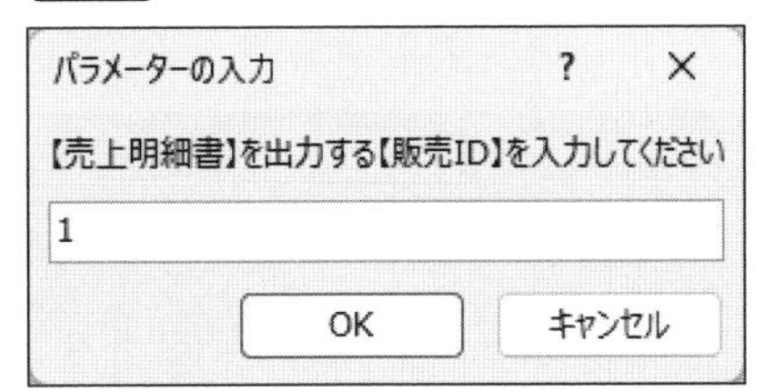

指定した販売IDの明細書がレポートビューで開くので、印刷プレビューに切り替えて、リボンの「印刷」をクリックすると、アクティブプリンターから出力されます（図104）。

図104　印刷プレビューから印刷する

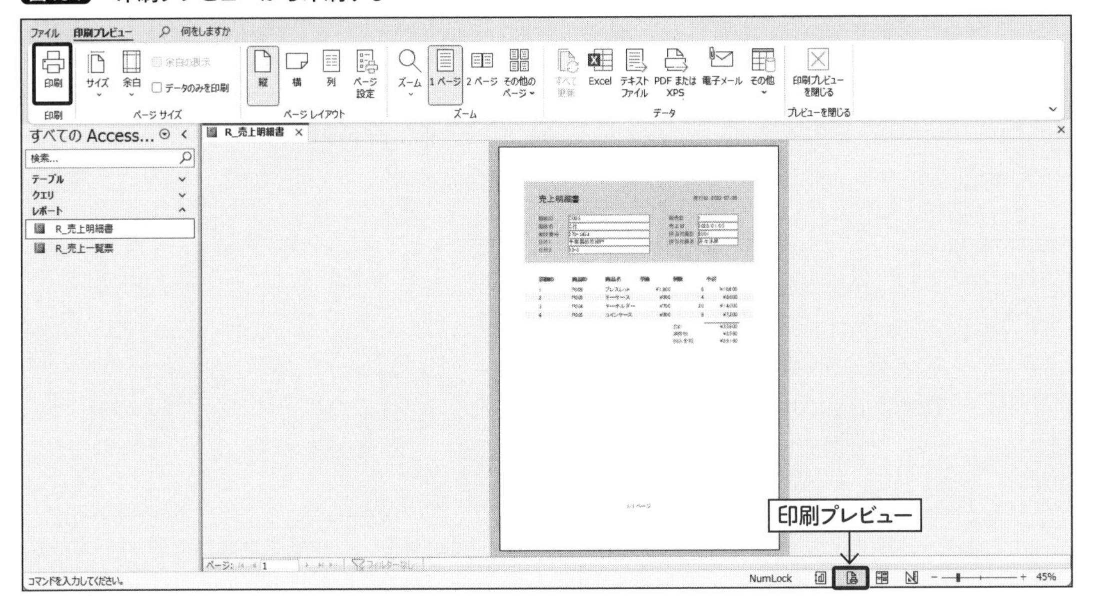

「R_売上一覧票」レポートで、期間を指定した売上の明細、販売ごとの合計、期間内の合計を印刷できます。ダブルクリックで起動します（図105）。

図105　「R_売上一覧票」レポートの起動

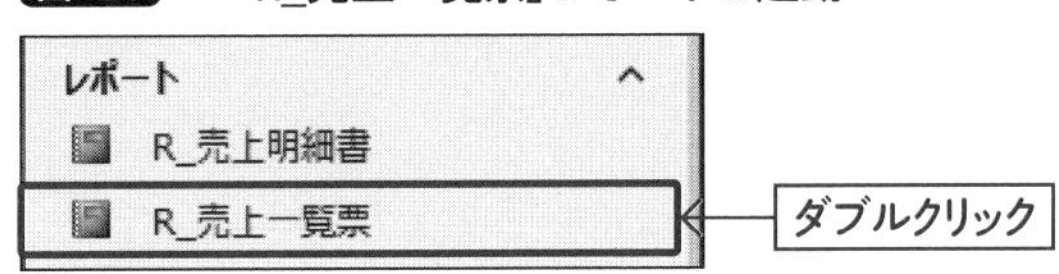

範囲を指定するための「開始日」を入力するダイアログが表示されるので、入力して「OK」ボタンをクリックします。次に「終了日」を入力して「OK」クリックします(図106)。

図106 パラメーターの入力

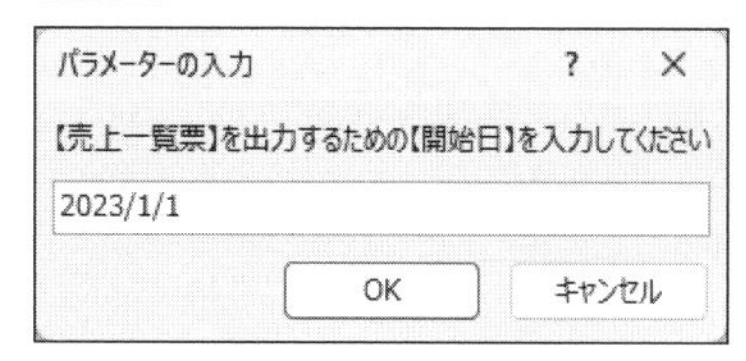

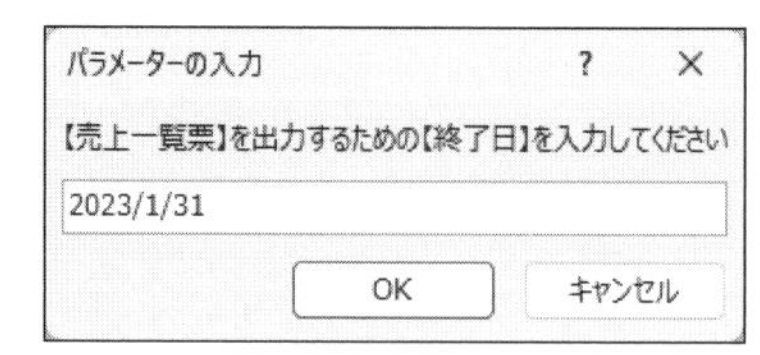

指定した期間の売上一覧票がレポートビューで開くので、印刷プレビューに切り替えて、リボンの「印刷」をクリックすると、アクティブプリンターから出力されます(図107)。

図107 印刷プレビューから印刷する

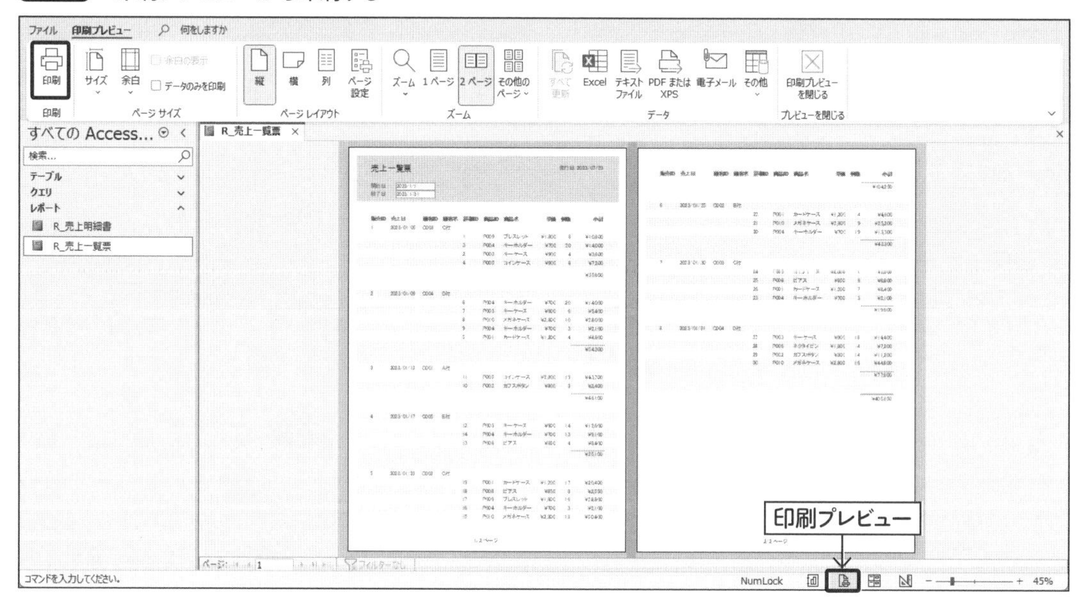

フォームの作成

レベル2アプリへの変更点

5-1-1 ナビゲーションウィンドウの利用は管理者のみ

ここからは、CHAPTER 4までで作成したレベル1アプリをベースにして、フォームとマクロを使ったレベル2アプリへ改変していきます。

レベル1とレベル2アプリの大きな違いは、複数人数での利用です。**管理者はすべての機能にアクセス可能**でも、**オペレーターは安全面を考慮して機能を制限**すべきです。そのため、**通常時はナビゲーションウィンドウを隠しておいて、管理者が必要な場合のみ表示する**、という方法をとります。

オペレーターはナビゲーションウィンドウ経由の操作ができなくなるので、機能を使うための「F_メニュー」フォームを作ります(**図1**)。

図1 「F_メニュー」フォーム

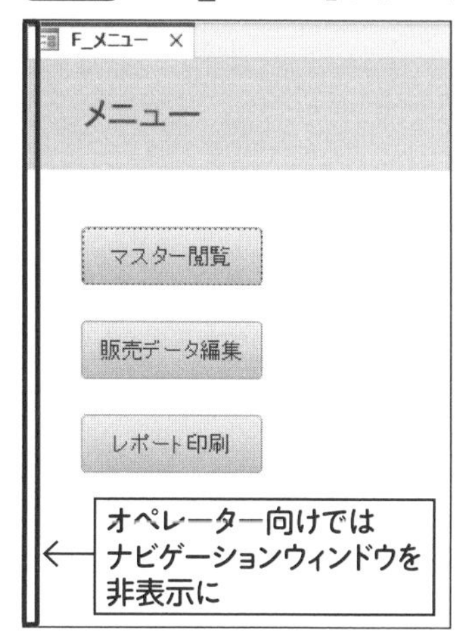

また、オペレーターはマスターテーブルを編集できない仕様にするため、マスターテーブルの中身を閲覧のみ可能な「F_マスター閲覧」フォームを作ります(**図2**)。マクロを使って、メニューのボタンをクリックすると開きます(マクロは**CHAPTER 6**での実装)。

図2 「F_マスター閲覧」フォーム

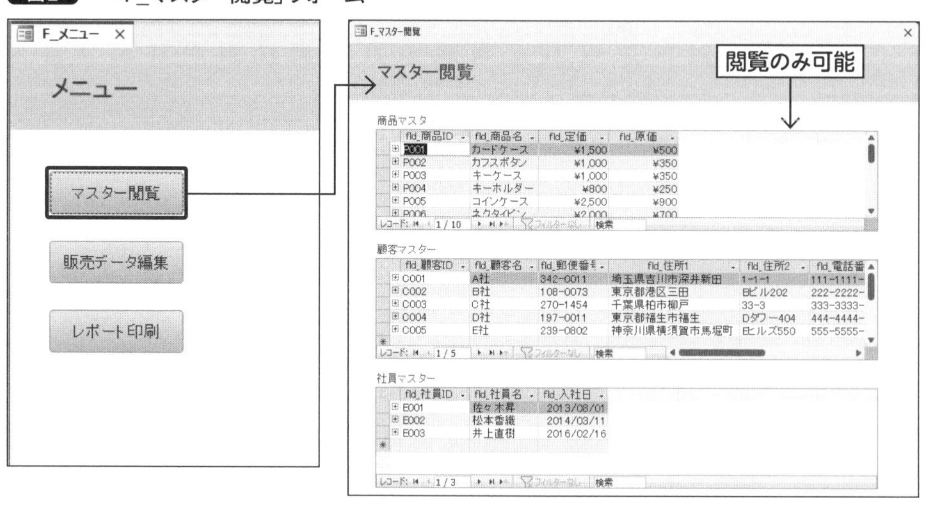

5-1-2 マスターテーブルを編集するフォーム

3つのマスターテーブルを編集するため、それぞれ対応した3つの編集フォームを作ります。これらは「F_メニュー」フォームからは開くことはできず、ナビゲーションウィンドウからの利用(管理者のみ)とします(**図3**)。

図3 マスターテーブル編集フォーム

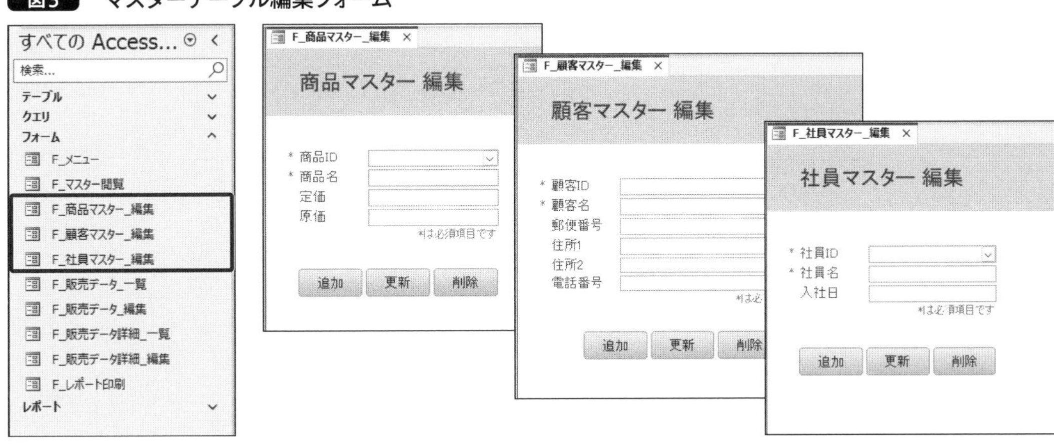

編集フォームのボタンにマクロを登録して、追加・更新・削除クエリを起動させます。**CHAPTER 3**で作成したクエリのパラメーターを、フォーム上に設置したコンボボックスやテキストボックスへ置き換えることで、パラメーターを尋ねるために何度も表示されていたウィンドウが不要になります(**図4**)。

図4 フォームとクエリの連動

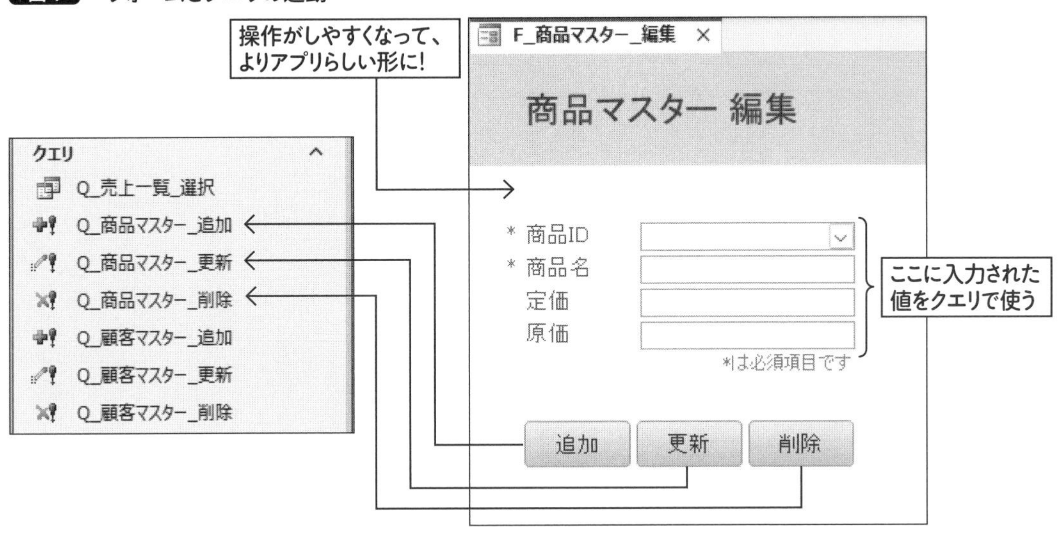

5-1-3 トランザクションテーブルを閲覧／編集するフォーム

「T_販売データ」「T_販売データ詳細」テーブルは、オペレーターに編集してもらいたいので、メニューから利用できるようにします。

先に親データである「T_販売データ」テーブルですが、データが見渡せるほうが使い勝手がよいため、「F_販売データ_一覧」フォームを作って、閲覧専用でテーブルの内容を表示します。そこから編集対象のレコードをマウスで選択して、「F_販売データ_編集」フォームが開く仕様にします（**図5**）。レコードを選択することで販売IDを取得するので、更新・削除の際にIDを入力する必要がありません。

図5 「T_販売データ」に関するフォーム

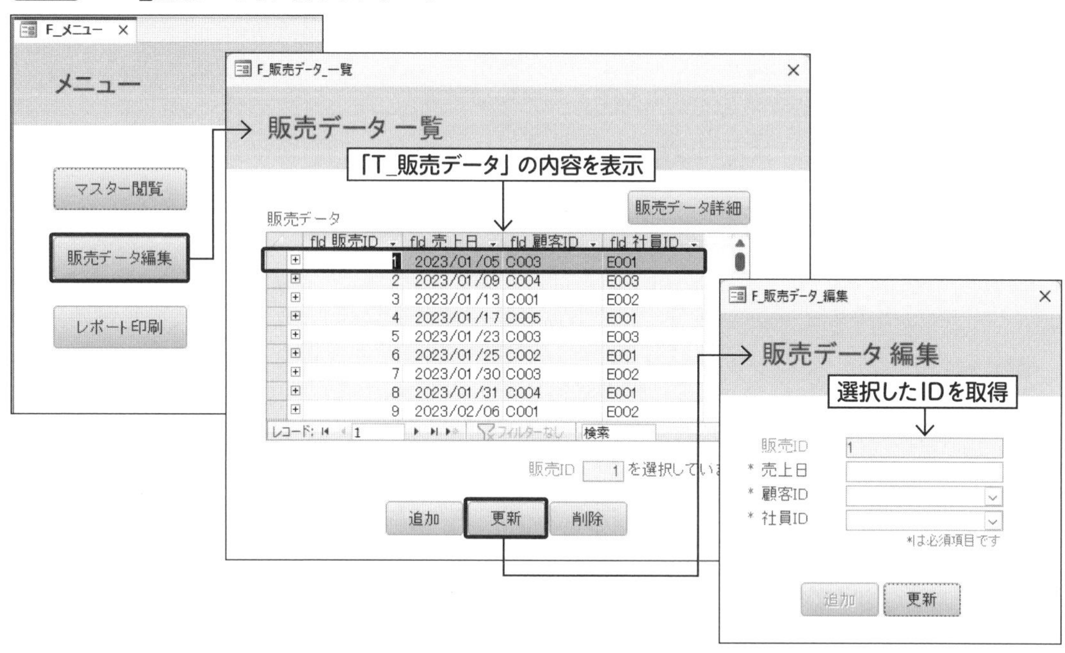

子データの「T_販売データ詳細」テーブルも「F_販売データ詳細_一覧」フォームを作って、テーブルの内容を閲覧専用で表示します。「F_販売データ_一覧」フォームでレコードを選択して「F_販売データ詳細_一覧」フォームを開くことで、対象の親レコードに対する子情報を一覧表示します。そこから編集対象のレコードをマウスで選択して、「F_販売データ詳細_編集」フォームが開く仕様にします（**図6**）。レコードを選択することで販売ID、詳細IDを取得するので、更新・削除の際にIDを入力する必要がありません。

図6 「T_販売データ詳細」に関するフォーム

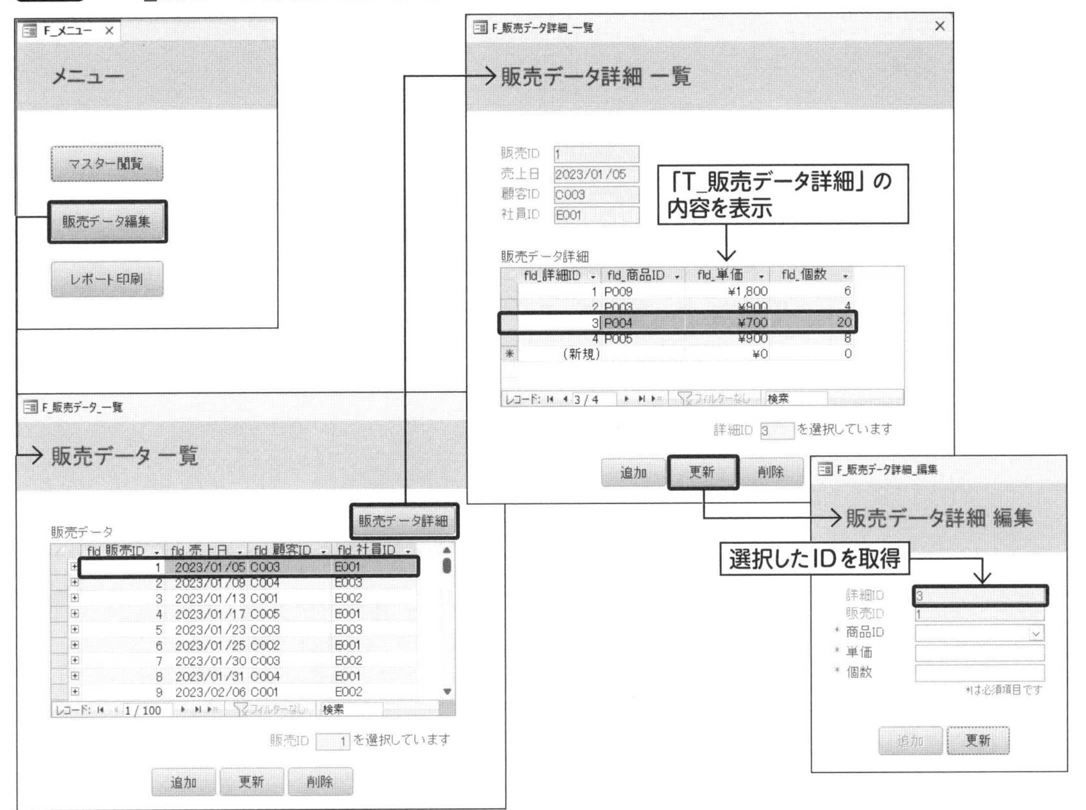

5-1-4 売上一覧の閲覧／レポート出力するフォーム

残りの機能は、選択クエリによる売上一覧と、2種類のレポートです。こちらをすべて集約した「F_レポート印刷」フォームを作ります（図7）。

「Q_売上一覧_選択」クエリを閲覧専用で表示して、選択したレコードの販売IDを「R_売上明細書」を出力する条件に使います。テキストボックスの「開始日」「終了日」は、選択クエリの条件、「R_売上一覧票」の条件の両方に使います。

図7　選択クエリとレポートに関するフォーム

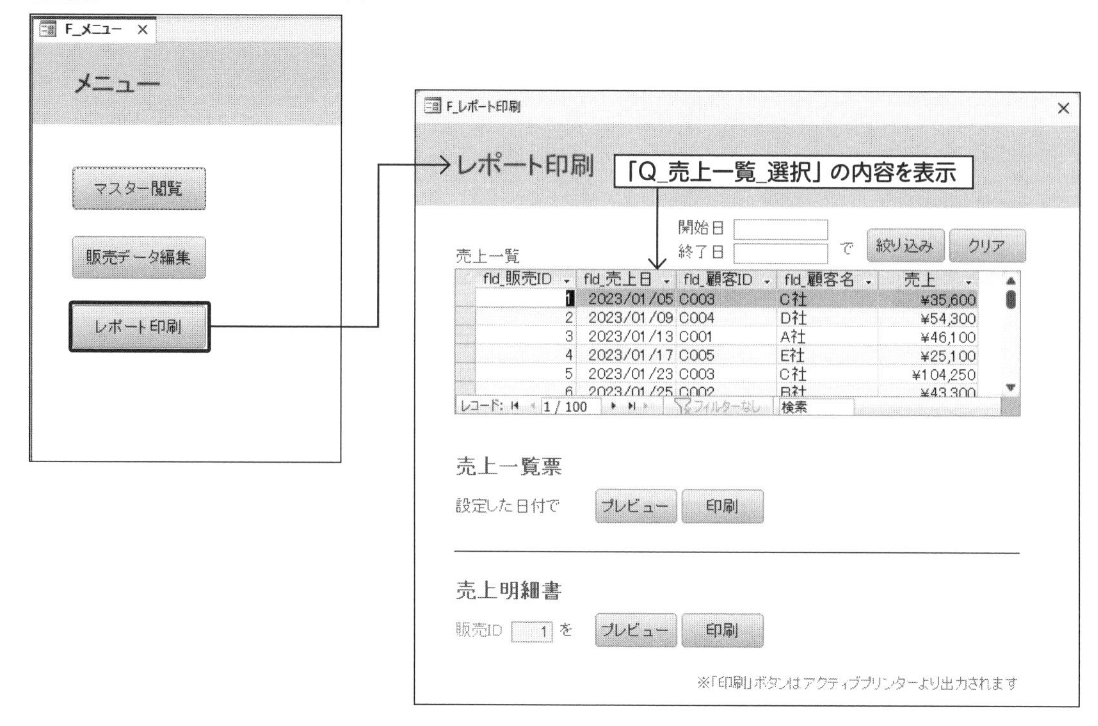

　このように、レベル2アプリでは多様なフォームを利用して、より「アプリ」らしく機能を使えるようにします。

5-2 フォームの基礎

5-2-1 フォームで扱う要素

ここからは、フォームオブジェクトについて学んでいきます。**フォーム**は、オリジナルの操作画面を作成できるオブジェクトです。使わなくてもデータベースを利用することはできますが、使ったほうがわかりやすく、便利になります。

システムのしくみを理解していないオペレーターはもちろん、管理者でも、フォームを組み込むことで入力項目をテーブルから参照したり、選択した値を利用したりするなど、格段に使いやすくなります（図8）。

図8　フォーム

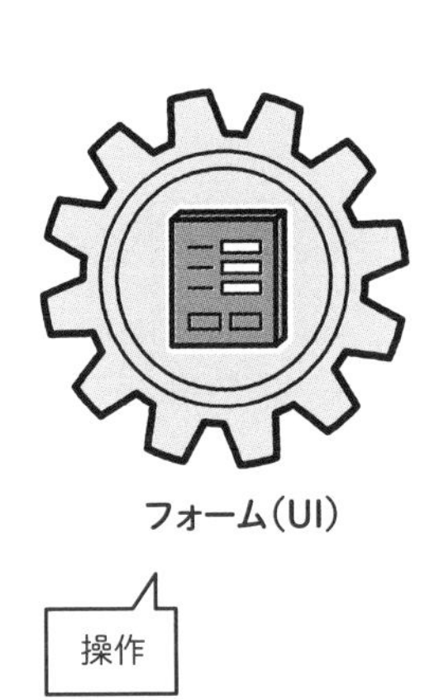

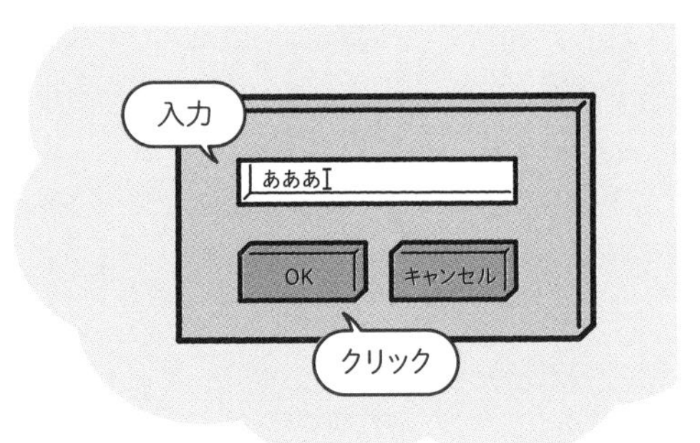

アプリの操作画面を
自分で作れる！

フォームの構造はレポートとほとんど同じで、フォームオブジェクト（土台）の上にコントロールオブジェクト（要素）を配置して形を作っていきます。

レポートではラベルとテキストボックスを使いましたが、フォームは「操作」する特性のため、値をリストから選択できる**コンボボックス**や、クリックを検知してアクションを起こす**ボタン**など、多くの種類のコントロールを利用します（図9）。

図9 フォームで使うコントロール

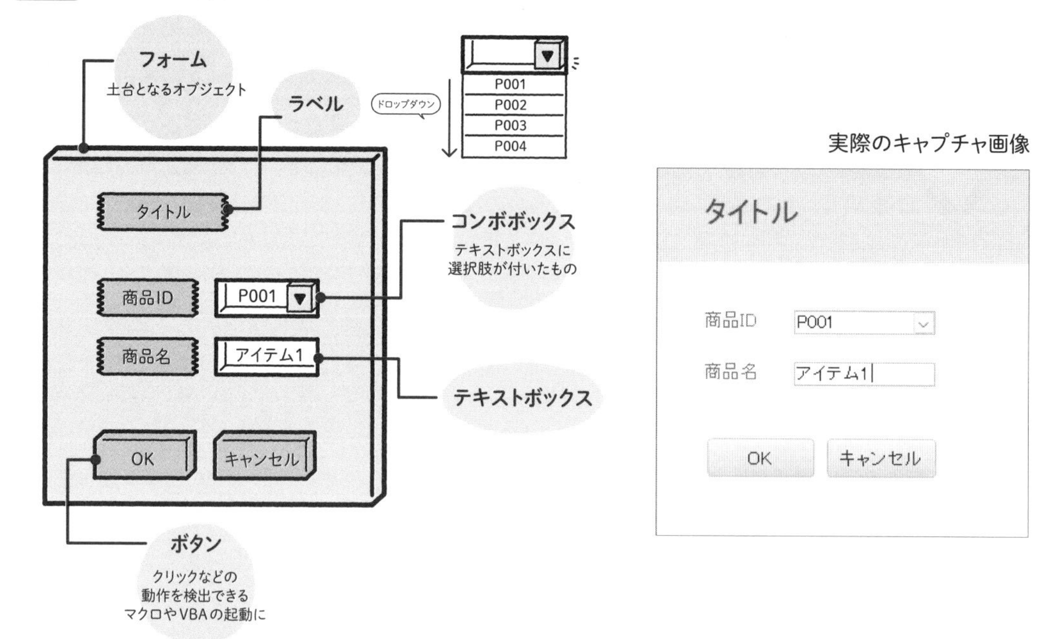

セクションもレポートと同じ考え方で、印刷時に複数ページに渡ったときに最初のページのみ表示する「フォームヘッダー」、全ページ表示する「ページヘッダー」などがあります（図10）。本書ではフォームの印刷は行いませんが、必要になった場合はセクションの配置を気にしてみてください。

図10 フォームのセクション

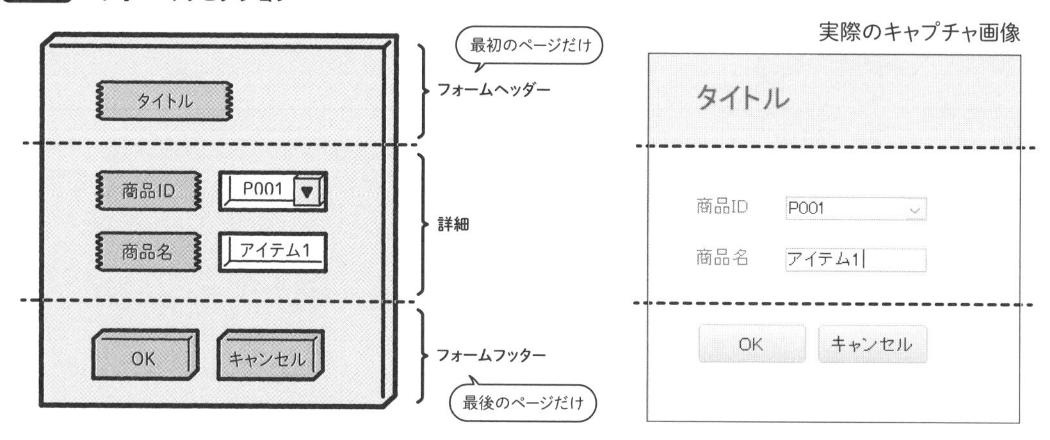

5-2-2 連結オブジェクトと非連結オブジェクト

CHAPTER 4で、レポートは表示するデータの元となるレコードソースを持つ**連結オブジェクト**(P.120)であると説明しました。フォームも同様に、レコードソースを持たせて連結オブジェクトにできます。ただし、連結したフォームはレコードソースのデータを**書き換え可能**であることに十分注意が必要です(**図11**)。

図11 レコードソースを持つ連結フォーム

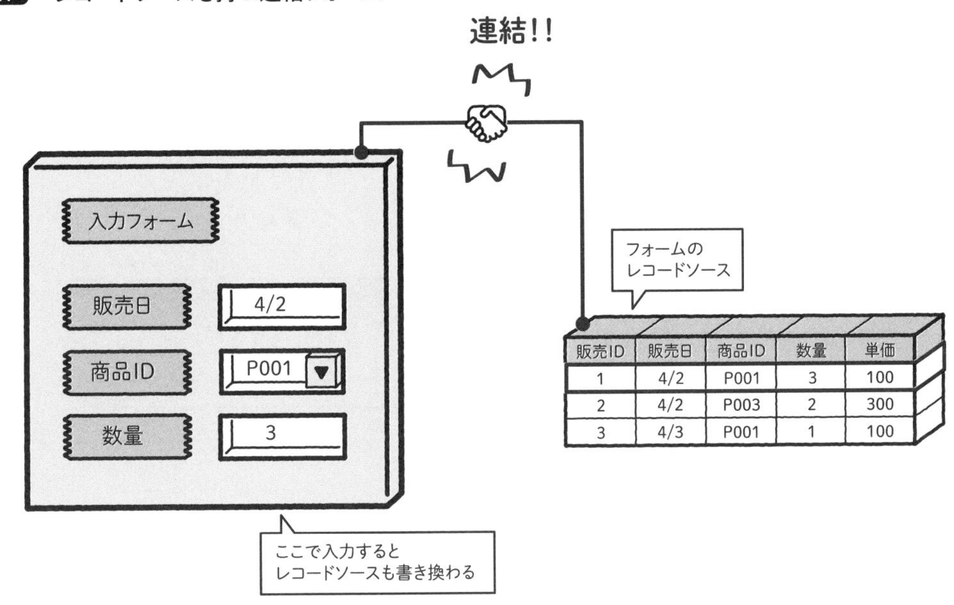

テーブルをレコードソースにしたフォームは、テーブルのデータシートビュー(**2-3-3**、P.55)と同様に、編集中はレコードセレクタ(左端のバー)に鉛筆のマークが表示されます(**図12**)。変更は**レコードから離脱したときに確定**されるので、確定した意図がなくても、レコードを切り替えたり、フォームを閉じたりすると自動的に確定します。

図12 連結フォームからのレコードソースの編集

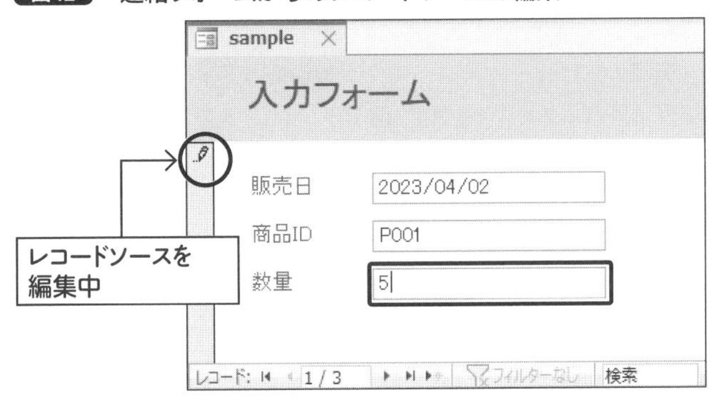

この仕様はオペレーターが誤ってデータを書き換えても気が付かない可能性があるため、本書で作成するアプリではデータ保全の観点から、**テーブルと連結したフォームによるデータ編集は行いません。**

この章で紹介するフォームはすべて、レコードソースを持たない、**非連結オブジェクト**で作成します。テキストボックスなどのコントロールも非連結になりますが、クエリと連動させることでデータの編集が可能です（図13）。

図13 非連結フォームでもクエリと組み合わせればデータ編集が可能

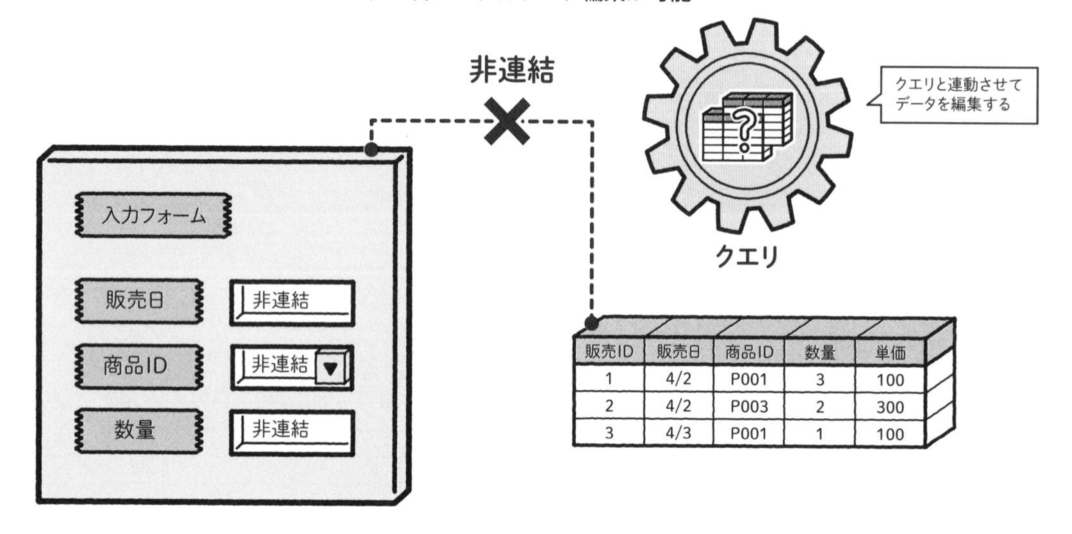

5-2-3 ビューの種類

フォームのビューは、デザインビュー、フォームビュー、レイアウトビュー、データシートビューの4種類あります。

デザインビューは、レイアウトの詳細な設計を行うためのビューです。縦横のグリッド線、セクションが表示されるのが特徴です（図14）。

フォームビューは、フォームのデフォルトのビューで、データの入力、選択、ボタンのクリックなどができます。ナビゲーションウィンドウでフォームオブジェクトをダブルクリックすると、このビューで開きます（図15）。

図14 デザインビュー

F_商品マスター_編集
フォーム ヘッダー
商品マスター 編集
詳細
商品ID
非連結
商品名
非連結
定価
非連結
原価
非連結
*は必須項目です
追加
更新
削除
フォーム フッター

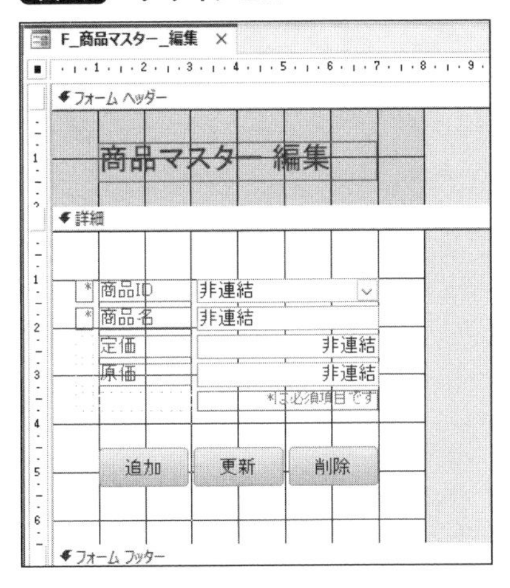

図15 フォームビュー

F_商品マスター_編集
商品マスター 編集
* 商品ID
P001
* 商品名
カードケース
定価
¥1,500
原価
¥500
*は必須項目です
追加
更新
削除

レイアウトビューは、デザインビューとフォームビューの中間にあたるビューで、実際の値を確認しながらコントロール幅や表示形式の変更などを行うことができます。値を入力するなどの操作はできません。デザインビューほど詳細な設定はできないので、作り込んだあとの最終的な微調整として使うとよいでしょう（**図16**）。

データシートビューは、フォーム上の要素をデータシート形式で扱えるビューです。データの編集の許可/禁止をフィールドごとに設定できたり、マクロと組み合わせたりなど、フォームの豊富な機能を付加して使うことができるので、テーブルやクエリのデータシートビューよりも幅広い使い方ができます（**図17**）。なお、本書ではフォームのデータシートビューは利用しません。

図16 レイアウトビュー

F_商品マスター_編集
商品マスター 編集
* 商品ID
P001
* 商品名
カードケース
定価
¥1,500
原価
¥500
*は必須項目です
追加
更新
削除

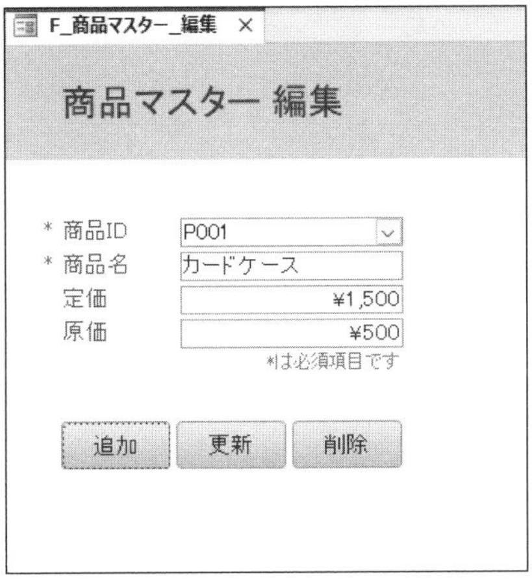

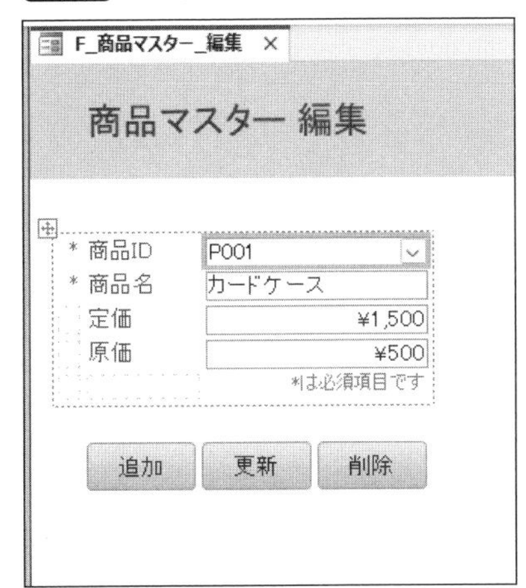

図17 データシートビュー

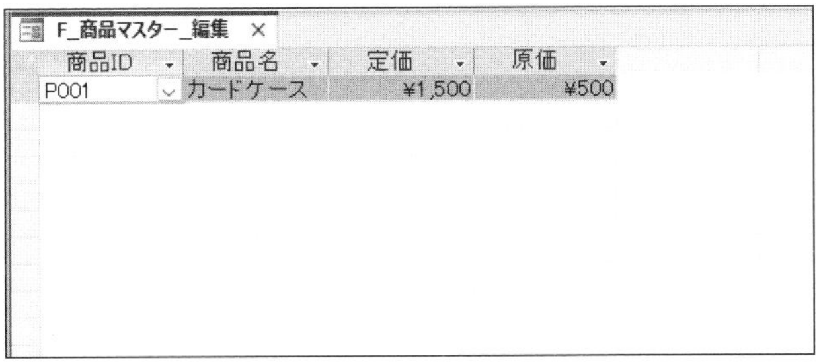

F_商品マスター_編集
商品ID
商品名
定価
原価
P001
カードケース
¥1,500
¥500

メインメニューを表示するフォーム

5-3-1 フォームの作成

まずは、各機能の玄関口となるメインメニューが並んだフォームを図18のように作ってみましょう。3つのボタンを設置して、クリックすると、それぞれの機能のフォームが開く構想です。

図18 完成図

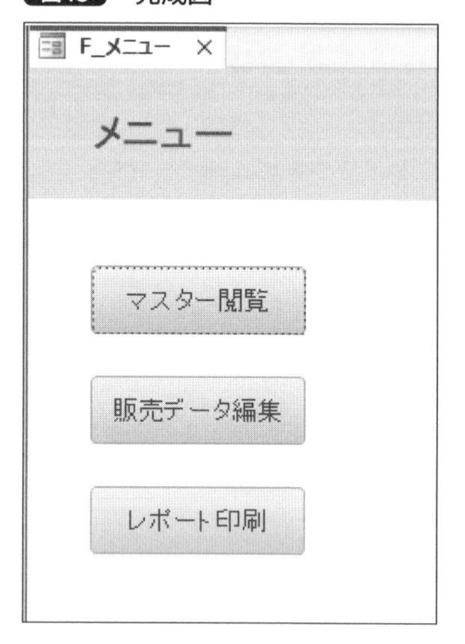

リボンの「作成」タブの「フォームデザイン」をクリックします（図19）。

図19 新規のフォームをデザインビューで開く

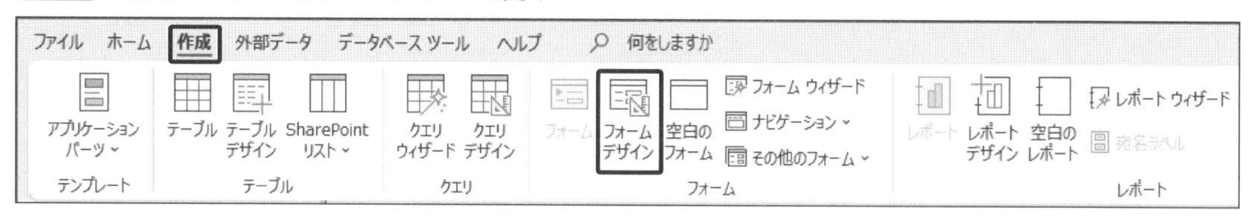

新規のフォームがデザインビューで開くので、「F_メニュー」という名前を付けて保存しておきます。

フォームが保存されると、ナビゲーションウィンドウに表示されます（図20）。

図20 フォームが作成できた

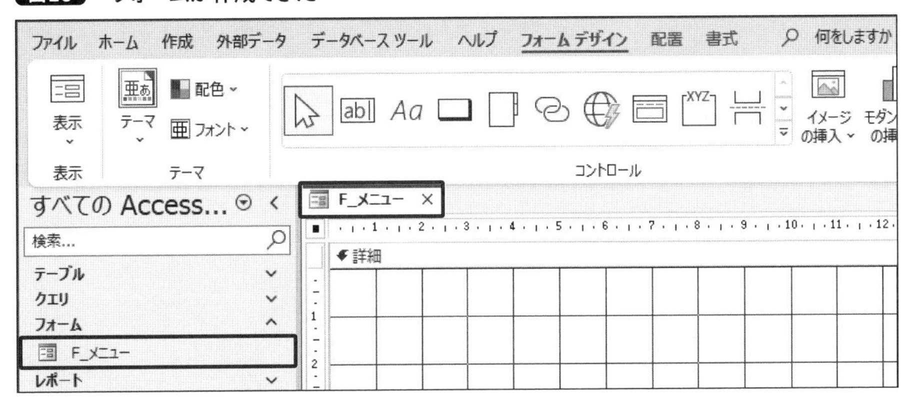

5-3-2 コントロールの挿入

タイトルを入れてみましょう。「フォームデザイン」タブにある「タイトル」をクリックすると、デフォルトでは非表示だったフォームヘッダー/フッターが表示され、オブジェクト名がタイトルとしてフォームヘッダーに配置されます(図21)。

また、プロパティシートが表示されていない場合、リボンの「プロパティシート」をクリックして表示しておきます。

図21 タイトルを挿入

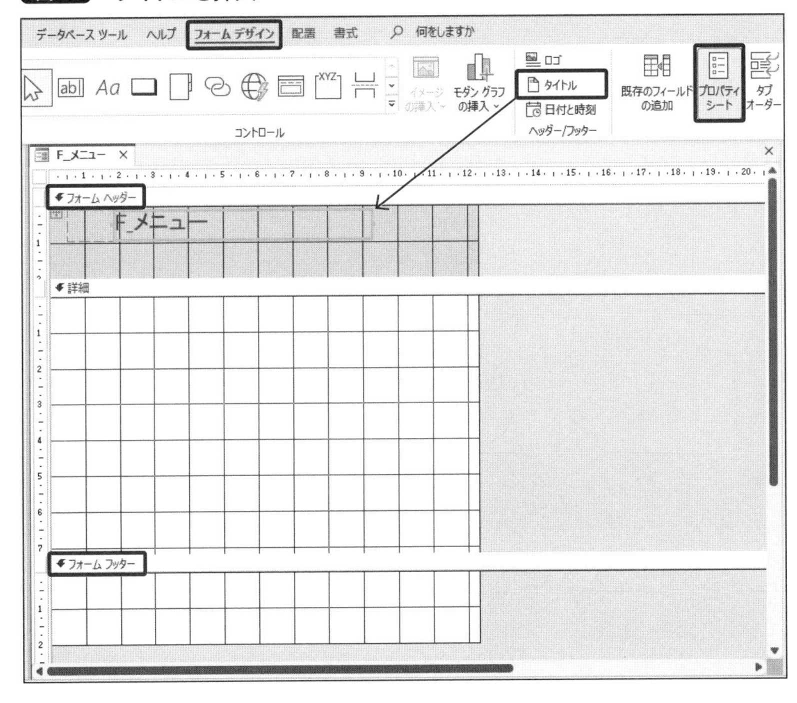

オブジェクト名が使われたのでタイトルに「F_」が入っていますが、表示としては不要なのでテキストを修正します。また、左端のブロックはアイコンなどの画像を入れることができますが、不要であれば Delete キーで削除します（図22）。

図22　不要なブロックを削除してテキスト修正

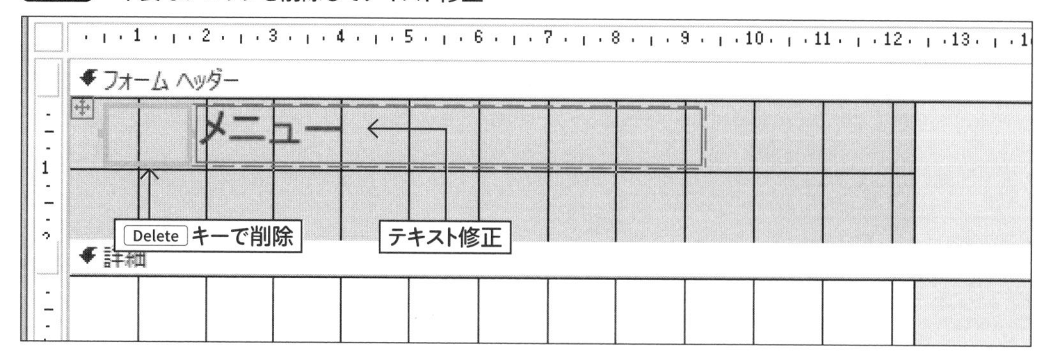

「メニュー」と書かれたラベルコントロールを選択し、プロパティシートの「上位置」を「0.7」、「左位置」を「1」にします。「フォームフッター」は使わないので高さを「0」にします（図23）。

図23　配置とフッターの調整

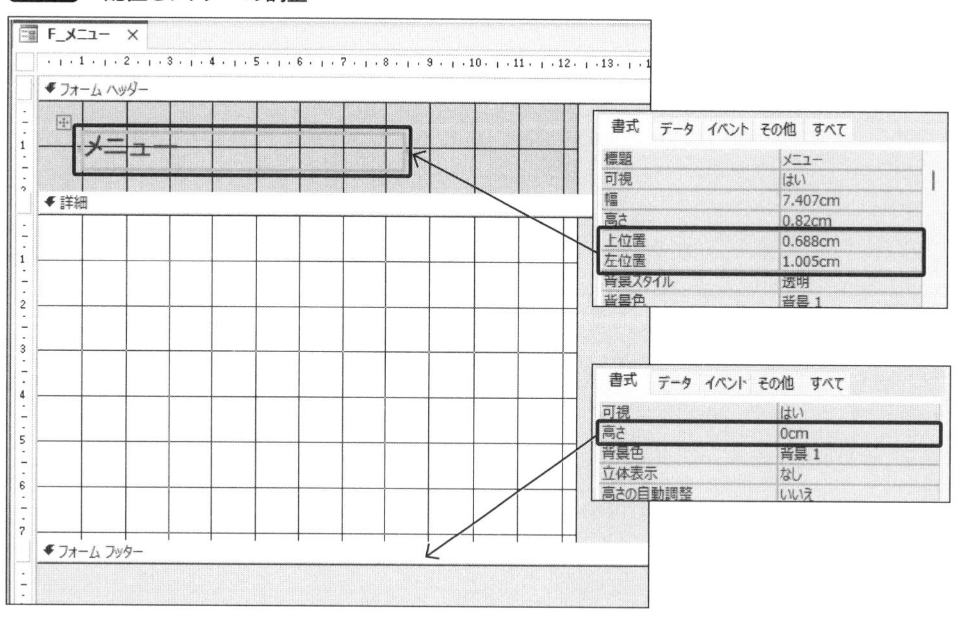

レポート作成時と同様に、プロパティシートからこのコントロールの「名前」を**1-3-3**の命名規則（P.30）にしたがって「lbl_タイトル」に変更します（図24）。

図24 「名前」の変更

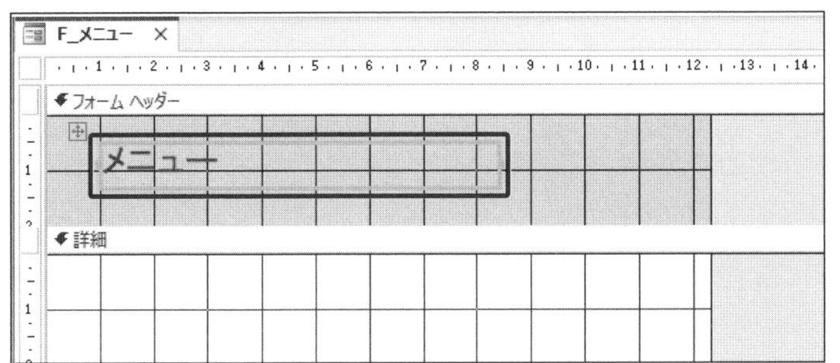

ボタンを配置します。「フォームデザイン」タブの「コントロール」から「ボタン」を選択して、詳細セクションの任意の位置にドラッグします。このドラッグした距離がボタンの大きさになります（図25）。

図25 ボタンを配置

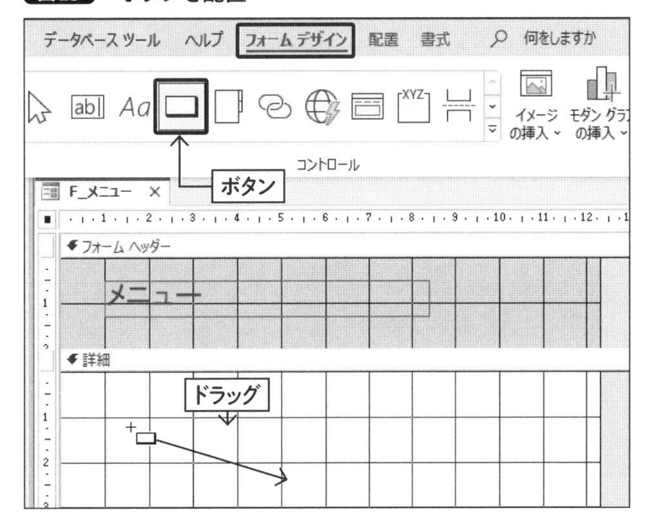

ボタンが作成されました。同時に開く「コマンドボタンウィザード」では、このボタンに設定する動作、つまりマクロを登録することができますが、のちほど **CHAPTER 6** で設定するので「キャンセル」で閉じておきます（図26）。

図26 ボタンの作成

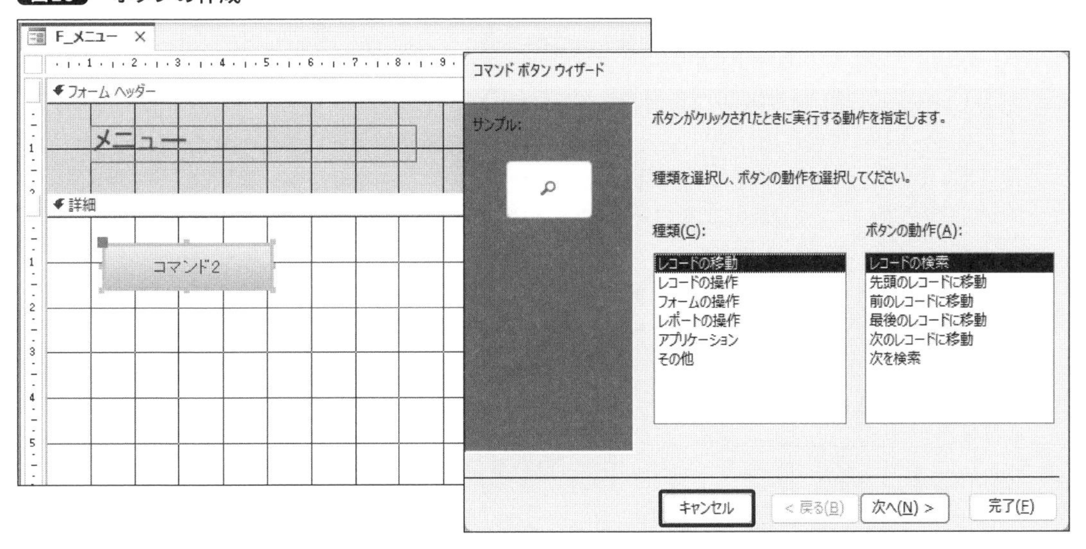

プロパティシートで、作成したボタンの「幅」を「3.3cm」、「高さ」を「1cm」にします。このボタンをコピー＆ペーストして、同じ大きさのボタン合計3つを縦に並べます。ボタンは、プロパティシートで設定する「名前」がコントロール名、「標題」がボタン上に表示されるテキストになるので、**表1**を参考に変更します（図27）。

表1 ボタンの名前と標題

番号	名前	標題
❶	btn_マスター閲覧	マスター閲覧
❷	btn_販売データ編集	販売データ編集
❸	btn_レポート印刷	レポート印刷

図27 3つのボタンと各幅の調整

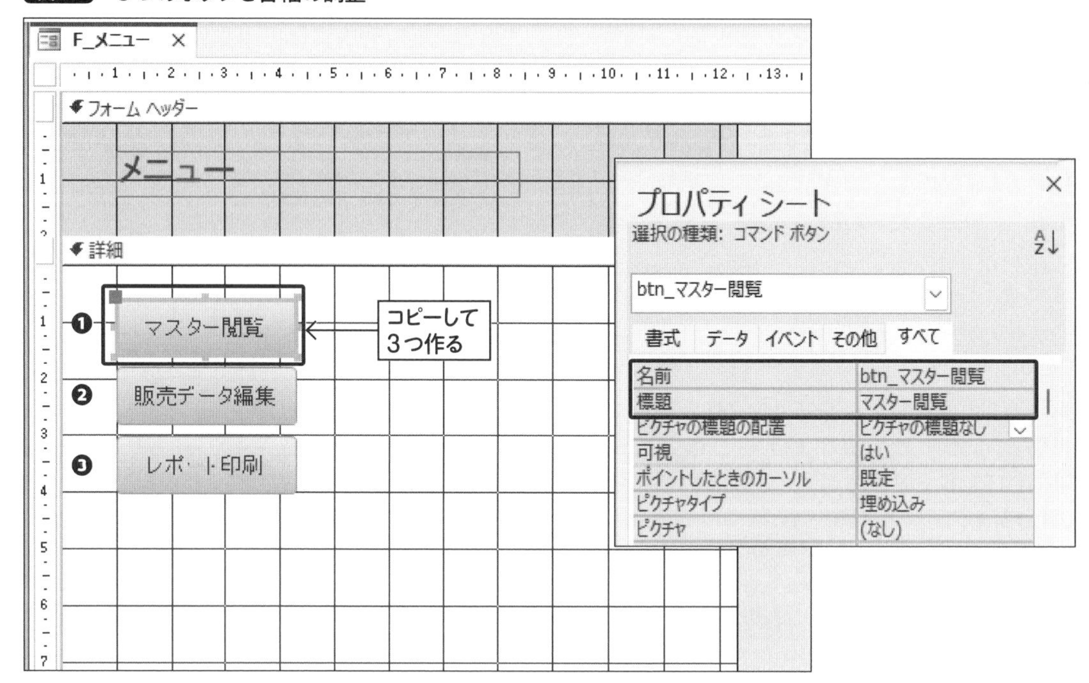

挿入したコントロールは、プロパティシートで幅や高さ、位置の数値を直接編集して、1つずつ変更することができます。しかし、今回のように同じ大きさのコントロールを縦や横に規則的に並べたい場合、1つずつ等間隔の数値を手入力するより、**レイアウト**を設定するのがおすすめです。CHAPTER 4のレポートでもたびたび利用したテクニックです。

3つのボタンを選択し、「配置」タブから「集合形式」レイアウトを設定すると、選択されていたコントロールが点線で囲まれ、1つのまとまりになります。左上に表示される十字のマークが、レイアウトが設定されている目印です。レイアウト設定されているコントロール群は、その中の1つの幅が変更されれば縦に並んだすべてのコントロールが、高さが変更されれば横に並んだすべてのコントロールが連動します。「スペースの調整」で、コントロール同士のスペースも同じ間隔で変更できます。ここでは「広い」にしておきましょう（図28）。

図28 集合形式レイアウトを設定

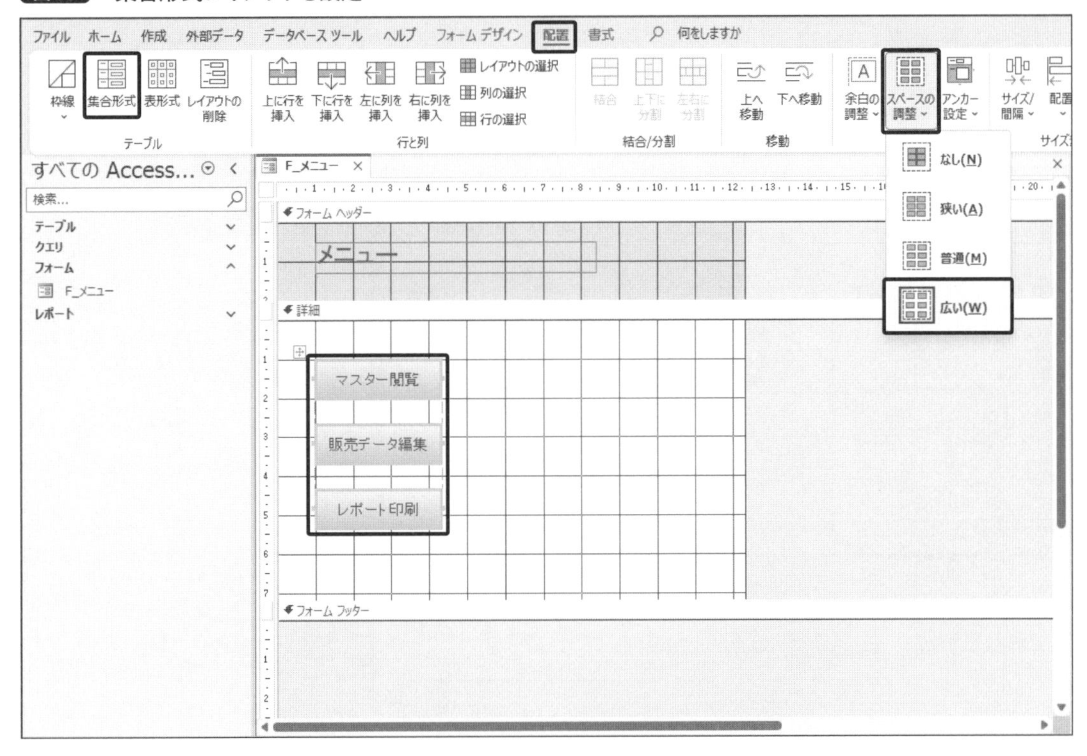

このように、かんたんにコントロールを同じ大きさ、同じ間隔で並べることができます。なお、レイアウト設定により変更されたコントロールの位置や大きさは、各コントロールのプロパティシートに反映されています。ここで、「btn_マスター閲覧」ボタンの「上位置」「左位置」を「1cm」にしておきましょう。

5-3-3 プロパティシート

CHAPTER 4 のレポートに続いてフォームの作成でも、プロパティシートを多用します。特にフォームでは利用するコントロールの数、設定する内容が多岐にわたるため、ここでプロパティシートの全貌を確認しておきましょう。

プロパティシートとは、レポートやフォームなどの土台オブジェクト、テキストボックスやボタンなどの要素オブジェクト、セクションに対して、それぞれのサイズや位置、書式や制約、動作の制御を細かく設定することのできるウィンドウです。デザインビューやレイアウトビューで利用することができます。

選択しているオブジェクトに対して設定可能な項目のみ表示されるので、オブジェクトによって内容が異なります（図29）。

図29 プロパティシート

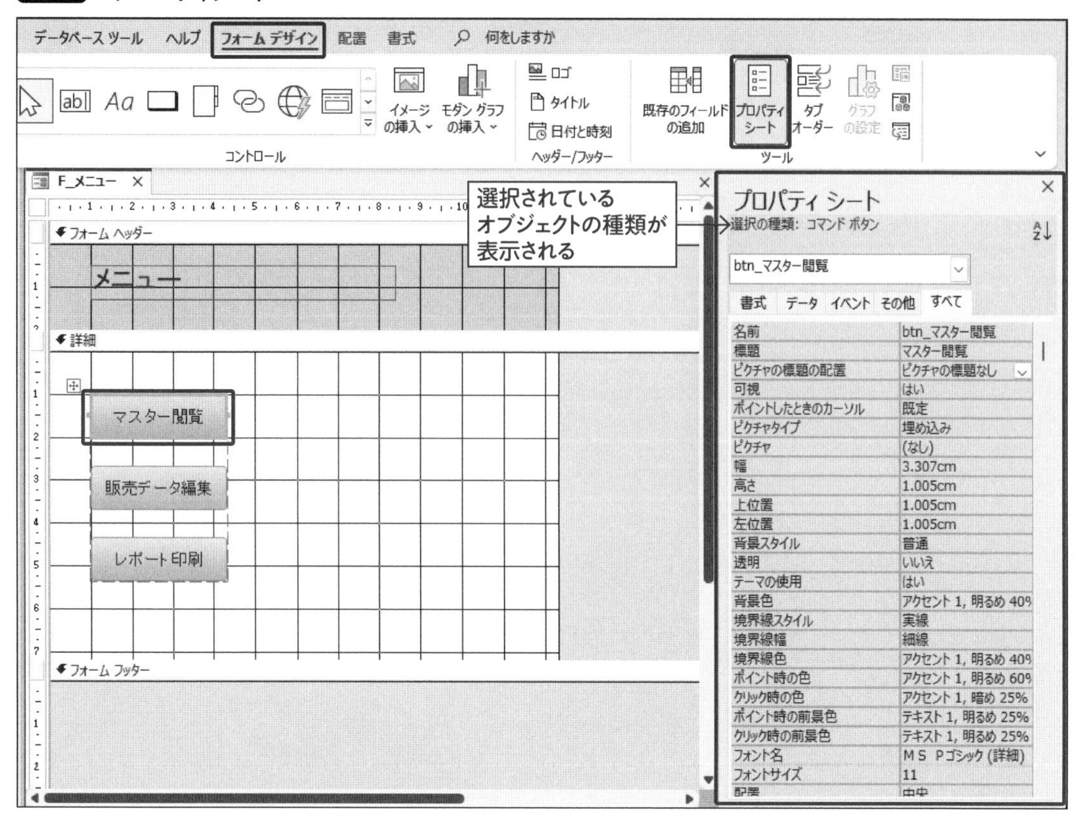

プロパティシートには5つのタブがあります。「フォーム」オブジェクトを例に説明すると**図30**のようになっており、グループに分類されています(**表2**)。右端の「すべて」タブはすべての項目が記載されています。

図30 タブによる分類

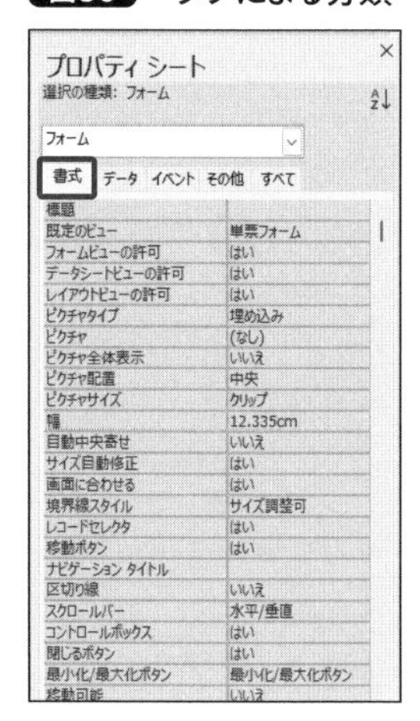

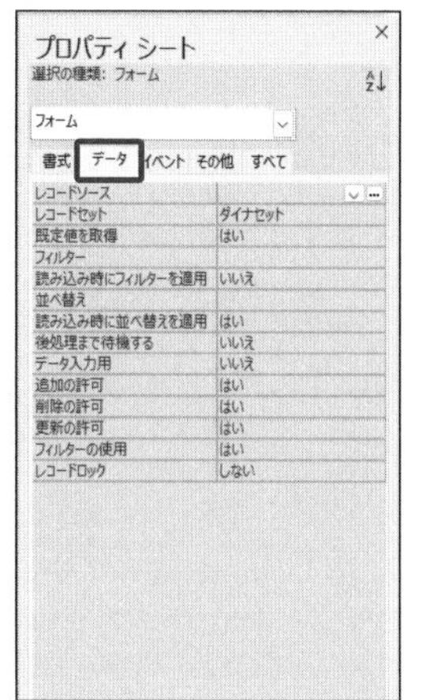

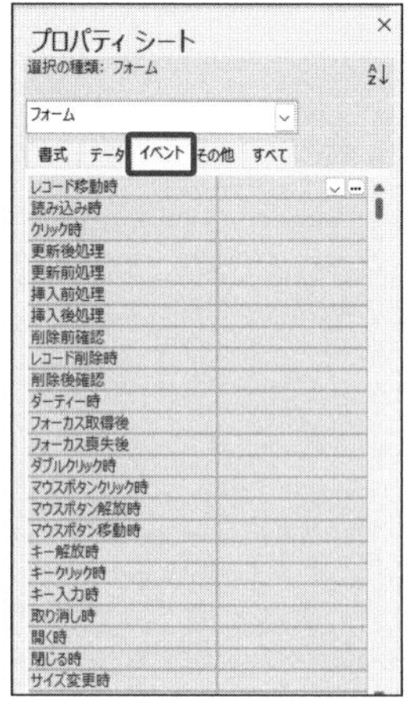

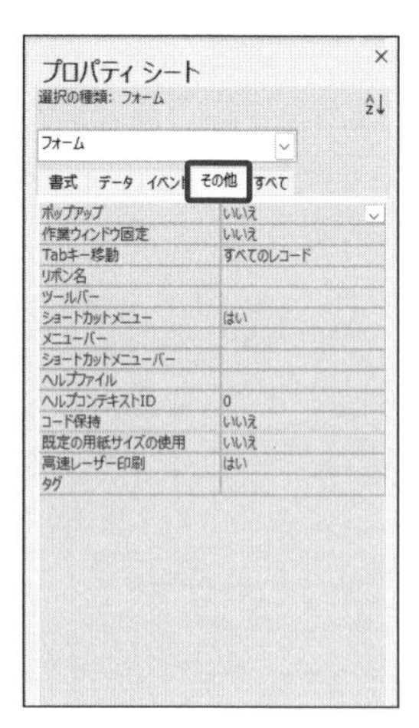

表2 プロパティシートのタブ

タブ名	内容
書式	大きさ、位置、色、余白など、見た目に関する設定
データ	参照先の設定、使用可否や編集可否などオブジェクトの特性に関する設定
イベント	マクロやVBAを起動するタイミングに関する設定
その他	コントロールの名前、入力文字の制御などバックグラウンドに関する設定
すべて	上記4つのタブに記載されているすべての項目

コントロールの幅や高さ、位置は「書式」タブで設定します。コントロールが存在しているセクションに対して、「**上位置**（上からの距離）」、「**左位置**（左からの距離）」で表します。デフォルトの単位はcmですが、内部では別の単位で処理されているため誤差を含む値に補完される場合があります。多少違っても問題ありません。なお、デザインビューでのセクションのグリッドは1cm間隔です。

「btn_マスター閲覧」ボタンを選択して、**図31**の通り、「幅」「高さ」「上位置」「左位置」を設定しておきます。

図31 サイズと位置

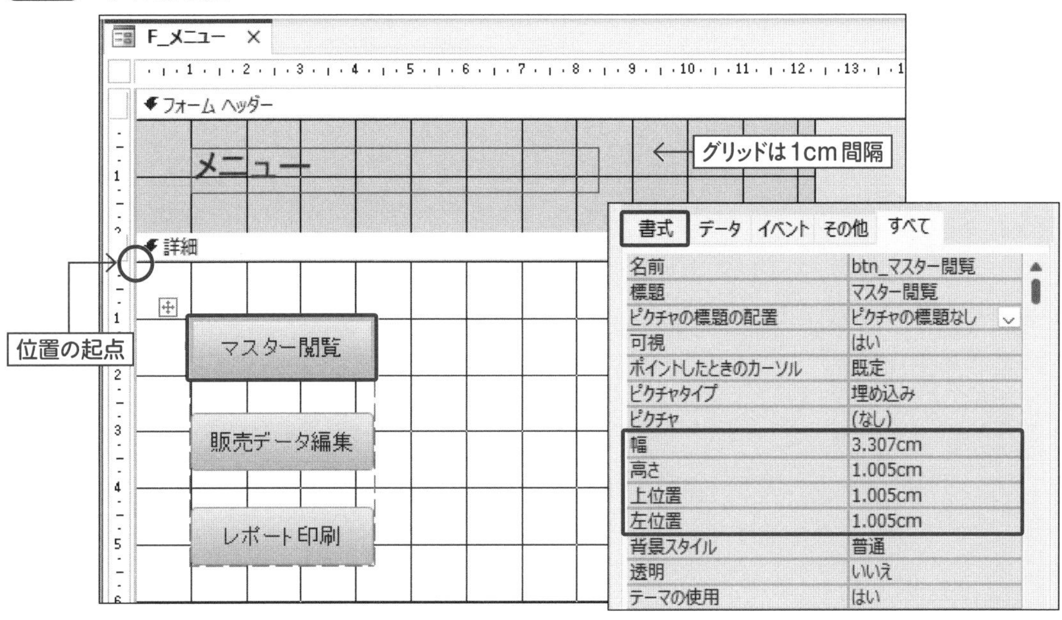

フォームではコントロールのレイアウトが複雑になるので**CHAPTER 5**においてはサイズや位置を細かく記載しますが、適宜使いやすい形に変更しながら読み進めていただいて構いません。

さて、ではフォームビューに切り替えて、操作時の画面を確認してみましょう。まだマクロの登録をしていないので、なにも起こりませんが、ボタンをクリックすることができます。

フォームの左端に、「レコードセレクタ（右向きの三角印のついたバー）」が表示されています。また、下部には「移動ボタン ([レコード:]と表示されたバー)」もあります。これらは連結フォームでテーブルやクエリの情報が表示されている場合に、「現在どのレコードを選択しているか」を表します (図32)。

図32 フォームビューで確認

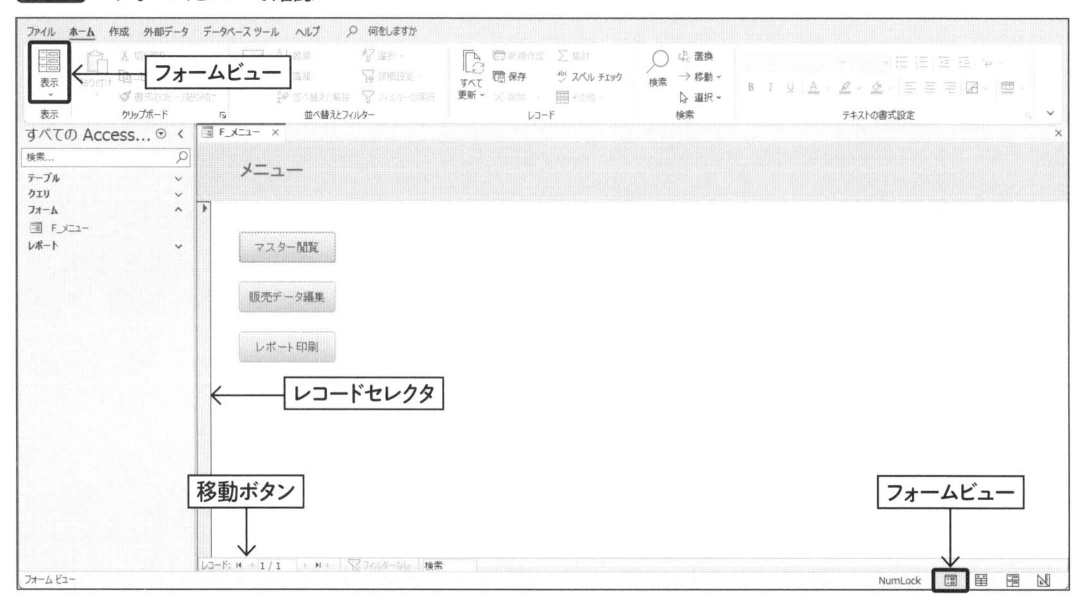

今回扱うフォームは非連結なので、これらのバーは利用しません。いったんデザインビューに戻り、セクション外の余白をクリックして「フォーム」オブジェクトを選択し、プロパティシートで「レコードセレクタ」「移動ボタン」の項目を「いいえ」にします (図33)。

図33 レコードセレクタと移動ボタンの設定

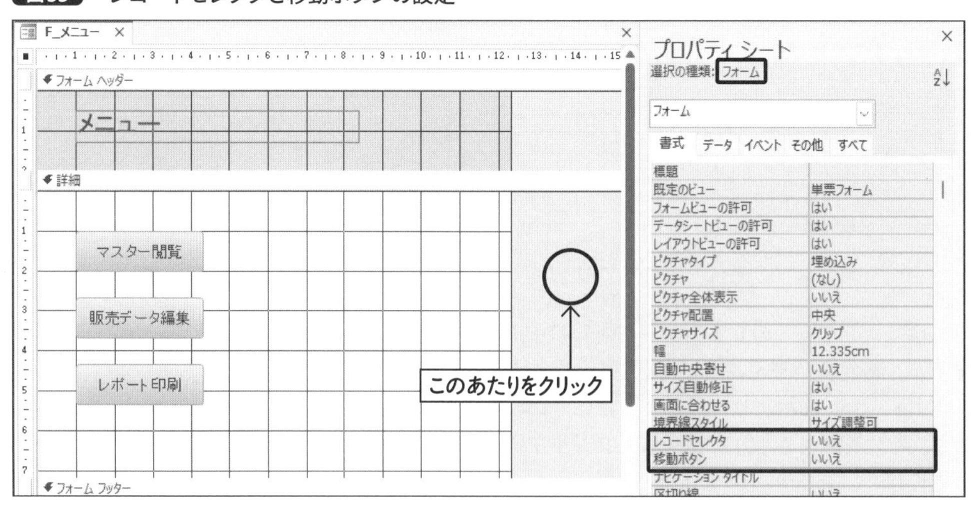

フォームビューに戻ります。2つの項目が非表示になりました(図34)。

図34 レコード情報が非表示になった

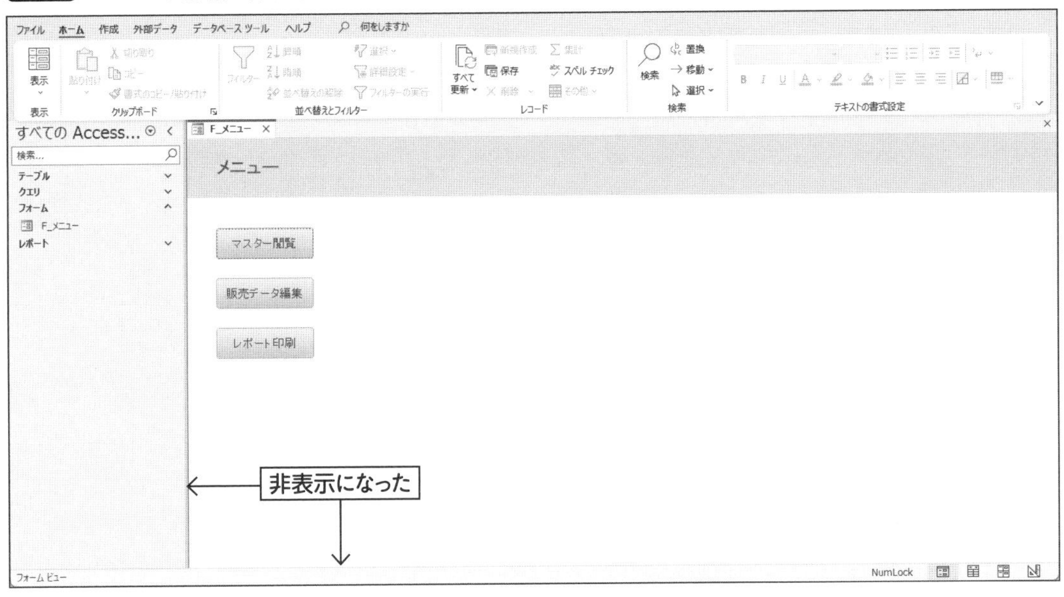

以上のように、レコード情報が必要ないフォームの場合ではこれらの項目を非表示したほうが、見た目がすっきりします。

5-3-4 タブオーダー

フォームビュー操作時は、ボタン、テキストボックスなどの操作可能なコントロールの1つにフォーカスが当たり、このフォーカスは Tab キーで移動できます(図35)。

図35 フォーカス

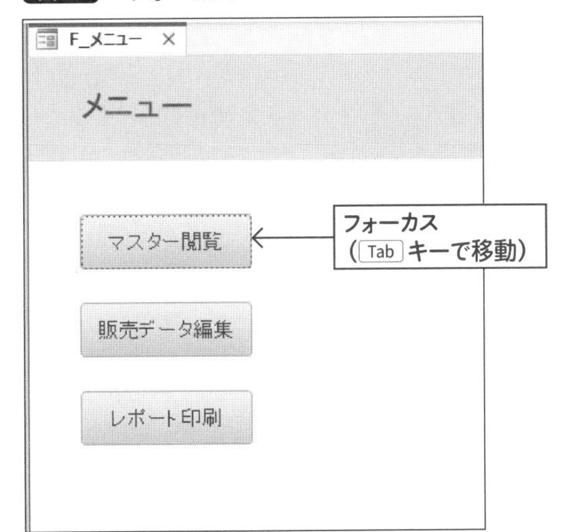

移動する順番は、デザインビューの「フォームデザイン」タブにある「タブオーダー」で変更することができます（図36）。

図36　フォーカスの順番を変更できる

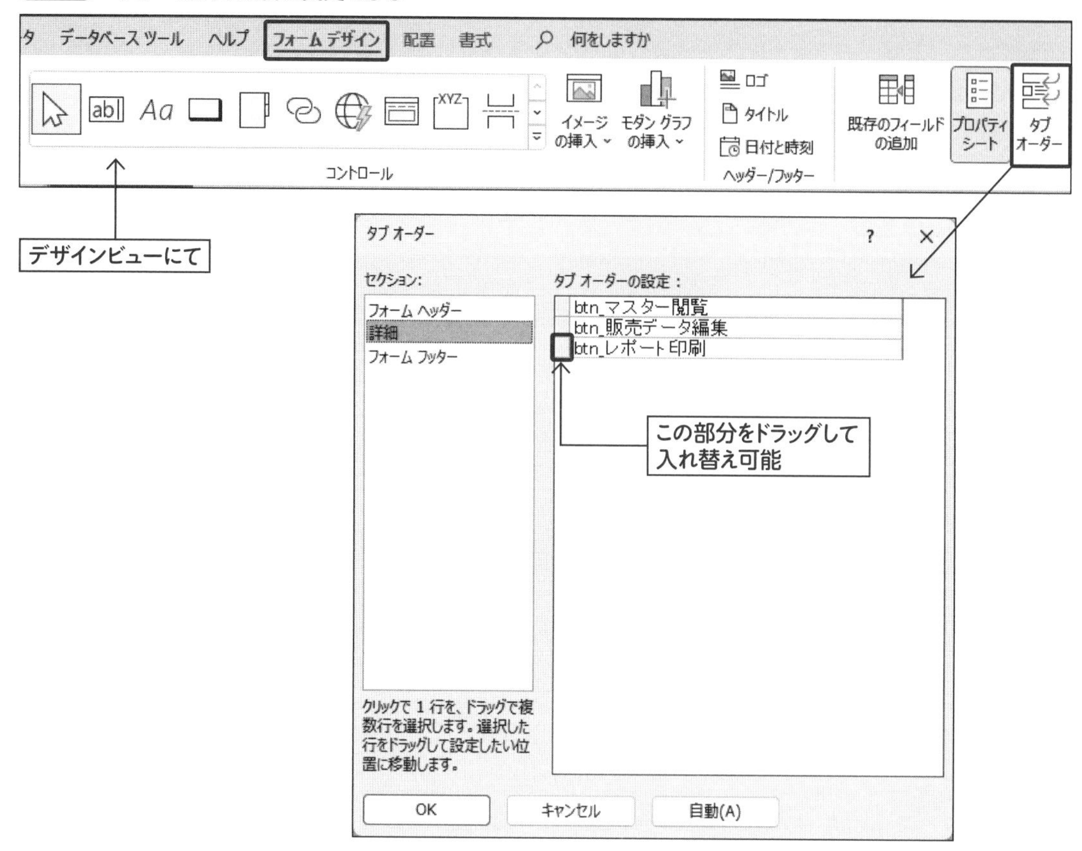

テキストボックスでデータを入力する項目が多いフォームなどでは、Tab キーでフォーカスを移動すると便利です。コントロールを挿入した順番などによって変化するので、最後にこの項目をチェックするとよいでしょう。

マスターテーブルを閲覧するフォーム

5-4-1 フォームの作成

次に、3つのマスターテーブルを閲覧するフォームを図37のように作ってみましょう。このフォームからはテーブルの編集は不可で、閲覧のみ可能とします。

図37 完成図

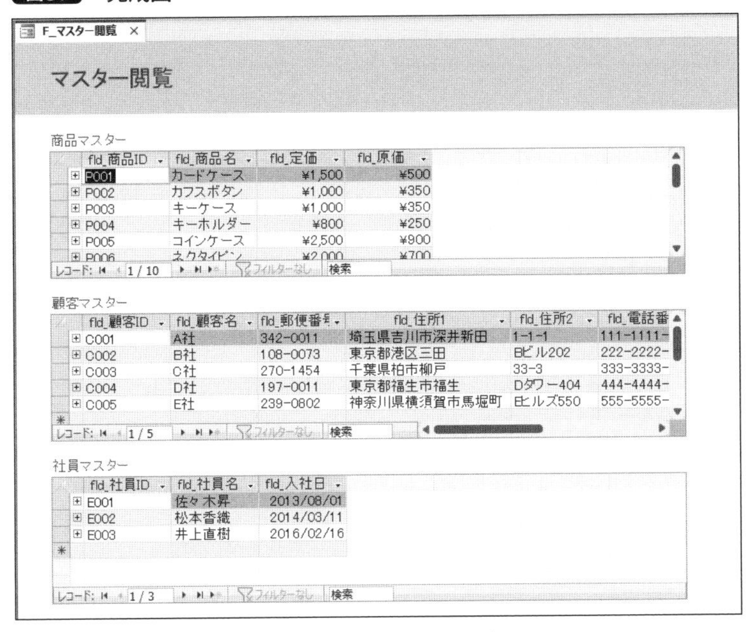

リボンの「作成」タブの「フォームデザイン」から新規のフォームを開きます。「F_マスター閲覧」という名前を付けて保存します。P.196で解説した方法で、プロパティシートの「レコードセレクタ」「移動ボタン」も「いいえ」にしておきましょう。

また、P.189で解説した方法で、「フォームデザイン」タブにある「タイトル」を入れ、ラベルコントロールの「名前」を「lbl_タイトル」、「標題」を「マスター閲覧」へ変更します。不要なブロックの削除やフォームフッターの「高さ」を「0」にするなど、レイアウトの調整も行います。

加えて、フォームの幅は「20」、詳細セクションの高さは「14」を目安に領域を広げます（図38）。適宜使いやすい大きさへ変更して構いません。

図38 ここまでの調整結果

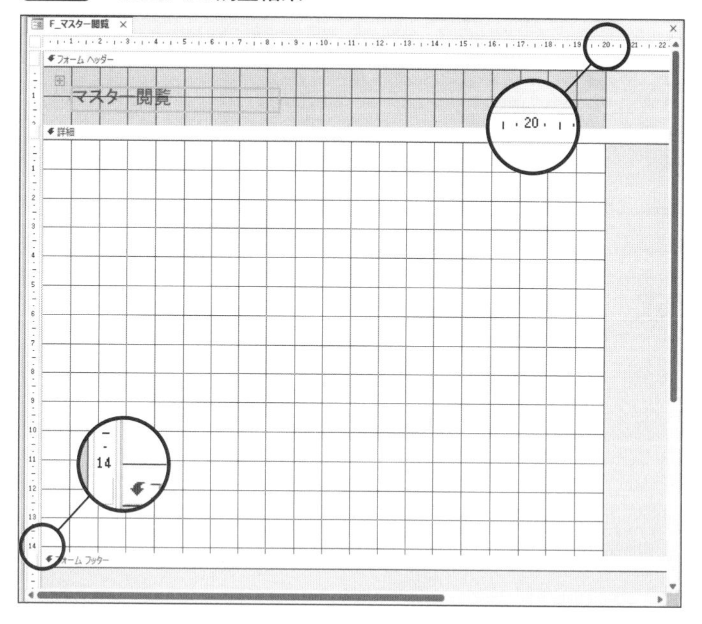

5-4-2 サブフォームの挿入

「フォームデザイン」タブのコントロールから「サブフォーム/サブレポート」を選択して詳細セクションでドラッグします。サブフォームウィザードが表示された場合、「キャンセル」をクリックしてください(図39)。

図39 サブフォームの挿入

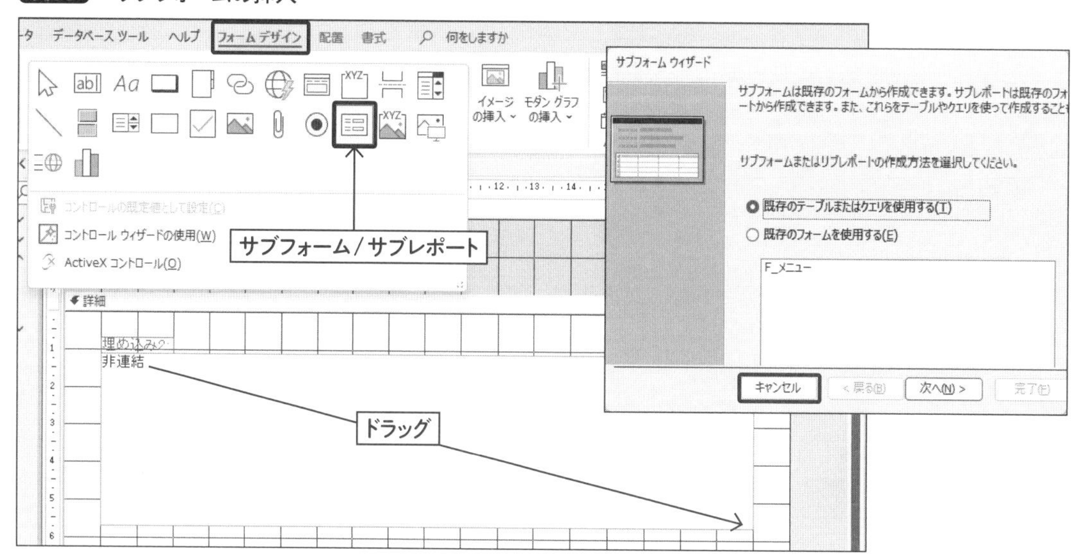

挿入されたのは、フォームの中にフォームを埋め込むことのできるサブフォームというコントロールです。ラベルとセットで挿入されるので、**表3**を参考にサイズや名前などを設定します(**図40**)。

図40　名前と標題の変更

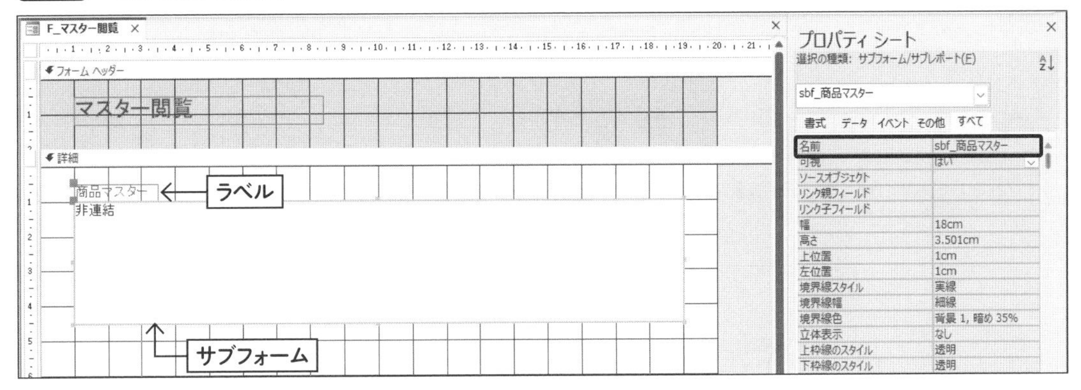

表3　プロパティシートの設定

コントロールの種類	名前	標題	幅	高さ	上位置	左位置
ラベル	lbl_商品マスター	商品マスター	2.5cm	0.5cm	0.5cm	1cm
サブフォーム	sbf_商品マスター	-	18cm	3.5cm	1cm	1cm

5-4-3 サブフォームの設定

挿入したサブフォームを選択して、プロパティシートの「データ」タブを開きます。「ソースオブジェクト」でここまで作成したテーブル、クエリ、レポートが選べるので、「テーブル.T_商品マスター」を選択します。これでサブフォームの中に「T_商品マスター」テーブルが表示されますが、そのままだとデータが変更できてしまうので、忘れずに**「編集ロック」を「はい」に設定**してください(**図41**)。

図41　サブフォームにソースオブジェクトを設定

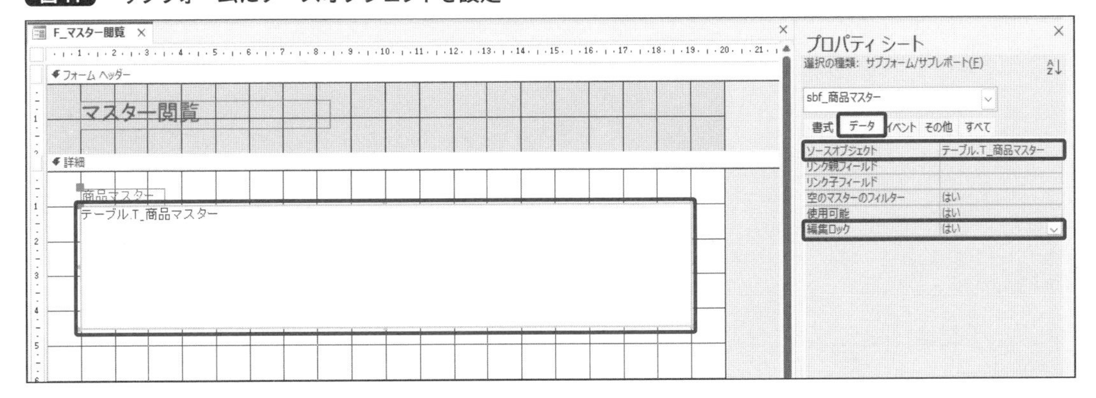

フォームビューへ切り替えて動作確認をしてみましょう。サブフォームの中に、ソースオブジェクトに指定したテーブルの内容が表示されました。編集ロックをかけてあるのでデータは変更されません(**図42**)。

図42 フォームビューで動作確認

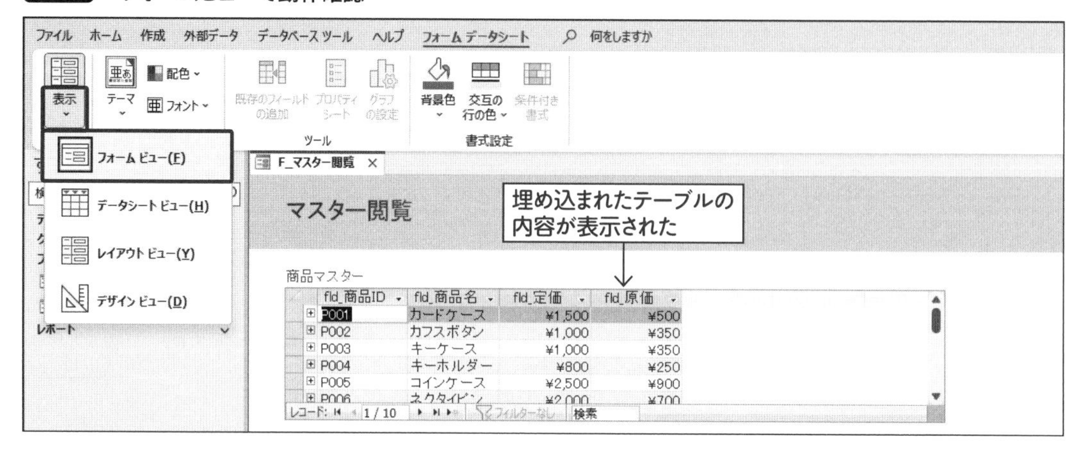

デザインビューへ戻って、ラベルとサブフォームをコピー＆ペーストで2組追加し、プロパティシートから**表4**のように設定します(**図43**)。「左位置」はすべて「1cm」です。

図43 サブフォームの追加

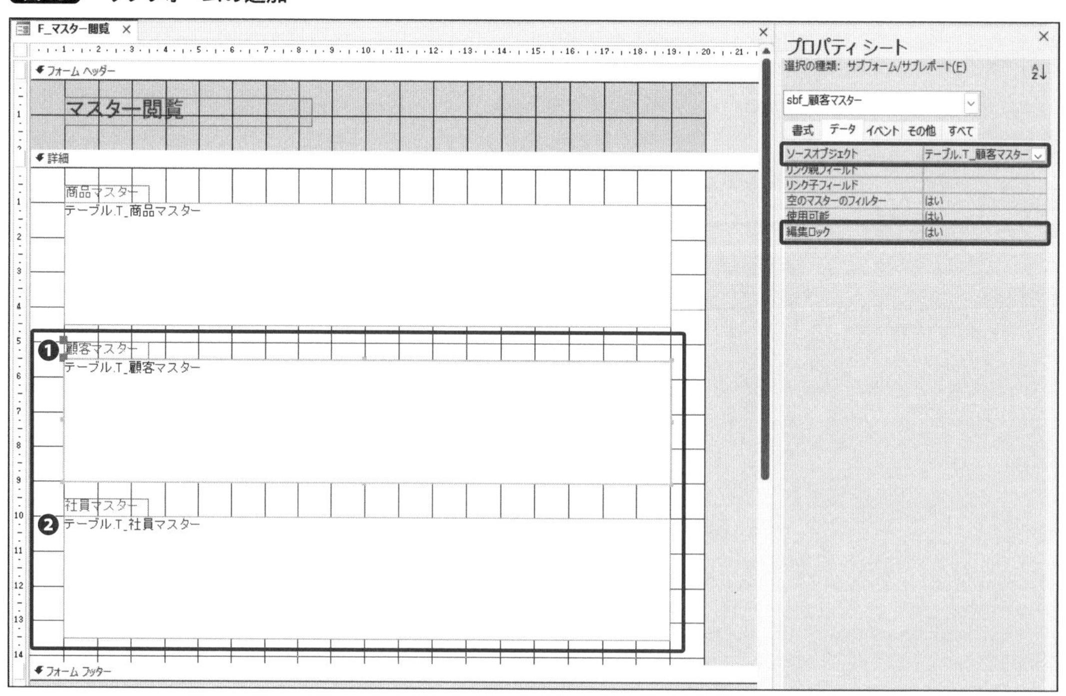

表4 プロパティシートの設定

番号	コントロールの種類	名前	標題	ソースオブジェクト	編集ロック	上位置
❶	ラベル	lbl_顧客マスター	顧客マスター	-	-	5cm
	サブフォーム	sbf_顧客マスター	-	テーブル.T_顧客マスター	はい	5.5cm
❷	ラベル	lbl_社員マスター	社員マスター	-	-	9.5cm
	サブフォーム	sbf_社員マスター	-	テーブル.T_社員マスター	はい	10cm

フォームビューへ切り替えて動作確認をします。3つのマスターテーブルを閲覧専用でサブフォームに表示することができました（図44）。

図44 3つのサブフォームにマスターテーブルが表示された

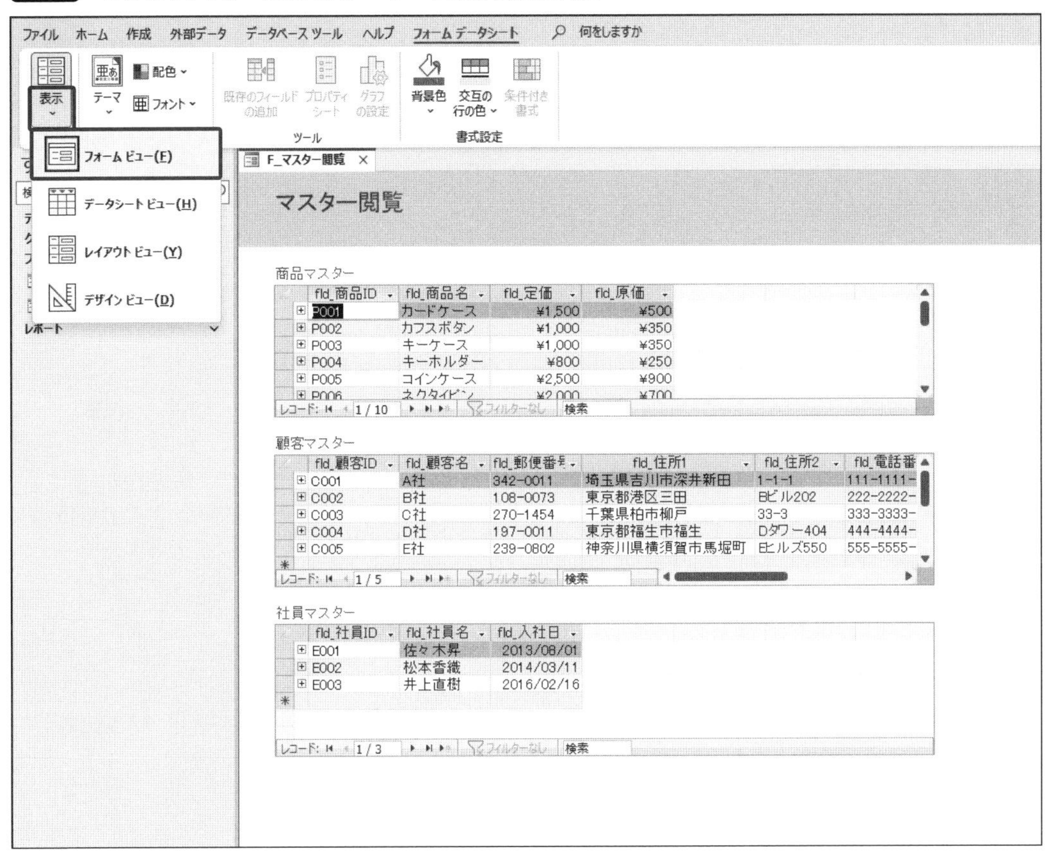

5-5 マスターテーブルを操作するフォーム

5-5-1 フォームの作成

3つのマスターテーブルのデータを編集するためのフォームを**図45**のように作ります。

図45 完成図

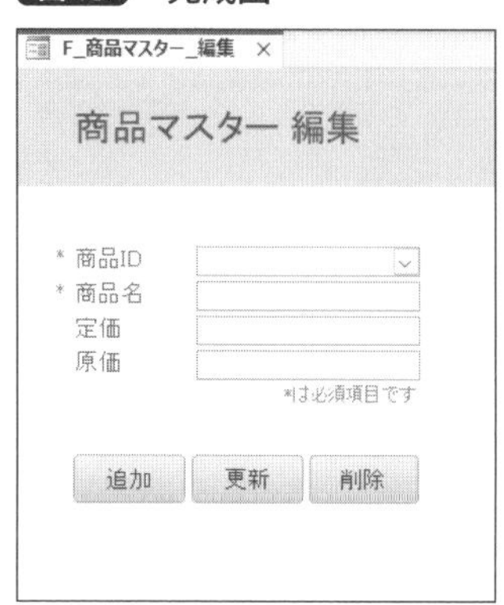

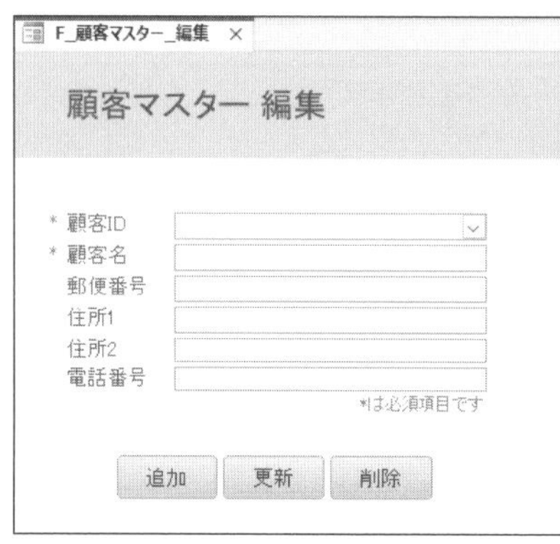

まずは「T_商品マスター」編集用のフォームを作ってみましょう。リボンの「作成」タブの「フォームデザイン」から新規のフォームを開きます。「F_商品マスター_編集」という名前を付けて保存します。

P.196で解説した方法で、プロパティシートの「レコードセレクタ」「移動ボタン」も「いいえ」にしておきます。

また、「フォームデザイン」タブにある「タイトル」を入れ、ラベルコントロールの「名前」を「lbl_タイトル」、「標題」を「商品マスター 編集」へ変更します。不要なブロックの削除やフォームフッターの「高さ」を「0」にするなど、レイアウトの調整も行います(P.189)。

5-5-2 コントロールの挿入

「フォームデザイン」タブのコントロールから「コンボボックス」を選択して、詳細セクションの任意の場所でクリックして挿入します。コンボボックスウィザードが開いた場合、のちほど手動で設定するので「キャンセル」をクリックします(**図46**)。

図46 コンボボックスを挿入

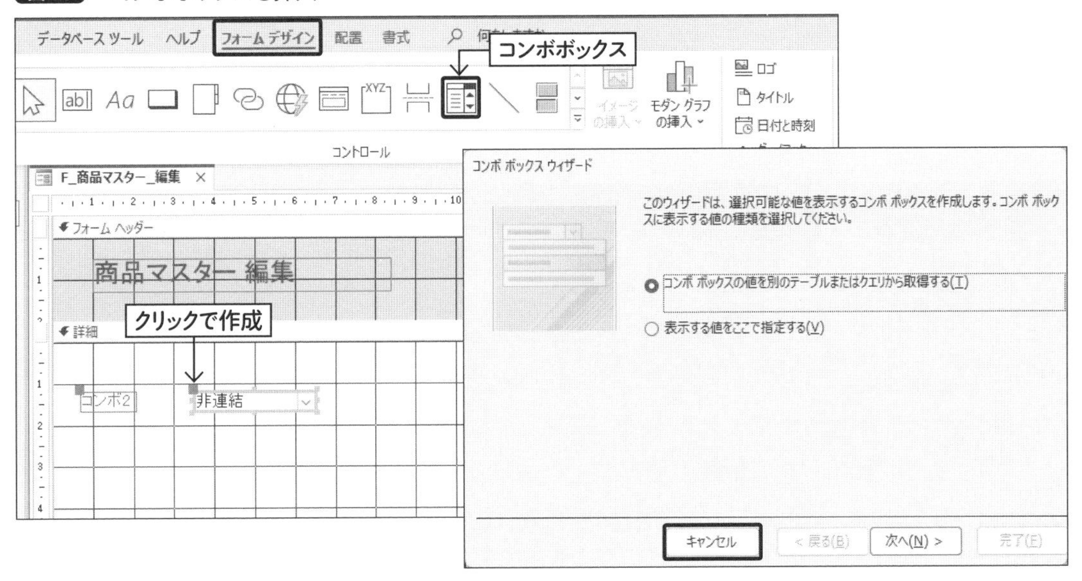

同じ要領で、「テキストボックス」も挿入します（図47）。テキストボックスウィザードが開いた場合、キャンセルしておきます。なお、これらの操作でラベルに表示される「テキスト○○」などの数値は、本書の画像と違っていても問題ありません。

図47 テキストボックスを挿入

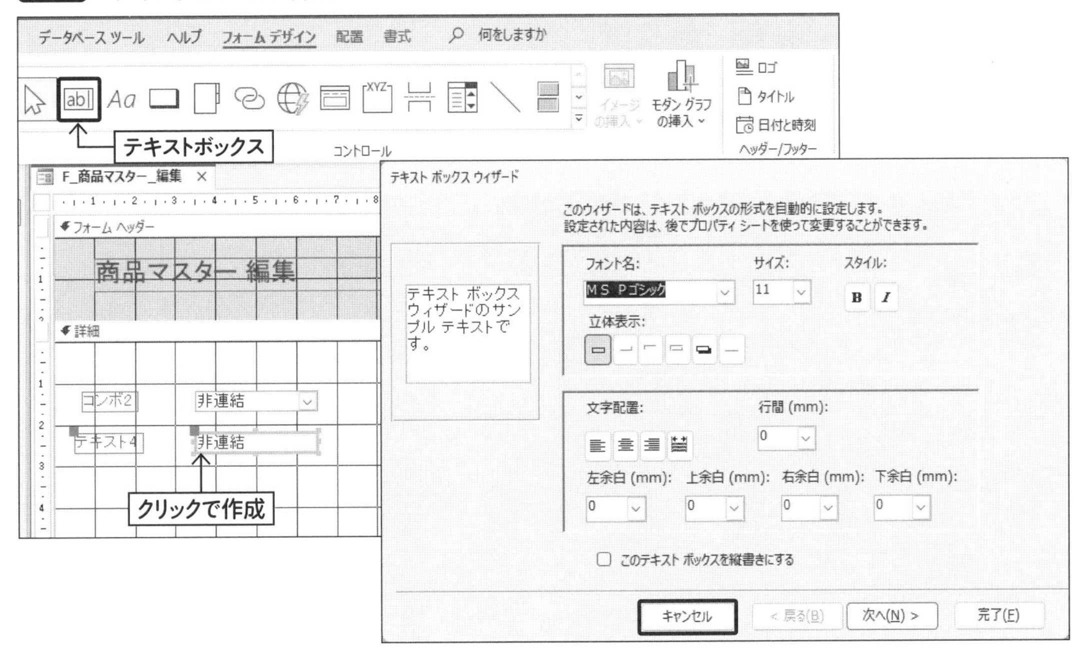

直前の操作で追加したラベルとテキストボックスをコピー＆ペーストして、3組にします（図48）。

図48 テキストボックスを3組作成する

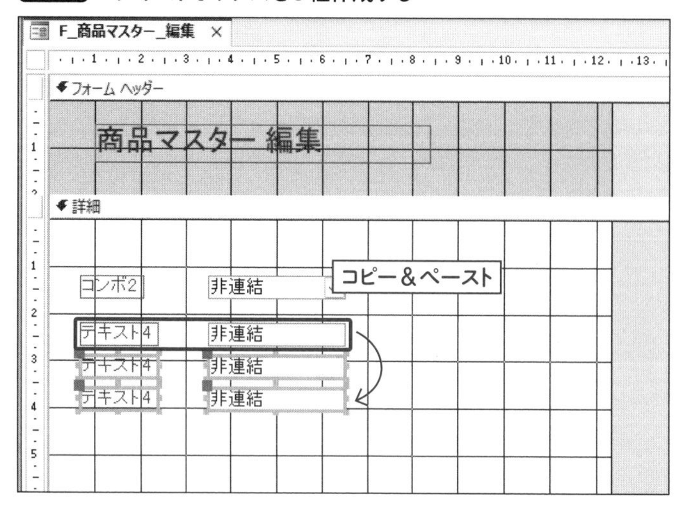

1組のコンボボックス、3組のテキストボックスをすべて選択して「配置」タブの「集合形式」をクリックし、レイアウトを適用します。あわせて「スペースの調整」を「狭い」にしておきます（図49）。

図49 「集合形式」レイアウトを適用

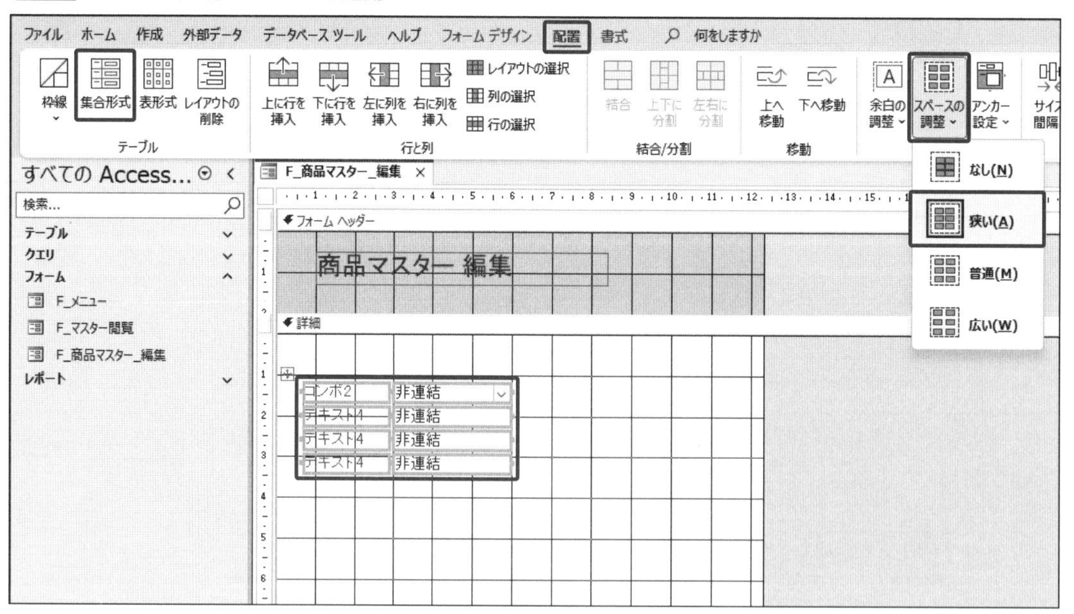

「フォームデザイン」タブへ戻り、ボタンを3つ挿入します。1つ挿入してコピー＆ペーストでも問題ありません。コマンドボタンウィザードが起動したら、キャンセルしておきます（**図50**）。

図50 ボタンの挿入

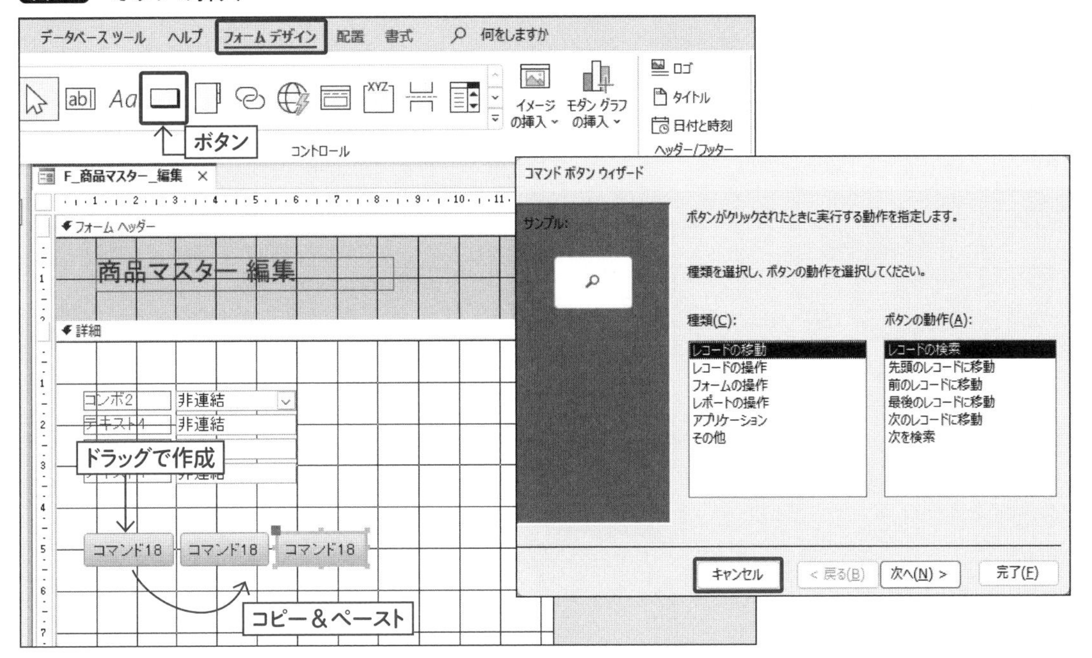

ボタンが配置できたら、3つのボタンを選択して、「配置」タブの「表形式」をクリックし、レイアウトを適用します。「スペースの調整」は「狭い」にしておきます。

ここまでの操作で、挿入したコントロールを、**表5**を参考に設定します（**図51**）。なお、位置やサイズに関して、レイアウトを適用した部分は一部のコントロールを変更すればすべてに適用されるので、変更する必要のあるコントロールのみ記載しています。

図51 名前と標題の変更

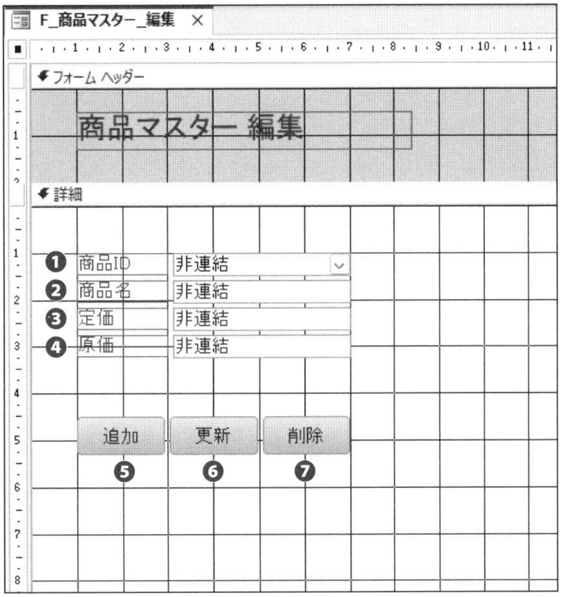

表5 プロパティシート設定

番号	コントロールの種類	名前	標題	幅	高さ	上位置	左位置
❶	ラベル	lbl_商品ID	商品ID	2cm		1cm	1cm
	コンボボックス	cmb_商品ID	-	3.9cm			
❷	ラベル	lbl_商品名	商品名				
	テキストボックス	txb_商品名	-				
❸	ラベル	lbl_定価	定価				
	テキストボックス	txb_定価	-				
❹	ラベル	lbl_原価	原価				
	テキストボックス	txb_原価	-				
❺	ボタン	btn_追加	追加	1.9cm	0.8cm	4.5cm	1cm
❻	ボタン	btn_更新	更新	1.9cm			
❼	ボタン	btn_削除	削除	1.9cm			

「lbl_商品ID」ラベルを選択し、「配置」タブの「左に列を挿入」をクリックします(図52)。

図52 左に列を挿入

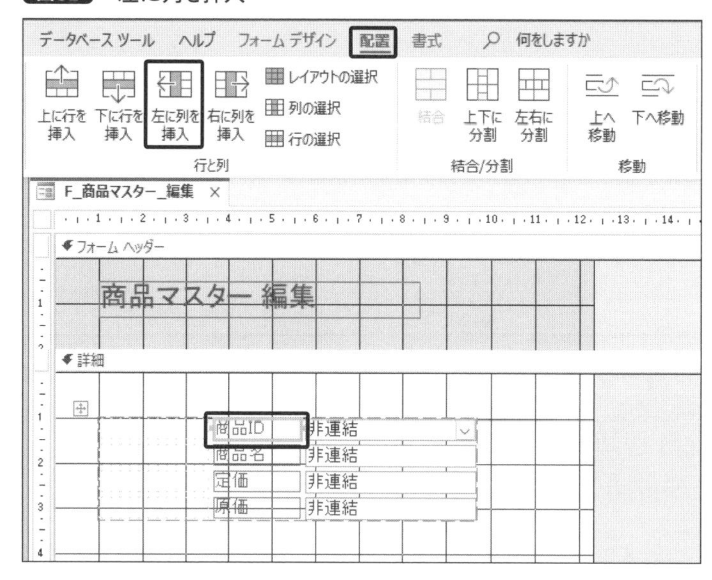

挿入された空白セルの左上を選択して、「幅」を「0.4cm」、「左位置」を「0.5」に設定します(図53)。

図53 サイズと位置の調整

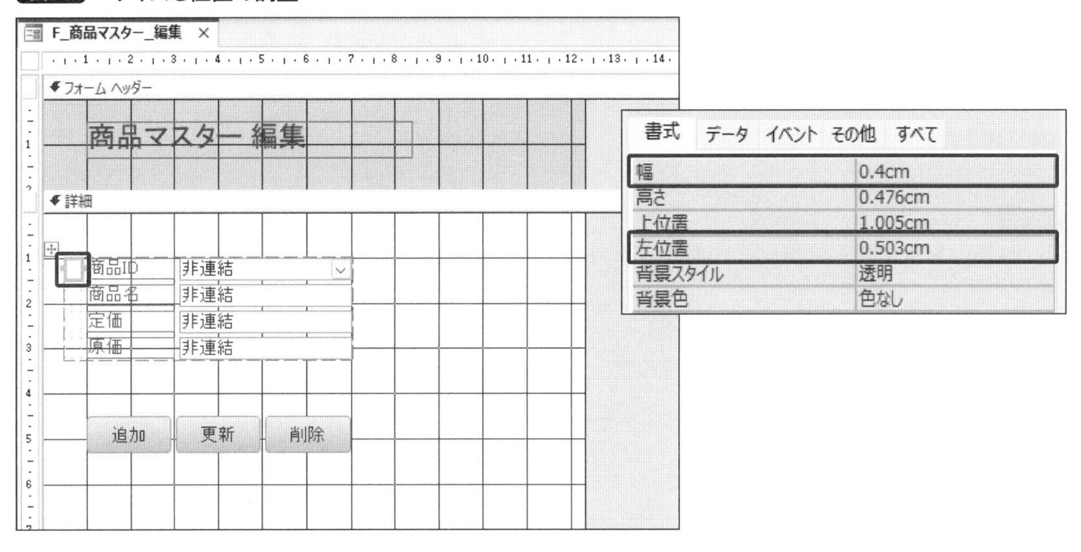

左下の空白セルを選択して、「下に行を挿入」をクリックします(図54)。

図54 下に行を挿入

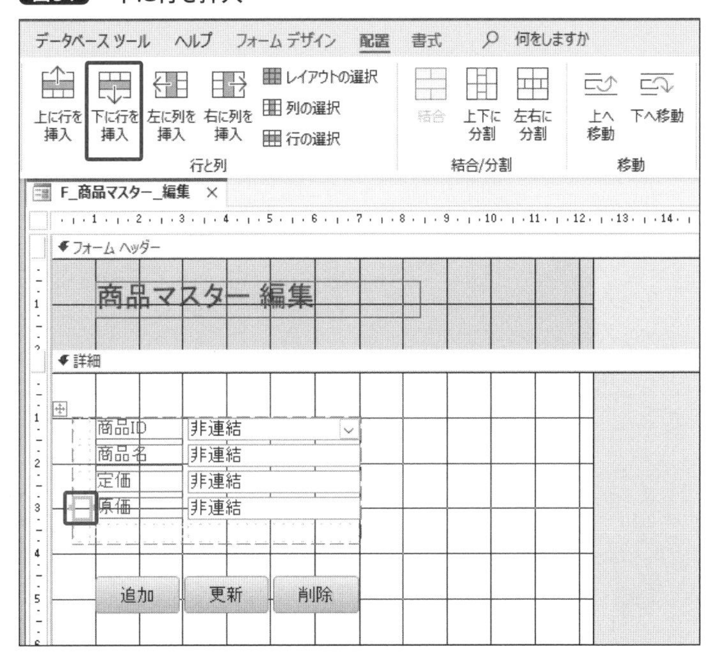

4-2-7(P.145)を参考に、3つのラベルを作成し、空白セル内にドラッグして配置します(**図55**、**表6**)。ラベルは作成直後にテキストを入力しないと消えてしまうので注意してください。

加えて、「書式」タブから、挿入したラベルの文字の大きさを「9」、文字色を赤にし、右寄せにします。

また、フォームの幅が「8」、タイトルラベルの右端が「7」、詳細セクションの高さが「6.5」になるように調整しておきましょう。

表6　プロパティシートの設定

番号	セクション/コントロールの種類	名前	標題
❶	ラベル	lbl_attn1	*
❷	ラベル	lbl_attn2	*
❸	ラベル	lbl_attnText	*は必須項目です

図55　書式の変更

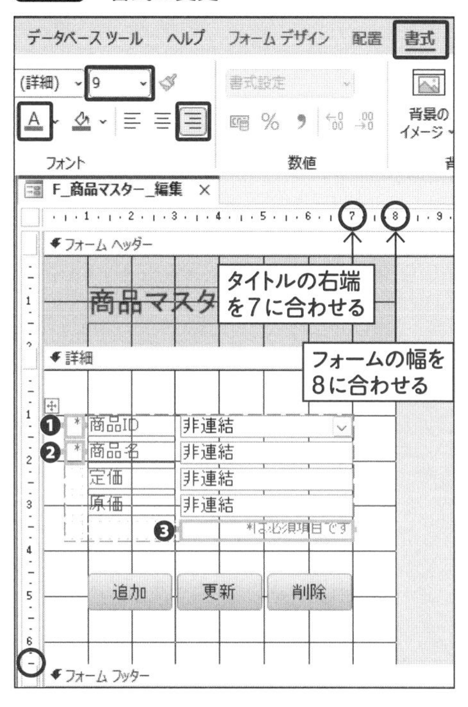

操作を続けます。「cmb_商品ID」コンボボックスを選択して、プロパティシートの「データ」タブにある「値集合ソース」を「T_商品マスター」にすると、「連結列」で設定された列数（デフォルトは1）をフォームビュー操作時に選択肢として利用できるようになります（図56）。

図56　コンボボックスの値集合ソースを設定

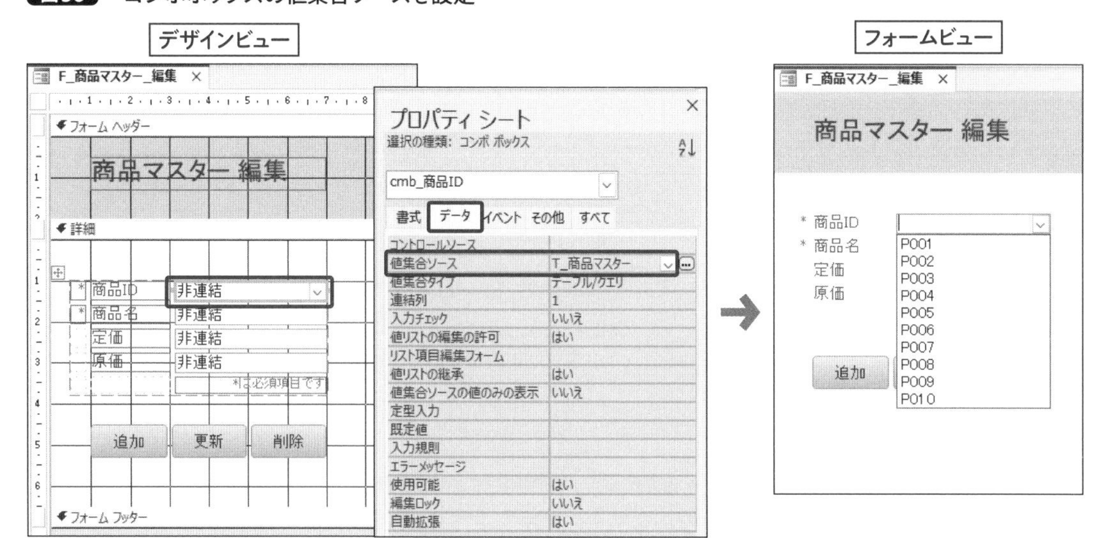

値を直接入力するときに、オペレーターの利便性を考えて、「商品ID」には半角英数のみしか入らないように設定しましょう。該当のコントロールを選択して、プロパティシートの「その他」タブで「IME入力モード」を「使用不可」にします（図57）。

図57　半角英数のみ許可する

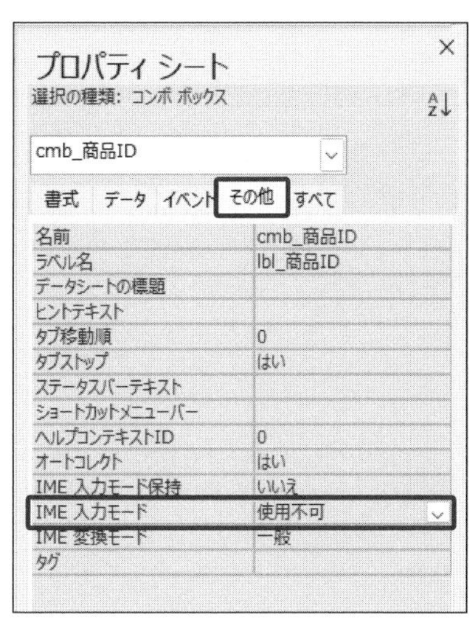

「定価」「原価」のテキストボックスには、通貨以外の値が入らないように、また数値が読みやすいように「書式」タブで「通貨」と「右寄せ」を設定しておきます（図58）。

図58　通貨のみ許可し右寄せにする

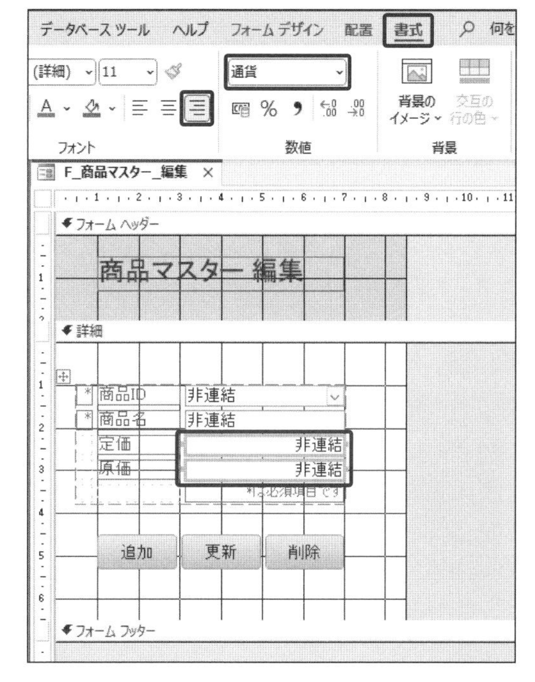

Tab キーでフォーカス移動をする際、あちこちに飛ばないように、タブオーダー(P.197)の確認もしておきましょう(図59)。

図59 タブオーダー

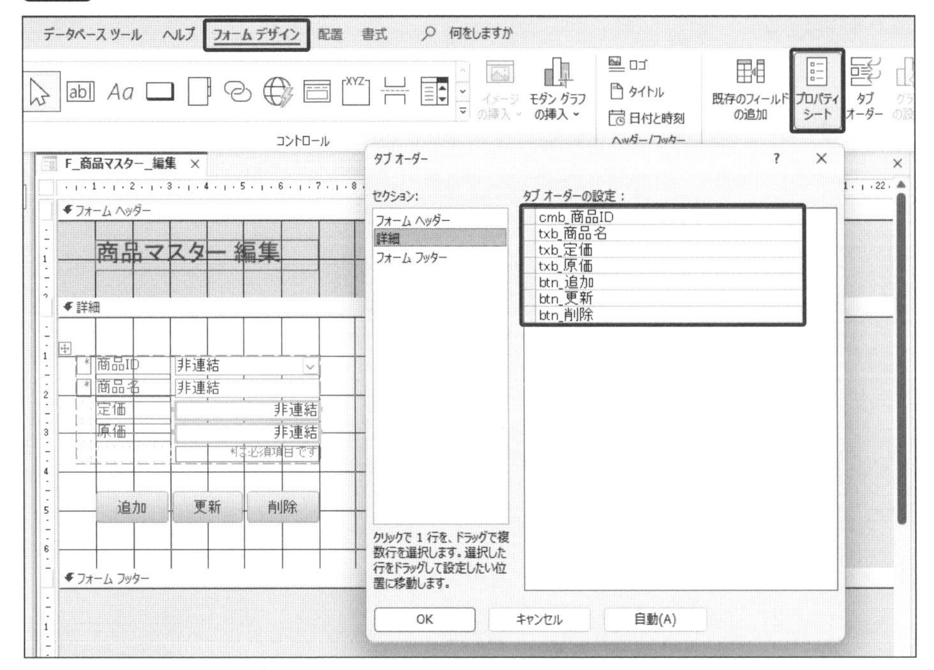

5-5-3 クエリのパラメーター変更

CHAPTER 3で作ったアクションクエリに、フォームの値を利用します。ナビゲーションウィンドウの「Q_商品マスター_追加」クエリをデザインビューで開きます。

グリッドの「フィールド」項目を、表7を参考に変更します。リボンの「ビルダー」をクリックして式ビルダーで書き換えるとよいでしょう(図60)。入力後、上書き保存してクエリを閉じます。

表7 変更する内容

レコードの追加	フィールド
fld_商品ID	式1: [Forms]![F_商品マスター_編集]![cmb_商品ID]
fld_商品名	式2: [Forms]![F_商品マスター_編集]![txb_商品名]
fld_定価	式3: [Forms]![F_商品マスター_編集]![txb_定価]
fld_原価	式4: [Forms]![F_商品マスター_編集]![txb_原価]

図60 式ビルダーの変更

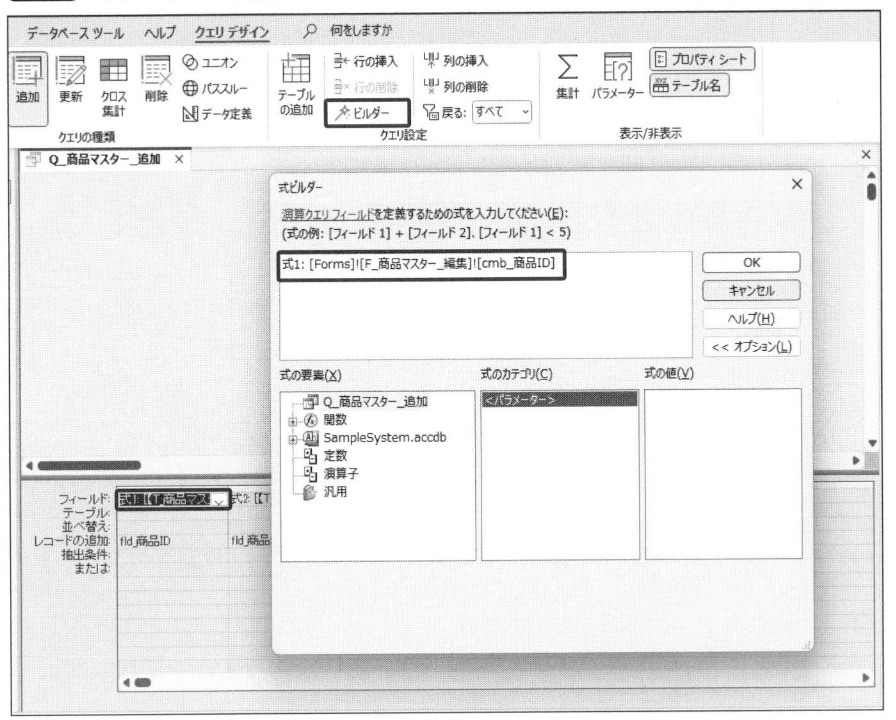

フィールド:	式1: [Forms]![F_商品	式2: [Forms]![F_商品	式3: [Forms]![F_商品	式4: [Forms]![F_商品
テーブル:				
並べ替え:				
レコードの追加:	fld_商品ID	fld_商品名	fld_定価	fld_原価
抽出条件:				
または:				

これで、「F_商品マスター_編集」フォームのテキストボックス、コンボボックスの値をクエリで利用することができます。動作確認をしてみましょう。

オブジェクトがすべて閉じている状態だと、ナビゲーションウィンドウで「Q_商品マスター_追加」クエリをダブルクリックして実行すると、確認メッセージのあとにパラメーター入力のウィンドウが開きます(図61)。これは、パラメーターで指定したフォームが開いていないためです。そのほか、指定したコントロールが存在しない場合も、入力ウィンドウが表示されます。確認できたらキャンセルで終了します。

図61 編集フォームが開いていない状態で実行した結果

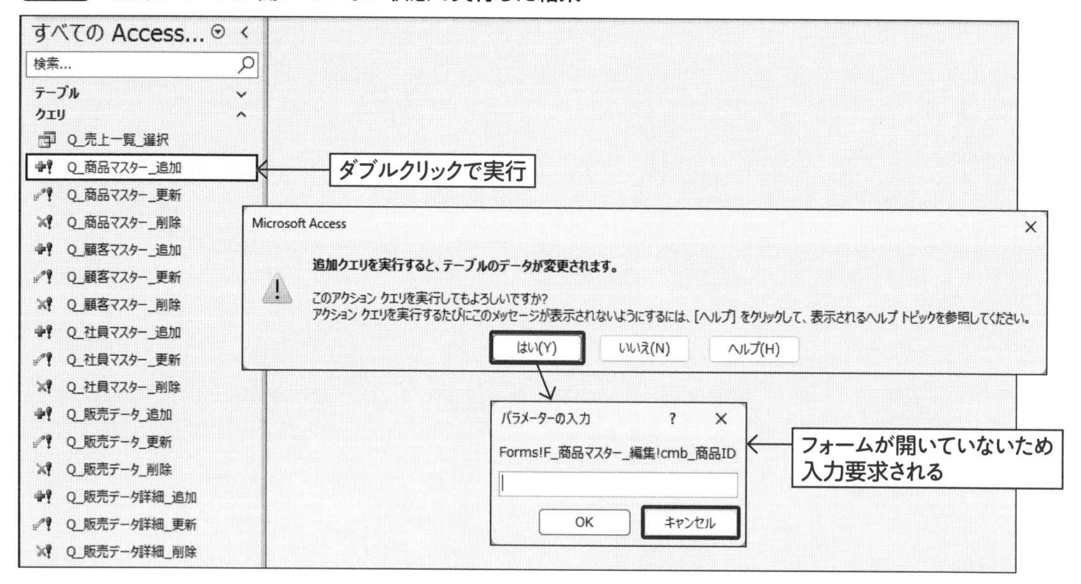

次に「F_商品マスター_編集」フォームをフォームビューで開きます。フォームビューは既定のビューなので、ナビゲーションウィンドウからダブルクリックで開きます。開いたら、値を入力します(図62)。

図62 フォームビューで値を入力

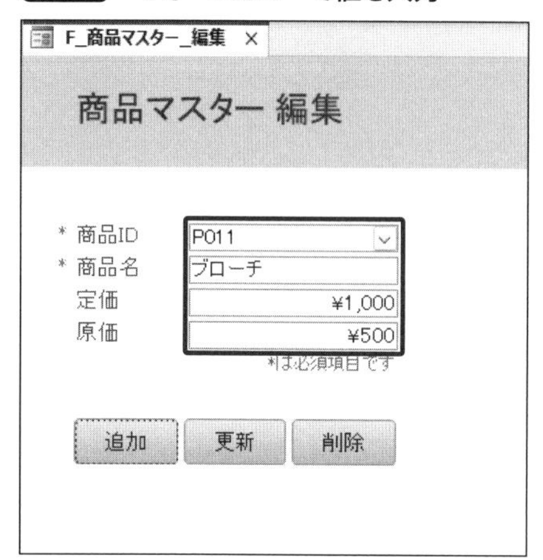

この状態で「Q_商品マスター_追加」クエリをダブルクリックで実行すると、確認メッセージが表示されたのち、パラメーター入力のウィンドウは開かずに追加クエリが終了します(図63)。

図63 フォームの値を利用して追加クエリを実行する

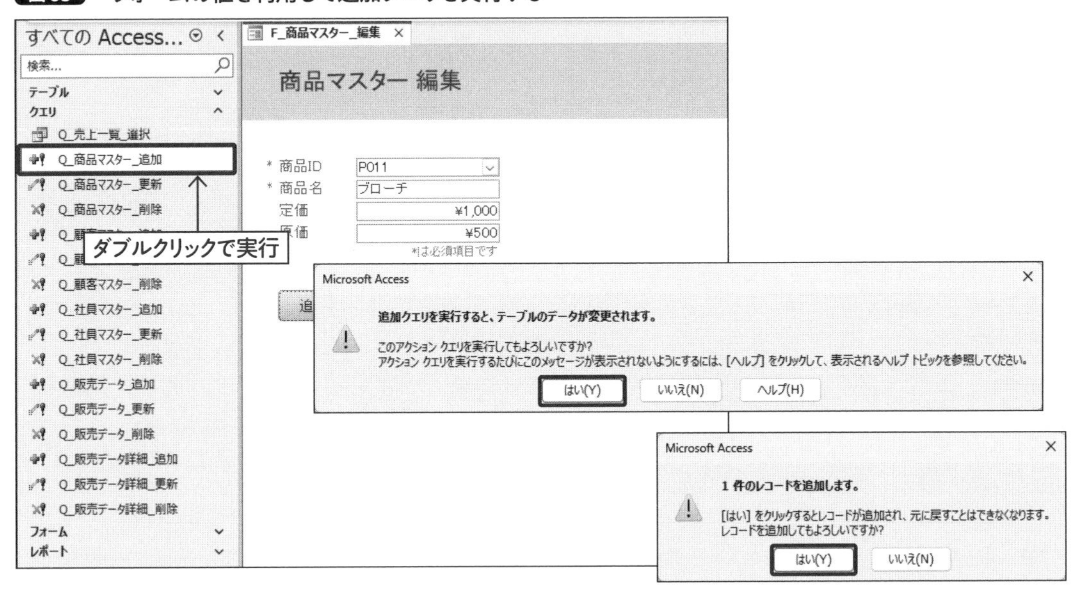

「T_商品マスター」テーブルを確認すると、**図62**でフォームに入力した商品がレコードが追加されています（**図64**）。

図64 レコードが追加された

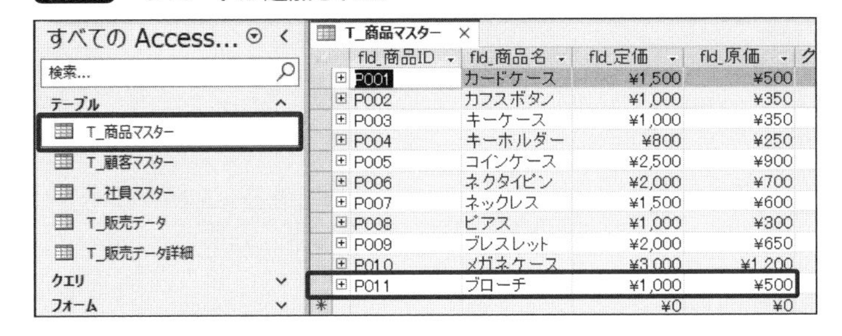

同様に、「Q_商品マスター_更新」クエリのパラメーターを**表8**を参考に書き換え、上書き保存しクエリを閉じます（**図65**）。

表8 変更する内容

フィールド	レコードの更新	抽出条件
fld_商品名	[Forms]![F_商品マスター_編集]![txb_商品名]	
fld_定価	[Forms]![F_商品マスター_編集]![txb_定価]	
fld_原価	[Forms]![F_商品マスター_編集]![txb_原価]	
fld_商品ID		[Forms]![F_商品マスター_編集]![cmb_商品ID]

図65 更新クエリのパラメーター書き換え

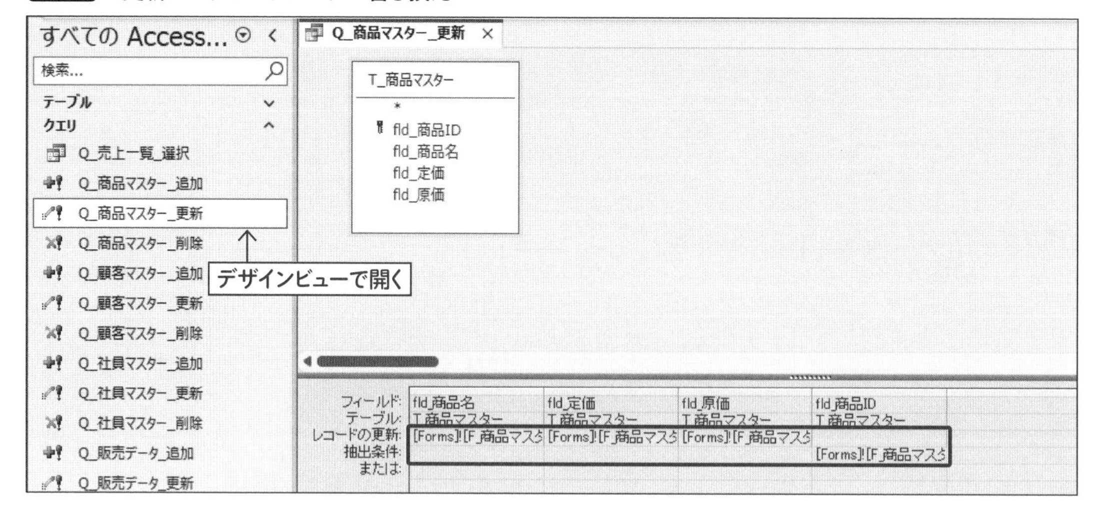

「F_商品マスター_編集」フォームをフォームビューで開き、商品IDを選び、更新する値を入力してクエリを実行すると、該当のレコード内容が更新されます（図66）。

図66 更新クエリの動作確認

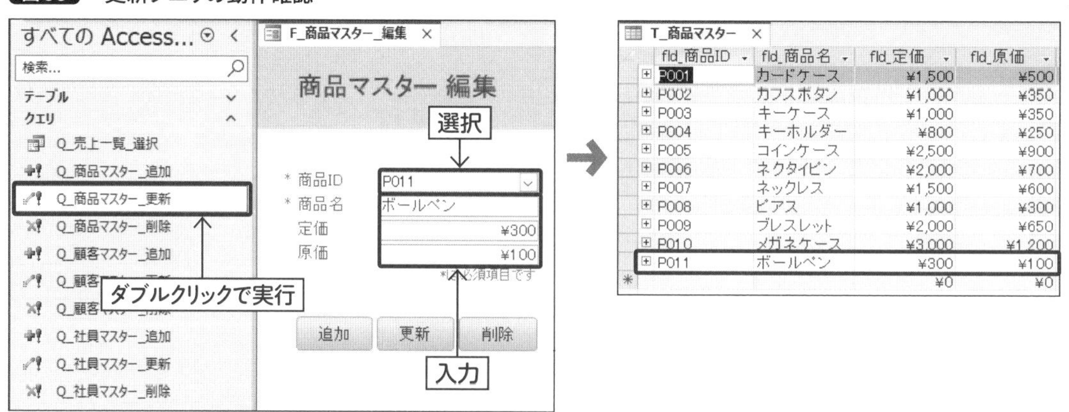

「Q_商品マスター_削除」クエリのパラメーターを表9を参考に書き換え、上書き保存しクエリを閉じます（図67）。

表9 変更する内容

フィールド	抽出条件
fld_商品ID	[Forms]![F_商品マスター_編集]![cmb_商品ID]

図67 削除クエリのパラメーター書き換え

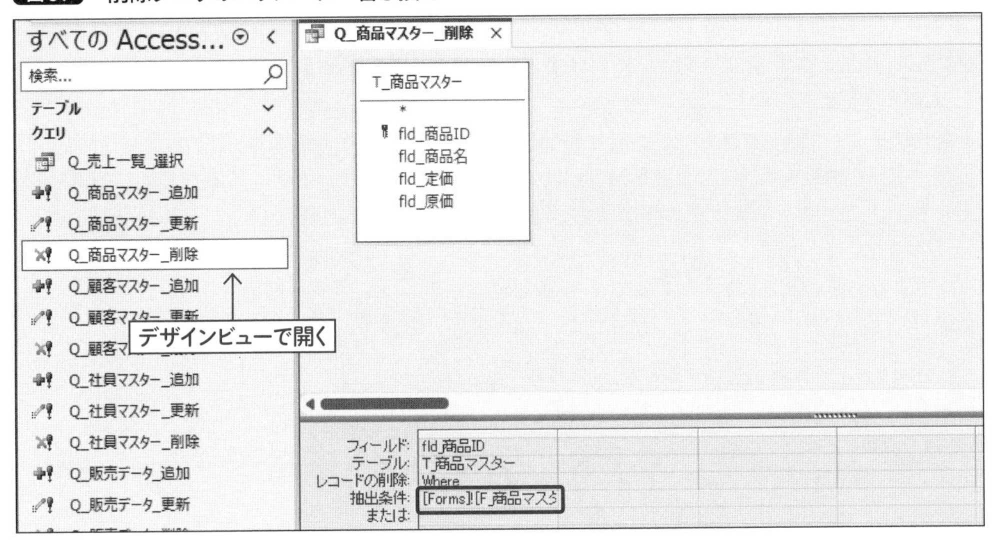

同様にフォームビューで商品IDを指定してクエリを実行すると、該当のレコードが削除されます(**図68**)。

図68 削除クエリの動作確認

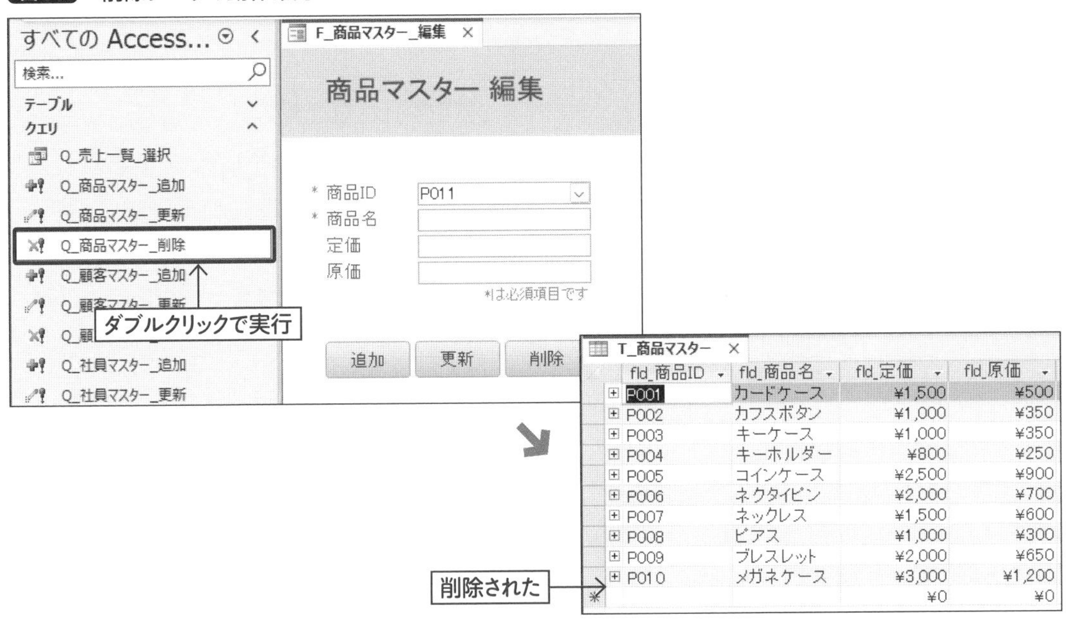

fld_商品ID	fld_商品名	fld_定価	fld_原価
P001	カードケース	¥1,500	¥500
P002	カフスボタン	¥1,000	¥350
P003	キーケース	¥1,000	¥350
P004	キーホルダー	¥800	¥250
P005	コインケース	¥2,500	¥900
P006	ネクタイピン	¥2,000	¥700
P007	ネックレス	¥1,500	¥600
P008	ピアス	¥1,000	¥300
P009	ブレスレット	¥2,000	¥650
P010	メガネケース	¥3,000	¥1,200
		¥0	¥0

これで、「F_商品マスター_編集」フォームへ入力された値を、「T_商品マスター」テーブルに関する追加・更新・削除クエリが利用して実行できるようになりました。

5-5-4 顧客マスターの編集フォーム

「T_顧客マスター」テーブルを編集するためのフォームを作成します。新規フォームを「F_顧客マスター_編集」という名前を付けて保存し、プロパティシートの「レコードセレクタ」「移動ボタン」を「いいえ」にしておきます。

5-5-1と**5-5-2**(P.204)を参考に、**図69**のようにコントロールを配置します。名前や標題は**表10**のように付けてください。テキストボックス群には集合形式、ボタン群には表形式レイアウトを適用します。位置やサイズに関しては、レイアウトを適用した部分は一部のコントロールを変更すればすべてに適用されるので、変更する必要のあるコントロールのみ記載しています。フォームの横幅は「10」に、タイトルラベルの右端が「8」になるよう調整しておきましょう。

図69 コントロールの配置

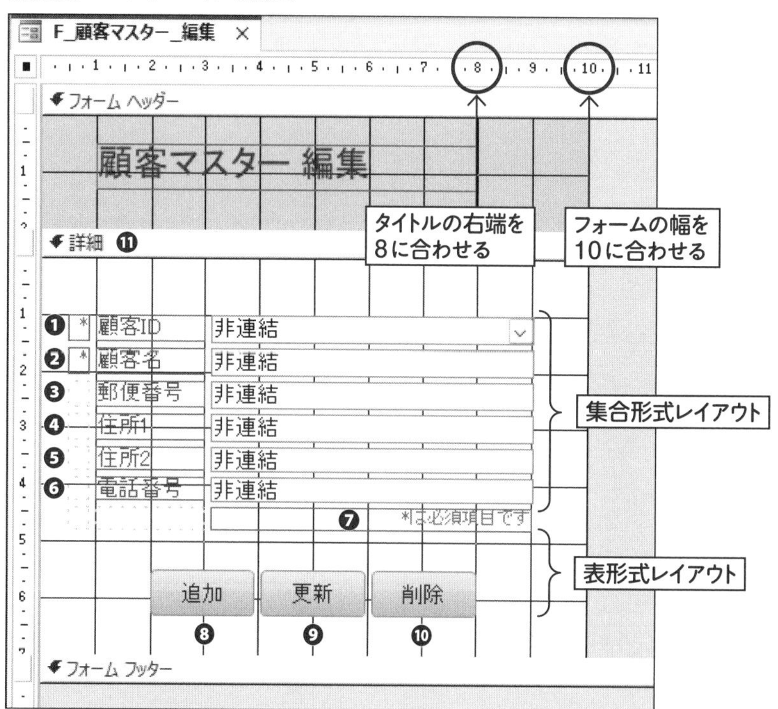

表10 プロパティシートの設定

番号	セクション/コントロールの種類	名前	標題	幅	高さ	上位置	左位置
❶	ラベル	lbl_attn1	*	0.4cm		1cm	0.5cm
	ラベル	lbl_顧客ID	顧客ID	2cm			
	コンボボックス	cmb_顧客ID	-	5.9cm			
❷	ラベル	lbl_attn2	*				
	ラベル	lbl_顧客名	顧客名				
	テキストボックス	txb_顧客名	-				
❸	ラベル	lbl_郵便番号	郵便番号				
	テキストボックス	txb_郵便番号	-				
❹	ラベル	lbl_住所1	住所1				
	テキストボックス	txb_住所1	-				
❺	ラベル	lbl_住所2	住所2				
	テキストボックス	txb_住所2	-				
❻	ラベル	lbl_電話番号	電話番号				
	テキストボックス	txb_電話番号	-				
❼	ラベル	lbl_attnText	*は必須項目です				
❽	ボタン	btn_追加	追加	1.9cm	0.8cm	5.5cm	2cm
❾	ボタン	btn_更新	更新	1.9cm			
❿	ボタン	btn_削除	削除	1.9cm			
⓫	詳細セクション				7cm		

「cmb_顧客ID」コンボボックスを選択して、プロパティシートの「データ」タブにある「値集合ソース」を「T_顧客マスター」にして、IDを選択可能にします(図70)。

図70 コンボボックスの値集合ソースを設定

デザインビュー

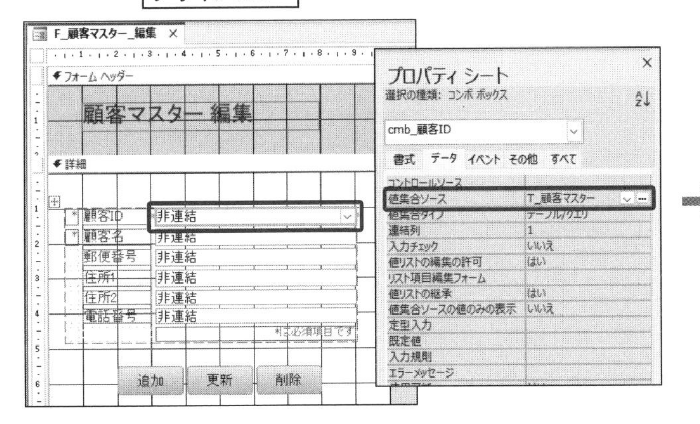

フォームビュー

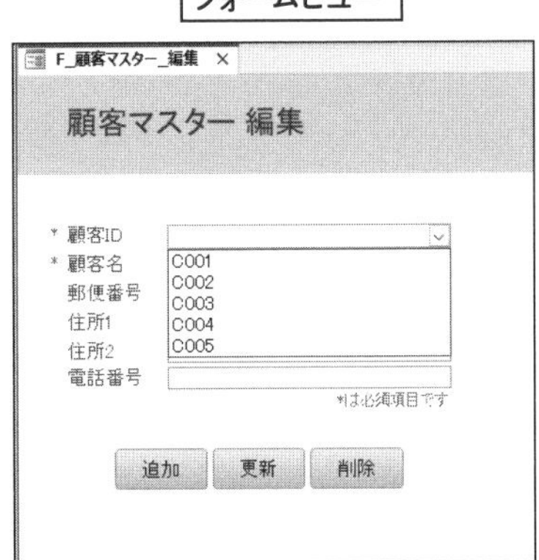

P.211で解説した方法で、「cmb_顧客ID」を選択して、プロパティシートの「その他」タブで「IME入力モード」を「使用不可」にします。あわせて、「txb_郵便番号」「txb_電話番号」も同様にしておきます。また、P.198で解説した方法で、タブオーダーは**図71**のようにしておきましょう。

図71 タブオーダー

「Q_顧客マスター_追加」クエリをデザインビューで開き、パラメーターを**図72**、**表11**のように変更します。

図72 「Q_顧客マスター_追加」クエリ

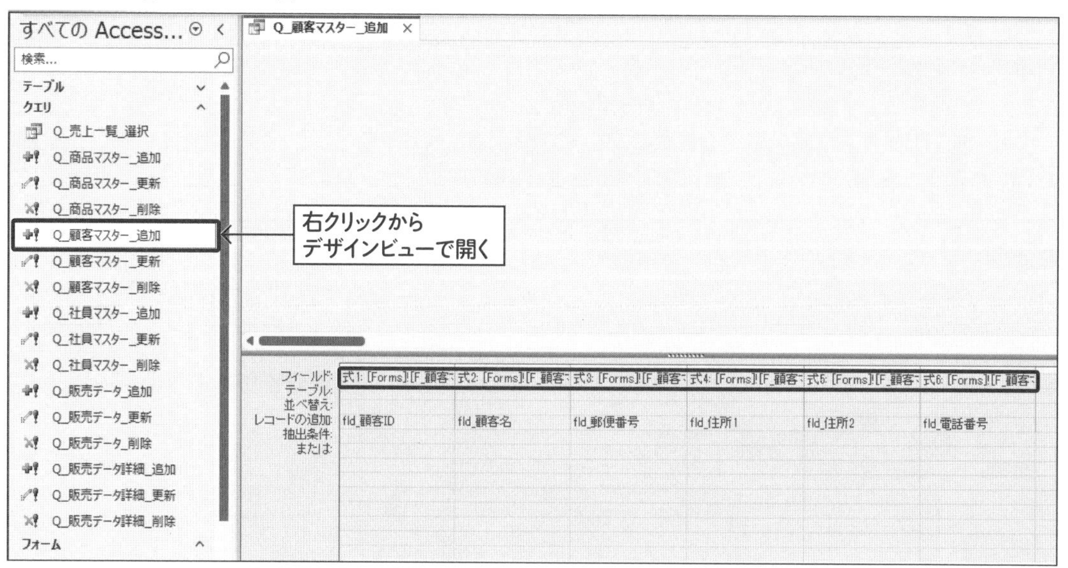

表11 追加クエリのパラメーター変更

レコードの追加	フィールド
fld_顧客ID	式1: [Forms]![F_顧客マスター_編集]![cmb_顧客ID]
fld_顧客名	式2: [Forms]![F_顧客マスター_編集]![txb_顧客名]
fld_郵便番号	式3: [Forms]![F_顧客マスター_編集]![txb_郵便番号]
fld_住所1	式4: [Forms]![F_顧客マスター_編集]![txb_住所1]
fld_住所2	式5: [Forms]![F_顧客マスター_編集]![txb_住所2]
fld_電話番号	式6: [Forms]![F_顧客マスター_編集]![txb_電話番号]

「Q_顧客マスター_更新」クエリをデザインビューで開き、パラメーターを図73、表12のように変更します。

図73 「Q_顧客マスター_更新」クエリ

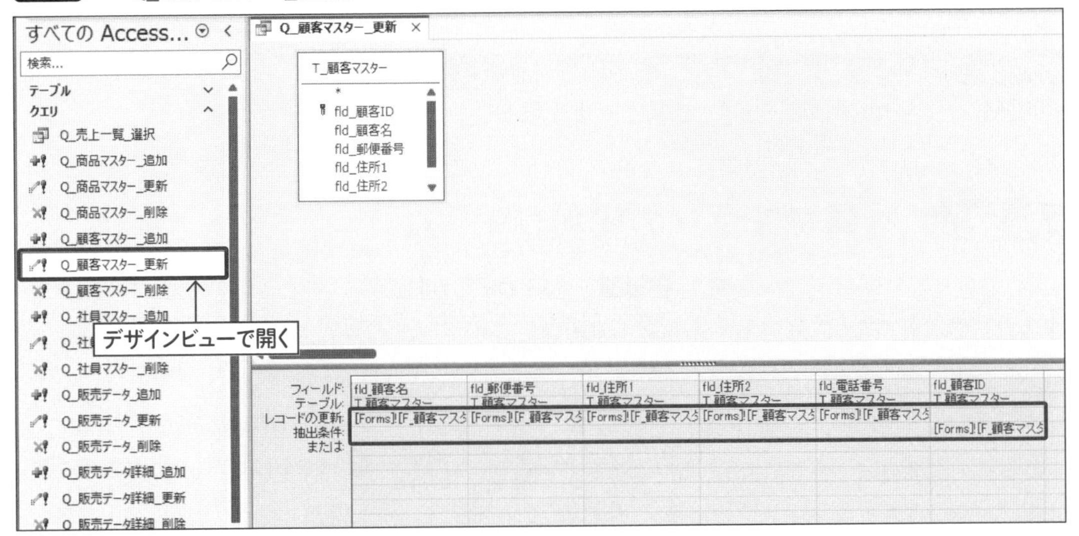

表12 更新クエリのパラメーター変更

フィールド	レコードの更新	抽出条件
fld_顧客名	[Forms]![F_顧客マスター_編集]![txb_顧客名]	
fld_郵便番号	[Forms]![F_顧客マスター_編集]![txb_郵便番号]	
fld_住所1	[Forms]![F_顧客マスター_編集]![txb_住所1]	
fld_住所2	[Forms]![F_顧客マスター_編集]![txb_住所2]	
fld_電話番号	[Forms]![F_顧客マスター_編集]![txb_電話番号]	
fld_顧客ID		[Forms]![F_顧客マスター_編集]![cmb_顧客ID]

「Q_顧客マスター_削除」クエリをデザインビューで開き、パラメーターを**図74**、**表13**のように変更します。変更したクエリをすべて上書き保存して、すべてのクエリを閉じます。

これで、「T_顧客マスター」テーブルに関する追加・更新・削除クエリが、「F_顧客マスター_編集」フォームの値を利用して実行できるようになります。

図74 「Q_顧客マスター_削除」クエリ

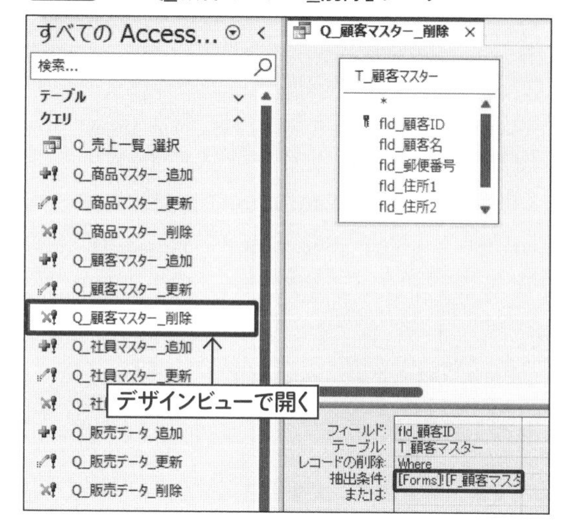

表13 削除クエリのパラメーター変更

フィールド	抽出条件
fld_顧客ID	[Forms]![F_顧客マスター_編集]![cmb_顧客ID]

5-5-5 社員マスターの編集フォーム

「T_社員マスター」テーブルを編集するためのフォームを作成します。新規フォームを「F_社員マスター_編集」という名前を付けて保存し、プロパティシートの「レコードセレクタ」「移動ボタン」を「いいえ」にしておきます。

図75のようにコントロール、セクションを配置します。名前や標題は**表14**のように付けてください。テキストボックス群には集合形式、ボタン群には表形式レイアウトを適用します。

位置やサイズに関しては、レイアウトを適用した部分は一部のコントロールを変更すればすべてに適用されるので、変更する必要のあるコントロールのみ記載しています。

図75 コントロールの配置

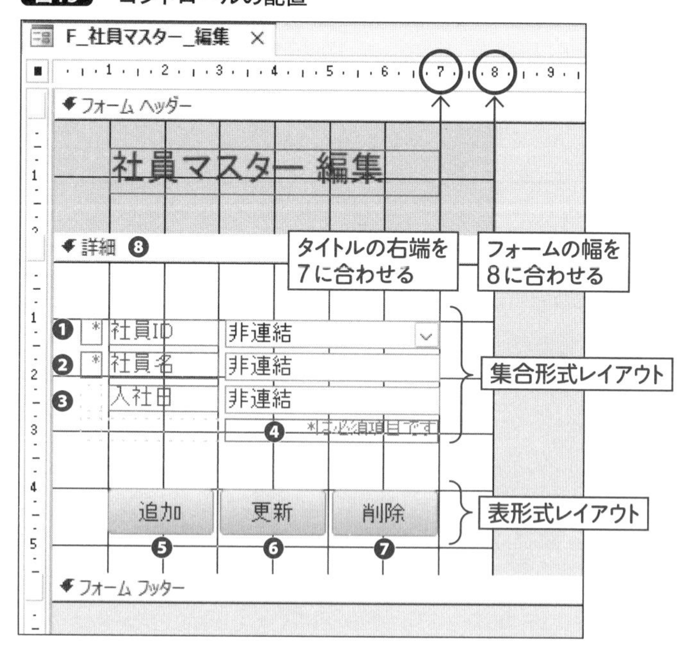

表14　プロパティシートの設定

番号	コントロールの種類	名前	標題	幅	高さ	上位置	左位置
❶	ラベル	lbl_attn1	*	0.4cm		1cm	0.5cm
	ラベル	lbl_社員ID	社員ID	2cm			
	コンボボックス	cmb_社員ID	-	3.9cm			
❷	ラベル	lbl_attn2	*				
	ラベル	lbl_社員名	社員名				
	テキストボックス	txb_社員名	-				
❸	ラベル	lbl_入社日	入社日				
	テキストボックス	txb_入社日	-				
❹	ラベル	lbl_attnText	*は必須項目です				
❺	ボタン	btn_追加	追加	1.9cm	0.8cm	4cm	1cm
❻	ボタン	btn_更新	更新	1.9cm			
❼	ボタン	btn_削除	削除	1.9cm			
❽	詳細セクション				5.5cm		

「cmb_社員ID」コンボボックスを選択して、プロパティシートの「データ」タブにある「値集合ソース」を「T_社員マスター」にして、IDを選択可能にします（図76）。

図76　コンボボックスの値集合ソースを設定

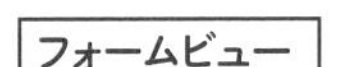

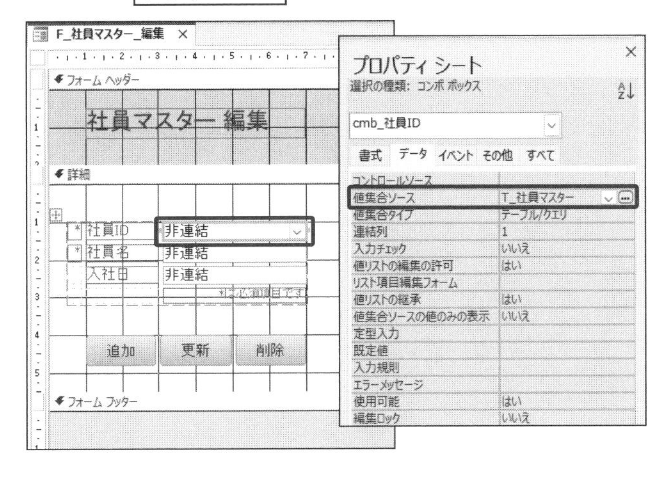

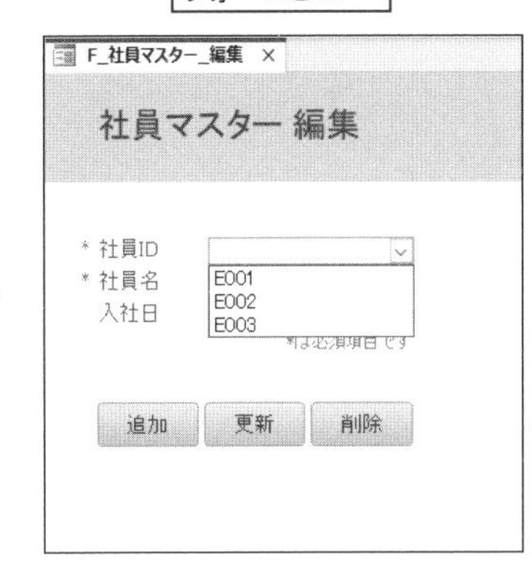

「cmb_社員ID」を選択して、プロパティシートの「その他」タブで「IME入力モード」を「使用不可」にしておきます。続いて、「txb_入社日」を選択して「書式」タブから「日付(S)」にします。この設定で、フォームビュー操作時にカレンダーから日付を選ぶことができます（図77）。

図77 書式を日付にする

デザインビュー

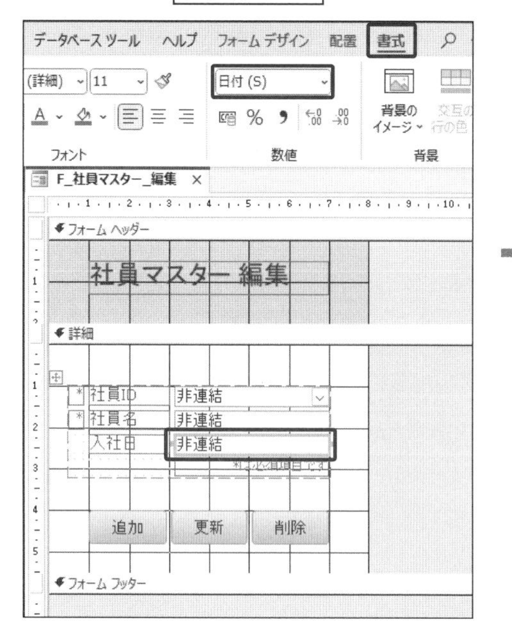

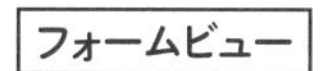

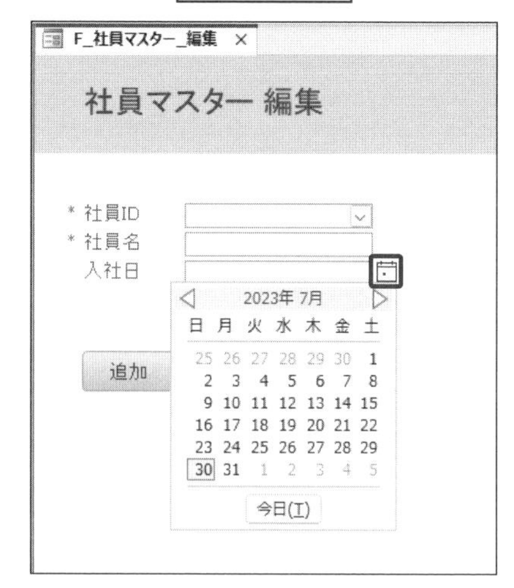

なお、タブオーダーは**図78**のようにしておきましょう。

図78 タブオーダー

「Q_社員マスター_追加」クエリをデザインビューで開き、パラメーターを**図79**、**表15**のように変更します。

図79　「Q_社員マスター_追加」クエリ

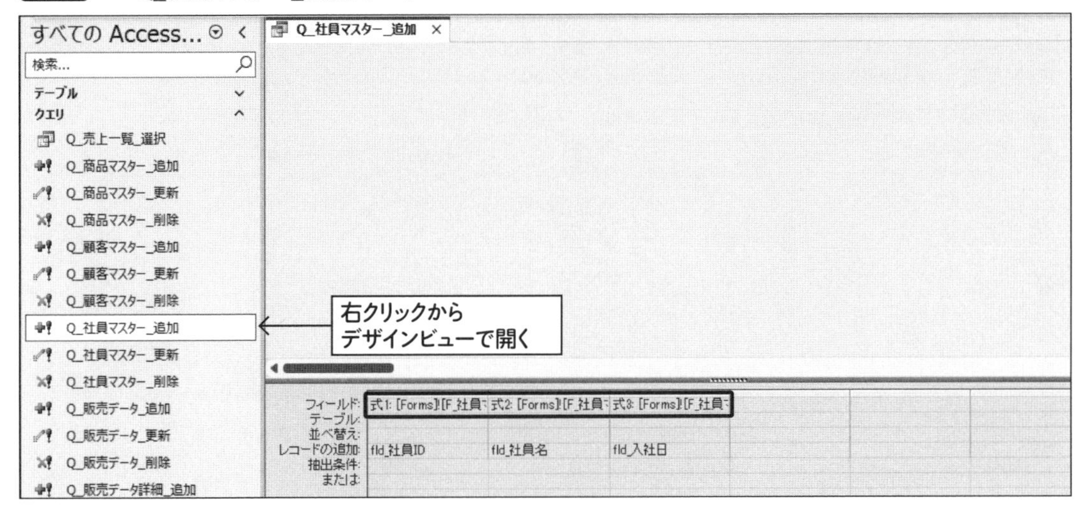

表15　追加クエリのパラメーター変更

レコードの追加	フィールド
fld_顧客ID	式1: [Forms]![F_社員マスター_編集]![cmb_社員ID]
fld_顧客名	式2: [Forms]![F_社員マスター_編集]![txb_社員名]
fld_郵便番号	式3: [Forms]![F_社員マスター_編集]![txb_入社日]

「Q_社員マスター_更新」クエリをデザインビューで開き、パラメーターを図80、表16のように変更します。

図80　「Q_社員マスター_更新」クエリ

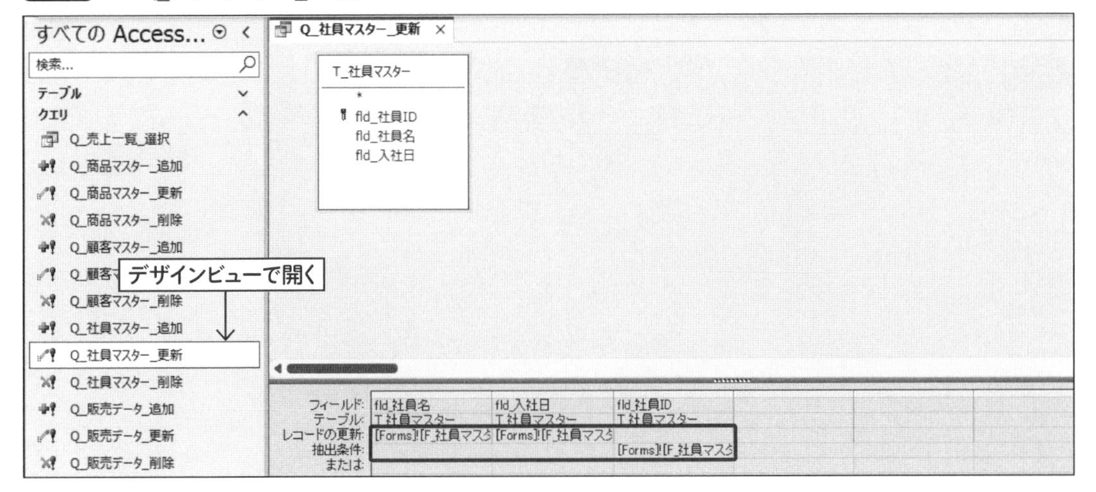

表16 更新クエリのパラメーター変更

フィールド	レコードの更新	抽出条件
fld_社員名	[Forms]![F_社員マスター_編集]![txb_社員名]	
fld_入社日	[Forms]![F_社員マスター_編集]![txb_入社日]	
fld_社員ID		[Forms]![F_社員マスター_編集]![cmb_社員ID]

「Q_社員マスター_削除」クエリをデザインビューで開き、パラメーターを**図81**、**表17**のように変更します。変更したクエリをすべて上書き保存して、すべてのクエリを閉じます。

図81 「Q_社員マスター_削除」クエリ

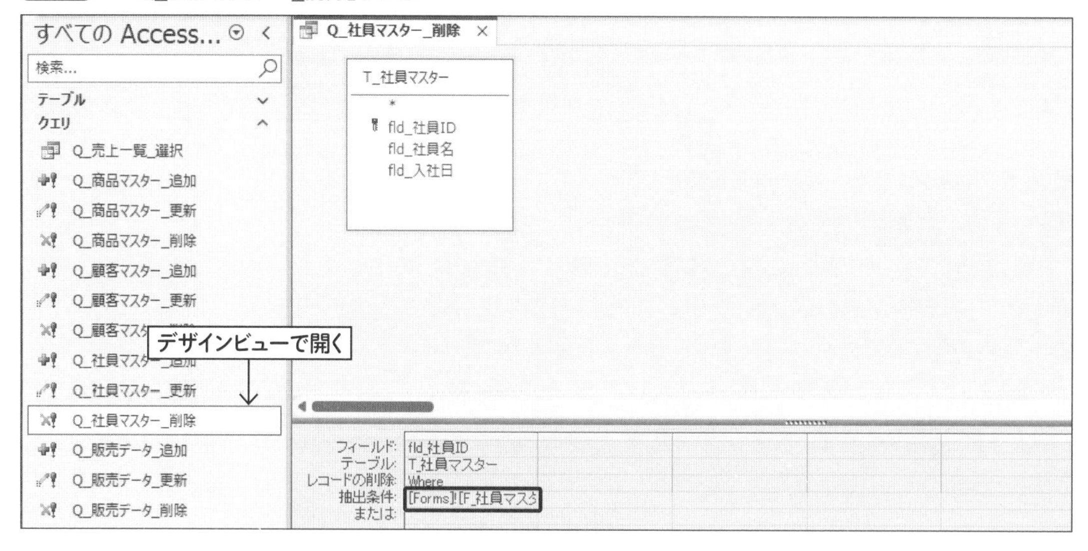

表17 削除クエリのパラメーター変更

フィールド	条件抽出（変更）
fld_社員ID	[Forms]![F_社員マスター_編集]![cmb_社員ID]

これで、「T_社員マスター」テーブルに関する追加・更新・削除クエリが、「F_社員マスター_編集」フォームの値を利用して実行できるようになります。

5-6 トランザクションテーブルを閲覧／操作するフォーム

5-6-1 販売データの一覧フォーム

ここからは、「T_販売データ」「T_販売データ詳細」テーブルを編集するフォームを作っていきます。ここではまずテーブルの一覧を表示して、マウス操作でレコードを選択できるしくみにします。最初に「T_販売データ」テーブルの一覧を表示するフォームを**図82**のように作成します。

図82 完成図

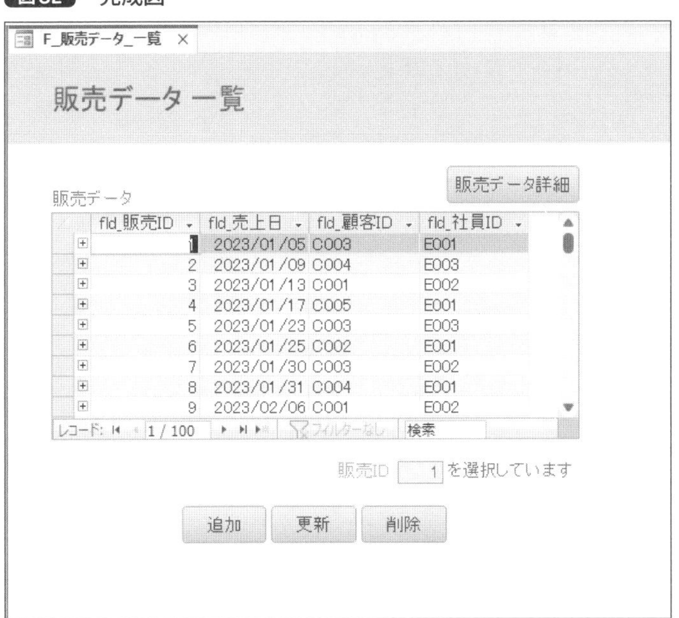

新規フォームを「F_販売データ_一覧」という名前を付けて保存し、プロパティシートの「レコードセレクタ」「移動ボタン」を「いいえ」にしておきます。

5-4-2(P.200)や**5-5-1**、**5-5-2**(P.204)を参考に、**図83**と**表18**のようにコントロール、セクションを配置します。なお、図83の❸は1組のラベル＋テキストボックスの右隣にもう1つラベルを配置します。下3つのボタン群には表形式レイアウトを適用します。

図83 コントロールの配置

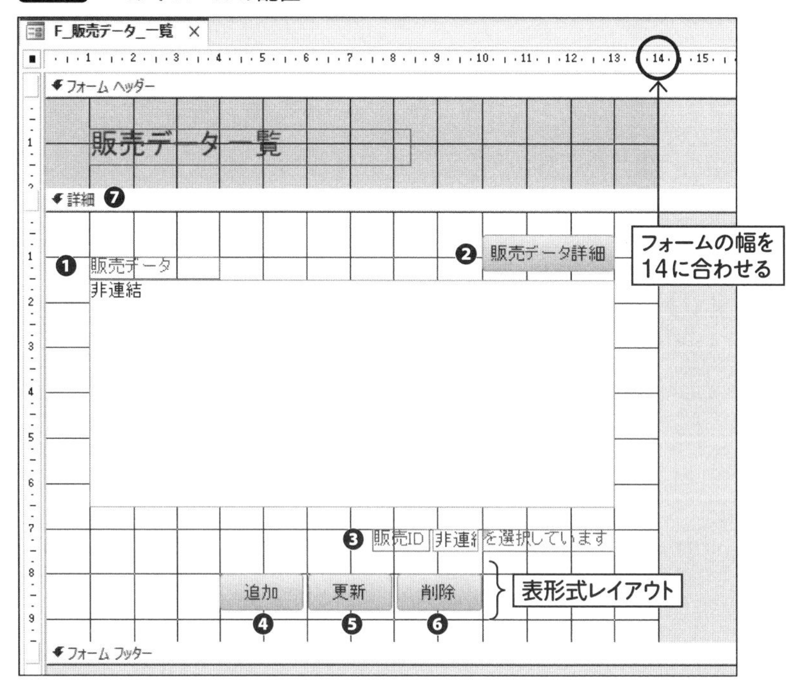

表18 プロパティシートの設定

番号	コントロールの種類	名前	標題	幅	高さ	上位置	左位置
❶	ラベル	lbl_販売データ	販売データ	3cm		1cm	1cm
	サブフォーム	sbf_販売データ	-	12cm	5cm	1.5cm	1cm
❷	ボタン	btn_販売データ詳細	販売データ詳細	3cm	0.8cm	0.5cm	10cm
❸	ラベル	lbl_販売ID	販売ID	1.3cm		7cm	7.5cm
	テキストボックス	txb_販売ID	-	1cm		7cm	8.9cm
	ラベル	lbl_note	を選択しています	3cm		7cm	10cm
❹	ボタン	btn_追加	追加	1.9cm	0.8cm	8cm	4cm
❺	ボタン	btn_更新	更新	1.9cm			
❻	ボタン	btn_削除	削除	1.9cm			
❼	詳細セクション				9.5cm		

ラベルはテキストボックスやコンボボックスなど、ほかのコントロールの案内として関連付けられることが多いため、関連付けのないラベルにエラーチェックが表示される場合があります。❸の右端のようなラベル単体で使った場合にエラーを表示したくない場合、「エラーチェックオプション」から「関連付けられていない新しいラベルをチェックする」のチェックを外しておきましょう（図84）。

図84 関連付けられていないラベルをエラー表示しない

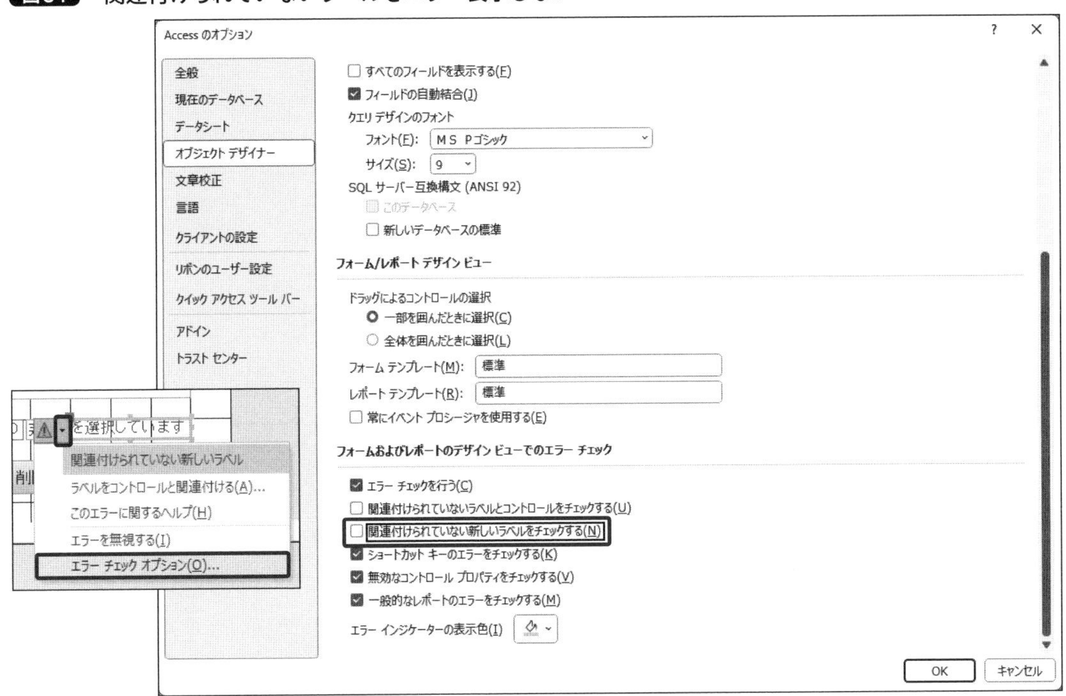

「sbf_販売データ」サブフォームを選択して、プロパティシートの「データ」タブの「ソースオブジェクト」に「テーブル.T_販売データ」を設定します。テーブルを編集不可にするため、忘れずに**「編集ロック」を「はい」に設定**してください（図85）。

図85 サブフォームにソースオブジェクトを設定

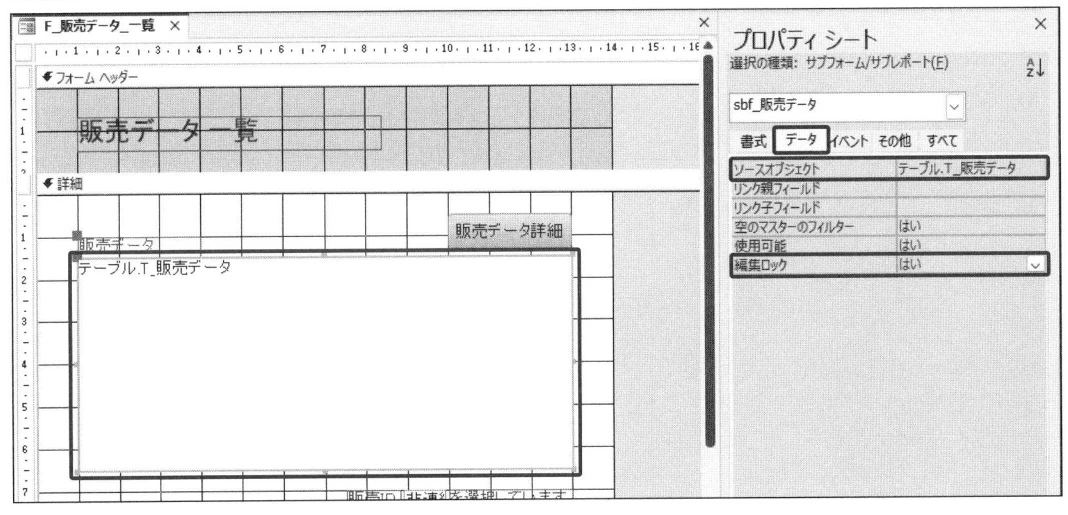

「txb_販売ID」を選択して、プロパティシートの「データ」タブを表19のように設定します(図86)。コントロールソースは右端の「…」をクリックすると「式ビルダー」ウィンドウが開くので、そこへ書き込みましょう。

図86 テキストボックスの設定

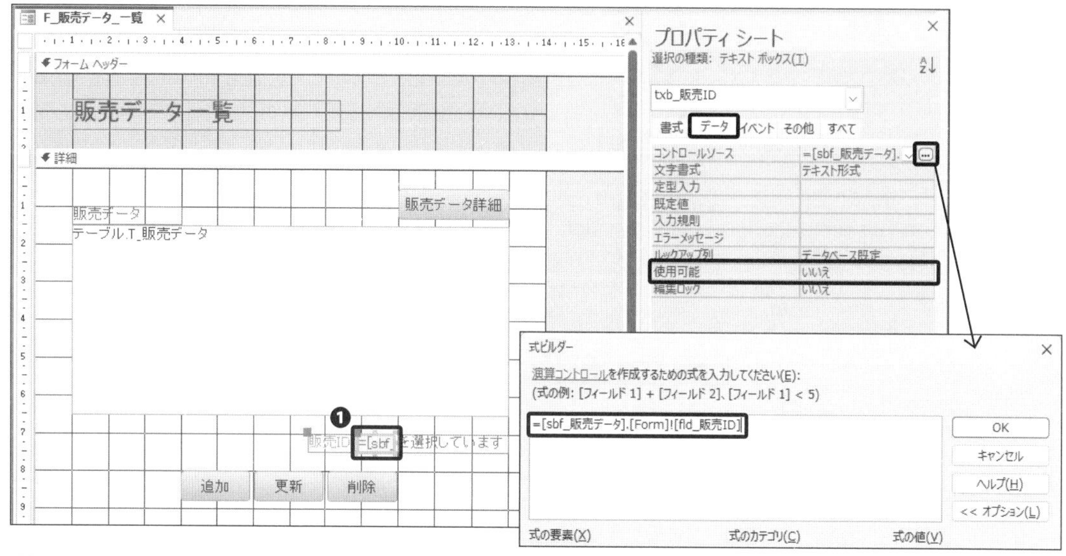

表19 プロパティシートの設定

番号	コントロールソース	使用可能
❶	=[sbf_販売データ].[Form]![fld_販売ID]	いいえ

フォームビューへ切り替えると、サブフォームの中に「T_販売データ」テーブルの内容が表示されます。「txb_販売ID」には、現在選択しているレコードの販売IDが表示されます(図87)。

図87 フォームビューで動作確認

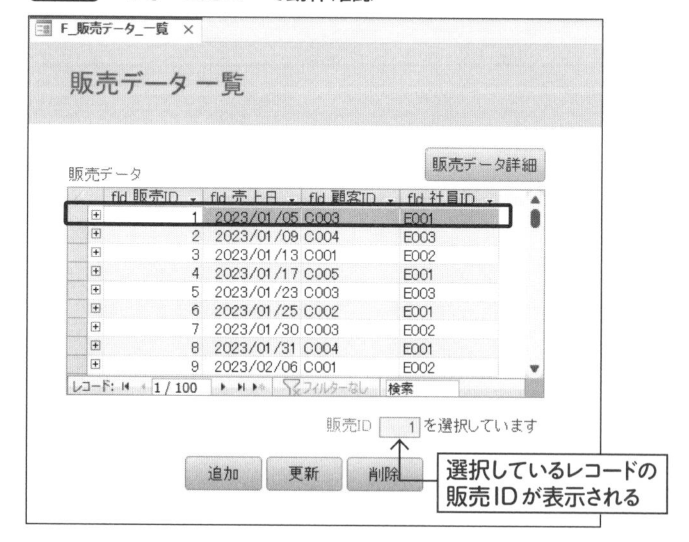

この「txb_販売ID」で表示されているIDを「Q_販売データ_削除」クエリへ利用します。クエリをデザインビューで開き、パラメーターを**図88**、**表20**のように変更します。

販売IDにはリレーションシップでレコードの連鎖削除(P.62)が設定されているため、紐付いている詳細IDもすべて削除されてしまうので、実行は慎重に行ってください。動作確認は**CHAPTER 6**で行います。

図88 「Q_販売データ_削除」クエリ

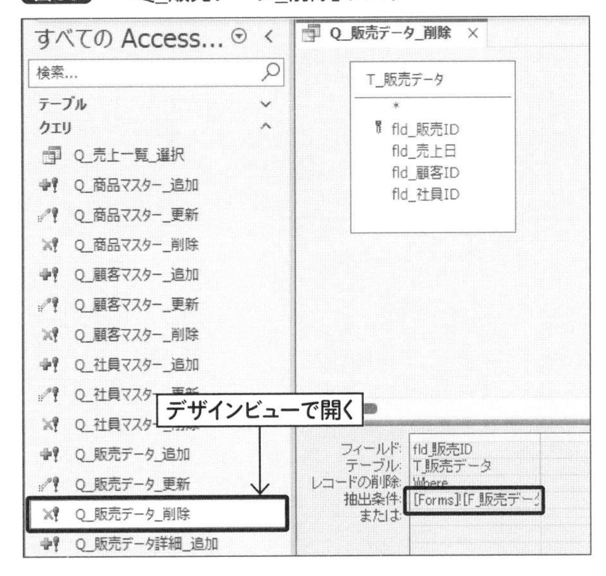

表20 削除クエリのパラメーター変更

フィールド	抽出条件（変更）
fld_販売ID	[Forms]![F_販売データ_一覧]![txb_販売ID]

5-6-2 販売データの編集フォーム

次に、「F_販売データ_一覧」フォームから開く「F_販売データ_編集」フォームを**図89**のように作成します。

図89 完成図

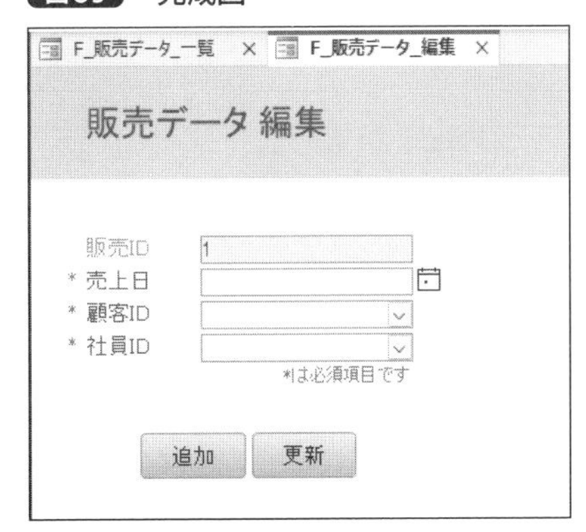

新規フォームを「F_販売データ_編集」という名前を付けて保存し、プロパティシートの「レコードセレクタ」「移動ボタン」を「いいえ」にしておきます。

図90のようにコントロール、セクションを配置します(**表21**)。テキストボックス群には集合形式(「スペースの調整」を「狭い」に設定)、ボタン群には表形式レイアウトを適用します。位置やサイズに関しては、レイアウトを適用した部分は一部のコントロールを変更すればすべてに適用されるので、変更する必要のあるコントロールのみ記載しています。

図90 コントロールの配置

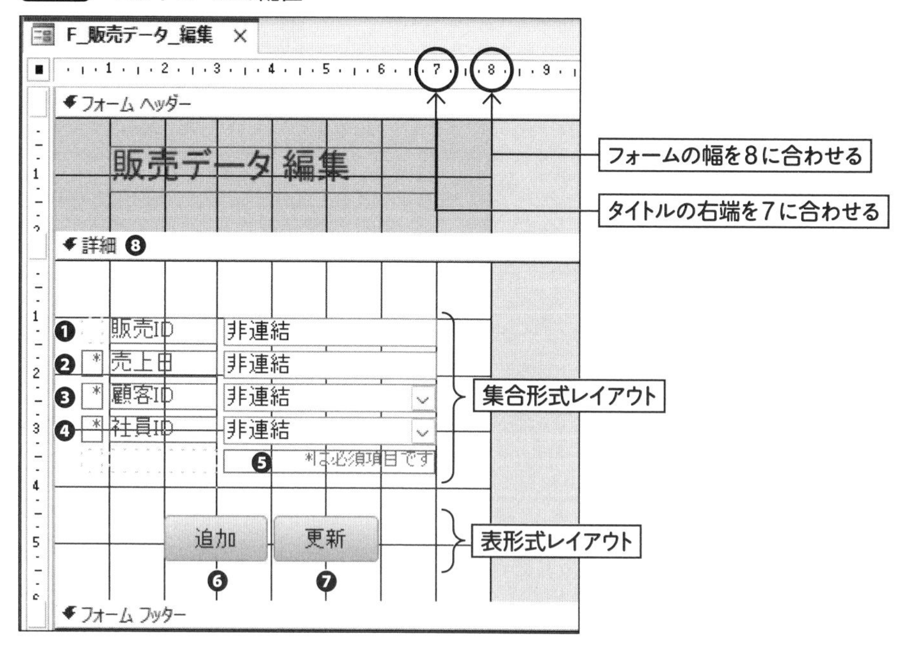

表21 プロパティシートの設定

番号	コントロールの種類	名前	標題	幅	高さ	上位置	左位置
❶	空白セル			0.4cm		1cm	0.5cm
	ラベル	lbl_販売ID	販売ID	2cm			
	テキストボックス	txb_販売ID	-	3.9cm			
❷	ラベル	lbl_attn1	*				
	ラベル	lbl_売上日	売上日				
	テキストボックス	txb_売上日	-				
❸	ラベル	lbl_attn2	*				
	ラベル	lbl_顧客ID	顧客ID				
	コンボボックス	cmb_顧客ID	-				
❹	ラベル	lbl_attn3	*				
	ラベル	lbl_社員ID	社員ID				
	コンボボックス	cmb_社員ID	-				
❺	ラベル	lbl_attnText	*は必須項目です				
❻	ボタン	btn_追加	追加	1.9cm	0.8cm	4.5cm	2cm
❼	ボタン	btn_更新	更新	1.9cm			
❽	詳細セクション				6cm		

「txb_販売ID」を選択して、プロパティシートの「データ」タブを表22のように設定します（図91）。コントロールソースは右端の「…」をクリックすると「式ビルダー」ウィンドウが開くので、そこへ書き込みましょう。

図91　テキストボックスの設定

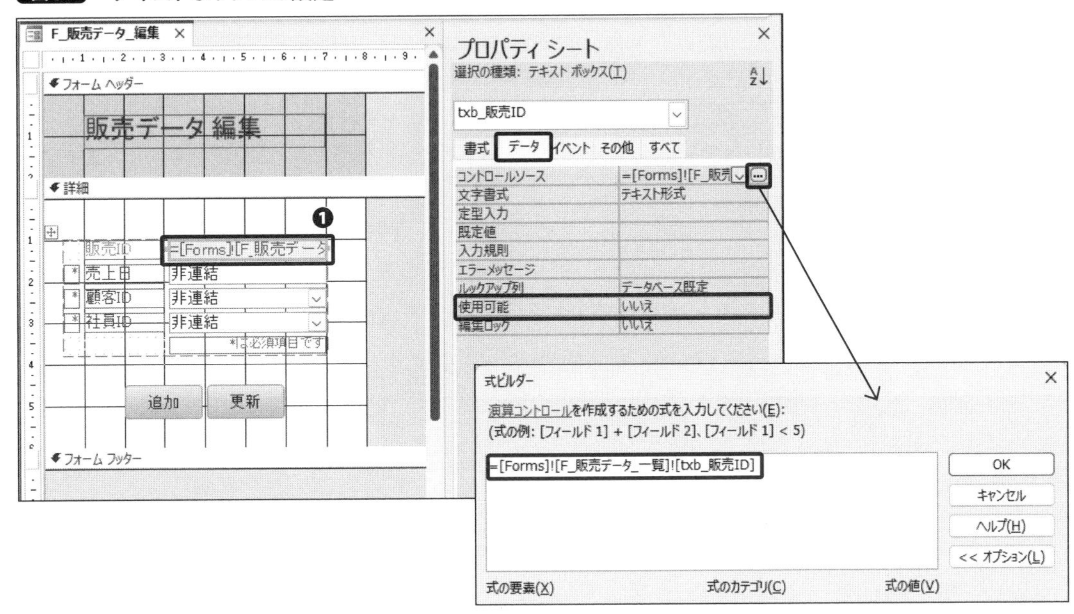

表22　プロパティシートの設定

番号	コントロールソース	使用可能
❶	=[Forms]![F_販売データ_一覧]![txb_販売ID]	いいえ

この設定により、「F_販売データ_一覧」がフォームビューで開いている状態で「F_販売データ_編集」を開くと、選択していたレコードの販売IDを参照できます（図92）。なお、「F_販売データ_一覧」が開いていない場合、値を参照できないため「#Name?」というエラー表示になります。

図92 別フォームの値の参照

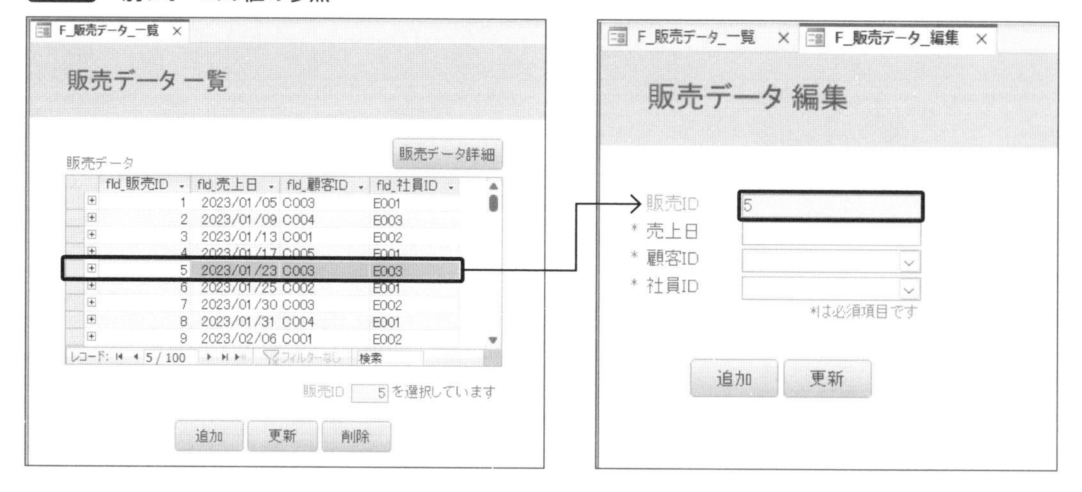

「cmb_顧客ID」を選択して、プロパティシートの「データ」タブの「値集合ソース」を「T_顧客マスター」にします。「書式」タブの**列数**を「2」にすると、左から2列分表示できます（図93）。

図93 コンボボックスの設定

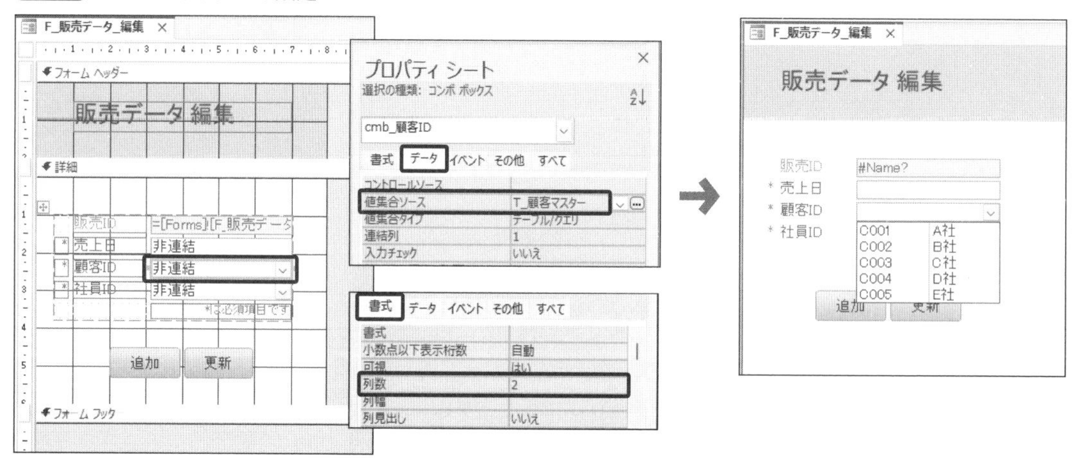

表21を参照し、次のコントロールの設定変更を、プロパティシート上で順次行います。

「cmb_社員ID」は、「値集合ソース」を「T_社員マスター」にし、列数を「2」にしておきましょう。また、P.223で解説した方法で、「txb_売上日」の「書式」を「日付(S)」に設定します。

「cmb_顧客ID」「cmb_社員ID」は、選ぶだけではなく、直接入力の可能性もあるので、「IME入力モード」を「使用不可」にしておき、半角英数のみ許可しておきます。

最後に、タブオーダーは図94のようにしておきましょう。

図94　タブオーダー

このフォームの情報を「Q_販売データ_追加」クエリへ利用します。デザインビューで開き、パラメーターを図95、表23のように変更します。

図95　「Q_販売データ_追加」クエリ

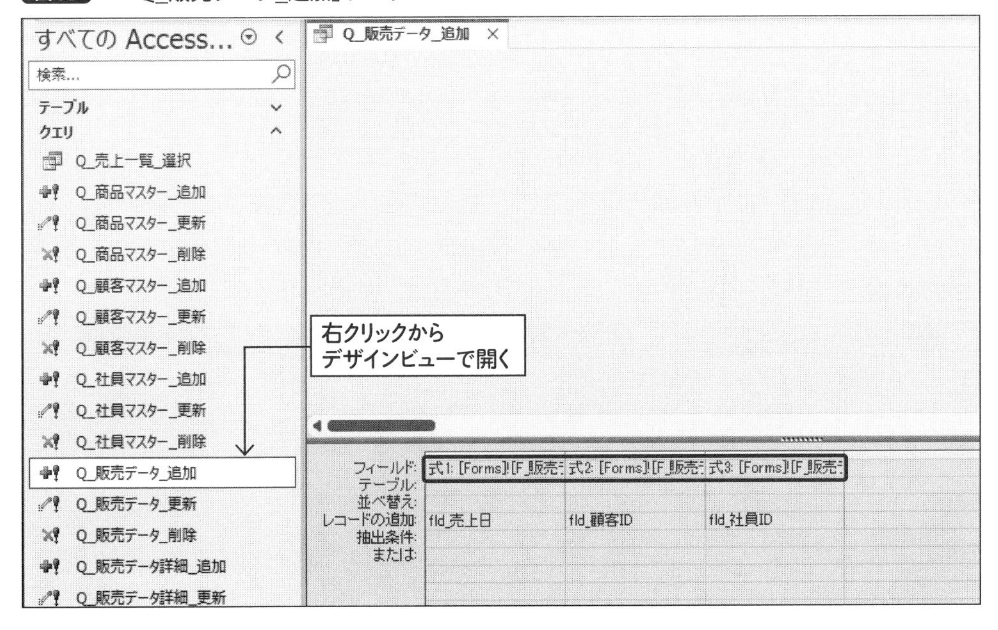

表23 追加クエリのパラメーター変更

レコードの追加	フィールド
fld_売上日	式1: [Forms]![F_販売データ_編集]![txb_売上日]
fld_顧客ID	式2: [Forms]![F_販売データ_編集]![cmb_顧客ID]
fld_社員ID	式3: [Forms]![F_販売データ_編集]![cmb_社員ID]

「Q_販売データ_更新」クエリをデザインビューで開き、パラメーターを**図96**、**表24**のように変更します。変更したクエリは上書き保存して、閉じておきます。

図96 「Q_販売データ_更新」クエリ

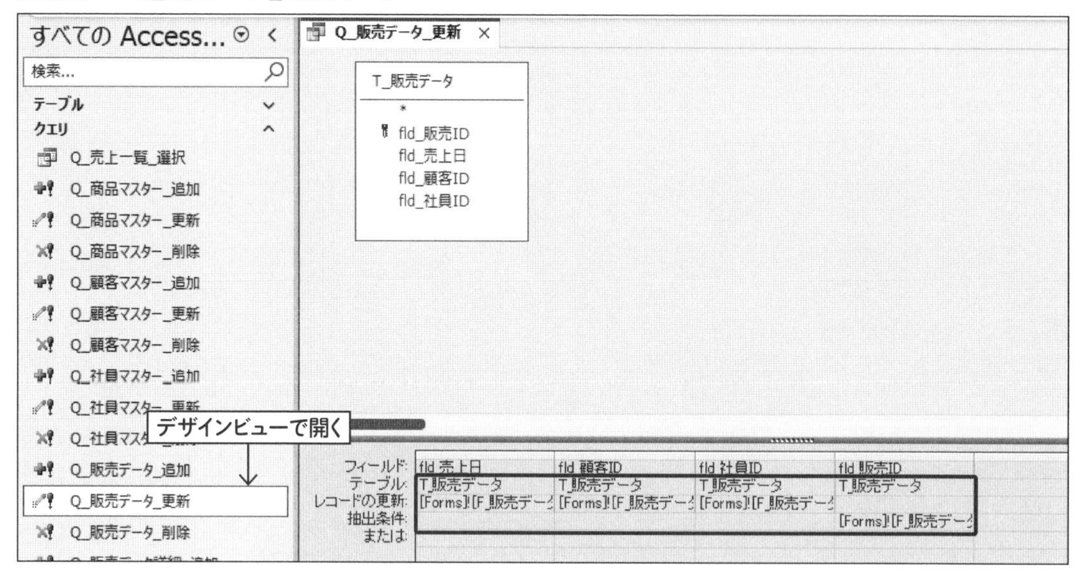

表24 更新クエリのパラメーター変更

フィールド	レコードの更新	抽出条件
fld_売上日	[Forms]![F_販売データ_編集]![txb_売上日]	
fld_顧客ID	[Forms]![F_販売データ_編集]![cmb_顧客ID]	
fld_社員ID	[Forms]![F_販売データ_編集]![cmb_社員ID]	
fld_販売ID		[Forms]![F_販売データ_編集]![txb_販売ID]

5-6-3 販売データ詳細の一覧フォーム

次に、「F_販売データ_一覧」フォームから開く「F_販売データ詳細_一覧」フォームを**図97**のように作成します。

図97 完成図

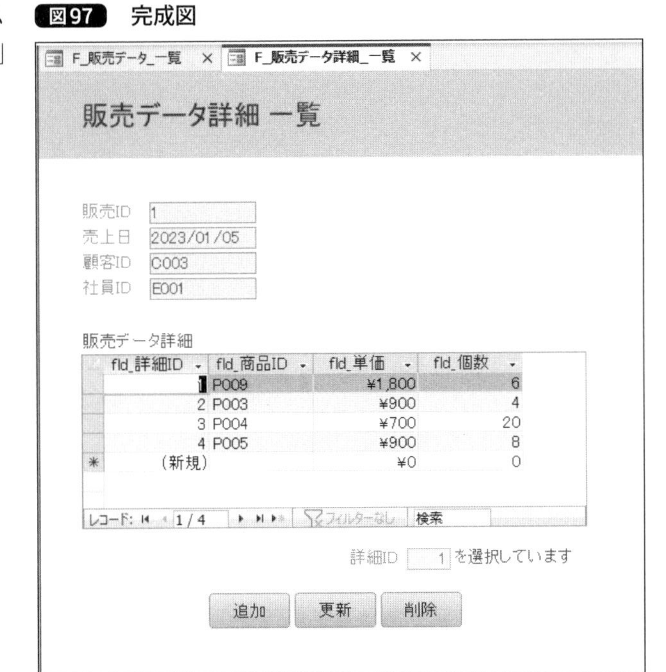

新規フォームを「F_販売データ詳細_一覧」という名前を付けて保存し、プロパティシートの「レコードセレクタ」「移動ボタン」を「いいえ」にしておきます。

図98のように、コントロール、セクションを配置します（**表25**）。❻は1組のラベル＋テキストボックスの右隣に、もう1つラベルを配置します。

図98 コントロールの配置

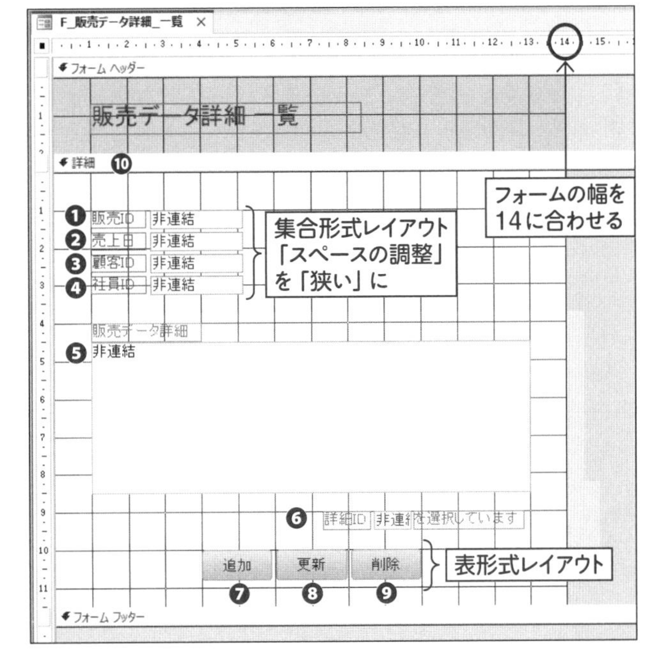

表25 プロパティシートの設定

番号	セクション/コントロールの種類	名前	標題	幅	高さ	上位置	左位置
❶	ラベル	lbl_販売ID	販売ID	1.5cm		1cm	1cm
	テキストボックス	txb_販売ID	-	2.5cm			
❷	ラベル	lbl_売上日	売上日				
	テキストボックス	txb_売上日	-				
❸	ラベル	lbl_顧客ID	顧客ID				
	テキストボックス	txb_顧客ID	-				
❹	ラベル	lbl_社員ID	社員ID				
	テキストボックス	txb_社員ID	-				
❺	ラベル	lbl_販売データ詳細	販売データ詳細	3cm		4cm	1cm
	サブフォーム	sbf_販売データ詳細	-	12cm	4cm	4.5cm	1cm
❻	ラベル	lbl_詳細ID	詳細ID	1.3cm		9cm	7.5cm
	テキストボックス	txb_詳細ID	-	1cm		9cm	8.9cm
	ラベル	lbl_note	を選択しています	3cm		9cm	10cm
❼	ボタン	btn_追加	追加	1.9cm	0.8cm	10cm	4cm
❽	ボタン	btn_更新	更新	1.9cm			
❾	ボタン	btn_削除	削除	1.9cm			
❿	詳細セクション				11.5cm		

4つのテキストボックスに、「F_販売データ_一覧」フォームで選択されているレコード情報を読み込みます。それぞれ、プロパティシートの「データ」タブの「コントロールソース」と「使用可能」を表26のように設定します(図99)。

コントロールソースは右端の「…」をクリックすると「式ビルダー」ウィンドウが開くので、そこへ書き込みましょう。

表26 図99のテキストボックスの設定

番号	コントロールソース	使用可能
❶	=[Forms]![F_販売データ_一覧]![sbf_販売データ].[Form]![fld_販売ID]	いいえ
❷	=[Forms]![F_販売データ_一覧]![sbf_販売データ].[Form]![fld_売上日]	いいえ
❸	=[Forms]![F_販売データ_一覧]![sbf_販売データ].[Form]![fld_顧客ID]	いいえ
❹	=[Forms]![F_販売データ_一覧]![sbf_販売データ].[Form]![fld_社員ID]	いいえ

図99 テキストボックスの設定

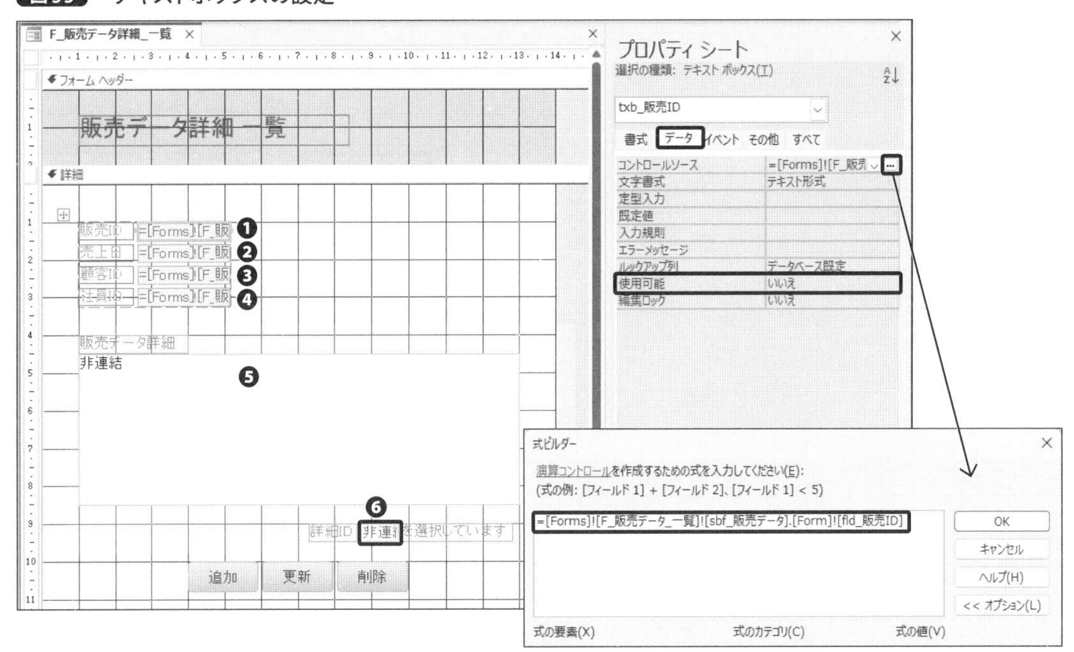

「sbf_販売詳細データ」を選択して、プロパティシートの「データ」タブを**表27**のように設定します。指定の親IDで表示を絞り込む設定です。また、テーブルを編集不可にするため、忘れずに**「編集ロック」を「はい」に設定**してください。

表27 サブフォーム❺の設定

項目	内容
ソースオブジェクト	テーブル.T_販売データ詳細
リンク親フィールド	txb_販売ID
リンク子フィールド	fld_販売ID
編集ロック	はい

また、P.230で解説した方法で、「txb_詳細ID」を選択して、プロパティシートの「データ」タブを**表28**のように設定します。コントロールソースは右端の「…」をクリックすると「式ビルダー」ウィンドウが開くので、そこへ書き込みましょう。

表28 テキストボックス❻の設定

項目	内容
コントロールソース	=[sbf_販売データ詳細].[Form]![fld_詳細ID]
使用可能	いいえ

以上の設定で、「F_販売データ_一覧」がフォームビューで開いている状態で「F_販売データ詳細_一覧」を開くと、選択していたレコードの販売IDに関する詳細一覧を表示できます(**図100**)。なお、「F_販売データ_一覧」が開いていない場合、値が参照できないため「#Name?」というエラー表示になり、詳細情報は取得できません。

図100 フォームビューで動作確認

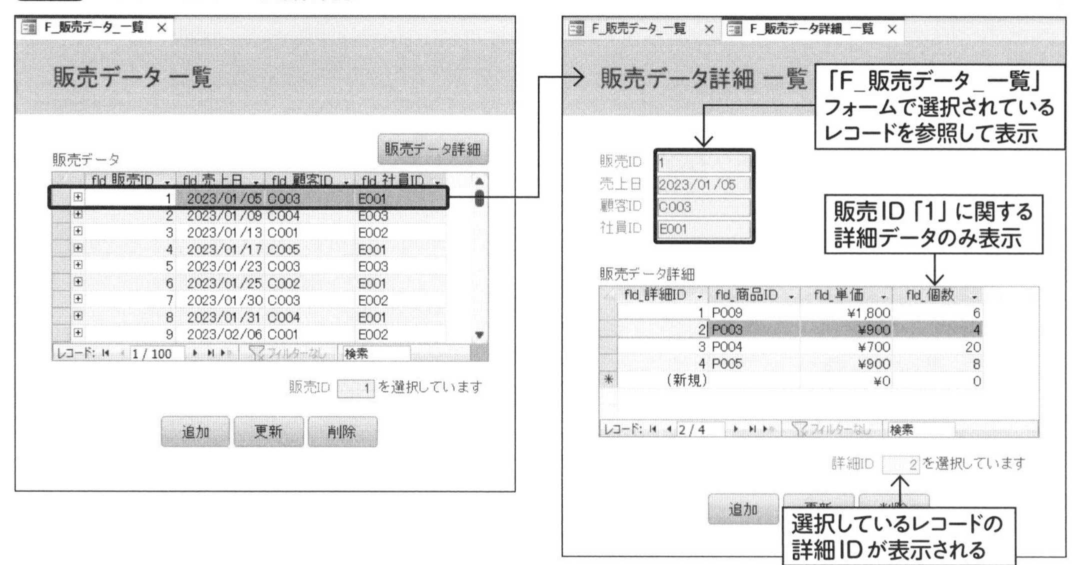

この「txb_詳細ID」で表示されているIDを「Q_販売データ詳細_削除」クエリへ利用します。クエリをデザインビューで開き、パラメーターを**図101**、**表29**のように変更し上書き保存しておきます。

図101 「Q_販売データ詳細_削除」クエリ

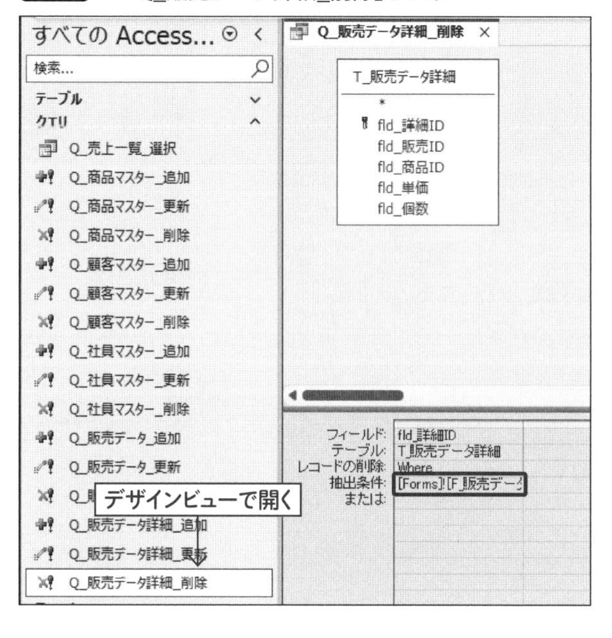

表29 削除クエリのパラメーター変更

フィールド	抽出条件（変更）
fld_販売ID	[Forms]![F_販売データ詳細_一覧]![txb_詳細ID]

5-6-4 販売データ詳細の編集フォーム

次に、「F_販売データ詳細_一覧」フォームから開く「F_販売データ詳細_編集」フォームを図102のように作成します。

図102 完成図

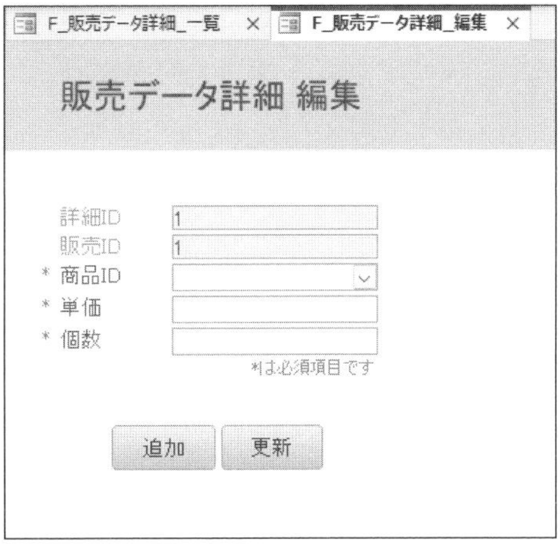

F_販売データ詳細_一覧 × F_販売データ詳細_編集 ×
販売データ詳細 編集
詳細ID 1
販売ID 1
* 商品ID
* 単価
* 個数
*は必須項目です
追加 更新

新規フォームを「F_販売データ詳細_編集」という名前を付けて保存し、プロパティシートの「レコードセレクタ」「移動ボタン」を「いいえ」にしておきます。続いて、コントロール、セクションを配置します（図103、表30）。

図103 コントロールの配置

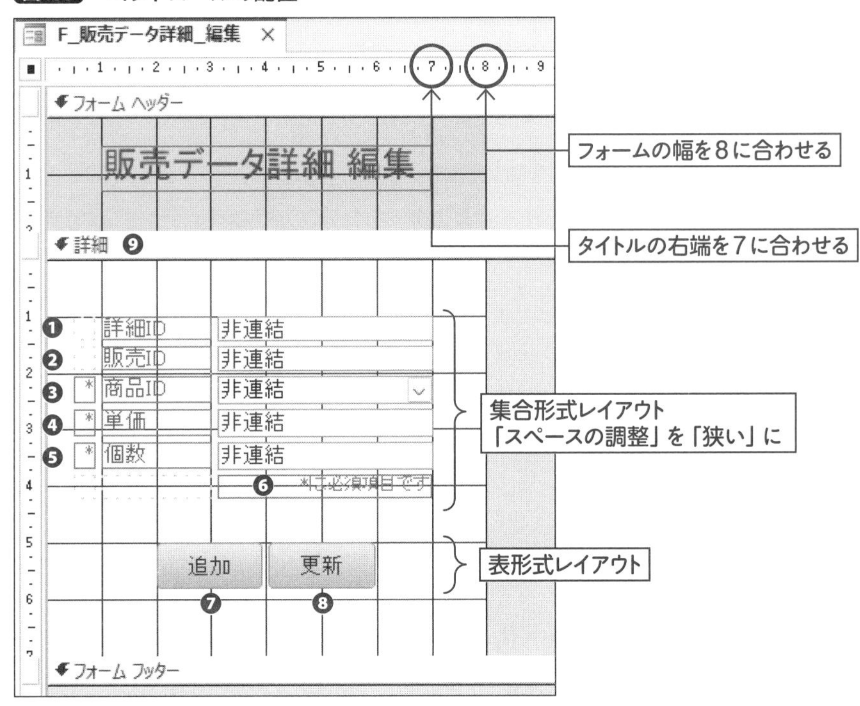

表30 プロパティシートの設定

番号	セクション/コントロールの種類	名前	標題	幅	高さ	上位置	左位置
❶	空白セル			0.4cm		1cm	1cm
	ラベル	lbl_詳細ID	詳細ID	2cm			
	テキストボックス	txb_詳細ID	-	3.9cm			
❷	ラベル	lbl_販売ID	販売ID				
	テキストボックス	txb_販売ID	-				
❸	ラベル	lbl_attn1	*				
	ラベル	lbl_商品ID	商品ID				
	コンボボックス	cmb_商品ID	-				
❹	ラベル	lbl_attn2	*				
	ラベル	lbl_単価	単価				
	テキストボックス	txb_単価	-				
❺	ラベル	lbl_attn3	*				
	ラベル	lbl_個数	個数				
	テキストボックス	txb_個数	-				
❻	ラベル	lbl_attnText	*は必須項目です				
❼	ボタン	btn_追加	追加	1.9cm	0.8cm	5cm	2cm
❽	ボタン	btn_更新	更新	1.9cm			
❾	詳細セクション				7cm		

フォーム上にコントロールの配置が完了したならば、配置したコントロールに次の設定を行います。

P.230で解説した方法で、2つのテキストボックス「txb_詳細ID」と「txb_販売ID」に、「F_販売データ詳細_一覧」フォームで選択されているレコード情報を読み込みます。それぞれ、プロパティシートの「データ」タブの「コントロールソース」と「使用可能」を**表31**のように設定します。プロパティシートの「コントロールソース」を選択して、右端の「…」をクリックすると「式ビルダー」ウィンドウが開くので、そこへ書き込みましょう。

表31 テキストボックスの設定

番号	コントロールソース	使用可能
❶	=[Forms]![F_販売データ詳細_一覧]![txb_詳細ID]	いいえ
❷	=[Forms]![F_販売データ詳細_一覧]![txb_販売ID]	いいえ

次に「cmb_商品ID」を選択して、プロパティシートの「データ」タブの「値集合ソース」を「T_商品マスター」に、「書式」タブの「列数」を「2」にします。「列幅」に「1;2」と入力すると、「1cm;2cm」と補完されて

品名が見切れずに表示できます（図104）。

図104 コンボボックスの設定

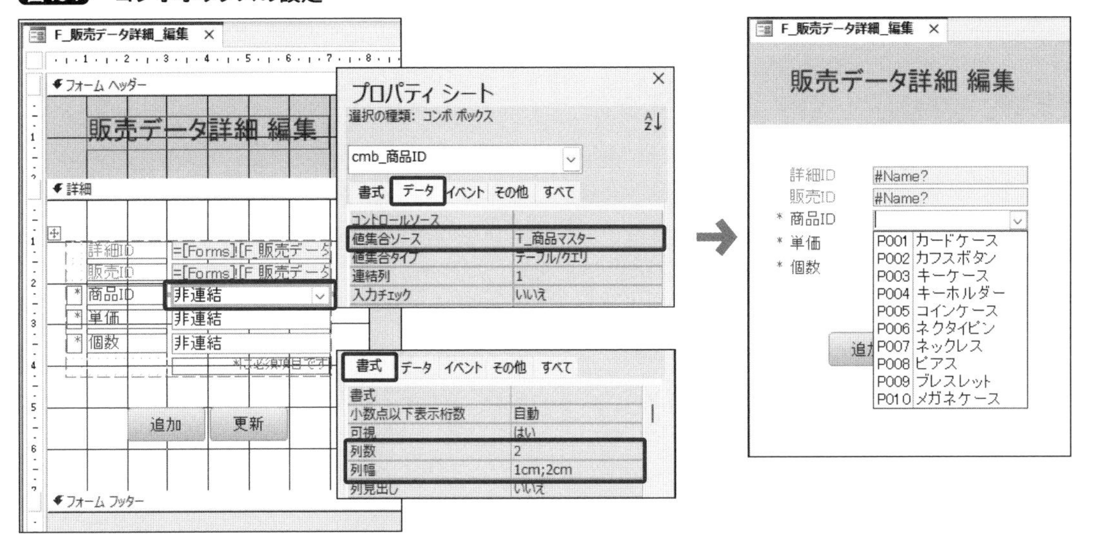

「cmb_商品ID」は選ぶだけではなく直接入力の可能性もあるので、**IME入力モード**を「使用不可」にして、半角英数のみ許可しておきます。

「txb_単価」は通貨以外の値が入らないように、また数値が読みやすいように「書式」タブで「通貨」「右寄せ」にしておきます。

「txb_個数」は「数値」「右寄せ」にしておきます。

最後に、タブオーダーは図105のように設定しておきましょう。

図105 タブオーダー

以上の設定で、「F_販売データ_一覧」「F_販売データ詳細_一覧」がフォームビューで開いている状態で「F_販売データ詳細_編集」を開くと、対象の詳細IDに関する情報を表示できます（図106）。なお、「F_販売データ_一覧」「F_販売データ詳細_一覧」が開いていない場合、値を参照できないため「#Name?」というエラー表示となります。

図106 動作確認

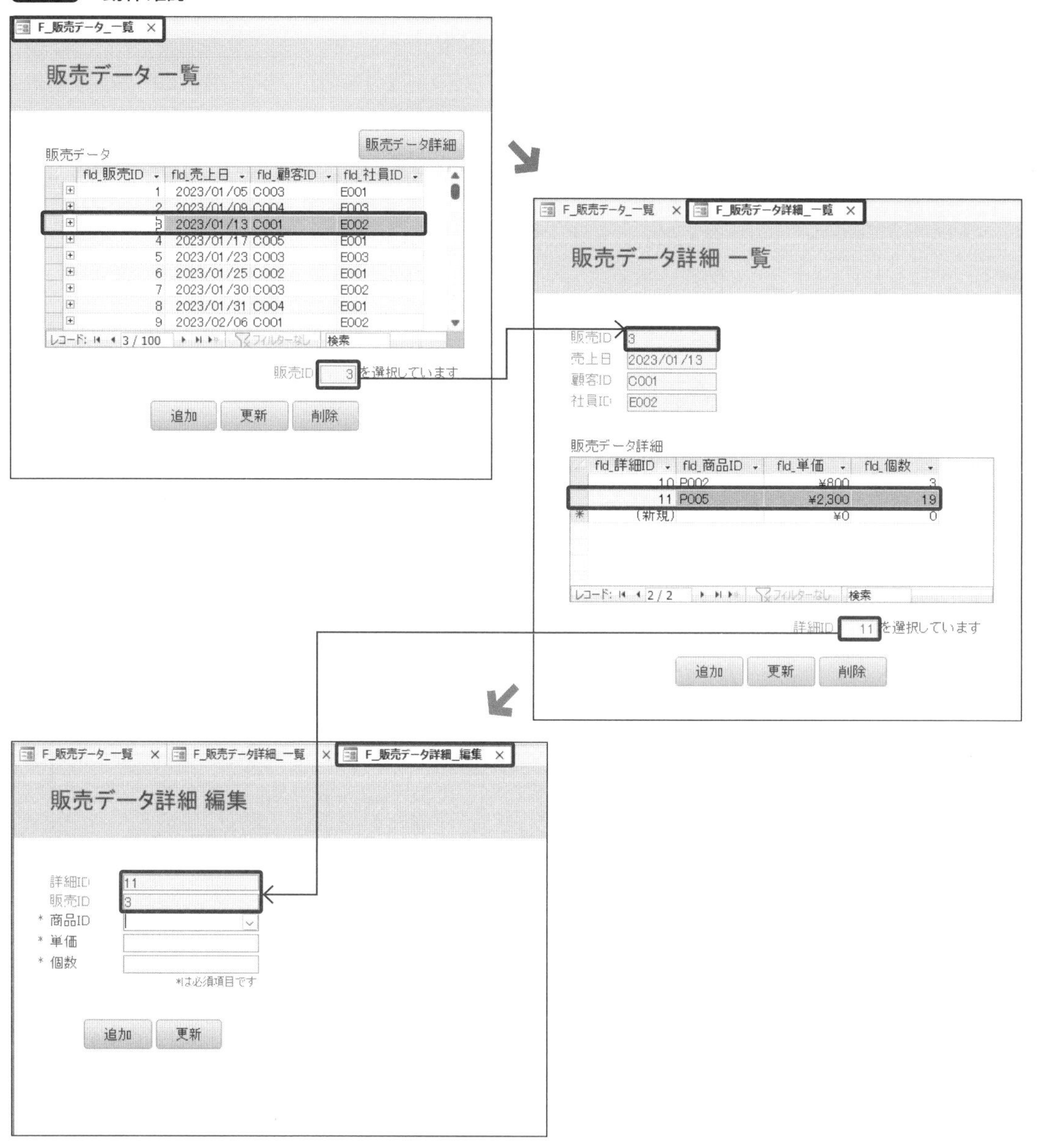

「F_販売データ詳細_編集」フォームの情報を「Q_販売データ詳細_追加」クエリへ利用します。デザインビューで開き、パラメーターを**図107**、**表32**のように変更します。

図107 「Q_販売データ詳細_追加」クエリ

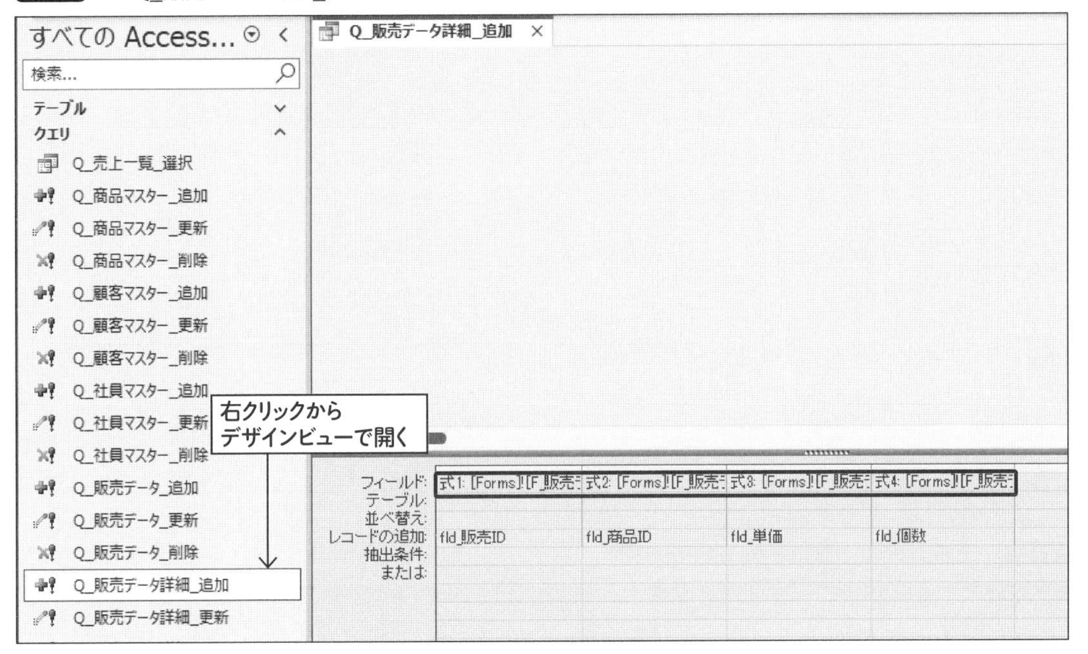

表32 追加クエリのパラメーター変更

レコードの追加	フィールド
fld_販売ID	式1: [Forms]![F_販売データ詳細_編集]![txb_販売ID]
fld_商品ID	式2: [Forms]![F_販売データ詳細_編集]![cmb_商品ID]
fld_単価	式3: [Forms]![F_販売データ詳細_編集]![txb_単価]
fld_個数	式4: [Forms]![F_販売データ詳細_編集]![txb_個数]

「Q_販売データ詳細_更新」クエリをデザインビューで開き、パラメーターを**図108**、**表33**のように変更します。

図108 「Q_販売データ詳細_更新」クエリ

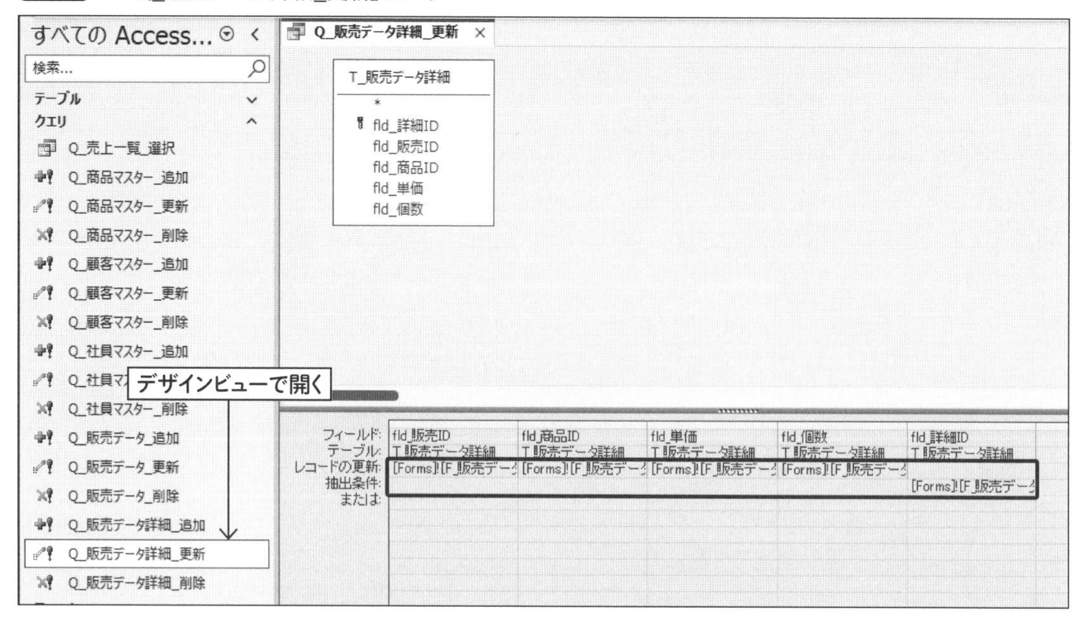

表33 更新クエリのパラメーター変更

フィールド	レコードの更新（変更）	抽出条件（変更）
fld_販売ID	[Forms]![F_販売データ詳細_編集]![txb_販売ID]	
fld_商品ID	[Forms]![F_販売データ詳細_編集]![cmb_商品ID]	
fld_単価	[Forms]![F_販売データ詳細_編集]![txb_単価]	
fld_個数	[Forms]![F_販売データ詳細_編集]![txb_個数]	
fld_詳細ID		[Forms]![F_販売データ詳細_編集]![txb_詳細ID]

クエリを変更したら、上書き保存して閉じておきます。

5-7 レポートを操作するフォーム

5-7-1 選択クエリの表示と絞り込み

「Q_売上一覧_選択」クエリの表示と、「R_売上明細書」「R_売上一覧票」の２種類のレポートを出力するためのフォームを図109のように作成します。

図109 完成図

F_レポート印刷

レポート印刷

開始日
終了日 で 絞り込み クリア

売上一覧

fld_販売ID	fld_売上日	fld_顧客ID	fld_顧客名	売上
1	2023/01/05	C003	C社	¥35,600
2	2023/01/09	C004	D社	¥54,300
3	2023/01/13	C001	A社	¥46,100
4	2023/01/17	C005	E社	¥25,100
5	2023/01/23	C003	C社	¥104,250
6	2023/01/25	C002	B社	¥43,300

レコード: 1 / 100 フィルターなし 検索

売上一覧票

設定した日付で プレビュー 印刷

売上明細書

販売ID 1 を プレビュー 印刷

※「印刷」ボタンはアクティブプリンターより出力されます

新規フォームを「F_レポート印刷」という名前を付けて保存し、プロパティシートの「レコードセレクタ」「移動ボタン」を「いいえ」にしておきます。

まずは「Q_売上一覧_選択」クエリを表示する部分を作ります。続いて、コントロール、セクションを配置します（**図110**、**表34**）。

❷❸は「集合形式」レイアウト、❺❻は「表形式」レイアウトを適用して、どちらも「スペースの調整」を「狭い」に設定してください。

図110 コントロールの配置

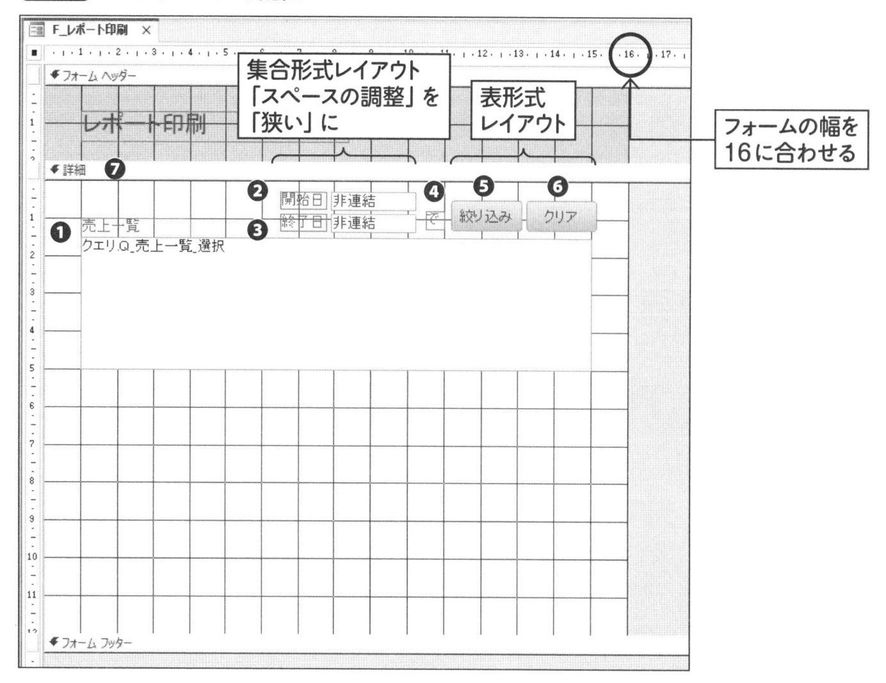

表34 プロパティシートの設定

番号	セクション/コントロールの種類	名前	標題	幅	高さ	上位置	左位置
❶	ラベル	lbl_売上一覧	売上一覧	3cm	0.5cm	1cm	1cm
	サブフォーム	sbf_売上一覧	-	14cm	3.5cm	1.5cm	1cm
❷	ラベル	lbl_開始日	開始日	1.3cm		0.3cm	6.5cm
	テキストボックス	txb_開始日	-	2.3cm			
❸	ラベル	lbl_終了日	終了日				
	テキストボックス	txb_終了日	-				
❹	ラベル	lbl_で	で	0.5cm		0.8cm	10.5cm
❺	ボタン	btn_絞り込み	絞り込み	1.9cm	0.8cm	0.5cm	11.2cm
❻	ボタン	btn_クリア	クリア	1.9cm			
❼	詳細セクション				12cm		

配置したコントロールに次からの設定を、順次行っていきます。

最初に、「sbf_売上一覧」を選択して、プロパティシートの「データ」タブの「ソースオブジェクト」に「クエリ.Q_売上一覧_選択」を設定します。選択クエリ経由で誤ってテーブルを編集してしまわないよう、忘れずに**「編集ロック」を「はい」に設定**してください。

続いて、「txb_開始日」「txb_終了日」の書式を「日付(S)」にします。

次に、「Q_売上一覧_選択」クエリをデザインビューで開き、**表35**のように変更します。

表35　更新クエリのパラメーター変更

フィールド	抽出条件（変更）
fld_売上日	Between [Forms]![F_レポート印刷]![txb_開始日] And [Forms]![F_レポート印刷]![txb_終了日]

これで「F_レポート印刷」フォームの「txb_開始日」「txb_終了日」テキストボックスの値を「Q_売上一覧_選択」クエリに利用できますが、条件用のテキストボックスが空だったときにレコードを抽出できなくなってしまいます。

その対策として、「txb_開始日」「txb_終了日」が空だった場合は「すべて」を抽出する条件を**図111**、**表36**のように書いておきます。

図111　日付が空だったときの対策

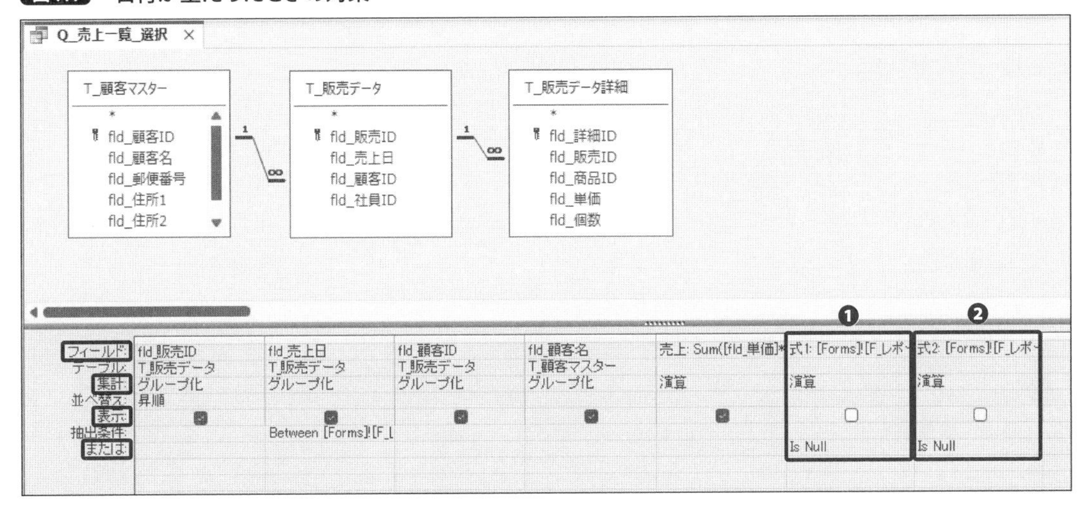

表36　日付が空だったときの対策

番号	フィールド	集計	表示	または
❶	式1: [Forms]![F_レポート印刷]![txb_開始日]	演算	オフ	Is Null
❷	式2: [Forms]![F_レポート印刷]![txb_終了日]	演算	オフ	Is Null

これで「F_レポート印刷」フォームをレポートビューで開くと、サブフォーム内に「Q_売上一覧_選択」フォームが表示されます。フォームが開く時点で「txb_開始日」「txb_終了日」テキストボックスは空なので、すべてのレコードが読み込まれます（**図112**）。日付で絞り込む動作は**CHAPTER 6**で実装します。

図112 フォームビューで動作確認

5-7-2 売上一覧票のパラメーター設定

次に2種類のレポートを出力する部分を作ります。「フォームデザイン」タブの「コントロール」から「線」を選択して、図113のようにドラッグします。詳細な設定は表37になります。

図113 四角形を作成

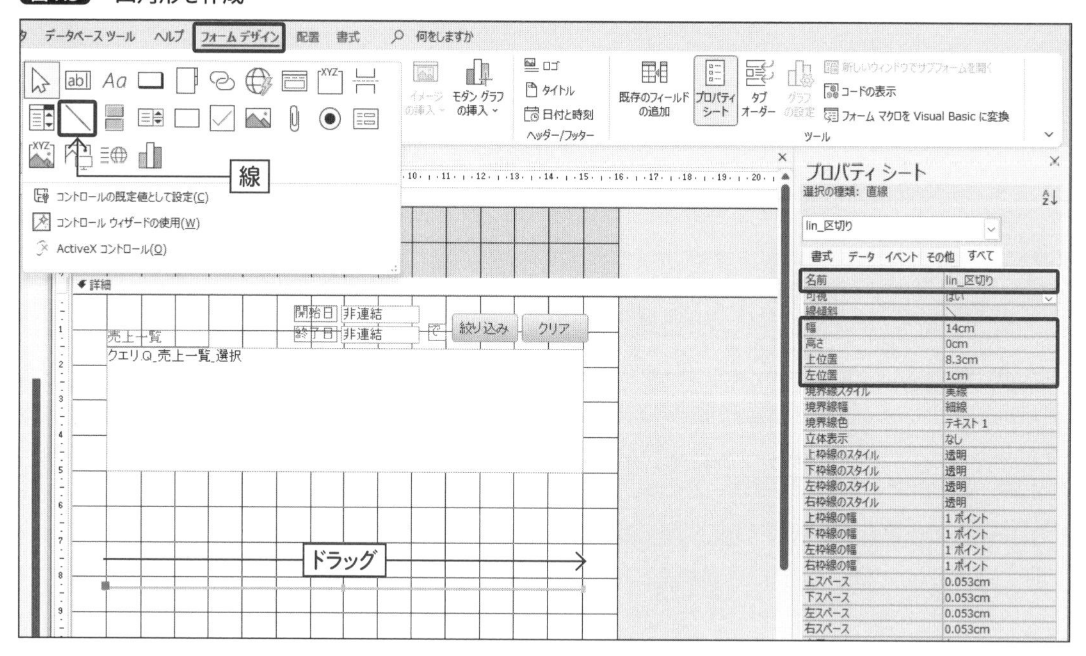

表37 プロパティシートの設定

コントロールの種類	名前	幅	高さ	上位置	左位置
線	lin_区切り	14cm	0cm	8.3cm	1cm

見出し用のラベルを作ります。標題を「売上一覧票」、名前を「lbl_売上一覧票」にして、「書式」タブから文字を「14」、太字にします（**図114**）。

図114　見出し用のラベルを作成

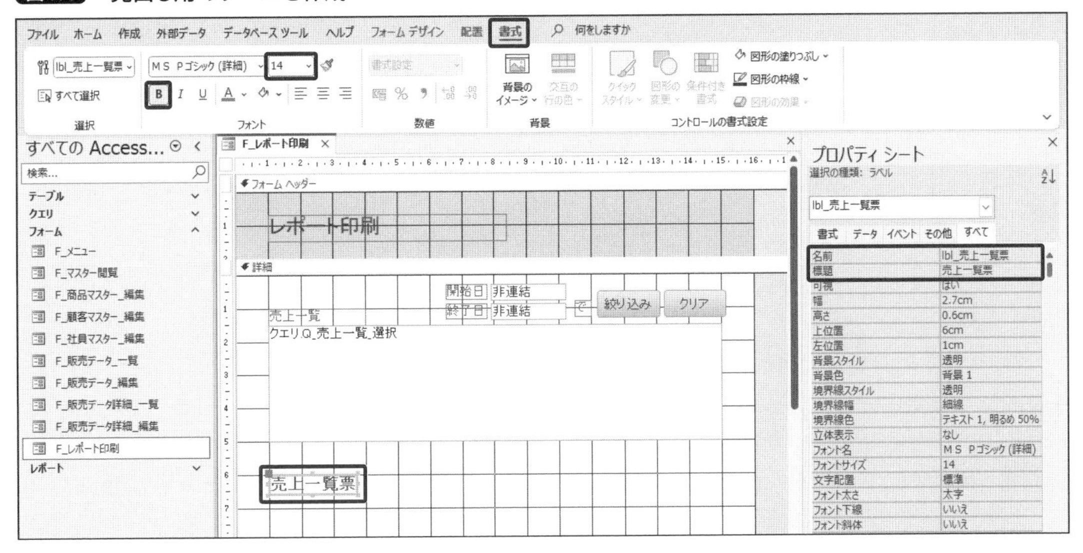

図115のようにコントロールを配置します。**表38**のように設定してください。

図115　コントロールの配置

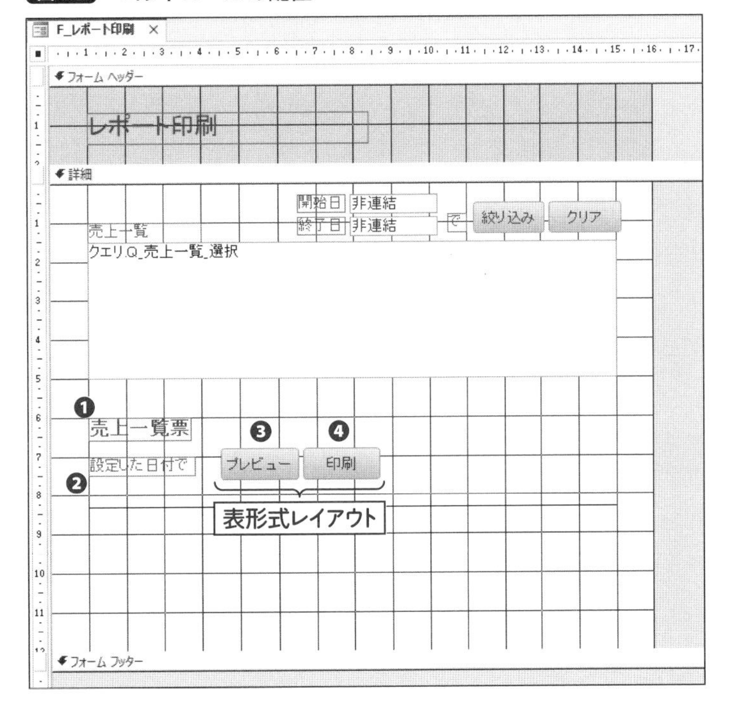

表38 プロパティシートの設定

番号	コントロールの種類	名前	標題	幅	高さ	上位置	左位置
❶	ラベル	lbl_売上一覧票	売上一覧票	2.7cm	0.6cm	6cm	1cm
❷	ラベル	lbl_設定した日付で	設定した日付で	2.8cm		7cm	1cm
❸	ボタン	btn_一覧票プレビュー	プレビュー	2cm	0.8cm	6.8cm	4.5cm
❹	ボタン	btn_一覧票印刷	印刷	2cm			

今度は、「R_売上一覧票」レポートをデザインビューで開き、プロパティシートの「レコードソース」右端の「…」ボタンをクリックして、埋め込みクエリを開きます。

開いたレコードソースの埋め込みクエリを**表39**のように変更します。**5-7-1**(P.247)で「Q_売上一覧_選択」クエリのために作った「txb_開始日」「txb_終了日」をそのまま利用する形です。

なお、レポートでは「txb_開始日」「txb_終了日」が空白だった場合は考えないものとします。**CHAPTER 6**のマクロで「日付が入っていないとレポートが開けない」しくみを作ります。

表39 更新クエリのパラメーター変更

フィールド	抽出条件(変更)
fld_売上日	Between [Forms]![F_レポート印刷]![txb_開始日] And [Forms]![F_レポート印刷]![txb_終了日]

レコードソースを保存して閉じたら、**「R_売上一覧票」レポート**において日付範囲を表示しているテキストボックスのコントロールソールを**表40**のように変更しておきましょう。これまでパラメーターで取得していた値を、「F_レポート印刷」フォームのテキストボックスの値に置き換えます。

表40 コントロールソース

コントロール名	コントロールソース(変更)
txb_開始日	=[Forms]![F_レポート印刷]![txb_開始日]
txb_終了日	=[Forms]![F_レポート印刷]![txb_終了日]

5-7-3 売上明細書のパラメーター設定

5-7-2(P.250)を参考に、「F_レポート印刷」フォームに**図116**の通りコントロールを追加します。**表41**のように設定してください。❻のラベルは文字色を赤、フォントサイズを10に指定しています。

図116 コントロールの配置

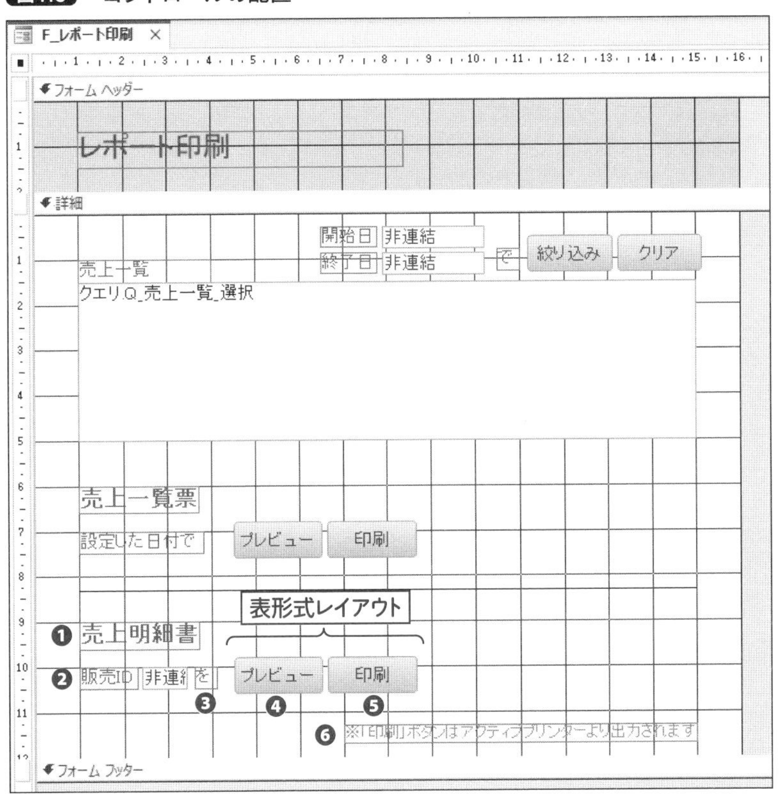

表41 プロパティシートの設定

番号	コントロールの種類	名前	標題	幅	高さ	上位置	左位置
❶	ラベル	lbl_売上明細書	売上明細書	2.7cm	0.6cm	9cm	1cm
❷	ラベル	lbl_販売ID	販売ID	1.3cm		10cm	1cm
	テキストボックス	txb_販売ID	-	1cm		10cm	2.4cm
❸	ラベル	lbl_を	を	0.5cm		10cm	3.6cm
❹	ボタン	btn_明細書プレビュー	プレビュー	2cm	0.8cm	9.8cm	4.5cm
❺	ボタン	btn_明細書印刷	印刷	2cm			
❻	ラベル	lbl_attnText	※「印刷」ボタンはアクティブプリンターより出力されます	8cm	0.4cm	11.3cm	7cm

配置した「txb_販売ID」を選択して、プロパティシートの「データ」タブを表42のように設定します。

表42 テキストボックスの設定

番号	プロパティ	値
❷	コントロールソース	=[sbf_売上一覧].[Form]![fld_販売ID]
	使用可能	いいえ

フォームビューへ切り替えると、サブフォームで選択したレコードの販売IDが「txb_販売ID」に表示されます（**図117**）。

図117 フォームビューで動作確認

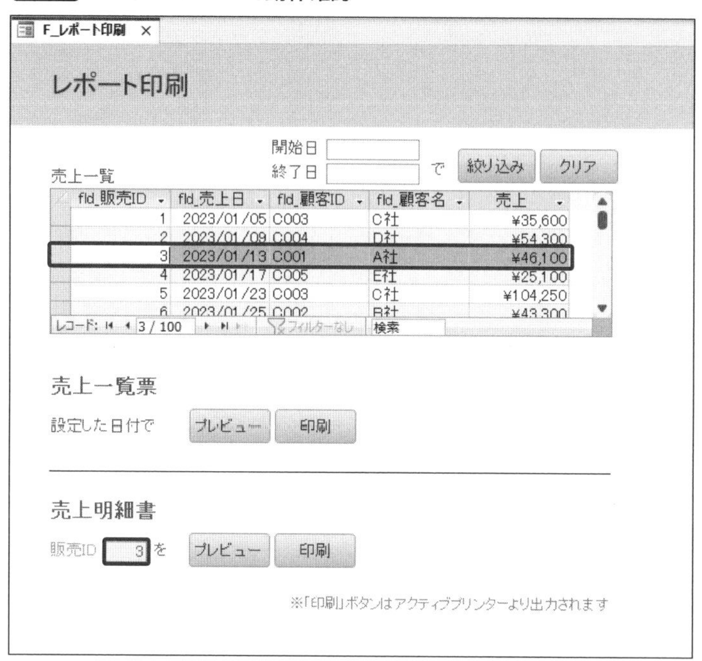

最後に、「R_売上明細書」レポートをデザインビューで開き、プロパティシートの「レコードソース」右端の「…」ボタンをクリックして、埋め込みクエリを開きます。

開いたレコードソースの埋め込みクエリを**表43**のように変更します。

表43 埋め込みクエリのパラメーター変更

フィールド	抽出条件（変更）
fld_販売ID	[Forms]![F_レポート印刷]![txb_販売ID]

以上で、レベル2アプリで使用するフォームの作成と、連動するレポートの変更が完了しました。

マクロの実装とレベル2アプリの完成

6-1 マクロの基礎

6-1-1 Accessにおけるマクロオブジェクト

ここからは、マクロオブジェクトについて学んでいきます。

一般的には**マクロ**とは、プログラミングによって作成された「機能」を指す言葉です。Accessを含むMicrosoft OfficeシリーズにはVBA(Visual Basic for Applications)というプログラミング言語によるプログラミング環境が備わっていて、この言語を使ってマクロを作成することができます(**図1**)。

図1 マクロとは

AccessはOfficeシリーズの中でもちょっと特殊で、VBAでのプログラミング環境とは別に、マクロを作成するための、その名を表した**マクロオブジェクト**を持っています。これは、**3-1-1**(P.66)で解説した、SQLとクエリオブジェクトによく似た関係性です。ドラッグや選択などのビジュアルプログラミングで、VBAを記述しなくてもマクロを作ることができるのです(**図2**)。

図2 VBAをビジュアルプログラミングで作成できるオブジェクト

つまりAccessでは、マクロ（自動化した機能）を作成する手段として、マクロオブジェクトを使ってビジュアルプログラミングを行う方法と、VBA言語でテキストプログラミングを行う方法、2つの選択肢があります（**図3**）。

図3 Accessでマクロを作成する2つの手段

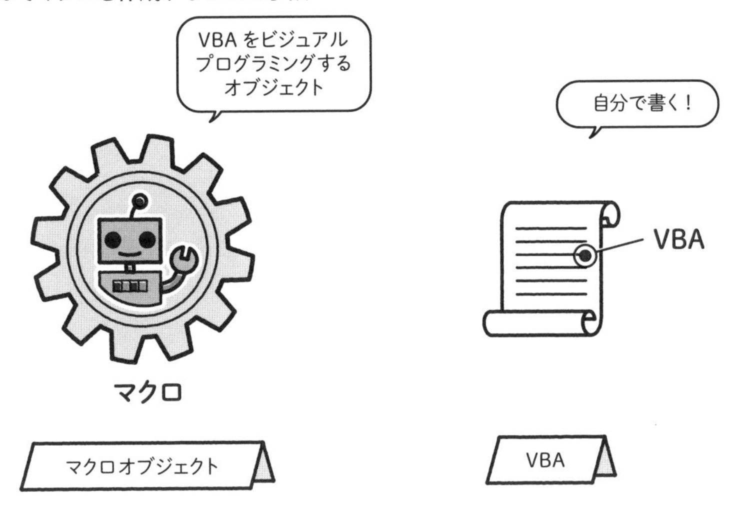

マクロオブジェクトも元はVBAで動いているので、どちらもたいてい同じことができますが、VBAのほうが操作できる範囲が広く、細やかな動きを設定することができます。また、工程の多い作業をマクロオブジェクトで作成すると、かえって複雑でわかりにくくなってしまうため、ある程度シンプルな作業までにとどめておくのがよいでしょう。

この章ではマクロオブジェクトを使って、アプリケーションとしての機能を実装します。

6-1-2 マクロツール

マクロオブジェクトでは、**マクロツール**（マクロデザイン）という専用の編集画面を使ってプログラミングを行います。この画面では、**アクション**と呼ばれる動作を1つずつ登録していきます（**図4**）。

図4 マクロツール

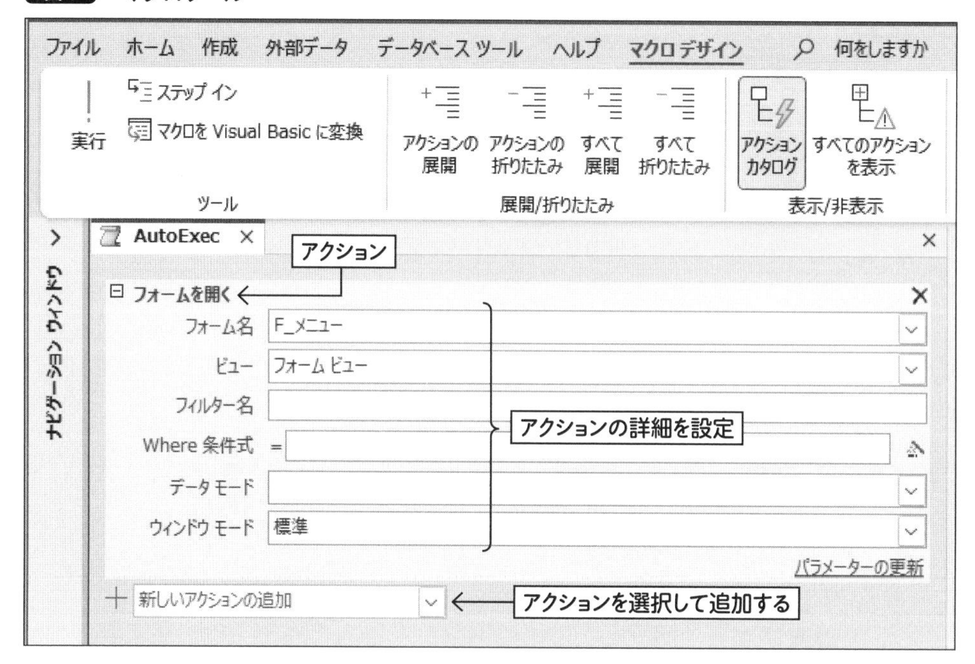

この1画面が1つのマクロとなり、ここに登録されたアクションの組み合わせによって機能を作ります。複数のアクションが高速で動くので、「なんだか難しそう」と思うかもしれませんが、1つ1つはシンプルなものです。

6-1-3 イベント

マクロを利用してアプリケーションを作成するには、作成したマクロを**いつ実行するのか**が重要です。

いちばんわかりやすいのは、フォーム上の**ボタンコントロールをクリックしたとき**に実行する設定です。ボタンは一般的に「クリックしたら、なにかが起こる」と期待してもらえる可能性が高く、利用しやすいコントロールです。ボタンを「クリックしたとき」のようなマクロ実行のきっかけとなる動作を**イベント**と呼びます（**図5**）。

図5 「ボタンをクリックしたとき」のイベントを利用するマクロ

「ボタンをクリック」は、ユーザーが能動的に行う動作ですが、「フォームが開くとき」「フォームが閉じるとき」「値が変更されたとき」「フォーカスされたとき」など、さまざまなオブジェクト/コントロールの、さまざまなイベントに対してマクロを登録することができます(図6)。

図6 クリック以外にもさまざまなイベントがある

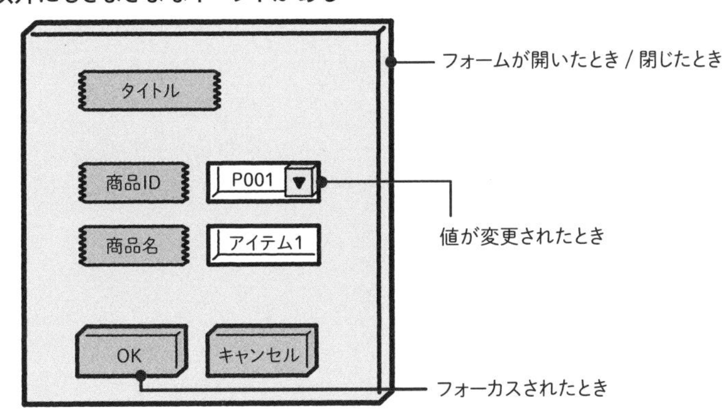

これらを連動させたり、組み合わせたりすることによって、ユーザーを適切な目的へ誘導したり、入力の補助を行ったりなど、**アプリケーション**としての品質を向上させることができるのです。

6-1-4 マクロの種類

Accessで利用するマクロは、「ボタンをクリックしたとき」、「フォームが開いたとき」などのイベントに紐付いて登録される場合が多くあります。この種類のマクロは、オブジェクトやコントロールに対する**埋め込みマクロ**と呼ばれ、プロパティシートから作成・編集を行います。このマクロはナビゲーションウィンドウに表示されません。それとは別に、オブジェクトやコントロールのイベントを利用しない、独立したマクロオブジェクトが必要になる場合もあります。この種類のマクロのことを**名前付きマクロ**と呼び、

こちらはナビゲーションウィンドウに表示されます(図7)。

図7 埋め込みマクロと名前付きマクロ

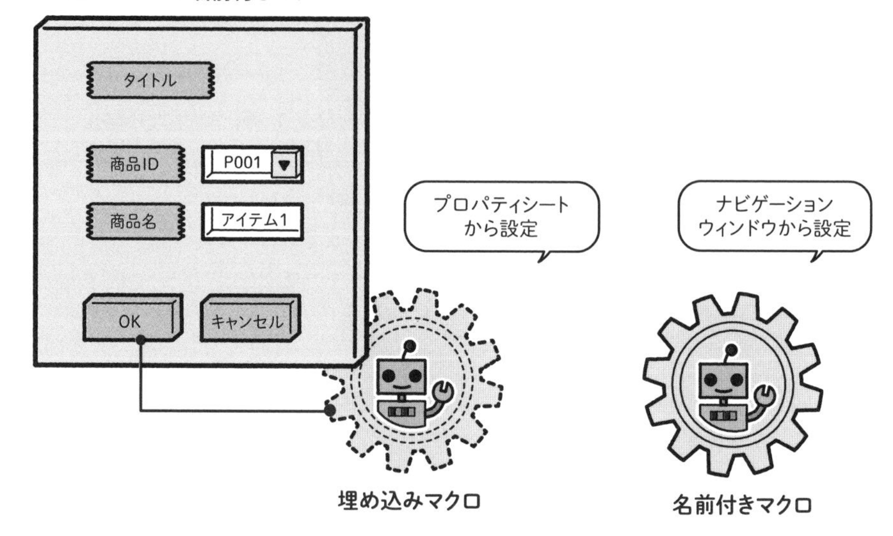

動作させたい内容やタイミングによって、マクロの種類を使い分けて作成していきます。

メニューの機能

6-2-1 名前付きマクロの作成

5-1-1（P.178）で解説した通り、レベル2アプリの完成形では、ナビゲーションウィンドウを隠す予定です。そのため、**CHAPTER 5**で作成した「F_メニュー」フォームは、ファイルを起動したときに自動的に開くようにしておきたいですね。まずはこの機能をマクロで作ってみましょう。

「ファイルが起動したとき」に動かしたいマクロは、オブジェクトやコントロールのイベントを利用しない独立したマクロオブジェクトなので、名前付きマクロ（P.259）を作成します。

リボンの「作成」タブの「マクロ」をクリックします（**図8**）。

図8　マクロオブジェクトの作成

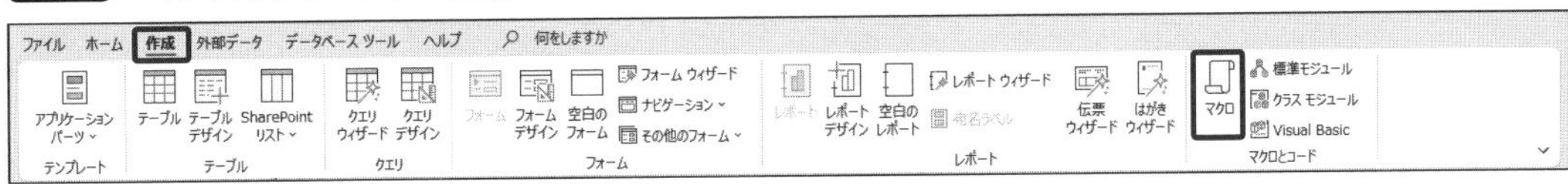

すると、**図9**の画面になります。これは**マクロツール**（マクロデザイン）と呼ばれる、マクロを編集するための専用画面です。

図9　マクロツール（マクロデザイン）

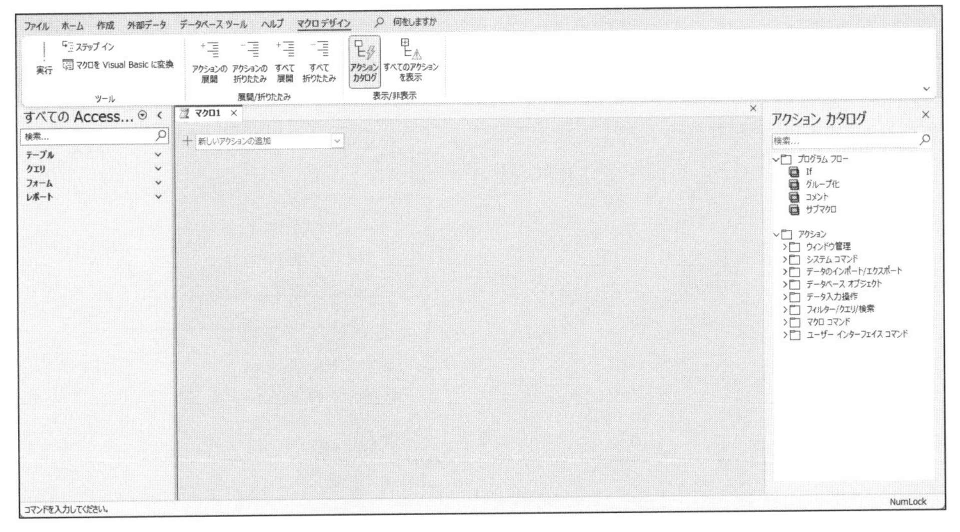

オブジェクト名のタブを右クリックして「上書き保存」を選択し、**1-3-3** (P.30) で解説した命名規則にしたがって「M_メニュー表示」という名前を付けます (**図10**)。

図10 名前を付けて保存

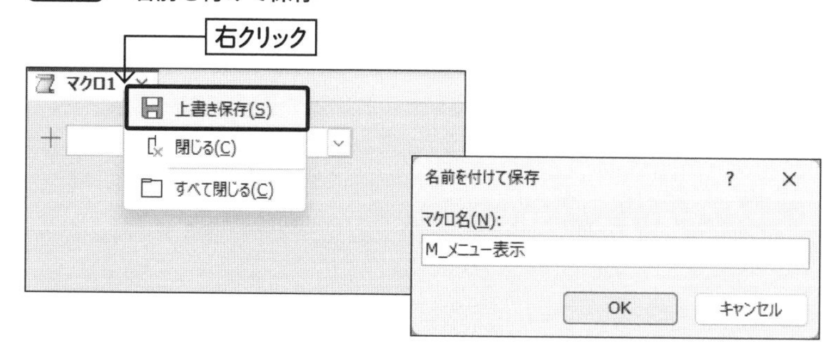

マクロが保存され、ナビゲーションウィンドウに表示されました。これが、**名前付きマクロ**オブジェクトです (**図11**)。

図11 名前付きマクロが作成できた

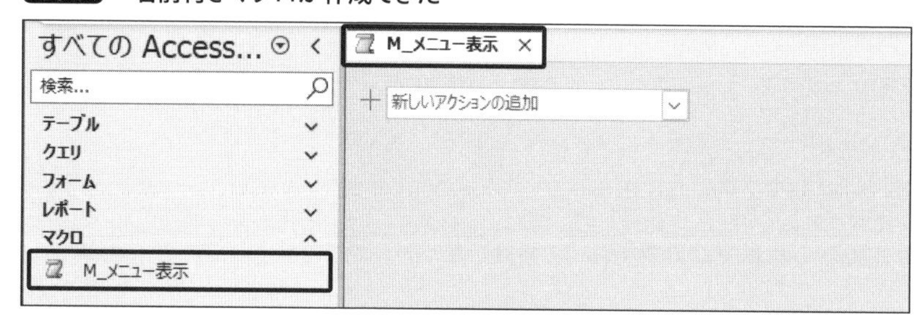

6-2-2 アクションの追加

このマクロが実行されたときに動作するアクションの登録を行います。ここでの目的は、「F_メニュー」フォームの表示です。**図11**で「+ 新しいアクションの追加」と表示されているコンボボックスから、「フォームを開く」を選択します (**図12**)。

図12 アクションの追加

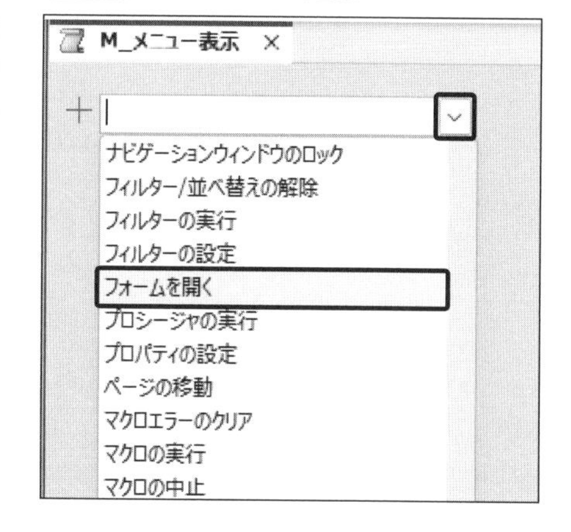

すると、選択したアクションが太字で登録されて、薄い色の四角で囲まれた部分に、詳細の項目が表示されます(図13)。

図13 アクションの詳細設定画面

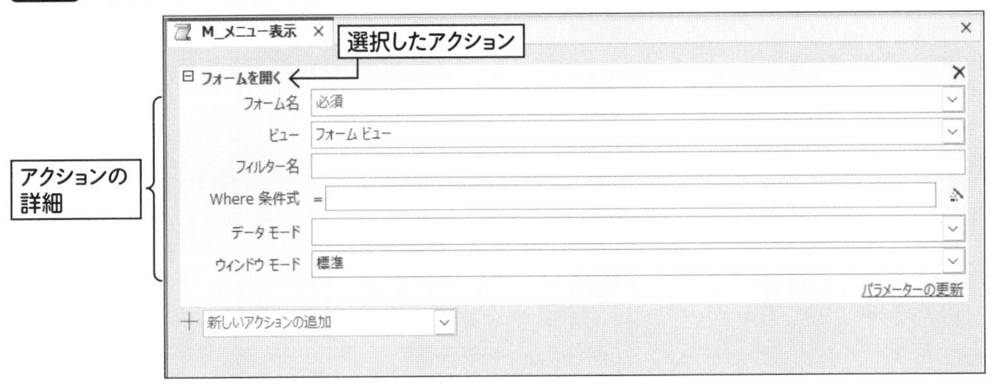

「フォーム名」の右端の▼をクリックすると、これまで作成したフォームが選択できるので、「F_メニュー」を選びます(図14)。

図14 フォームを選択する

これで、「F_メニュー」を開くためのアクションが登録できました。保存は、タブを右クリックして「上書き保存」、またはツールバー左上の「上書き保存」から行います。Ctrl+Sのキーボードショートカットでも保存できます(図15)。

図15 上書き保存

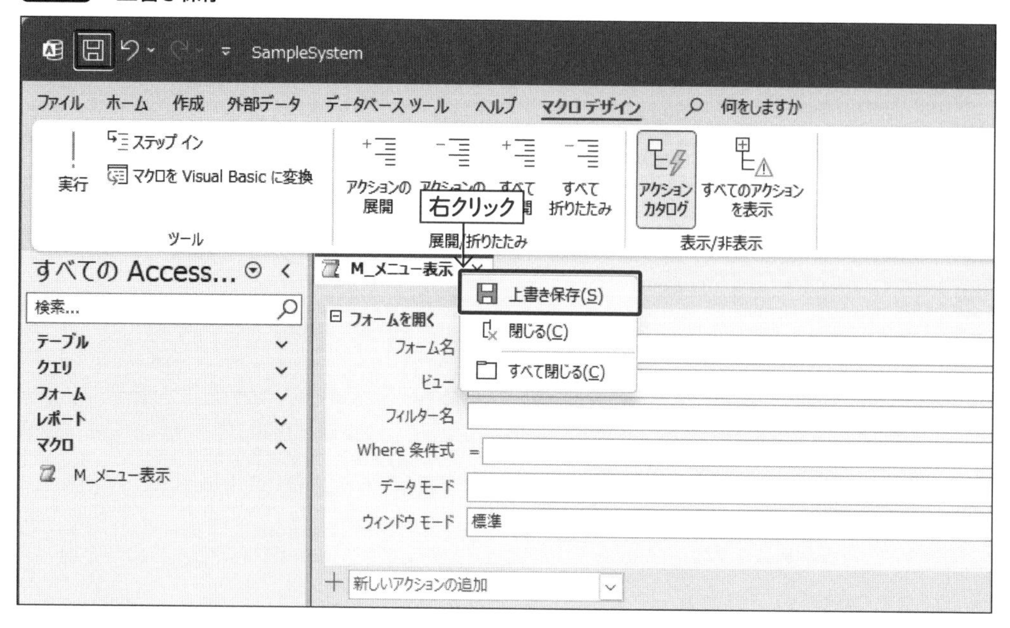

6-2-3 名前付きマクロの実行

実際に動かすには、「マクロデザイン」タブの「実行」ボタン、または、ナビゲーションウィンドウのマクロオブジェクトをダブルクリックで実行できます（図16）。いったんオブジェクトを閉じて、試してみましょう。

図16 マクロを実行するには

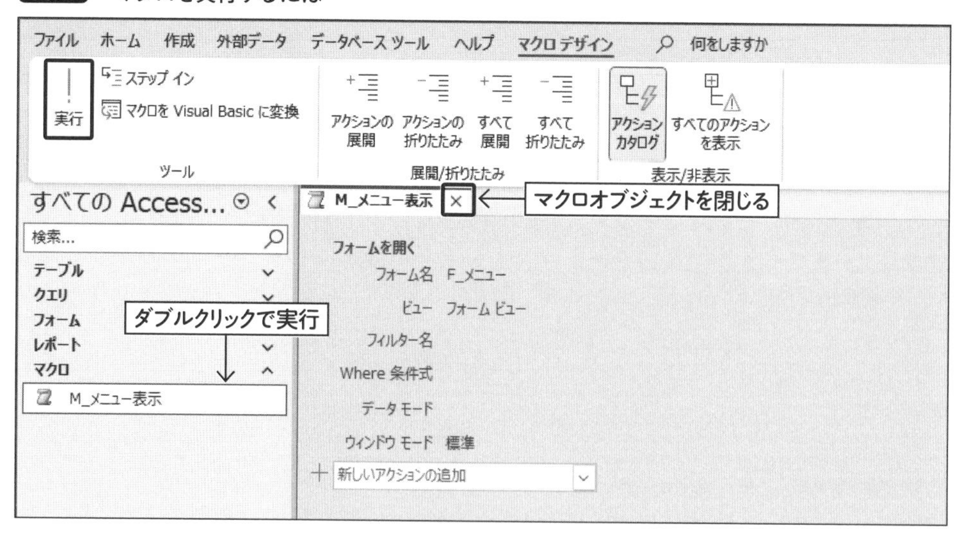

オブジェクトが1つも開いていない状態で「M_メニュー表示」マクロをダブルクリックすると、マクロが実行され、「F_メニュー」フォームが開きます(図17)。

図17 マクロの実行

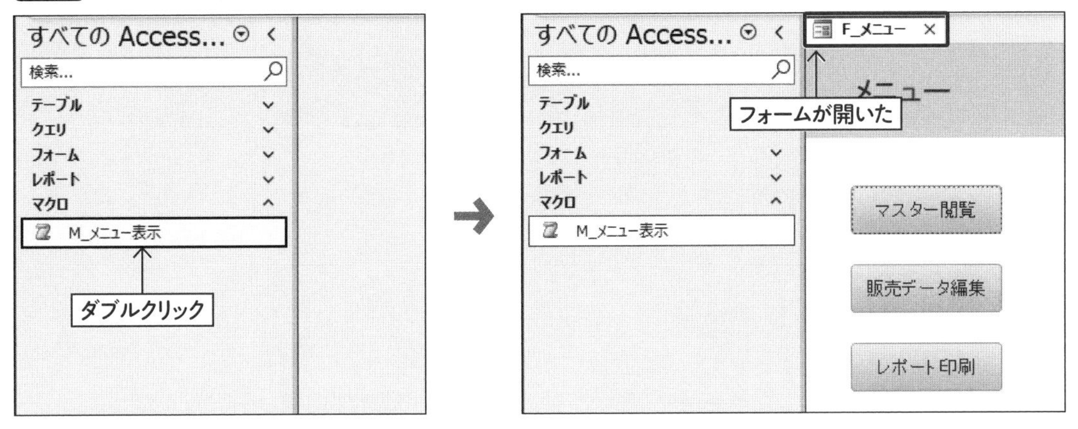

6-2-4 起動時に実行

次に、このマクロを「ファイルが起動したとき」に自動的に実行させます。方法はかんたんで、マクロの名前を**AutoExec**とするだけです。この名称の名前付きマクロは、起動時に自動的に実行される特徴を持っています。

ナビゲーションウィンドウの「M_メニュー表示」マクロを右クリックして「名前の変更」から、「AutoExec」にします(図18)。

図18 マクロの名前をAutoExecへ変更

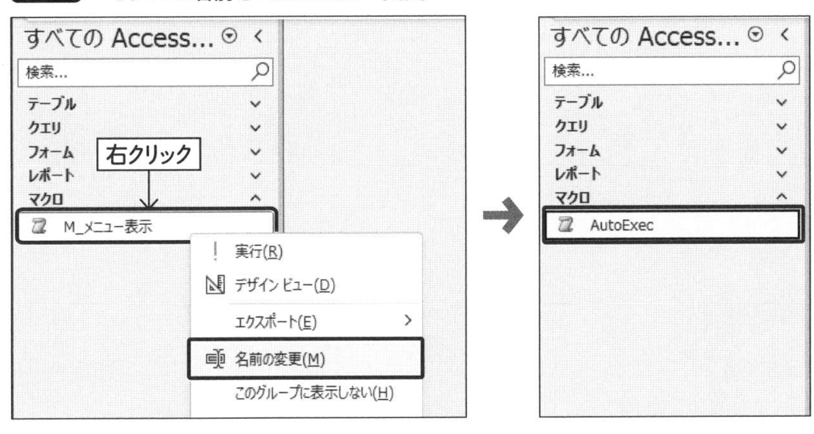

データベースファイルをいったん閉じて、開き直してみてください。「AutoExec」マクロが自動で実行され、「F_メニュー」フォームが開いています(図19)。

図19 ファイルを開き直す

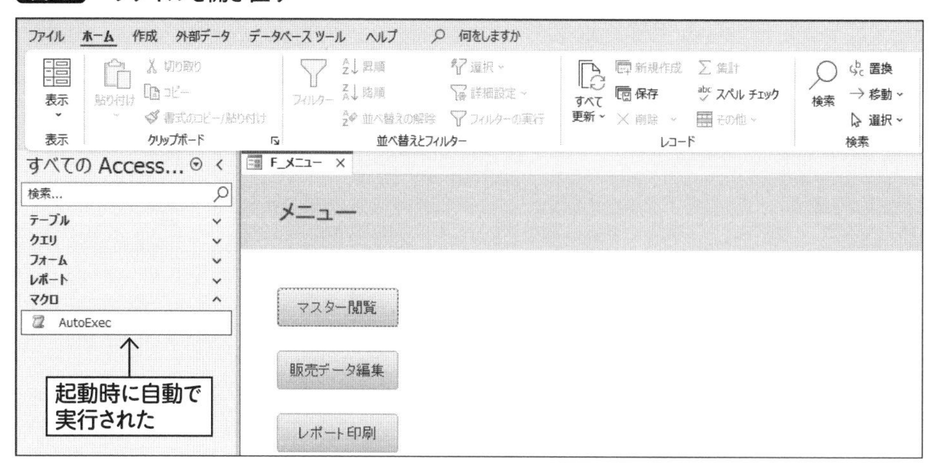

これで、ファイルを起動したときに「F_メニュー」フォームが自動で開く機能ができました。

6-2-5 埋め込みマクロの作成

次に、「F_メニュー」フォーム上のボタンをクリックしたら、対応したフォームが開くようにしてみましょう。このマクロは、「ボタン」コントロールを「クリックしたとき」のイベントによって起動するマクロなので、埋め込みマクロ（P.259）です。まずは、フォームビューで開いている「F_メニュー」をデザインビューに切り替えます（図20）。

図20 デザインビューへ切り替える

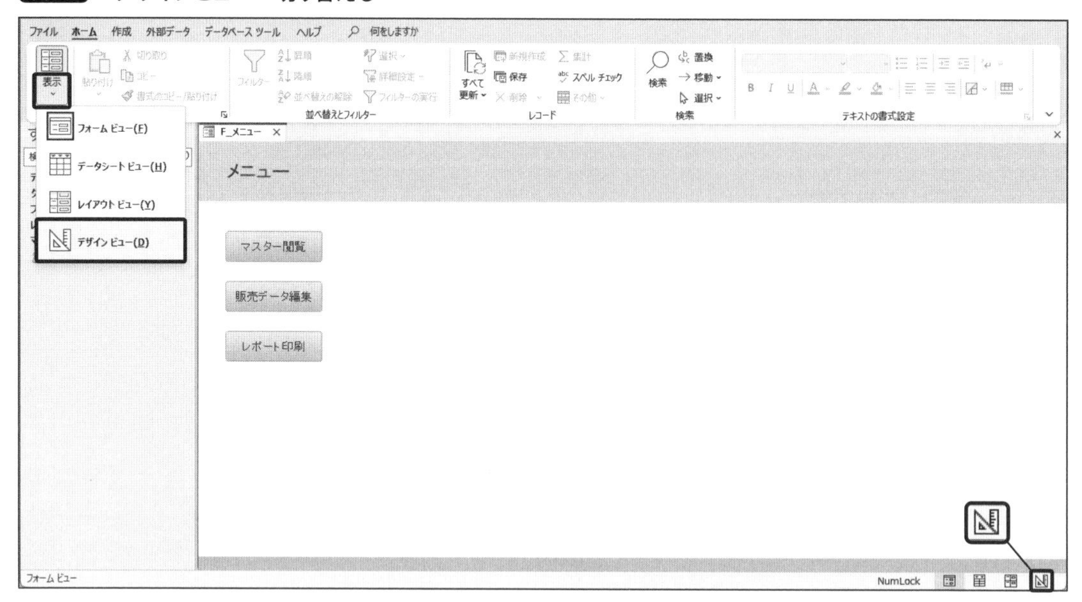

「btn_マスター閲覧」ボタンを選択した状態で、プロパティシートの「イベント」タブで、「クリック時」の右端にある「…」ボタンをクリックします。「ビルダーの選択」ウィンドウが開くので、「マクロビルダー」を選択して「OK」をクリックします(**図21**)。

図21 イベントのマクロを作成する

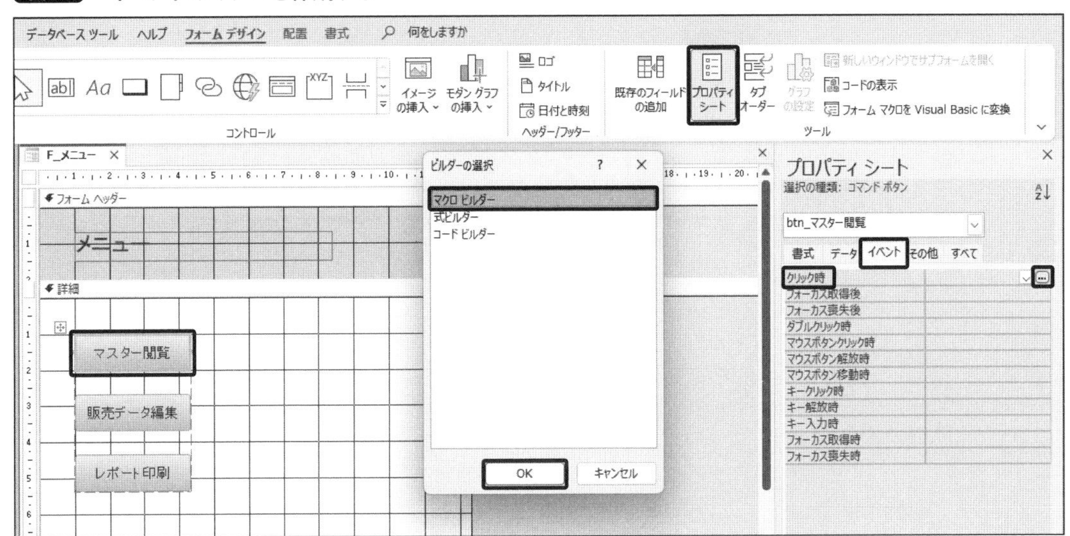

すると、**図22**のようなマクロツールが開きました。**6-2-1**(P.261)で名前付きマクロを作ったときとほとんど同じですが、タブには「F_メニュー:btn_マスター閲覧:クリック時」と書いてあります。これは「オブジェクト名:コントロール名:イベント名」の**埋め込みマクロ**であることを表しています。

このマクロはナビゲーションウィンドウには表示されず、対象のコントロール(ここでは「btn_マスター閲覧」ボタン)のプロパティウィンドウから作成・編集を行います。

図22 埋め込みマクロのマクロツール

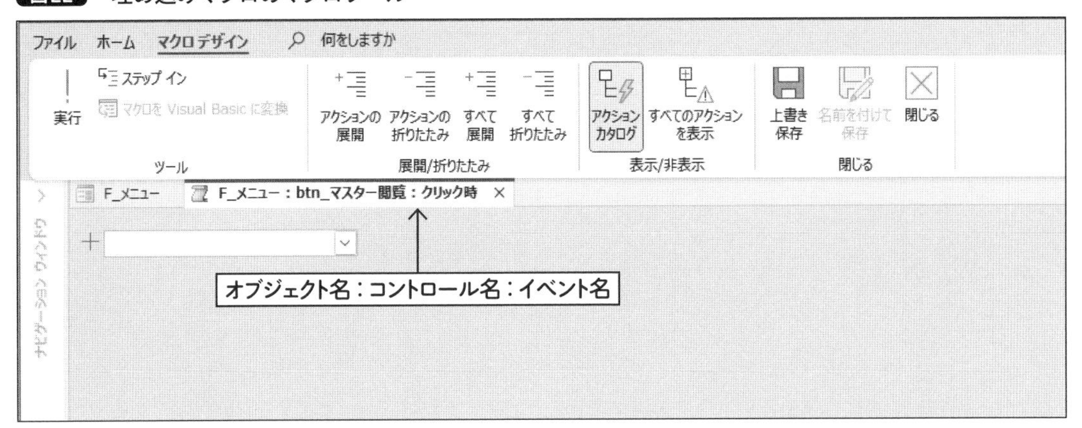

6-2-2（P.262）と同様に、「フォームを開く」アクションを登録します。対象のフォームを「F_マスター閲覧」にしたら、「上書き保存」をクリックして保存し、「閉じる」で終了します（**図23**）。

図23 アクションの登録

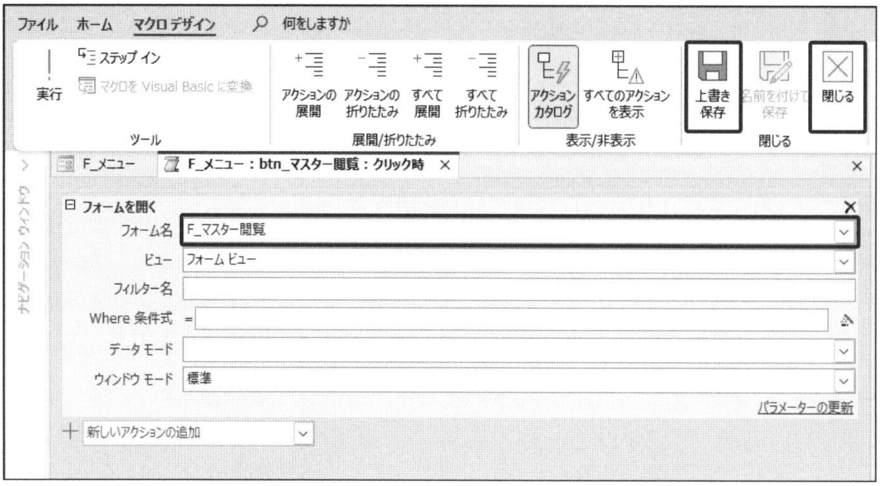

終了すると、「F_メニュー」フォームのデザインビューに戻りました。プロパティシートの「クリック時」の項目には、「埋め込みマクロ」が登録されていることがわかります（**図24**）。

図24 ボタンの「クリック時」イベントに埋め込みマクロが登録された

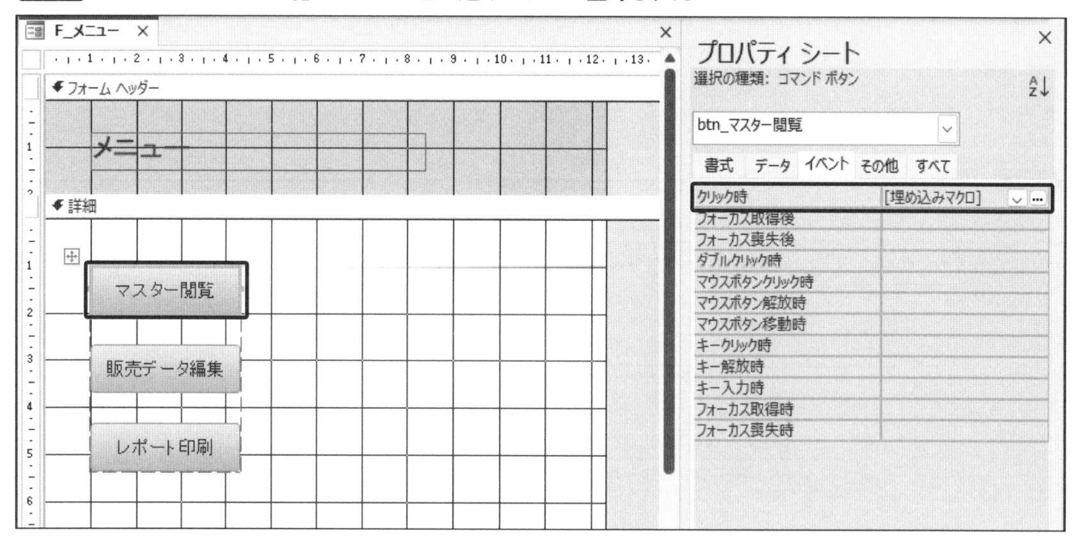

このマクロを実行してみましょう。フォームビューに切り替えて「btn_マスター閲覧」ボタンをクリックすると、設定した埋め込みマクロが実行されて、「F_マスター閲覧」フォームが開きました（**図25**）。

図25 埋め込みマクロの動作確認

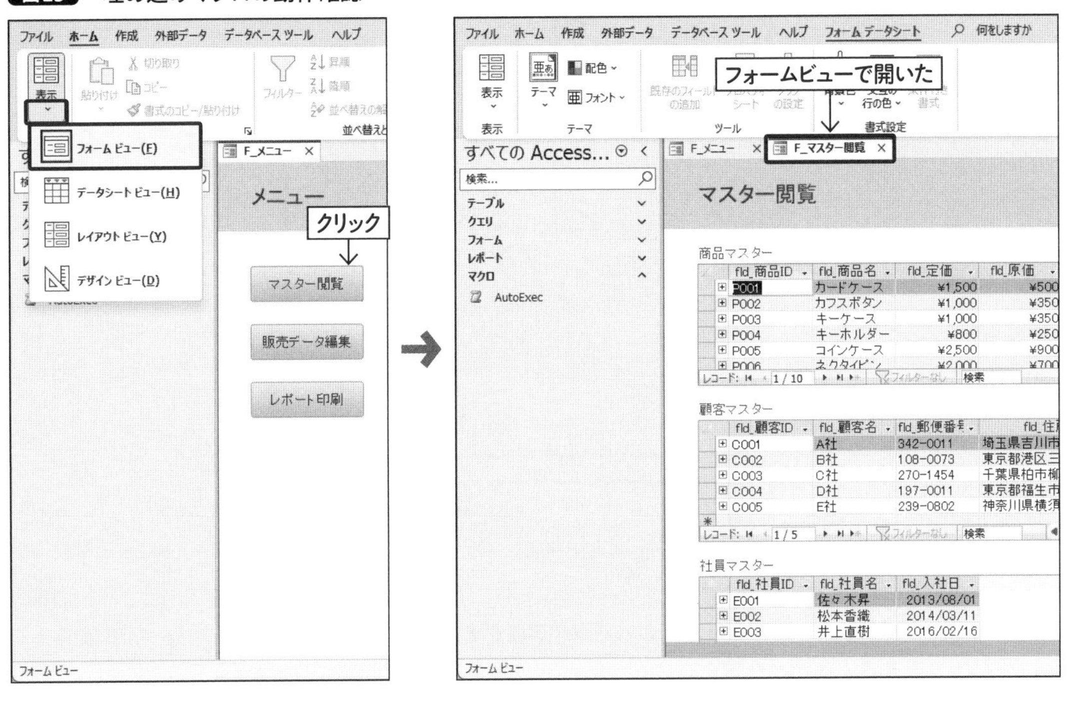

6-2-6 ウィンドウモードの変更

タブが並んで開くこの形式は、ウィンドウモードが「標準」です。これを別の形式にしてみましょう。いったん「F_マスター閲覧」フォームを閉じます。先ほどのマクロを編集するには、ふたたび「F_メニュー」フォームをデザインビューに切り替え、「btn_マスター閲覧」を選択してプロパティシートから「クリック時」の「…」ボタンをクリックします（図26）。

図26 作成済みの埋め込みマクロを編集する

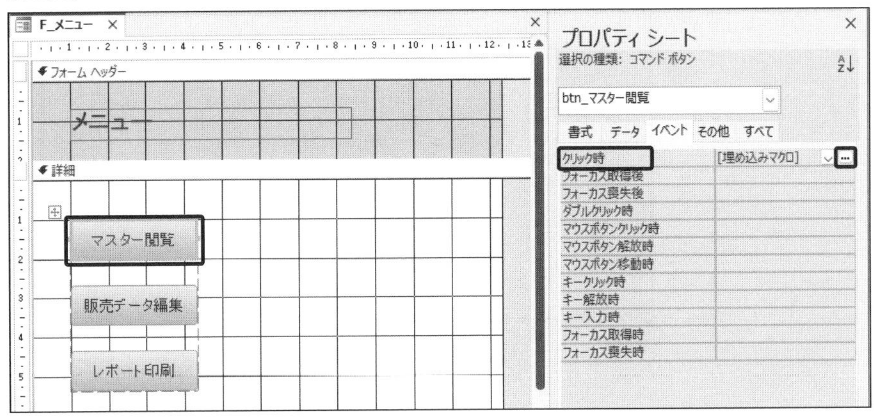

マクロツールが開くので、「フォームを開く」アクション詳細の「**ウィンドウモード**」を「ダイアログ」にして「上書き保存」「閉じる」をクリックします（**図27**）。

図27 ウィンドウモードを変更

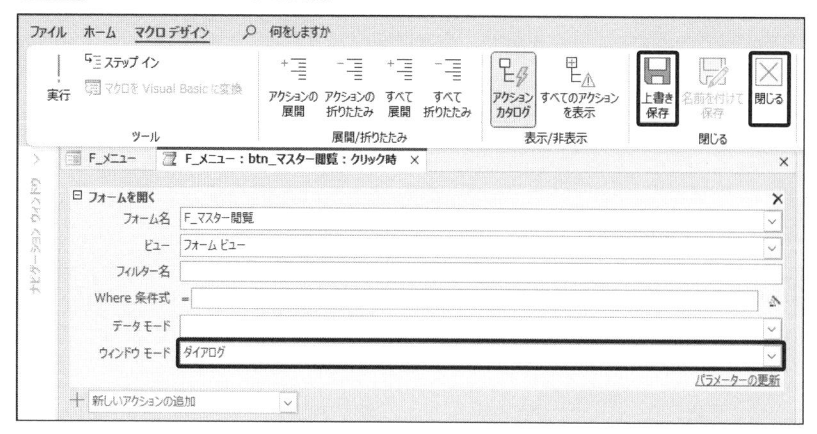

フォームビューに切り替えて「btn_マスター閲覧」ボタンをクリックすると、今度は「F_マスター閲覧」フォームが別ウィンドウで開きました。これが**ダイアログモード**です（**図28**）。このモードは、対象のウィンドウが閉じるまで、ほかの作業ができない特徴を持っています。本書で作成するアプリでは、「F_メニュー」以外のフォームは、このダイアログモードを採用します。

図28 ダイアログモード

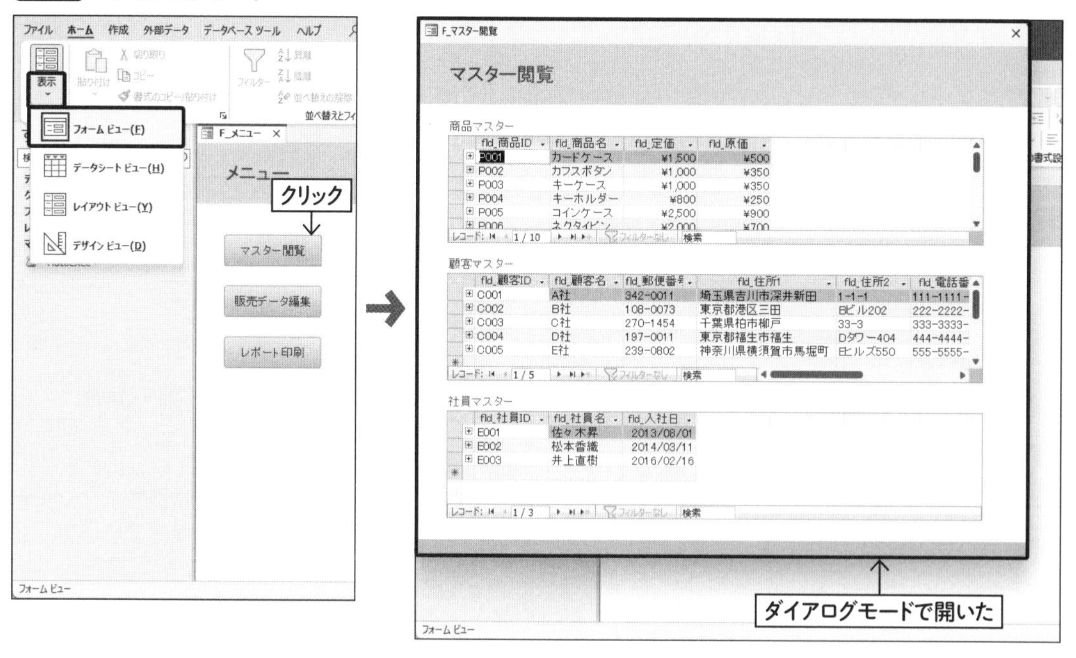

デフォルトでは画面の左上に表示されるので、「F_マスター閲覧」フォームをデザインビューで開いて、プロパティシート「書式」タブの「自動中央寄せ」を「はい」にしておきましょう。デザインビューでのフォームの幅・高さが「ダイアログ」モード時のウィンドウの大きさになります（**図29**）。設定をしたら「F_マスター閲覧」フォームは上書き保存して閉じておきます。

図29 「自動中央寄せ」を「はい」へ

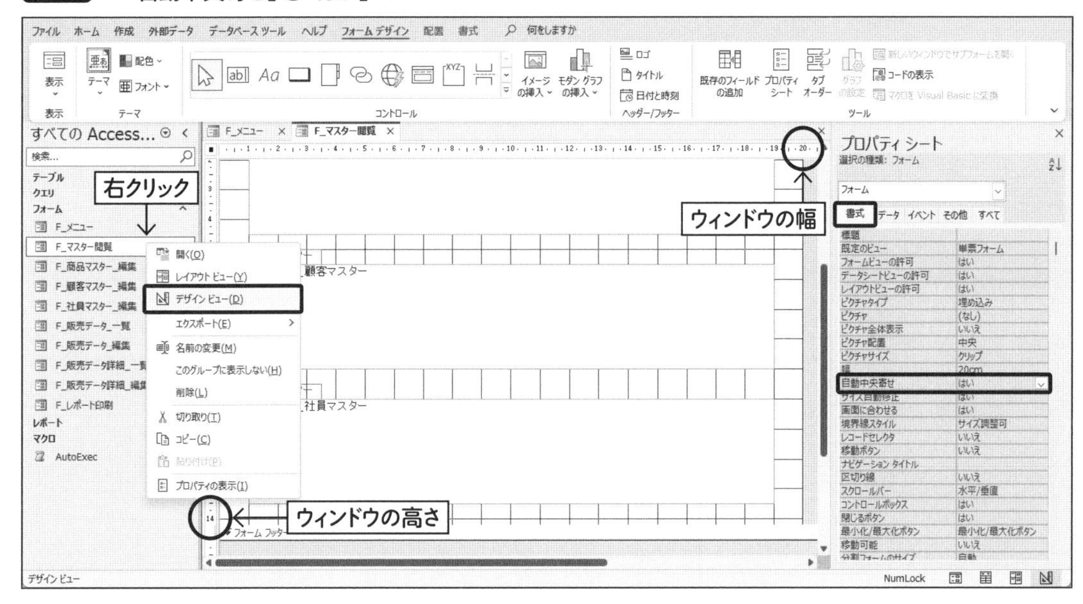

「F_メニュー」フォームのフォームビューで「btn_マスター閲覧」ボタンをクリックすると、「F_マスター閲覧」フォームがダイアログモードで、中央に表示されます（**図30**）。

図30 中央表示された

残り2つのボタンにも、P.266で解説した方法で、埋め込みマクロを設定します。

1つ目のボタンの設定です。「F_メニュー」フォームをデザインビューに切り替え、「btn_販売データ編集」ボタンを選択した状態でプロパティシート「イベント」タブ「クリック時」の「…」をクリックし、「マクロビルダー」を起動します。開いたマクロツールで、「フォームを開く」アクションを追加し、「フォーム名」を「F_販売データ_一覧」に設定します。設定後、「ウィンドウモード」を「ダイアログ」にして、「上書き保存」「閉じる」の順にクリックします。

そして、「F_販売データ_一覧」をデザインビューで開き、「自動中央寄せ」を「はい」にして、上書き保存して閉じます。最後に、「F_メニュー」をフォームビューに切り替えて「btn_販売データ編集」をクリックし、「F_販売データ_一覧」がダイアログモード、中央で開くことを確認します（**図31**）。

図31 「btn_販売データ編集」ボタンの動作確認

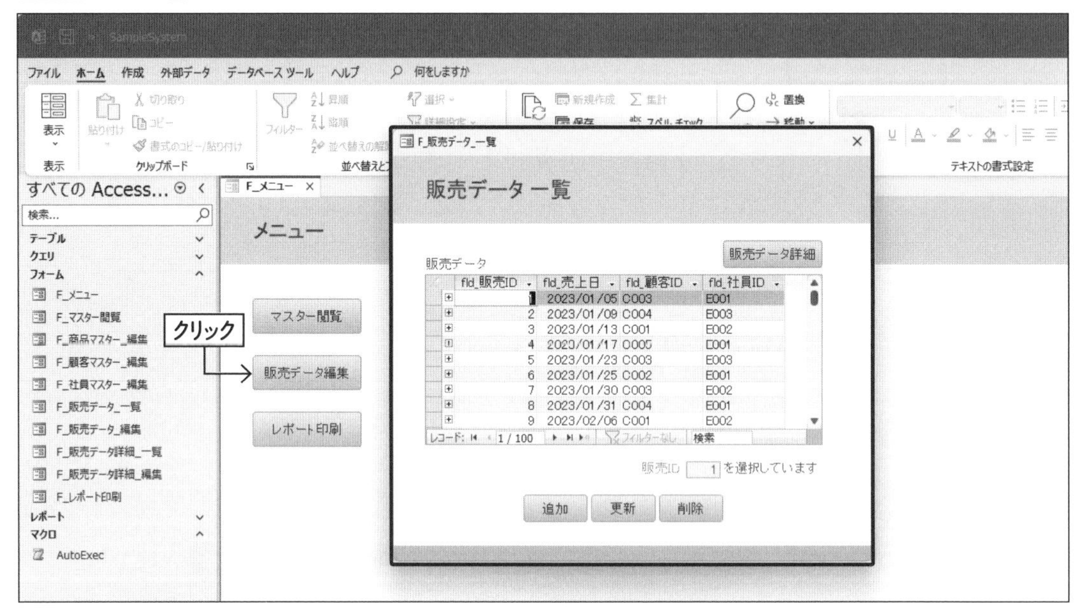

続けて、2つ目のボタンの設定です。「F_メニュー」フォームをデザインビューに切り替え、「btn_レポート印刷」ボタンを選択した状態でプロパティシート「イベント」タブ「クリック時」の「…」をクリックし、「マクロビルダー」を起動します。開いたマクロツールで、「フォームを開く」アクションを追加し、「フォーム名」を「F_レポート印刷」、「ウィンドウモード」を「ダイアログ」にして、「上書き保存」「閉じる」の順にクリックします。

「F_レポート印刷」をデザインビューで開き、「自動中央寄せ」を「はい」にして、上書き保存して閉じます。最後に、「F_メニュー」をフォームビューに切り替えて「btn_レポート印刷」をクリックし、「F_レポート印刷」がダイアログモード、中央で開くことを確認します（**図32**）。

図32 「btn_レポート印刷」ボタンの動作確認

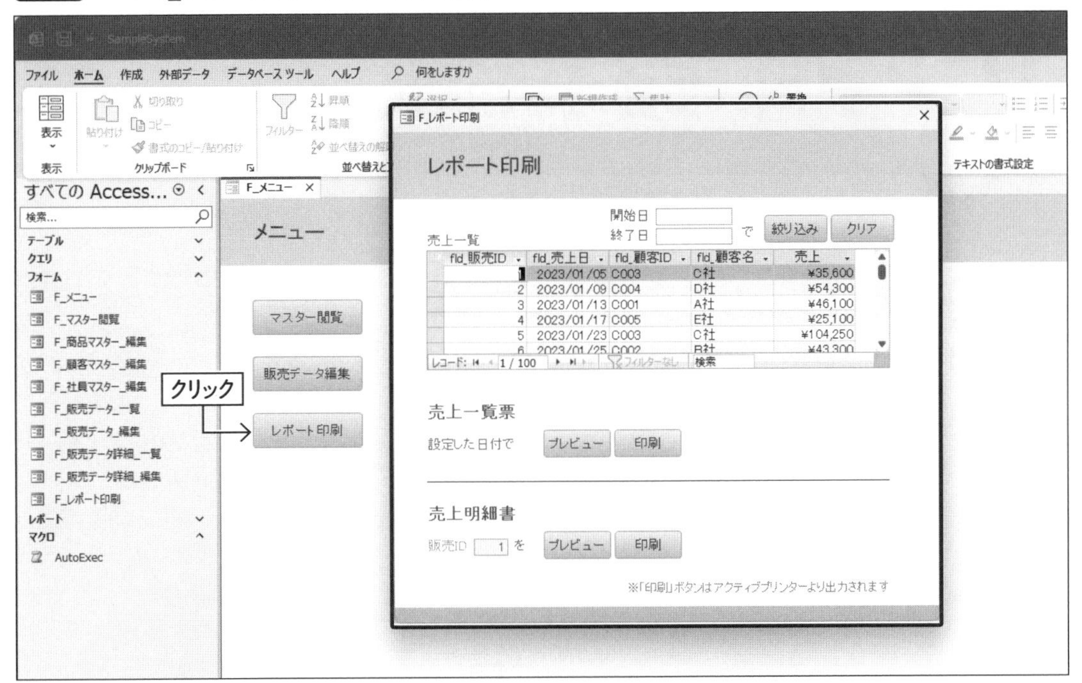

これで、「F_メニュー」フォームの3つのボタンから、それぞれ対応したフォームが開くようになりました。

CHAPTER 6

マスターテーブルに関する機能

6-3-1 追加クエリを実行するマクロ

6-3では、マスターテーブルを編集する3つのフォームに対してマクロを登録していきます。「F_メニュー」はいったん閉じてしまって構いません。

まずは「F_商品マスター_編集」フォームからです。ナビゲーションウィンドウから右クリックしてデザインビューで開き、「btn_追加」ボタンを選択してプロパティシート「イベント」タブ「クリック時」の「…」ボタンをクリックし、マクロビルダーを起動します(**図33**)。

図33 追加ボタンの「クリック時」イベントマクロを作成

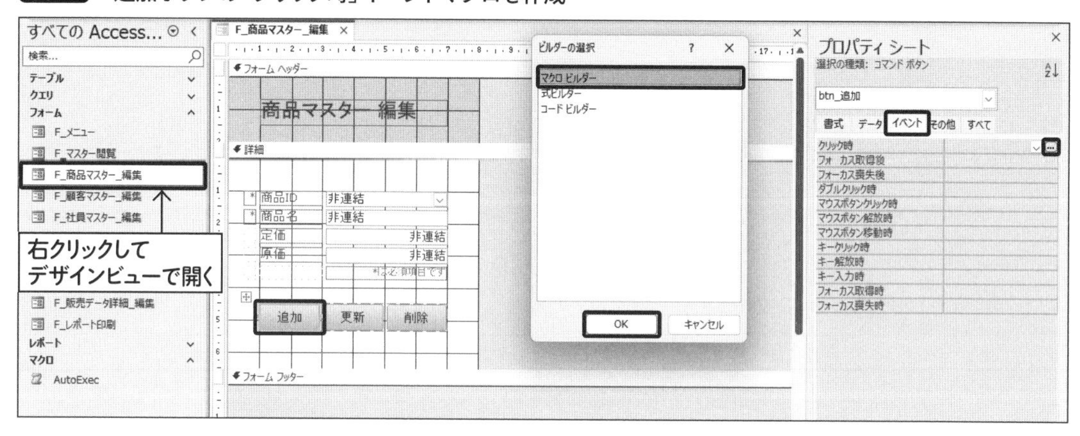

「F_商品マスター_編集」フォームの「btn_追加」ボタンをクリックしたときのマクロツールが開きました。このマクロでは、「Q_商品マスター_追加」クエリを実行するのが目的です。ただし、フォームを作るときに「商品ID」「商品名」は必須項目であることを赤字で明示したので(P.210)、クエリの実行前にその2つの項目が空でないことを確かめる機能を持たせましょう。

この機能を作るために、プログラミングで使う**True**と**False**という用語を覚えましょう。Trueは、正しい、真、Yes、ONなどを表す表現で、Falseはその反対である、正しくない、偽、No、OFFを表します(**図34**)。

図34　TrueとFalse

True
・真
・Yes
・ON

False
・偽
・No
・OFF

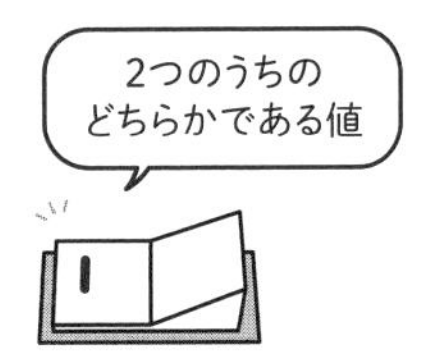

そして、基本的に1本道であるプログラムを分岐して変化を与えるには、**If**を使います。Ifは、**条件を満たすときだけ実行されるブロック**を作るためのアクションです。

Ifと条件を設定すると、条件がTrue（条件を満たす）の場合のみIfブロック内の処理を行い、False（条件を満たさない）の場合はIfブロック内の処理を行わない、という動きにすることができます（**図35**）。

図35　「If」を使った条件分岐

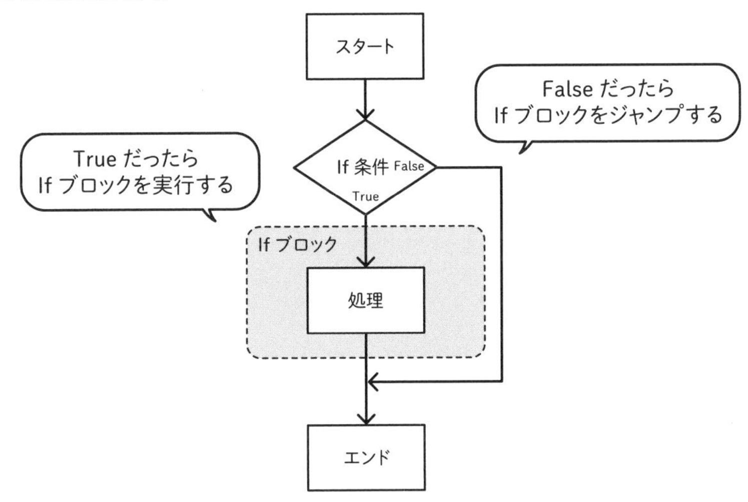

では、「If」を使って「空欄確認」機能を作ってみましょう。マクロツールで「If」を選択します（**図36**）。

図36　「If」を追加

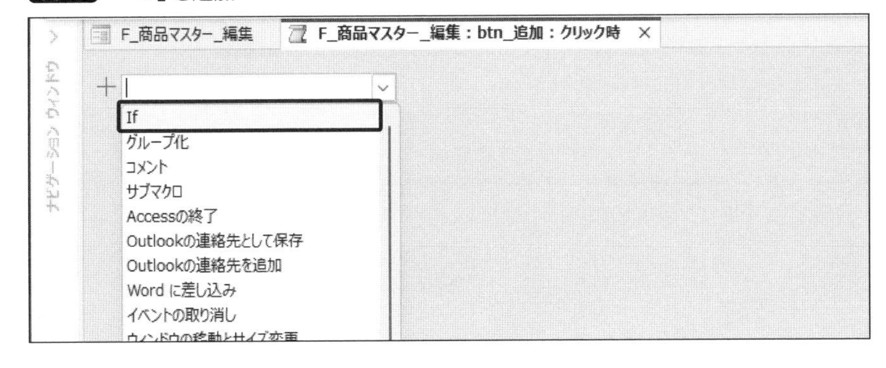

挿入された「If」の右隣のテキストボックスに、「IsNull([cmb_商品ID])」と入力します。これは、**もしも[cmb_商品ID]が空だったら**という条件を意味します。「If」から「If文の最後」に挟まれている部分が「Ifブロック」となり、条件がTrue（条件を満たす）の場合のみ実行されます（**図37**）。

図37 Ifの条件式を入力

F_商品マスター_編集
F_商品マスター_編集：btn_追加：クリック時
もしも[cmb_商品ID]が空だったら
If IsNull([cmb_商品ID])
Then
新しいアクションの追加
Ifブロック
（条件がTrueの場合のみ実行）
Else の追加
Else If の追加
If 文の最後
新しいアクションの追加

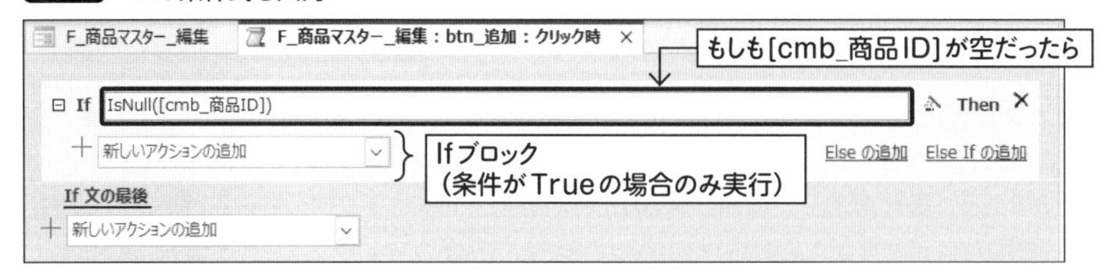

Ifブロック内のアクションで、「メッセージボックス」を選択します（**図38**）。

図38 「メッセージボックス」を追加

F_商品マスター_編集
F_商品マスター_編集：btn_追加：クリック時
If IsNull([cmb_商品ID]) Then
Else の追加
Else If の追加
プロパティの設定
ページの移動
マクロエラーのクリア
マクロの実行
マクロの中止
メッセージボックス
メニューコマンドの実行
メニューの設定

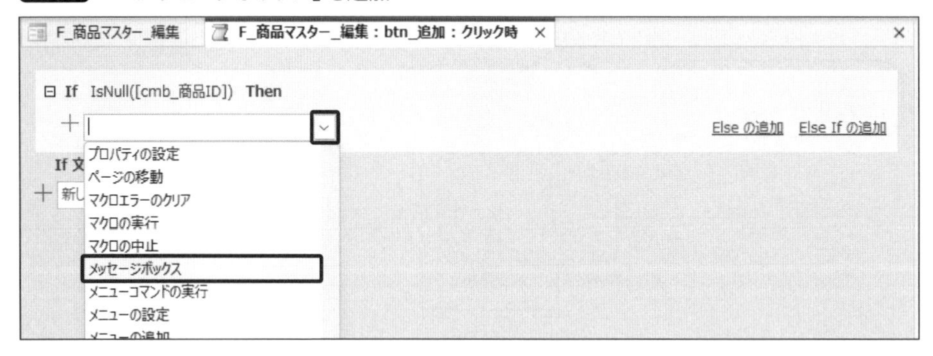

メッセージボックスアクションの詳細を**図39**と**表1**を参考に設定します。

図39 メッセージボックスアクションの詳細

F_商品マスター_編集
F_商品マスター_編集：btn_追加：クリック時
If IsNull([cmb_商品ID]) Then
メッセージボックス
メッセージ 商品IDを入力してください
警告音 はい
メッセージの種類 注意!
メッセージ タイトル 確認
新しいアクションの追加
Else の追加
Else If の追加
If 文の最後
新しいアクションの追加

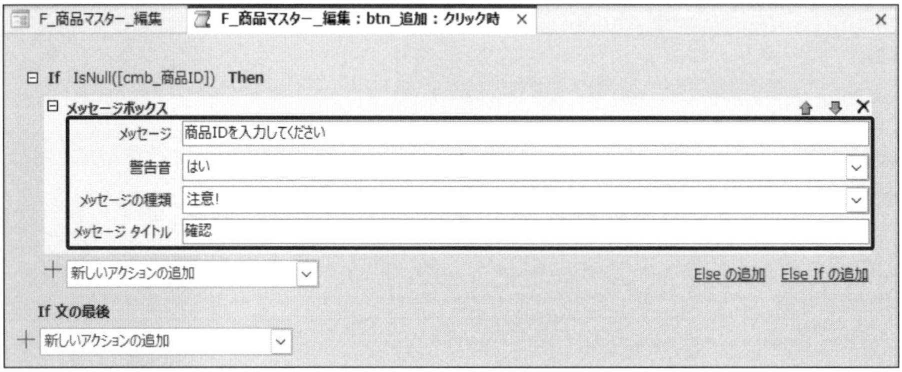

表1 メッセージボックスアクションの詳細

メッセージ	商品IDを入力してください
警告音	はい
メッセージの種類	注意!
メッセージタイトル	確認

メッセージボックスのすぐ下に「マクロの中止」アクションを追加します(**図40**)。

図40 マクロの中止を追加

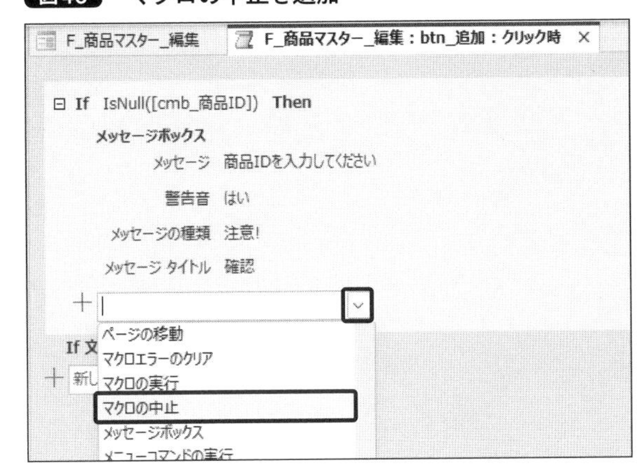

ここまでの設定で、「もしも[cmb_商品ID]が空だったら」の条件に対して、True(条件を満たす)とFalse(条件を満たさない)の2パターンで違う動きをすることができます(**図41**)。

True(空だったとき)の場合、Ifブロック内のアクションを実行するので、「商品IDを入力してください」とメッセージボックスを表示して、マクロを中止します。これ以降にアクションが登録されていたとしても、実行されません。

False(空じゃなかったとき)の場合は、Ifブロックの外までジャンプします。これ以降にアクションが登録されていたら、続けてそちらを実行することになります。

図41 実行のイメージ

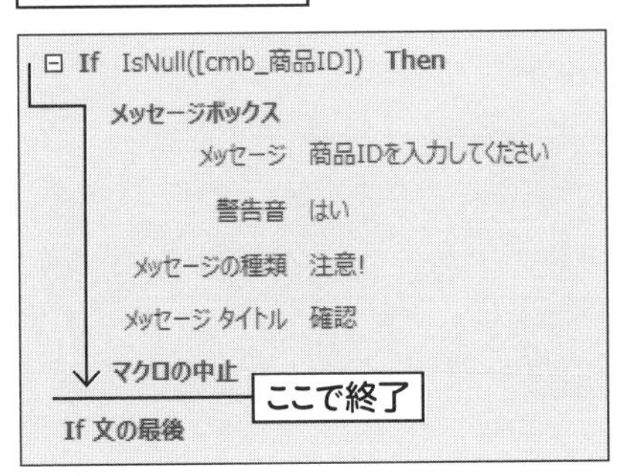

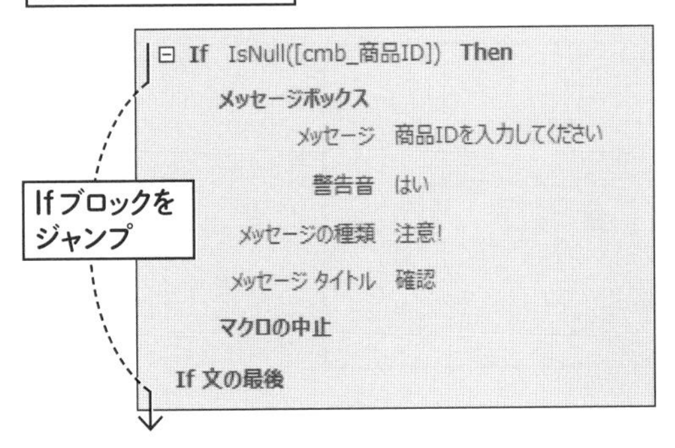

なお、詳細項目が多いアクションは、マウスをかざすと⊟が表示されるので、クリックで折り畳むことができます(図42)。表示をコンパクトにしたい場合に利用しましょう。⊞をクリックすれば展開できます。

図42 詳細を折り畳む

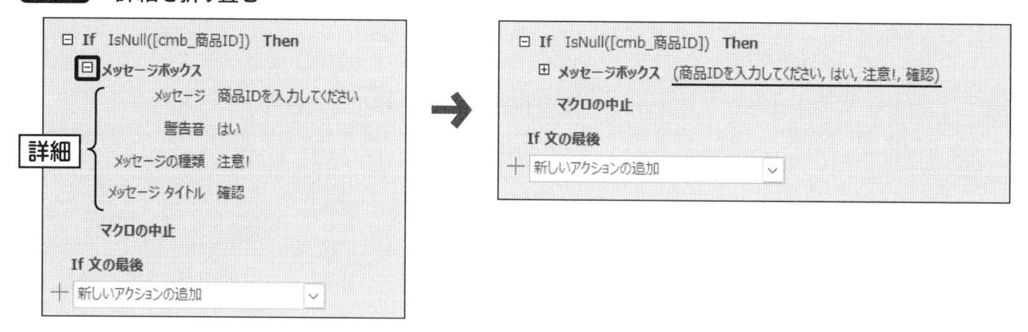

続けて、「[txb_商品名]が空だったとき」の条件を設定します。「If文の最後」の下にある「新しいアクションの追加」より「If」を選択します(図43)。

図43 新しいアクションの追加

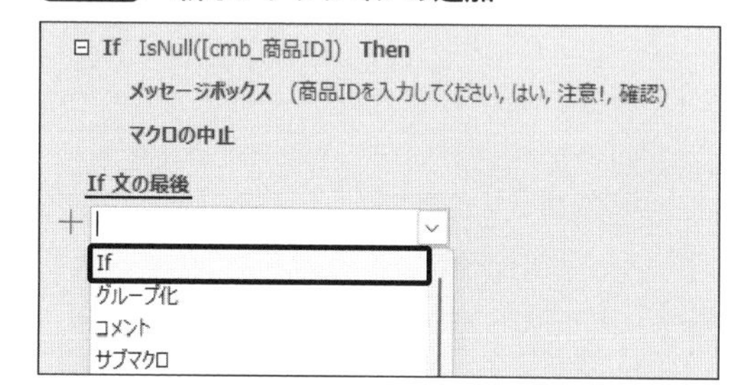

[cmb_商品ID]と同様に、[txb_商品名]に関してIfブロックの条件文とブロック内のアクションの詳細を設定します(図44、表2)。メッセージボックスの表示も折り畳んでおきましょう。

図44 商品名に関するIfブロック

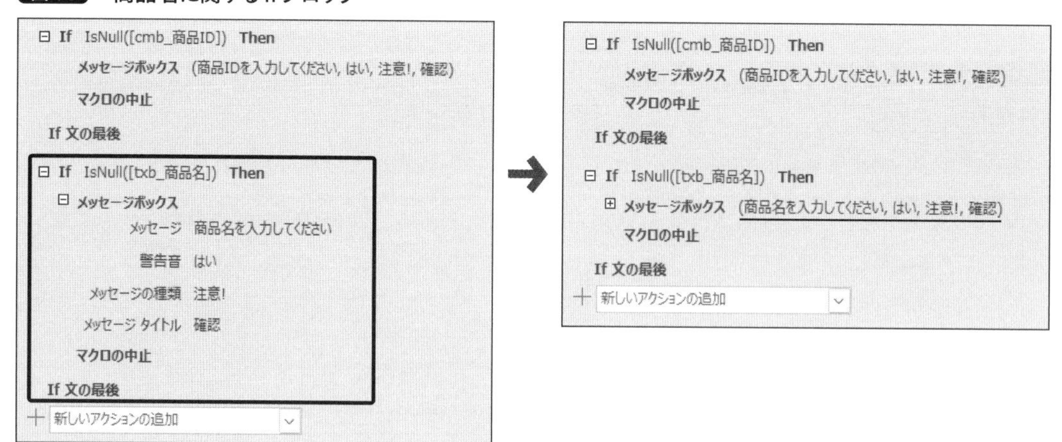

表2 アクションの詳細

アクション名	項目	設定内容
If	IsNull([txb_商品名])	
メッセージボックス	メッセージ	商品名を入力してください
	警告音	はい
	メッセージの種類	注意!
	メッセージタイトル	確認
マクロの中止	-	

これで、「商品IDが空だったら中止」に続いて「商品名が空だったら中止」のIfブロックができました。どちらの項目も埋まっていないと次へ進むことはできません(図45)。

図45 2つの空欄確認のイメージ

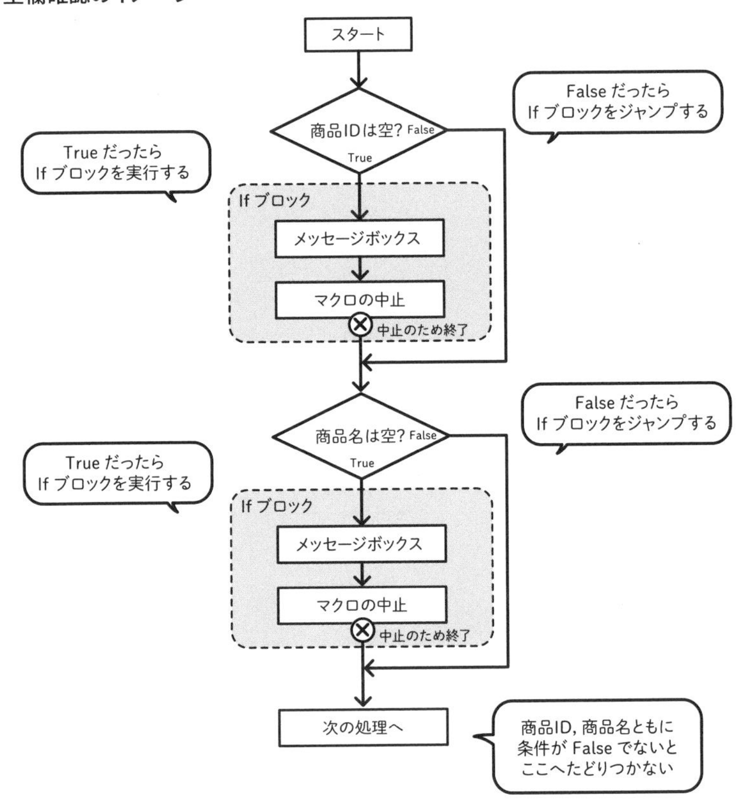

空欄確認が終わったら、いよいよ追加クエリの実行を登録したいところですが、その前に「If文の最後」の下へ、**エラー時**アクションを追加します。詳細では、「移動先」を「次」にします(図46)。これは、予期しないエラーが起きたときにマクロを中断せずに次のアクションへ進む命令です。

図46 「エラー時」アクションの追加

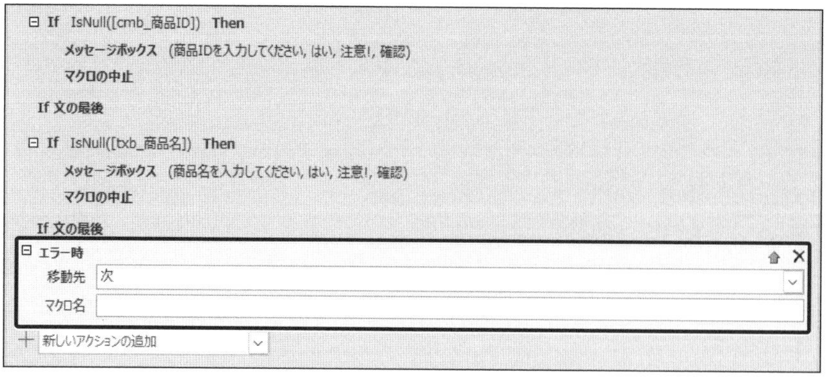

If IsNull([cmb_商品ID]) Then
メッセージボックス (商品IDを入力してください, はい, 注意!, 確認)
マクロの中止
If 文の最後
If IsNull([txb_商品名]) Then
メッセージボックス (商品名を入力してください, はい, 注意!, 確認)
マクロの中止
If 文の最後
エラー時
移動先
次
マクロ名
新しいアクションの追加

続けて、このマクロのメインである、「クエリを開く」アクションを追加します(**図47・表3**)。

図47 「クエリを開く」アクションを追加

If IsNull([cmb_商品ID]) Then
メッセージボックス (商品IDを入力してください, はい, 注意!, 確認)
マクロの中止
If 文の最後
If IsNull([txb_商品名]) Then
メッセージボックス (商品名を入力してください, はい, 注意!, 確認)
マクロの中止
If 文の最後
エラー時
移動先 次
マクロ名
クエリを開く
クエリ名
Q_商品マスター_追加
ビュー
データシート ビュー
データ モード
追加
パラメーターの更新
新しいアクションの追加

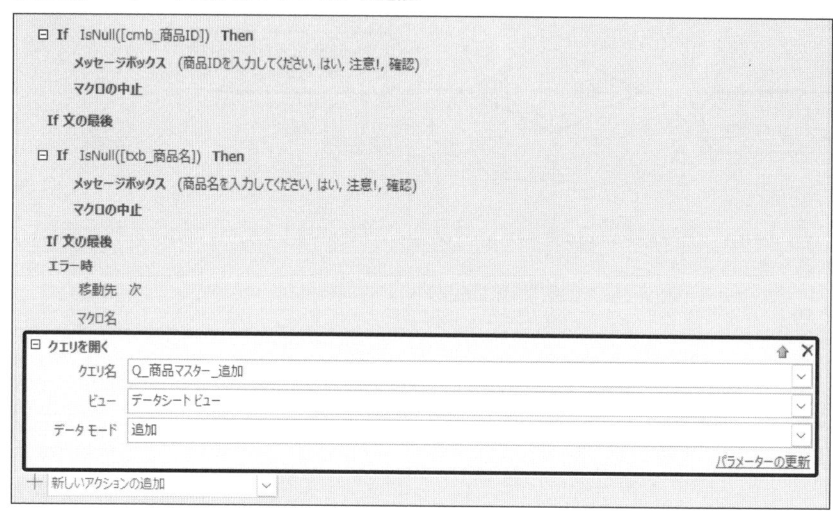

表3 「クエリを開く」アクションの詳細

クエリ名	Q_商品マスター_追加
ビュー	データシートビュー
データモード	追加

最後に、「再クエリ」アクションを追加します。「コントロール名」を空にしておくと、自身のフォーム(ここでは「F_商品マスター_編集」)を再読み込みします。これで、「上書き保存」、「閉じる」で終了します(**図48**)。

図48　「再クエリ」アクションの追加

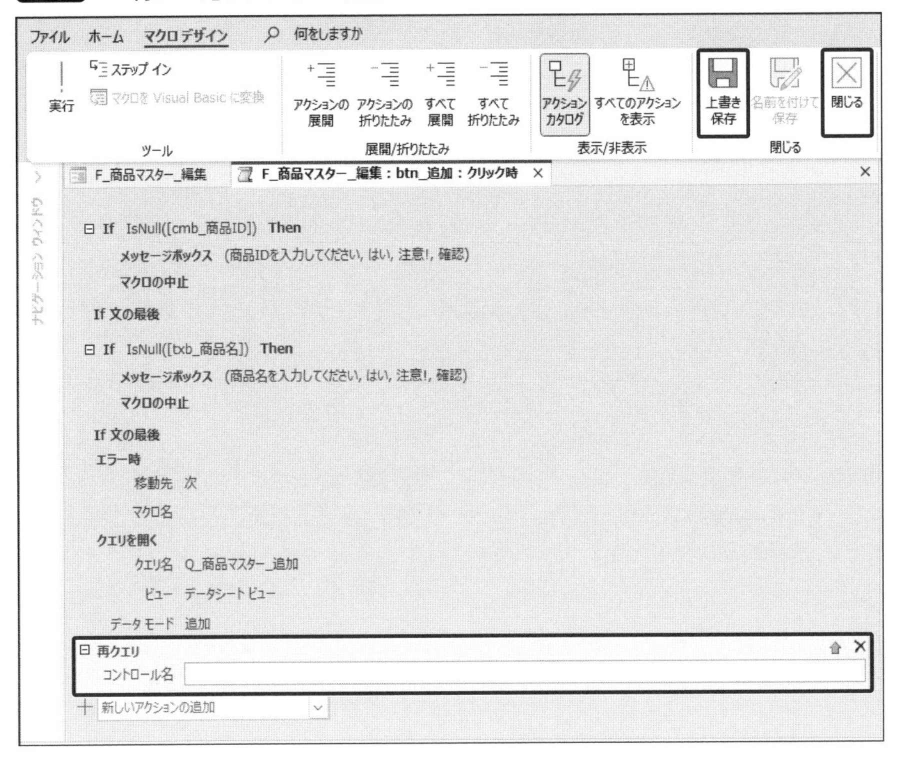

動作確認をしてみましょう。「F_商品マスター_編集」フォームを上書き保存して、フォームビューに切り替えます。「商品ID」または「商品名」が空欄の状態で「追加」ボタンをクリックすると、空欄確認の条件がTrueになるためIfブロック内のアクションが実行されます。メッセージボックスが表示され、マクロが中止されるため、その先に登録してある追加クエリは実行されません（図49）。

図49　マクロによる空欄確認

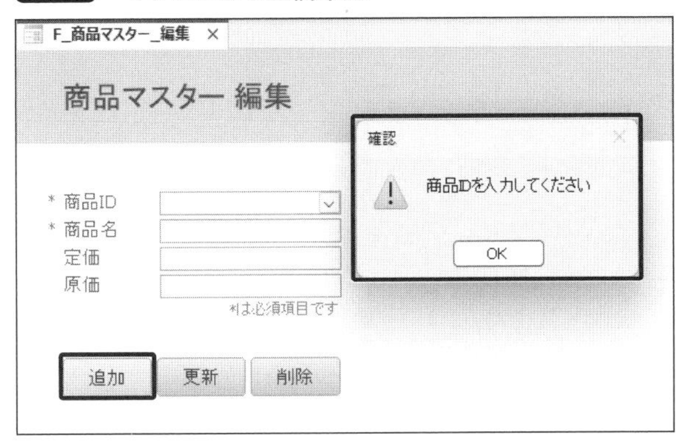

各項目を入力して「追加」ボタンをクリックすると、空欄確認の条件がFalseになるためIfブロック内のアクションが実行されません。確認メッセージが2回表示され、追加クエリが実行されます（図50）。

図50 マクロによる追加クエリの実行

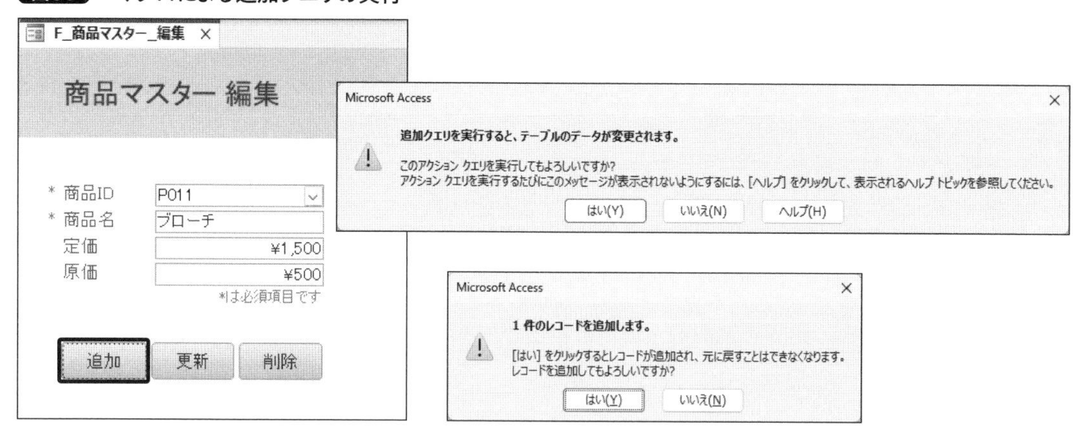

「商品ID」のコンボボックスを展開すると、「P011」が追加されています。これは、マクロの最後に登録した「再クエリ」アクションによってフォームが再読み込みされたためです(図51)。

図51 コンボボックスに追加された

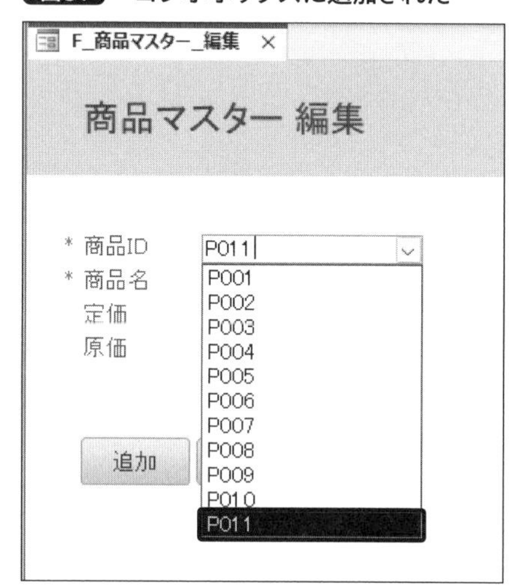

「T_商品マスター」テーブルを開いてみると、商品ID「P011」のレコードが追加されていることが確認できます(図52)。

図52 テーブルの確認

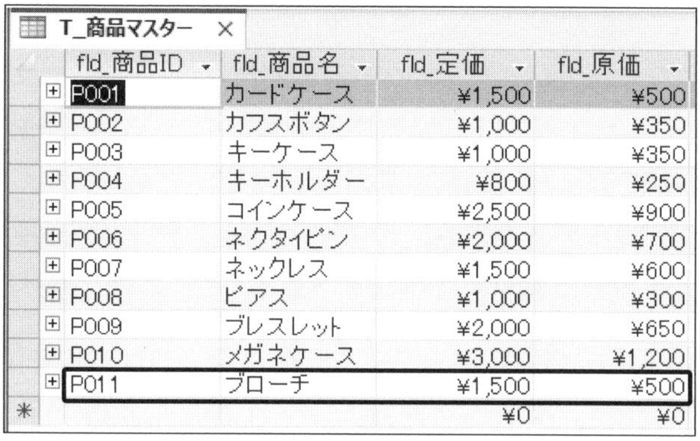

T_商品マスター

fld_商品ID	fld_商品名	fld_定価	fld_原価
P001	カードケース	¥1,500	¥500
P002	カフスボタン	¥1,000	¥350
P003	キーケース	¥1,000	¥350
P004	キーホルダー	¥800	¥250
P005	コインケース	¥2,500	¥900
P006	ネクタイピン	¥2,000	¥700
P007	ネックレス	¥1,500	¥600
P008	ピアス	¥1,000	¥300
P009	ブレスレット	¥2,000	¥650
P010	メガネケース	¥3,000	¥1,200
P011	ブローチ	¥1,500	¥500
*		¥0	¥0

6-3-2 更新クエリを実行するマクロ

続いて「更新」ボタンのマクロを作りましょう。P.274で解説した方法で、「F_商品マスター_編集」フォームをデザインビューで開き、「btn_更新」ボタンを選択してプロパティシート「イベント」タブ「クリック時」の「…」ボタンをクリックし、マクロビルダーを起動します。

開いたマクロツールに、空欄確認のためのアクションを**図53**のように追加します。[cmb_商品ID]の空欄確認を**表4**、[txb_商品名]の空欄確認を**表5**を参考に設定してください。設定後は適宜詳細項目を折り畳んで構いません。

図53　空欄確認のアクション

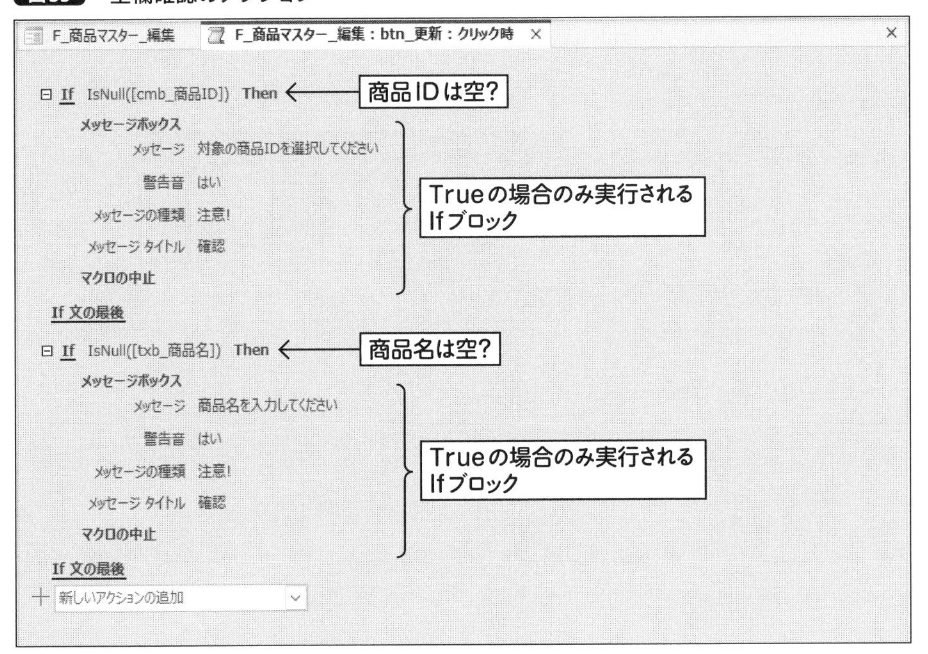

表4　[cmb_商品ID]の空欄確認

アクション名	項目	設定内容
If	IsNull([cmb_商品ID])	
メッセージボックス	メッセージ	対象の商品IDを選択してください
	警告音	はい
	メッセージの種類	注意!
	メッセージタイトル	確認
マクロの中止	-	

表5 [txb_商品名]の空欄確認

アクション名	項目	設定内容
If	IsNull([txb_商品名])	
メッセージボックス	メッセージ	商品名を入力してください
	警告音	はい
	メッセージの種類	注意!
	メッセージタイトル	確認
マクロの中止	-	

続けて、更新クエリ実行のためのアクションを図54と表6のように追加します。設定が終わったら「上書き保存」「閉じる」で終了します。

図54 クエリ実行のためのアクション

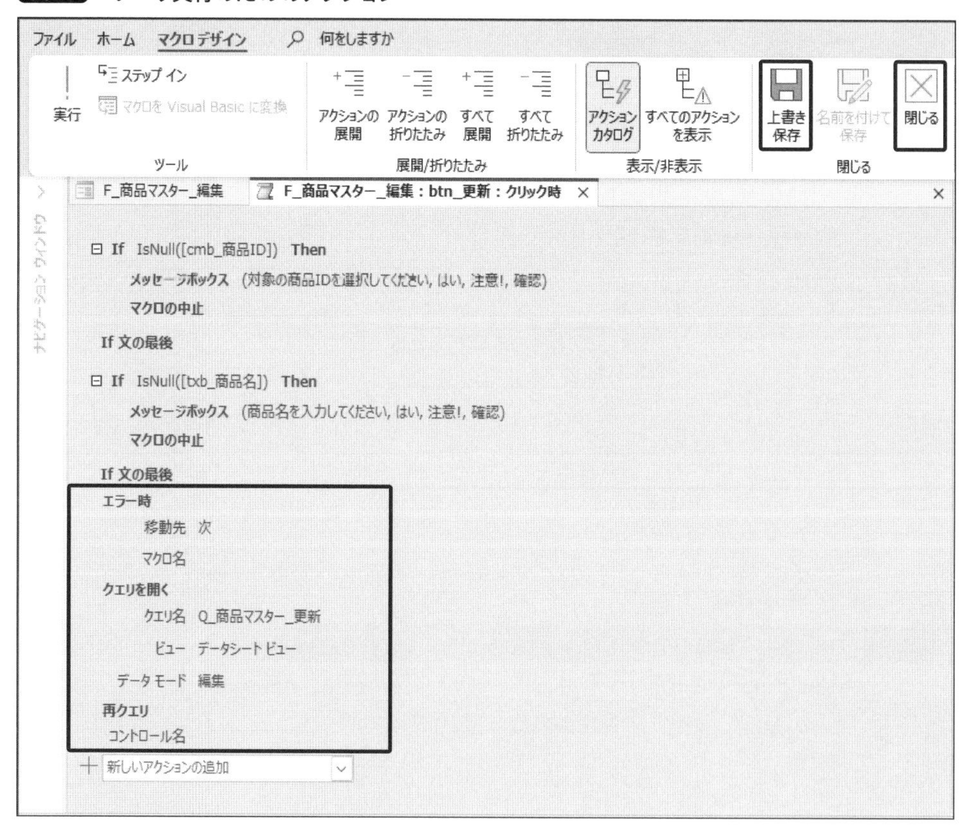

表6 クエリ実行のためのアクション

アクション名	項目	設定内容
エラー時	移動先	次
	マクロ名	-
クエリを開く	クエリ名	Q_商品マスター_更新
	ビュー	データシートビュー
	データモード	編集
再クエリ	コントロール名	-

動作確認してみましょう。「F_商品マスター_編集」フォームを上書き保存して、フォームビューに切り替えます。「商品ID」または「商品名」が空欄の状態で「更新」ボタンをクリックすると、空欄確認の条件がTrueになるためIfブロック内のアクションが実行されます。メッセージボックスが表示され、マクロが中止されるので、その先に登録してある更新クエリは実行されません(図55)。

図55 マクロによる空欄確認

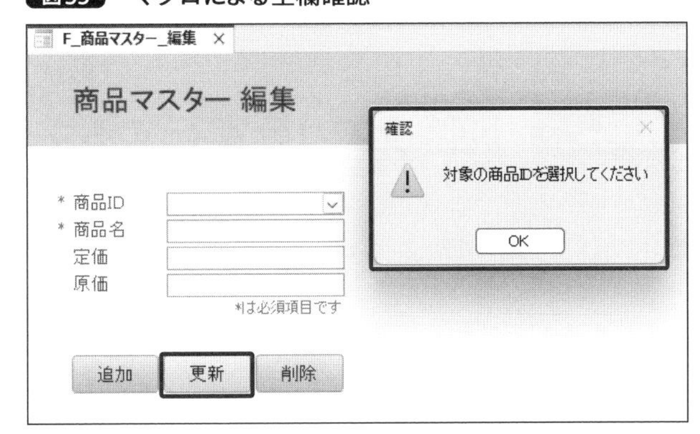

各項目を入力して「更新」ボタンをクリックすると、空欄確認の条件がFalseになるためIfブロック内のアクションが実行されません。確認メッセージが2回表示され、更新クエリが実行されます(図56)。

図56 マクロによる追加クエリの実行

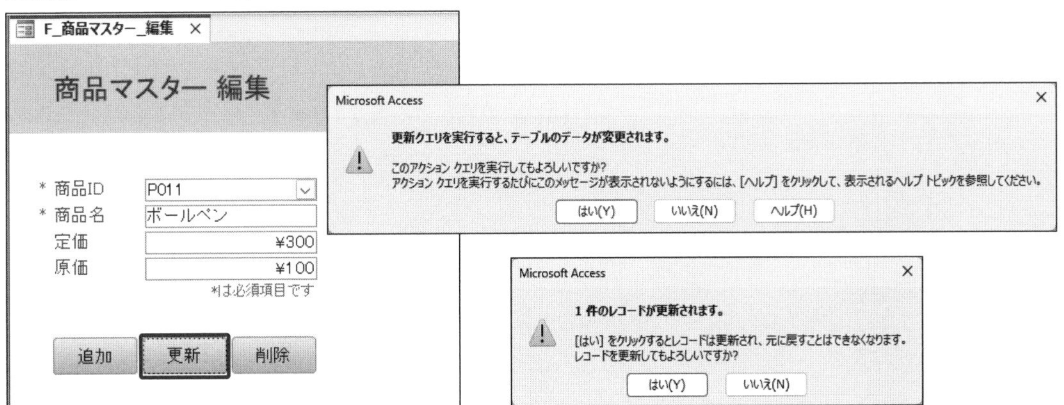

「T_商品マスター」テーブルを開いてみると、商品ID「P011」のレコードが更新されていることが確認できます（図57）。

図57 テーブルの確認

T_商品マスター

fld_商品ID	fld_商品名	fld_定価	fld_原価
P001	カードケース	¥1,500	¥500
P002	カフスボタン	¥1,000	¥350
P003	キーケース	¥1,000	¥350
P004	キーホルダー	¥800	¥250
P005	コインケース	¥2,500	¥900
P006	ネクタイピン	¥2,000	¥700
P007	ネックレス	¥1,500	¥600
P008	ピアス	¥1,000	¥300
P009	ブレスレット	¥2,000	¥650
P010	メガネケース	¥3,000	¥1,200
P011	ボールペン	¥300	¥100
		¥0	¥0

6-3-3 削除クエリを実行するマクロ

続いて「削除」ボタンのマクロを作りましょう。「F_商品マスター_編集」フォームをデザインビューで開き、P.274で解説した方法で、「btn_削除」ボタンを選択してプロパティシート「イベント」タブ「クリック時」の「…」ボタンをクリックし、マクロビルダーを起動します。

開いたマクロツールに、空欄確認のためのアクションを図58と表7のように追加します。削除は商品IDだけ特定できればよいので、商品名の空欄確認は必要ありません。設定後は適宜詳細項目を折り畳んで構いません。

図58 空欄確認のアクション

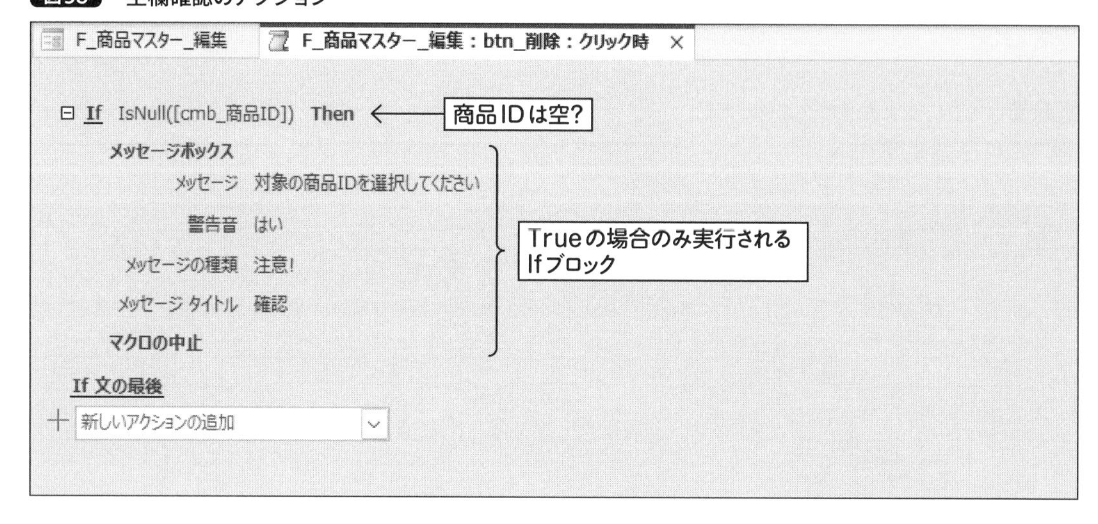

表7　[cmb_商品ID]の空欄確認

アクション名	項目	設定内容
If	IsNull([cmb_商品ID])	
メッセージボックス	メッセージ	対象の商品IDを選択してください
	警告音	はい
	メッセージの種類	注意!
	メッセージタイトル	確認
マクロの中止	-	

続けて、削除クエリ実行のためのアクションを図59と表8のように追加します。設定が終わったら「上書き保存」「閉じる」で終了します。

図59　クエリ実行のためのアクション

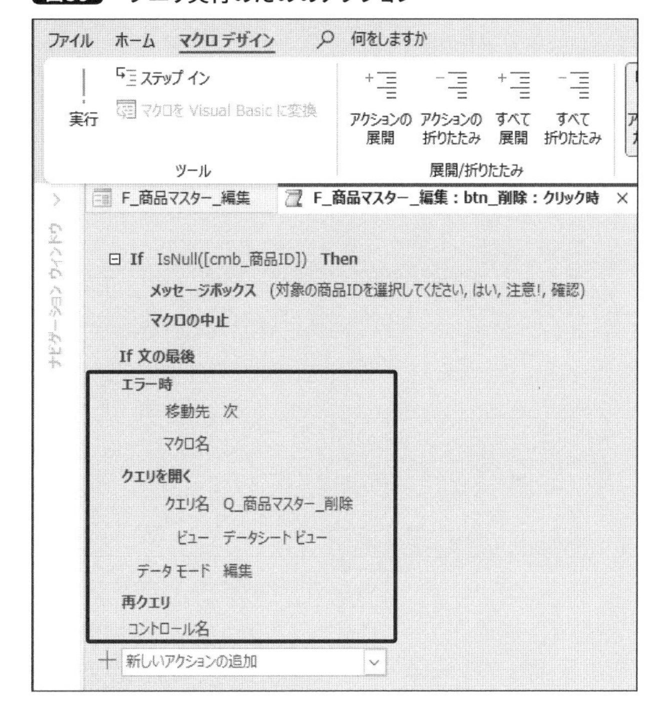

表8　クエリ実行のためのアクション

アクション名	項目	設定内容
エラー時	移動先	次
	マクロ名	-
クエリを開く	クエリ名	Q_商品マスター_削除
	ビュー	データシートビュー
	データモード	編集
再クエリ	コントロール名	-

動作確認をしてみましょう。「F_商品マスター_編集」フォームを上書き保存して、フォームビューに切り替えます。「商品ID」が空欄の状態で「削除」ボタンをクリックすると、空欄確認の条件がTrueになるためIfブロック内のアクションが実行されます。メッセージボックスが表示され、マクロが中止されるため、その先に登録してある削除クエリは実行されません（図60）。

図60 マクロによる空欄確認

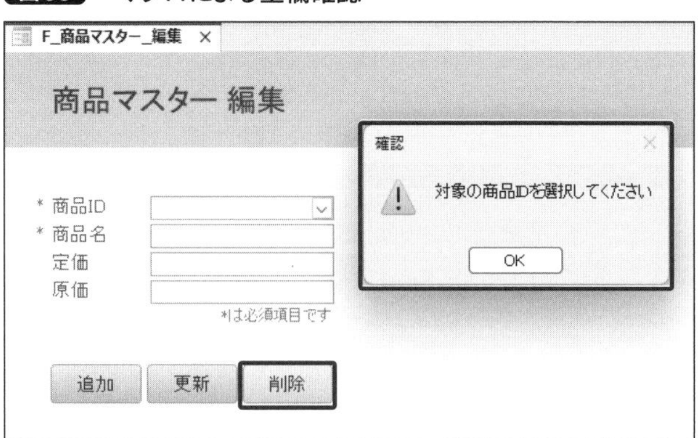

商品IDを選択して「削除」ボタンをクリックすると、空欄確認の条件がFalseになるためIfブロック内のアクションが実行されません。確認メッセージが2回表示され、削除クエリが実行されます（図61）。

図61 マクロによる削除クエリの実行

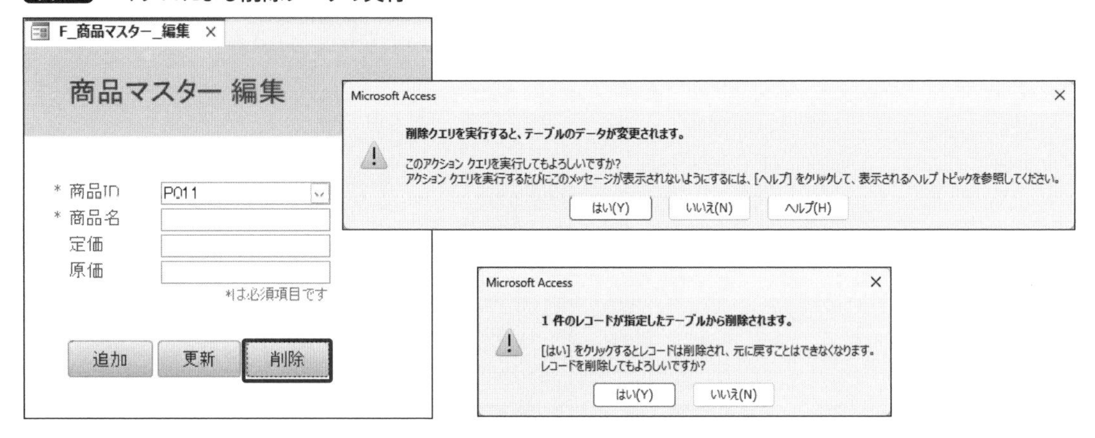

「T_商品マスター」テーブルを開くと、商品ID「P011」のレコードが削除されていることが確認できます（図62）。

図62 テーブルの確認

T_商品マスター

fld_商品ID	fld_商品名	fld_定価	fld_原価
P001	カードケース	¥1,500	¥500
P002	カフスボタン	¥1,000	¥350
P003	キーケース	¥1,000	¥350
P004	キーホルダー	¥800	¥250
P005	コインケース	¥2,500	¥900
P006	ネクタイピン	¥2,000	¥700
P007	ネックレス	¥1,500	¥600
P008	ピアス	¥1,000	¥300
P009	ブレスレット	¥2,000	¥650
P010	メガネケース	¥3,000	¥1,200
*		¥0	¥0

削除された

6-3-4 「顧客マスター編集」フォームのマクロ

「F_顧客マスター_編集」フォームをデザインビューで開き、顧客マスターを編集する機能も実装しましょう。P.274で解説した方法で、「btn_追加」ボタンを選択してプロパティシート「イベント」タブ「クリック時」の「…」ボタンをクリックし、マクロビルダーを起動します。

開いたマクロツールに、アクションを**図63**のように追加します。[cmb_顧客ID]の空欄確認を**表9**、[txb_顧客名]の空欄確認を**表10**、クエリ実行のためのアクションを**表11**のように設定してください。キャプチャではメッセージボックスの詳細を折り畳んだ状態で掲載されています。設定後は「上書き保存」「閉じる」で終了します。

図63 追加ボタンのマクロ

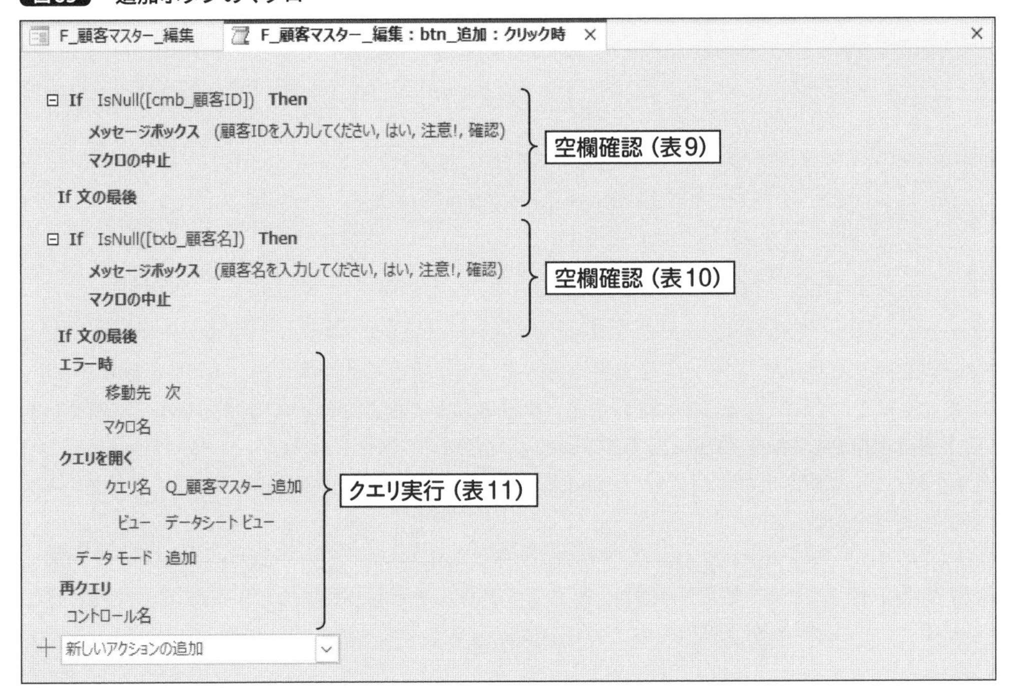

表9 [cmb_顧客ID]の空欄確認

アクション名	項目	設定内容
If	IsNull([cmb_顧客ID])	
メッセージボックス	メッセージ	顧客IDを入力してください
	警告音	はい
	メッセージの種類	注意!
	メッセージタイトル	確認
マクロの中止	-	

表10 [txb_顧客名]の空欄確認

アクション名	項目	設定内容
If	IsNull([txb_顧客名])	
メッセージボックス	メッセージ	顧客名を入力してください
	警告音	はい
	メッセージの種類	注意!
	メッセージタイトル	確認
マクロの中止	-	

表11 クエリ実行のためのアクション

アクション名	項目	設定内容
エラー時	移動先	次
	マクロ名	-
クエリを開く	クエリ名	Q_顧客マスター_追加
	ビュー	データシートビュー
	データモード	追加
再クエリ	コントロール名	-

マクロツールを閉じた状態で、フォームを上書き保存します。続けて更新ボタンのマクロを作りますが、追加ボタンのマクロとよく似ているので、既存マクロを読み込んで細部を修正する方法で作ってみましょう。ここで**上書き保存をしないと候補に出てこない**ため、忘れずに保存を行ってください。

「btn_更新」ボタンを選択してプロパティシート「イベント」タブ「クリック時」の「…」ボタンをクリックし、マクロビルダーを起動します。

マクロツールのアクションカタログで、「このデータベースのオブジェクト」→「フォーム」→「F_顧客マスター_編集」の順に開き、「btn_追加.OnClick」をダブルクリックすると、先ほど作った「btn_追加」ボタンのクリックイベントのマクロが読み込まれます(図64)。

図64 既存マクロの読み込み

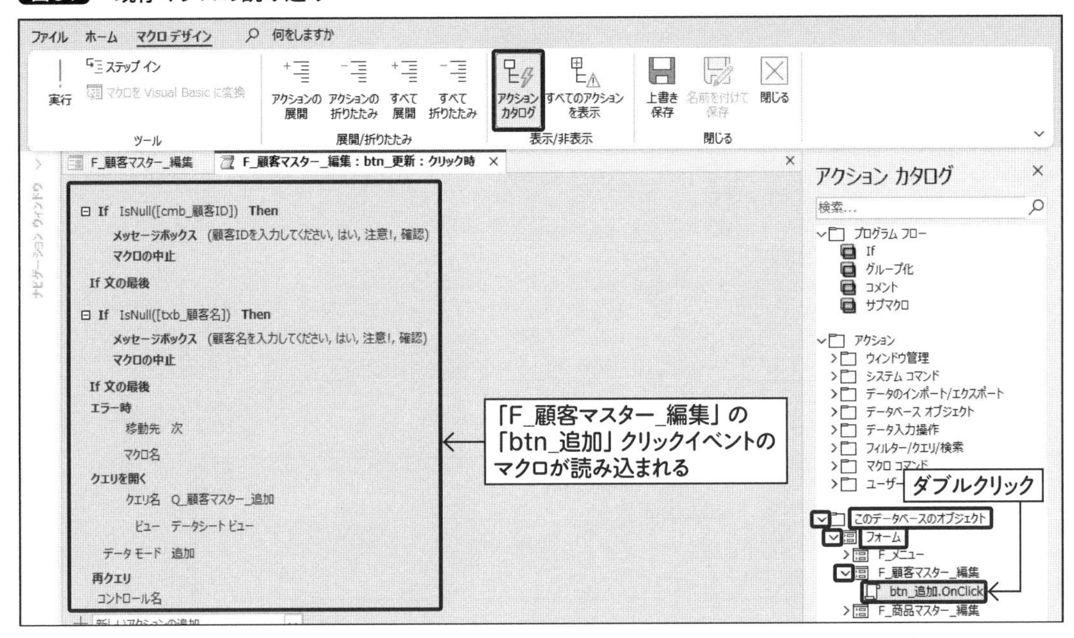

[cmb_顧客ID]空欄確認のメッセージ内容を「対象の顧客IDを選択してください」へ、「クエリを開く」アクションの「クエリ名」を「Q_顧客マスター_更新」、「データモード」を「編集」へ変更します（図65）。設定後は「上書き保存」「閉じる」で終了します。

図65 アクションの修正

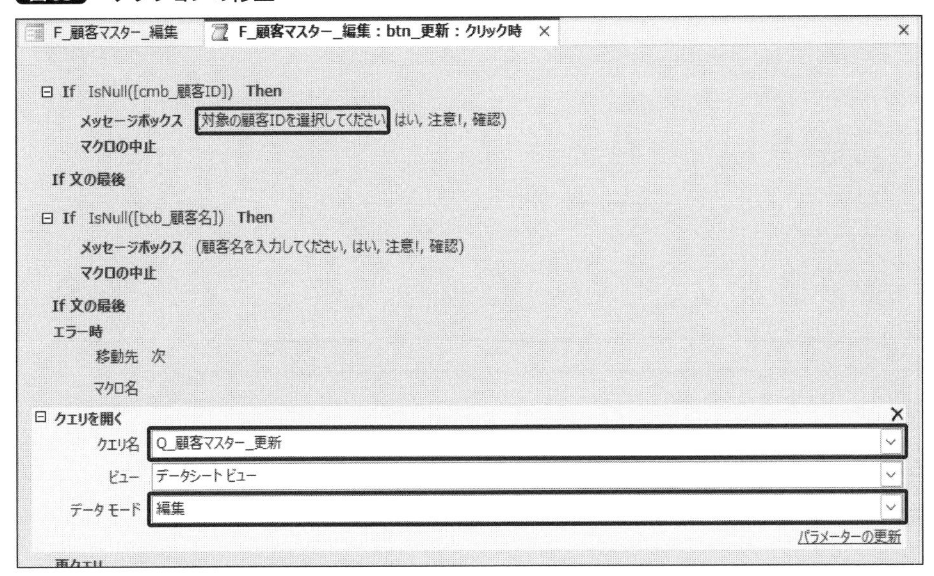

マクロツールを閉じた状態でフォームを上書き保存します。続けて「btn_削除」ボタンを選択してプロパティシート「イベント」タブ「クリック時」の「…」ボタンをクリックし、マクロビルダーを起動します。

図64を参考に、マクロツールのアクションカタログで、「このデータベースのオブジェクト」→「フォーム」→「F_顧客マスター_編集」を開き、「btn_更新.OnClick」をダブルクリックして読み込みます。

削除クエリは「cmb_顧客ID」の空欄確認だけで大丈夫なので、「txb_顧客名」の空欄確認を削除します。Ifブロックの右端の×ボタンで、Ifブロック全体を削除できます（**図66**）。

図66 不要なアクションを削除

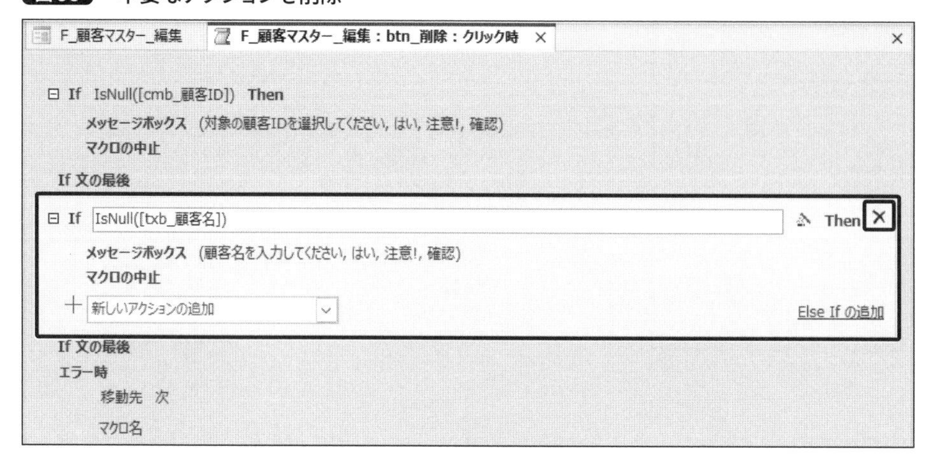

「クエリを開く」アクションの「クエリ名」を「Q_顧客マスター_削除」へ変更します（**図67**）。設定後は「上書き保存」「閉じる」で終了します。

図67 アクションの詳細を変更

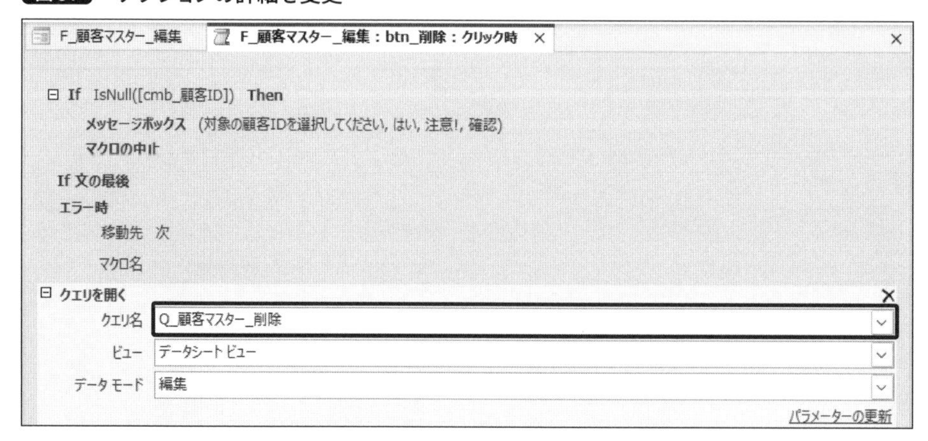

これで、「F_顧客マスター_編集」フォームを上書きして閉じておきます。

6-3-5 「社員マスター編集」フォームのマクロ

「F_社員マスター_編集」フォームをデザインビューで開き、社員マスターを編集する機能も実装しましょう。「btn_追加」ボタンを選択してプロパティシート「イベント」タブ「クリック時」の「…」ボタンをクリックし、マクロビルダーを起動します。

開いたマクロツールに、アクションを**図68**のように追加します。[cmb_社員ID]の空欄確認を**表12**、[txb_社員名]の空欄確認を**表13**、クエリ実行のためのアクションを**表14**のように設定してください。キャプチャではメッセージボックスの詳細を折り畳んだ状態で掲載されています。設定後は「上書き保存」「閉じる」で終了します。

図68 追加ボタンのマクロ

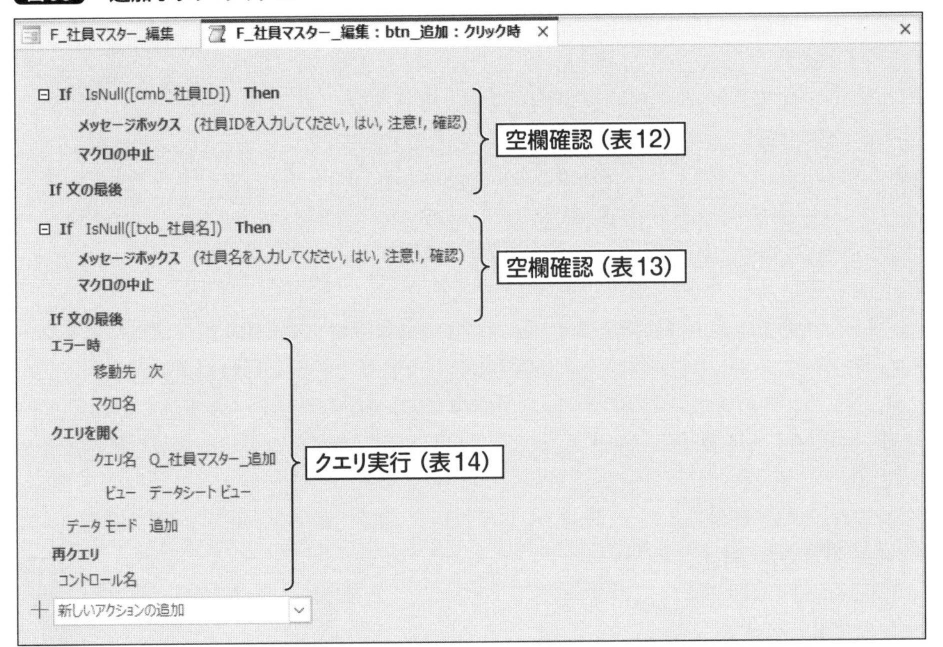

表12 [cmb_社員ID]の空欄確認

アクション名	項目	設定内容
If	IsNull([cmb_社員ID])	
メッセージボックス	メッセージ	社員IDを入力してください
	警告音	はい
	メッセージの種類	注意!
	メッセージタイトル	確認
マクロの中止	-	

表13 [txb_社員名]の空欄確認

アクション名	項目	設定内容
If	IsNull([txb_社員名])	
メッセージボックス	メッセージ	社員名を入力してください
	警告音	はい
	メッセージの種類	注意!
	メッセージタイトル	確認
マクロの中止	-	

表14 クエリ実行のためのアクション

アクション名	項目	設定内容
エラー時	移動先	次
	マクロ名	-
クエリを開く	クエリ名	Q_社員マスター_追加
	ビュー	データシートビュー
	データモード	追加
再クエリ	コントロール名	-

マクロツールを閉じた状態で上書き保存をします。続いて「btn_更新」ボタンを選択してプロパティシート「イベント」タブ「クリック時」の「…」ボタンをクリックし、マクロビルダーを起動します。

P.290で解説した方法で、マクロツールのアクションカタログで、「このデータベースのオブジェクト」→「フォーム」→「F_社員マスター_編集」を開き、「btn_追加.OnClick」をダブルクリックして読み込みます。[cmb_社員ID]空欄確認のメッセージ内容を「対象の社員IDを選択してください」へ、「クエリを開く」アクションの「クエリ名」を「Q_社員マスター_更新」、「データモード」を「編集」へ変更します(**図69**)。設定後は「上書き保存」「閉じる」で終了します。

図69 アクションの修正

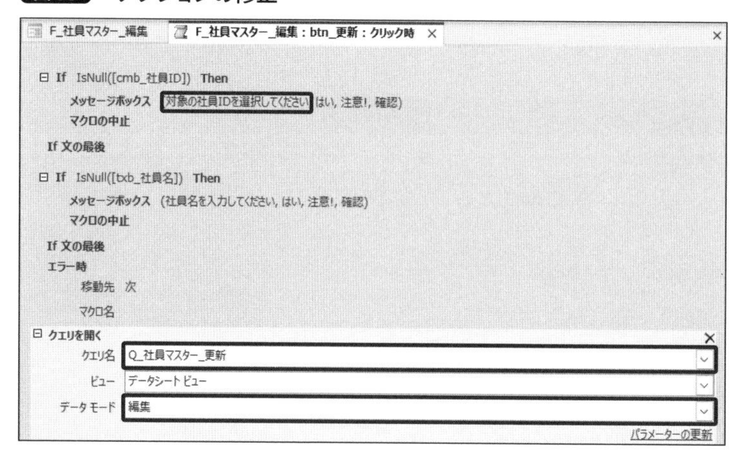

マクロツールを閉じた状態で上書き保存をします。続けて「btn_削除」ボタンを選択してプロパティシート「イベント」タブ「クリック時」の「…」ボタンをクリックし、マクロビルダーを起動します。

同様に、マクロツールのアクションカタログで、「このデータベースのオブジェクト」→「フォーム」→「F_社員マスター_編集」を開き、「btn_更新.OnClick」をダブルクリックして読み込みます。

「txb_社員名」の空欄確認Ifブロックを削除し、「クエリを開く」アクションの「クエリ名」を「Q_顧客マスター_削除」へ変更します（**図70**）。設定後は「上書き保存」「閉じる」で終了します。

図70 アクションの修正

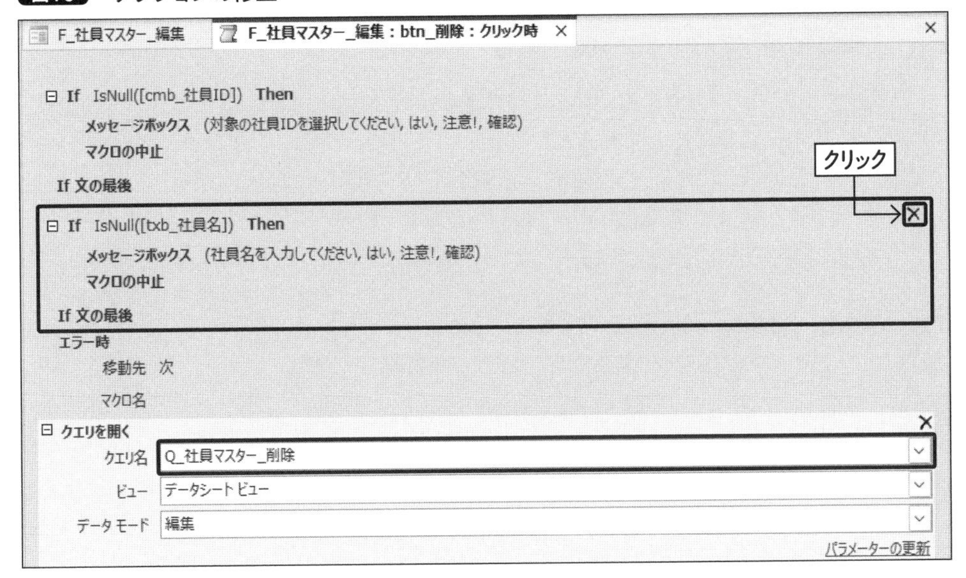

「F_社員マスター_編集」フォームを上書きして閉じておきます。以上で、3つのマスターテーブルを編集するマクロの実装が完了しました。動作確認は**6-6-1**（P.321）で行います。

6-4 トランザクションテーブルに関する機能

6-4-1 「販売データ 一覧」フォームのマクロ

6-4では、トランザクションテーブルを編集する4つのフォームに対してマクロを登録していきます。これらは「F_メニュー」フォームを経由して開きたいフォームなので、ウィンドウをダイアログモード(P.270)で使う想定です。先に「F_販売データ_編集」「F_販売データ詳細_一覧」「F_販売データ詳細_編集」の「自動中央寄せ」を「はい」にしておきましょう(**図71**)。なお、「F_販売データ_一覧」は**6-2-6**で対応済みです。

図71 3つのフォームの「自動中央寄せ」を「はい」へ

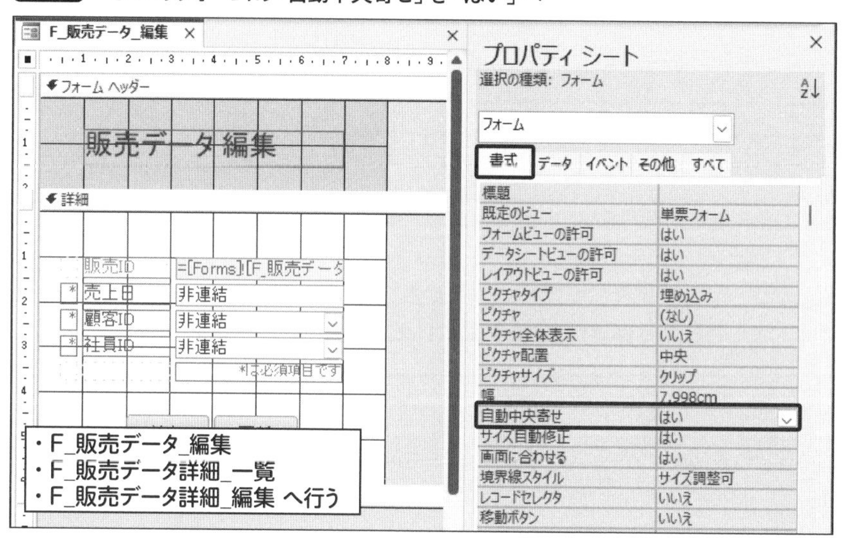

「F_販売データ_一覧」フォームをデザインビューで開きます。まずは右上のボタンの機能を実装しましょう。「btn_販売データ詳細」ボタンを選択して、プロパティシート「イベント」タブ「クリック時」の「…」ボタンをクリックし、マクロビルダーを起動します。開いたマクロツールに、アクションを**図72**のように追加します。[txb_販売ID]が空か確かめているのは、サブフォームで既存のレコードを選択しているかどうかの確認となります。**表15**を参考に設定してください。その後、「F_販売データ詳細_一覧」フォームを開きます。こちらは**表16**を参考に設定してください。

設定後はマクロツールを「上書き保存」「閉じる」で終了します。

図72 販売データ詳細ボタンのマクロ

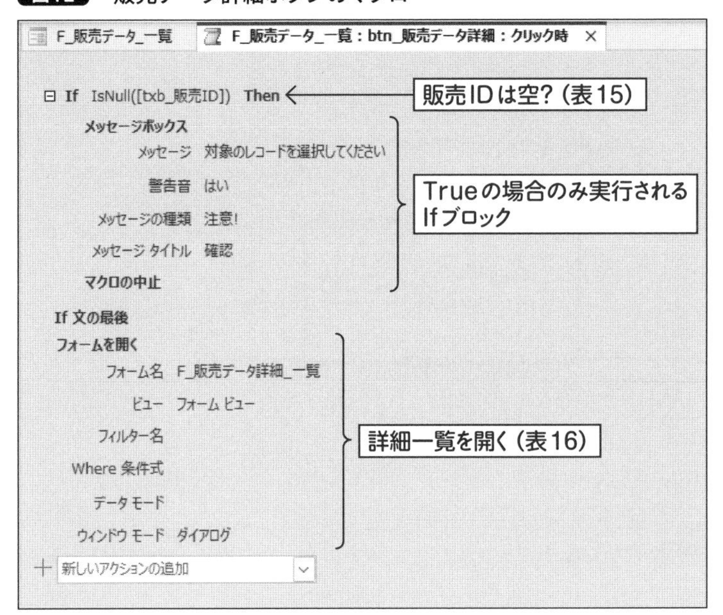

表15 [txb_販売ID]の空欄確認

アクション名	項目	設定内容
If	IsNull([txb_販売ID])	
メッセージボックス	メッセージ	対象のレコードを選択してください
	警告音	はい
	メッセージの種類	注意!
	メッセージタイトル	確認
マクロの中止	-	

表16 フォームを開く

アクション名	項目	設定内容
フォームを開く	フォーム名	F_販売データ詳細_一覧
	ビュー	フォームビュー
	ウィンドウモード	ダイアログ

フォームビューで動作確認してみましょう。新規レコードを選択した状態で「販売データ詳細」ボタンをクリックすると、[txb_販売ID]空欄確認の条件がTrueになるためIfブロック内のアクションが実行されます。メッセージボックスが表示され、マクロが中止されるため、「F_販売データ詳細_一覧」フォームは開きません（図73）。

図73 新規レコード選択状態だと開かない

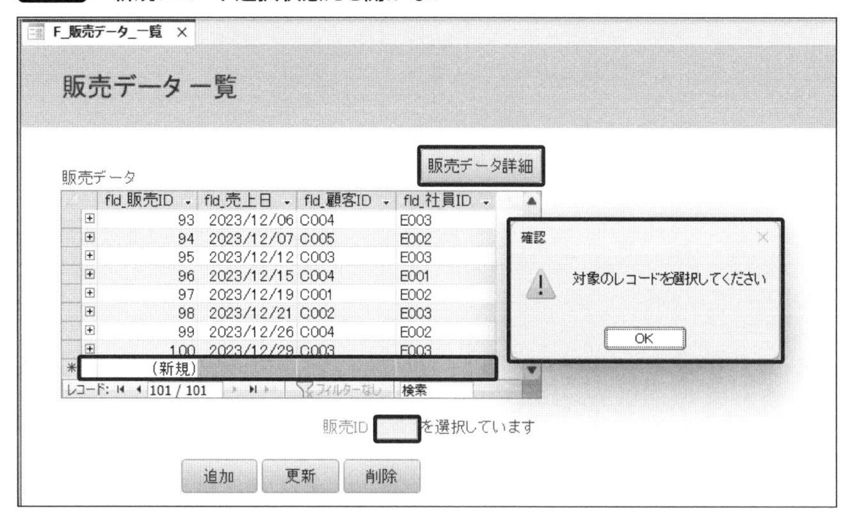

既存レコードを選択した状態で「販売データ詳細」ボタンをクリックすると、空欄確認の条件がFalseになるためIfブロック内のアクションが実行されません。対象のレコードを選択した状態でクリックすると、「F_販売データ詳細_一覧」フォームが開きます（**図74**）。

図74 既存レコード選択状態だとフォームが開く

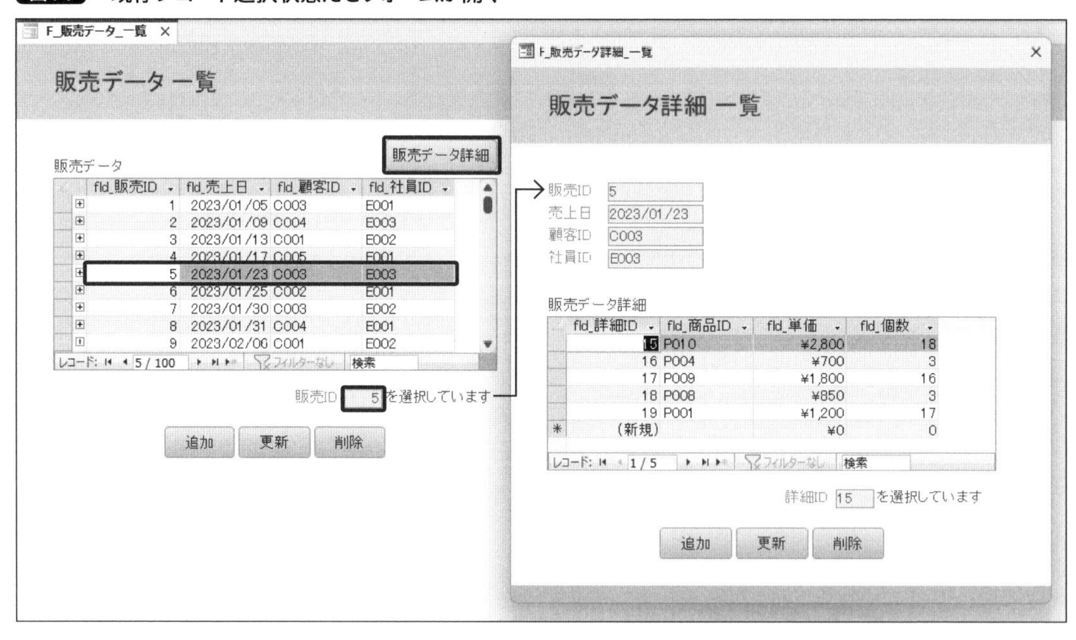

「F_販売データ詳細_一覧」フォームを閉じて、再び「F_販売データ_一覧」フォームをデザインビューに切り替えます。ここで、コントロールを1つ追加します。「フォームデザイン」タブからチェックボックス

を選択し、「btn_更新」ボタンの下をクリックして作成します。プロパティシートで名前を「chk_更新」としておきます。一緒に作成されたラベルは不要なのでDeleteキーで削除します（図75）。

図75 チェックボックスの挿入

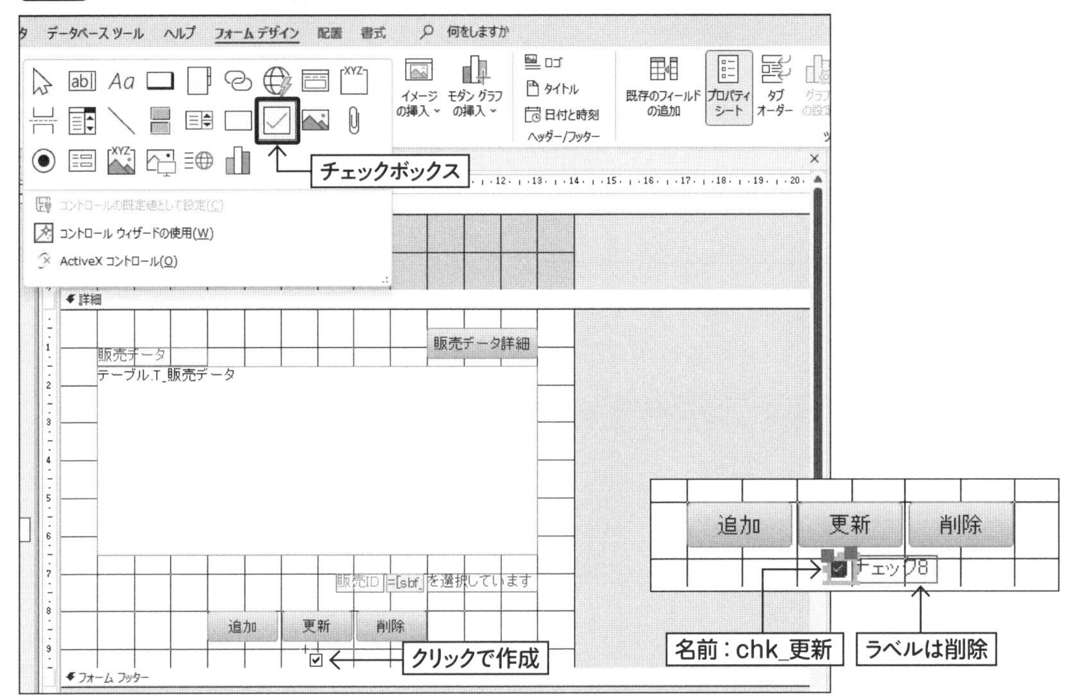

ここでは、「追加」「更新」ボタンは「F_販売データ_編集」フォームを開き、「削除」ボタンは削除クエリの実行を行いたいのですが、チェックボックスによって「追加」「更新」どちらのボタンがクリックされたかの判別を行います（図76）。

図76 各コントロールの役割

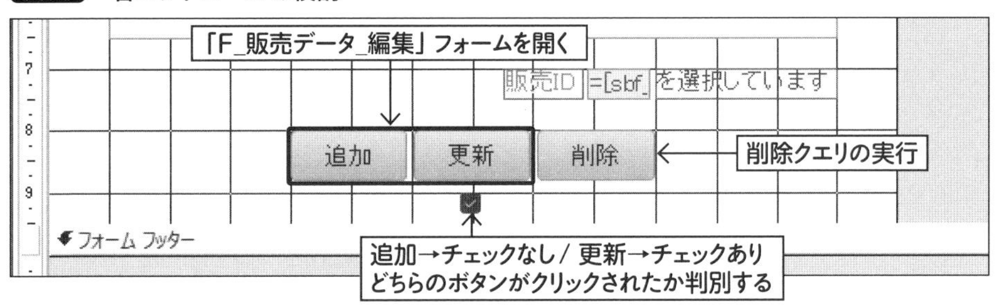

では、ボタンの機能を実装します。「btn_追加」ボタンの「クリック時」イベントのマクロを作成します。

開いたマクロツールで、「プロパティの設定」「フォームを開く」「再クエリ」の3つのアクションを**図77**と**表17**のように追加します。チェックボックスの値でもTrue/Falseを使い、Trueはチェックあり、Falseはチェックなし、という意味です。設定したら「上書き保存」「閉じる」で終了します。

図77 3つのアクションを追加

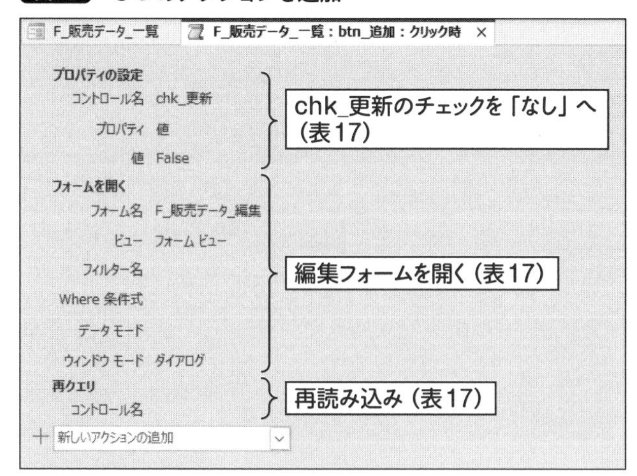

表17 アクションの詳細

アクション名	項目	設定内容
プロパティの設定	コントロール名	chk_更新
	プロパティ	値
	値	False
フォームを開く	フォーム名	F_販売データ_編集
	ビュー	フォームビュー
	ウィンドウモード	ダイアログ
再クエリ	コントロール名	-

次に、「btn_更新」ボタンの「クリック時」イベントのマクロを作成します。

アクションを**図78**のように追加します。「更新」ボタンではサブフォームで選択しているレコードの販売IDを利用するので、選択の確認を事前に加えます（**表18**）。キャプチャではメッセージボックスの詳細を折り畳んだ状態で掲載されています。そのあとの3つのアクションは**表19**を参考に設定してください。

設定後は「上書き保存」「閉じる」で終了します。

図78 アクションの追加

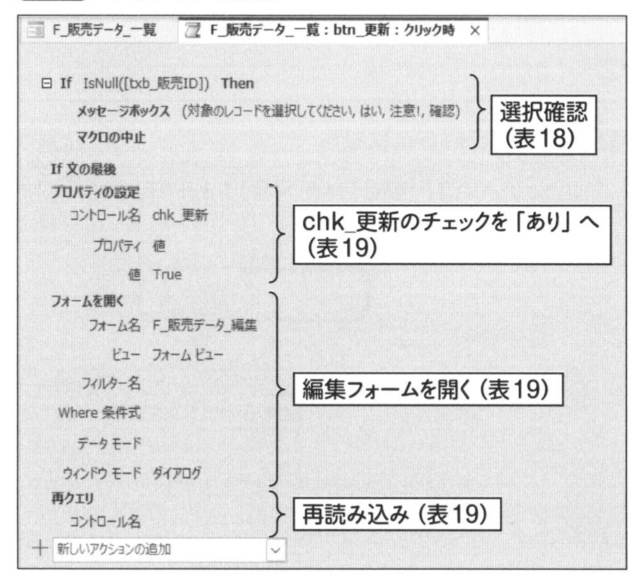

表18 [txb_販売ID]の空欄確認

アクション名	項目	設定内容
If	IsNull([txb_販売ID])	
メッセージボックス	メッセージ	対象のレコードを選択してください
	警告音	はい
	メッセージの種類	注意!
	メッセージタイトル	確認
マクロの中止	-	

表19 3つのアクション

アクション名	項目	設定内容
プロパティの設定	コントロール名	chk_更新
	プロパティ	値
	値	True
フォームを開く	フォーム名	F_販売データ_編集
	ビュー	フォームビュー
	ウィンドウモード	ダイアログ
再クエリ	コントロール名	-

フォームビューで動作確認すると、「追加」ボタン、「更新」ボタンどちらからでも「F_販売データ_編集」フォームが開きますが、「追加」の場合はチェックなし、「更新」の場合はチェックありになっています(**図79**)。このチェックボックスは、**6-4-2** (P.302) で「F_販売データ_編集」に変化を加える条件に使います。

図79 動作確認

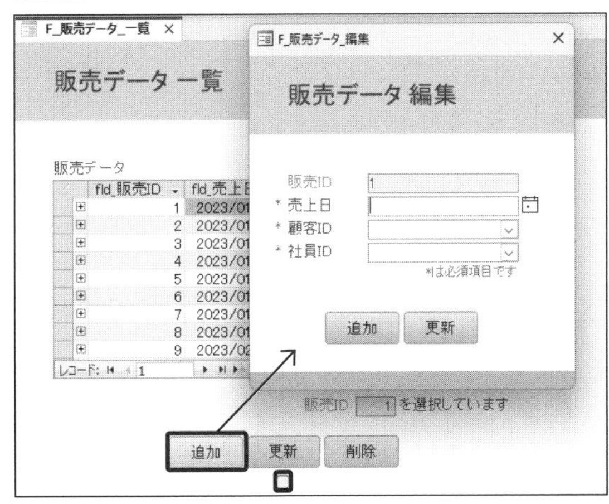

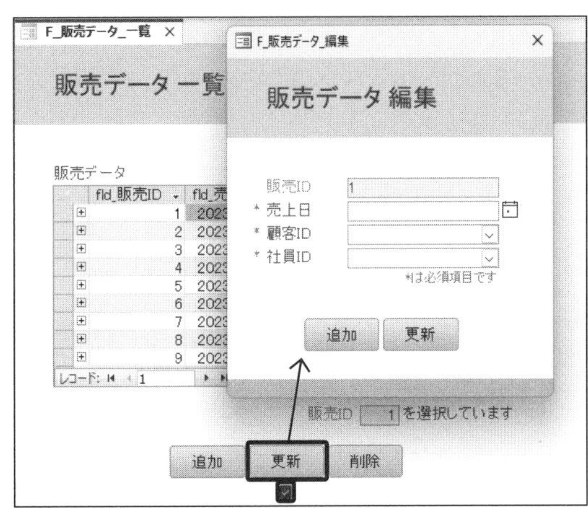

最後に削除ボタンを実装しましょう。**6-3-3**(P.286)と同様です。デザインビューに切り替え、「btn_削除」ボタンの「クリック時」イベントのマクロを作成します。マクロツールで、アクションを**図80**のように追加します。レコードの選択チェックを**表20**、クエリ実行のためのアクションを**表21**のように設定してください。キャプチャではメッセージボックスの詳細を折り畳んだ状態で掲載されています。

設定後は「上書き保存」「閉じる」で終了します。

図80 削除ボタンのマクロ

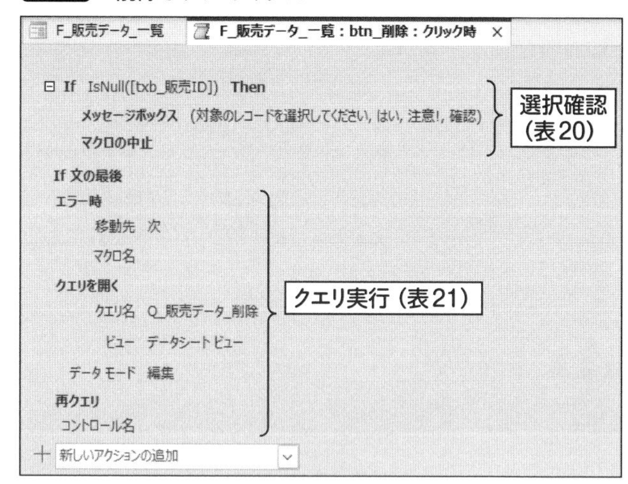

表20 [txb_販売ID]の空欄確認

アクション名	項目	設定内容
If	IsNull([txb_販売ID])	
メッセージボックス	メッセージ	対象のレコードを選択してください
	警告音	はい
	メッセージの種類	注意!
	メッセージタイトル	確認
マクロの中止	-	

表21 クエリ実行のためのアクション

アクション名	設目	設定内容
エラー時	移動先	次
	マクロ名	-
クエリを開く	クエリ名	Q_販売データ_削除
	ビュー	データシートビュー
	データモード	編集
再クエリ	コントロール名	-

6-4-2 「販売データ 編集」フォームのマクロ

続けて編集用のフォームにマクロを実装します。「F_販売データ_一覧」は動作確認で使うのでフォームビューで開いたままにして、「F_販売データ_編集」フォームをデザインビューで開きます。セクション外側の余白をクリックしてフォーム自体を選択した状態で、プロパティシートの「イベント」タブの「開く時」イベントのマクロビルダーを起動します(**図81**)。

図81 フォームを「開く時」イベントのマクロを作成

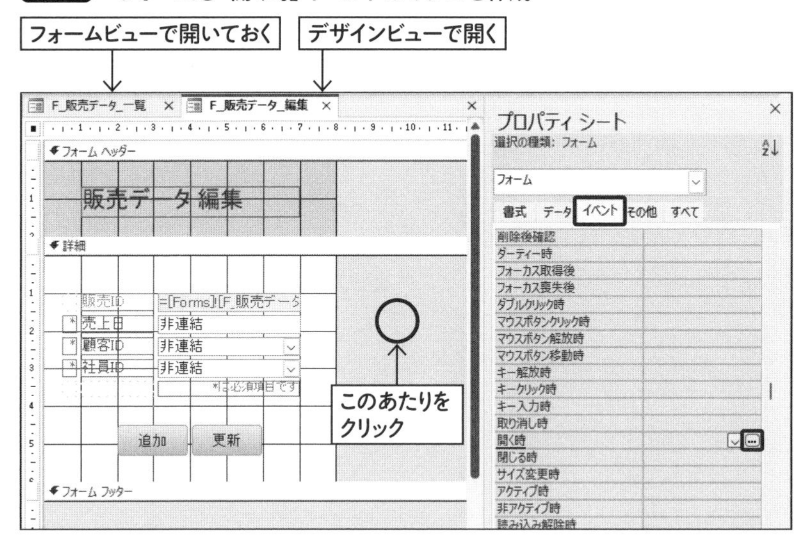

マクロツールで、図82と表22のように設定します。これは、「F_販売データ_一覧」フォームの「chk_更新」がチェックありだったら、という条件式を判定しています。この式がTrue なら、つまり「F_販売データ_一覧」フォームで「btn_更新」ボタンがクリックされていたら、Ifブロックの内容である、このフォームを開く際に「btn_追加」ボタンを使用不可にする動作を実行します。こうすることで、「btn_更新」ボタンのみ使える状態になります。

図82 更新ボタンで開かれたときのアクション

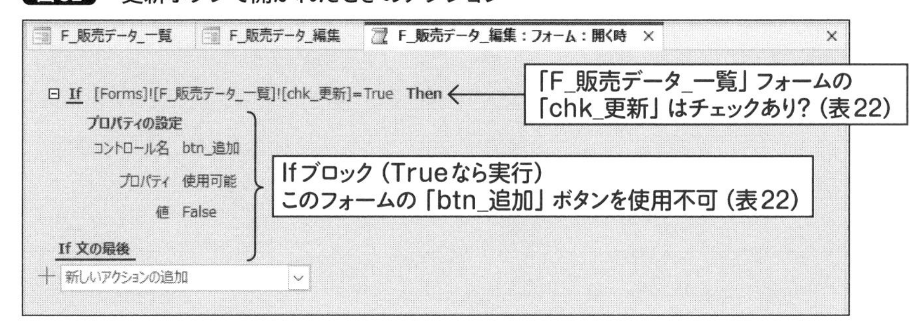

表22 アクションの詳細

アクション名	項目	設定内容
If	[Forms]![F_販売データ_一覧]![chk_更新]=True	
プロパティの設定	コントロール名	btn_追加
	プロパティ	使用可能
	値	False

「If」部分をクリックすると右下にオプションが表示されるので、「Elseの追加」をクリックします(**図83**)。

図83 Elseの追加

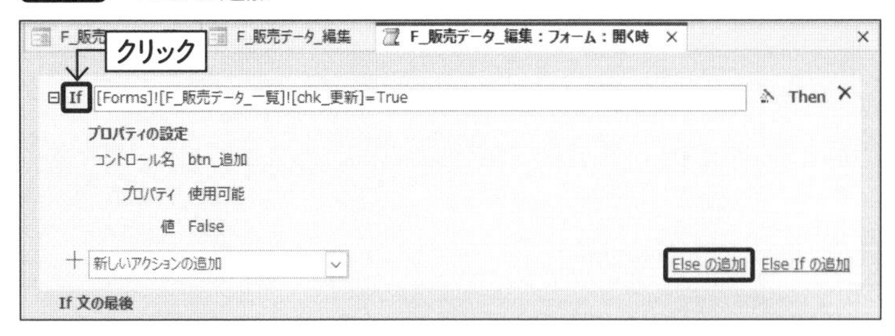

すると、「If」と「If文の最後」の間にElseが挿入されました(**図84**)。

図84 「Else」が挿入された

Elseは**それ以外**という意味で、If条件を満たさなかった場合、つまりFalseだった場合のみ実行される**Elseブロック**を作ることができます(**図85**)。

図85 Elseブロック

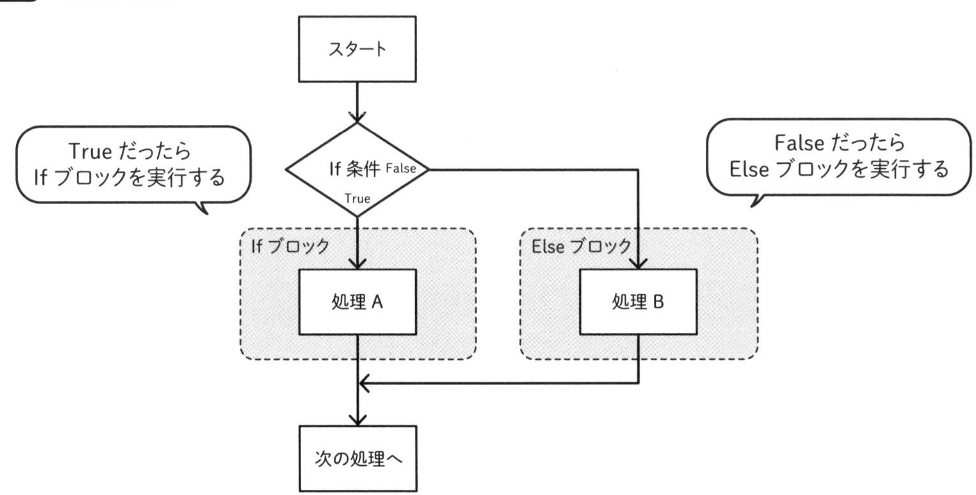

マクロツール上では、「If」から「Else」の間が**Ifブロック**、「Else」から「If文の最後」の間が**Elseブロック**という区分です。ここでのElseブロックは「F_販売データ_一覧」フォームの「chk_更新」がチェックなし、つまり「F_販売データ_一覧」フォームで「btn_追加」ボタンがクリックされていた場合のみ実行されます（**図86**）。

図86 Ifブロックと Elseブロック

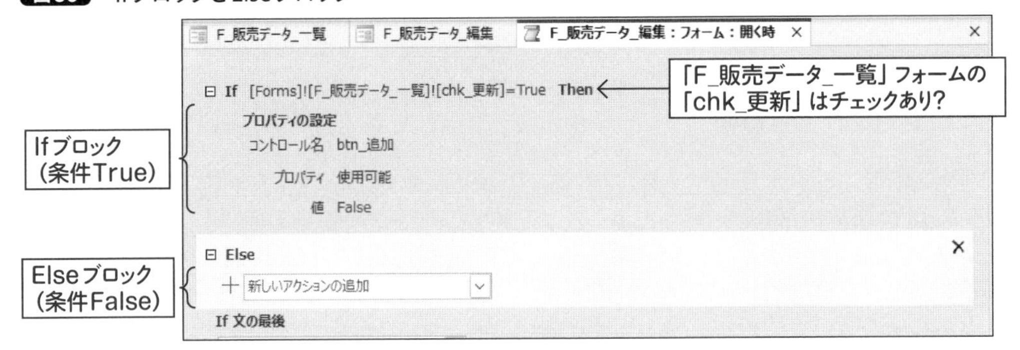

Elseブロックに、**図87**と**表23**のようにアクションを追加します。

1つ目は「btn_更新」ボタンを使用不可にする、という内容です。こうすることで、「btn_追加」ボタンのみ使える状態になります。

2つ目は「txb_販売ID」テキストボックスを隠す、という内容です。販売IDはオートナンバーのため追加の場合は新規に発行されます。ここでの表示は不必要で、表示があると逆に紛らわしいので、隠してしまいます。

図87 Elseブロックのアクション

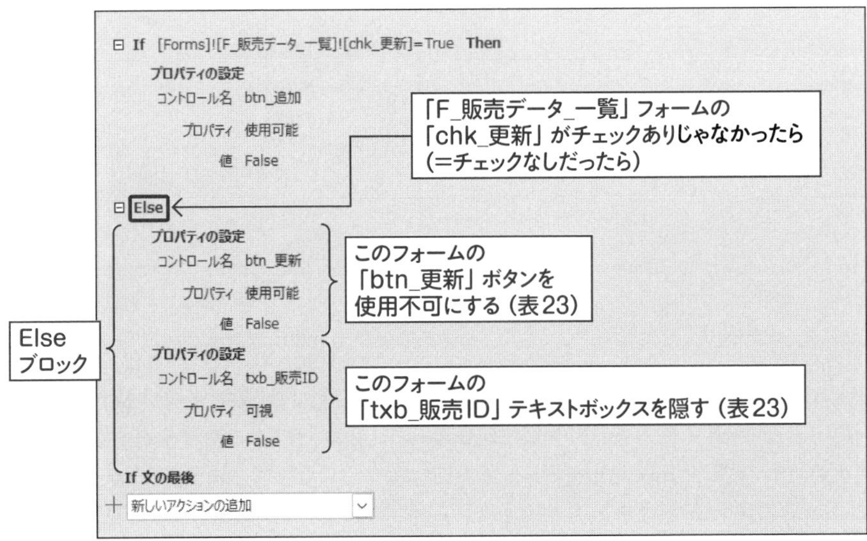

表23 アクションの詳細

アクション名	項目	設定内容
プロパティの設定	コントロール名	btn_更新
	プロパティ	使用可能
	値	False
プロパティの設定	コントロール名	txb_販売ID
	プロパティ	可視
	値	False

ここまでの設定で、「F_販売データ_一覧」フォームの「chk_更新」チェックボックスの状態で異なる動作をさせることができます(図88)。

「チェックあり(更新ボタンから開かれたとき)」の場合、条件がTrueになるためIfブロック内のアクションを実行して、Elseブロックはジャンプします。「チェックなし(追加ボタンから開かれたとき)」の場合は、条件がFalseになるためIfブロックをジャンプして、Elseブロック内のアクションを実行します。

図88 実行のイメージ

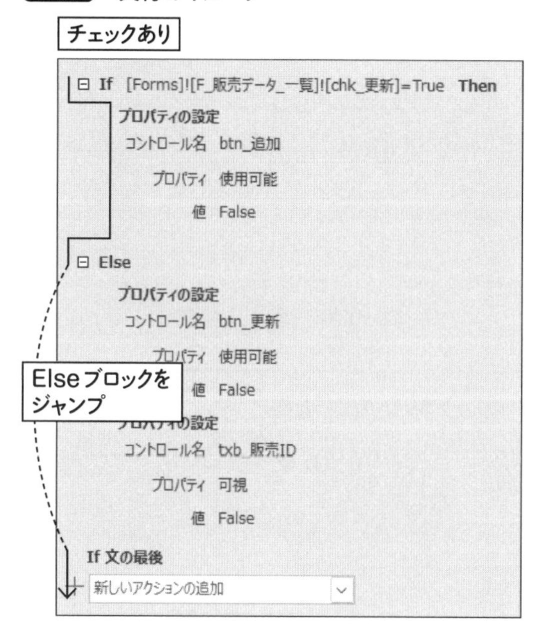

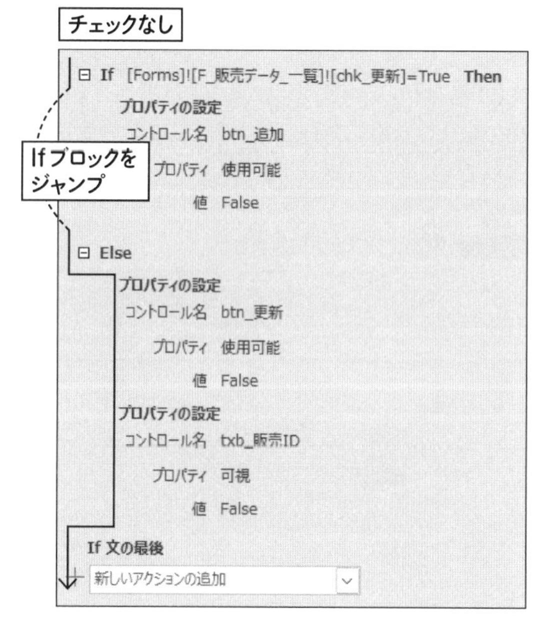

それでは、動作確認してみましょう。マクロツールを上書き保存して閉じ、「F_販売データ_編集」フォームも保存して閉じます。「F_販売データ_一覧」のフォームビューで「追加」ボタンをクリックすると、「F_販売データ_編集」フォーム上の「販売ID」テキストボックス(と、セットになっているラベル)が隠れ、「更新」ボタンが使用不可の状態で開きます。

「更新」ボタンをクリックすると、「追加」ボタンが使用不可の状態で開きます(図89)。

図89 動作確認

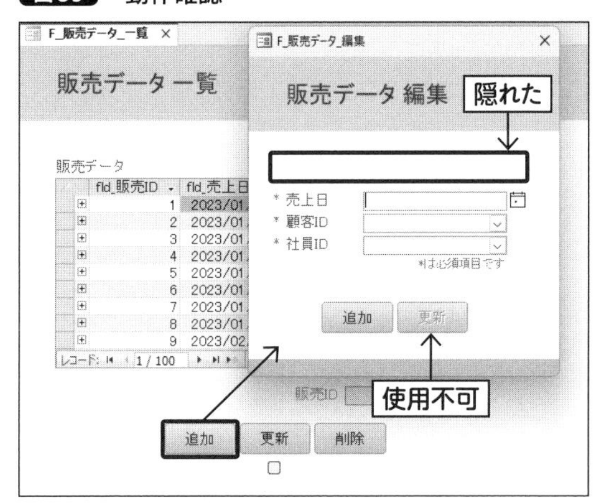

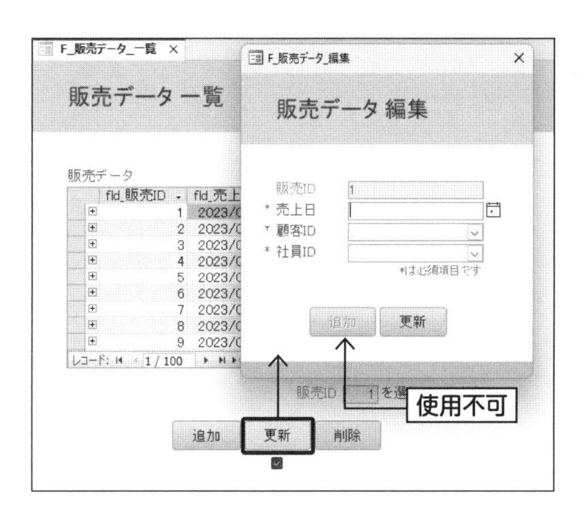

動作確認ができたら、デザインビューで「chk_更新」チェックボックスの「可視」を「いいえ」にして、こちらも隠してしまいましょう（**図90**）。デザインビューでは見えますが、フォームビューでは見えなくなります。隠れていてもチェックのあり／なしは切り替わるので、動作に問題はありません。

図90 チェックボックスを隠す

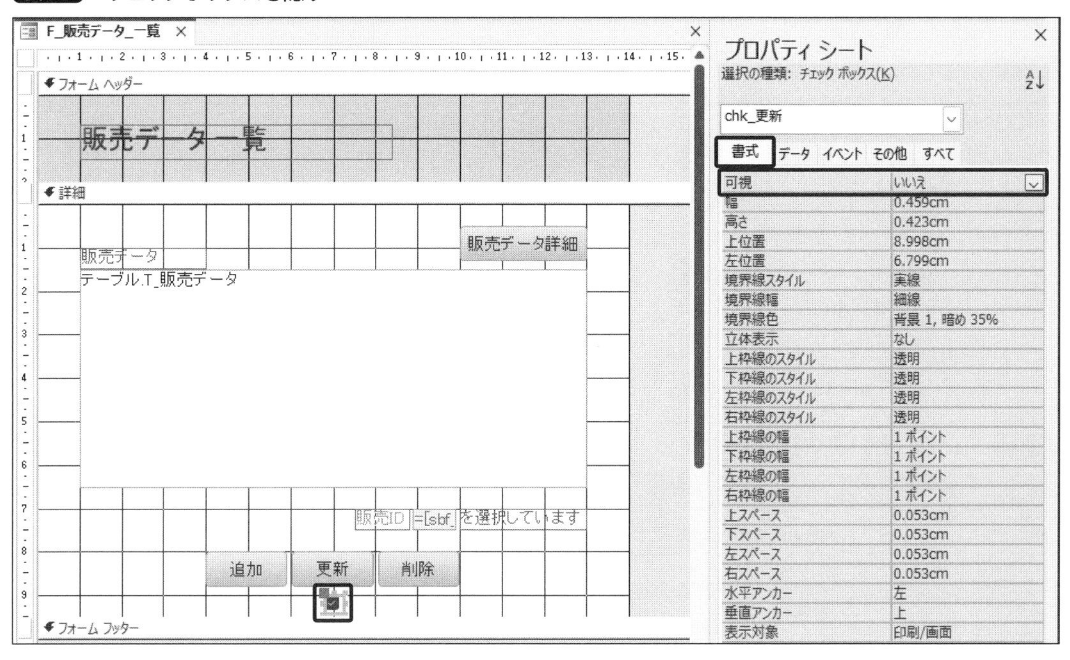

ふたたび「F_販売データ_編集」フォームをデザインビューで開きます。今度は追加ボタンのマクロを実装しましょう。**6-3-1**（P.274）と似ているので参考にしてください。「btn_追加」ボタンの「クリック時」イ

ベントのマクロを作成します。開いたマクロツールに、3種類の空欄確認のアクションを追加します(**図91**)。[txb_売上日]の確認を**表24**、[cmb_顧客ID]の確認を**表25**、[cmb_社員ID]の確認を**表26**のように設定してください。キャプチャではメッセージボックスの詳細を折り畳んだ状態で掲載されています。

図91 3つの空欄確認

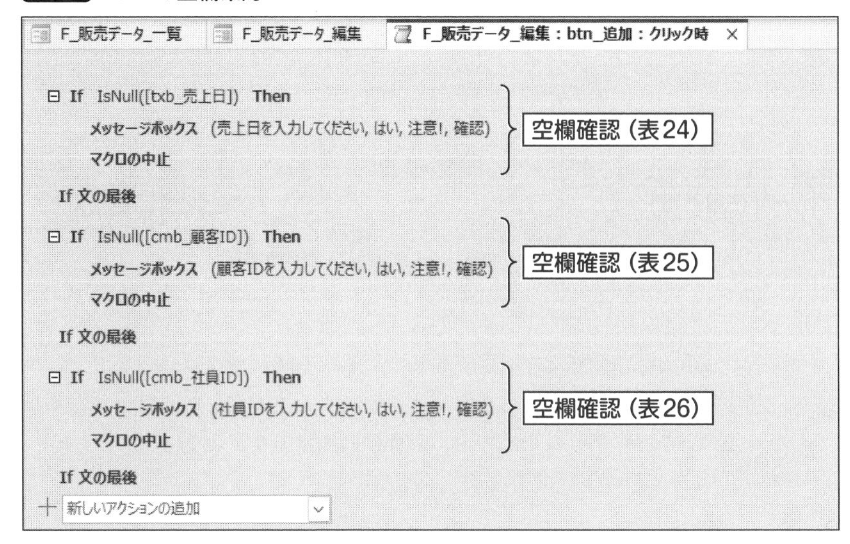

表24 [txb_売上日]の空欄確認

アクション名	項目	設定内容
If	IsNull([txb_売上日])	
メッセージボックス	メッセージ	売上日を入力してください
	警告音	はい
	メッセージの種類	注意!
	メッセージタイトル	確認
マクロの中止	-	

表25 [cmb_顧客ID]の空欄確認

アクション名	項目	設定内容
If	IsNull([cmb_顧客ID])	
メッセージボックス	メッセージ	顧客IDを入力してください
	警告音	はい
	メッセージの種類	注意!
	メッセージタイトル	確認
マクロの中止	-	

表26 [cmb_社員ID]の空欄確認

アクション名	項目	設定内容
If	IsNull([cmb_社員ID])	
メッセージボックス	メッセージ	社員IDを入力してください
	警告音	はい
	メッセージの種類	注意!
	メッセージタイトル	確認
マクロの中止	-	

空欄確認の下に、続きのアクションを追加します(**図92**)。予期しないエラーへの対処、追加クエリの実行のあと、自身のフォームを閉じる動作を登録します。**表27**のように設定してください。

「ウィンドウを閉じる」アクションで「オブジェクトの保存」を「しない」に設定すると、「保存せずに閉じる」命令に注意を促す意味でアクション名の左側に「!」アイコンが現れます。意図してのことなので問題はありません。設定後は「上書き保存」「閉じる」で終了します。

図92 3つのアクションを追加

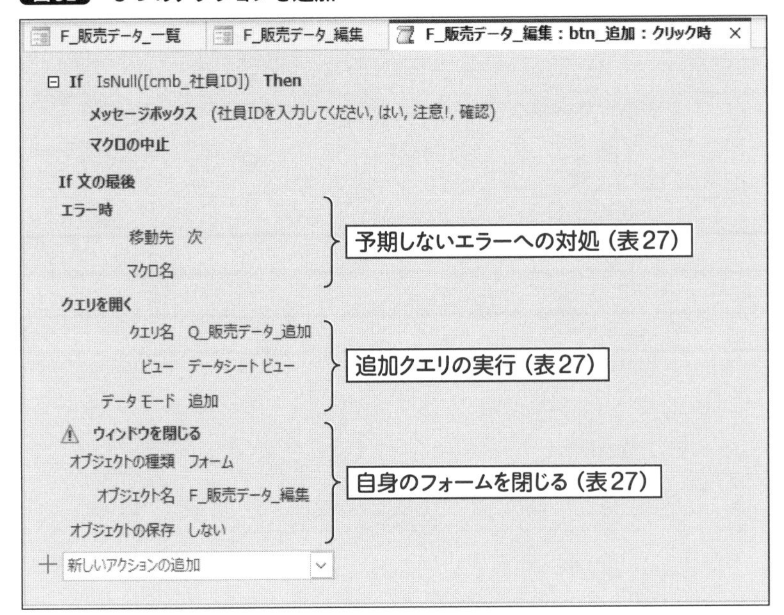

表27 3つのアクション

アクション名	項目	設定内容
エラー時	移動先	次
	マクロ名	-
クエリを開く	クエリ名	Q_販売データ_追加
	ビュー	データシートビュー
	データモード	追加
ウィンドウを閉じる	オブジェクトの種類	フォーム
	オブジェクト名	F_販売データ_編集
	オブジェクトの保存	しない

マクロツールを閉じた状態で上書き保存します。続けて「btn_更新」ボタンの「クリック時」イベントのマクロを作成します。開いたマクロツールのアクションカタログで、「このデータベースのオブジェクト」→「フォーム」→「F_販売データ_編集」を開き、「btn_追加.OnClick」をダブルクリックして読み込みます。

「クエリを開く」アクションのクエリ名を「クエリ名」を「Q_販売データ_更新」、「データモード」を「編集」へ変更します(図93)。設定後は「上書き保存」「閉じる」で終了します。

図93 アクションの修正

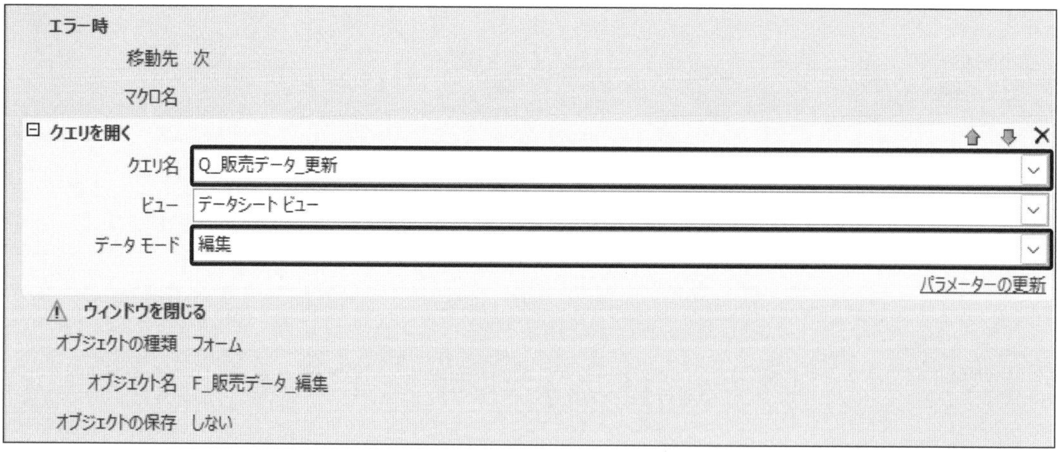

エラー時
移動先 次
マクロ名
⊟ クエリを開く
クエリ名 Q_販売データ_更新
ビュー データシート ビュー
データ モード 編集
パラメーターの更新
ウィンドウを閉じる
オブジェクトの種類 フォーム
オブジェクト名 F_販売データ_編集
オブジェクトの保存 しない

以上で、トランザクションテーブルの親データを編集するマクロの実装が完了しました。「F_販売データ_一覧」「F_販売データ_編集」フォームを上書き保存して閉じます。

6-4-3 「販売データ詳細 一覧」フォームのマクロ

次に、「F_販売データ詳細_一覧」フォームをデザインビューで開きます。

P.298で解説した方法で、「フォームデザイン」タブからチェックボックスを選択し、「btn_更新」ボタンの下をクリックして作成します。プロパティシートで名前を「chk_更新」としておきます。一緒に作成されたラベルは不要なので Delete キーで削除します。

P.307で解説した方法で、作成したチェックボックスのプロパティシートで**可視**を「いいえ」にして、フォームビューでは見えないようにしておきます。

続いて、「btn_追加」ボタンの「クリック時」イベントのマクロを、前ページで解説した方法で作成します。このマクロは**6-4-1**(P.296)で作った内容と似ているので、既存マクロを利用しましょう。マクロツールのアクションカタログで、「このデータベースのオブジェクト」→「フォーム」→「F_販売データ_一覧」を開き、「btn_追加.OnClick」をダブルクリックして読み込みます(**図94**)。

図94 既存マクロの読み込み

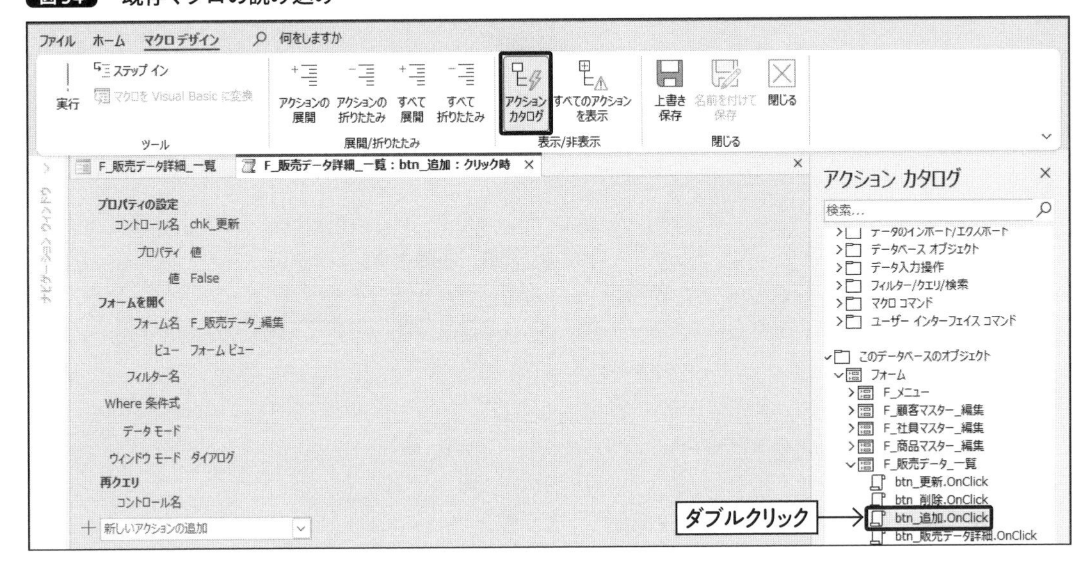

「フォームを開く」アクションの「フォーム名」を「F_販売データ詳細_編集」へ変更します(**図95**)。設定後は「上書き保存」「閉じる」で終了します。

図95 アクションの修正

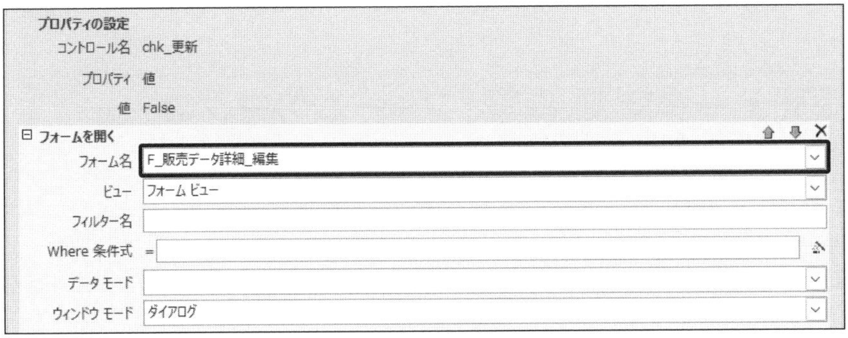

プロパティの設定
コントロール名 chk_更新
プロパティ 値
値 False
フォームを開く
フォーム名 F_販売データ詳細_編集
ビュー フォーム ビュー
フィルター名
Where 条件式 =
データ モード
ウィンドウ モード ダイアログ

同様の方法で、「btn_更新」ボタンの「クリック時」イベントのマクロを作成します。マクロツールのアクションカタログで、「このデータベースのオブジェクト」→「フォーム」→「F_販売データ_一覧」を開き、「btn_更新.OnClick」をダブルクリックして読み込みます。

「If」条件式の「txb_販売ID」を「txb_詳細ID」へ、「フォームを開く」アクションの「フォーム名」を「F_販売データ詳細_編集」へ変更します（図96）。設定後は「上書き保存」「閉じる」で終了します。

図96 更新ボタンのマクロ

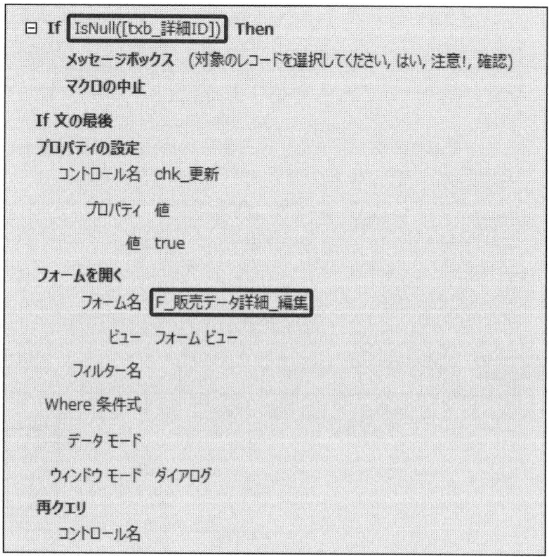

```
⊟ If IsNull([txb_詳細ID]) Then
    メッセージボックス (対象のレコードを選択してください, はい, 注意!, 確認)
    マクロの中止
  If 文の最後
  プロパティの設定
    コントロール名 chk_更新
       プロパティ 値
            値 true
  フォームを開く
       フォーム名 F_販売データ詳細_編集
          ビュー フォーム ビュー
     フィルター名
    Where 条件式
      データ モード
    ウィンドウ モード ダイアログ
  再クエリ
    コントロール名
```

最後に「btn_削除」ボタンの「クリック時」イベントのマクロを作成します。マクロツールのアクションカタログで、「このデータベースのオブジェクト」→「フォーム」→「F_販売データ_一覧」を開き、「btn_削除.OnClick」をダブルクリックして読み込みます。

「If」条件式の「txb_販売ID」を「txb_詳細ID」へ、「クエリを開く」アクションの「クエリ名」を「Q_販売データ詳細_削除」へ変更します（図97）。設定後は「上書き保存」「閉じる」で終了します。

図97 削除ボタンのマクロ

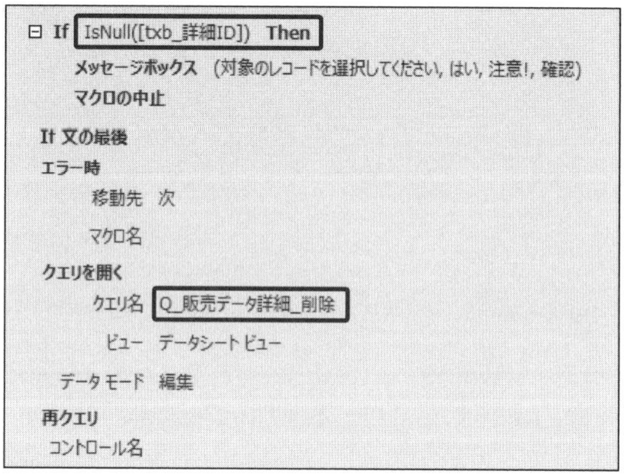

```
⊟ If IsNull([txb_詳細ID]) Then
    メッセージボックス (対象のレコードを選択してください, はい, 注意!, 確認)
    マクロの中止
  If 文の最後
  エラー時
       移動先 次
       マクロ名
  クエリを開く
       クエリ名 Q_販売データ詳細_削除
         ビュー データシート ビュー
    データ モード 編集
  再クエリ
   コントロール名
```

「F_販売データ詳細_一覧」を上書き保存して、閉じておきます。

6-4-4 「販売データ詳細 編集」フォームのマクロ

続けて編集用のフォームにマクロを実装します。「F_販売データ詳細_編集」フォームをデザインビューで開きます。セクション外側の余白をクリックしてフォーム自体を選択した状態で、プロパティシートの「イベント」タブ「開く時」イベントのマクロビルダーを起動します（P.302）。

マクロツールのアクションカタログで、「このデータベースのオブジェクト」→「フォーム」→「F_販売データ_編集」を開き、「F_販売データ_編集.OnOpen」をダブルクリックして読み込みます。

「If」条件式の「F_販売データ_一覧」を「F_販売データ詳細_一覧」へ、「プロパティの設定」アクション「コントロール名」の「txb_販売ID」を「txb詳細ID」へ変更します(**図98**)。設定後は「上書き保存」「閉じる」で終了します。

図98　アクションの修正

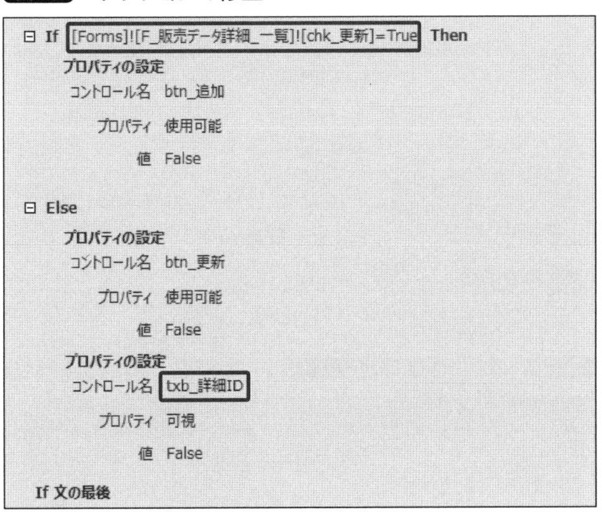

続いて、「btn_追加」ボタンの「クリック時」イベントのマクロを作成します。マクロツールに、3種類の空欄確認のアクションを追加します(**図99**)。[cmb_商品ID]の確認を**表28**のように、[txb_単価]の確認を**表29**のように、[txb_個数]の確認を**表30**のように、それぞれ設定してください。キャプチャではメッセージボックスの詳細を折り畳んだ状態で掲載されています。

図99　3つの空欄確認

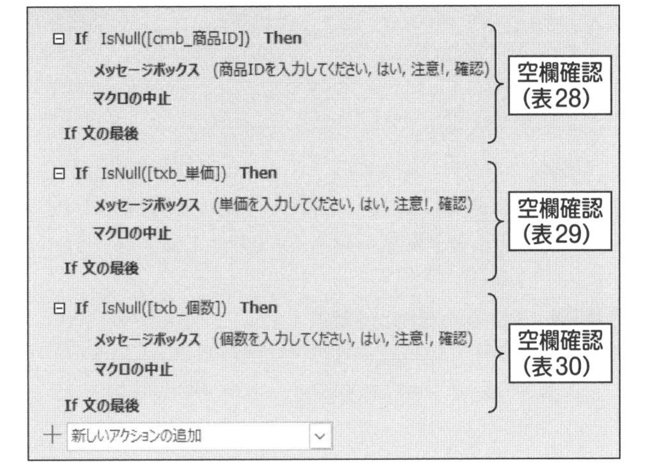

表28　[cmb_商品ID]の空欄確認

アクション名	項目	設定内容
If	IsNull([cmb_商品ID])	
メッセージボックス	メッセージ	商品IDを入力してください
	警告音	はい
	メッセージの種類	注意!
	メッセージタイトル	確認
マクロの中止	-	

表29 [txb_単価]の空欄確認

アクション名	項目	設定内容
If	IsNull([txb_単価])	
メッセージボックス	メッセージ	単価を入力してください
	警告音	はい
	メッセージの種類	注意!
	メッセージタイトル	確認
マクロの中止	-	

表30 [txb_個数]の空欄確認

アクション名	項目	設定内容
If	IsNull([txb_個数])	
メッセージボックス	メッセージ	個数を入力してください
	警告音	はい
	メッセージの種類	注意!
	メッセージタイトル	確認
マクロの中止	-	

空欄確認の下に、続きのアクションを追加します(**図100**)。予期しないエラーへの対処、追加クエリの実行のあと、自身のフォームを閉じる動作を登録します。**表31**のように設定してください。

設定後は「上書き保存」「閉じる」で終了します。

図100 3つのアクションを追加

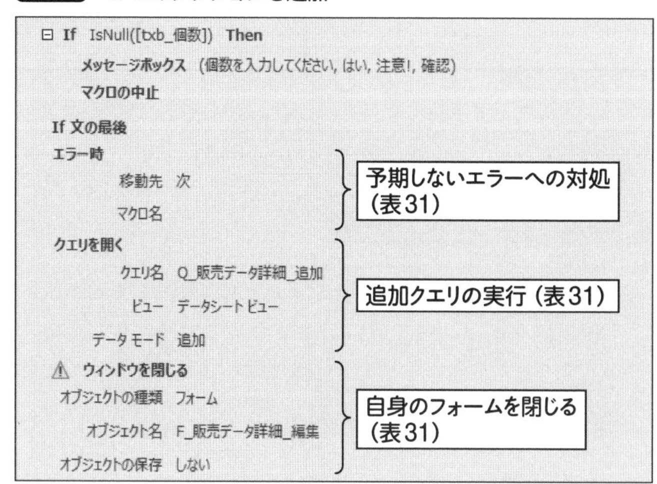

表31 3つのアクション

アクション名	項目	設定内容
エラー時	移動先	次
	マクロ名	-
クエリを開く	クエリ名	Q_販売データ詳細_追加
	ビュー	データシートビュー
	データモード	追加
ウィンドウを閉じる	オブジェクトの種類	フォーム
	オブジェクト名	F_販売データ詳細_編集
	オブジェクトの保存	しない

マクロツールを閉じた状態で上書き保存します。続けて「btn_更新」ボタンの「クリック時」イベントのマクロを作成します。マクロツールのアクションカタログで、「このデータベースのオブジェクト」→「フォーム」→「F_販売データ詳細_編集」を開き、「btn_追加.OnClick」をダブルクリックして読み込みます。

「クエリを開く」アクションのクエリ名を「クエリ名」を「Q_販売データ詳細_更新」、「データモード」を「編集」へ変更します（図101）。設定後は「上書き保存」「閉じる」で終了します。

図101 アクションの修正

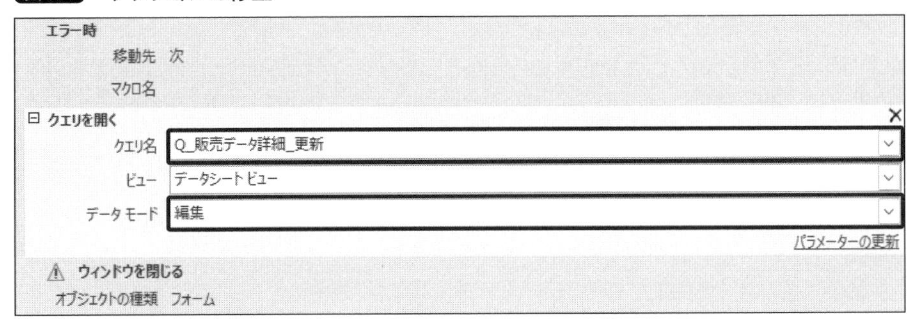

以上で、トランザクションテーブルの子データを編集するマクロの実装が完了しました。「F_販売データ詳細_編集」フォームを上書き保存して閉じます。動作確認は**6-6-3**（P.325）で行います。

6-5 レポート出力の機能

6-5-1 「売上一覧」クエリを絞り込むマクロ

6-5では、選択クエリとレポートに関するフォームへマクロを登録します。「F_レポート印刷」フォームをデザインビューで開きます。

まずは、サブフォームに表示する選択クエリの絞り込み機能を作成しましょう。「btn_絞り込み」ボタンの「クリック時」イベントのマクロを作成します。

マクロツールに、アクションを図102のように追加します。[txb_開始日]の空欄確認を表32のように、[txb_終了日]の空欄確認を表33のように、フォームの再読み込みのためのアクションを表34のように、それぞれ設定してください。なお、図102ではメッセージボックスの詳細を折り畳んだ状態で掲載されています。

設定後は「上書き保存」「閉じる」で終了します。

図102 追加ボタンのマクロ

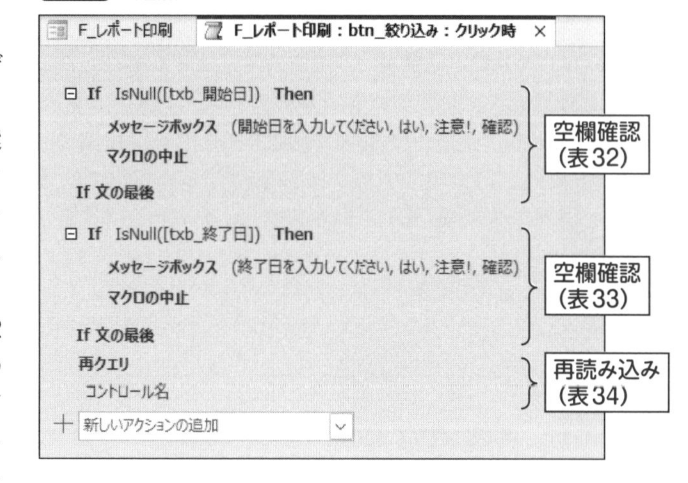

表32 [txb_開始日]の空欄確認

アクション名	項目	設定内容
If	IsNull([txb_開始日])	
メッセージボックス	メッセージ	開始日を入力してください
	警告音	はい
	メッセージの種類	注意!
	メッセージタイトル	確認
マクロの中止	-	

表33　[txb_終了日]の空欄確認

アクション名	項目	設定内容
If	IsNull([txb_終了日])	
メッセージボックス	メッセージ	終了日を入力してください
	警告音	はい
	メッセージの種類	注意!
	メッセージタイトル	確認
マクロの中止	-	

表34　フォームの再読み込みのためのアクション

アクション名	項目	設定内容
再クエリ	コントロール名	-

続けて、「btn_クリア」ボタンの「クリック時」イベントのマクロを作成します。マクロツールに、アクションを図103と表35のように追加します。設定後は「上書き保存」「閉じる」で終了します。

図103　クリアボタンのマクロ

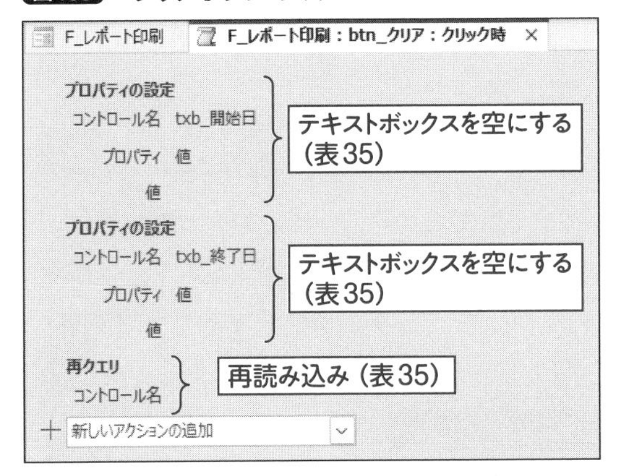

表35　アクションの詳細

アクション名	項目	設定内容
プロパティの設定	コントロール名	txb_開始日
	プロパティ	値
	値	-
プロパティの設定	コントロール名	txb_終了日
	プロパティ	値
	値	-
再クエリ	コントロール名	-

6-5-2　「売上一覧票」レポートを出力するマクロ

続いて「R_売上一覧票」を出力する機能を作成しましょう。まずは、「R_売上一覧票」をデザインビューで開いてP.271で解説した方法で、「自動中央寄せ」を「はい」にしておきます。

「F_レポート印刷」にて、「btn_一覧票プレビュー」ボタンの「クリック時」イベントのマクロを作成します。

マクロツールに、アクションを図104のように追加します。[txb_開始日]の空欄確認を表36のように、[txb_終了日]の空欄確認を表37のように、プレビュー表示のためのアクションを表38のように、それぞれ設定してください。キャプチャではメッセージボックスの詳細を折り畳んだ状態で掲載されています。

設定後は「上書き保存」「閉じる」で終了します。

図104 一覧票プレビューのマクロ

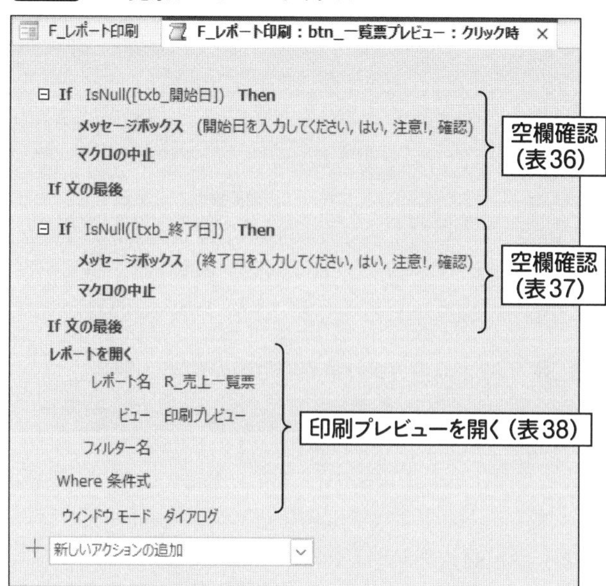

表36 [txb_開始日]の空欄確認

アクション名	項目	設定内容
If	IsNull([txb_開始日])	
メッセージボックス	メッセージ	開始日を入力してください
	警告音	はい
	メッセージの種類	注意!
	メッセージタイトル	確認
マクロの中止	-	

表37 [txb_終了日]の空欄確認

アクション名	項目	設定内容
If	IsNull([txb_終了日])	
メッセージボックス	メッセージ	終了日を入力してください
	警告音	はい
	メッセージの種類	注意!
	メッセージタイトル	確認
マクロの中止	-	

表38 プレビュー表示

アクション名	項目	設定内容
レポートを開く	レポート名	R_売上一覧票
	ビュー	印刷プレビュー
	ウィンドウモード	ダイアログ

マクロツールを閉じた状態で上書き保存します。

続けて「btn_一覧票印刷」ボタンの「クリック時」イベントのマクロを作成します。P.290で解説した方法で、マクロツールのアクションカタログで、「このデータベースのオブジェクト」→「フォーム」→「F_レポート印刷」を開き、「btn_一覧票プレビュー.OnClick」をダブルクリックして読み込みます。「レポートを開く」アクションの「ビュー」を「印刷」、「ウィンドウモード」を「標準」へ変更します（図105）。

設定後は「上書き保存」「閉じる」で終了します。

図105 アクションの修正

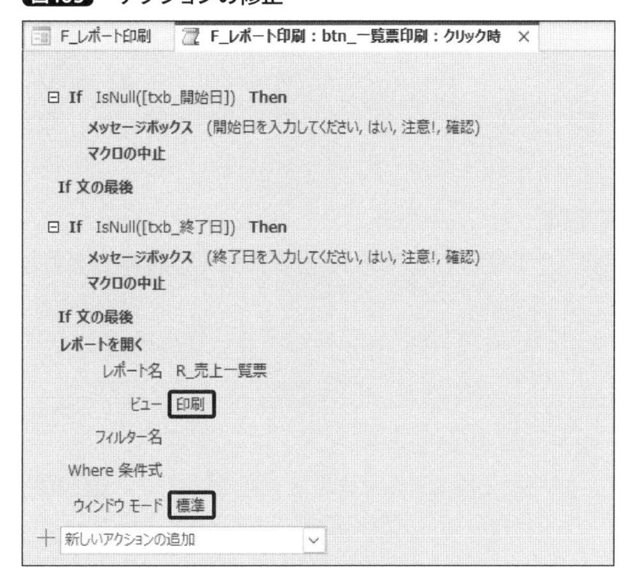

6-5-3 「売上明細書」レポートを出力するマクロ

続いて「R_売上明細書」を出力する機能を作成しましょう。先に「R_売上明細書」をデザインビューで開いて、プロパティシートで「自動中央寄せ」を「はい」にしておきます。

「F_レポート印刷」にて、「btn_明細書プレビュー」ボタンの「クリック時」イベントのマクロを作成します。

マクロツールに、アクションを**図106**のように追加します。[txb_販売ID]の空欄確認を**表39**のように、プレビュー表示のためのアクションを**表40**のように、それぞれ設定してください。

図106 明細書プレビューのマクロ

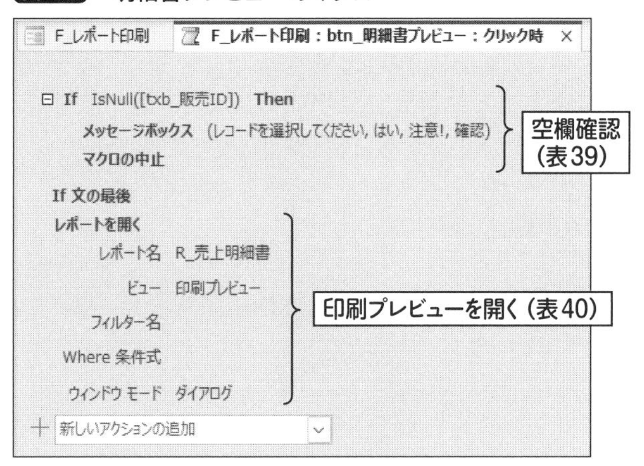

なお、図106ではメッセージボックスの詳細を折り畳んだ状態で掲載されています。設定後は「上書き保存」「閉じる」で終了します。

表39 [txb_販売ID]の空欄確認

アクション名	項目	設定内容
If	IsNull([txb_販売ID])	
メッセージボックス	メッセージ	レコードを選択してください
	警告音	はい
	メッセージの種類	注意!
	メッセージタイトル	確認
マクロの中止	-	

表40 プレビュー表示

アクション名	項目	設定内容
レポートを開く	レポート名	R_売上明細書
	ビュー	印刷プレビュー
	ウィンドウモード	ダイアログ

マクロツールを閉じた状態で上書き保存します。続けて「btn_明細書印刷」ボタンの「クリック時」イベントのマクロを作成します。

マクロツールのアクションカタログで、「このデータベースのオブジェクト」→「フォーム」→「F_レポート印刷」を開き、「btn_明細書プレビュー.OnClick」をダブルクリックして読み込みます。「レポートを開く」アクションの「ビュー」を「印刷」、「ウィンドウモード」を「標準」へ変更します(図107)。

設定後は「上書き保存」「閉じる」で終了します。また、データベースファイルも上書き保存しておきます。

図107 アクションの修正

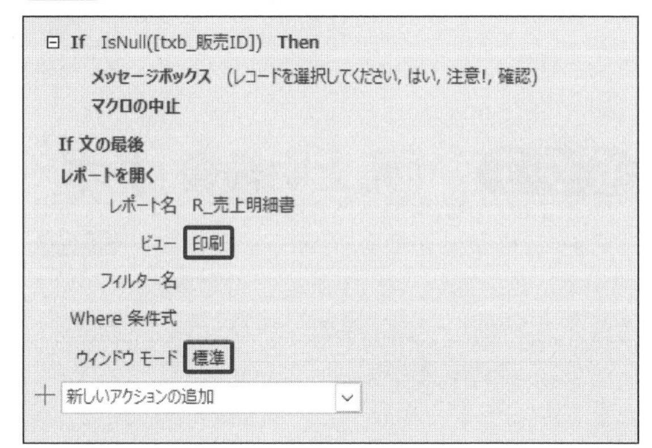

以上で、すべてのマクロの実装が完了しました。動作確認は6-6-4(P.331)で行います。

6-6 レベル2アプリの完成

6-6-1 マスターテーブルの編集

レベル2アプリの機能がすべて実装されたので、操作方法と動作の確認を行いましょう。

3つのマスターテーブルの編集は、ナビゲーションウィンドウからフォームを開いて行います。これは管理者のみが実行できる操作です。

「T_商品マスター」テーブルを編集するには、「F_商品マスター_編集」フォームをダブルクリックで開き、項目を選択または入力して「追加」「更新」「削除」ボタンをクリックします(**図108**)。各ボタンからアクションクエリが実行されるので、**図109**のような確認メッセージが表示されたのち、テーブルに変更が加えられます。

図108 商品マスター情報の編集

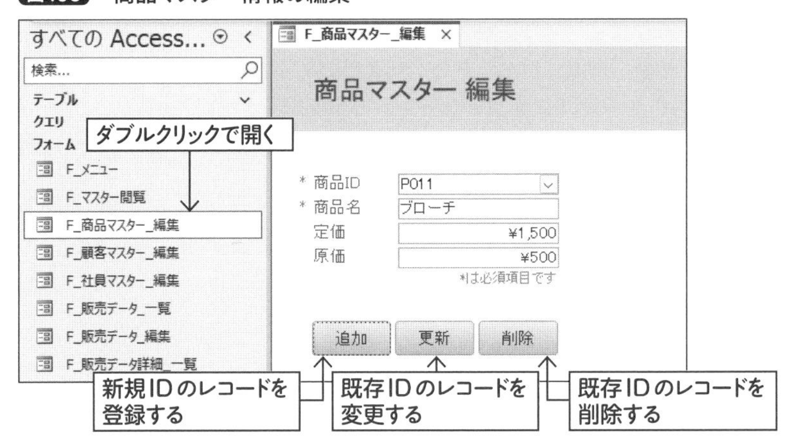

図109 クエリ実行前の確認メッセージの例

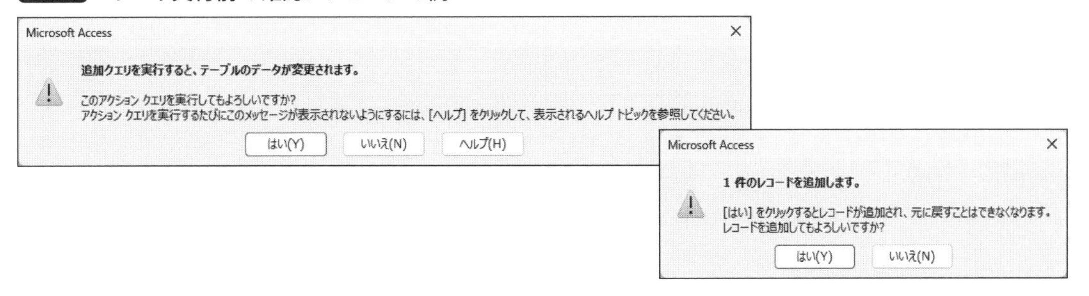

「T_顧客マスター」テーブルを編集するには、「F_顧客マスター_編集」フォームをダブルクリックで開き、項目を選択または入力して「追加」「更新」「削除」ボタンをクリックします（図110）。ボタンをクリックすると確認メッセージが表示されたのち、テーブルに変更が加えられます。

図110 顧客マスター情報の編集

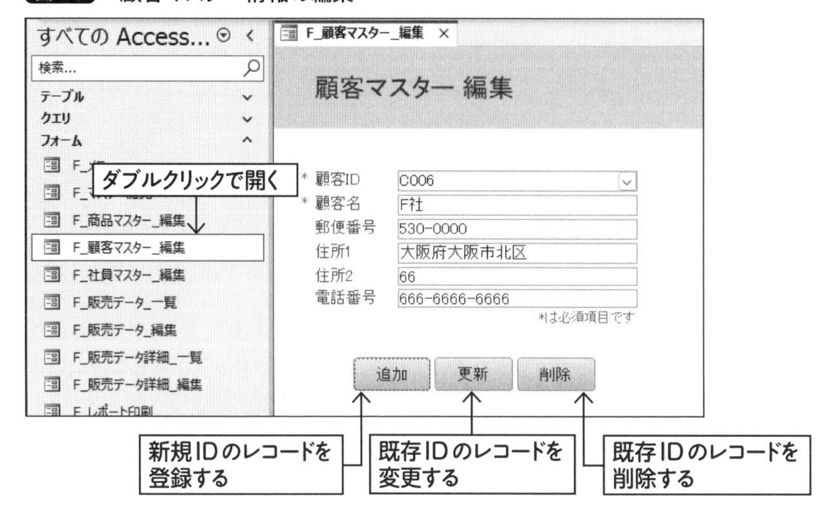

「T_社員マスター」テーブルを編集するには、「F_社員マスター_編集」フォームをダブルクリックで開き、項目を選択または入力して「追加」「更新」「削除」ボタンをクリックします（図111）。ボタンをクリックすると確認メッセージが表示されたのち、テーブルに変更が加えられます。

図111 社員マスター情報の編集

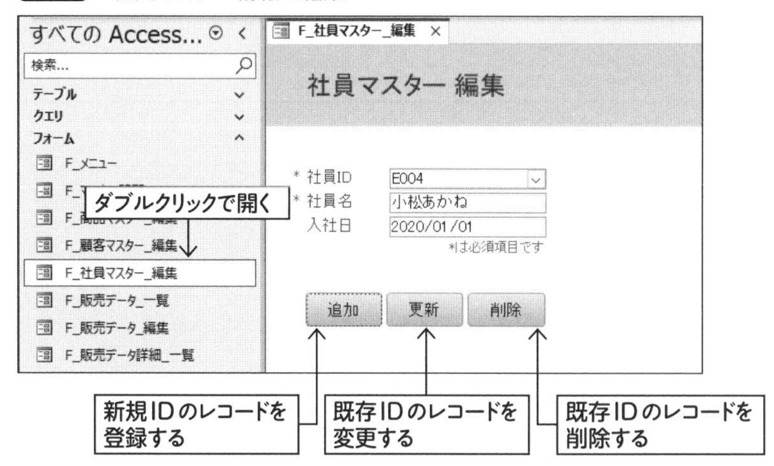

編集後のテーブルの内容は、「F_メニュー」フォームからの「マスター閲覧」で確認できます（図112）。

図112　マスターテーブルの確認

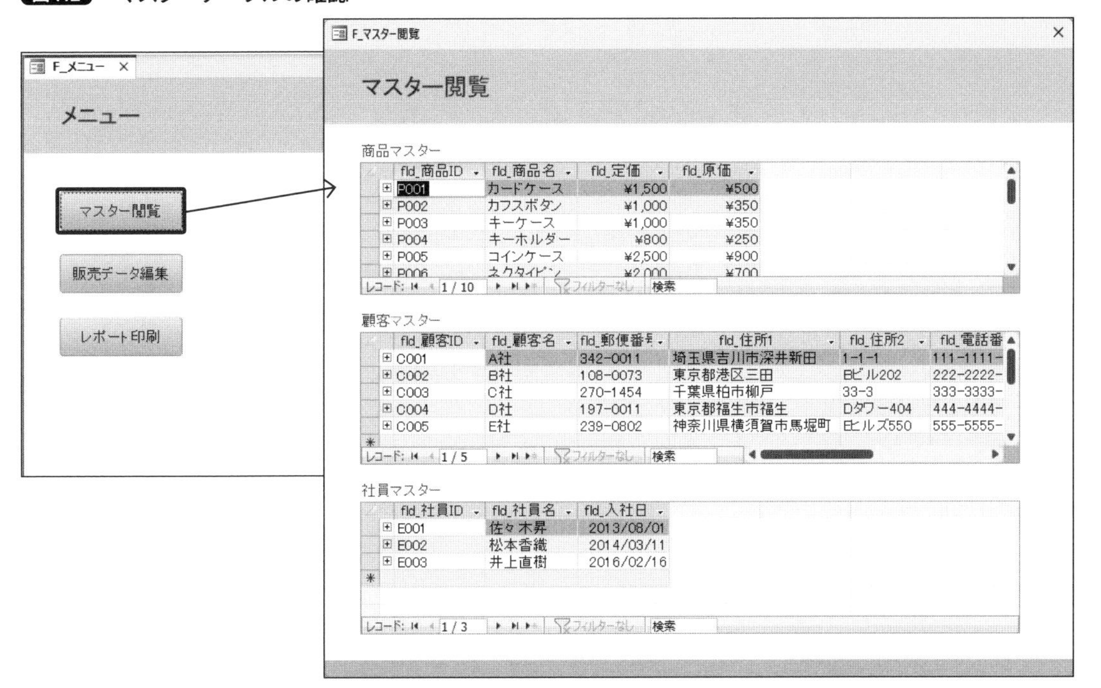

6-6-2 ナビゲーションウィンドウの表示／非表示

オペレーター利用のために、ナビゲーションウィンドウを非表示にします。

簡易的な方法として、ナビゲーションウィンドウ上部の「＜」「＞」アイコンでかんたんに表示/非表示を切り替えることができます(図113)。

図113　簡易的に隠す

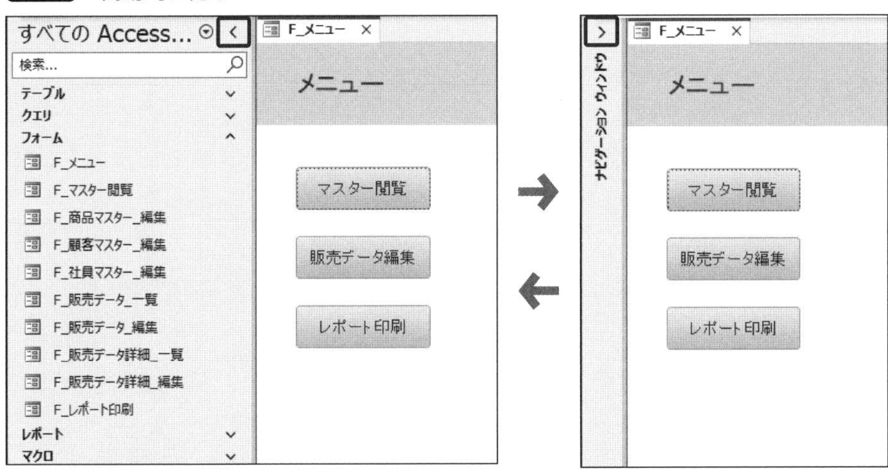

完全に非表示にした場合は、リボンの「ファイル」→「オプション」で「Accessのオプション」ウィンドウを表示し、「現在のデータベース」カテゴリから「ナビゲーションウィンドウを表示する」のチェックを外します(図114)。

図114 オプションウィンドウで設定する

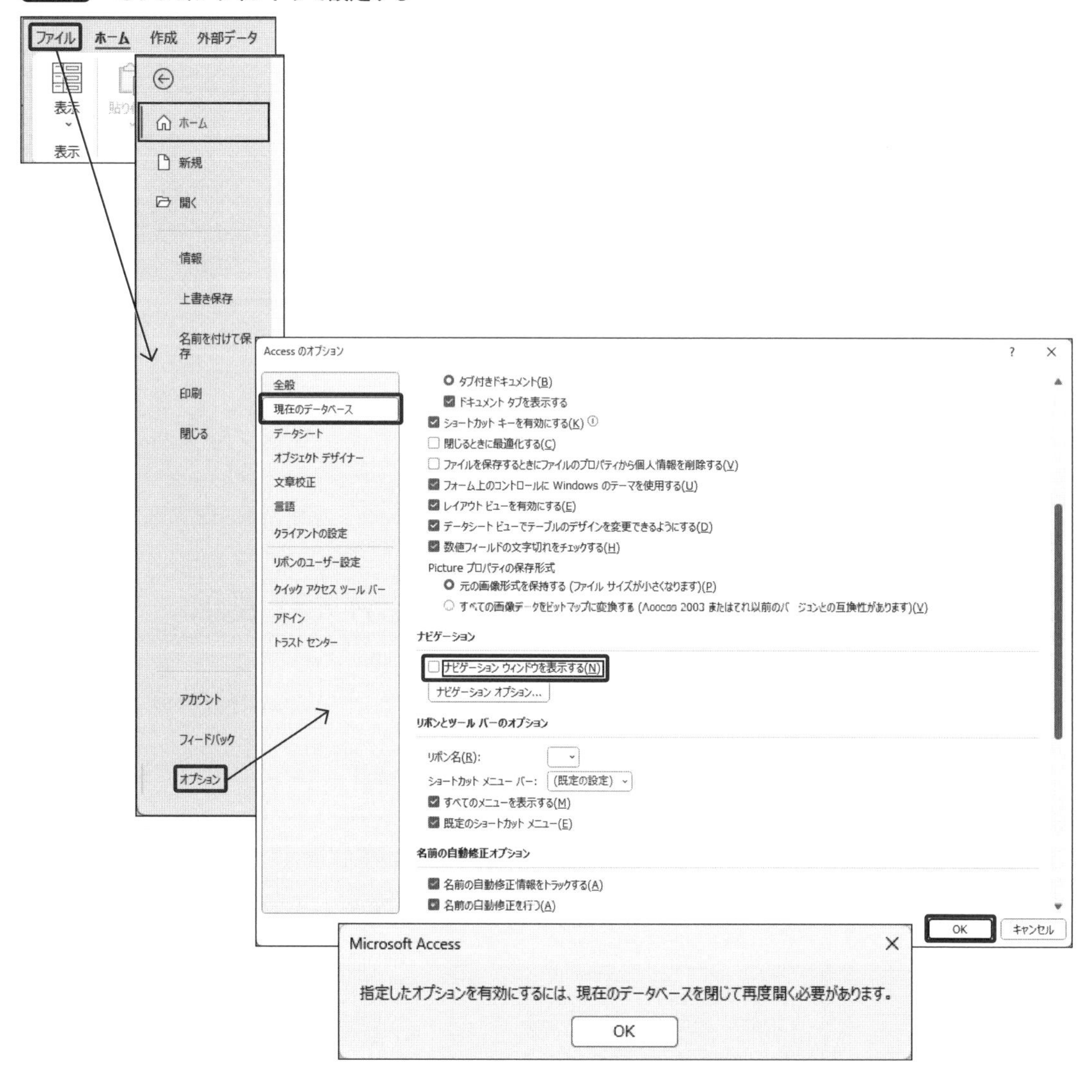

ファイルをいったん閉じて開き直すと、ナビゲーションウィンドウが非表示になります(図115)。

図115　ファイルを開き直した結果

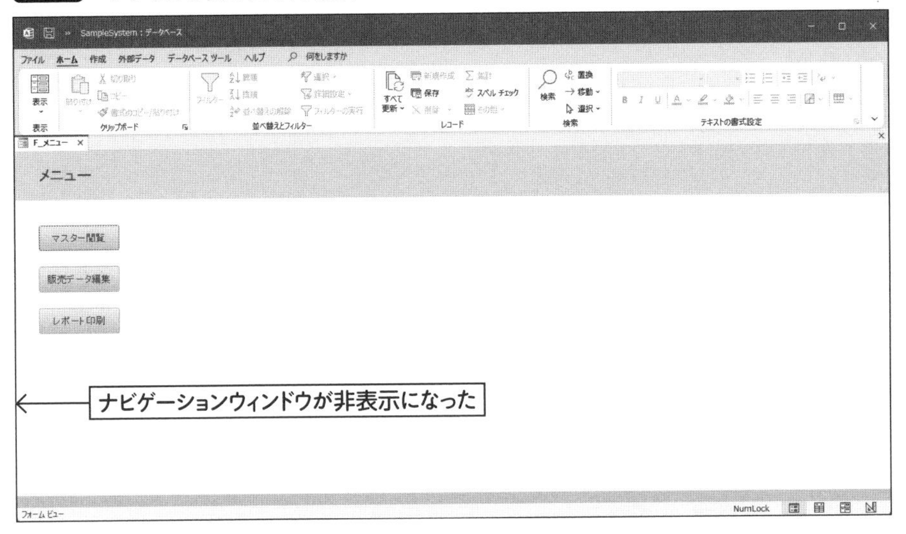

これでオペレーターは、「F_メニュー」フォームから可能な操作のみの利用に限定されます。管理者がマスター編集を行いたいときは、再度オプションで「ナビゲーションウィンドウを表示する」のチェックを入れて、ファイルを開き直してください。

6-6-3 トランザクションテーブルの編集

販売データを新しく追加する場合は、「F_メニュー」フォームの「販売データ編集」をクリックします。まずは親情報の登録が必要なため、「F_販売データ_一覧」フォームの「追加」ボタンから編集フォームを開いてレコードを追加します（図116）。

図116　親レコードの追加

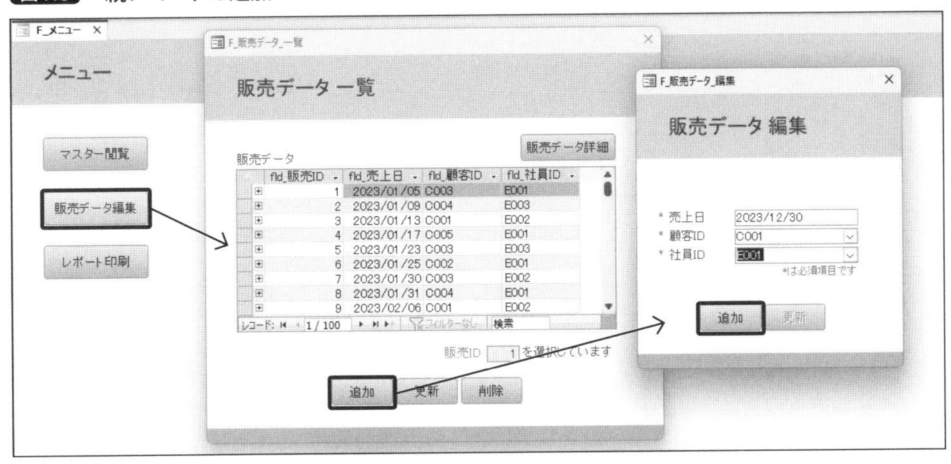

レコードが追加されると編集フォームは自動的に閉じて、一覧フォームが再読み込みされるため、サブフォームで追加レコードの内容が確認できます（**図117**）。

図117 結果の確認

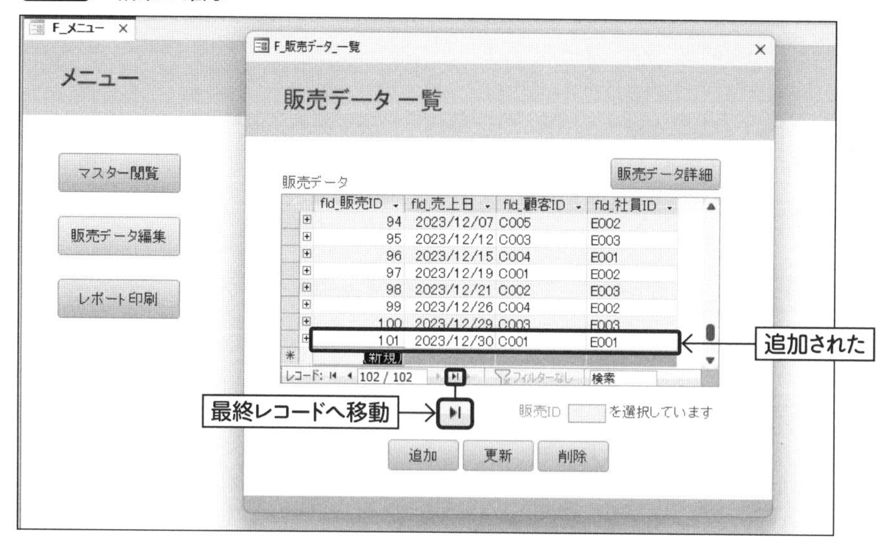

更新は、対象のレコードを選択した状態で「更新」ボタンをクリックします。開いた編集フォームには、対象の販売IDが編集不可の状態で表示されます。このフォームで情報を変更します（**図118**）。

図118 親レコードの更新

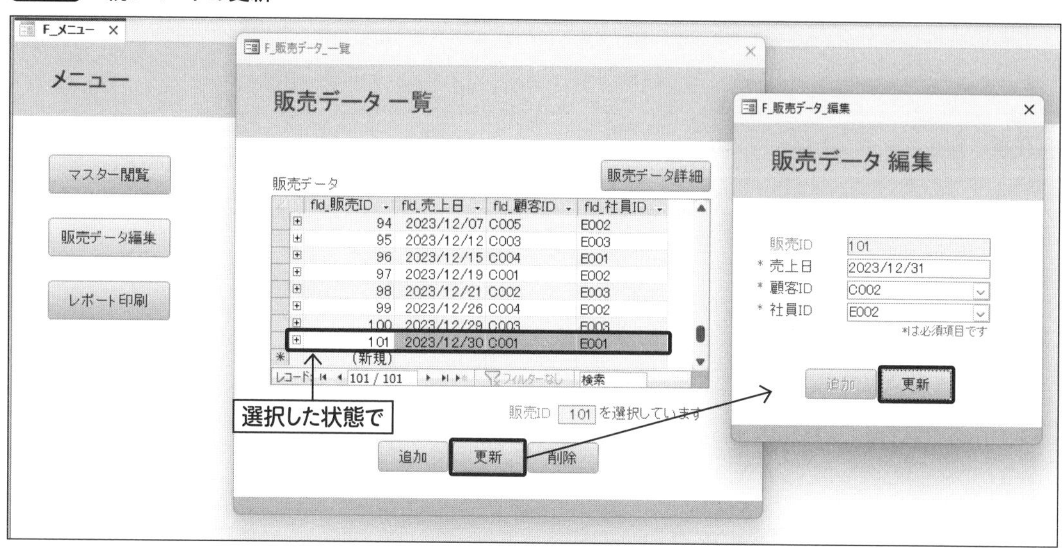

更新されると編集フォームは自動的に閉じて、一覧フォームが再読み込みされるため、サブフォームで対象レコードの内容が確認できます（**図119**）。

図119　結果の確認

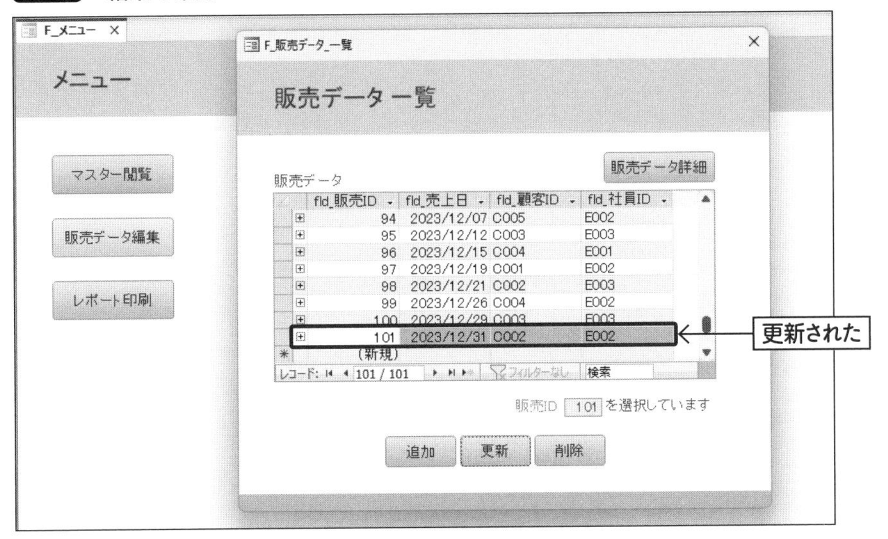

この親レコードに関する子レコードの情報を閲覧するには、対象のレコードを選択した状態で「販売データ詳細」ボタンをクリックします（**図120**）。

図120　子レコードの閲覧

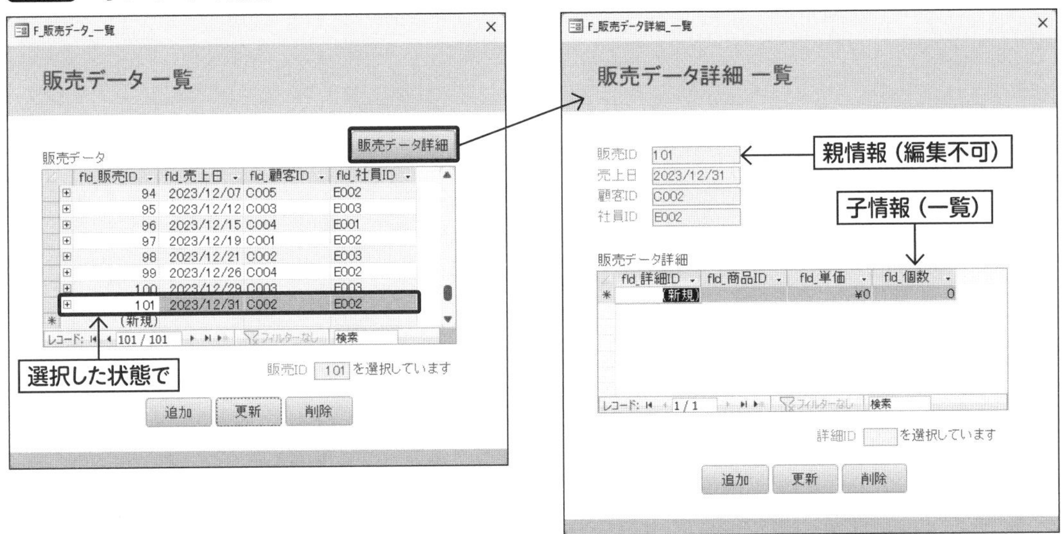

「F_販売データ詳細_一覧」フォームの「追加」ボタンから編集フォームを開いて、子情報を追加します。対象の販売IDは編集不可の状態で表示されます(図121)。

図121 子レコードの追加

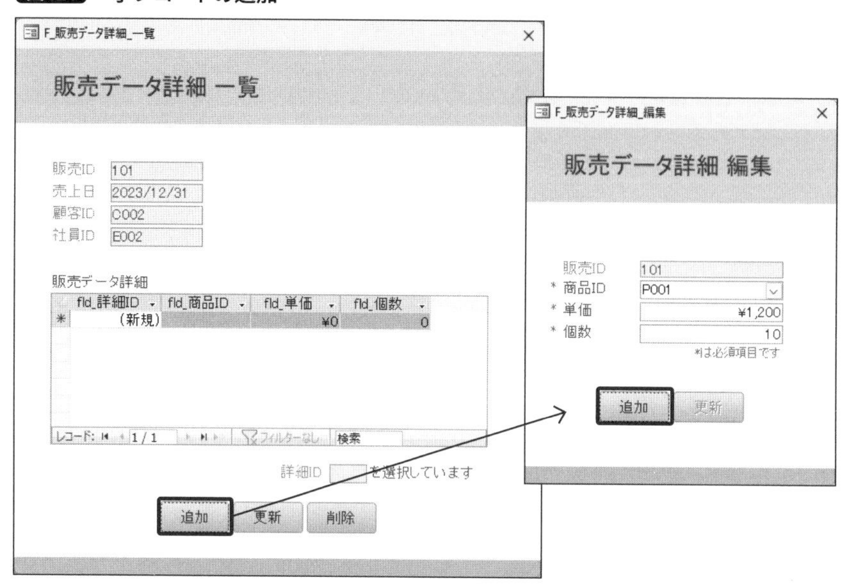

追加されると編集フォームは自動的に閉じて、一覧フォームが再読み込みされるため、サブフォームで追加レコードの内容が確認できます(図122)。

図122 結果の確認

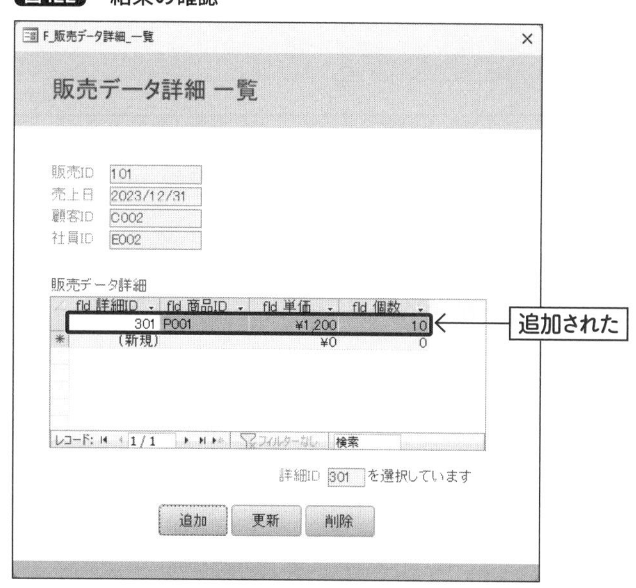

更新は、対象のレコードを選択した状態で「更新」ボタンをクリックします。開いた編集フォームには、対象の詳細ID・販売IDが編集不可の状態で表示されます。このフォームで情報を変更します（図123）。

図123　子レコードの更新

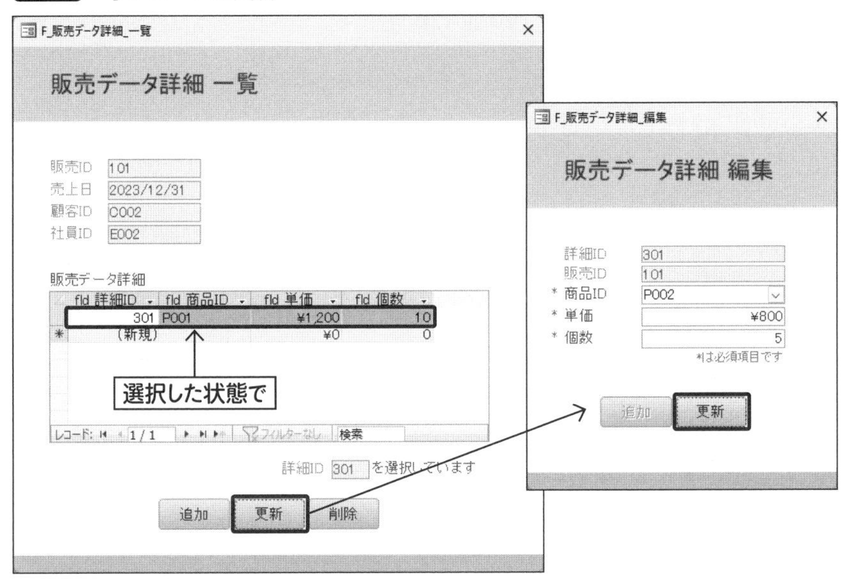

更新されると編集フォームは自動的に閉じて、一覧フォームが再読み込みされるため、サブフォームで対象レコードの内容が確認できます（図124）。

図124　結果の確認

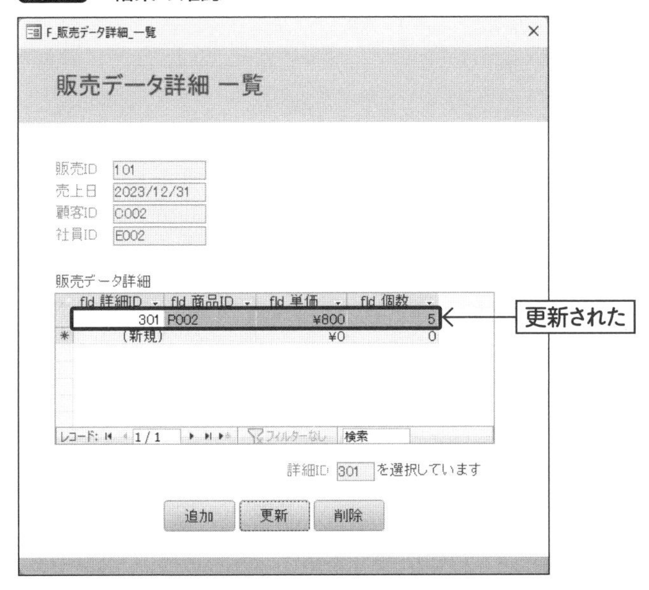

削除は、対象のレコードを選択した状態で「削除」ボタンをクリックします。確認メッセージのあと、この画面上で削除が確認できます（図125）。

図125　子レコードの削除

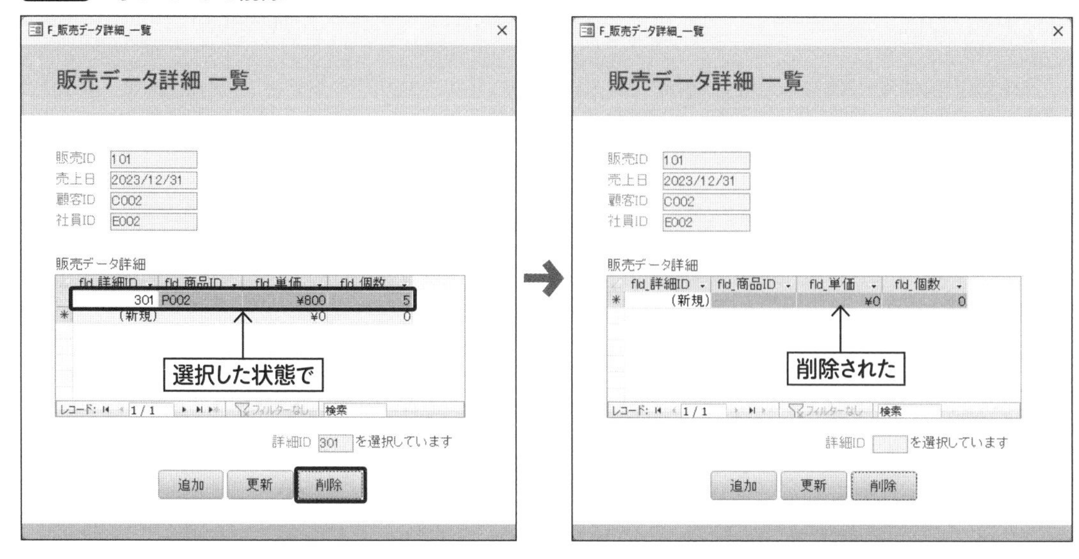

「F_販売データ詳細_一覧」フォームを閉じて、「F_販売データ_一覧」フォームへ戻ります。対象のレコードを選択した状態で「削除」ボタンをクリックすると、親レコードの削除ができます。「連鎖削除」の参照整合性が設定されているので、ここで削除する「販売ID」は、「T_販売データ詳細」テーブルで同じ「販売ID」を持つレコードもすべて削除されます（図126）。

図126　親データの削除

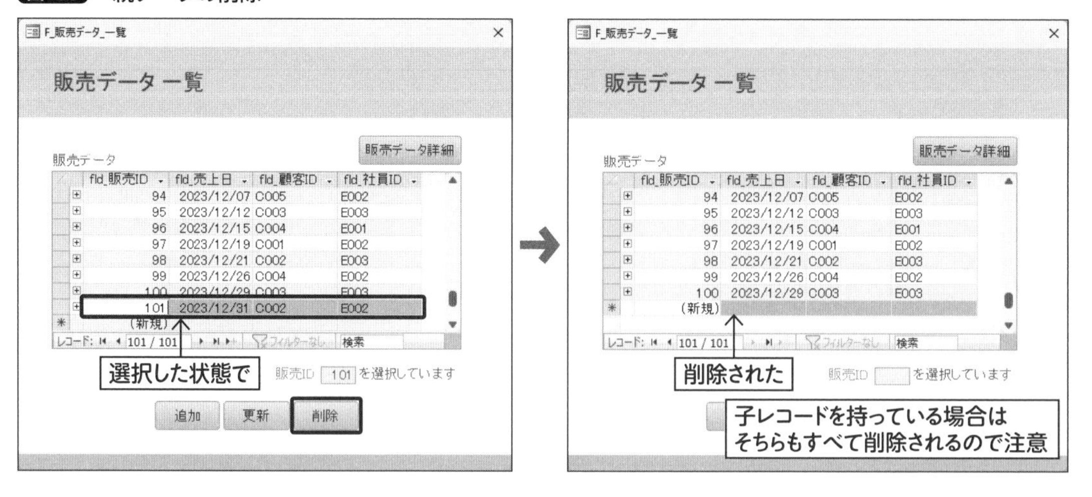

6-6-4 選択クエリの閲覧とレポート出力

「Q_売上一覧_選択」クエリの閲覧と、2種類のレポートを出力するには「F_メニュー」フォームから「レポート印刷」ボタンをクリックします。

選択クエリはサブフォームで閲覧できて、「開始日」「終了日」を設定して「絞り込み」ボタンをクリックすると、サブフォーム内の情報が絞り込まれ、「クリア」ボタンで解除できます（図127）。

図127　選択クエリの絞り込み

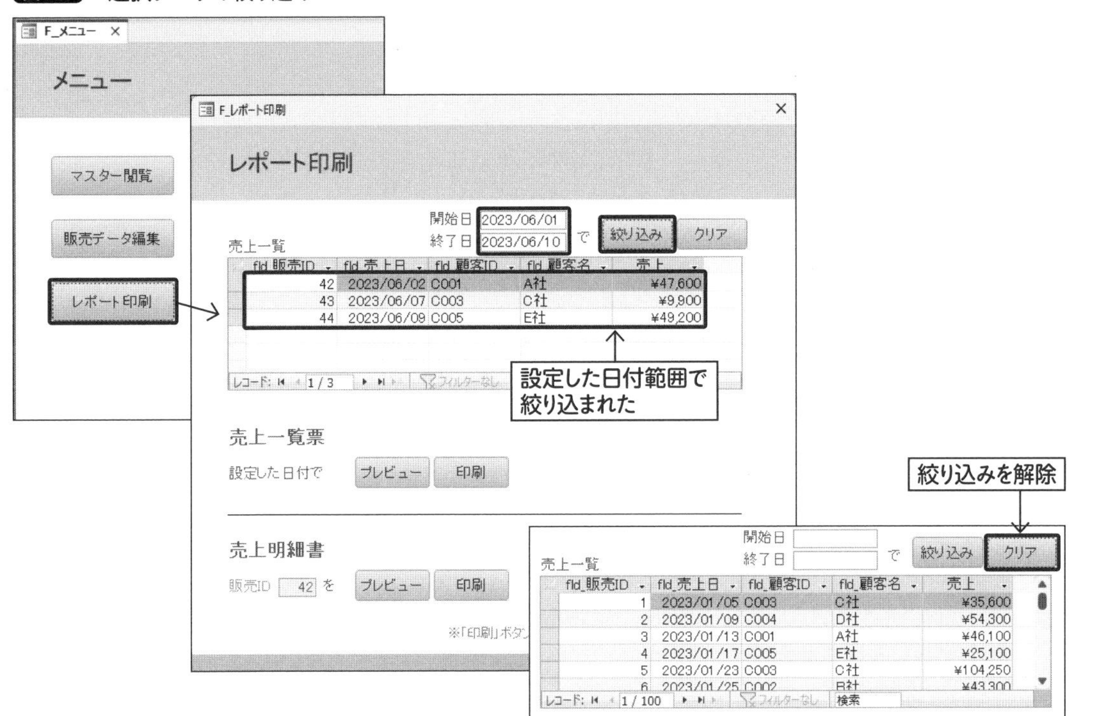

「R_売上一覧票」レポートは、上で設定した日付を条件に出力されます。「プレビュー」ボタンでは印刷プレビューが画面で確認でき、同じ内容が「印刷」ボタンからアクティブプリンターで印刷できます（図128）。

図128 売上一覧票の出力

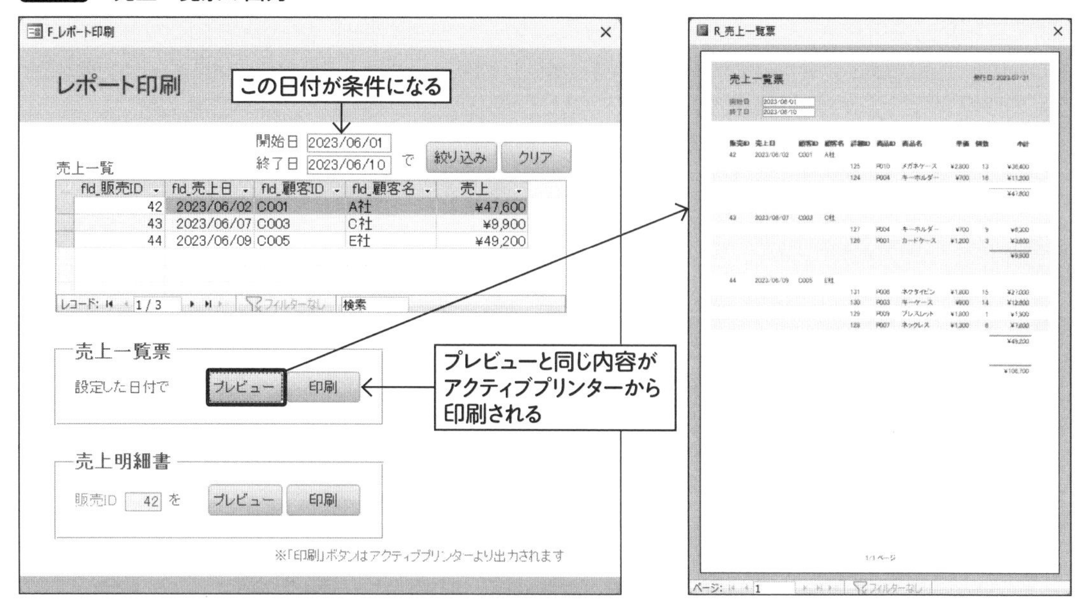

「R_売上明細書」レポートは、サブフォームで選択しているレコードが対象になります。「プレビュー」ボタンでは印刷プレビューが画面で確認でき、同じ内容が「印刷」ボタンからアクティブプリンターで印刷できます(図129)。

図129 売上明細書の出力

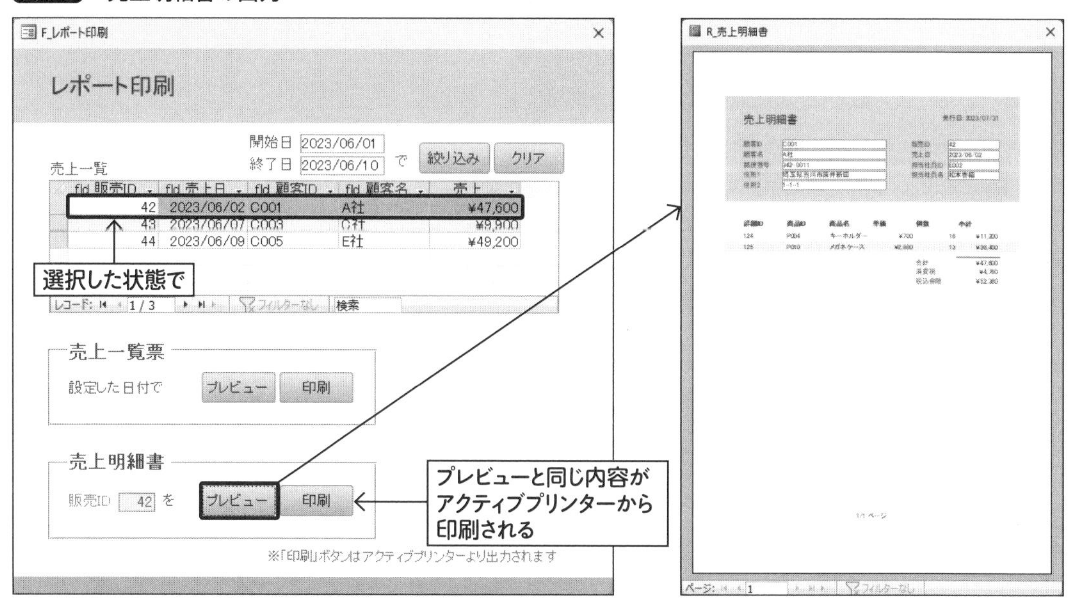

VBAとSQLの連携

7-1 レベル3アプリへの変更点

7-1-1 クエリとマクロからSQLとVBAへ

ここからは、**CHAPTER 6**までで作成したレベル2アプリをベースにして、レベル3アプリへ改変していきます。

レベル3アプリの大きな特徴は、クエリオブジェクトとマクロオブジェクトを使わないことです。クエリはSQL、マクロはVBAが元になっており、ビジュアルプログラミングによってかんたんに機能を作成できるAccess独自のオブジェクトです。プログラミングに馴染みがなくても、理解しやすい形式ですが、オブジェクトの数が多くなるので、管理が煩雑になる傾向があります。

元の言語であるSQLとVBAを使うと、必要最低限のオブジェクトで機能を実装できるうえ、クエリやマクロでは実現の難しい細やかな動きも作りやすく、相対的に管理も楽になります(**図1**)。

図1 クエリとマクロを使わない実装

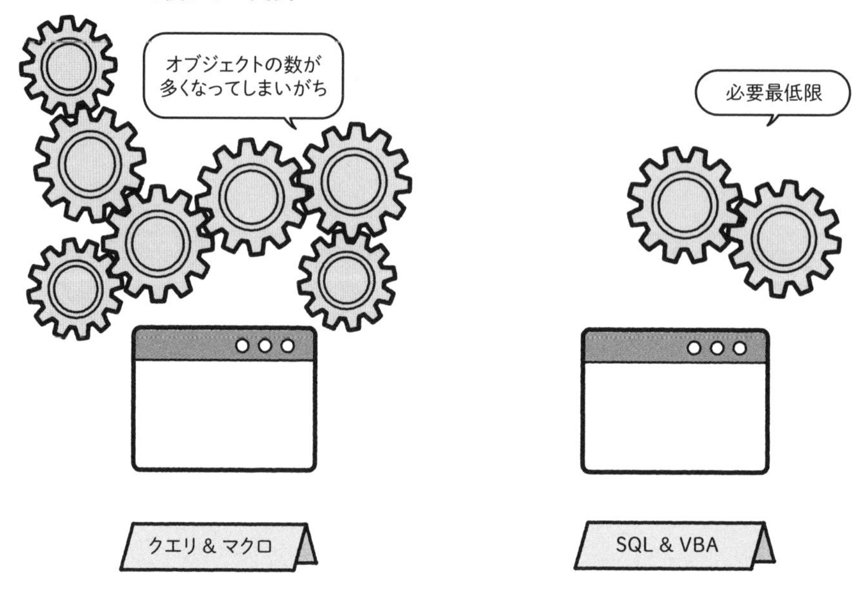

レベル2アプリではテーブルや選択クエリの中身をサブフォームに表示していましたが、レベル3アプリではSQLでレコードセットを取得してリストボックスで表示します。シンプルな見た目になりますが、クエリオブジェクトやマクロオブジェクトの容量が減り、動作も軽くなります(**図2**)。

図2 リストボックスでレコードセットを表示

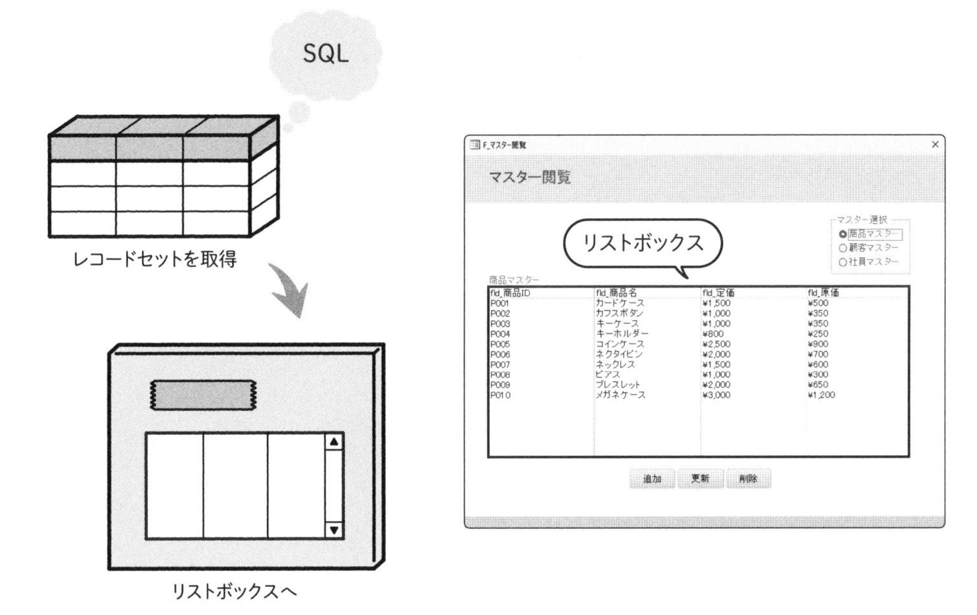

また、マスター情報はオプションボタンによって表示を切り替えられるようにします(**図3**)。

図3 マスター情報の切り替え可能

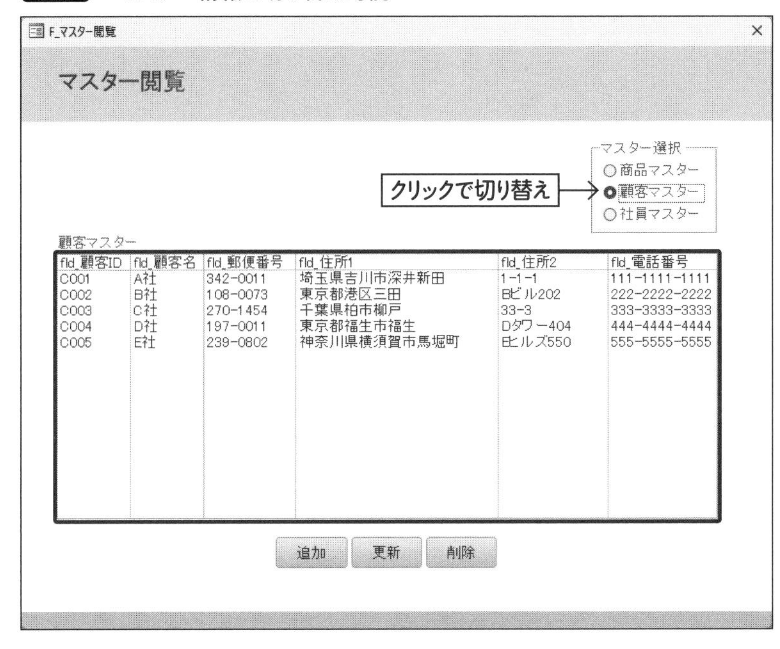

7-1-2 ログイン制で機能を切り替え

レベル3アプリでは、「T_社員マスター」テーブルに「fld_パスワード」「flg_管理者フラグ」の2つのフィールドを追加します（**図4**）。

図4 フィールドの追加

T_社員マスター

	fld_社員ID	fld_社員名	fld_入社日	fld_パスワード	fld_管理者フラグ
⊞	E001	佐々木昇	2013/08/01	aaa	☑
⊞	E002	松本香織	2014/03/11	bbb	☐
⊞	E003	井上直樹	2016/02/16	ccc	☐
*					☐

このフィールドの情報を使い、ファイルを起動したときに利用者のIDとパスワードを入力するログイン制を導入します。利用者が管理者の場合、マスターテーブルを編集可、オペレーターの場合は、マスターテーブルを編集不可に、それぞれ機能を切り替えます（**図5**）。

図5 ログインで機能を切り替え

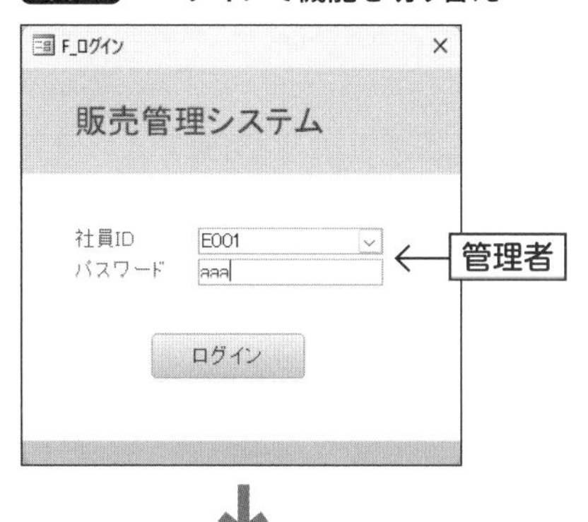

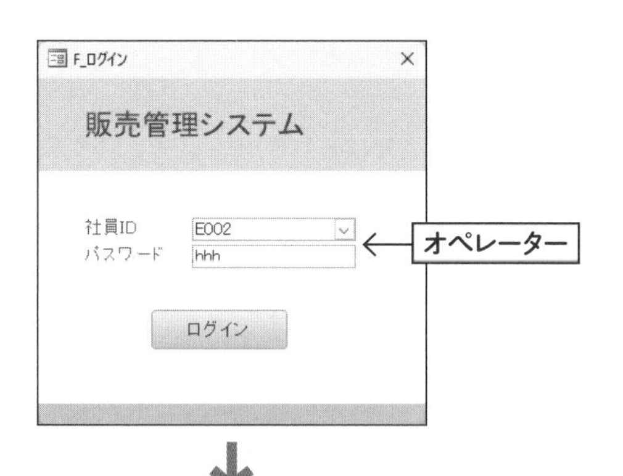

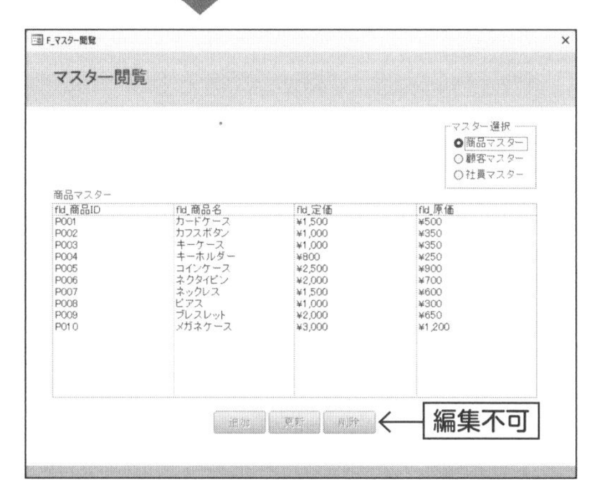

また、管理者の場合、社員情報のすべてのフィールドが閲覧可能ですが、オペレーターの場合は、新しく追加した2つのフィールドは非表示にします（図6）。

図6 ID情報の閲覧制限

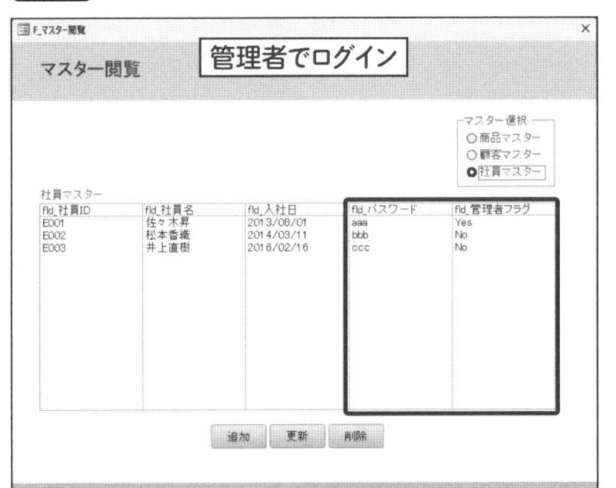

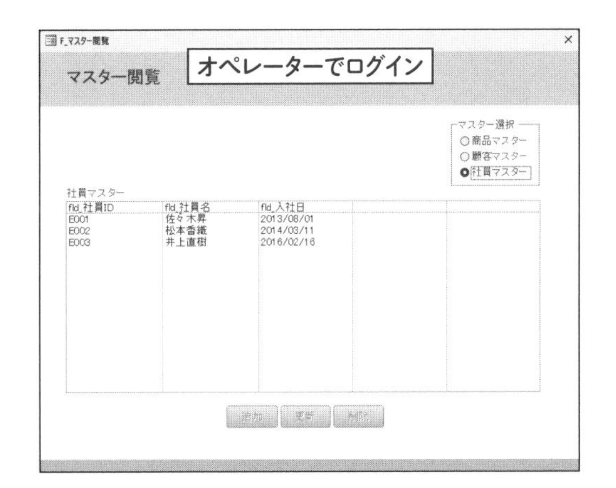

7-1-3 更新のフォーム入力が楽に

レベル2アプリでは、各種編集フォームは、「更新」ボタンがクリックされるとフォームは空の状態で開きました。レベル3アプリでは、選択したレコードの情報が、あらかじめ入力された状態でフォームが開く仕様に改善します（図7）。

図7 情報が埋まった状態で開く

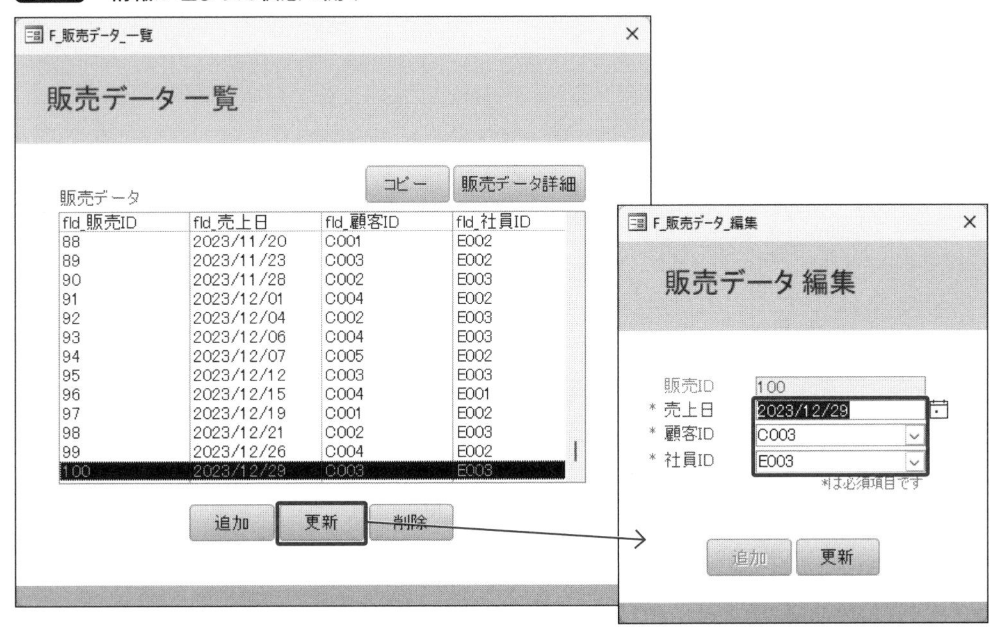

追加の場合は、ログインした社員の社員IDが表示されている状態にします(**図8**)。もちろん再選択することも可能です。

図8 ログインしたIDを使う

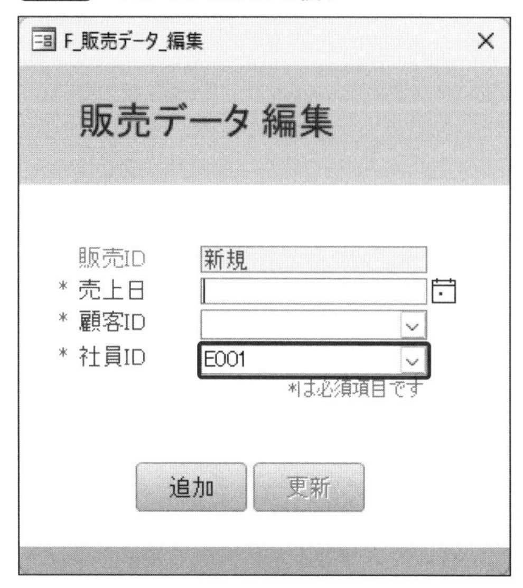

7-1-4 過去の販売データをコピー

レベル3アプリの新機能として、過去の販売データをコピーする機能を追加します。「F_販売データ_一覧」フォームでレコードを選択し、「コピー」ボタンをクリックすることで、指定された販売データの、親情報や子情報ともに同じレコード情報をコピーして追加します。その際、日付は本日、社員IDはログインしたIDになります(**図9**)。

図9 コピー機能

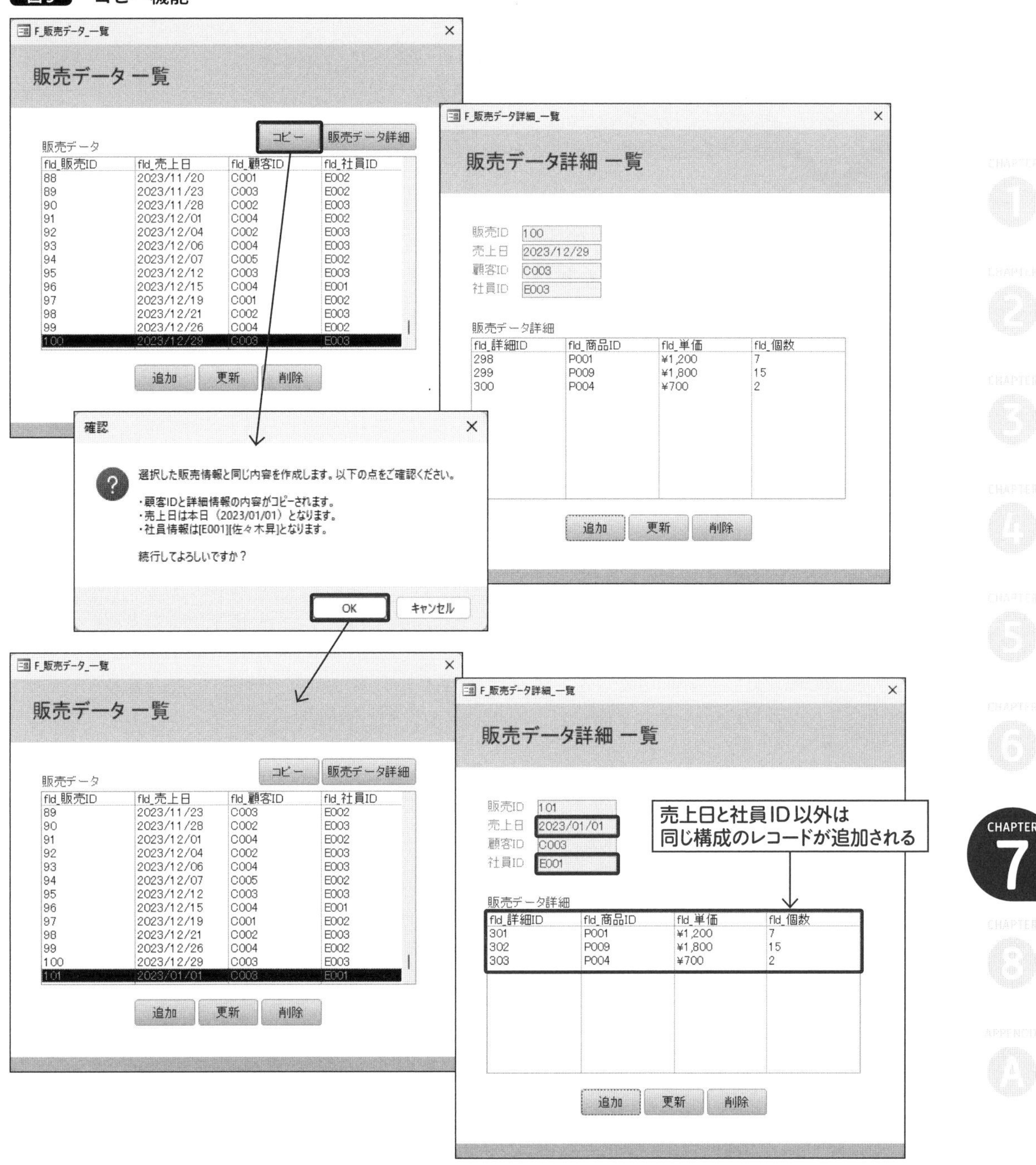

このようにレベル3アプリでは、SQLとVBAで基本機能をスマートに実装しつつ、より使いやすくなる機能を盛り込みます。

CHAPTER 7

7-2 VBAの基礎

7-2-1 VBAを書くための編集ツール

それでは、「マクロ」オブジェクトの元になっているプログラミング言語、**VBA**（Visual Basic for Applications）について学んでいきましょう。**6-1-1**（P.256）でもふれましたが、VBAはMicrosoft Officeシリーズに搭載されているプログラミング言語です。VBAの利用は、専用の編集ツールを使います。

「作成」タブの「Visual Basic」をクリックします（**図10**）。Alt+F11キーでも同じ動作ができます。

図10 編集ツールの起動

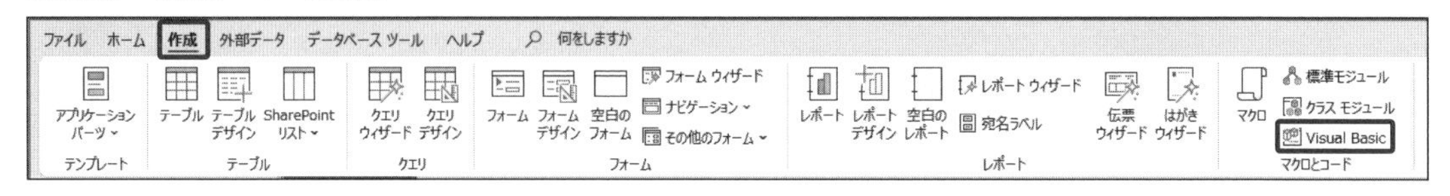

すると、**図11**のような画面が開きました。これがVBAでプログラミングを行うための編集ツールで、**VBE**（Visual Basic Editor）という名称です。

図11 VBE（Visual Basic Editor）

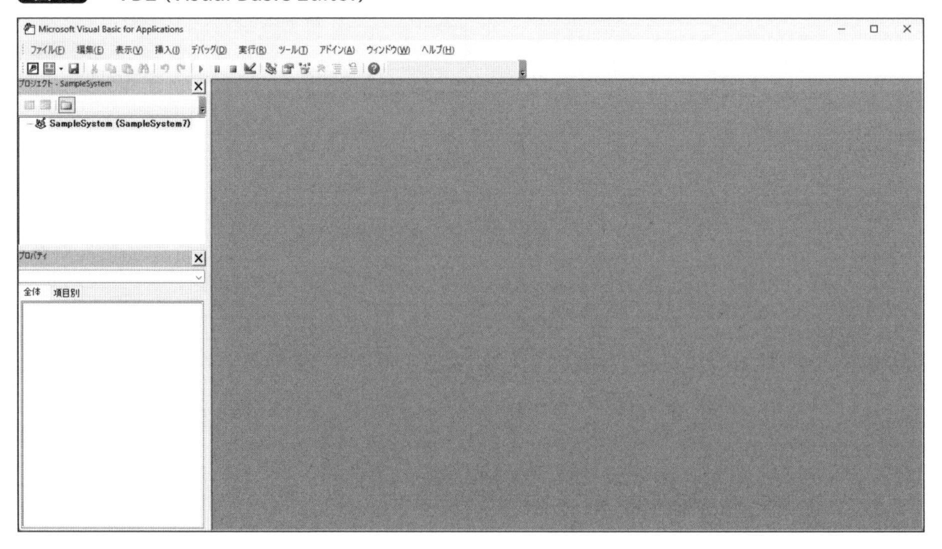

Accessに限らず、ExcelやWordなどのMicrosoft Officeシリーズのソフトウェアでは、VBEが搭載されています。

7-2-2 モジュール

プログラミングを始めるには、プログラムを記述するための土台が必要です。VBEでは、この土台のことを**モジュール**と呼びます。

最初に、ツールバーの「挿入」→「標準モジュール」を選択します（図12）。

図12 モジュールの挿入

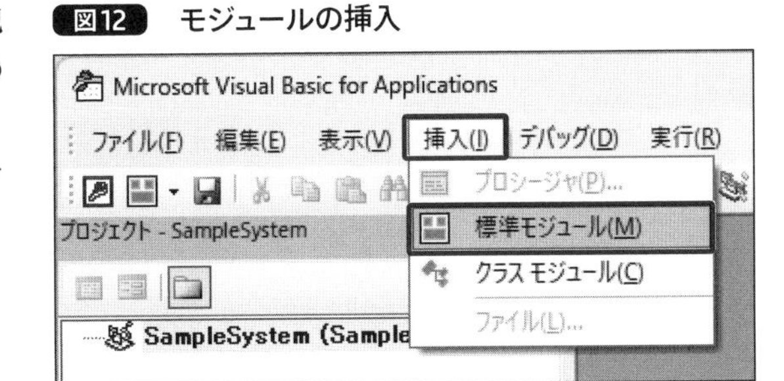

すると、左上のプロジェクトエクスプローラーに「標準モジュール」フォルダが追加され、中に「Module1」が作成されました。右側の画面（**コードウィンドウ**）に、Module1の中身が表示されている状態です（図13）。

図13 モジュールができた

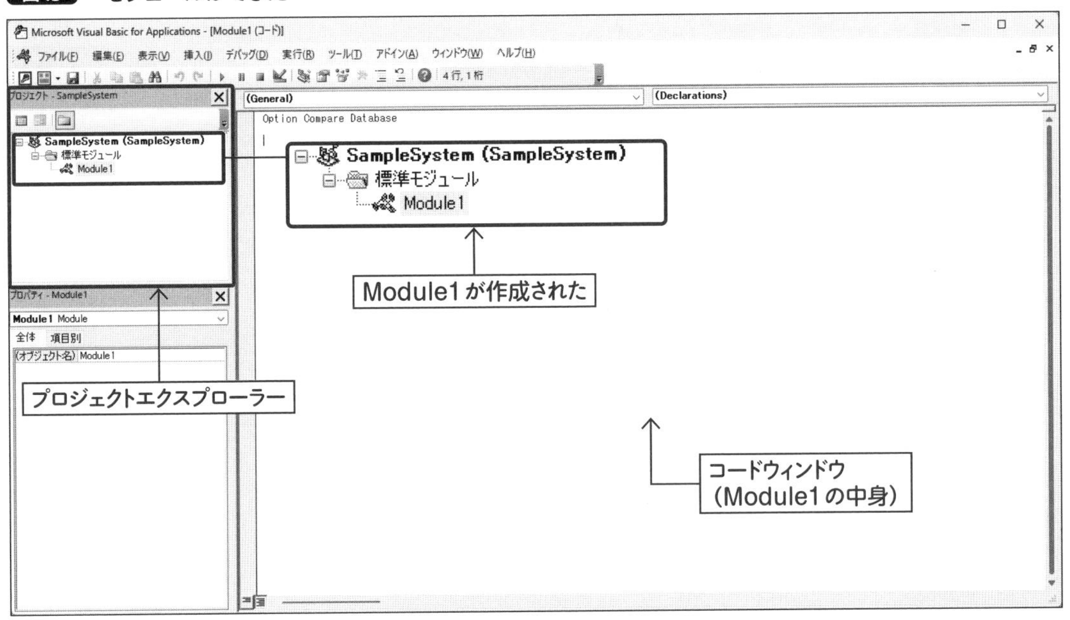

このモジュールも、**1-3-3**（P.30）で解説した規則に沿って名前を変更します。今後、いろんな場面から呼び出す機能を書く予定なので、「M_Common」という名前のモジュールにします。

左下のプロパティウィンドウの「オブジェクト名」を変更すると、プロジェクトエクスプローラーのモジュール名に反映されます(図14)。

図14 モジュール名の変更

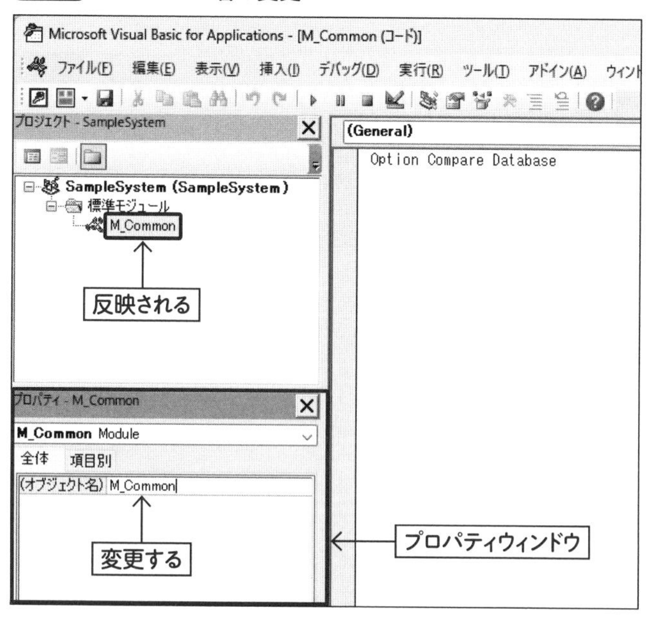

名前を変更したら、保存しましょう。保存アイコンまたはCtrl+Sキーを押すと「名前を付けて保存」ウィンドウが表示されるので、「OK」をクリックします(図15)。

図15 名前を付けて保存

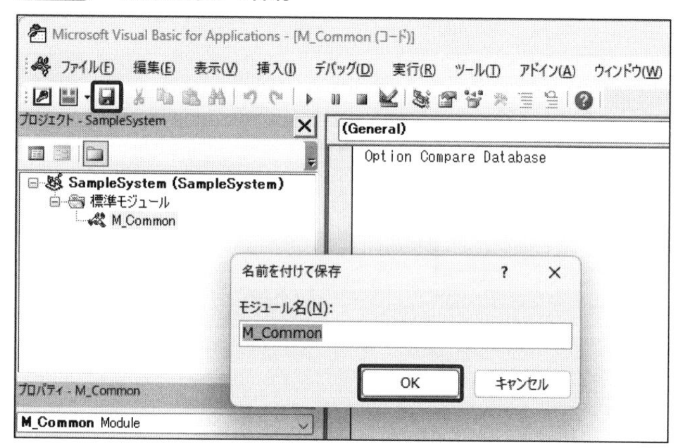

Accessへ戻ってみると、ナビゲーションウィンドウに「モジュール」オブジェクトが追加されています(図16)。**ナビゲーションウィンドウ**が非表示になっている場合、**6-6-2**(P.323)を参照して再表示してください。

今後、VBEとAccessの画面を頻繁に切り替えるため、Alt+Tabキーのショートカットを覚えておくと便利です。

図16 Accessのナビゲーションウィンドウにも表示された

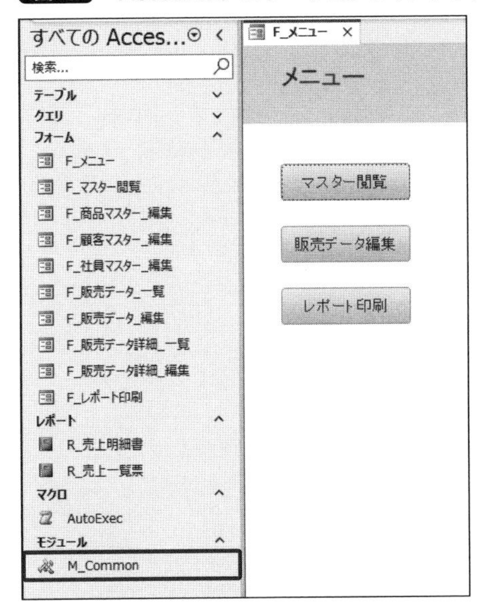

7-2-3 プロシージャ

土台ができたら、プログラムの「枠」を作りましょう。VBAでは、プログラムの1つのまとまりのことを**プロシージャ**と呼びます。プロシージャは、モジュールの中に複数作ることができます（**図17**）。

図17 プロシージャ

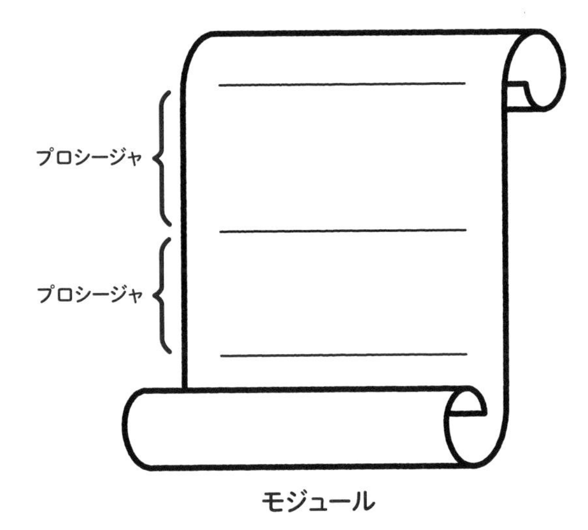

「M_Common」モジュールの**図18**の位置にカーソルがある状態で、「挿入」→「プロシージャ」をクリックします。

図18 プロシージャの挿入

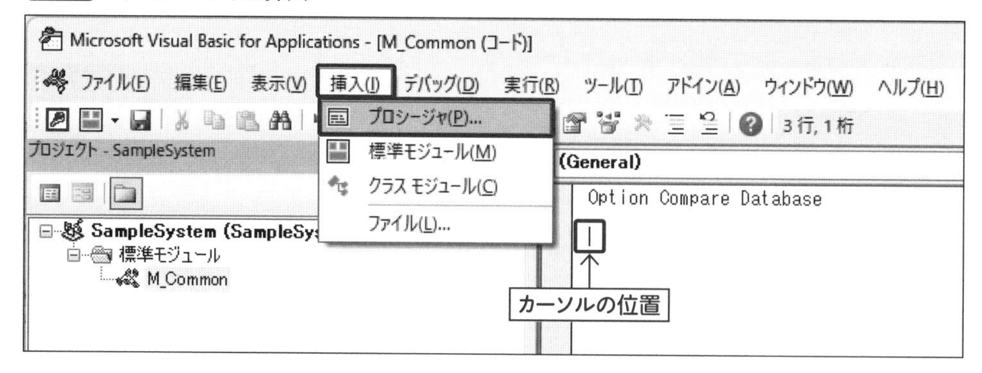

「プロシージャの追加」ウィンドウが開くので、名前を付けます。まずは説明のため、「test」という名前に命名しましょう。種類は「Subプロシージャ」、適用範囲は「Publicプロシージャ」で、「OK」をクリックします(図19)。

図19 プロシージャの追加

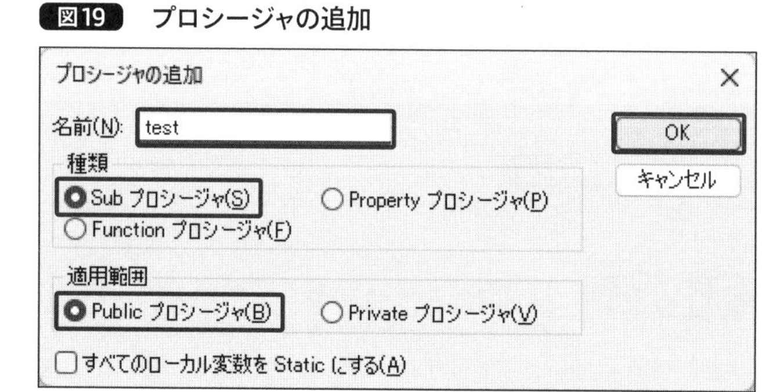

すると、図20のようになりました。これが、プログラムの1つのまとまりである、プロシージャです。VBAのプログラムはこのプロシージャ単位で動きます。

図20 プロシージャが挿入された

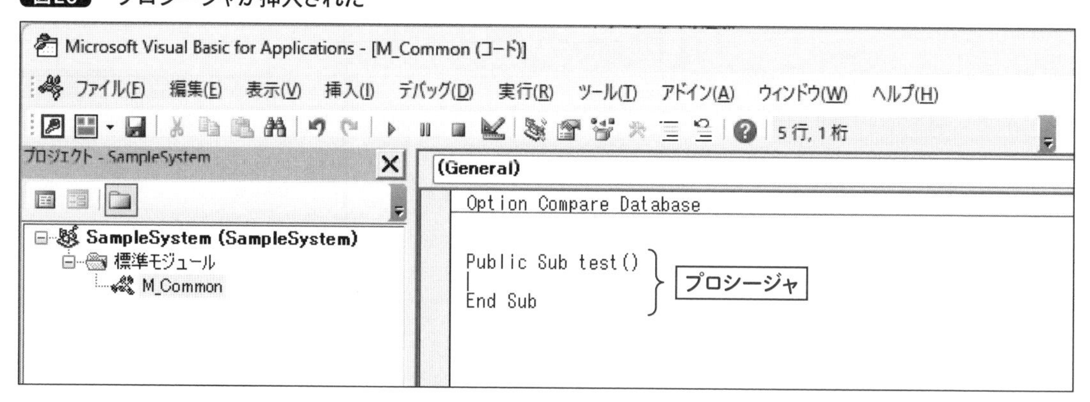

挿入された文字は、図21のような意味を持っています。**Sub〜End Sub**が1つのまとまりと認識されます。

図21 プロシージャの意味

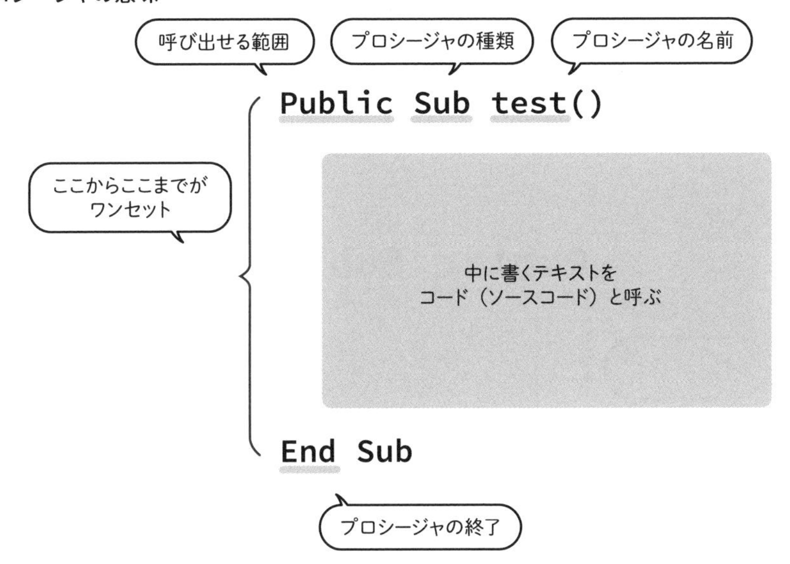

これで、「M_Common」モジュールという土台の上に、「test」プロシージャというプログラムの「枠」ができあがりました。この枠の中にコードを書いていきます。

最初に Tab キーを押して、**インデント**（字下げ）を行います（図22）。

図22 Tab キーでインデントを挿入

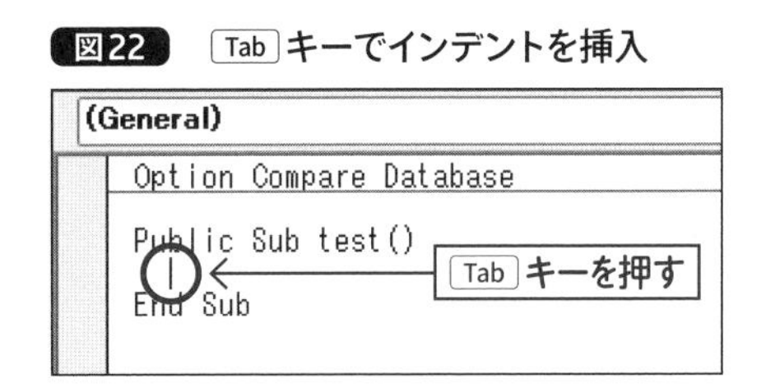

この字下げは、Sub～End Subの**ブロック**の中であることを表現します。**タブ間隔**は、ツールバーの「ツール」→「オプション」の「タブ間隔」で変更することができます（図23）。デフォルトでは4ですが、本書のサンプルでは2に設定しました。タブ間隔は読みやすい長さに変更して構いません。

図23 タブ間隔

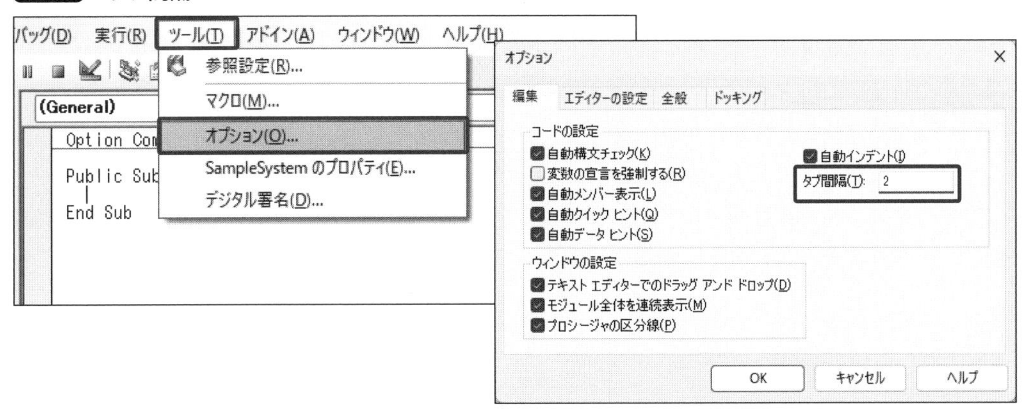

インデントの有無はプログラムの実行には影響しませんが、プロシージャの数が増えていった場合に、どこからどこまでが同一のブロックかわかりやすくなるため、使うことをおすすめします。

インデントのあとに、**図24**のように入力します。これは、「hello」という文字を出力するプログラムです。すべて半角で打ち込んでください。前半の「Debug.Print」は命令語、後半の「hello」は任意の文字列です。文字列は、命令語と区別するために"(**ダブルクォーテーション**)で括るルールがあります。

図24 コードの入力

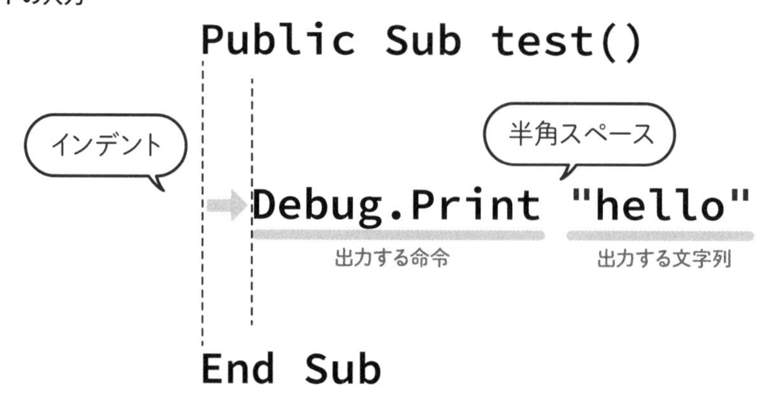

図25の通りになっていたら、「test」プロシージャの完成です。

図25 プロシージャの完成

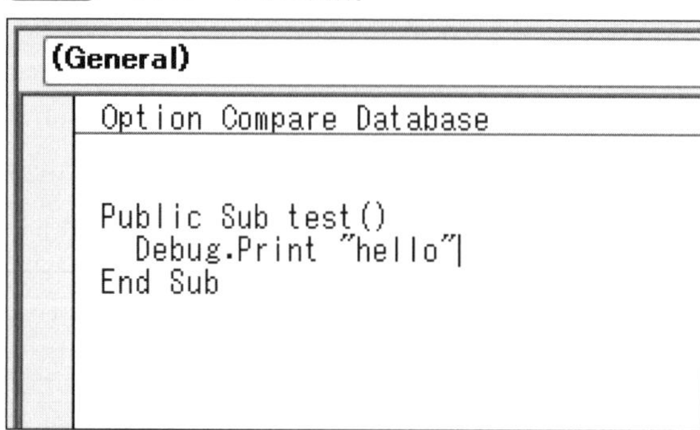

7-2-4 実行方法

実行の前に、「Debug.Print」命令の出力先である**イミディエイトウィンドウ**を表示しておきましょう。ツールバーの「表示」→「イミディエイトウィンドウ」で表示できます(**図26**)。これは、プログラムで指示した出力などを確認できるウィンドウです。

図26 イミディエイトウィンドウの表示

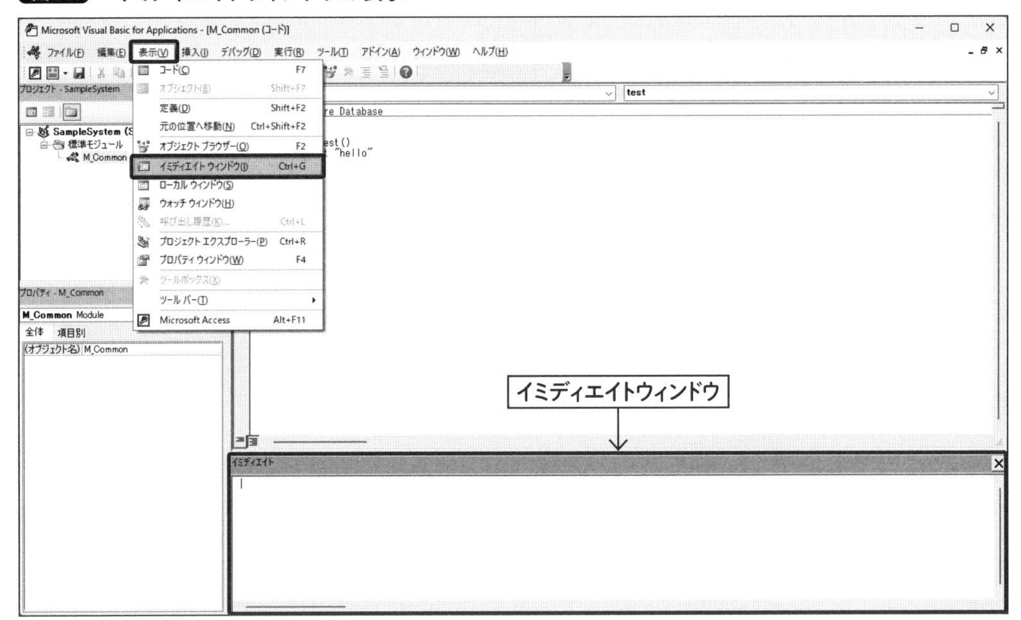

実行は、対象のプロシージャの中にカーソルがある状態で、ツールバーの「実行」をクリック、または F5 キーを押します。対象のプロシージャが実行されて、イミディエイトウィンドウに「hello」という文字列が表示されます(図27)。

図27 プロシージャの実行

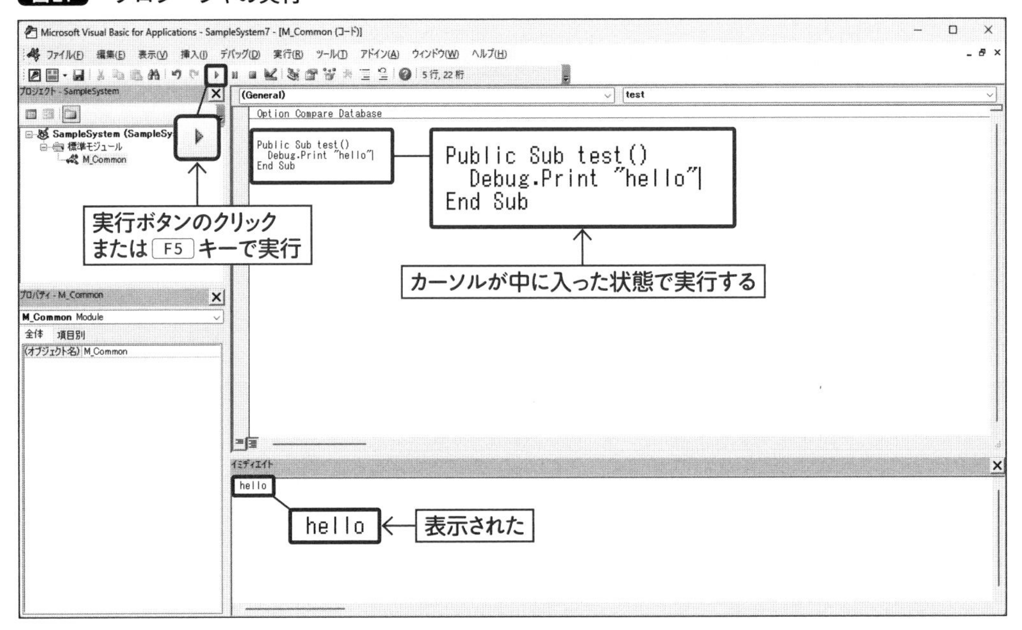

イミディエイトウィンドウに出力された文字列は自動では消えないので、適宜 Delete キーで削除しながら利用してください。

7-2-5 変数

プログラムは、いつも同じ結果を出すだけでは用途が限られてしまいます。その日の日付や担当者、入力した値などで結果が変わるものを作るために、欠かせないのが**変数**です。プログラム内で使える箱のようなもので、そのときの箱の中身を使ってプログラムを実行することができます。

「**Dim 変数名 As 型**」と書いて箱を作る宣言をして、「変数名 = 値」と書いて中身を入れます。ここでの「=（イコール）」は比較（左右が等しいか）ではなく、**代入**（右から左に入れる）のイメージです（**図28**）。

図28 変数の宣言と代入

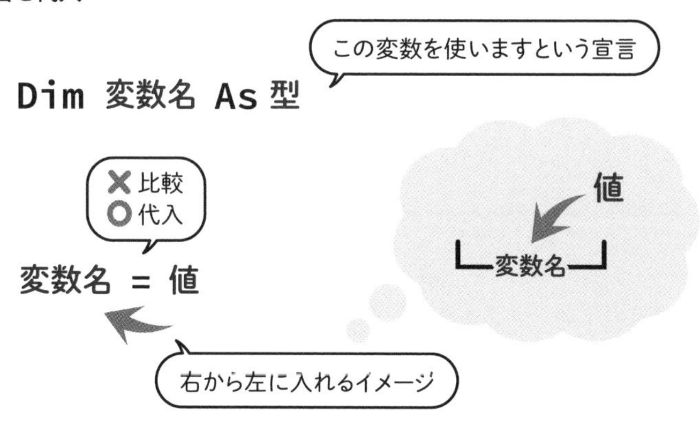

箱の中身に入れるものが日付なのか数値なのか、入れる種類に合わせて、**型**を指定します。VBAの変数の型には、例として**表1**があります。型を指定した変数には、その型に合う値でないと代入することができません（**図29**）。

表1 変数の型の例

型名	表記	概要
長整数型	Long	-2,147,483,648～2,147,483,647の整数
文字列型	String	文字列
日付型	Date	日付（時刻も含むことができる）
ブール型	Boolean	TrueまたはFalse
バリアント型	Variant	すべての種類

図29 変数の型

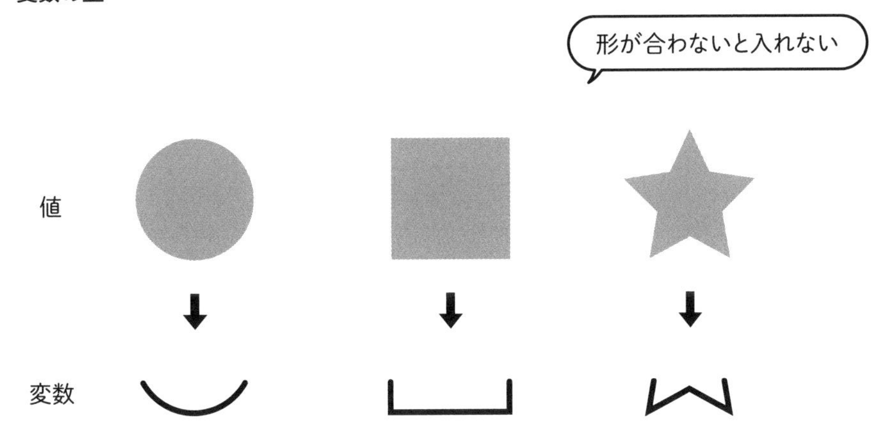

「test」プロシージャを、変数を使って**コード1**のように書き換えてみましょう。5行目の「Date」は変数を日付型に指定する記述ですが、6行目の「Date」は「今日の日付」を取得する命令です。紛らわしいですが別の意味なので注意してください。また、8行目では変数同士を**&**で合成しています。「&」の前後には半角スペースが必要です。

コード1 変数を使ったコード

```
01 Public Sub test()
02   Dim text As String ←文字列型の変数textを宣言
03   text = "今日は" ←textに"今日は"を代入
04
05   Dim today As Date ←日付型の変数todayを宣言
06   today = Date ←todayに今日の日付を代入
07
08   Debug.Print text & today ←textとtodayを合成して出力
09 End Sub
```

イミディエイトウィンドウの内容をいったん削除してから、ツールバーの「実行」をクリック、または F5 キーで実行してみましょう。文字列と日付が合成された一文がイミディエイトウィンドウに表示されます（**図30**）。なお、**図30**は執筆時の画面キャプチャなので、ご自身の実行結果とは異なった日付になります。

図30 実行結果

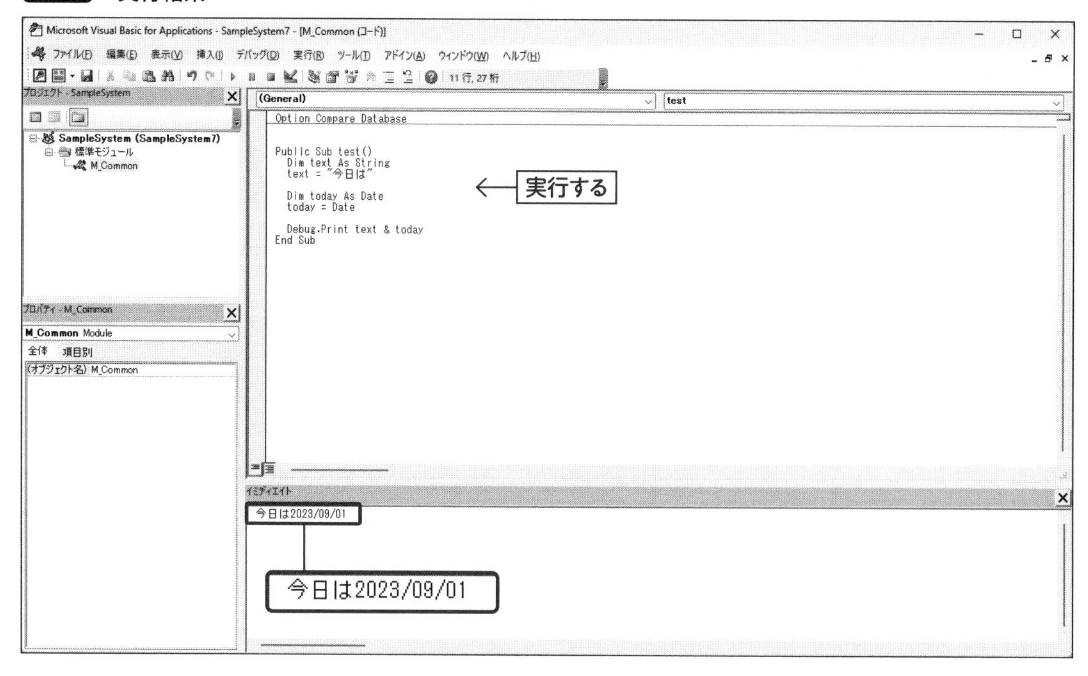

なお、変数は宣言を省いていきなり代入からでも利用できます。その場合はVBEが「これは新しい変数だな」と判定して自動でバリアント型変数として扱われます。しかし、スペルミスが新しい変数と判定されるなど、意図しない動きによって問題の原因が見つけにくくなる場合があるので、**変数は必ず宣言してから使う**ことをおすすめします。

なお、冒頭に**Option Explicit**と書くことで、宣言していない変数は使えない設定にすることができます（**図31**）。変数を使う場合、宣言が強制されることになります。本書では、この設定でサンプルが作成されています。

図31 オプションを利用

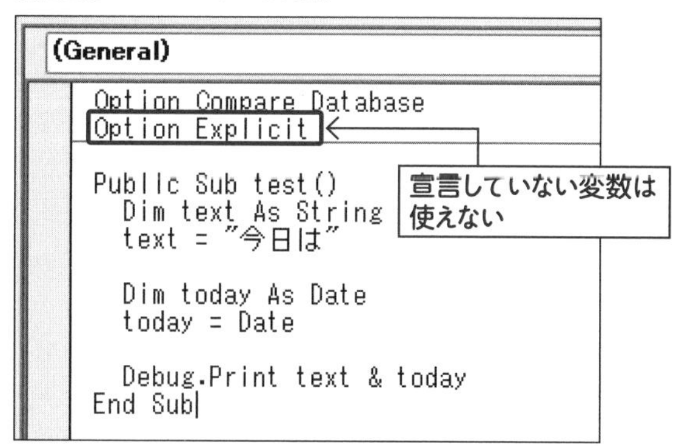

ツールバーの「ツール」→「オプション」の「変数の宣言を強制する」にチェックを入れておくと、新しいモジュールを作成したときに自動で「Option Explicit」を入力してくれます（**図32**）。

図32　変数宣言を強制する

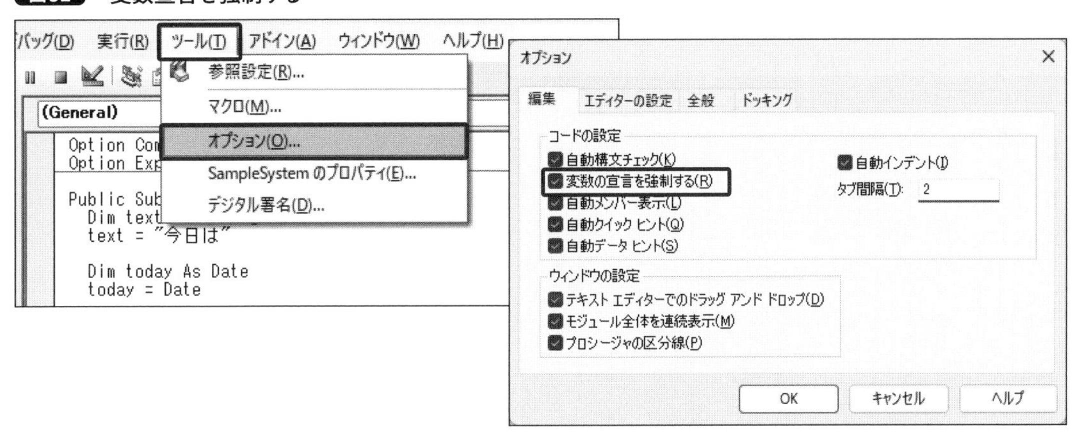

7-2-6 コメントアウトとステップ実行

VBAでは'(**シングルクォーテーション**)より右側は、実行されない(プログラムに影響を与えない)テキストになります。この部分をプログラム用語で**コメントアウト**と呼び、コードの意図やメモなどを残すことができます。例として**コード2**のようにコメントアウトを書いてみましょう。

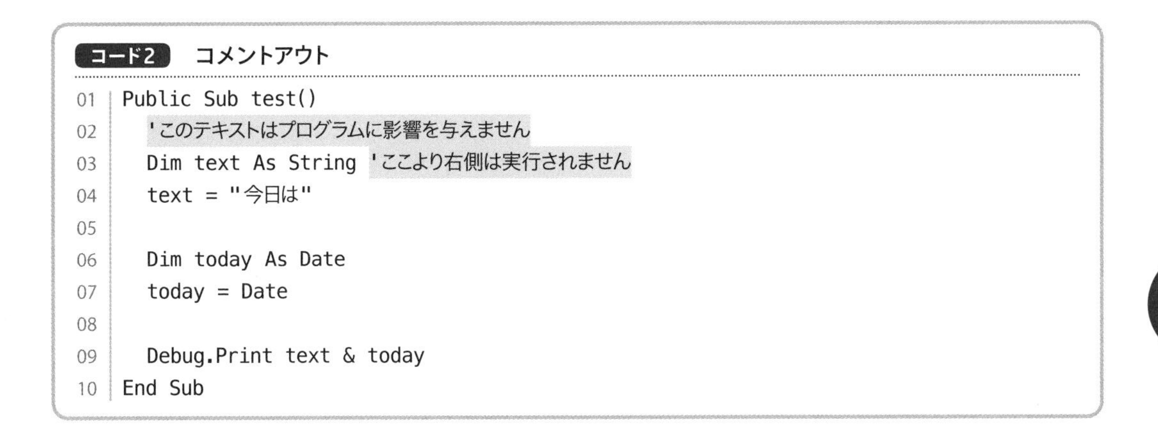

コード2　コメントアウト

```
01 Public Sub test()
02   'このテキストはプログラムに影響を与えません
03   Dim text As String 'ここより右側は実行されません
04   text = "今日は"
05
06   Dim today As Date
07   today = Date
08
09   Debug.Print text & today
10 End Sub
```

動作確認の際、実行ボタン、または F5 キーで行うプロシージャの実行は、最初から最後までを停止せずに実行します。完成したプログラムを利用する場合はこの方法を使いますが、作成中は動きを確かめながらゆっくり動かしたい場合もあります。

そんな場合は F8 キーで行う**ステップ実行**がおすすめです。対象のプロシージャの中にカーソルがある状態で F8 キーを押すと、プロシージャの先頭が黄色くハイライトされます(**図33**)。これはプログラムが実行中かつ一時停止している状態で、ハイライト部分がこれから実行する行です。

図33 ステップ実行

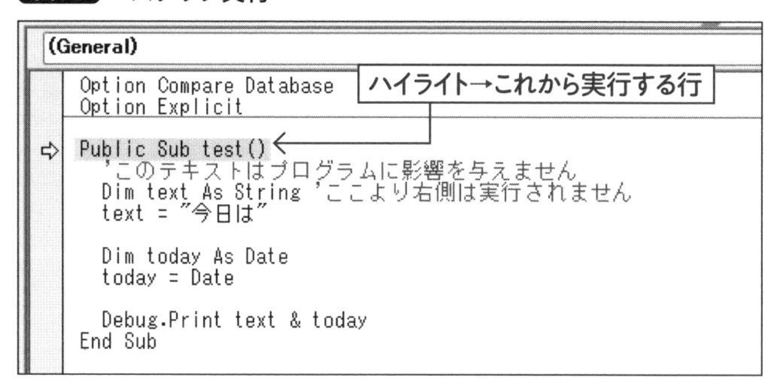

F8 キーを押すと1行だけ実行し、次に実行する行で止まります(図34)。コメントアウトは実行されず、変数宣言は停止せず次へ進むため、変数に文字列を代入する部分で止まっています。

図34 F8 キーで1行実行

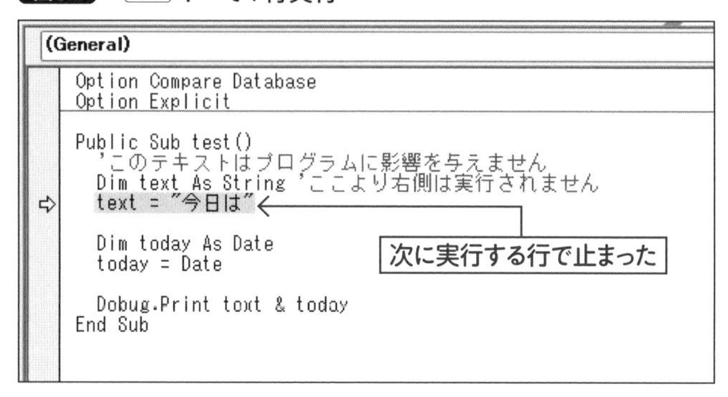

もう1度 F8 キーを押すと、次の変数代入の部分で止まります。ハイライトされた行より上は実行済みなので、変数textにカーソルをかざすと、現在格納されている値をポップアップで見ることができます(図35)。

図35 変数の中身がポップアップされる

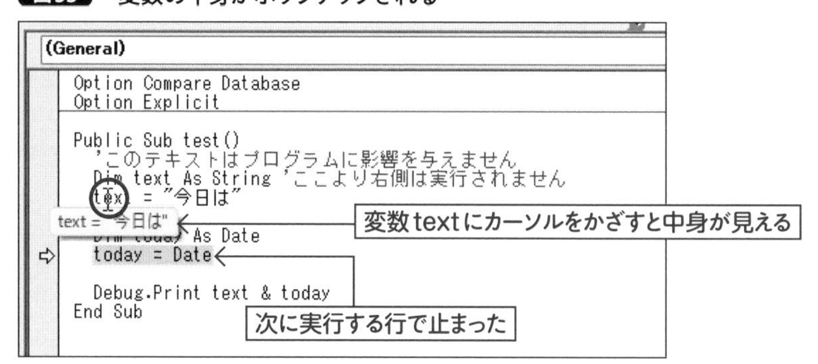

F8 キーで1行ずつ実行していくと、出力する命令「Debug.Print」を実行したタイミングで、イミディエイトウィンドウに出力されるのを確認できます（**図36**）。

図36 出力のタイミングを確認できる

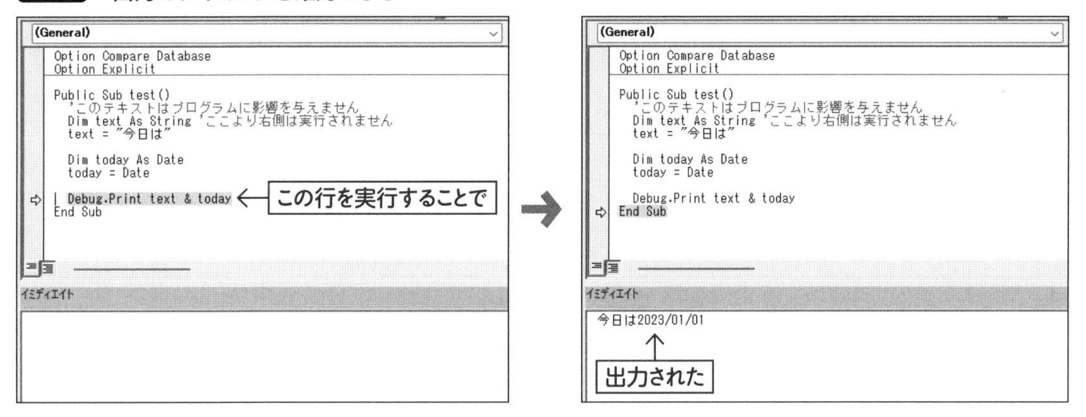

このように、どの行でどんな動きが行われているのかを確かめながらプログラムを作成すると、理解が深まり問題解決もしやすくなるため、ぜひステップ実行を活用してください。

VBA内でSQLを使うための知識

7-3-1 データを取り出すSQL構文

SQL(P.66)は、データベースへ問い合わせ(クエリ)を行うための言語です。データを取り出すためには、**SELECT**から始まる構文を使います。これは、Accessでは選択クエリの元になっている構文です。

一番かんたんなSELECT構文の例は**図37**になります。**FROM**のあとに、データを取り出すテーブル名を記述します。テーブルと同じ形のレコードセットを作成できます。

図37 テーブルをすべて取り出す

```
SELECT * FROM T_商品マスター;
```

取り出す　すべてのフィールド　テーブル名　終了

T_商品マスター

fld_商品ID	fld_商品名	fld_定価	fld_原価
P001	カードケース	1,500	500
P002	カフスボタン	1,000	350
P003	キーケース	1,000	350
P004	キーホルダー	800	250
P005	コインケース	2,500	900
P006	ネクタイピン	2,000	700
P007	ネックレス	1,500	600
P008	ピアス	1,000	300
P009	ブレスレット	2,000	650
P010	メガネケース	3,000	1,200

レコードセット

fld_商品ID	fld_商品名	fld_定価	fld_原価
P001	カードケース	1,500	500
P002	カフスボタン	1,000	350
P003	キーケース	1,000	350
P004	キーホルダー	800	250
P005	コインケース	2,500	900
P006	ネクタイピン	2,000	700
P007	ネックレス	1,500	600
P008	ピアス	1,000	300
P009	ブレスレット	2,000	650
P010	メガネケース	3,000	1,200

図37の例に、フィールド名を指定する内容を加えると、指定したフィールドを指定した順番で取り出せます(**図38**)。商品IDと商品名を取り出してみましょう。なお、フィールドを複数指定する場合、フィールドとフィールドの間は、**,**(**カンマ**)で区切ります。

図38　フィールドを選択して取り出す

```
SELECT fld_商品ID, fld_商品名 FROM T_商品マスター ;
```

SELECT：取り出す　fld_商品ID：フィールド名　fld_商品名：フィールド名　T_商品マスター：テーブル名

T_商品マスター

fld_商品ID	fld_商品名	fld_定価	fld_原価
P001	カードケース	1,500	500
P002	カフスボタン	1,000	350
P003	キーケース	1,000	350
P004	キーホルダー	800	250
P005	コインケース	2,500	900
P006	ネクタイピン	2,000	700
P007	ネックレス	1,500	600
P008	ピアス	1,000	300
P009	ブレスレット	2,000	650
P010	メガネケース	3,000	1,200

↓

レコードセット

fld_商品ID	fld_商品名
P001	カードケース
P002	カフスボタン
P003	キーケース
P004	キーホルダー
P005	コインケース
P006	ネクタイピン
P007	ネックレス
P008	ピアス
P009	ブレスレット
P010	メガネケース

さらに、**WHERE 条件**を加えると、取り出すレコードに条件を付けることができます。「商品ID」が「P001」という条件を加えてみます。

テキスト型の値は「"」または「'」で囲んで識別します。本書ではVBAの文字列型で「"」を使っているので、SQLのテキスト型は「'」を使って区別します（図39）。

図39　条件を付けてレコードを取り出す

```
SELECT fld_商品ID, fld_商品名 FROM T_商品マスター
WHERE fld_商品ID = 'P001';
```

fld_商品ID：フィールド名　fld_商品名：フィールド名　T_商品マスター：テーブル名
WHERE：条件　fld_商品ID：フィールド名　'P001'：値（'：識別記号）

T_商品マスター

fld_商品ID	fld_商品名	fld_定価	fld_原価
P001	カードケース	1,500	500
P002	カフスボタン	1,000	350
P003	キーケース	1,000	350
P004	キーホルダー	800	250
P005	コインケース	2,500	900
P006	ネクタイピン	2,000	700
P007	ネックレス	1,500	600
P008	ピアス	1,000	300
P009	ブレスレット	2,000	650
P010	メガネケース	3,000	1,200

↓

レコードセット

fld_商品ID	fld_商品名
P001	カードケース

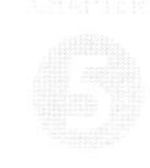

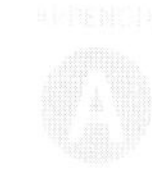

テーブルを複数扱う場合は「テーブル名.フィールド名」と書き、結合するテーブルと、テーブル同士の結合フィールドを指定します。**3-3-1**(P.82)で作成した「T_販売データ」、「T_顧客マスター」の2テーブル結合はSQLで書くと**図40**のようになります。

図40 複数テーブルからレコードを取り出す

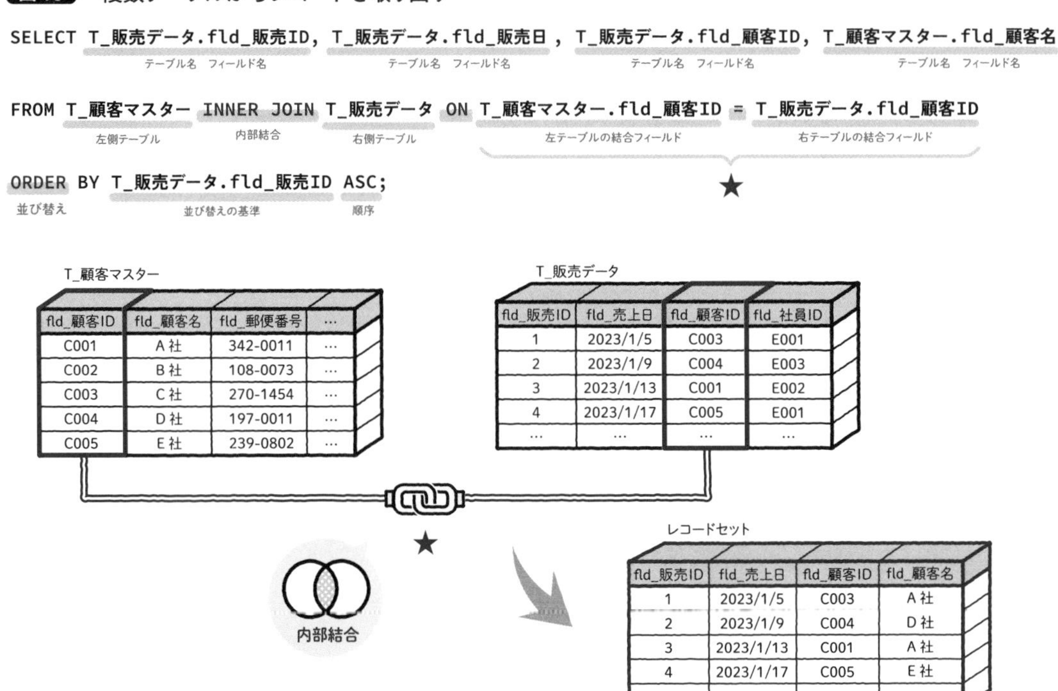

なお、**INNER JOIN**は内部結合を表します。外部結合は左側基準なら**LEFT OUTER JOIN**、右側基準なら**RIGHT OUTER JOIN**を使って書きます。結合の種類は**3-3-6**(P.89)を参照してください。

7-3-2 データに変更を加えるSQL構文

SQLで追加を行うには、**INSERT**構文を使います。これは追加クエリの元になっている構文です(**図41**)。フィールド名と値を1対ずつ指定します。

INTOでレコードを挿入するテーブル名を指定し、そのあと()内に挿入するフィールド名を指定します。最後に**VALUES**を記述して、そのあとの()内に、フィールドに挿入する値を記述します。

図41 レコードを挿入する

```
INSERT INTO T_商品マスター (fld_商品ID, fld_商品名 , fld_定価 , fld_原価 )
VALUES ('P011', 'ブローチ', 1000, 500);
```

挿入　テーブル名　フィールド名1　フィールド名2　フィールド名3　フィールド名4

値1　値2　値3　値4

T_商品マスター

fld_商品ID	fld_商品名	fld_定価	fld_原価
…	…	…	…
P007	ネックレス	1,500	600
P008	ピアス	1,000	300
P009	ブレスレット	2,000	650
P010	メガネケース	3,000	1,200
P011	ブローチ	1,000	500

挿入

SQLで更新を行うには、**UPDATE**構文を使います。これは更新クエリの元になっている構文です（**図42**）。1つのUPDATE文で複数のフィールドの値を更新することも可能です。UPDATEのあとに更新するテーブル名を記述し、「**SET**　フィールド名 = 値」で更新するフィールドと値を指定します。

図42では条件を付けて、商品IDがP011のものを更新しています。**条件を付けないと、すべてのレコードの定価フィールドが1200に更新されてしまう**ので、注意しましょう。

図42 レコードを更新する

```
UPDATE T_商品マスター SET fld_定価 = 1200
WHERE fld_商品ID = 'P011';
```

更新　テーブル名　更新フィールド名　更新値

条件フィールド名　値

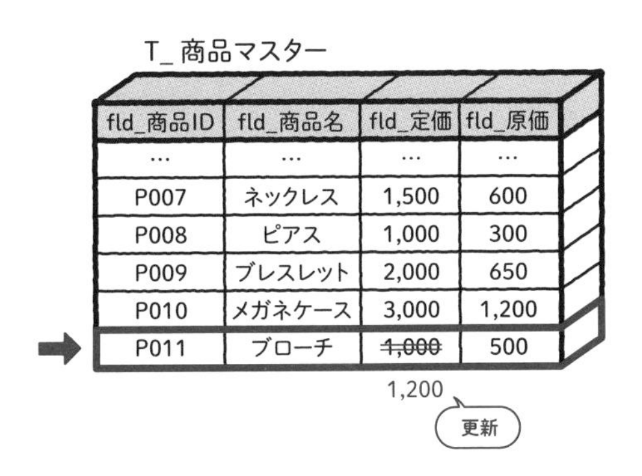

T_商品マスター

fld_商品ID	fld_商品名	fld_定価	fld_原価
…	…	…	…
P007	ネックレス	1,500	600
P008	ピアス	1,000	300
P009	ブレスレット	2,000	650
P010	メガネケース	3,000	1,200
P011	ブローチ	~~1,000~~ 1,200	500

SQLで削除を行うには、**DELETE**構文を使います。これは削除クエリの元になっている構文です(**図43**)。

FROMのあとに、レコードを削除するテーブル名を記述します。なお、**WHERE以降の条件を付けないとテーブルの中身すべてを削除する命令になってしまう**ので、注意してください。

図43 レコードを削除する

```
DELETE FROM T_商品マスター WHERE fld_商品ID = 'P011';
```


fld_商品ID	fld_商品名	fld_定価	fld_原価
…	…	…	…
P007	ネックレス	1,500	600
P008	ピアス	1,000	300
P009	ブレスレット	2,000	650
P010	メガネケース	3,000	1,200
~~P011~~	~~ブローチ~~	~~1,000~~	~~500~~

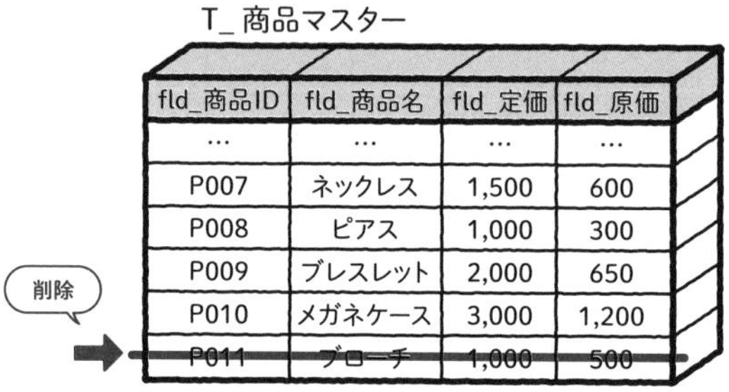

7-3-3 VBA内でSQLを扱うには

VBAとSQLは別の言語で、VBEのコードウィンドウ内にそのままSQLを書いても認識されません。**コード3**のように文字列型の変数を用意して、SQLを文字列として保持して使います。

SQL内で「'」を使っていても、「"」で囲んであればVBAの文字列の一部と認識されるので、コメントアウトにはなりません。

コード3 VBA内でのSQL

```
01 Public Sub sample ()
02   Dim sql As String
03   sql = "SELECT * FROM T_商品マスター WHERE fld_商品ID = 'P001';"
04 End Sub
```

なお、**コード3**は解説のための例なので、サンプルには収録されていません。

7-4 VBA&SQLでのデータ操作

7-4-1 レコードセットの取得

それでは、VBAとSQLを組み合わせてデータを操作してみましょう。**7-2**で作成した練習のプロシージャは、選択して Delete キーで削除します(**図44**)。

図44　不要なプロシージャの削除

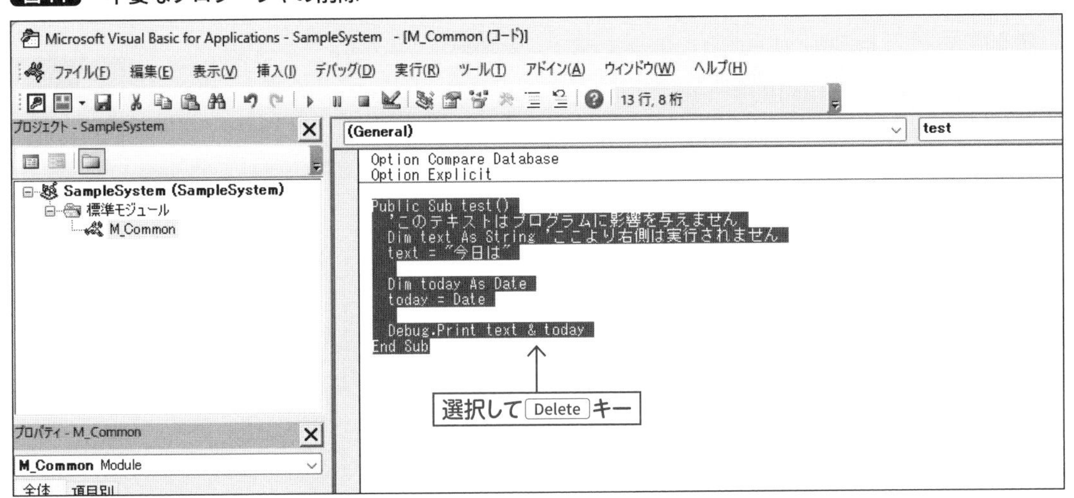

レコードセットを出力するためのプロシージャを新しく作りましょう(**コード4**、**図45**)。本書ではプロシージャの命名規則は半角英数で「動詞+名詞」の形とし、単語の区切りは大文字にします。また、プロシージャ内の先頭に「## プロシージャの概要」をコメントアウトで端的に記述します。

P.344で解説した方法で挿入してもよいですし、手入力ですべて打ち込んでも構いません。

コード4　レコードセット出力のためのプロシージャを作る

```
01 Public Sub printRecordset()
02   '## レコードセットの出力
03
04 End Sub
```

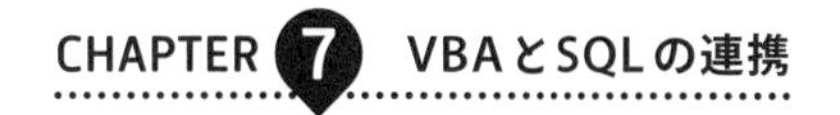

図45 新しいプロシージャ

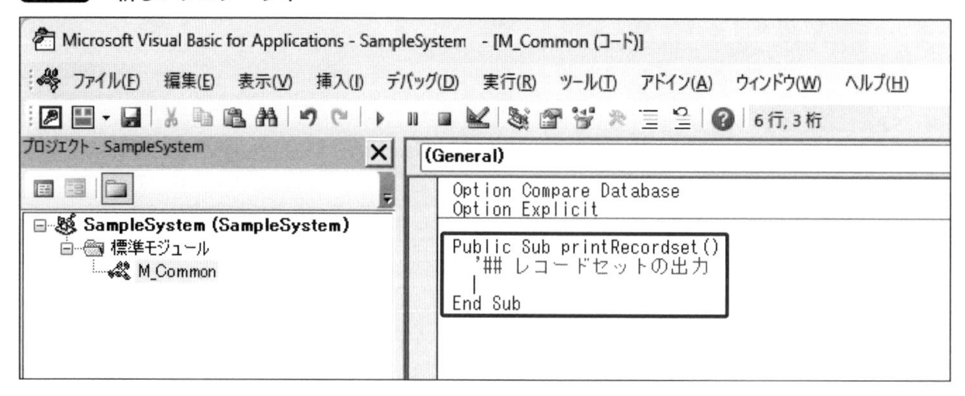

プロシージャの枠を作ったら、中身を**コード5**のように記述します。

コード5 「printRecordset」プロシージャ（M_Common）

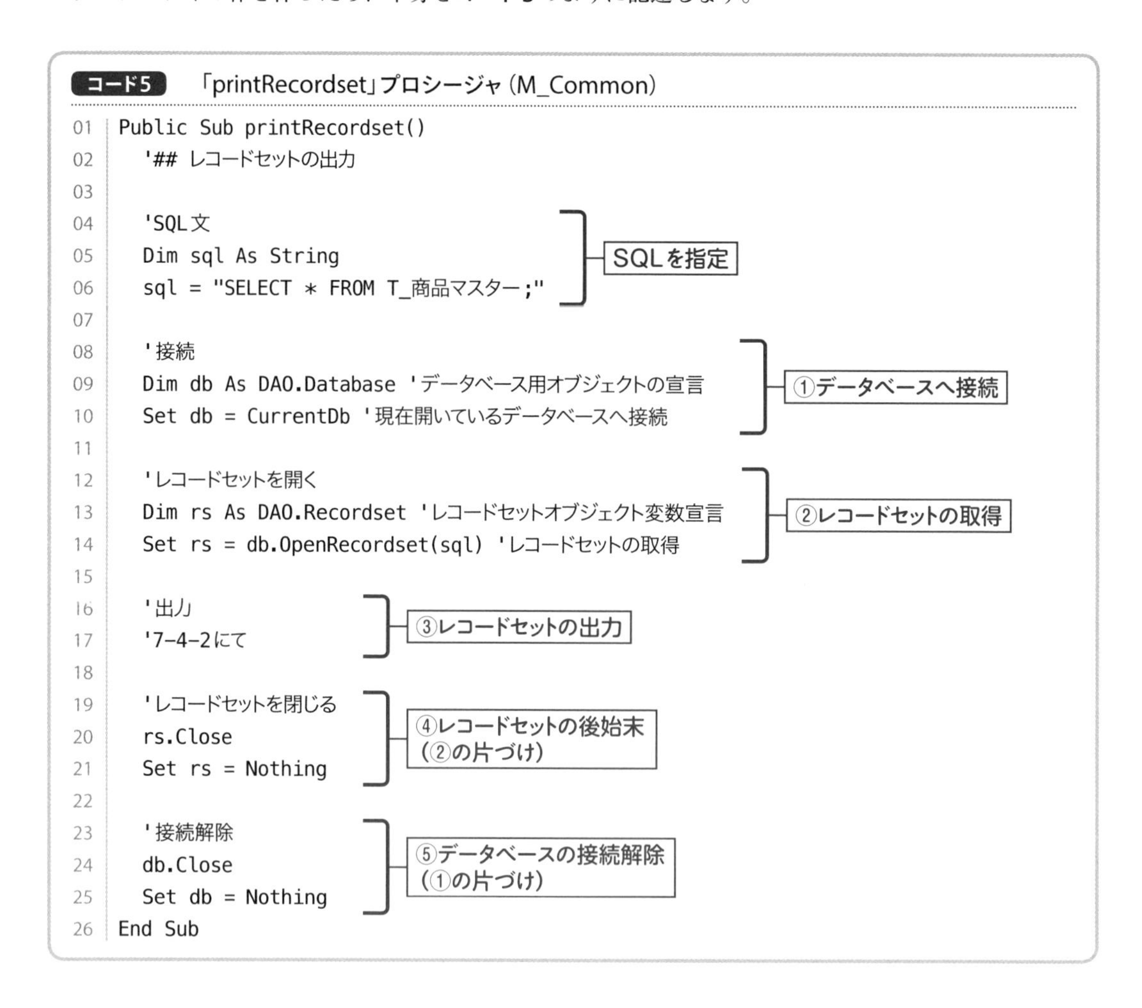

```
01 Public Sub printRecordset()
02   '## レコードセットの出力
03
04   'SQL文
05   Dim sql As String
06   sql = "SELECT * FROM T_商品マスター;"
07
08   '接続
09   Dim db As DAO.Database 'データベース用オブジェクトの宣言
10   Set db = CurrentDb '現在開いているデータベースへ接続
11
12   'レコードセットを開く
13   Dim rs As DAO.Recordset 'レコードセットオブジェクト変数宣言
14   Set rs = db.OpenRecordset(sql) 'レコードセットの取得
15
16   '出力
17   '7-4-2にて
18
19   'レコードセットを閉じる
20   rs.Close
21   Set rs = Nothing
22
23   '接続解除
24   db.Close
25   Set db = Nothing
26 End Sub
```

VBAでSQLのSELECT文を扱うには、①データベースへ接続、②レコードセットの取得、③取得したレコードセットの出力、の順番で行います。出力が済んだら、④レコードセットの後始末、⑤接続解除を行います(**図46**)。クエリでは省略されていましたが、データベースへの接続や解除は、VBAでは必ず記述しないといけません。

図46 VBAでレコードセットを読み込む流れ

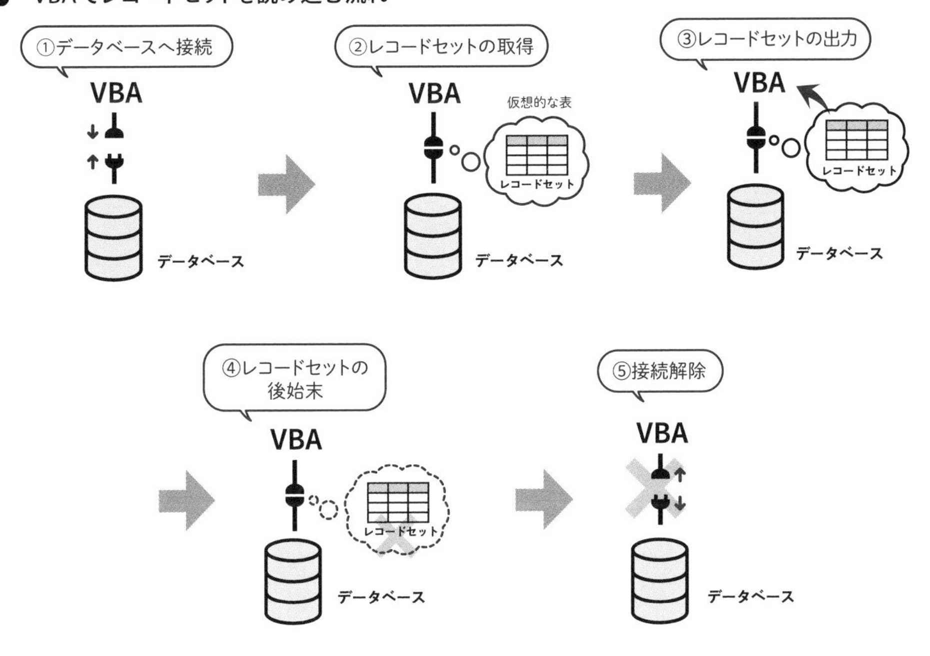

この時点では出力のコードを書いていないので、実行してもなにも起こらないように感じるかもしれませんが、実際は接続してSELECT文に対応するレコードセットの取得は行っています。取得というのは、仮想的にデータを取り出して保持している状態です。出力をしないと見ることはできません。

7-4-2 レコードセットの出力

上のコードで、レコードセット型の変数rsに「T_商品マスター」テーブルの内容が入っています。中身を取り出すには、フィールド名を指定して**コード6**のように書きます。

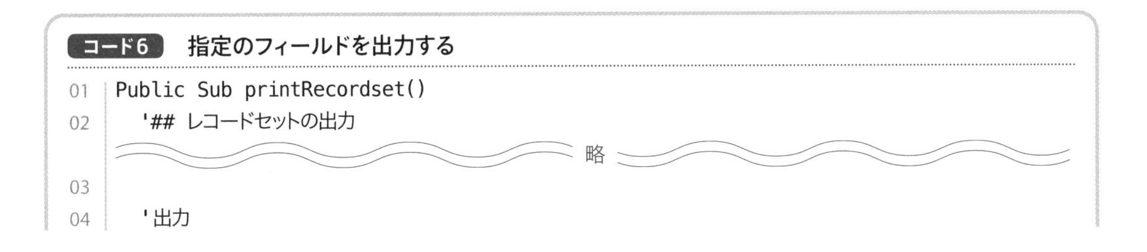

コード6 指定のフィールドを出力する

```
01 Public Sub printRecordset()
02     '## レコードセットの出力
        ～～～～～～～～～～ 略 ～～～～～～～～～～
03 
04     '出力
```

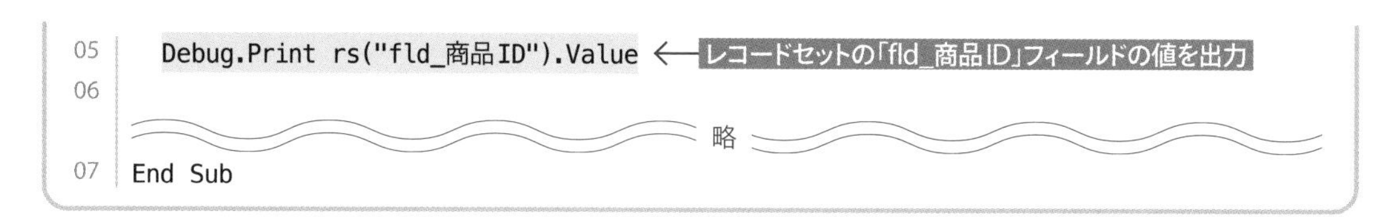

```
05    Debug.Print rs("fld_商品ID").Value  ←レコードセットの「fld_商品ID」フィールドの値を出力
06
                    略
07  End Sub
```

プロシージャを実行すると、イミディエイトウィンドウには「P001」が出力されました（**図47**）。

図47 実行結果

カンマで区切ると、横並びにほかのフィールドも取り出せます（**コード7、図48**）。ここからのキャプチャは、1回の実行ごとにイミディエイトウィンドウを削除して動作確認を行っています。

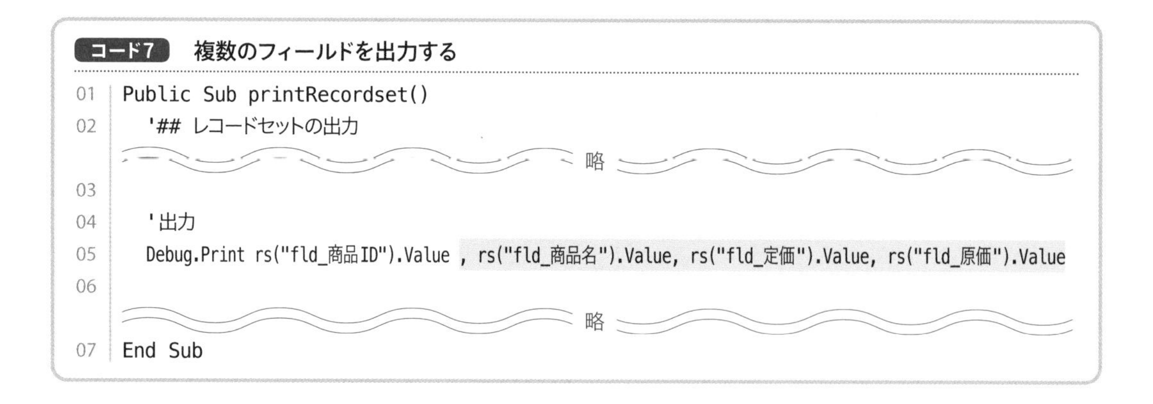

コード7 複数のフィールドを出力する

```
01  Public Sub printRecordset()
02    '## レコードセットの出力
                    略
03
04    '出力
05    Debug.Print rs("fld_商品ID").Value , rs("fld_商品名").Value, rs("fld_定価").Value, rs("fld_原価").Value
06
                    略
07  End Sub
```

図48 実行結果

イミディエイト

P001　　カードケース　1500　　500

出力されたのは、先頭のレコード情報です。レコードセットは、テーブルをデータシートビューで開いたときと同じように、現在位置が1番目の場所にあるためです（**図49**）。

図49 レコードセットの現在のイメージ

T_商品マスター

fld_商品ID	fld_商品名	fld_定価	fld_原価
P001	カードケース	¥1,500	¥500
P002	カフスボタン	¥1,000	¥350
P003	キーケース	¥1,000	¥350
P004	キーホルダー	¥800	¥250
P005	コインケース	¥2,500	¥900
P006	ネクタイピン	¥2,000	¥700
P007	ネックレス	¥1,500	¥600
P008	ピアス	¥1,000	¥300
P009	ブレスレット	¥2,000	¥650
P010	メガネケース	¥3,000	¥1,200
*		¥0	¥0

現在位置

レコード: 1 / 10 フィルターなし 検索

次のレコードに移動する命令を書いてから同じコードでフィールドの値を出力すると、そのときのレコードの位置に対応した値が出力できます(**コード8、図50**)。

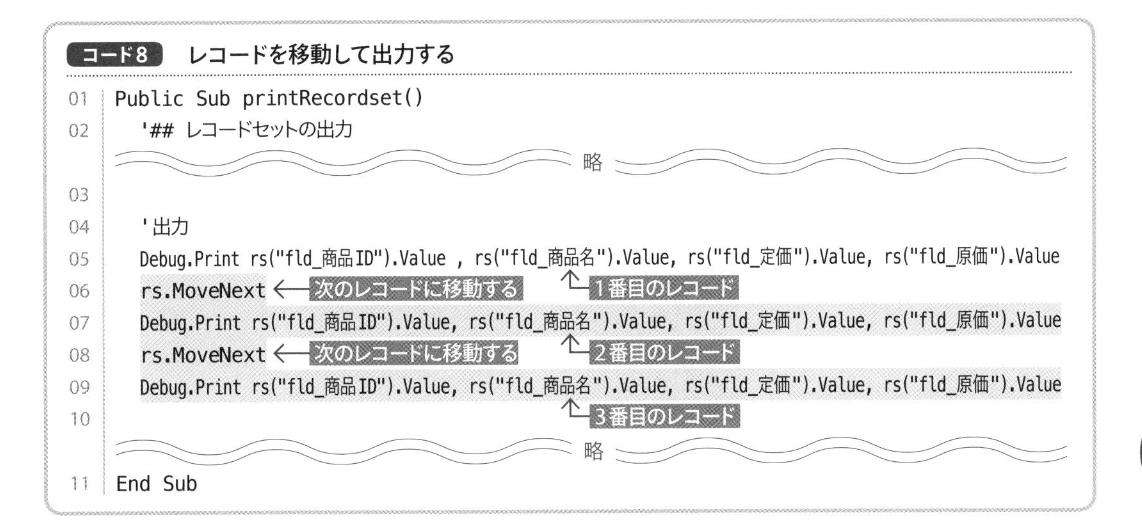

コード8 レコードを移動して出力する

```
01 Public Sub printRecordset()
02   '## レコードセットの出力
                              略
03
04   '出力
05   Debug.Print rs("fld_商品ID").Value , rs("fld_商品名").Value, rs("fld_定価").Value, rs("fld_原価").Value
06   rs.MoveNext
07   Debug.Print rs("fld_商品ID").Value, rs("fld_商品名").Value, rs("fld_定価").Value, rs("fld_原価").Value
08   rs.MoveNext
09   Debug.Print rs("fld_商品ID").Value, rs("fld_商品名").Value, rs("fld_定価").Value, rs("fld_原価").Value
10
                              略
11 End Sub
```


図50 実行結果

イミディエイト

```
P001    カードケース    1500    500
P002    カフスボタン    1000    350
P003    キーケース      1000    350
```

しかし、この方法でレコードの件数分書くわけにはいかないので、**繰り返し構文**を利用しましょう。

繰り返しはいくつか種類がありますが、ここでは**Do Until～Loop**を使います。「Do Until ○○」と書くことで「○○になるまで」を条件とし、True(条件を満たす)の場合のみDo Untilブロック(「Do Until～

Loop」で囲まれた部分）の内の処理を行い、False（条件を満たさない）の場合はDo Untilブロックを抜けて次へ進む、という動きをさせることができます（**図51**）。

図51 「Do Until～Loop」を使った繰り返し

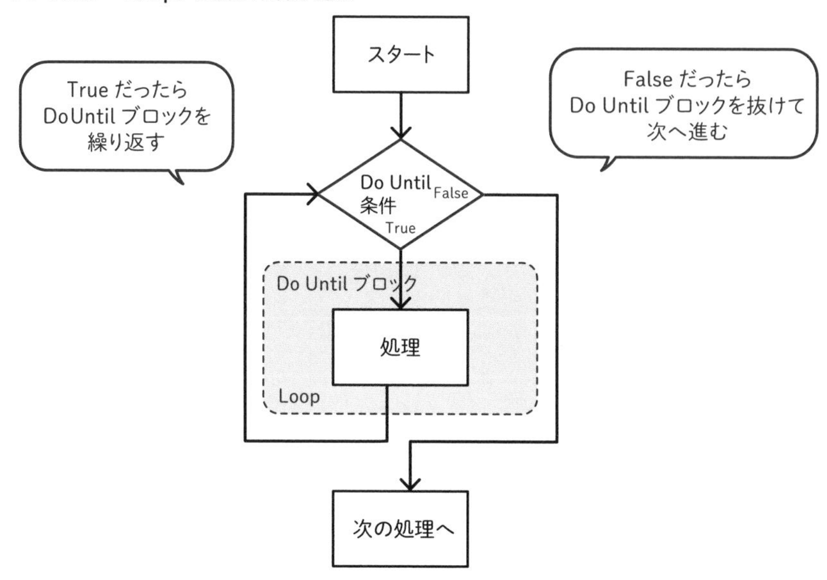

ここの条件は「現在位置がレコードの最後となるまで」としたいので「Do Until rs.EOF」と書きます。EOFはEnd Of Fileの略です。「Do Until～Loop」間のブロックがわかりやすいように、中のコードにはインデントを入れます（**コード9**、**図52**）。

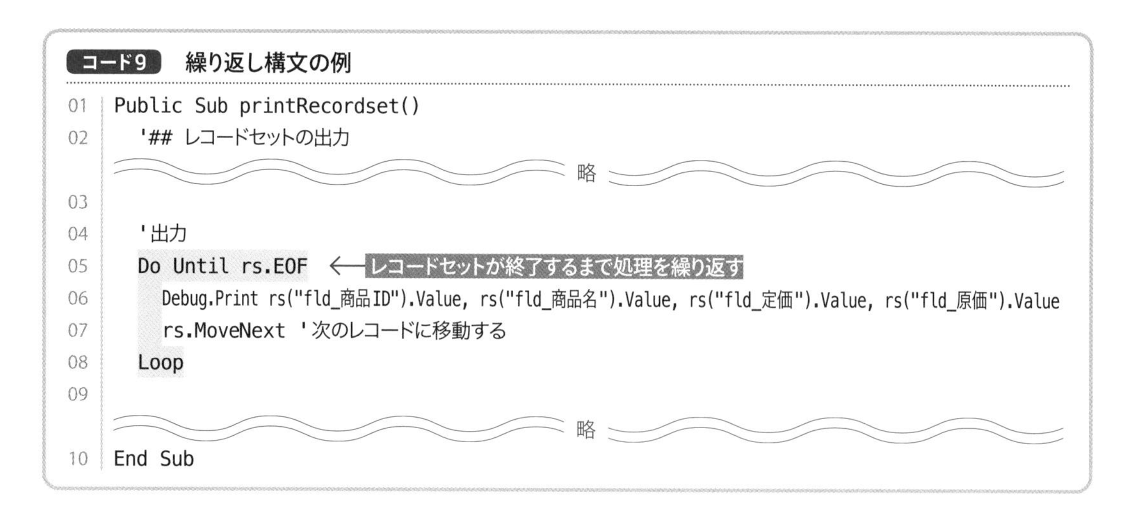

コード9 繰り返し構文の例

```
01 Public Sub printRecordset()
02   '## レコードセットの出力
        略
03
04   '出力
05   Do Until rs.EOF  ←レコードセットが終了するまで処理を繰り返す
06     Debug.Print rs("fld_商品ID").Value, rs("fld_商品名").Value, rs("fld_定価").Value, rs("fld_原価").Value
07     rs.MoveNext '次のレコードに移動する
08   Loop
09
        略
10 End Sub
```

図52 ループのイメージ

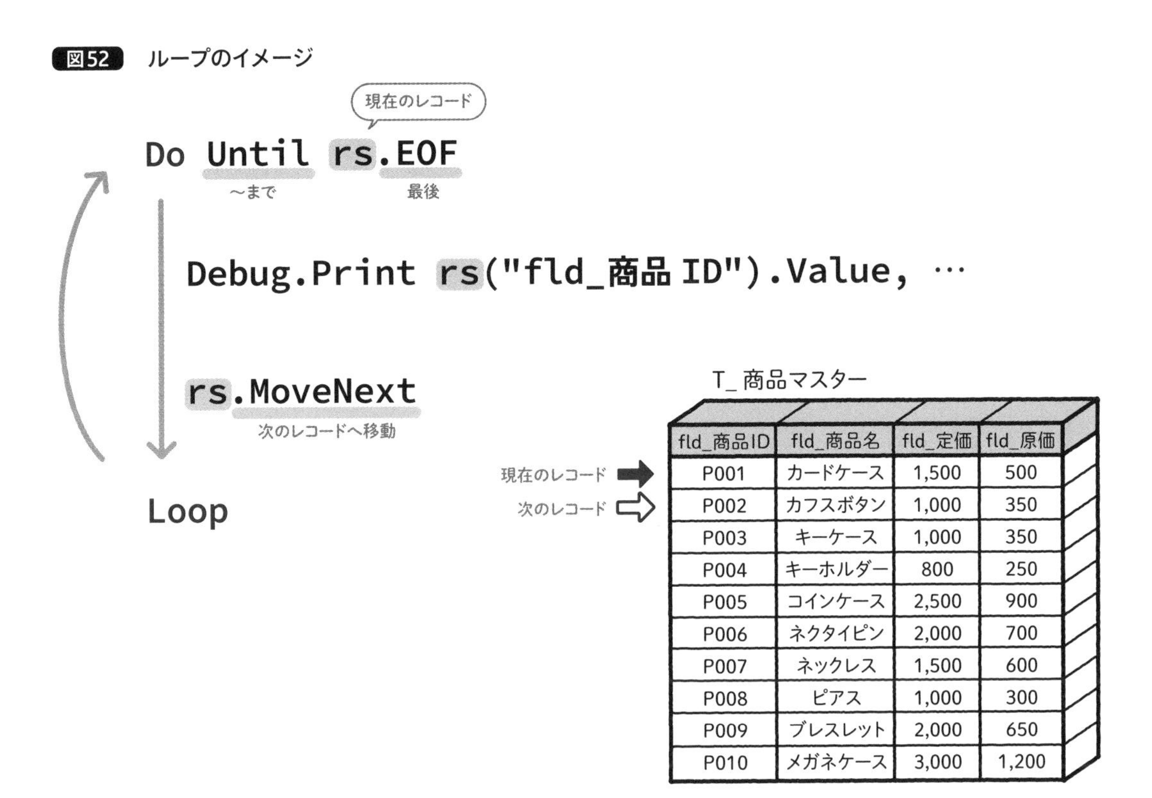

fld_商品ID	fld_商品名	fld_定価	fld_原価
P001	カードケース	1,500	500
P002	カフスボタン	1,000	350
P003	キーケース	1,000	350
P004	キーホルダー	800	250
P005	コインケース	2,500	900
P006	ネクタイピン	2,000	700
P007	ネックレス	1,500	600
P008	ピアス	1,000	300
P009	ブレスレット	2,000	650
P010	メガネケース	3,000	1,200

動作確認は、ぜひ F8 キーで1行ずつステップ実行してみてください。10件分繰り返しながらレコード内容が出力され、10件が終わったら「Do～Loop」ブロックを抜けて次へ進む動作を見ることができます(図53)。

図53 実行結果

```
イミディエイト
P001          カードケース    1500          500
P002          カフスボタン    1000          350
P003          キーケース      1000          350
P004          キーホルダー    800           250
P005          コインケース    2500          900
P006          ネクタイピン    2000          700
P007          ネックレス      1500          600
P008          ピアス          1000          300
P009          ブレスレット    2000          650
P010          メガネケース    3000          1200
```

これで、レコードが10件でも100件でもコードを変えずにすべて取り出すことができます。

なお、フィールドの指定は、SELECT文で構成したレコードセットに対して、左から順番に数値で指定することもできます。**コード10**では、上と同じ結果が得られます。数値は**0**から指定します。

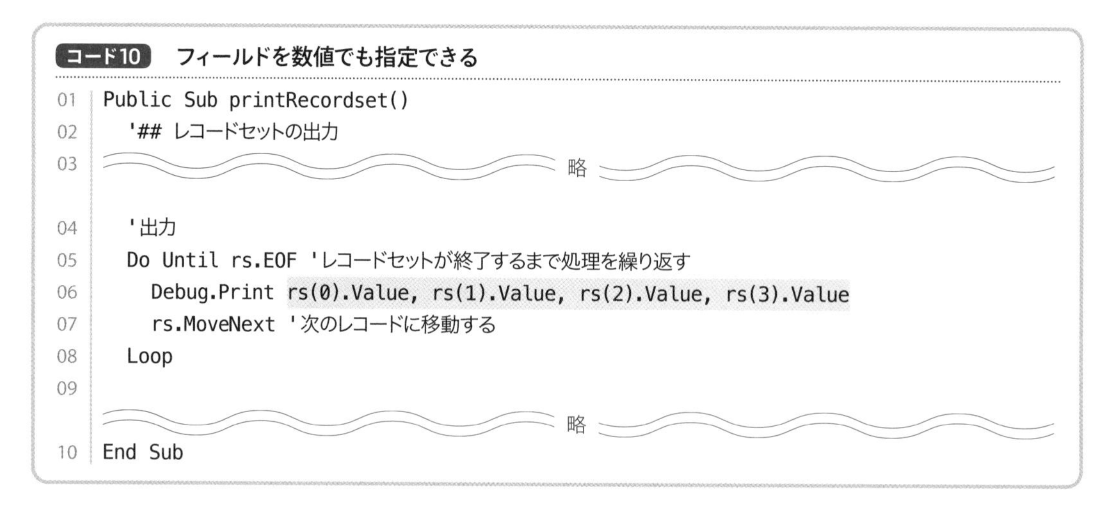

コード10 フィールドを数値でも指定できる

```
01 Public Sub printRecordset()
02   '## レコードセットの出力
03 ～～～～～～ 略 ～～～～～～
04   '出力
05   Do Until rs.EOF 'レコードセットが終了するまで処理を繰り返す
06     Debug.Print rs(0).Value, rs(1).Value, rs(2).Value, rs(3).Value
07     rs.MoveNext '次のレコードに移動する
08   Loop
09
   ～～～～～～ 略 ～～～～～～
10 End Sub
```

どちらでも構いませんが、収録サンプルではフィールド名を使っています。

7-4-3 レコード変更のSQLの実行

今度は、データを変更するプロシージャを作りましょう。**7-4**で作ったプロシージャの最終行(End Sub)の下に新しく**コード11**を追加します(**図54**)。このプロシージャは「doExecute」という名前で、レコードの追加・更新・削除の構文に共通して使います。

コード11 SQL実行(データ変更)のためのプロシージャを作る(M_Common)

```
01 Public Sub doExecute ()
02   '## SQLの実行
03
04 End Sub
```

図54 新しいプロシージャを作成

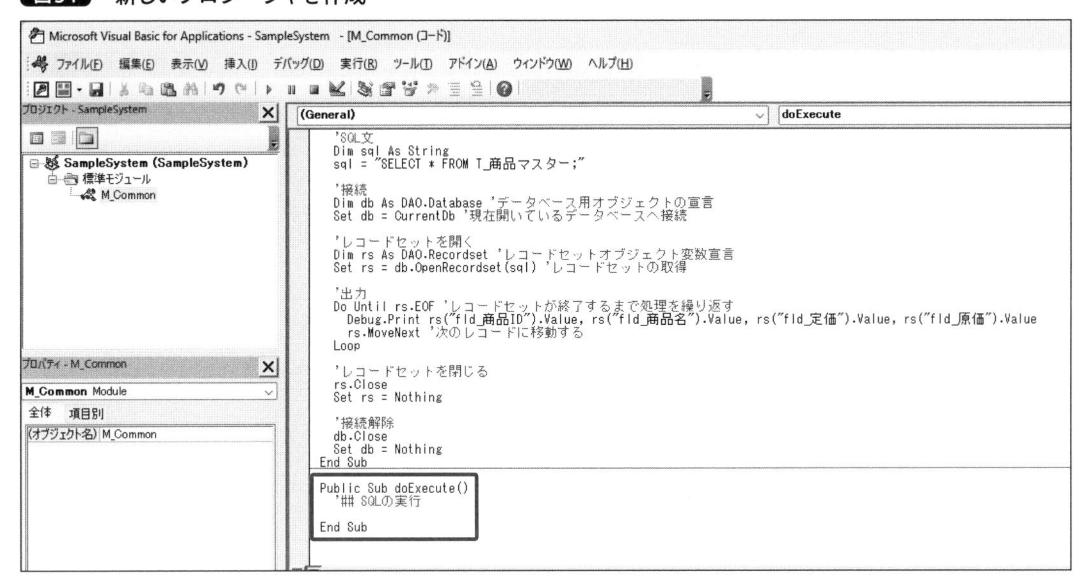

ここへSQLを文字列型で書くのですが、INSERT文などはフィールド数が多いと長い1文になってしまいます。1つの文字列型変数の形を保ったまま、VBEの見た目上でだけ改行をして、読みやすくしてみましょう。まずは、改行せず1行で書いたINSERT文が**図55**です。

図55 1行で書いたINSERT文

```
'SQL文
Dim sql As String
sql = "INSERT INTO T_商品マスター(fld_商品ID, fld_商品名, fld_定価, fld_原価) VALUES ('P011', 'ブローチ', 1000, 500);"
```

「VALUES」の直前にダブルクォーテーションを2つ挿入して文字列を前後に分割し、間に「&」を入れて2つの文字列を結合させる形にします。分割した前半最後の半角スペースはSQL文の区切りとして必要ですので、消さないように注意してください(**図56**)。「&」の前後にも半角スペースが必要です。

図56 文字列を2つに分割

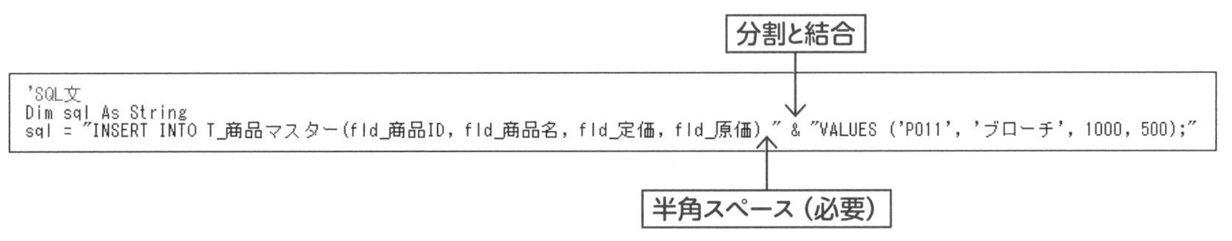

&の次の**半角スペースの後ろに_(アンダースコア)**を入力し、Enterキーで改行します。これで、1行の長い文字列と認識させたまま、見た目上の改行を行うことができます(**図57**)。

図57 アンダースコアでVBE上の改行をする

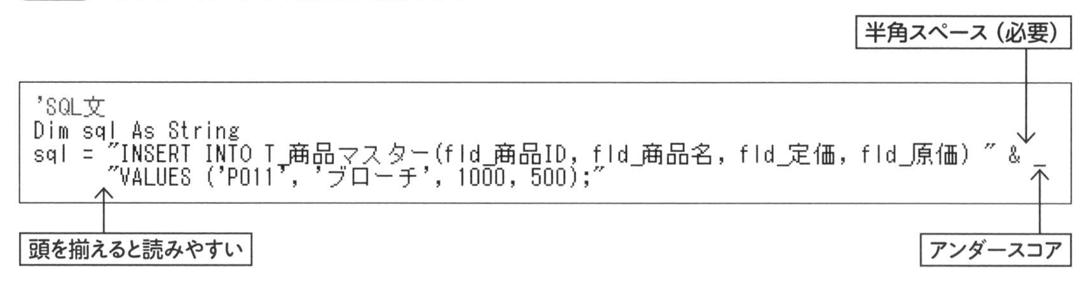

以上を踏まえて、「doExecute」プロシージャにSQLを実行するコードを書きます（**コード12**）。追加・更新・削除の場合はレコードセットを使わないので、読み込みのコードより短くなります。

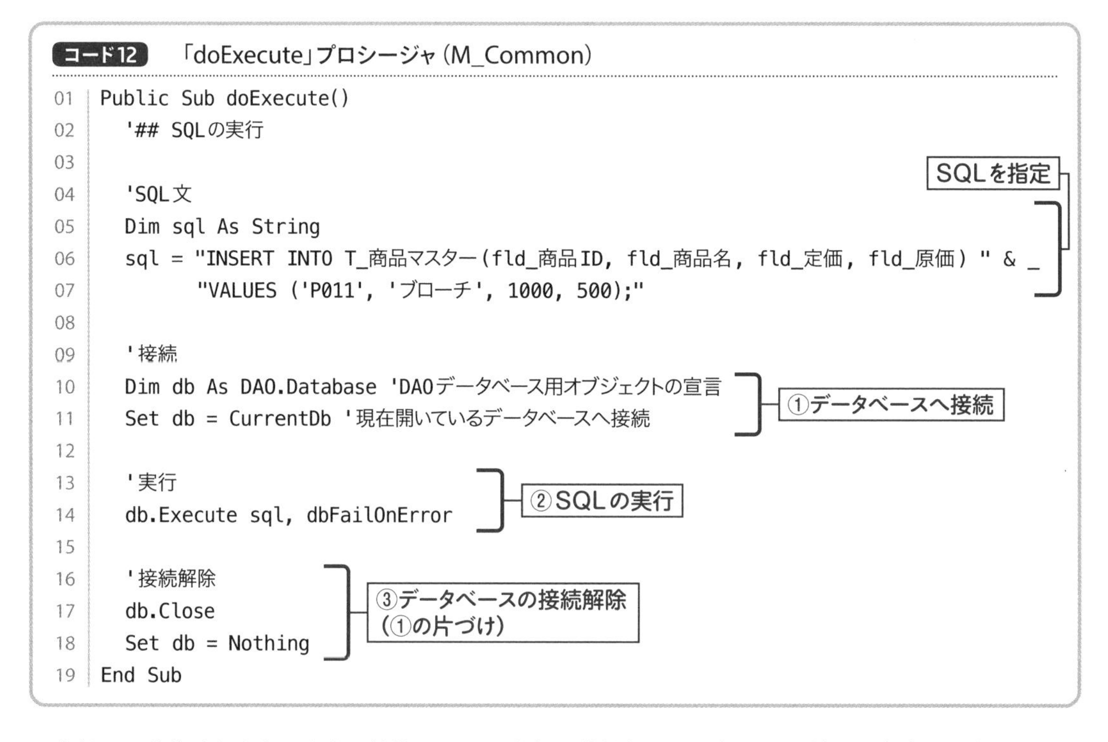

コード12 「doExecute」プロシージャ（M_Common）

```
01 Public Sub doExecute()
02     '## SQLの実行
03 
04     'SQL文
05     Dim sql As String
06     sql = "INSERT INTO T_商品マスター(fld_商品ID, fld_商品名, fld_定価, fld_原価) " & _
07             "VALUES ('P011', 'ブローチ', 1000, 500);"
08 
09     '接続
10     Dim db As DAO.Database 'DAOデータベース用オブジェクトの宣言
11     Set db = CurrentDb '現在開いているデータベースへ接続
12 
13     '実行
14     db.Execute sql, dbFailOnError
15 
16     '接続解除
17     db.Close
18     Set db = Nothing
19 End Sub
```


実行して動作確認を行います。接続、SQLの実行、接続解除という必要最低限の命令しか書いていないので、正常に実行されるとなにも起こらないように感じるかもしれませんが、Accessで「T_商品マスター」テーブルを開くと、指定したレコードが追加されています（**図58**）。

図58 テーブルにレコードが追加された

T_商品マスター

fld_商品ID	fld_商品名	fld_定価	fld_原価
P001	カードケース	¥1,500	¥500
P002	カフスボタン	¥1,000	¥350
P003	キーケース	¥1,000	¥350
P004	キーホルダー	¥800	¥250
P005	コインケース	¥2,500	¥900
P006	ネクタイピン	¥2,000	¥700
P007	ネックレス	¥1,500	¥600
P008	ピアス	¥1,000	¥300
P009	ブレスレット	¥2,000	¥650
P010	メガネケース	¥3,000	¥1,200
P011	ブローチ	¥1,000	¥500
*		¥0	¥0

なお、このレコードが追加されている状態で再度、「doExecute」プロシージャを実行すると、商品ID「P011」はもう使われており、主キーの制限によりエラーになります。

SQLを書き換えて、更新も実行してみましょう(**コード13**)。

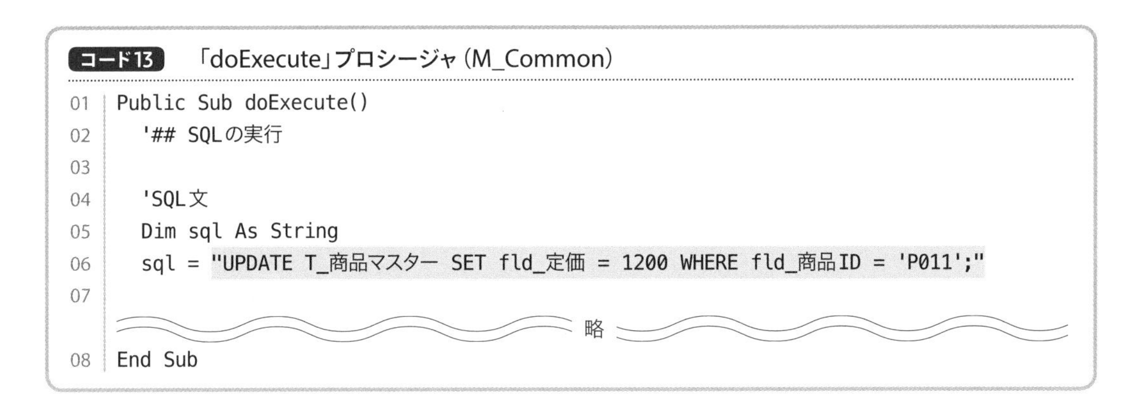

コード13 「doExecute」プロシージャ(M_Common)

```
01 Public Sub doExecute()
02   '## SQLの実行
03 
04   'SQL文
05   Dim sql As String
06   sql = "UPDATE T_商品マスター SET fld_定価 = 1200 WHERE fld_商品ID = 'P011';"
07 
   ～～～～～～～～～～ 略 ～～～～～～～～～～
08 End Sub
```

テーブルを確認すると、「fld_商品ID」が「P011」の「fld_定価」が「1200」に変わっています(**図59**)。

図59 フィールドが更新された

T_商品マスター

fld_商品ID	fld_商品名	fld_定価	fld_原価
P001	カードケース	¥1,500	¥500
P002	カフスボタン	¥1,000	¥350
P003	キーケース	¥1,000	¥350
P004	キーホルダー	¥800	¥250
P005	コインケース	¥2,500	¥900
P006	ネクタイピン	¥2,000	¥700
P007	ネックレス	¥1,500	¥600
P008	ピアス	¥1,000	¥300
P009	ブレスレット	¥2,000	¥650
P010	メガネケース	¥3,000	¥1,200
P011	ブローチ	¥1,200	¥500
*		¥0	¥0

削除のSQLも実行してみましょう(**コード14**)。

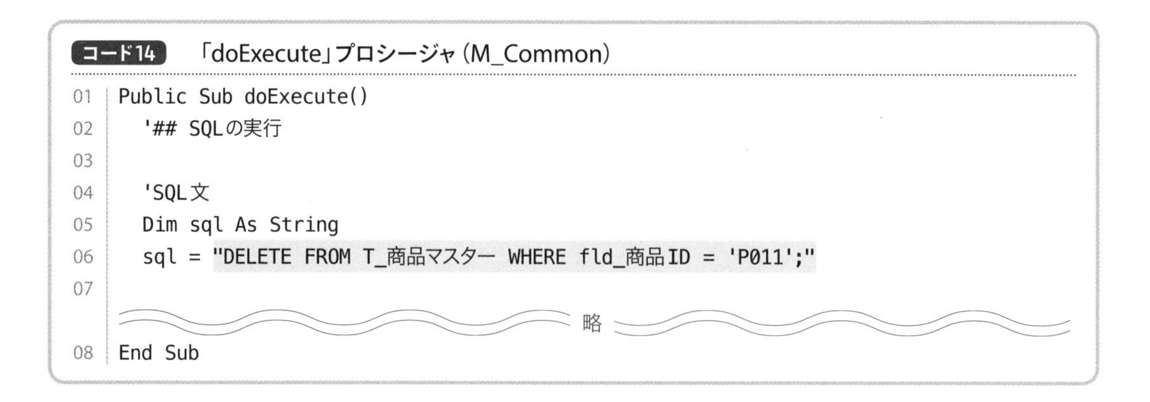

コード14 「doExecute」プロシージャ(M_Common)

```
01 Public Sub doExecute()
02   '## SQLの実行
03 
04   'SQL文
05   Dim sql As String
06   sql = "DELETE FROM T_商品マスター WHERE fld_商品ID = 'P011';"
07 
        略
08 End Sub
```

テーブルを確認すると、「fld_商品ID」が「P011」のレコードが削除されました(**図60**)。

図60 レコードが削除された

T_商品マスター

fld_商品ID	fld_商品名	fld_定価	fld_原価
P001	カードケース	¥1,500	¥500
P002	カフスボタン	¥1,000	¥350
P003	キーケース	¥1,000	¥350
P004	キーホルダー	¥800	¥250
P005	コインケース	¥2,500	¥900
P006	ネクタイピン	¥2,000	¥700
P007	ネックレス	¥1,500	¥600
P008	ピアス	¥1,000	¥300
P009	ブレスレット	¥2,000	¥650
P010	メガネケース	¥3,000	¥1,200
*		¥0	¥0

削除された

VBAの実装とレベル3アプリの完成

8-1 オブジェクトの変更

8-1-1 フィールドの追加

それでは、レベル3アプリを作っていきましょう。**CHAPTER 8**は操作の分量が多いため、各SectionのBefore／Afterにサンプルを用意してあります。また、「After」フォルダー内にサブフォルダーがあり、項の区切りごとのサンプルもありますので、中間ファイルとしてご利用ください。

このSection開始前のサンプルは、「CHAPTER8」フォルダー→「Before」フォルダー内に「SampleSystem 8-1.accdb」という名前で収録されています。

まず、ログイン制にするために「T_社員マスター」テーブルをデザインビューで開き、「fld_パスワード」「fld_管理者フラグ」のフィールドを追加します。**フラグ**とは旗という意味ですが、旗が立っている／落ちているという2つの状態をTrue／Falseに見立てて、「2択のうちのどちらか」を表すデータ型によく使われます。Boolean型という名称が一般的ですが、Accessでは**Yes／No型**を選択します(**図1**)。

図1 2つのフィールドを追加

T_社員マスター

フィールド名	データ型
fld_社員ID	短いテキスト
fld_社員名	短いテキスト
fld_入社日	日付/時刻型
fld_パスワード	短いテキスト
fld_管理者フラグ	Yes/No型

データシートビューに切り替えます。ここでは例外的に直接入力で操作します。パスワードは、実際は強固なものにしてください。管理者にしたい人にだけ、「fld_管理者フラグ」フィールドへチェックを付けます(**図2**)。

図2 フィールドを入力する

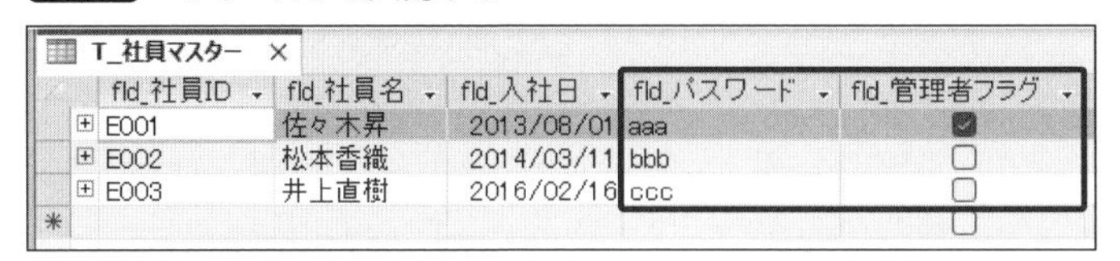

フィールドが追加されたので、編集フォームへも追加を行いましょう。「F_社員マスター_編集」フォームをデザインビューで開き、詳細セクションの高さを「6.5cm」程度へ、「btn_追加」ボタンの**上位置**を「5cm」に変更します(**図3**)。

図3 位置を変更

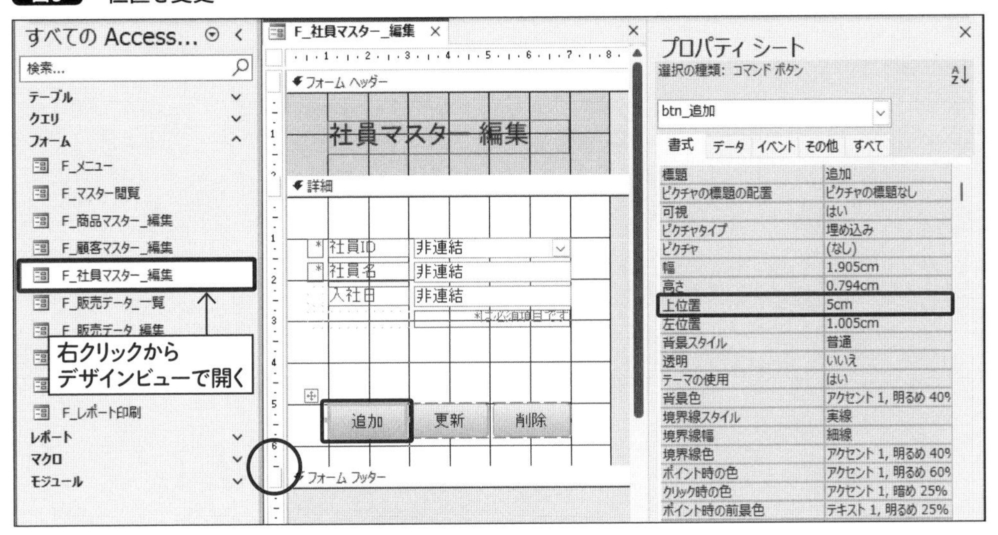

「lbl_入社日」ラベルを選択して、「配置」タブの「下に行を挿入」を2回クリックして、空セルを2行分追加します(**図4**)。

図4 行の挿入

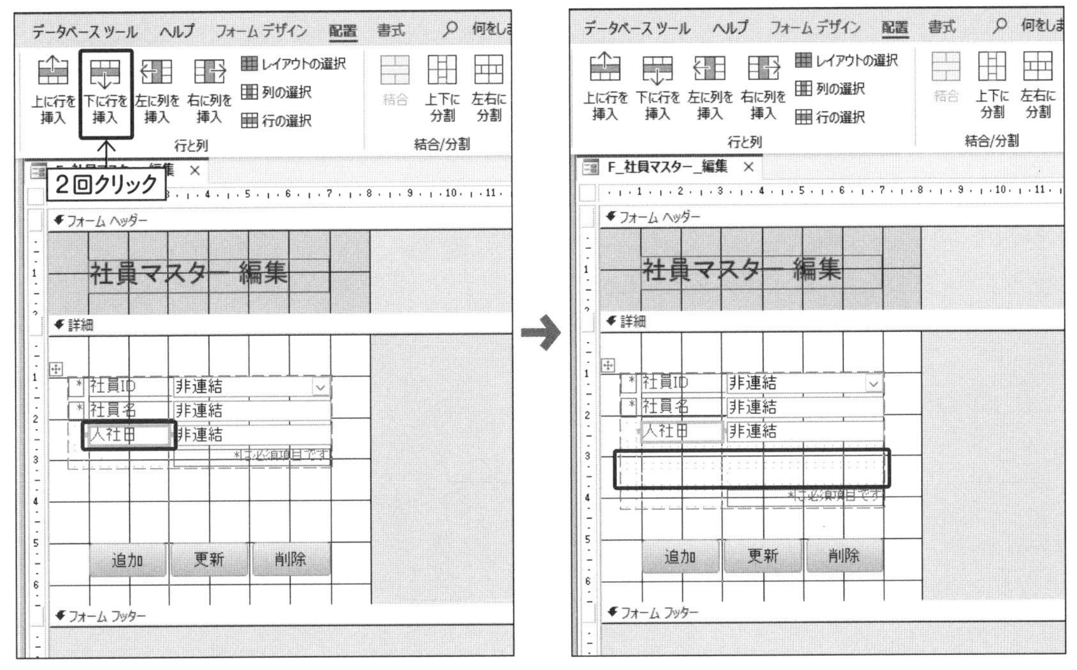

4-2-7の**図53**(P.147)を参考に、新たにテキストボックスを作成して「txb_入社日」の真下のブロックにドラッグします(**図5**)。

図5 テキストボックスの挿入

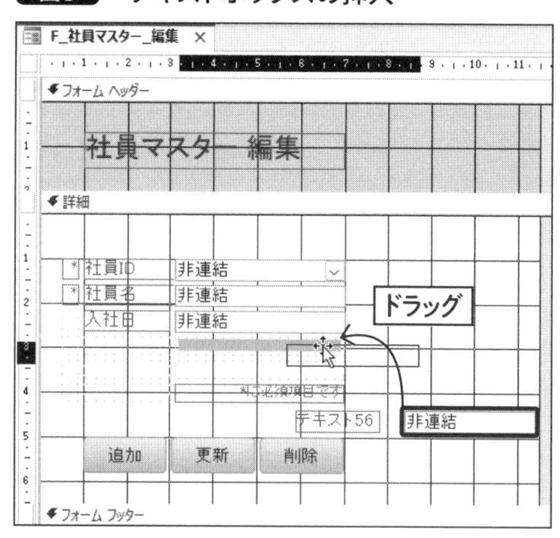

さらにその下に、新たにチェックボックスも作成してドラッグします(**図6**)。同時に作成されたラベルはチェックボックスの左側に移動させます。

図6 チェックボックスの挿入

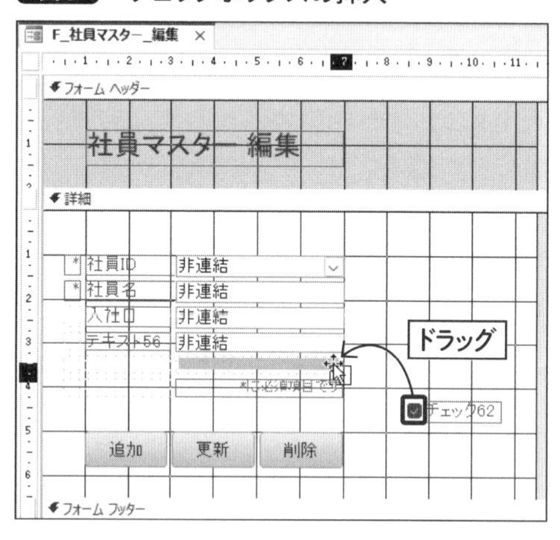

「*」ラベルをコピー&ペーストして空白セル内にドラッグして配置し、コントロールの名前や大きさを設定します(**図7**、**表1**)。

図7 コントロールの設定

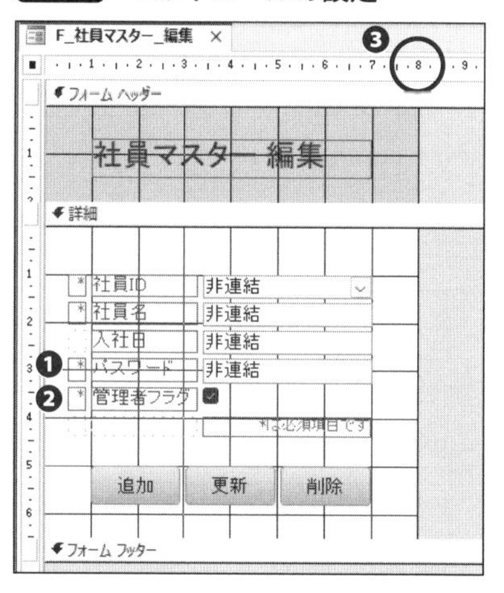

表1 プロパティシート設定

番号	コントロール／オブジェクトの種類	名前	標題	幅	高さ
❶	ラベル	lbl_attn3	*		
	ラベル	lbl_パスワード	パスワード	2.3cm	0.5cm
	テキストボックス	txb_パスワード	-	3.6cm	
❷	ラベル	lbl_attn4	*		
	ラベル	lbl_管理者フラグ	管理者フラグ		0.5cm
	チェックボックス	chk_管理者フラグ	-		
❸	フォーム			8cm	

パスワードのテキストボックスは、半角英数のみしか入らないようにしましょう。プロパティシートの「その他」タブで「IME入力モード」を「使用不可」にします（**図8**）。

図8 半角英数のみ許可する

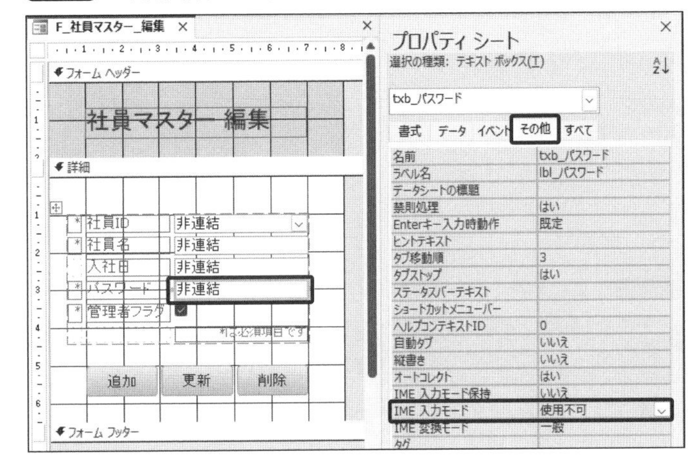

チェックボックスは、プロパティシートの「データ」タブで「既定値」を「False」にしておきます。これでデフォルトではチェックがオフになります（**図9**）。

図9 チェックボックスの既定値をオフにする

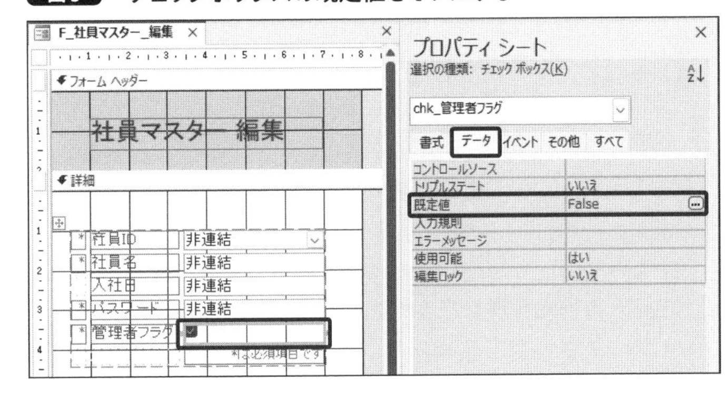

この時点でのサンプルは、「CHAPTER8」フォルダー→「After」フォルダー→「8-1」フォルダー内に「SampleSystem8-1-1.accdb」という名前で収録されています。

8-1-2 ログイン用フォームの作成

新しくログイン用のフォームを作ります。リボンの「作成」タブの「フォームデザイン」から新規のフォームを開き、「F_ログイン」という名前を付けて保存します。プロパティシートの「自動中央寄せ」を「はい」に、「レコードセレクタ」「移動ボタン」を「いいえ」にしておきます。

CHAPTER 5を参考に、図10、表2のようにコントロール、セクションを設定します。テキストボックスとコンボボックス群には集合形式レイアウトを適用します。位置やサイズに関しては、レイアウトを適用した部分は一部のコントロールを変更すればすべてに適用されるので、変更する必要のあるコントロールのみ記載しています。

図10 名前と標題の変更

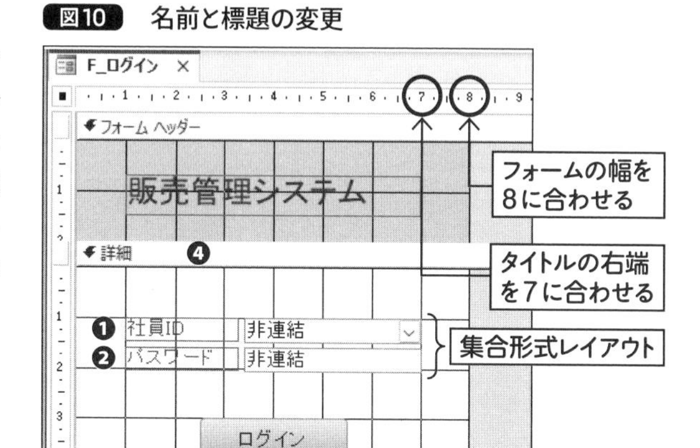

表2 プロパティシート設定

番号	コントロール／オブジェクトの種類	名前	標題	幅	高さ	上位置	左位置
❶	ラベル	lbl_社員ID	社員ID	2.3cm		1cm	1cm
	コンボボックス	cmb_社員ID	-	3.6cm			
❷	ラベル	lbl_パスワード	パスワード				
	テキストボックス	txb_パスワード	-				
❸	ボタン	btn_ログイン	ログイン	3cm	0.8cm	3cm	2.5cm
❹	詳細セクション				5cm		

配置した「cmb_社員ID」を選択して、プロパティシートの設定を順次行います。

最初に、「データ」タブの「値集合ソース」を「T_社員マスター」に設定します。

続いて、「書式」タブの「列数」を「2」にします。さらに、「列幅」を「;」(セミコロン)で区切って指定するとそれぞれの列幅も調整できます。「1cm;2.6cm」にしておきましょう。

値を直接入力するときに半角英数のみしか入らないようにしましょう。コンボボックスとテキストボックスを、プロパティシートの「その他」タブで「IME入力モード」を「使用不可」にします。2つまとめて設定ができないので、1つずつ行ってください。

また、タブオーダーは図11のように設定します。

この時点でのサンプルは、「CHAPTER8」フォルダー→「After」フォルダー→「8-1」フォルダー内に「SampleSystem8-1-2.accdb」という名前で収録されています。

図11 タブオーダー

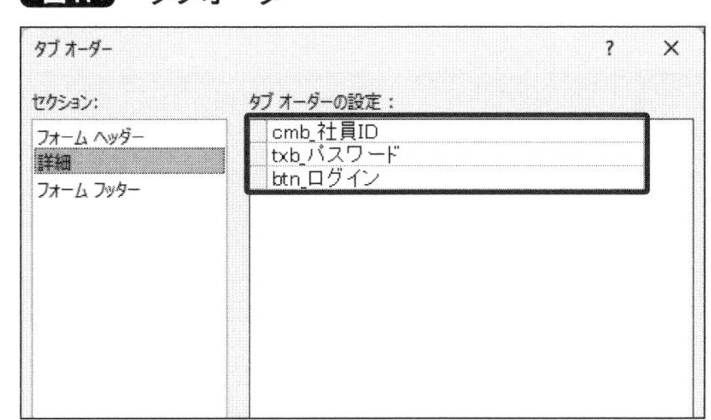

8-1-3 ログイン情報用のコントロールを追加

ログイン後、メニューにログイン情報を表示するためのコントロールを追加します。「F_メニュー」フォームをデザインビューで開き、テキストボックスを2つ、チェックボックスを1つ挿入します。

各コントロールの左上に表示されるグレーの■をドラッグすると個別に動かせるので、チェックボックスとラベルの左右を入れ替えておきます（**図12**）。

集合形式レイアウトを設定し、「スペースの調整」を「狭い」に設定したうえで、**図13**、**表3**のようにコントロールを設定します。

図12 コントロールの挿入

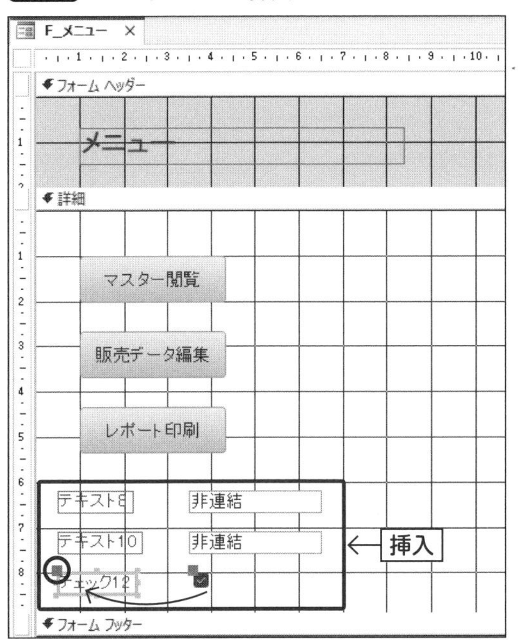

図13 コントロールの設定

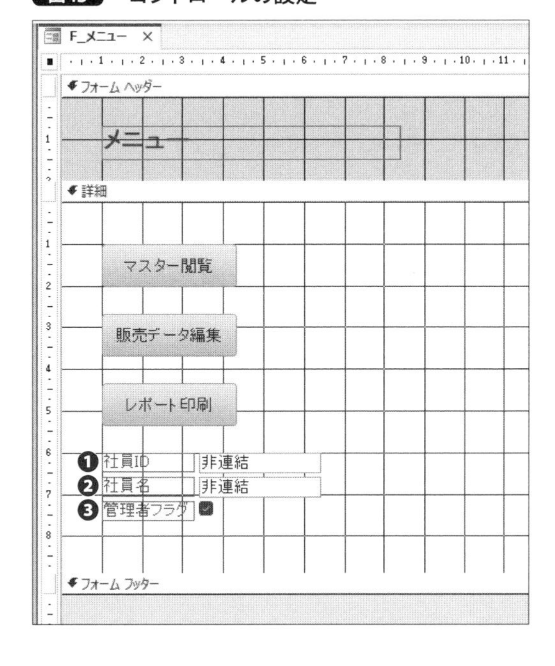

表3 プロパティシート設定

番号	コントロールの種類	名前	標題	幅	上位置	左位置
❶	ラベル	lbl_社員ID	社員ID	2.3cm	6cm	1cm
	テキストボックス	txb_社員ID	-	3cm		
❷	ラベル	lbl_社員名	社員名			
	テキストボックス	txb_社員名	-			
❸	ラベル	lbl_管理者フラグ	管理者フラグ			
	チェックボックス	chk_管理者フラグ				

また、**表3**におけるラベル以外の3つのコントロールの情報は閲覧専用なので、「データ」タブの「使用可能」を「いいえ」にしておきます。

この時点でのサンプルは、「CHAPTER8」フォルダー→「After」フォルダー→「8-1」フォルダー内に「SampleSystem8-1-3.accdb」という名前で収録されています。

8-1-4 サブフォームをリストボックスへ変更

選択クエリやテーブルの内容を表示していたサブフォームを、リストボックスへ変更します。

まずは「F_販売データ_一覧」フォームをデザインビューで開きます。**図14**の囲み部分(「lbl_販売データ」「sbf_販売データ」「lbl_販売ID」「txb_販売ID」「lbl_note」)を選択して、Delete キーで削除します。

図14 サブフォームと付随するコントロールを削除

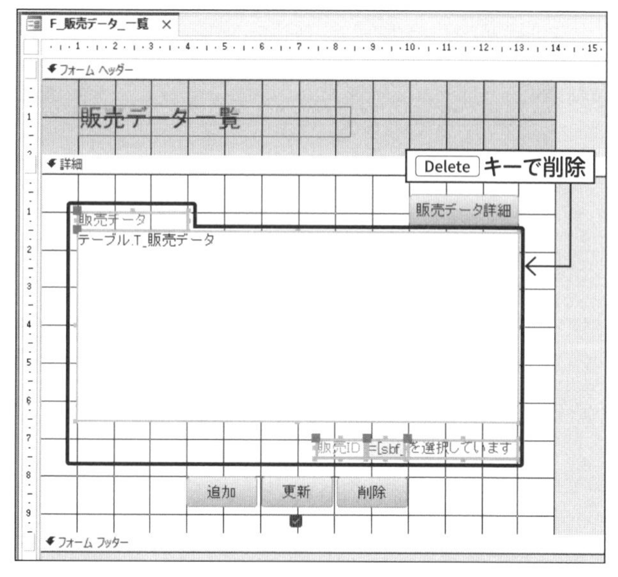

「フォームデザイン」タブから、リストボックスを選択して、クリックまたはドラッグで挿入します(**図15**)。リストボックスウィザードが起動した場合、キャンセルしてください。

図15 リストボックスの挿入

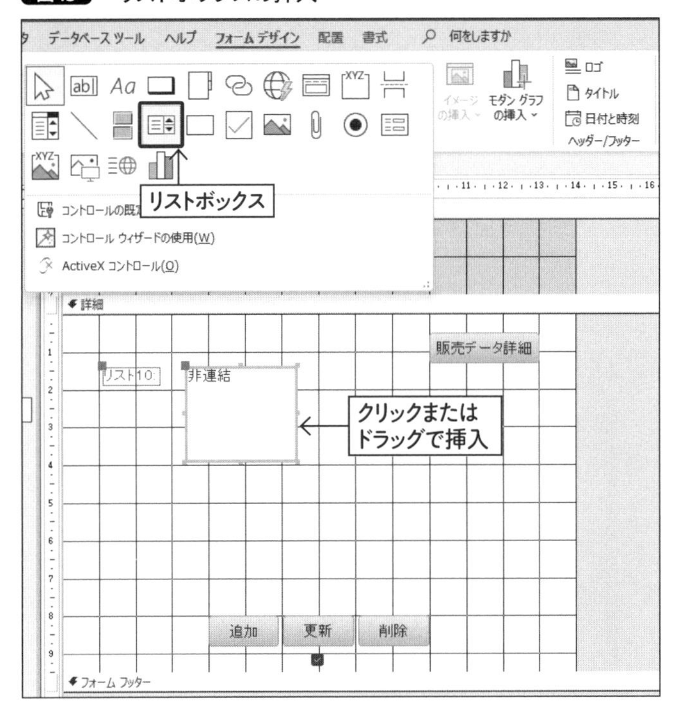

ラベルとリストボックスを**図16**、**表4**のように設定します。リストボックスの「列数」は、ここへ表示する予定の「T_販売データ」テーブルのフィールドの数と同じにします。また、「列見出し」を「はい」にします。変更したら保存して閉じておきます。

図16 コントロールの設定

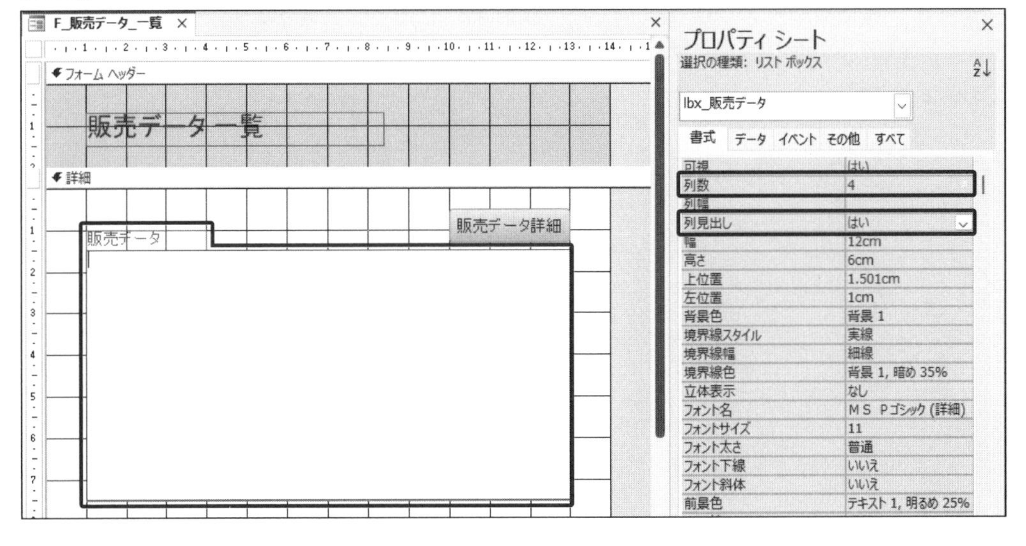

表4 図16のプロパティシートの設定

コントロールの種類	名前	標題	列数	列見出し	幅	高さ	上位置	左位置
ラベル	lbl_販売データ	販売データ			3cm	0.5cm	1cm	1cm
リストボックス	lbx_販売データ	-	4	はい	12cm	6cm	1.5cm	1cm

「F_販売データ_編集」フォームの「txb_販売ID」はVBAで操作するので、コントロールソースを削除しておきましょう（**図17**）。

図17 コントロールソースの削除

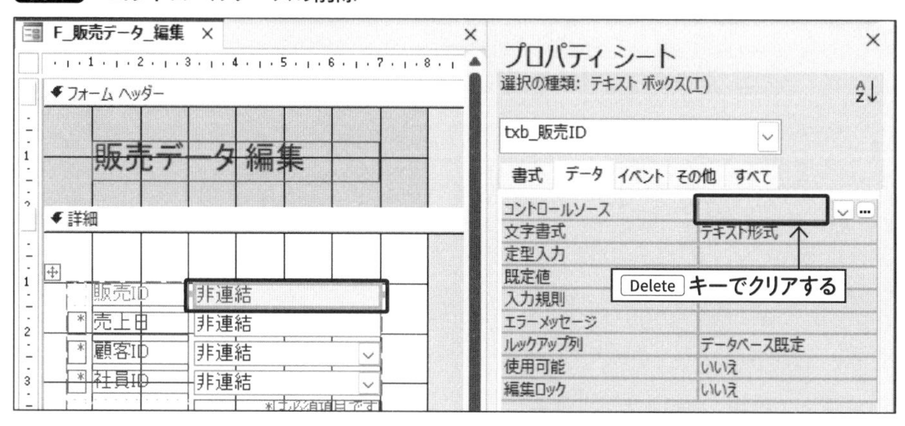

「F_販売データ詳細_一覧」フォームの**図18**の囲み部分（「lbl_販売データ詳細」「sbf_販売データ詳細」「lbl_詳細ID」「txb_詳細ID」「lbl_note」）を削除し、リストボックスへ置き換えます。テキストボックスのコントロールソースも削除しておきます（**表5**）。

図18 リストボックスへ置き換え

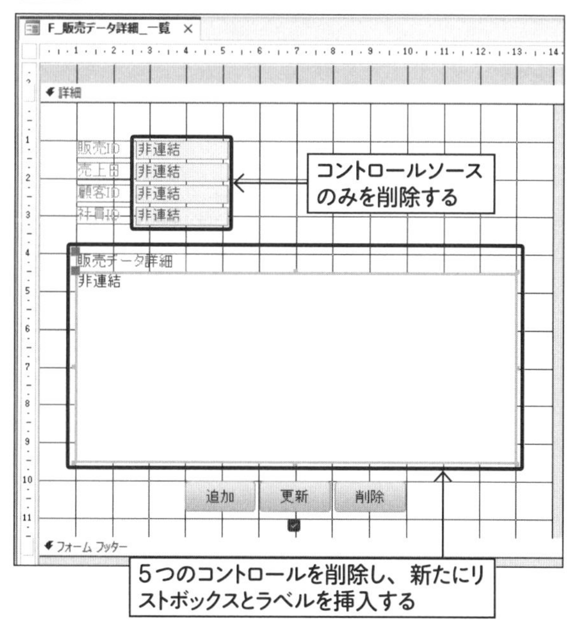

表5 図18のプロパティシートの設定

コントロールの種類	名前	標題	列数	列見出し	幅	高さ	上位置	左位置
ラベル	lbl_販売データ詳細	販売データ詳細			3cm	0.5cm	4cm	1cm
リストボックス	lbx_販売データ詳細	-	4	はい	12cm	5cm	4.5cm	1cm

「F_販売データ詳細_編集」フォームの「txb_詳細ID」「txb_販売ID」のコントロールソースを削除します(図19)。

図19 コントロールソースの削除

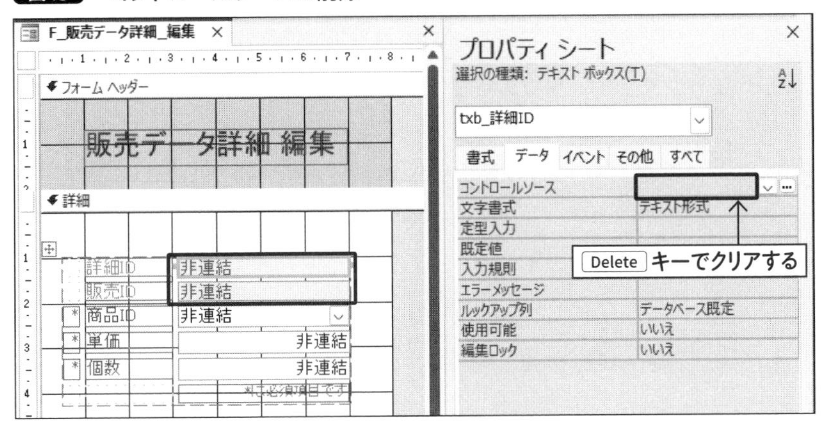

「F_レポート印刷」の図20の囲み部分(「lbl_売上一覧」「sbf_売上一覧」)を削除し、リストボックスへ置き換えます(表6)。

同様に、「F_レポート印刷」フォームの「txb_販売ID」のコントロールソースを削除します。

図20 リストボックスへ置き換え

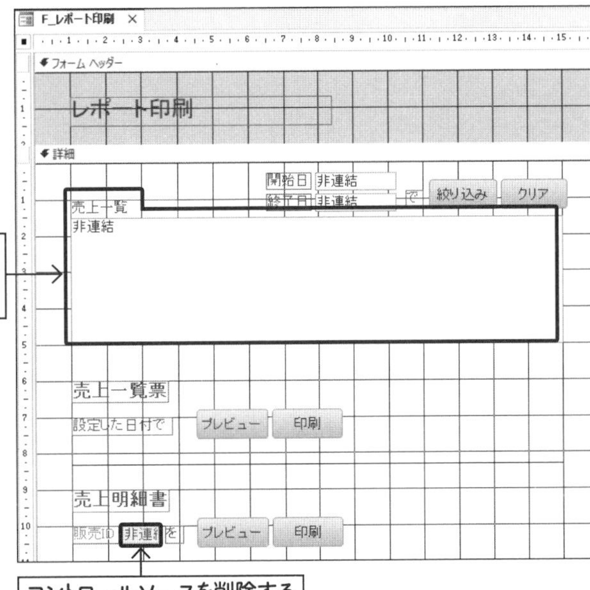

表6 図20のプロパティシートの設定

コントロールの種類	名前	標題	列数	列見出し	幅	高さ	上位置	左位置
ラベル	lbl_売上一覧	売上一覧			3cm	0.5cm	1cm	1cm
リストボックス	lbx_売上一覧	-	5	はい	14cm	3.5cm	1.5cm	1cm

この時点でのサンプルは、「CHAPTER8」フォルダー→「After」フォルダー→「8-1」フォルダー内に「SampleSystem8-1-4.accdb」という名前で収録されています。

8-1-5 オプショングループの作成

「F_マスター閲覧」フォームをデザインビューで開きます。こちらもサブフォームをリストボックスへ置き換えるのですが、1つのリストボックスで3つのテーブルを切り替えて表示するためのしかけを作りましょう。まずは3つのサブフォームとそれに付随するラベルを削除します。

オプショングループを選択して、任意の場所でクリックします（図21）。

図21 オプショングループの作成

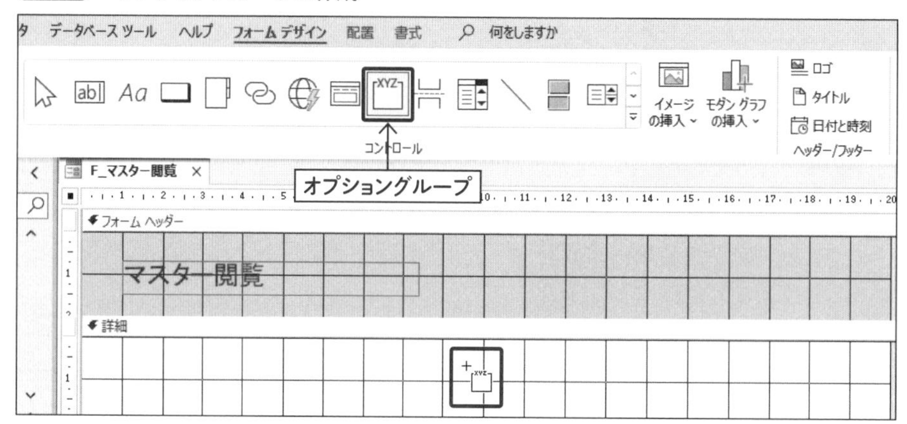

オプショングループウィザードが起動するので、「商品マスター」「顧客マスター」「社員マスター」の順番で入力して、「次へ」へ進みます（図22）。

図22 オプショングループウィザード

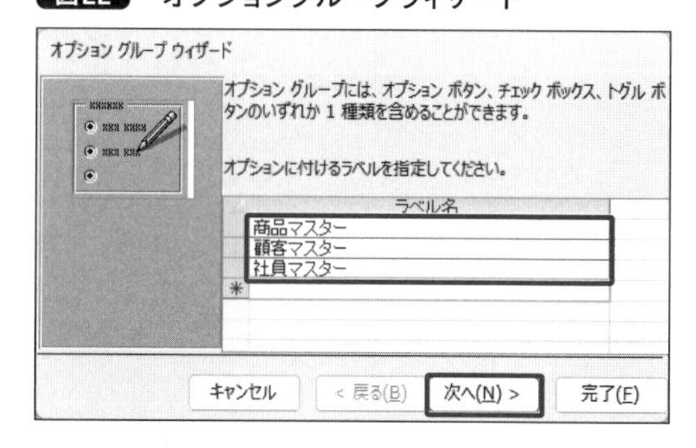

既定のテーブルを商品マスターにして、「次へ」をクリックします(図23)。

図23 既定のテーブル

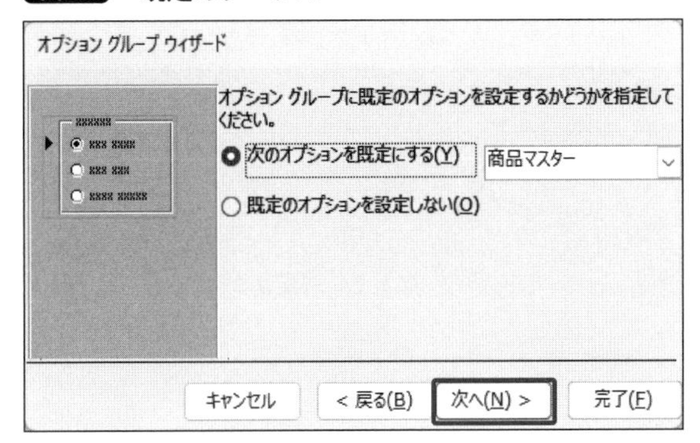

続いて、ラベルに対応する値を設定します。このままで構いません(図24)。

図24 対応する値を設定

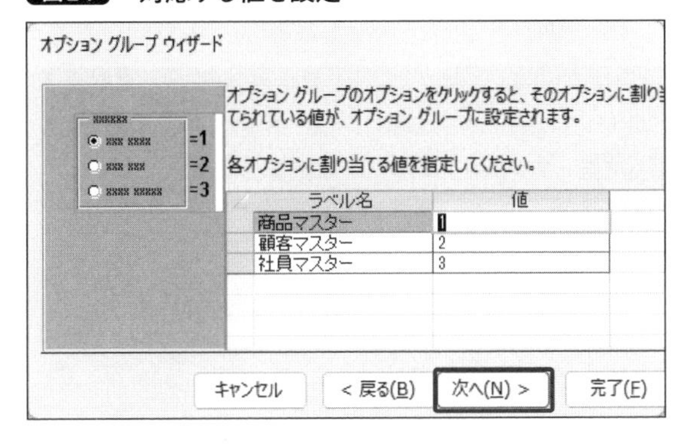

デザインがいくつか選べます。ここでは「オプションボタン」と「枠囲み」で進めます(図25)。

図25 デザインの選択

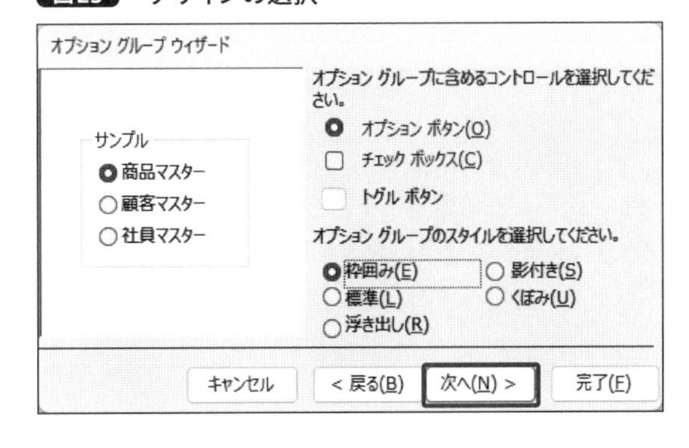

標題となるテキストを「マスター選択」にして、「完了」をクリックします(図26)。

図26 標題を設定

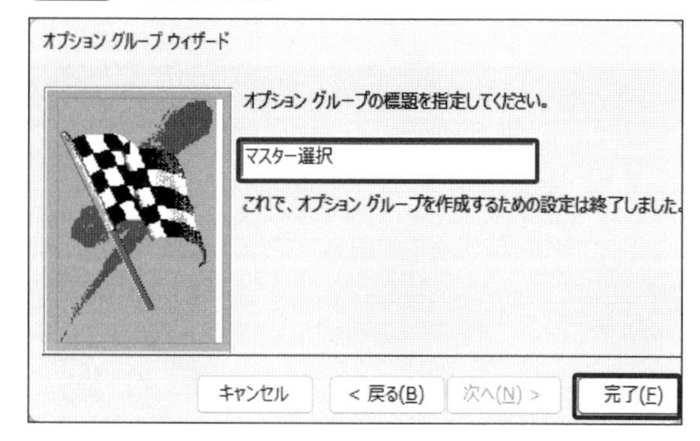

これで、3つのマスターを選択できるオプショングループができました。複数のコントロールが重なっていますが、プログラムで使うのは枠部分なので、枠を選択して名前を「grp_マスター選択」にします。

また、枠の右下が幅19cm、高さ3cmの位置になるように、マウスでドラッグしておきましょう(図27)。枠を動かせば、ほかのコントロールもすべて連動します。

図27 オプショングループの位置と名前

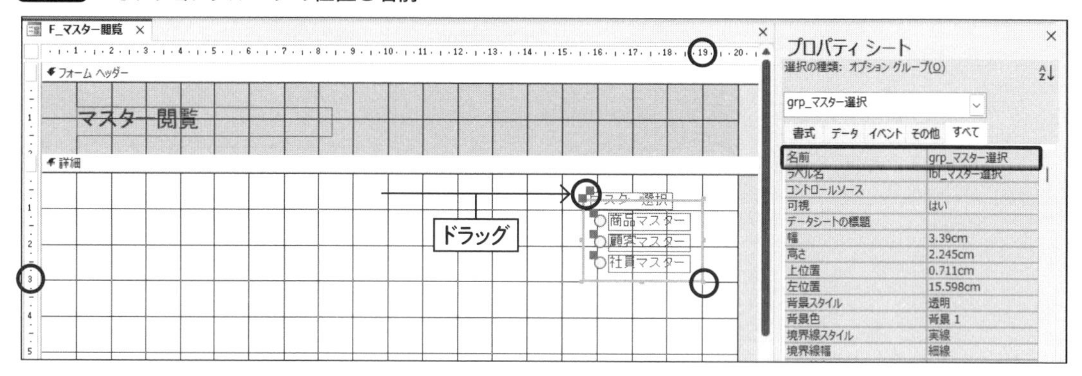

リストボックスと3つのボタン、チェックボックスを**図28**、**表7**のように設定します。ボタンには表形式レイアウトを適用します。リストボックスの「列数」はマスターによって違うので、ここでは指定しません。3つのボタンは表形式レイアウトに、「スペースの調整」は「狭い」に、それぞれ設定します。チェックボックスに付随するラベルは削除しておきます。

図28 コントロールの設定

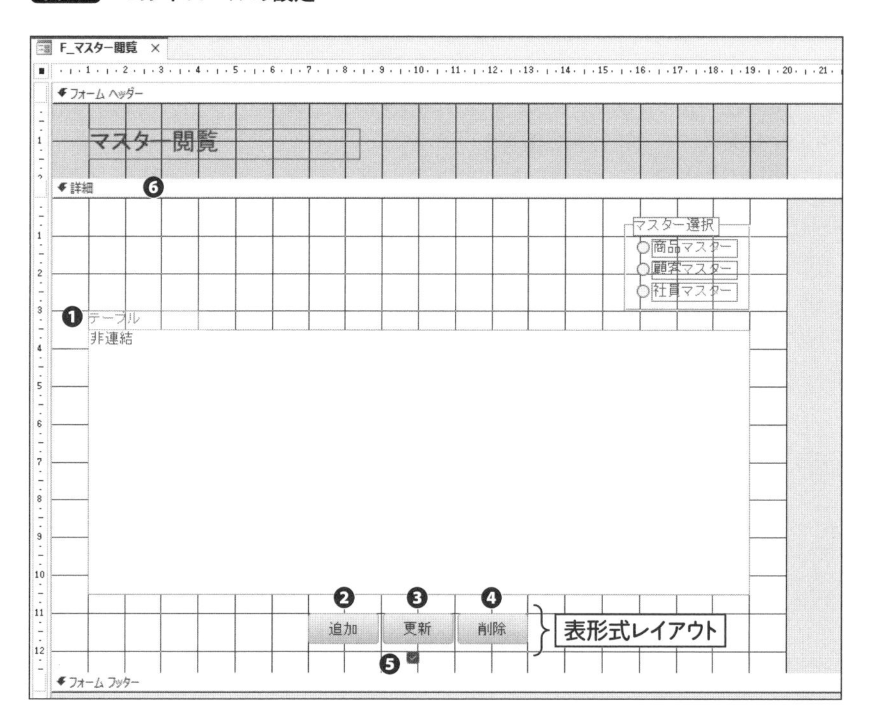

表7 図28のプロパティシートの設定

番号	コントロールの種類	名前	標題	列見出し	幅	高さ	上位置	左位置
❶	ラベル	lbl_テーブル	テーブル		3cm	0.5cm	3cm	1cm
	リストボックス	lbx_テーブル	-	はい	18cm	7cm	3.5cm	1cm
❷	ボタン	btn_追加	追加		1.9cm	0.8cm	11cm	7cm
❸	ボタン	btn_更新	更新		1.9cm			
❹	ボタン	btn_削除	削除		1.9cm			
❺	チェックボックス	chk_更新	-		0.5cm	0.5cm	12cm	9.7cm
❻	詳細セクション					12.5cm		

3つのボタンは管理者のみ使用可能にしたいので、デフォルトでは「使用可能」を「いいえ」にしておきます。また、「更新」ボタンがクリックされたかどうか判定するための「chk_更新」チェックボックスの「可視」を「いいえ」にしておきます。

この時点でのサンプルは、「CHAPTER8」フォルダー→「After」フォルダー→「8-1」フォルダー内に「SampleSystem8-1-5.accdb」という名前で収録されています。

8-1-6 「マスター編集」フォームの変更

各マスターの編集フォームにも変更を加えます。

最初に、「F_商品マスター_編集」フォームから行います。「F_商品マスター_編集」フォームをデザインビューで開きます。レコードの削除を「F_マスター閲覧」フォームからできるようにするので、ここでは「btn_削除」ボタンを削除します。「btn_追加」ボタンの「左位置」を「2cm」にして、位置を整えます（図29）。

図29 ボタンの配置を変更

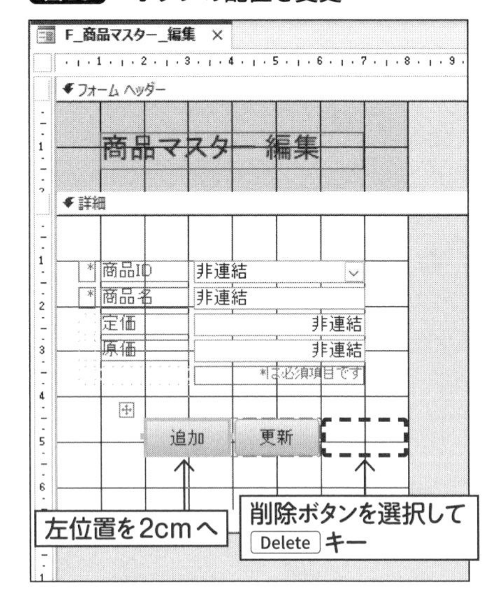

IDはコンボボックスで選択式にする必要がなくなるため、テキストボックスへ変更します。右クリックから「コントロールの種類の変更」→「テキストボックス」で変更できます（図30）。

また、テキストボックスに変更したので、コントロールの名前も「txb_商品ID」へ変更しておきます。

図30 テキストボックスへの変更

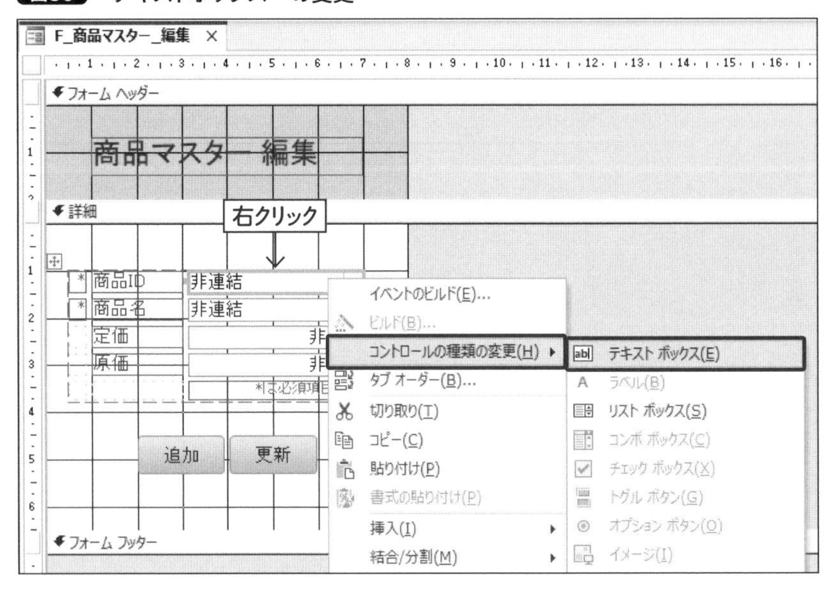

次に、フォームの「自動中央寄せ」を「はい」にします（図31）。

図31 自動中央寄せ

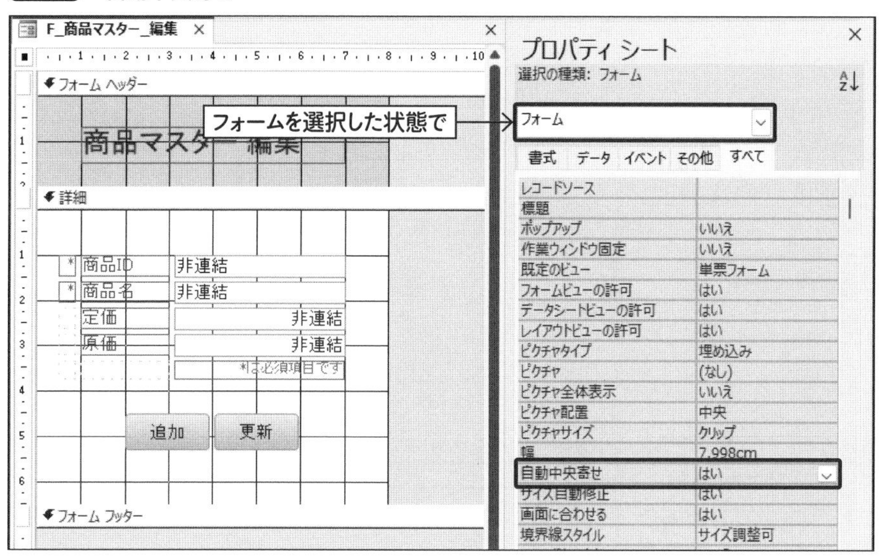

「F_顧客マスター_編集」フォームへも同様の変更を加えます（図32）。

図32 「F_顧客マスター_編集」フォームの変更

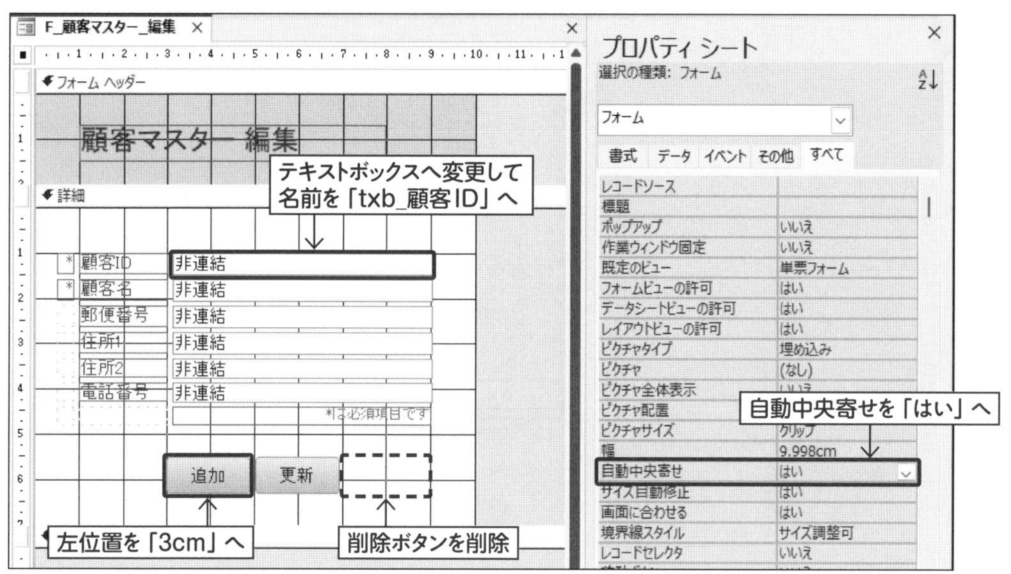

「F_社員マスター_編集」フォームへも同様の変更を加えます（図33）。

図33 「F_社員マスター_編集」フォームの変更

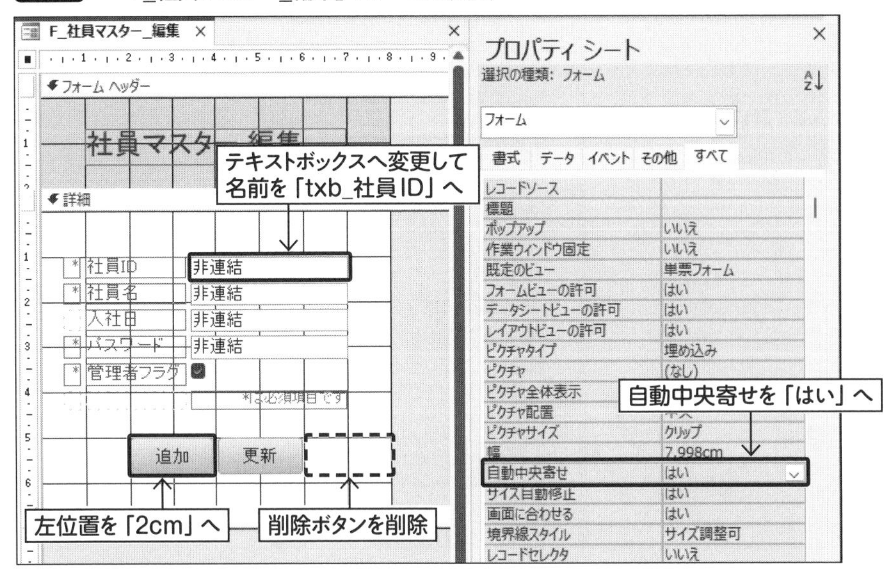

この時点でのサンプルは、「CHAPTER8」フォルダー→「After」フォルダー→「8-1」フォルダー内に「SampleSystem8-1-6.accdb」という名前で収録されています。

8-1-7 マクロの変更

レベル3アプリではマクロをVBAに置き換えますが、ファイルを開いたときに自動的に実行される機能は「AutoExec」マクロが便利なので、修正して利用します。

ナビゲーションウィンドウで「AutoExec」を右クリックしてデザインビューを選択するとマクロツールで開くので、「フォーム名」を「F_ログイン」、「ウィンドウモード」を「ダイアログ」へ変更し、保存して閉じます（図34）。

図34 AutoExecマクロの修正

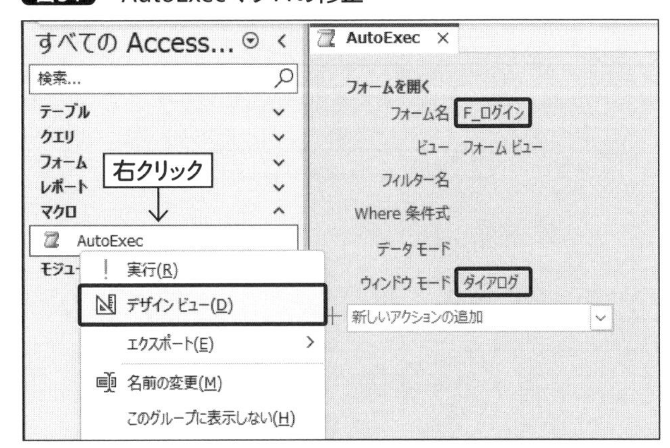

そのほかの、ここまでに作成したフォームへの埋め込みマクロをすべて削除します。埋め込みマクロは、プロパティシートの「イベント」タブの［埋め込みマクロ］を選択してデリートすることで、削除できます

(図35)。

表8を参考にここまで作成したフォームをデザインビューで1つずつ開いて、すべてのボタンの「クリック時」の[埋め込みマクロ]を削除してください。

図35 「F_メニュー」フォームの埋め込みマクロを削除

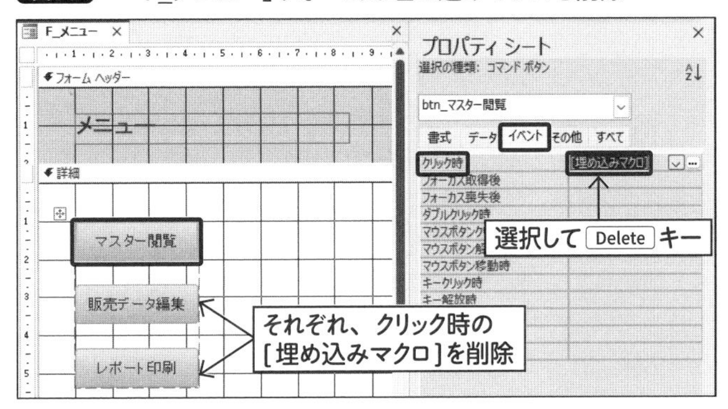

表8 削除するボタンクリックの埋め込みマクロ

オブジェクト名	ボタン名					
F_メニュー	btn_マスター閲覧	btn_販売データ編集	btn_レポート印刷			
F_商品マスター_編集	btn_追加	btn_更新				
F_顧客マスター_編集	btn_追加	btn_更新				
F_社員マスター_編集	btn_追加	btn_更新				
F_販売データ_一覧	btn_追加	btn_更新	btn_削除	btn_販売データ詳細		
F_販売データ_編集	btn_追加	btn_更新				
F_販売データ詳細_一覧	btn_追加	btn_更新	btn_削除			
F_販売データ詳細_編集	btn_追加	btn_更新				
F_レポート印刷	btn_絞り込み	btn_クリア	btn_一覧票プレビュー	btn_一覧票印刷	btn_明細書プレビュー	btn_明細書印刷

また、「F_販売データ_編集」と「F_販売データ詳細_編集」フォームでは、ボタン以外にもフォームが「開く時」に埋め込みマクロが設定されているので、こちらも忘れずに削除してください(図36)。

図36 「開く時」の埋め込みマクロ

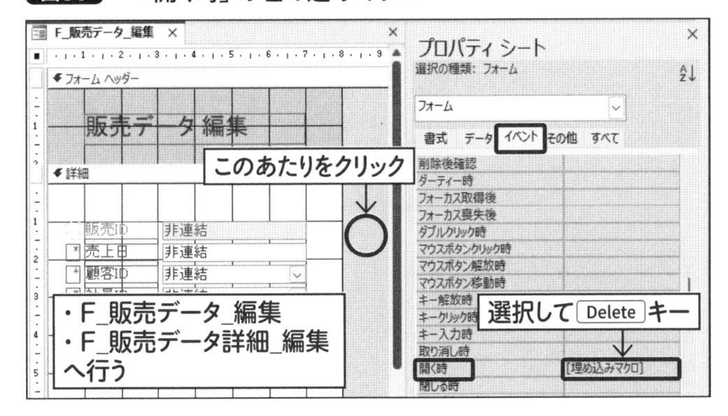

この時点でのサンプルは、「CHAPTER8」フォルダー→「After」フォルダー→「8-1」フォルダー内に「SampleSystem8-1-7.accdb」という名前で収録されています。

8-1-8 クエリの削除

ナビゲーションウィンドウに表示されている「クエリ」オブジェクトがすべて不要になります。右クリックで「削除」を選択し、確認メッセージで「はい」をクリックして削除します(**図37**)。ここに表示されているすべてのクエリに対して削除を行ってください。

図37 クエリを削除する

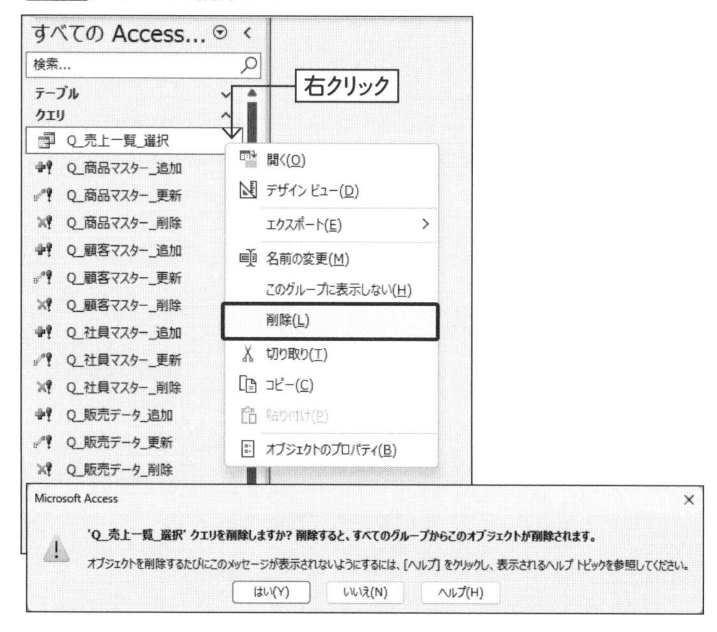

またデータベースでは、オブジェクトを削除しても使っていた領域は解放されないため、容量が減りません。**1-1-4**(P.21)で紹介した「最適化」でデータベースを整理して不要な領域を解放できます。「ファイル」→「情報」→「最適化と修復」で実行できます(**図38**)。

図38 最適化と修復

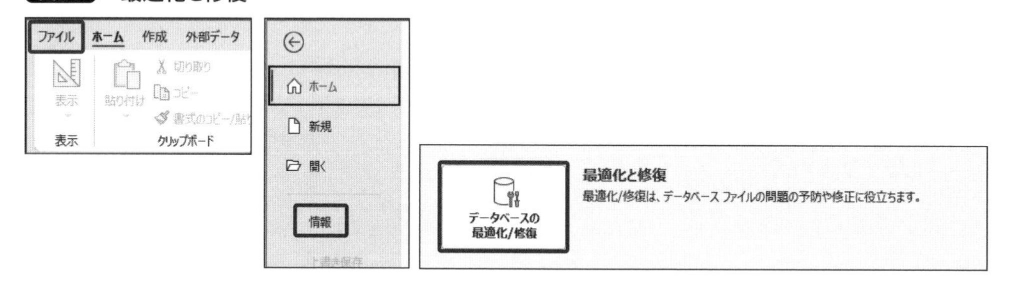

この時点でのサンプルは、「CHAPTER8」フォルダー→「After」フォルダー→「8-1」フォルダー内に「SampleSystem8-1-8.accdb」という名前で収録されています。また、このSection終了時のサンプルは、「CHAPTER8」フォルダー→「After」フォルダー内に「SampleSystem8-1.accdb」という名前でも収録されています。

8-2 ログイン／メニュー機能

8-2-1 イベントプロシージャの作成

このSection開始前のサンプルは、「CHAPTER8」フォルダー→「Before」フォルダー内に「SampleSystem8-2.accdb」という名前で収録されています。

まずはログイン機能から作っていきましょう。「F_ログイン」フォームをデザインビューで開きます。**CHAPTER 6**でイベントマクロを作成したときと同じように、「btn_ログイン」ボタンを選択してプロパティシート「イベント」タブ「クリック時」の「…」ボタンをクリックします。ここで「コードビルダー」を選択します(**図39**)。なお、ボタンに埋め込みマクロが設定されている場合、P.389の方法で削除してから「…」ボタンをクリックしてください。

図39 イベントからコードビルダーを選択

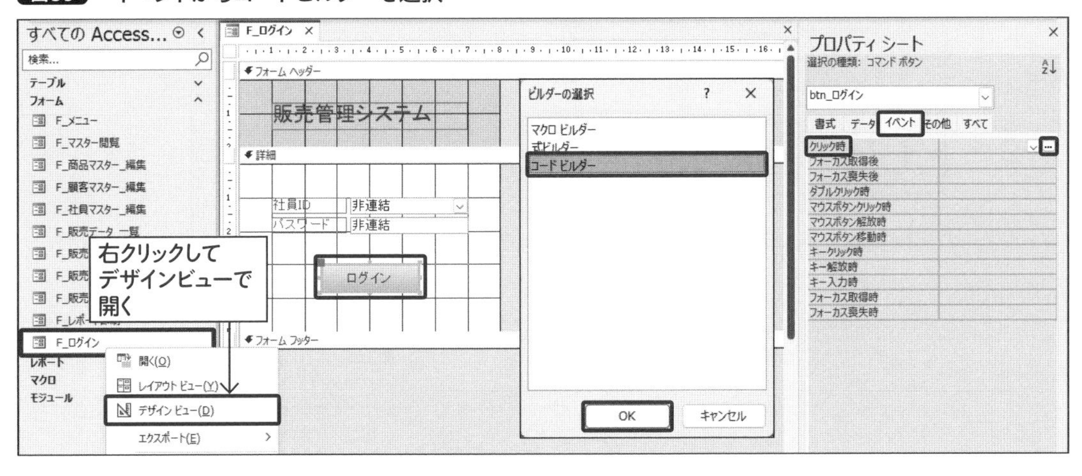

すると画面がVBEに切り替わり、**図40**のようになりました。プロジェクトエクスプローラーに「Form_F_ログイン」というモジュールが追加され、グレー表示になっています。これが現在開いているモジュールで、新たにプロシージャも挿入されています。

図40 VBEが開いた

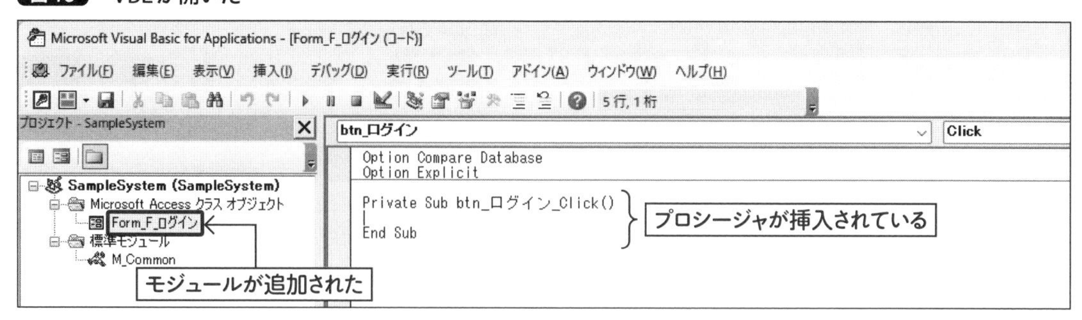

これは**7-2-2**(P.341)で挿入した「標準モジュール」とは違う、「F_ログイン」フォームに関するコードを記述するための**オブジェクトモジュール**です(**フォームモジュール**と呼ばれることもあります)。

オブジェクトモジュールでは、マクロにおける「埋め込みマクロ」と同様に、イベントをきっかけに動く**イベントプロシージャ**を書くことができます(図41)。

図41 オブジェクトモジュールと標準モジュール

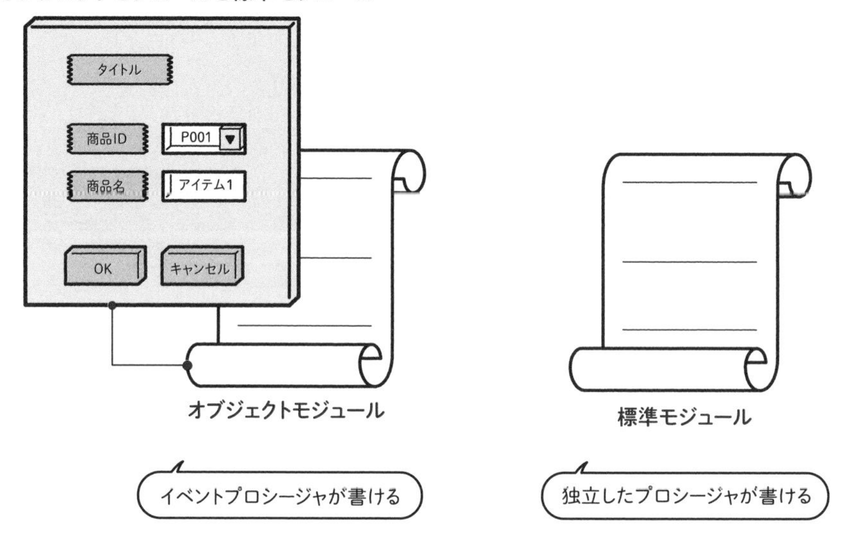

オブジェクトモジュール上で、図42のようなルールで命名されたプロシージャは、イベントプロシージャと認識されます。CHAPTER 7で書いたPublicは**どのモジュールからでも呼び出せる**という意味ですが、イベントプロシージャはオブジェクトに依存するため、Private(**このモジュールからのみ呼び出せる**)となります。

図42 イベントプロシージャの命名ルール

つまりこのプロシージャは、「F_ログイン」フォームの「btn_ログイン」ボタンがクリックされたときに実行されることになります。ここへ「F_メニュー」フォームを開く命令を書いてみましょう（**コード1**）。

コード1　「F_メニュー」フォームを開くプロシージャ（Form_F_ログイン）

```
01 Private Sub btn_ログイン_Click()
02   '## ログインボタンクリック時
03
04   '「F_メニュー」フォームを開く
05   DoCmd.OpenForm "F_メニュー", acNormal
06 End Sub
```

動作確認をしましょう。Access画面へ戻って「F_ログイン」フォームを上書き保存して閉じておきます。

「AutoExec」マクロをダブルクリックすると、「F_ログイン」フォームがダイアログモードで開きます。これは、ファイルを閉じて開き直したときと同じ動作です。「ログイン」ボタンをクリックすると、「F_メニュー」が開きました。イベントプロシージャが無事実行されたことがわかります（**図43**）。

図43　ボタンクリックのイベントプロシージャ

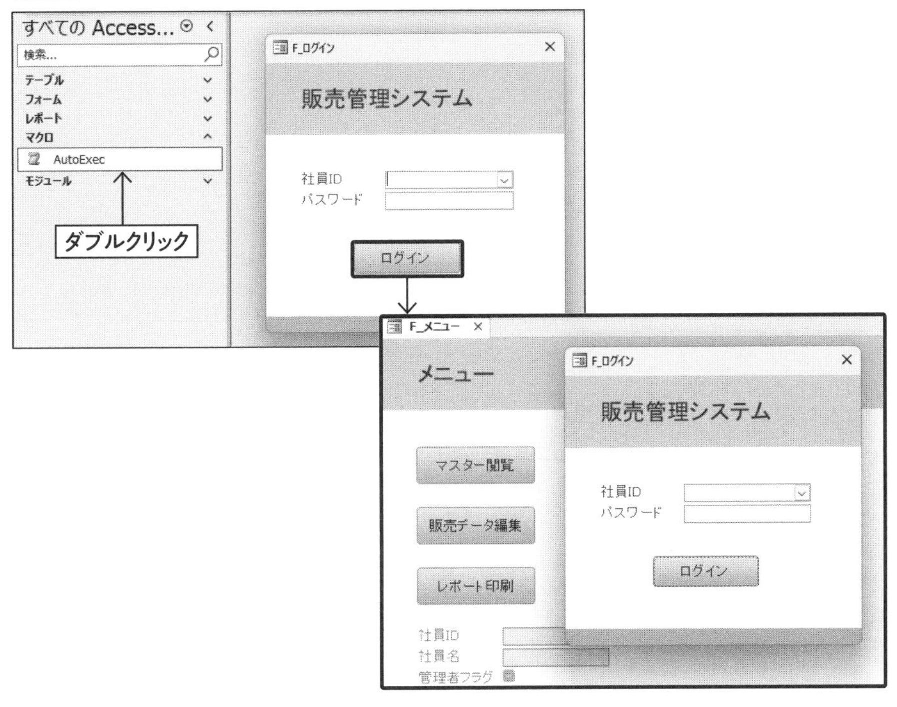

この時点でのサンプルは、「CHAPTER8」フォルダー→「After」フォルダー→「8-2」フォルダー内に「SampleSystem8-2-1.accdb」という名前で収録されています。

8-2-2 ログイン機能の実装

2つのフォームを両方閉じて、VBEへ戻ります。

フォームを開く前に、ログインの機能を持たせましょう。これには、VBAでIf構文を使います（**図44**）。

図44 VBAでのIf構文

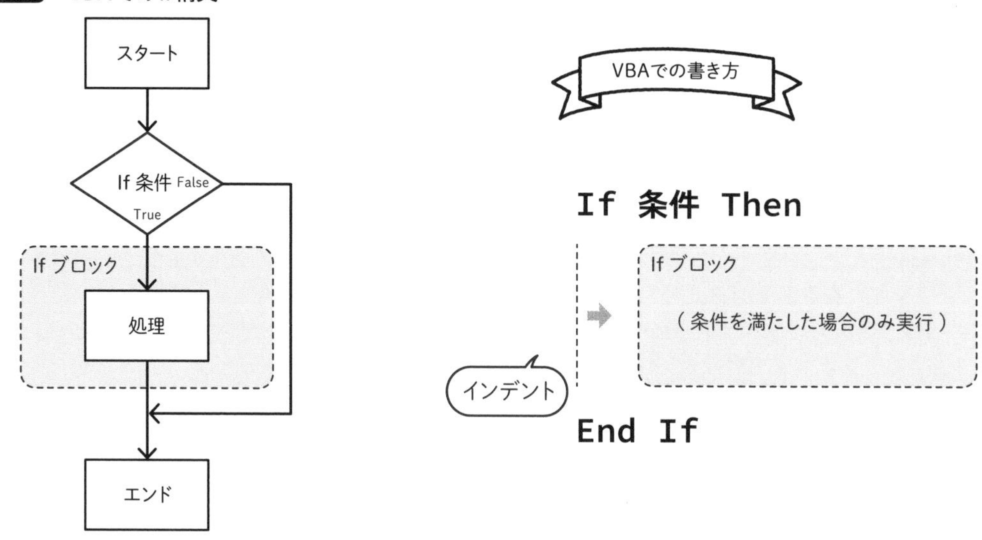

このIf構文を使って空欄の確認をしますが、これは**6-3-1**(P.275)で作成した空欄確認のマクロとよく似ています。マクロツールは、VBAの構文を元に作られているためです。

ここではIfの条件を**Or**（または）を使って2つ設定します。「**IsNull**(対象)」は、かっこの中にある対象が空だったらという意味で、それぞれ「自身のモジュール（**Me**）のcmb_社員IDの値（**Value**）」「自身のモジュール（Me）のtxb_パスワードの値（Value）」が対象です（**コード2**）。

コード2 空欄チェックのIfブロックを作成（「btn_ログイン_Click」プロシージャ）

```
01 Private Sub btn_ログイン_Click()
02     '## ログインボタンクリック時
03 
04     '空欄確認
05     If IsNull(Me.cmb_社員ID.Value) Or IsNull(Me.txb_パスワード.Value) Then
06         ←Ifブロック(条件を満たした場合のみ実行される部分)
07     End If
08 
09     '「F_メニュー」フォームを開く
10     DoCmd.OpenForm "F_メニュー", acNormal
11 End Sub
```

2つの条件のいずれかがTrueの場合、つまり「cmb_社員ID」「txb_パスワード」のいずれかが空欄だった場合のみ、Ifブロック内の命令が実行されます。ここへメッセージを出してプログラムを中止する命令を書きます。Ifブロック内だということがわかりやすいようにインデントも入れましょう（**コード3**）。

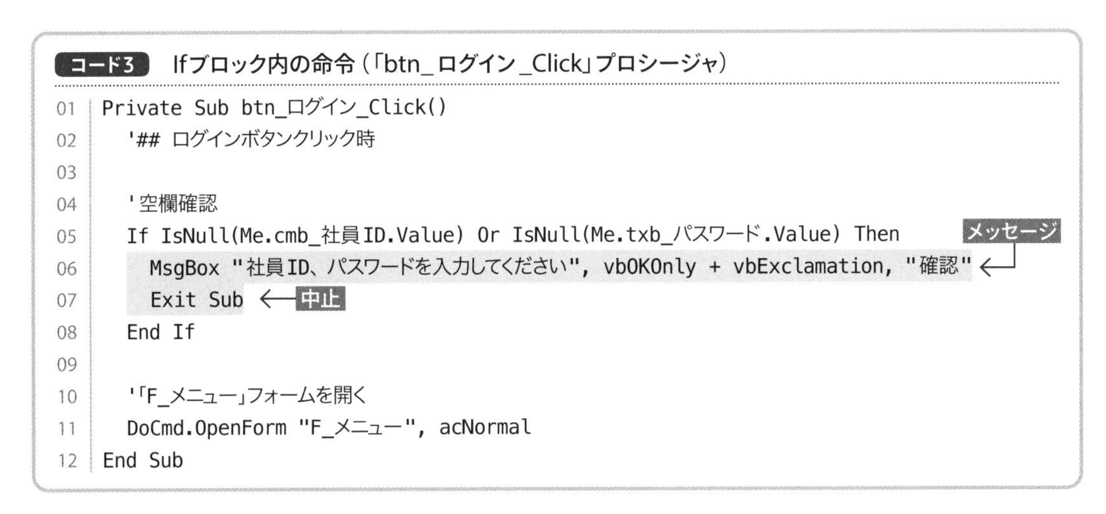

コード3 Ifブロック内の命令（「btn_ログイン_Click」プロシージャ）

```
01 Private Sub btn_ログイン_Click()
02     '## ログインボタンクリック時
03 
04     '空欄確認
05     If IsNull(Me.cmb_社員ID.Value) Or IsNull(Me.txb_パスワード.Value) Then
06       MsgBox "社員ID、パスワードを入力してください", vbOKOnly + vbExclamation, "確認"
07       Exit Sub
08     End If
09 
10     '「F_メニュー」フォームを開く
11     DoCmd.OpenForm "F_メニュー", acNormal
12 End Sub
```


6行目のメッセージを出す命令は、**図45**のように設定できます。

図45 メッセージボックスの設定

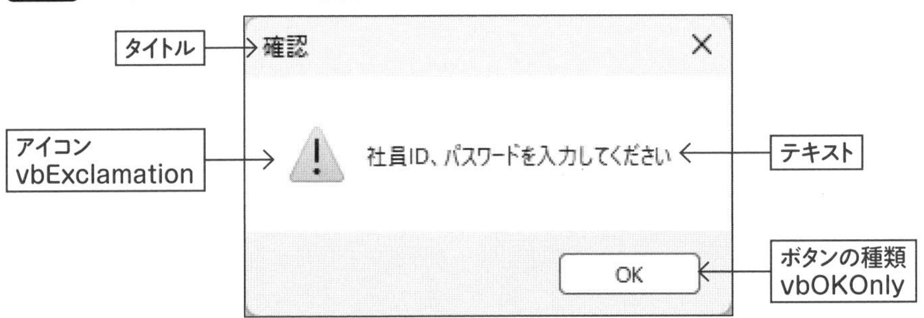

これで、「cmb_社員ID」「txb_パスワード」のいずれかが空欄だった場合、メッセージを表示してプログラムを中止する命令が書けました。

続いて社員IDの存在チェックをします。ここではIfの条件に**DCount**というAccessの関数を使います。これは、「DCount("取得するフィールド", "対象のテーブル", "条件")」と書くと、条件に合うレコードの数を取得できる関数です。

この条件は「"」で囲んで文字列として指定するのですが、テキスト型の値を表現するために「'」も合わせて必要です。「Me.txb_社員ID.Value（社員IDコンボボックスの値）」で取得できる値には「'」は含まれないため、**図46**のようにコンボボックスの値の左右に「'」を合成します。

図46 条件にコントロールの値を使うには

```
DCount("フィールド", "テーブル", "条件")

DCount("fld_社員ID", "T_社員マスター", "fld_社員ID='S001'")
```

フィールド　テーブル　条件　テキスト型の識別子　分解

```
DCount("fld_社員ID", "T_社員マスター", "fld_社員ID='" & "S001" & "'")
```

左辺と左側識別子　値　右側識別子

```
DCount("fld_社員ID", "T_社員マスター", "fld_社員ID='" & Me.cmb_社員ID.Value & "'")
```

左辺と左側識別子　コンボボックスの値　右側識別子　置換

以上を踏まえて、「[社員IDのコンボボックスに入力された値]に適合するレコード数が0だったら」、つまり、「テキストボックスに入力された社員IDが存在しなかったら」を条件にしたIfブロックを書きます（**コード4**）。条件がTrueだったら、「空欄確認」と同様にメッセージを出してプログラムを中止します。

ログイン時のメッセージボックスは、社員IDが存在しない、パスワードの不一致、どちらともとれる文面にしておくとよいでしょう。

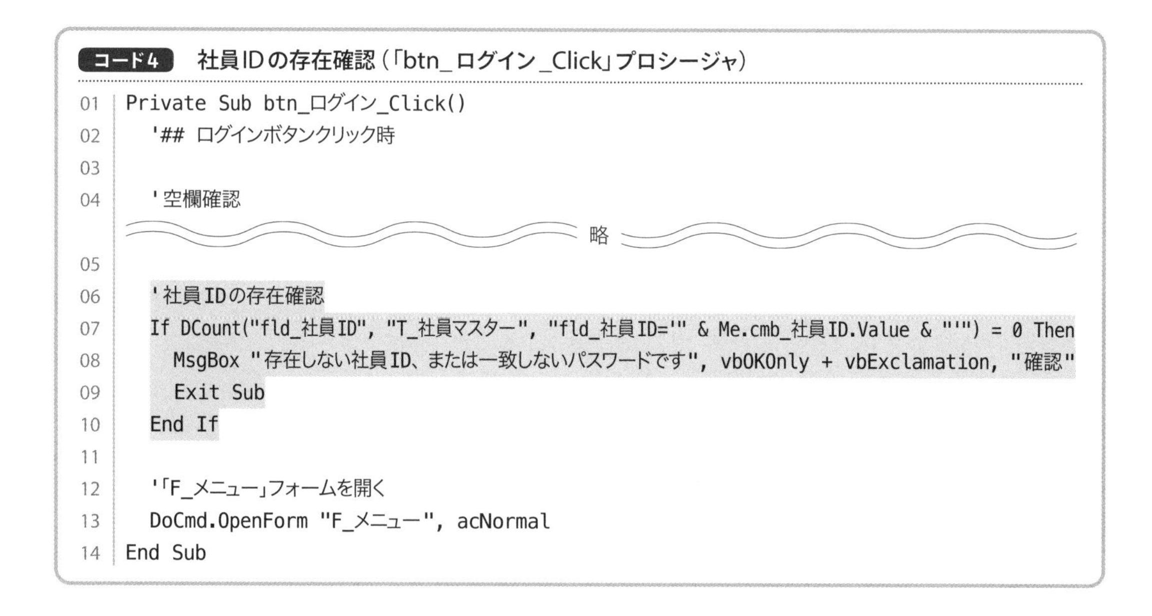

コード4 社員IDの存在確認（「btn_ログイン_Click」プロシージャ）

```
01 Private Sub btn_ログイン_Click()
02   '## ログインボタンクリック時
03
04   '空欄確認
                                略
05
06   '社員IDの存在確認
07   If DCount("fld_社員ID", "T_社員マスター", "fld_社員ID='" & Me.cmb_社員ID.Value & "'") = 0 Then
08     MsgBox "存在しない社員ID、または一致しないパスワードです", vbOKOnly + vbExclamation, "確認"
09     Exit Sub
10   End If
11
12   '「F_メニュー」フォームを開く
13   DoCmd.OpenForm "F_メニュー", acNormal
14 End Sub
```

続いてパスワードのチェックをします。ここではIfの条件に**DLookup**関数を使います。これは、「DLookup ("取得するフィールド", "対象のテーブル", "条件")」と書くと、条件に合うフィールドの値を取得できる関数です。

こちらも「社員IDの存在確認」と同様にテキストボックスの値の左右に「'」を合成しながら、「[コンボボックスに入力された社員IDから取得したパスワード] と [テキストボックスに入力された値] が等しくなかったら」を条件にしたIfブロックを書きます（**コード5**）。「等しくない」は「≠」ではなく、「<>」と書きます。条件が長いため、P.367で解説したように「_」を使って2行にしています。条件がTrueだったら、同様にメッセージを出してプログラムを中止します。

また、モジュールの一番上にある「Option Compare Database」という記述の頭に「'」を付けてコメントアウトにしておきます。これはテキストの比較方法を指定する記述なのですが、この方法だと大文字と小文字の区別がつきません。特別な意図がなければそのままで構わないのですが、このモジュールのみ、パスワードの照合のためにコメントアウトしておきます。

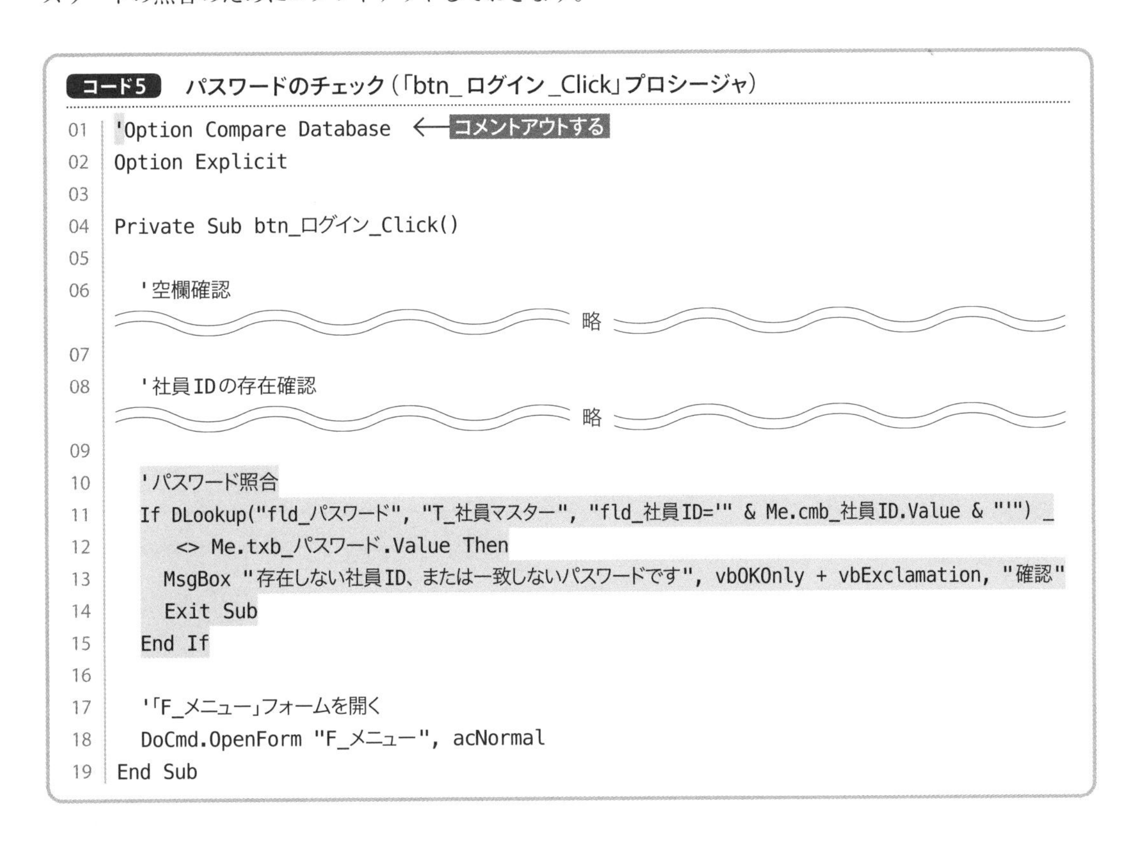

コード5 パスワードのチェック（「btn_ログイン_Click」プロシージャ）

```
01 'Option Compare Database  ← コメントアウトする
02 Option Explicit
03
04 Private Sub btn_ログイン_Click()
05
06     '空欄確認
   ～～～～～ 略 ～～～～～
07
08     '社員IDの存在確認
   ～～～～～ 略 ～～～～～
09
10     'パスワード照合
11     If DLookup("fld_パスワード", "T_社員マスター", "fld_社員ID='" & Me.cmb_社員ID.Value & "'") _
12         <> Me.txb_パスワード.Value Then
13       MsgBox "存在しない社員ID、または一致しないパスワードです", vbOKOnly + vbExclamation, "確認"
14       Exit Sub
15     End If
16
17     '「F_メニュー」フォームを開く
18     DoCmd.OpenForm "F_メニュー", acNormal
19 End Sub
```

Access画面へ切り替えて、動作検証してみましょう。なお、Access側のオブジェクトとVBEのオブジェクトモジュールは連動しているので、VBEで「Form_F_ログイン」モジュールに変更を加えると、Access側で「F_ログイン」フォームがデザインビューで開きます。動作検証の前に保存して閉じておきましょう。保存はVBE側、Access側どちらからでも構いません。

「AutoExec」マクロをダブルクリックして「F_ログイン」フォームを開きます。社員IDとパスワードのいずれかが空欄のまま「ログイン」ボタンをクリックすると、空欄確認のメッセージが表示され、プログラムが中止します（図47）。

図47　空欄がある場合

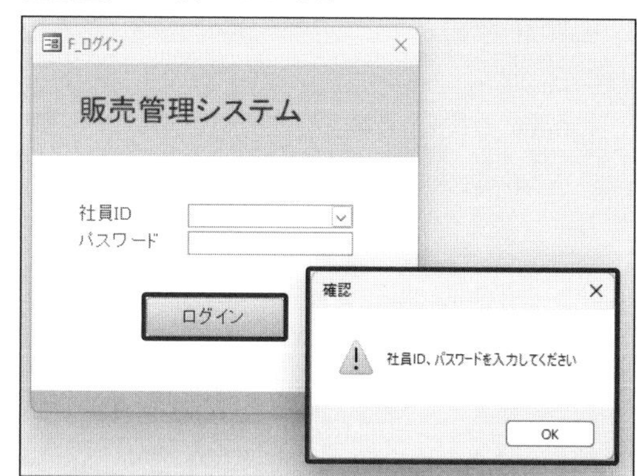

IDとパスワードが一致しない場合も、メッセージが表示され、プログラムが中止します（図48）

図48　存在しないIDまたは一致しないパスワードの場合

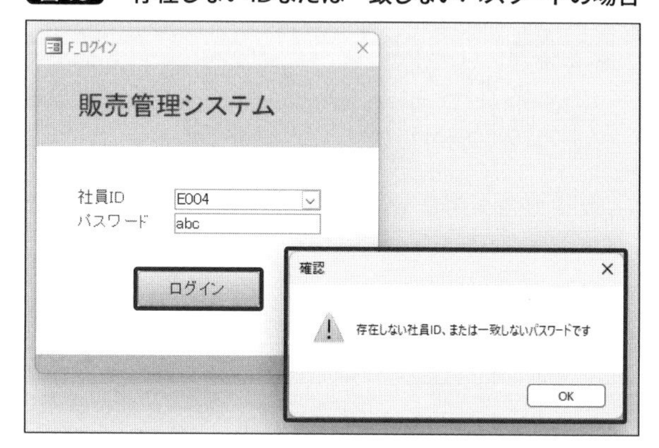

IDとパスワードが正しい場合のみ、「F_メニュー」フォームが開いてプロシージャが終了します（図49）。

図49　IDとパスワードが正しい場合

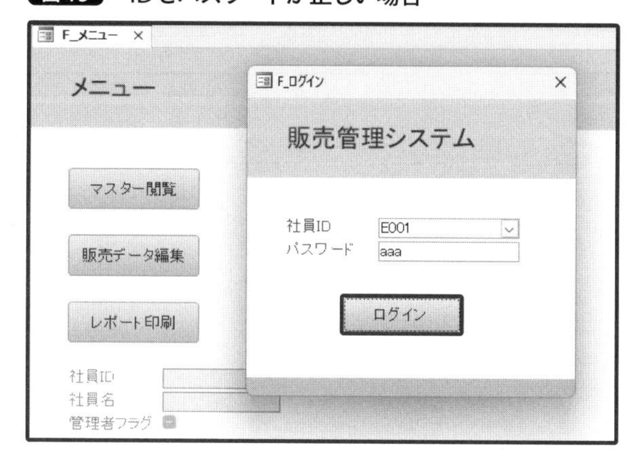

なお、オブジェクトモジュールにあるプロシージャは F8 キーで起動できません。ステップ実行で動作確認したい場合、VBEコードウィンドウの左側の欄外をクリック（または選択している行で F9 キーを

押下）すると、行が赤く反転します。これを**ブレイクポイント**と呼びます。この状態で「AutoExec」から実行するとブレイクポイントで一時停止するので、ここから F8 キーで1行ずつ動きを確認することができます（**図50**）。

図50　ブレイクポイントの設定

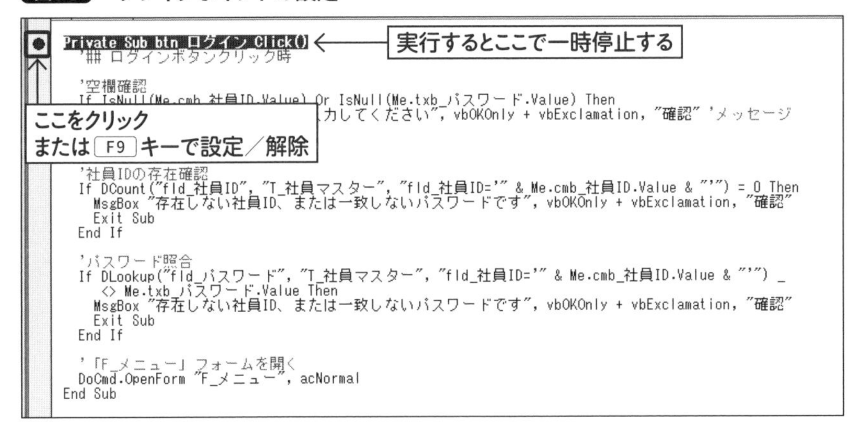


```
Private Sub btn_ログイン_Click()
    '## ログインボタンクリック時

    '空欄確認
    If IsNull(Me.cmb_社員ID.Value) Or IsNull(Me.txb_パスワード.Value) Then
        力してください", vbOKOnly + vbExclamation, "確認" 'メッセージ

    '社員IDの存在確認
    If DCount("fld_社員ID", "T_社員マスター", "fld_社員ID='" & Me.cmb_社員ID.Value & "'") = 0 Then
        MsgBox "存在しない社員ID、または一致しないパスワードです", vbOKOnly + vbExclamation, "確認"
        Exit Sub
    End If

    'パスワード照合
    If DLookup("fld_パスワード", "T_社員マスター", "fld_社員ID='" & Me.cmb_社員ID.Value & "'") _
        <> Me.txb_パスワード.Value Then
        MsgBox "存在しない社員ID、または一致しないパスワードです", vbOKOnly + vbExclamation, "確認"
        Exit Sub
    End If

    '「F_メニュー」フォームを開く
    DoCmd.OpenForm "F_メニュー", acNormal
End Sub
```

ステップ実行での動作確認は理解が深まるので、ぜひ活用してください。

この時点でのサンプルは、「CHAPTER8」フォルダー→「After」フォルダー→「8-2」フォルダー内に「SampleSystem8-2-2.accdb」という名前で収録されています。

8-2-3　メニュー機能の実装

「F_ログイン」フォームを閉じて、「F_メニュー」フォームをデザインビューに切り替えます。P.303の**図81**のように、フォームの外側の余白をクリックし、P.391で解説した方法で、プロパティシート「イベント」タブ「開く時」の「…」ボタンをクリックし、「コードビルダー」を選択します。VBEが開きます。「F_メニュー」フォームのオブジェクトモジュールが作成され、その中に「Form_Open」プロシージャ（フォームが開く際のイベントプロシージャ）が挿入されます（**図51**）。

図51　イベントプロシージャが挿入された

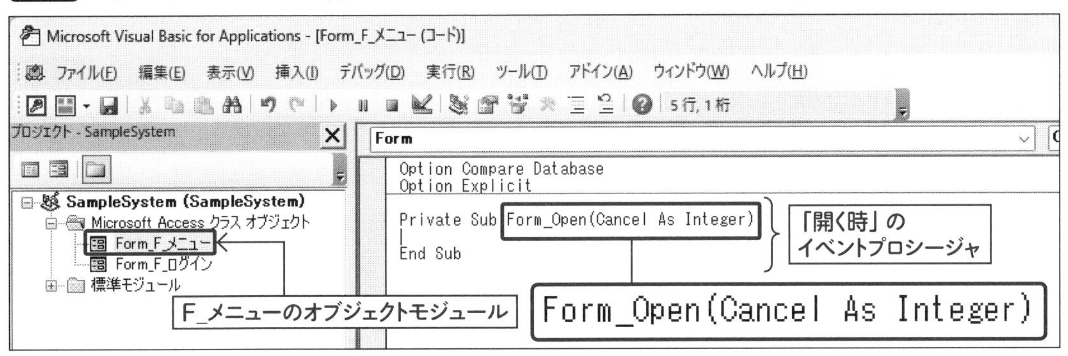

このプロシージャには、txb_社員ID、txb_社員名、chk_管理者フラグへ、それぞれの内容を表示する命令を書きます。社員IDは「Form_F_ログイン」モジュール上のcmb_社員IDに入力された値を転記して、社員名、管理者フラグは、DLookup関数で社員IDを条件にして取得します。記述が長いため、「_」を使って改行しています。

ログイン情報の表示が終わったら、「F_ログイン」フォームを保存せずに閉じる命令も書いておきます（**コード6**）。

コード6　ログイン情報の表示（Form_F_メニュー）

```
01 Private Sub Form_Open(Cancel As Integer)
02   '## フォーム読込時
03 
04   'ログイン情報表示
05   Me.txb_社員ID.Value = Form_F_ログイン.cmb_社員ID.Value
06   Me.txb_社員名.Value = _
07     DLookup("fld_社員名", "T_社員マスター", "fld_社員ID='" & Me.txb_社員ID.Value & "'")
08   Me.chk_管理者フラグ.Value = _
09     DLookup("fld_管理者フラグ", "T_社員マスター", "fld_社員ID='" & Me.txb_社員ID.Value & "'")
10 
11   'ログインフォームを閉じる
12   DoCmd.Close acForm, "F_ログイン", acSaveNo
13 End Sub
```

社員ID
社員名
管理者フラグ

続けて、「F_メニュー」フォーム上のボタンをクリックしたときの命令を書きます。P.391で解説した方法で、「F_メニュー」フォームのデザインビュー画面で、「btn_マスター閲覧」ボタンを選択してプロパティシート「イベント」タブ「クリック時」の「…」ボタンをクリックし、「コードビルダー」を選択します。

VBEで、「Form_F_メニュー」モジュールに「btn_マスター閲覧」のクリックイベントプロシージャが作成されました（**図52**）。新たにプロシージャが作成されるときは、プロシージャ名の文字の並び順で挿入されます。順番は動作に影響しないので自分のわかりやすい順番に入れ替えても構いません。

図52　イベントプロシージャが挿入された

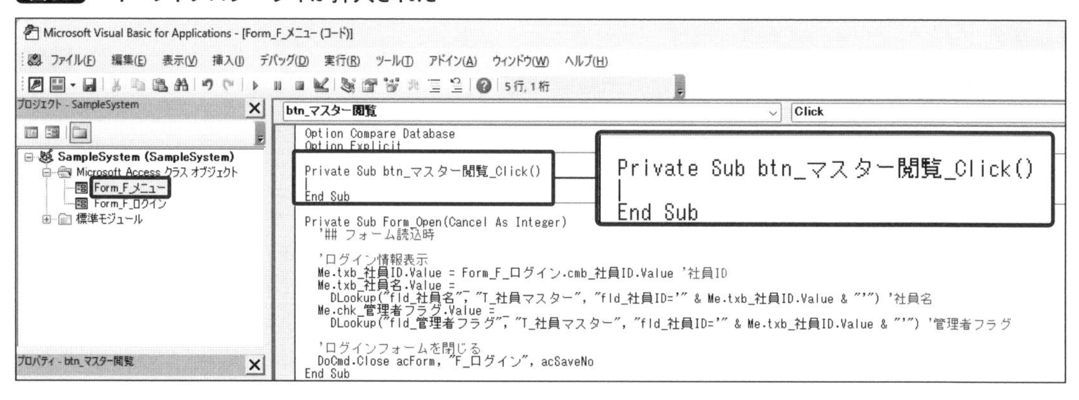

挿入されたイベントプロシージャへ、「F_マスター閲覧」フォームを開く命令を書きます(**コード7**)。「DoCmd.OpenForm」が「フォームを開く」命令で、「DoCmd.OpenForm」の右側は命令を実行するための材料(**引数**)です。**CHAPTER 6**のマクロで設定した内容(**図53**)が上から順番に並んでいるのと同じ内容なので、「,」で区切って順番に指定します。

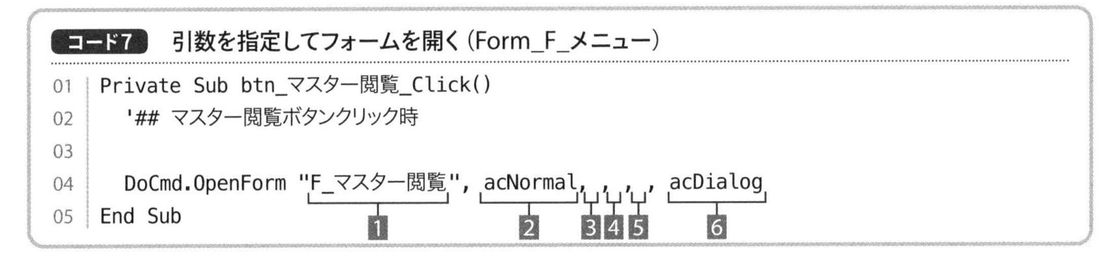

コード7 引数を指定してフォームを開く(Form_F_メニュー)

```
01 Private Sub btn_マスター閲覧_Click()
02   '## マスター閲覧ボタンクリック時
03
04   DoCmd.OpenForm "F_マスター閲覧", acNormal, , , , acDialog
05 End Sub
```


図53 マクロでの引数

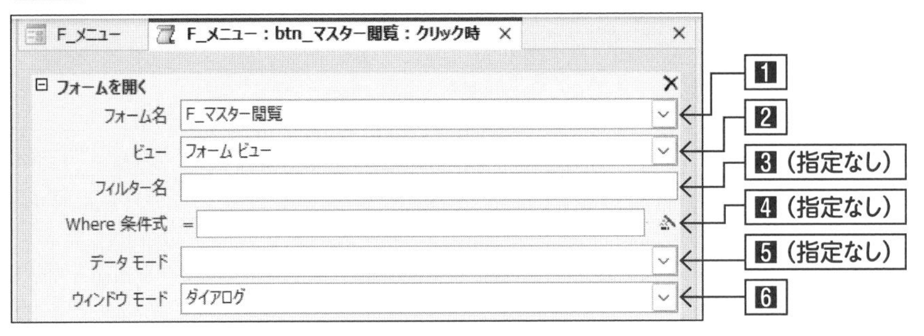

同じ要領で、「btn_販売データ編集」と「btn_レポート印刷」ボタンの、クリック時のイベントプロシージャを作成して、**コード8**、**コード9**のように書きます。

コード8 btn_販売データ編集のクリック時イベントプロシージャ(Form_F_メニュー)

```
01 Private Sub btn_販売データ編集_Click()
02   '## 販売データ編集ボタンクリック時
03
04   DoCmd.OpenForm "F_販売データ_一覧", acNormal, , , , acDialog 'ダイアログモードで開く
05 End Sub
```

コード9 btn_レポート印刷のクリック時イベントプロシージャ(Form_F_メニュー)

```
01 Private Sub btn_レポート印刷_Click()
02   '## レポート印刷ボタンクリック時
03
04   DoCmd.OpenForm "F_レポート印刷", acNormal, , , , acDialog 'ダイアログモードで開く
05 End Sub
```

動作確認をします。「AutoExec」マクロをダブルクリックして「F_ログイン」フォームで社員IDとパスワードを入力し、「ログイン」ボタンをクリックすると「F_メニュー」フォームにログイン対象の社員情報が表示されて開きます。「F_ログイン」フォームは閉じます(図54)。

図54 ログイン時の動作

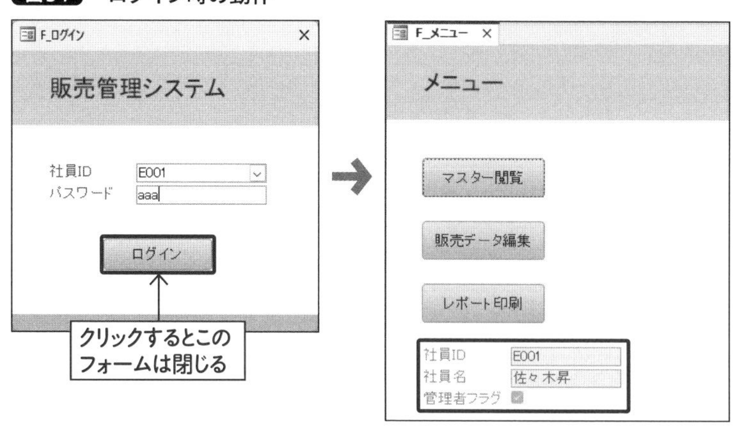

3つのボタンは、それぞれ対応したフォームがダイアログモードで開きます(図55)。

図55 対応したフォームが開く

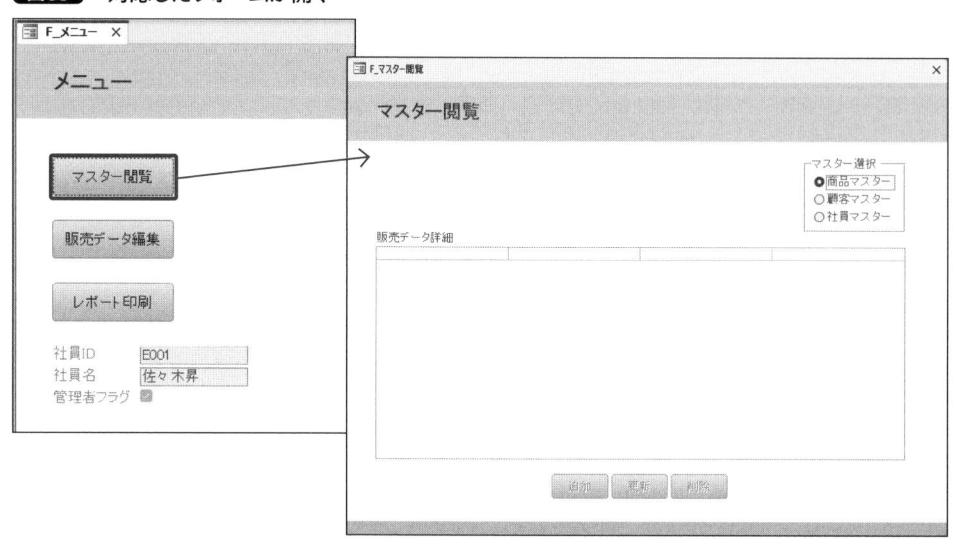

この時点でのサンプルは、「CHAPTER8」フォルダー→「After」フォルダー→「8-2」フォルダー内に「SampleSystem8-2-3.accdb」という名前で収録されています。また、このSection終了時のサンプルは、「CHAPTER8」フォルダー→「After」フォルダー内に「SampleSystem8-2.accdb」という名前でも収録されています。

トランザクションテーブルに関する機能

8-3-1 「販売データ一覧」フォームの実装

このSection開始前のサンプルは、「CHAPTER8」フォルダー→「Before」フォルダー内に「SampleSystem8-3.accdb」という名前で収録されています。

8-2-3(P.399)を参考に「F_販売データ_一覧」の「開く時」のイベントプロシージャを作成します。なお、埋め込みマクロが設定されている場合、P.389の方法で削除してからイベントプロシージャを作成してください。挿入された「Form_F_販売データ_一覧」モジュールの「Form_Open」プロシージャへ、リストボックスに「T_販売データ」テーブルの内容を表示する命令を書きたいのですが、同じ動きをほかの用途でも使いたいので、別のプロシージャを作って呼び出す書き方にします(**コード10**)。

コード10 別のプロシージャを作って呼び出す(Form_F_販売データ_一覧)

```
01 Private Sub Form_Open(Cancel As Integer)
02     '## フォームが開く時
03 
04     Call setSourceListbox ←「setSourceListbox」というプロシージャの呼び出し
05 End Sub
06 ────────────────────────────
07 Private Sub setSourceListbox() ←呼び出されるプロシージャ
08     '## リストボックスへソースをセット
09      ←ここへ命令を書く
10 End Sub
```

作成した「setSourceListbox」プロシージャに、リストボックスでテーブル内容を表示するコードを書きます。**7-4-1**(P.359)、**7-4-2**(P.361)にてSQLでレコードセットを取り出して出力する書き方を学びましたが、実はリストボックスに表示する場合はかんたんで、RowSourceプロパティにSQLを代入するだけで実装できます(**コード11**)。

コード11 「setSourceListbox」プロシージャ(Form_F_販売データ_一覧)

```
01 Private Sub setSourceListbox()
02     '## リストボックスへソースをセット
```

```
03
04    'SQL文の作成
05    Dim sql As String
06    sql = "SELECT * FROM T_販売データ;"
07
08    'リストボックスへセット
09    Me.lbx_販売データ.RowSource = sql
10 End Sub
```

動作確認してみると、「T_販売データ」のレコードセットがリストボックスに表示されました(図56)。

図56 レコードセットがリストボックスに表示された

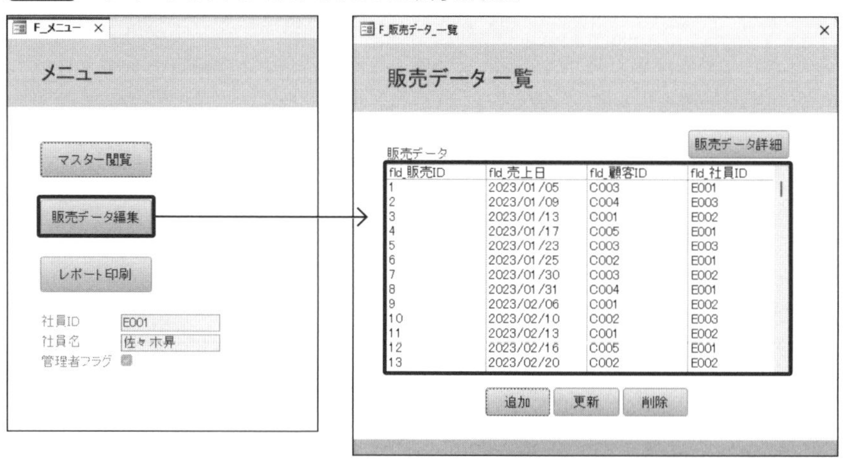

「F_販売データ_一覧」フォームをデザインビューで開き直し、「btn_追加」「btn_更新」「btn_削除」「btn_販売データ詳細」ボタンのクリック時イベントプロシージャをそれぞれ作成します(図57)。

なお、ボタンに埋め込みマクロが設定されている場合、P.389の方法で削除してからイベントプロシージャを作成してください。

図57 追加・更新ボタンのイベントプロシージャを作成

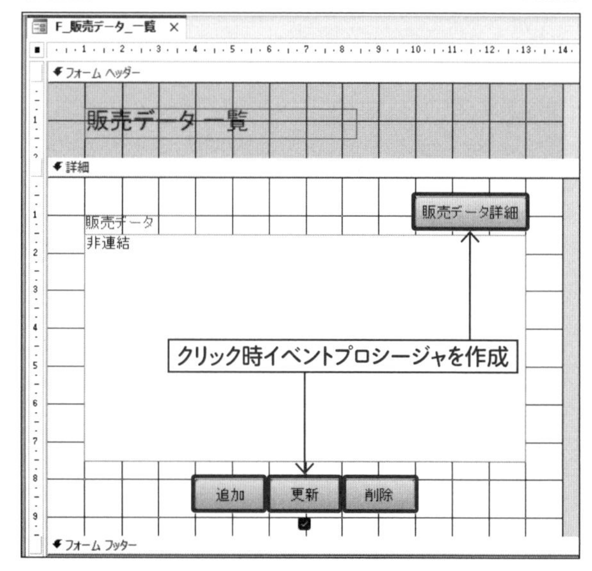

最初に、作成された「btn_追加_Click」プロシージャに**コード12**を書きます。

チェックボックスをオフにして「F_販売データ_編集」フォームをダイアログモードで開き、データの編集後にリストボックスを更新するための命令です。

コード12 追加ボタンのクリック時イベントプロシージャ (Form_F_販売データ_一覧)

```
01 Private Sub btn_追加_Click()
02     '## 追加ボタンクリック時
03 
04     Me.chk_更新.Value = False ←更新チェックボックスをオフ
05     DoCmd.OpenForm "F_販売データ_編集", acNormal, , , , acDialog ←ダイアログモードで開く
06     Call setSourceListbox ←リストボックス更新
07 End Sub
```

続いて、「btn_更新_Click」プロシージャに**コード13**を書きます。リストボックスの項目が選択されているかを確認してから「F_販売データ_編集」フォームを開きます。

コード13 更新ボタンのクリック時イベントプロシージャ (Form_F_販売データ_一覧)

```
01 Private Sub btn_更新_Click()
02     '## 更新ボタンクリック時
03 
04     '選択されているか確認
05     If Me.lbx_販売データ.ItemsSelected.Count = 0 Then ←選択されていなかったら
06         MsgBox "対象のレコードを選択してください", vbOKOnly + vbExclamation, "確認"←メッセージ
07         Exit Sub ←中止
08     End If
09 
10     Me.chk_更新.Value = True ←更新チェックボックスをオン
11     DoCmd.OpenForm "F_販売データ_編集", acNormal, , , , acDialog ←ダイアログモードで開く
12     Call setSourceListbox ←リストボックス更新
13 End Sub
```

次に、「btn_販売データ詳細_Click」プロシージャに**コード14**を書きます。リストボックスの項目が選択されているかを確認してから「F_販売データ詳細_一覧」フォームを開きます。

コード14 販売データ詳細ボタンのクリック時イベントプロシージャ (Form_F_販売データ_一覧)

```
01 Private Sub btn_販売データ詳細_Click()
02     '## 販売データ詳細ボタンクリック時
03 
04     '選択されているか確認
05     If Me.lbx_販売データ.ItemsSelected.Count = 0 Then ←選択されていなかったら
```

```
06        MsgBox "対象のレコードを選択してください", vbOKOnly + vbExclamation, "確認" ←メッセージ
07        Exit Sub ←中止
08      End If
09
10      DoCmd.OpenForm "F_販売データ詳細_一覧", acNormal, , , , acDialog ←ダイアログモードで開く
11    End Sub
```

最後に、「btn_削除_Click」プロシージャに**コード15**を書きます。リストボックスの項目が選択されているかを確認したのち、ユーザーに「OK」「キャンセル」を選ばせるメッセージボックスを表示します(**図58**)。「Me.lbx_販売データ.Column(0)」は「リストボックスで選択されている行の0列目」です。列は0から数えるので、一番左の列、つまり選択されている販売IDがここに入ります。If文と併用して、クリックされたボタンが「キャンセル(vbCancel)」だったら中止します。

コード15 削除ボタンのクリック時イベントプロシージャ(Form_F_販売データ_一覧)

```
01  Private Sub btn_削除_Click()
02    '## 削除ボタンクリック時
03
04    '選択されているか確認
05    If Me.lbx_販売データ.ItemsSelected.Count = 0 Then ←選択されていなかったら
06      MsgBox "対象のレコードを選択してください", vbOKOnly + vbExclamation, "確認" ←メッセージ
07      Exit Sub ←中止
08    End If
09
10    '確認メッセージ
11    If MsgBox("販売ID '" & Me.lbx_販売データ.Column(0) & "' の情報を削除します。よろしいですか?", _
12        vbOKCancel + vbQuestion, "確認") = vbCancel Then ←キャンセルを押されたら
13      Exit Sub ←中止
14    End If
15
16     ←レコードの削除(8-3-2で実装)
17  End Sub
```

図58 OKとキャンセルを選択できるメッセージボックス

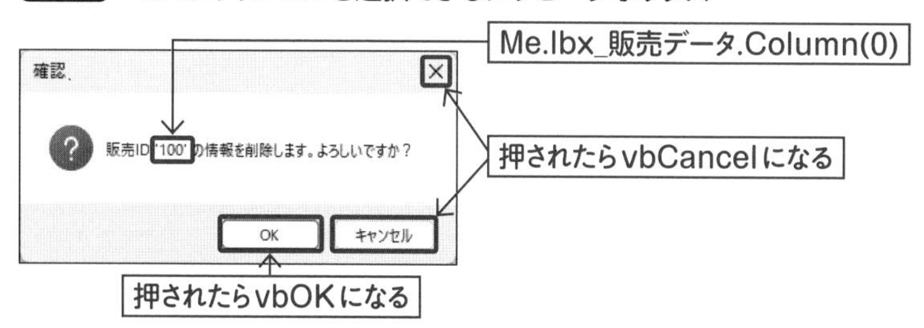

通常なら確認メッセージは1回でよいのですが、ここはリレーションシップで連鎖削除の設定されている親テーブルなので、念のためもう一度メッセージを出しましょう（**コード16**、**図59**）。「vbNewLine」は、メッセージボックス内で文字列を改行する命令です。

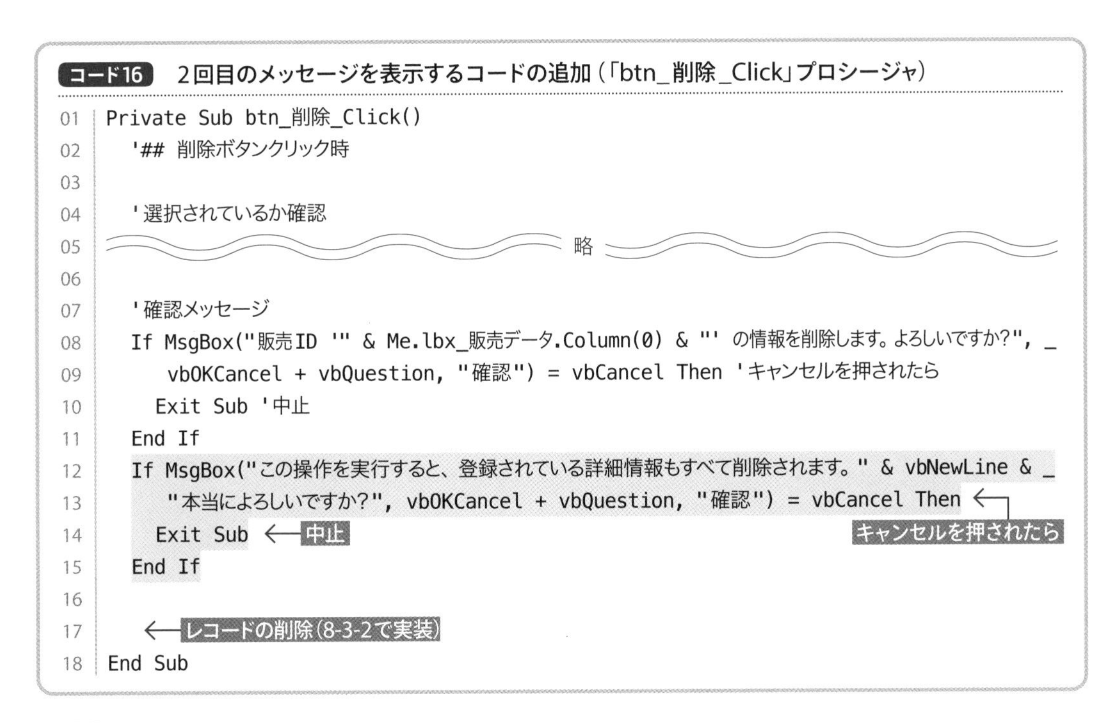

コード16 2回目のメッセージを表示するコードの追加（「btn_削除_Click」プロシージャ）

```
01 Private Sub btn_削除_Click()
02     '## 削除ボタンクリック時
03 
04     '選択されているか確認
05 ～～～～～～～～～～～ 略 ～～～～～～～～～～～
06 
07     '確認メッセージ
08     If MsgBox("販売ID '" & Me.lbx_販売データ.Column(0) & "' の情報を削除します。よろしいですか?", _
09         vbOKCancel + vbQuestion, "確認") = vbCancel Then 'キャンセルを押されたら
10         Exit Sub '中止
11     End If
12     If MsgBox("この操作を実行すると、登録されている詳細情報もすべて削除されます。" & vbNewLine & _
13         "本当によろしいですか?", vbOKCancel + vbQuestion, "確認") = vbCancel Then ←キャンセルを押されたら
14         Exit Sub ←中止
15     End If
16 
17     ←レコードの削除（8-3-2で実装）
18 End Sub
```

図59 2つ目のメッセージ

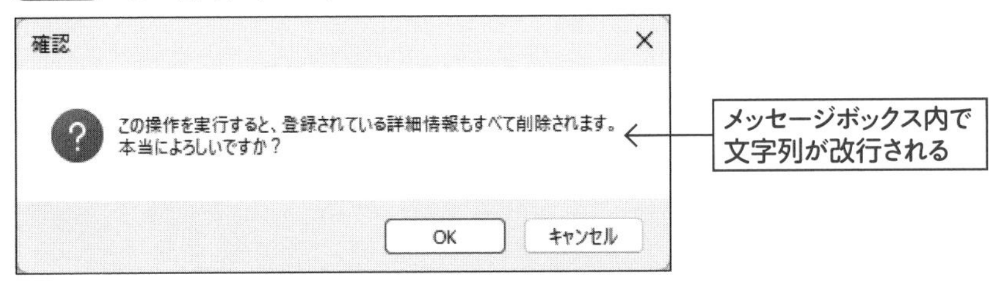

この時点でのサンプルは、「CHAPTER8」フォルダー→「After」フォルダー→「8-3」フォルダー内に「SampleSystem8-3-1.accdb」という名前で収録されています。

8-3-2 SQL実行の関数化

削除の機能を実装するために、**7-4-3**（P.366）で作ったプロシージャを改変して、外部からSQL文を引数にして呼び出せる形にしましょう。VBEで「M_Common」モジュールをダブルクリックで開き、**コード17**の変更を加えます。

コード17 「doExecute」プロシージャ（M_Common）

```
01 Public Sub doExecute(ByVal sql As String) ←かっこのなかの引数を使う
02   '## SQLの実行
03
04   'SQL文
05   Dim sql As String
06   sql = "DELETE FROM T_商品マスター WHERE fld_商品ID = 'P011';"
07
08   '接続
09   Dim db As DAO.Database 'DAOデータベース用オブジェクトの宣言
10   Set db = CurrentDb '現在開いているデータベースへ接続
11
12   '実行
13   db.Execute sql, dbFailOnError
14
15   '接続解除
16   db.Close
17   Set db = Nothing
18 End Sub
```

（04～07行目は取り消し線で削除）

「Form_F_販売データ_一覧」モジュールの「btn_削除_Click」プロシージャに**コード18**のように書きます。この書き方で、別のプロシージャからSELECT／UPDATE／DELETE文を引数にして、かんたんに実行できるようになります。

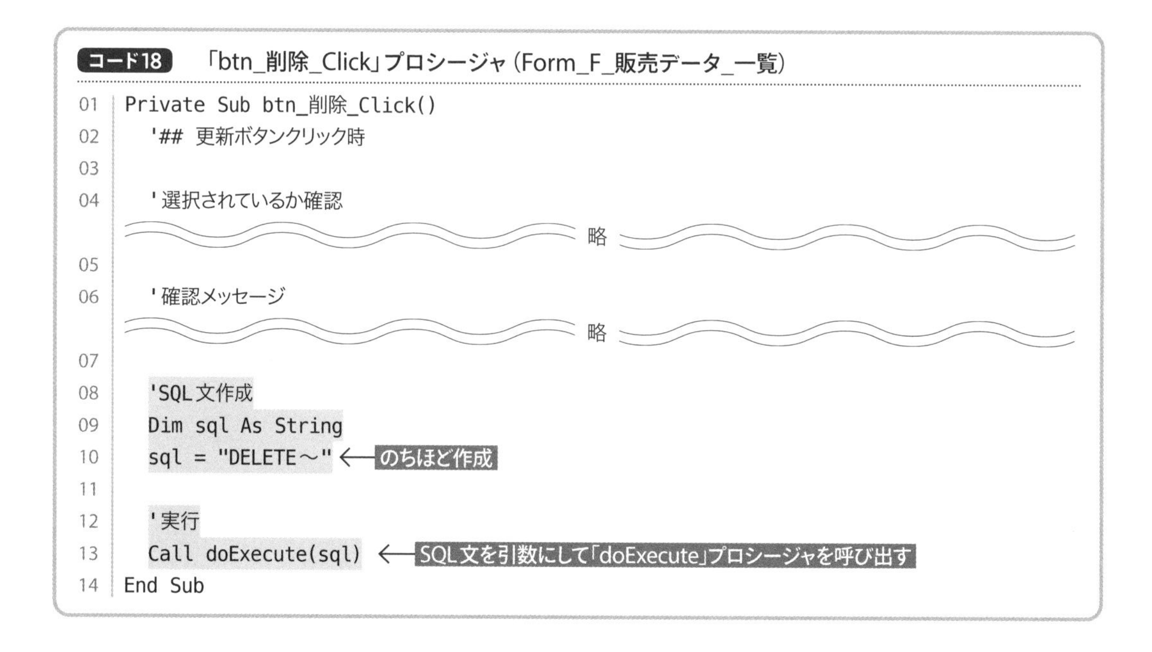

コード18 「btn_削除_Click」プロシージャ（Form_F_販売データ_一覧）

```
01 Private Sub btn_削除_Click()
02   '## 更新ボタンクリック時
03
04   '選択されているか確認
     ～～～～～～～～～～ 略 ～～～～～～～～～～
05
06   '確認メッセージ
     ～～～～～～～～～～ 略 ～～～～～～～～～～
07
08   'SQL文作成
09   Dim sql As String
10   sql = "DELETE～" ←のちほど作成
11
12   '実行
13   Call doExecute(sql) ←SQL文を引数にして「doExecute」プロシージャを呼び出す
14 End Sub
```

さて、この書き方で動作には問題ありませんが、正常に処理できた合図がなにもありません。処理ができなかった場合、エラーメッセージとともに中断してしまうので、適切な終了処理ができない可能性もあります。これらを改善するためにさらに**コード19**へ変更します。

ここまで扱ってきた**Sub**（**サブルーチン**）は処理を行うだけでしたが、**Function**（**関数**）へ変更すると、プロシージャが終了したときの値を呼び出し元へ戻すことができます。ここでは、正常に処理を終了したらTrueを、失敗したらメッセージボックスでエラー内容を表示したのち、適切な終了処理を行ってからFalseを戻す変更を行っています。「doExecute」プロシージャを修正しましょう。値が戻る関数であることがわかりやすいように、プロシージャ名も「doExecute」から「tryExecute」へ変更します。

コード19 「doExecute」プロシージャの関数化（M_Common）

```
01 Public Function tryExecute(ByVal sql As String) As Boolean ← True／Falseを戻す関数へ変更
02   '## SQLの実行
03 
04   'エラーが起きたら「ErrorHandler」にジャンプする指示
05   On Error GoTo ErrorHandler
06 
07   '接続
08   Dim db As DAO.Database 'DAOデータベース用オブジェクトの宣言
09   Set db = CurrentDb '現在開いているデータベースへ接続
10 
11   '実行
12   db.Execute sql, dbFailOnError
13 
14   tryExecute = True ← 成功だった場合、結果をTrueにする
15   GoTo Finally ← 正常に終了したら最終処理へジャンプ
16 
17 ErrorHandler: ← 例外処理（エラーが起きたらここへジャンプ）
18   Dim msgTxt As String
19   msgTxt = "Error #: " & Err.Number & vbNewLine & vbNewLine & Err.Description & _
20           vbNewLine & vbNewLine & sql ← エラーメッセージと対象SQLを格納
21   MsgBox msgTxt, vbOKOnly + vbCritical, "エラー" ← メッセージ出力
22 
23 Finally: ← 最終処理
24   If Not db Is Nothing Then ← 接続があったら解除
25     db.Close
26     Set db = Nothing
27   End If
28 End Function
```

この形に合わせて、「Form_F_販売データ_一覧」モジュールの「btn_削除_Click」プロシージャにも**コード20**の変更を加えます。SQL文を作成、それを引数にしてtryExecuteを実行します。結果がTrueだった場合、リストボックスを更新してメッセージボックスを表示します。

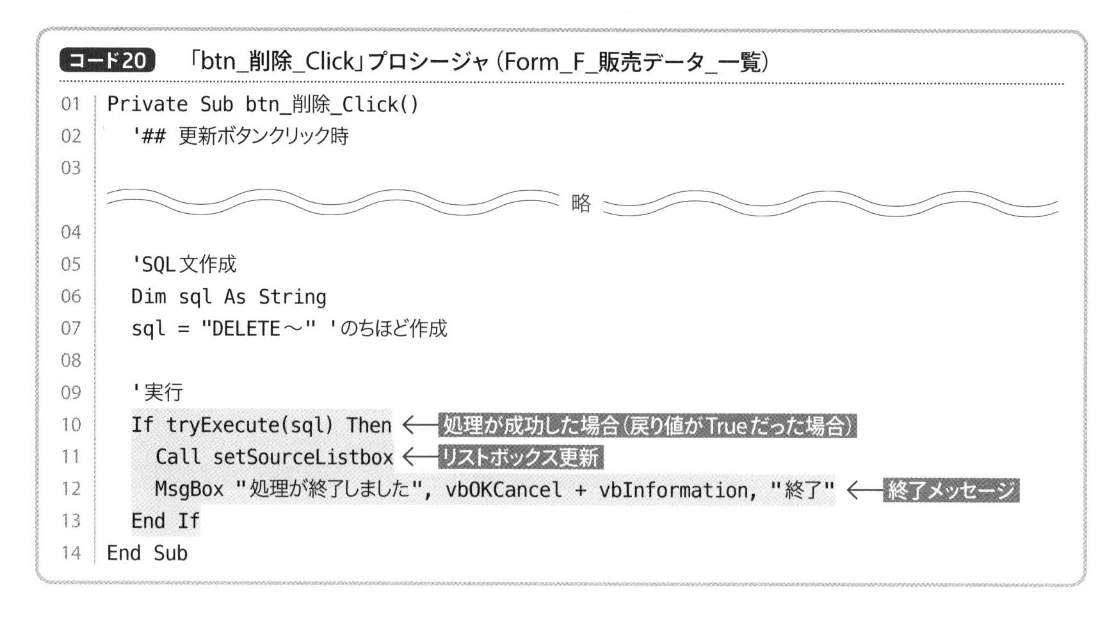

コード20 「btn_削除_Click」プロシージャ（Form_F_販売データ_一覧）

```
01 Private Sub btn_削除_Click()
02   '## 更新ボタンクリック時
03
     ～～～～～ 略 ～～～～～
04
05   'SQL文作成
06   Dim sql As String
07   sql = "DELETE～" 'のちほど作成
08
09   '実行
10   If tryExecute(sql) Then
11     Call setSourceListbox
12     MsgBox "処理が終了しました", vbOKCancel + vbInformation, "終了"
13   End If
14 End Sub
```


最後にDELETE文です。確認メッセージで使った通り「Me.lbx_販売データ.Column(0)」で選択している販売IDが取得できるので、それを文字列結合してDELETE文を作成します（**コード21**）。

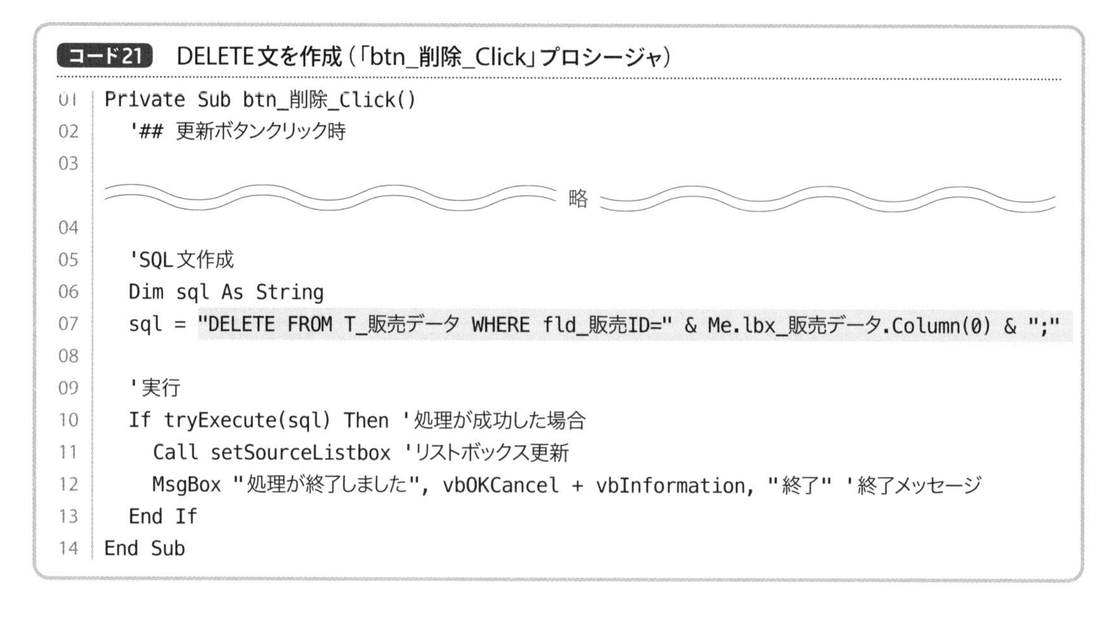

コード21 DELETE文を作成（「btn_削除_Click」プロシージャ）

```
01 Private Sub btn_削除_Click()
02   '## 更新ボタンクリック時
03
     ～～～～～ 略 ～～～～～
04
05   'SQL文作成
06   Dim sql As String
07   sql = "DELETE FROM T_販売データ WHERE fld_販売ID=" & Me.lbx_販売データ.Column(0) & ";"
08
09   '実行
10   If tryExecute(sql) Then '処理が成功した場合
11     Call setSourceListbox 'リストボックス更新
12     MsgBox "処理が終了しました", vbOKCancel + vbInformation, "終了" '終了メッセージ
13   End If
14 End Sub
```

動作確認をしましょう。「T_販売データ」テーブルを開いて削除用のダミーレコードを作っておきます（**図60**）。

図60 削除用レコード

T_販売データ

fld_販売ID	fld_売上日	fld_顧客ID	fld_社員ID
91	2023/12/01	C004	E002
92	2023/12/04	C002	E003
93	2023/12/06	C004	E003
94	2023/12/07	C005	E002
99	2023/12/26	C004	E002
100	2023/12/29	C003	E003
101	2023/12/30	C001	E001
(新規)			

まずはエラー時にどんな表示になるか確認しましょう。わざと間違ったSQL文にしておきます(**コード22**)。

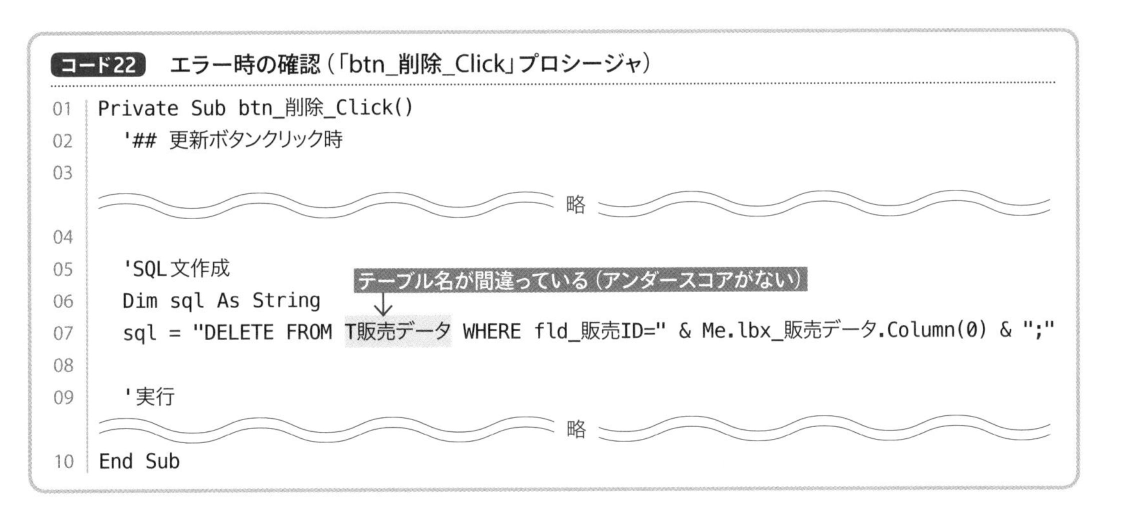

コード22 エラー時の確認(「btn_削除_Click」プロシージャ)

```
01 Private Sub btn_削除_Click()
02   '## 更新ボタンクリック時
03
               略
04
05   'SQL文作成
06   Dim sql As String
07   sql = "DELETE FROM T販売データ WHERE fld_販売ID=" & Me.lbx_販売データ.Column(0) & ";"
08
09   '実行
               略
10 End Sub
```


実行して、先ほど作成した販売ID「101」のレコードを選択して「削除」ボタンをクリックします。2回表示されるメッセージボックスも「OK」をクリックします(**図61**)。

図61 動作確認

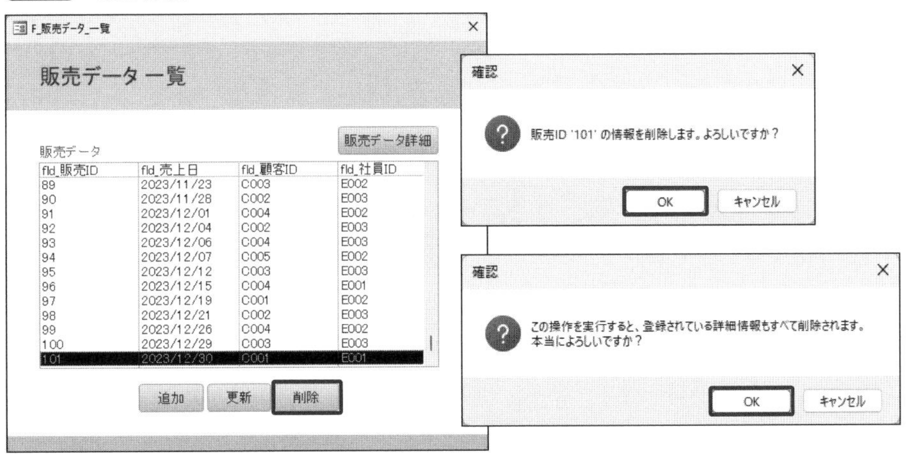

すると、エラーナンバー、エラーメッセージ、実行対象のSQL文が書かれたメッセージボックスが表示されます。これは「M_Common」モジュール「tryExecute」プロシージャの「ErrorHandler:」で出力しているメッセージボックスです（図62）。

図62 エラー時の表示

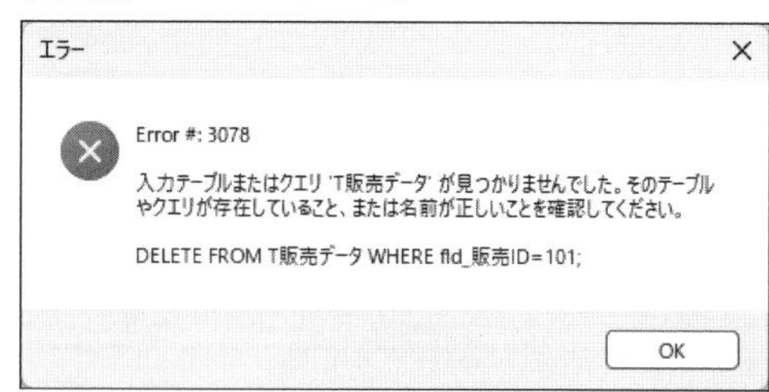

コード22のテーブル名を正しいものに戻して再度実行すると、終了した旨のメッセージが表示されます。メッセージを閉じるとリストボックスが更新され、販売ID「101」のレコードが消えていることがわかります（図63）。

図63 正常時の表示

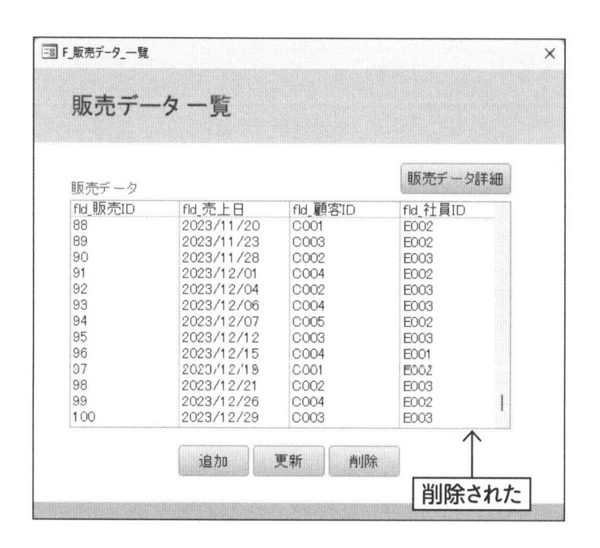

このように、エラー時と正常時で違う動きができました。今後エラーが発生した場合、表示されたメッセージやSQLを見て、間違いを探しましょう。

この時点でのサンプルは、「CHAPTER8」フォルダー→「After」フォルダー→「8-3」フォルダー内に「SampleSystem8-3-2.accdb」という名前で収録されています。

8-3-3 「販売データ 編集」フォームの実装

8-2-3（P.399）を参考に「F_販売データ_編集」の「開く時」のイベントプロシージャを作成します。なお、埋め込みマクロが設定されている場合、P.389の方法で削除してからイベントプロシージャを作成してください。

作成された「Form_F_販売データ_編集」モジュールの「Form_Open」プロシージャに**コード23**を書きます。これは**6-4-2**（P.304）の「If～Else」の構文と同じです。「F_販売データ_一覧」フォームの「chk_更新」チェックボックスがオンだったら更新、そうでなかったら追加、と動きを分岐させます。

コード23 「Form_Open」プロシージャ (Form_F_販売データ_編集)

```
01 Private Sub Form_Open(Cancel As Integer)
02   '## フォームが開く時
03
04   If Form_F_販売データ_一覧.chk_更新 = True Then
05     '更新ボタンが押されていた場合
06     Me.txb_販売ID.Value = Form_F_販売データ_一覧.lbx_販売データ.Column(0)   ← リストボックスの値を代入
07     Me.txb_売上日.Value = Form_F_販売データ_一覧.lbx_販売データ.Column(1)
08     Me.cmb_顧客ID.Value = Form_F_販売データ_一覧.lbx_販売データ.Column(2)
09     Me.cmb_社員ID.Value = Form_F_販売データ_一覧.lbx_販売データ.Column(3)
10     Me.btn_追加.Enabled = False   ← 追加ボタンを使用不可へ
11   Else
12     '追加ボタンが押されていた場合
13     Me.txb_販売ID.Value = "新規"
14     Me.cmb_社員ID.Value = Form_F_メニュー.txb_社員ID   ← ログインした社員ID
15     Me.btn_更新.Enabled = False   ← 更新ボタンを使用不可へ
16   End If
17 End Sub
```

これで、追加ボタンから開かれたとき、更新ボタンから開かれたときで**図64**のように動きが変わります。

図64 動きの違い

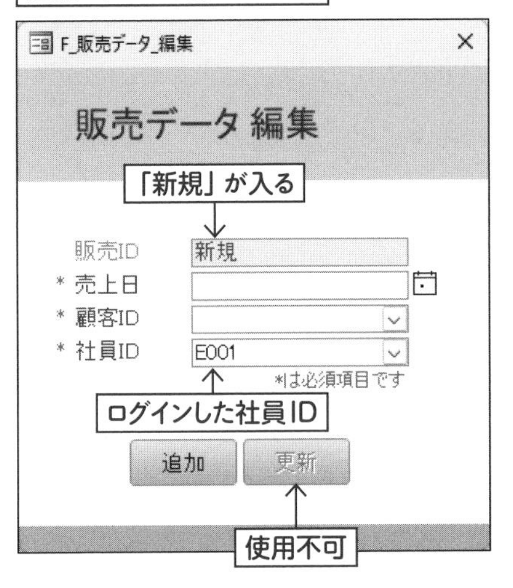

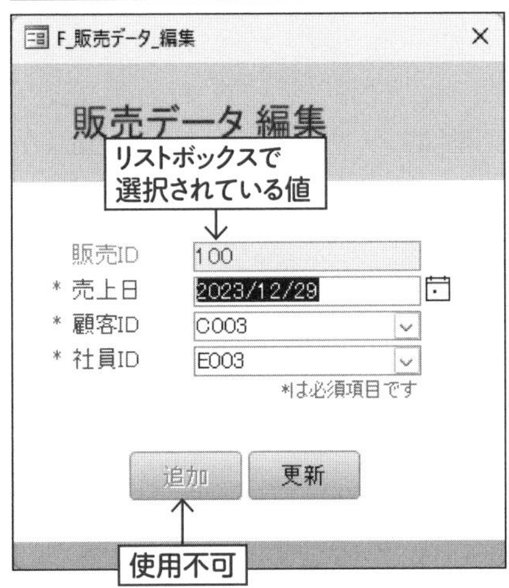

なお、この部分は**CHAPTER 6**とは少し動きを変えています。マクロ利用時はtxb_販売IDにコントロールソースを設定していたため、ほかの値を入れることができなかったので非表示にしていましたが、VBAでは非表示にはせず、更新のときは対象の販売IDを、追加のときは「新規」という文字列を入れる仕様に

しています。また、追加のときにログインした社員IDが読み込まれる機能も付けておきます。

続けて「btn_追加」ボタンのクリック時のイベントプロシージャを作成します。なお、埋め込みマクロが設定されている場合、P.389の方法で削除してからイベントプロシージャを作成してください。挿入された「btn_追加_Click」プロシージャに**コード24**を書きます。おおまかな流れは「Form_F_販売データ_一覧」モジュールの「btn_削除_Click」プロシージャと変わらず、SQLがINSERT文になります。日付型の値は「#」で、テキスト型の値は「'」で囲むことで識別するので注意しましょう。

コード24 「btn_追加_Click」プロシージャ (Form_F_販売データ_編集)

```
01 Private Sub btn_追加_Click()
02   '## 追加ボタンクリック時
03 
04   '空欄確認
05   If IsNull(Me.txb_売上日.Value) Or _   ←数が多い場合は改行すると読みやすくなる
06      IsNull(Me.cmb_顧客ID.Value) Or _
07      IsNull(Me.cmb_社員ID.Value) Then
08     MsgBox "必須項目を入力してください", vbOKOnly + vbExclamation, "確認" 'メッセージ
09     Exit Sub '中止
10   End If
11 
12   '確認メッセージ
13   If MsgBox("新規の情報を追加します。よろしいですか?", _
14      vbOKCancel + vbQuestion, "確認") = vbCancel Then 'キャンセルを押されたら
15     Exit Sub '中止
16   End If
17 
18   'SQL文作成
19   Dim sql As String
20   sql = _
21     "INSERT INTO T_販売データ" & _
22       "(fld_売上日, fld_顧客ID, fld_社員ID) " & _
23     "VALUES" & _
24       "(#" & Me.txb_売上日.Value & "#, " & _   ←日付型は「#」で囲む
25       "'" & Me.cmb_顧客ID.Value & "', " & _   ←テキスト型は「'」で囲む
26       "'" & Me.cmb_社員ID.Value & "');"   ←テキスト型は「'」で囲む
27 
28   '実行
29   If tryExecute(sql) Then '処理が成功した場合
30     MsgBox "処理が終了しました", vbOKCancel + vbInformation, "終了" '終了メッセージ
31     DoCmd.Close acForm, Me.Name, acSaveNo '自身を閉じる
32   End If
33 End Sub
```

「btn_更新」ボタンのクリック時のイベントプロシージャを作成します。なお、ボタンに埋め込みマクロが設定されている場合、P.389の方法で削除してからイベントプロシージャを作成してください。挿入された「btn_更新_Click」プロシージャに**コード25**を書きます。

コード25　「btn_更新_Click」プロシージャ（Form_F_販売データ_編集）

```
01 Private Sub btn_更新_Click()
02   '## 更新ボタンクリック時
03
04   '空欄確認
05   If IsNull(Me.txb_売上日.Value) Or _
06      IsNull(Me.cmb_顧客ID.Value) Or _
07      IsNull(Me.cmb_社員ID.Value) Then
08     MsgBox "必須項目を入力してください", vbOKOnly + vbExclamation, "確認" 'メッセージ
09     Exit Sub '中止
10   End If
11
12   '確認メッセージ
13   If MsgBox("販売ID '" & Me.txb_販売ID.Value & "' の情報を更新します。よろしいですか?", _
14      vbOKCancel + vbQuestion, "確認") = vbCancel Then 'キャンセルを押されたら
15     Exit Sub '中止
16   End If
17
18   'SQL文作成
19   Dim sql As String
20   sql = _
21     "UPDATE T_販売データ " & _
22     "SET " & _
23       "fld_売上日=#" & Me.txb_売上日.Value & "#, " & _   ←日付型は「#」で囲む
24       "fld_顧客ID='" & Me.cmb_顧客ID.Value & "', " & _   ←テキスト型は「'」で囲む
25       "fld_社員ID='" & Me.cmb_社員ID.Value & "' " & _   ←テキスト型は「'」で囲む
26     "WHERE fld_販売ID=" & Me.txb_販売ID.Value & ";"   ←数値型は囲まない
27
28   '実行
29   If tryExecute(sql) Then '処理が成功した場合
30     MsgBox "処理が終了しました", vbOKCancel + vbInformation, "終了" '終了メッセージ
31     DoCmd.Close acForm, Me.Name, acSaveNo '自身を閉じる
32   End If
33 End Sub
```

これで、レコードの追加・更新の機能が実装できました。

この時点でのサンプルは、「CHAPTER8」フォルダー→「After」フォルダー→「8-3」フォルダー内に「SampleSystem8-3-3.accdb」という名前で収録されています。

8-3-4 「販売データ詳細 一覧」フォームの実装

「F_販売データ詳細_一覧」の「開く時」のイベントプロシージャを作成します。なお、ボタンに埋め込みマクロが設定されている場合、P.389の方法で削除してからイベントプロシージャを作成してください。**8-3-1**（P.403）と同様に、挿入された「Form_F_販売データ詳細_一覧」モジュールの「Form_Open」プロシージャから、「setSourceListbox」プロシージャを呼び出します（**コード26**）。

コード26 リストボックスへデータをセットするプロシージャを呼び出す（Form_F_販売データ詳細_一覧）

```
01 Private Sub Form_Open(Cancel As Integer)
02   '## フォームが開く時
03
04   Me.txb_販売ID.Value = Form_F_販売データ_一覧.lbx_販売データ.Column(0)
05   Me.txb_売上日.Value = Form_F_販売データ_一覧.lbx_販売データ.Column(1)
06   Me.txb_顧客ID.Value = Form_F_販売データ_一覧.lbx_販売データ.Column(2)
07   Me.txb_社員ID.Value = Form_F_販売データ_一覧.lbx_販売データ.Column(3)
08
09   Call setSourceListbox '呼び出し
10 End Sub
11 ------------------------------------------------------------------------
12 Private Sub setSourceListbox()
13   '## リストボックスへソースをセット
14
15   'SQL文の作成
16   Dim sql As String
17   sql = _
18     "SELECT fld_詳細ID, fld_商品ID, fld_単価, fld_個数 " & _
19     "FROM T_販売データ詳細 " & _
20     "WHERE fld_販売ID=" & Me.txb_販売ID.Value & ";"
21
22   'リストボックスへセット
23   Me.lbx_販売データ詳細.RowSource = sql
24 End Sub
```

注釈：「F_販売データ_一覧」のリストボックスの値を代入（04行目）
注釈：「fld_販売ID」以外を取り出す（18行目）
注釈：対象の販売IDで絞り込む（20行目）

動作確認してみると、選択した販売IDの詳細情報が読み込まれたフォームが開きます（**図65**）。

図65 実行結果

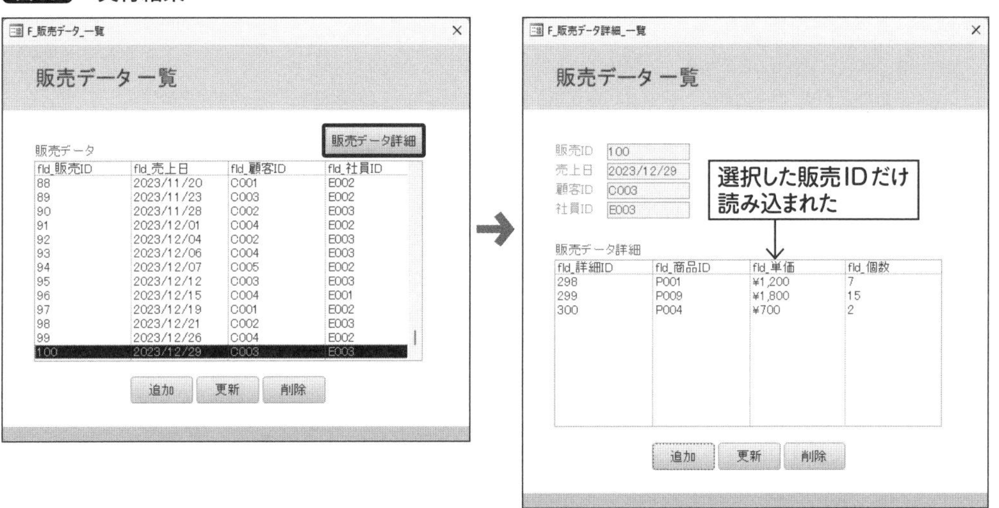

「追加」「更新」「削除」ボタンのクリック時イベントプロシージャをそれぞれ作成します。なお、ボタンに埋め込みマクロが設定されている場合、P.389の方法で削除してからイベントプロシージャを作成してください。この3つのボタンの機能は「F_販売データ_一覧」フォームと同様です。

「btn_追加_Click」プロシージャに**コード27**を書きます。

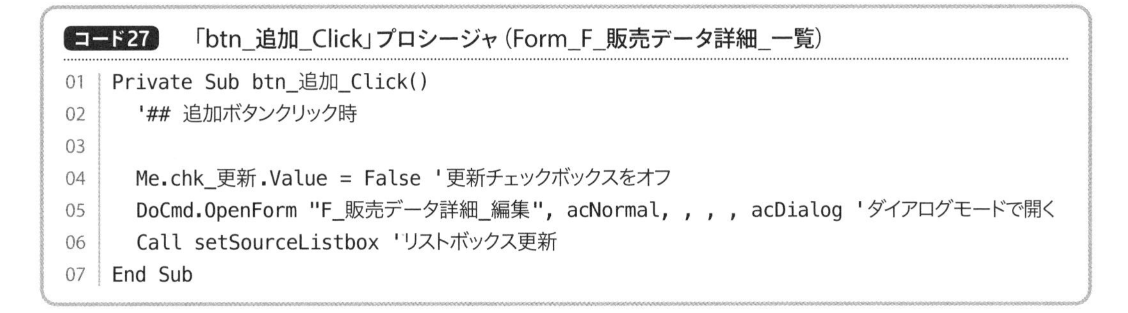

コード27 「btn_追加_Click」プロシージャ（Form_F_販売データ詳細_一覧）

```
01 Private Sub btn_追加_Click()
02   '## 追加ボタンクリック時
03 
04   Me.chk_更新.Value = False '更新チェックボックスをオフ
05   DoCmd.OpenForm "F_販売データ詳細_編集", acNormal, , , , acDialog 'ダイアログモードで開く
06   Call setSourceListbox 'リストボックス更新
07 End Sub
```

「btn_更新_Click」プロシージャに**コード28**を書きます。

コード28 「btn_更新_Click」プロシージャ（Form_F_販売データ詳細_一覧）

```
01 Private Sub btn_更新_Click()
02   '## 更新ボタンクリック時
03 
04   '選択されているか確認
05   If Me.lbx_販売データ詳細.ItemsSelected.Count = 0 Then '選択されていなかったら
06     MsgBox "対象のレコードを選択してください", vbOKOnly + vbExclamation, "確認" 'メッセージ
07     Exit Sub '中止
```

```
08      End If
09
10      Me.chk_更新.Value = True '更新チェックボックスをオン
11      DoCmd.OpenForm "F_販売データ詳細_編集", acNormal, , , , acDialog 'ダイアログモードで開く
12      Call setSourceListbox 'リストボックス更新
13  End Sub
```

「btn_削除_Click」プロシージャに**コード29**を書きます。

コード29 「btn_削除_Click」プロシージャ (Form_F_販売データ詳細_一覧)

```
01  Private Sub btn_削除_Click()
02      '## 削除ボタンクリック時
03
04      '選択されているか確認
05      If Me.lbx_販売データ詳細.ItemsSelected.Count = 0 Then '選択されていなかったら
06          MsgBox "対象のレコードを選択してください", vbOKOnly + vbExclamation, "確認" 'メッセージ
07          Exit Sub '中止
08      End If
09
10      '確認メッセージ
11      If MsgBox("販売ID '" & Me.lbx_販売データ詳細.Column(0) & "' の情報を削除します。よろしいですか?", _
12            vbOKCancel + vbQuestion, "確認") = vbCancel Then 'キャンセルを押されたら
13          Exit Sub '中止
14      End If
15
16      'SQL文作成
17      Dim sql As String
18      sql = "DELETE FROM T_販売データ詳細 WHERE fld_詳細ID=" & Me.lbx_販売データ詳細.Column(0) & ";"
19
20      '実行
21      If tryExecute(sql) Then '処理が成功した場合
22          Call setSourceListbox 'リストボックス更新
23          MsgBox "処理が終了しました", vbOKCancel + vbInformation, "終了" '終了メッセージ
24      End If
25  End Sub
```

この時点でのサンプルは、「CHAPTER8」フォルダー→「After」フォルダー→「8-3」フォルダー内に「SampleSystem8-3-4.accdb」という名前で収録されています。

8-3-5 「販売データ詳細 編集」フォームの実装

「F_販売データ詳細_編集」の「開く時」のイベントプロシージャを作成します。なお、埋め込みマクロが

設定されている場合、P.389の方法で削除してからイベントプロシージャを作成してください。挿入された「Form_Open」プロシージャに**コード30**を書きます。

コード30 「Form_Open」プロシージャ（Form_F_販売データ詳細_編集）

```
01 Private Sub Form_Open(Cancel As Integer)
02   '## フォームが開く時
03 
04   '販売IDを代入
05   Me.txb_販売ID.Value = Form_F_販売データ詳細_一覧.txb_販売ID
06 
07   If Form_F_販売データ詳細_一覧.chk_更新 = True Then
08     '更新ボタンが押されていた場合
09     Me.txb_詳細ID.Value = Form_F_販売データ詳細_一覧.lbx_販売データ詳細.Column(0) '値を代入
10     Me.cmb_商品ID.Value = Form_F_販売データ詳細_一覧.lbx_販売データ詳細.Column(1)
11     Me.txb_単価.Value = Form_F_販売データ詳細_一覧.lbx_販売データ詳細.Column(2)
12     Me.txb_個数.Value = Form_F_販売データ詳細_一覧.lbx_販売データ詳細.Column(3)
13     Me.btn_追加.Enabled = False '追加ボタンを使用不可へ
14   Else
15     '追加ボタンが押されていた場合
16     Me.txb_詳細ID.Value = "新規"
17     Me.btn_更新.Enabled = False '更新ボタンを使用不可へ
18   End If
19 End Sub
```

これで、「追加」ボタンから開かれたときと「更新」ボタンから開かれたときで**図66**のように動きが変わります。

図66 動きの違い

「追加」ボタンから開かれたとき

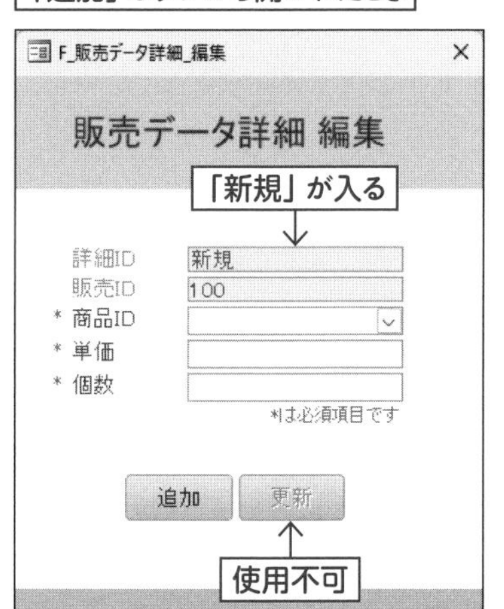

「更新」ボタンから開かれたとき

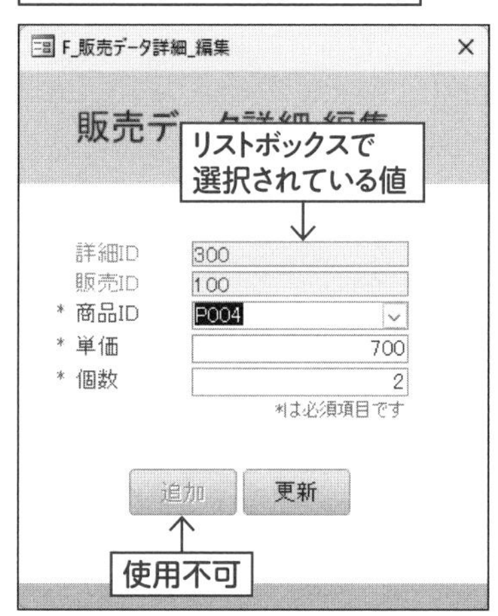

「追加」「更新」ボタンのクリック時イベントプロシージャをそれぞれ作成します。なお、ボタンに埋め込みマクロが設定されている場合、P.389の方法で削除してからイベントプロシージャを作成してください。「btn_追加_Click」プロシージャに**コード31**を書きます。

コード31 「btn_追加_Click」プロシージャ（Form_F_販売データ詳細_編集）

```
01 Private Sub btn_追加_Click()
02     '## 追加ボタンクリック時
03 
04     '空欄確認
05     If IsNull(Me.cmb_商品ID.Value) Or _
06        IsNull(Me.txb_単価.Value) Or _
07        IsNull(Me.txb_個数.Value) Then
08       MsgBox "必須項目を入力してください", vbOKOnly + vbExclamation, "確認" 'メッセージ
09       Exit Sub '中止
10     End If
11 
12     '確認メッセージ
13     If MsgBox("新規の情報を追加します。よろしいですか?", _
14        vbOKCancel + vbQuestion, "確認") = vbCancel Then 'キャンセルを押されたら
15       Exit Sub '中止
16     End If
17 
18     'SQL文作成
19     Dim sql As String
20     sql = _
21       "INSERT INTO T_販売データ詳細" & _
22         "(fld_販売ID, fld_商品ID, fld_単価, fld_個数) " & _
23       "VALUES" & _
24         "(" & Me.txb_販売ID.Value & ", " & _ ←数値型は囲まない
25         "'" & Me.cmb_商品ID.Value & "', " & _ ←テキスト型は「'」で囲む
26         Me.txb_単価.Value & ", " & _ ←数値型は囲まない
27         Me.txb_個数.Value & ");" ←数値型は囲まない
28 
29     '実行
30     If tryExecute(sql) Then '処理が成功した場合
31       MsgBox "処理が終了しました", vbOKCancel + vbInformation, "終了" '終了メッセージ
32       DoCmd.Close acForm, Me.Name, acSaveNo '自身を閉じる
33     End If
34 End Sub
```

「btn_更新_Click」プロシージャに**コード32**を書きます。

コード32 「btn_更新_Click」プロシージャ(Form_F_販売データ詳細_編集)

```
01 Private Sub btn_更新_Click()
02   '## 更新ボタンクリック時
03 
04   '空欄確認
05   If IsNull(Me.cmb_商品ID.Value) Or _
06      IsNull(Me.txb_単価.Value) Or _
07      IsNull(Me.txb_個数.Value) Then
08     MsgBox "必須項目を入力してください", vbOKOnly + vbExclamation, "確認" 'メッセージ
09     Exit Sub '中止
10   End If
11 
12   '確認メッセージ
13   If MsgBox("詳細ID '" & Me.txb_詳細ID.Value & "' の情報を更新します。よろしいですか?", _
14      vbOKCancel + vbQuestion, "確認") = vbCancel Then 'キャンセルを押されたら
15     Exit Sub '中止
16   End If
17 
18   'SQL文作成
19   Dim sql As String
20   sql = _
21     "UPDATE T_販売データ詳細 " & _
22     "SET " & _
23       "fld_商品ID='" & Me.cmb_商品ID.Value & "', " & _  ←テキスト型は「'」で囲む
24       "fld_単価=" & Me.txb_単価.Value & ", " & _  ←数値型は囲まない
25       "fld_個数=" & Me.txb_個数.Value & " " & _  ←数値型は囲まない
26     "WHERE fld_詳細ID=" & Me.txb_詳細ID.Value & ";"  ←数値型は囲まない
27 
28   '実行
29   If tryExecute(sql) Then '処理が成功した場合
30     MsgBox "処理が終了しました", vbOKCancel + vbInformation, "終了" '終了メッセージ
31     DoCmd.Close acForm, Me.Name, acSaveNo '自身を閉じる
32   End If
33 End Sub
```

この時点でのサンプルは、「CHAPTER8」フォルダー→「After」フォルダー→「8-3」フォルダー内に「SampleSystem8-3-5.accdb」という名前で収録されています。また、このSection終了時のサンプルは、「CHAPTER8」フォルダー→「After」フォルダー内に「SampleSystem8-3.accdb」という名前でも収録されています。

8-4 レポート出力の機能

8-4-1 売上一覧の絞り込み

このSection開始前のサンプルは、「CHAPTER8」フォルダー→「Before」フォルダー内に「SampleSystem 8-4.accdb」という名前で収録されています。

「F_レポート印刷」の「開く時」のイベントプロシージャを作成します。ここでも、挿入された「Form_F_レポート印刷」モジュールの「Form_Open」プロシージャから、「setSourceListbox」プロシージャを呼び出します（**コード33**）。リストボックスにセットするのは、CHAPTER3で作成した「Q_売上一覧_選択」クエリをSQLで書いたものです。

コード33 リストボックスへデータをセットするプロシージャを呼び出す（Form_F_レポート印刷）

```
01 Private Sub Form_Open(Cancel As Integer)
02   '## フォームが開く時
03 
04   Call setSourceListbox '呼び出し
05 End Sub
06 ─────────────────────────────────
07 Private Sub setSourceListbox()
08   '## リストボックスへソースをセット
09 
10   'SQL文の作成
11   Dim sql As String
12   sql = _
13     "SELECT " & _
14       "T_販売データ.fld_販売ID, " & _
15       "T_販売データ.fld_売上日, " & _
16       "T_販売データ.fld_顧客ID, " & _
17       "T_顧客マスター.fld_顧客名, " & _
18       "Sum(T_販売データ詳細.fld_単価*T_販売データ詳細.fld_個数) AS 売上 " & _
19     "FROM (T_販売データ INNER JOIN T_顧客マスター " & _
20       "ON T_販売データ.fld_顧客ID = T_顧客マスター.fld_顧客ID) " & _
21         "INNER JOIN T_販売データ詳細 " & _
22         "ON T_販売データ.fld_販売ID = T_販売データ詳細.fld_販売ID " & _
```

```
23      "GROUP BY " & _
24        "T_販売データ.fld_販売ID, " & _
25        "T_販売データ.fld_売上日, " & _
26        "T_販売データ.fld_顧客ID, " & _
27        "T_顧客マスター.fld_顧客名"
28
29    'SQL文の追記
30    If IsNull(Me.txb_開始日) Or IsNull(Me.txb_終了日) Then
31      '日付が設定されていなかったら
32      sql = sql & ";"
33    Else
34      '日付が設定されてたら
35      sql = sql & " " & _
36        "HAVING T_販売データ.fld_売上日 " & _
37        "Between #" & Me.txb_開始日.Value & "# And #" & Me.txb_終了日.Value & "#;"
38    End If
39
40    'リストボックスへセット
41    Me.lbx_売上一覧.RowSource = sql
42  End Sub
```

グループ化するフィールド（23〜27行目）
終了記号だけ付与（32行目）
SQLの区切りのための空白（35行目）
日付の条件を付与（36〜37行目）

動作確認してみると、「Q_売上一覧_選択」クエリ (P.87) と同じレコードセットがリストボックスに読み込まれます（図67）。

図67 実行結果

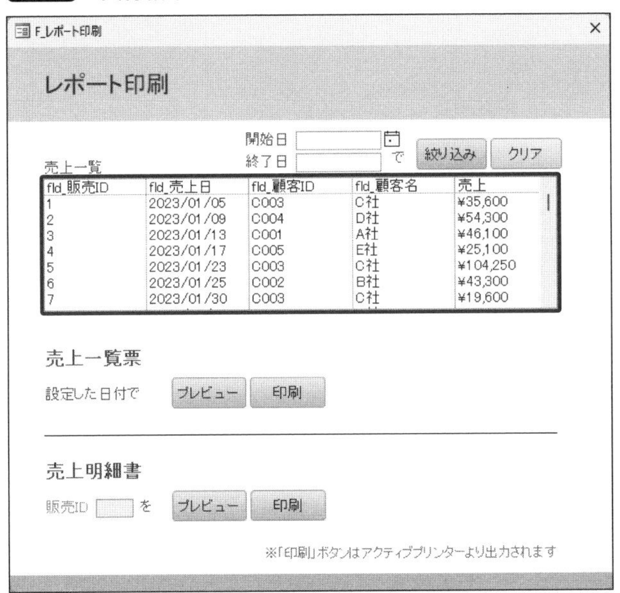

「btn_絞り込み」「btn_クリア」ボタンのクリック時のイベントプロシージャをそれぞれ作成します(図68)。

なお、ボタンに埋め込みマクロが設定されている場合、P.389の方法で削除してからイベントプロシージャを作成してください。

図68 クリック時のイベントプロシージャを作成

「btn_絞り込み_Click」プロシージャに**コード34**を書きます。

コード34 「btn_絞り込み_Click」プロシージャ(Form_F_レポート印刷)

```
01 Private Sub btn_絞り込み_Click()
02     '## 絞り込みボタンクリック時
03 
04     '空欄確認
05     If IsNull(Me.txb_開始日) Or IsNull(Me.txb_終了日) Then   ←どちらかが空だったら
06         MsgBox "開始日と終了日の両日を設定してください", vbOKOnly + vbExclamation, "確認"   ←メッセージ
07         Exit Sub '中止
08     End If
09 
10     Call setSourceListbox   ←リストボックス更新
11 End Sub
```

「btn_クリア_Click」プロシージャに**コード35**を書きます。

コード35 「btn_クリア_Click」プロシージャ(Form_F_レポート印刷)

```
01 Private Sub btn_クリア_Click()
02     '## クリアボタンクリック時
03 
04     Me.txb_開始日.Value = Null   ←開始日をクリア
05     Me.txb_終了日.Value = Null   ←終了日をクリア
06     Call setSourceListbox   ←リストボックス更新
07 End Sub
```

動作確認をすると、図69のように動きます。

図69 実行結果

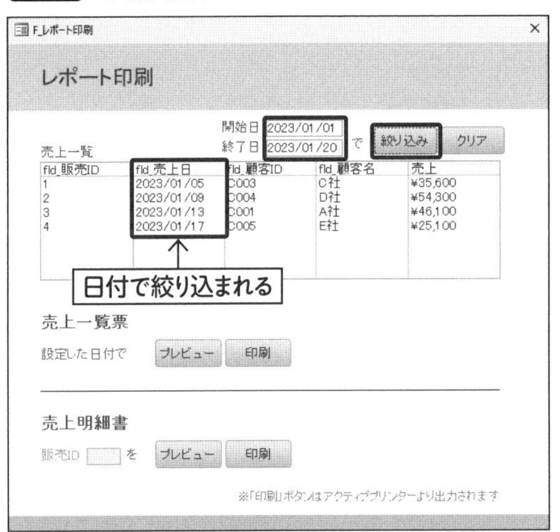

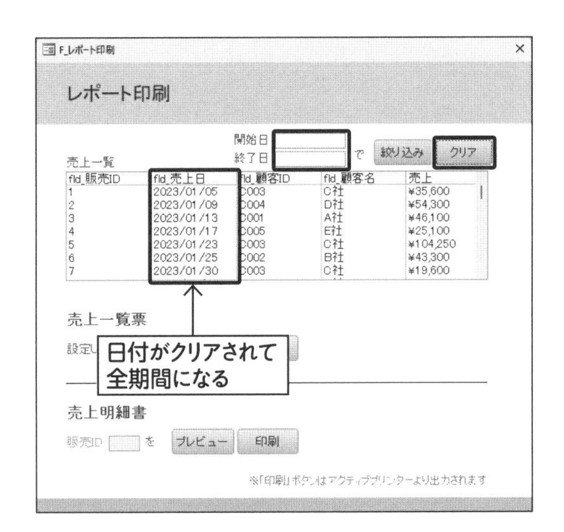

この時点でのサンプルは、「CHAPTER8」フォルダー→「After」フォルダー→「8-4」フォルダー内に「SampleSystem8-4-1.accdb」という名前で収録されています。

8-4-2 「売上一覧票」レポートの出力

「btn_一覧票プレビュー」「btn_一覧票印刷」ボタンのクリック時のイベントプロシージャをそれぞれ作成します（図70）。

なお、ボタンに埋め込みマクロが設定されている場合、P.389の方法で削除してからイベントプロシージャを作成してください。

図70 イベントプロシージャの作成

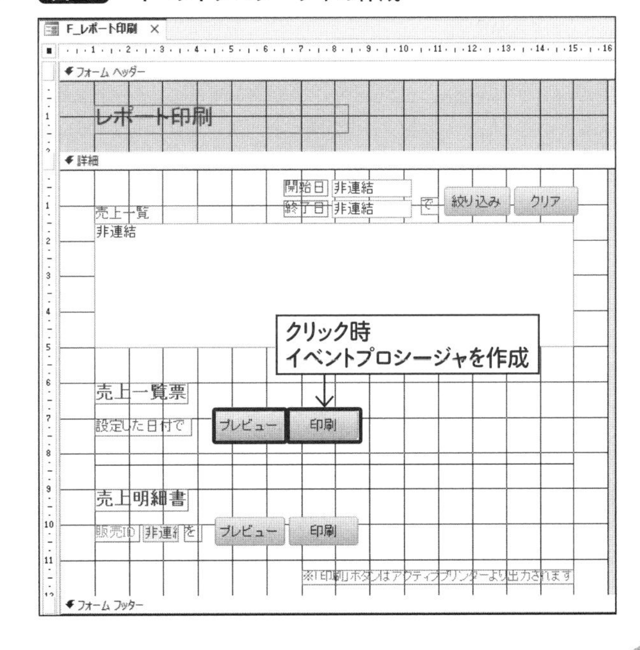

「btn_一覧票プレビュー_Click」プロシージャに**コード36**を書きます。空欄確認のあと、印刷プレビューをダイアログモードで開きます。

コード36 「btn_一覧票プレビュー_Click」プロシージャ(Form_F_レポート印刷)

```
01 Private Sub btn_一覧票プレビュー_Click()
02   '## 一覧票プレビューボタンクリック時
03
04   '空欄確認
05   If IsNull(Me.txb_開始日) Or IsNull(Me.txb_終了日) Then ←どちらかが空だったら
06     MsgBox "開始日と終了日の両日を設定してください", vbOKOnly + vbExclamation, "確認" ←メッセージ
07     Exit Sub ←中止
08   End If
09
10   DoCmd.OpenReport "R_売上一覧票", acViewPreview, , , acDialog ←印刷プレビューを開く
11 End Sub
```

「btn_一覧票印刷_Click」プロシージャに**コード37**を書きます。空欄確認のあと、既定のプリンターで印刷を開始します。

コード37 「btn_一覧票印刷_Click」プロシージャ(Form_F_レポート印刷)

```
01 Private Sub btn_一覧票印刷_Click()
02   '## 一覧票印刷ボタンクリック時
03
04   '空欄確認
05   If IsNull(Me.txb_開始日) Or IsNull(Me.txb_終了日) Then ←どちらかが空だったら
06     MsgBox "開始日と終了日の両日を設定してください", vbOKOnly + vbExclamation, "確認" ←メッセージ
07     Exit Sub ←中止
08   End If
09
10   DoCmd.OpenReport "R_売上一覧票" ←既定のプリンターで印刷
11 End Sub
```

この時点でのサンプルは、「CHAPTER8」フォルダー→「After」フォルダー→「8-4」フォルダー内に「SampleSystem8-4-2.accdb」という名前で収録されています。

8-4-3 「売上明細書」レポートの出力

「lbx_売上一覧」を選択して、「更新後処理」のイベントプロシージャを作成します(**図71**)。

図71 「更新後処理」イベントプロシージャを作成

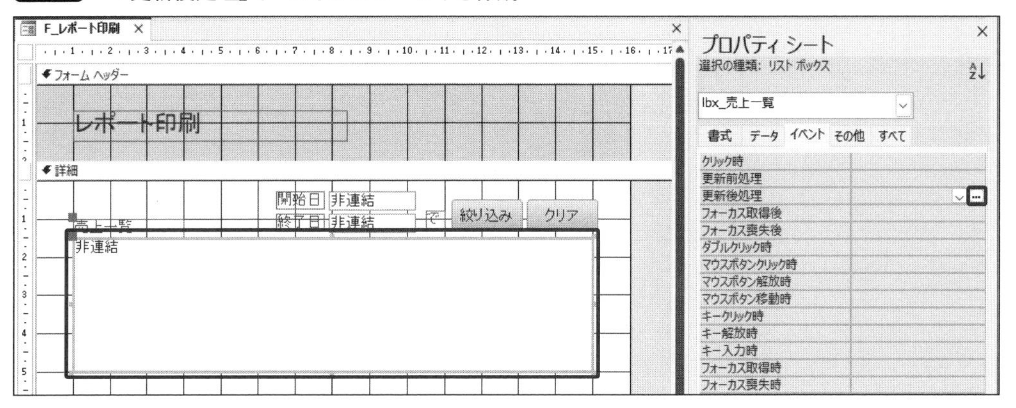

挿入された「lbx_売上一覧_AfterUpdate」プロシージャに**コード38**を書きます。

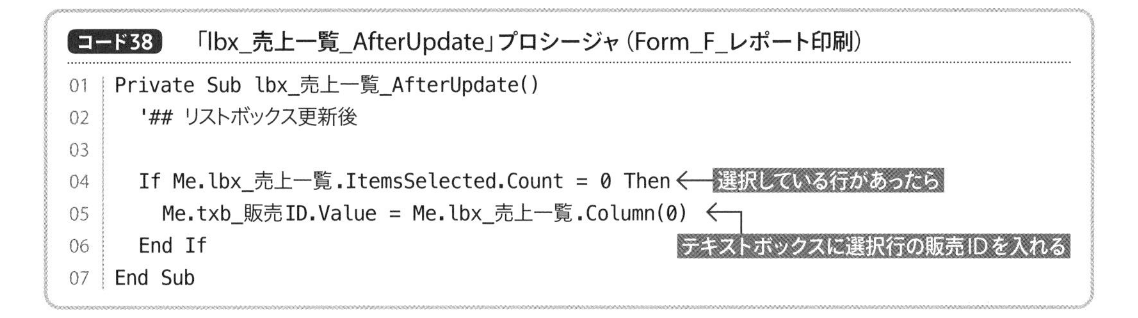

コード38 「lbx_売上一覧_AfterUpdate」プロシージャ（Form_F_レポート印刷）

```
01 Private Sub lbx_売上一覧_AfterUpdate()
02   '## リストボックス更新後
03
04   If Me.lbx_売上一覧.ItemsSelected.Count = 0 Then ←選択している行があったら
05     Me.txb_販売ID.Value = Me.lbx_売上一覧.Column(0) ←テキストボックスに選択行の販売IDを入れる
06   End If
07 End Sub
```

このコードによって、「lbx_売上一覧」リストボックスでレコードを選択したIDが「txb_販売ID」テキストボックスへ表示されます（**図72**）。

図72 実行結果

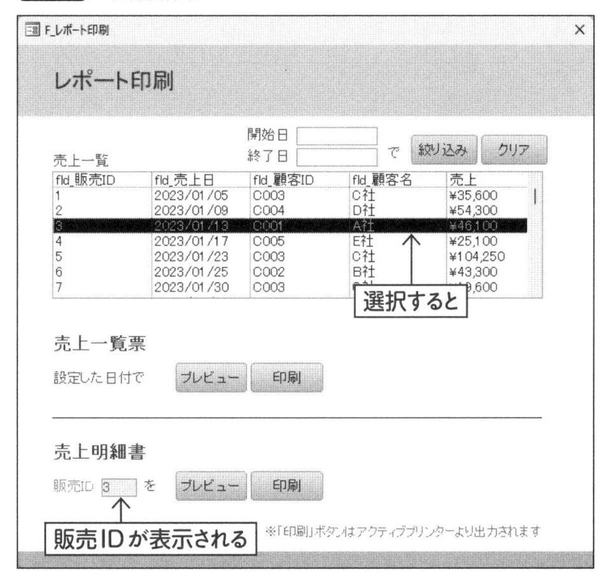

「btn_明細書プレビュー」「btn_明細書印刷」ボタンのクリック時のイベントプロシージャをそれぞれ作成します（図73）。

なお、ボタンに埋め込みマクロが設定されている場合、P.389の方法で削除してからイベントプロシージャを作成してください。

図73　イベントプロシージャの作成

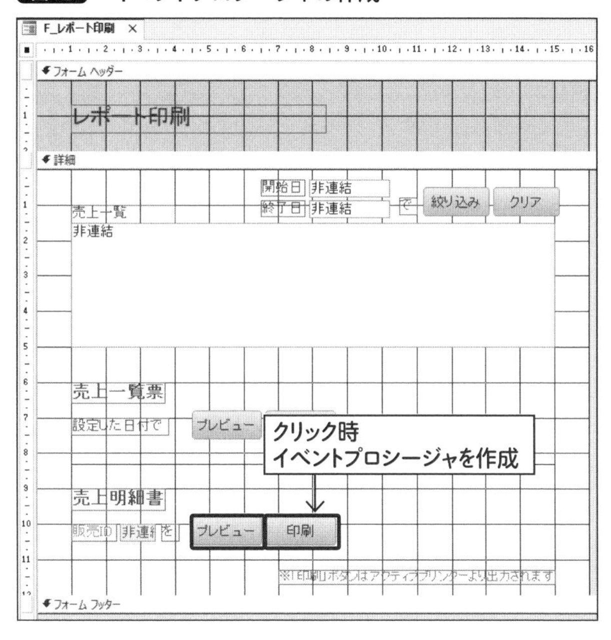

「btn_明細書プレビュー_Click」プロシージャに**コード39**を書きます。選択確認のあと、印刷プレビューをダイアログモードで開く処理です。

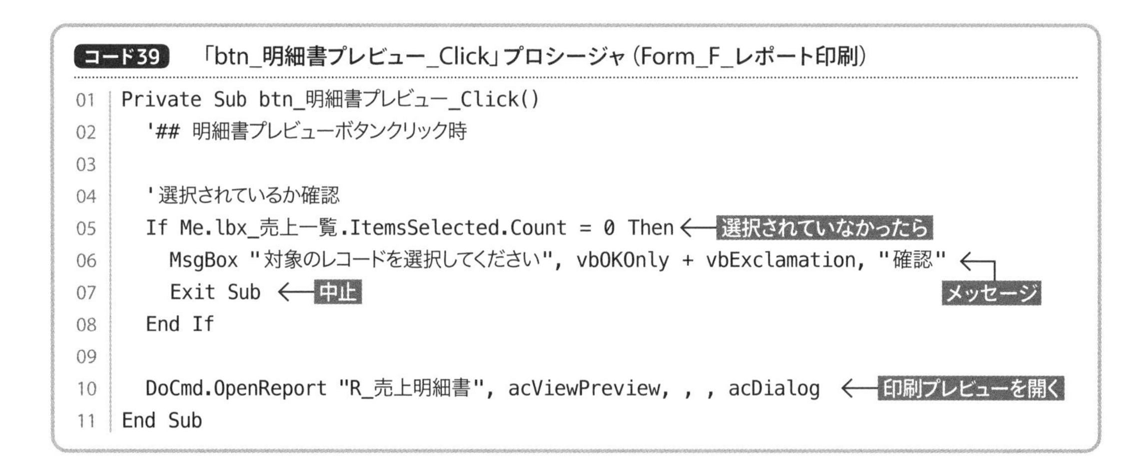

コード39　「btn_明細書プレビュー_Click」プロシージャ（Form_F_レポート印刷）

```
01 Private Sub btn_明細書プレビュー_Click()
02   '## 明細書プレビューボタンクリック時
03
04   '選択されているか確認
05   If Me.lbx_売上一覧.ItemsSelected.Count = 0 Then
06     MsgBox "対象のレコードを選択してください", vbOKOnly + vbExclamation, "確認"
07     Exit Sub
08   End If
09
10   DoCmd.OpenReport "R_売上明細書", acViewPreview, , , acDialog
11 End Sub
```


「btn_明細書印刷_Click」プロシージャに**コード40**を書きます。選択確認のあと、既定のプリンターで印刷を開始する処理です。

コード40 「btn_明細書印刷_Click」プロシージャ(Form_F_レポート印刷)

```
01 Private Sub btn_明細書印刷_Click()
02   '## 明細書印刷ボタンクリック時
03
04   '選択されているか確認
05   If Me.lbx_売上一覧.ItemsSelected.Count = 0 Then ←選択されていなかったら
06     MsgBox "対象のレコードを選択してください", vbOKOnly + vbExclamation, "確認" ←メッセージ
07     Exit Sub ←中止
08   End If
09
10   DoCmd.OpenReport "R_売上明細書" ←既定のプリンターで印刷
11 End Sub
```

この時点でのサンプルは、「CHAPTER8」フォルダー→「After」フォルダー→「8-4」フォルダー内に「SampleSystem8-4-3.accdb」という名前で収録されています。また、このSection終了時のサンプルは、「CHAPTER8」フォルダー→「After」フォルダー内に「SampleSystem8-4.accdb」という名前でも収録されています。

CHAPTER 8

マスターテーブルに関する機能

8-5-1 「マスター閲覧」フォームの実装

このSection開始前のサンプルは、「CHAPTER8」フォルダー→「Before」フォルダー内に「SampleSystem8-5.accdb」という名前で収録されています。

「F_マスター閲覧」の「開く時」のイベントプロシージャを作成します。挿入された「Form_F_マスター閲覧」モジュールの「Form_Open」プロシージャから、「setSourceListbox」プロシージャを呼び出します(**コード41**)。呼び出す前にログインユーザーが管理者なら編集ボタンを使用可能にする記述も入れておきます。

コード41 リストボックスへデータをセットするプロシージャを呼び出す(Form_F_マスター閲覧)

```
01 Private Sub Form_Open(Cancel As Integer)
02   '## フォームが開く時
03
04   'ボタンの使用可否
05   If Form_F_メニュー.chk_管理者フラグ.Value = True Then ←管理者だったら
06     Me.btn_追加.Enabled = True ←ボタンを使用可能にする
07     Me.btn_更新.Enabled = True
08     Me.btn_削除.Enabled = True
09   End If
10
11   Call setSourceListbox ←呼び出し
12 End Sub
13 ─────────────────────────────────
14 Private Sub setSourceListbox()
15   '## リストボックスへソースをセット
16
17   'SQL文の作成
18   Dim sql As String
19   sql = "SELECT ～" ←マスターテーブルからレコードを取り出すSQL
20
21   'リストボックスへセット
22   Me.lbx_テーブル.RowSource = sql
23 End Sub
```

「setSourceListbox」プロシージャでマスターテーブルのレコードセットを取り出すSQLを書きますが、**8-1-5**(P.382)で作成したオプショングループの値(**図74**)によって、どのマスターテーブルが対象なのかを変化させなくてはなりません。

図74　**オプショングループの値**

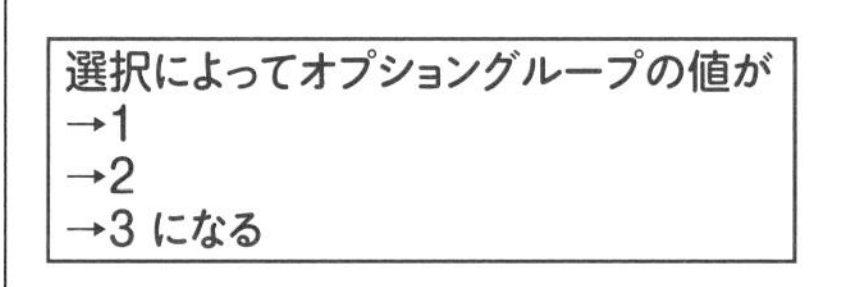

条件分岐はIf構文でもできますが、このパターンでは**Select Case**構文を利用して処理を分岐するとよいでしょう(**図75**)。

図75　Select Case**構文**

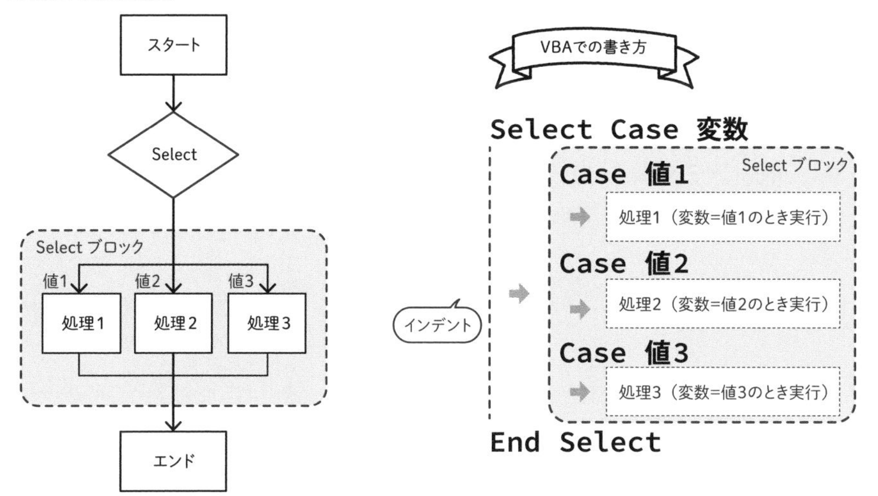

この構文を使って**コード42**のように書きます。

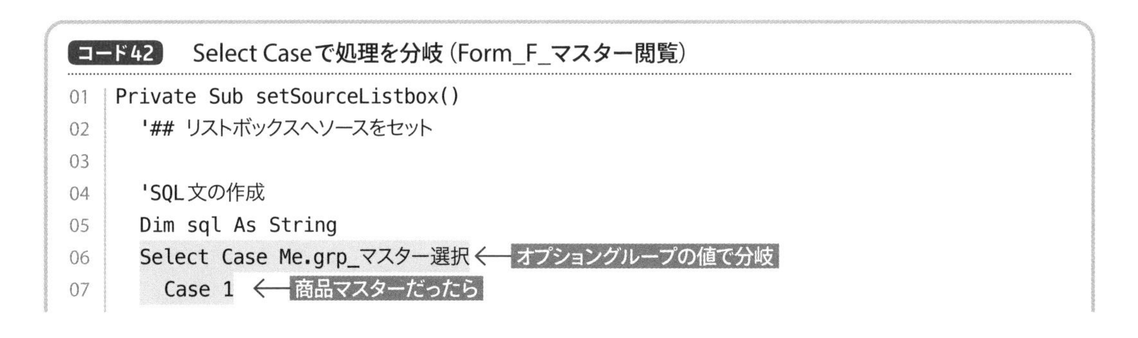
コード42　Select Caseで処理を分岐(Form_F_マスター閲覧)

```
01 Private Sub setSourceListbox()
02     '## リストボックスへソースをセット
03 
04     'SQL文の作成
05     Dim sql As String
06     Select Case Me.grp_マスター選択 ←オプショングループの値で分岐
07       Case 1 ←商品マスターだったら
```

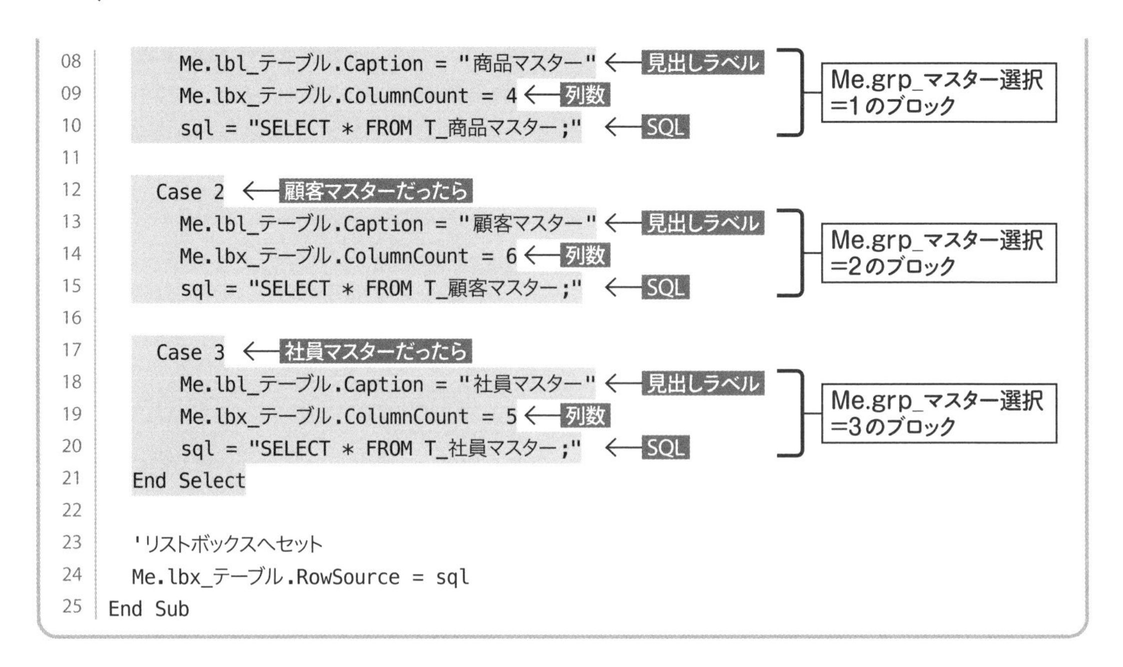

```
08        Me.lbl_テーブル.Caption = "商品マスター"
09        Me.lbx_テーブル.ColumnCount = 4
10        sql = "SELECT * FROM T_商品マスター;"
11
12      Case 2
13        Me.lbl_テーブル.Caption = "顧客マスター"
14        Me.lbx_テーブル.ColumnCount = 6
15        sql = "SELECT * FROM T_顧客マスター;"
16
17      Case 3
18        Me.lbl_テーブル.Caption = "社員マスター"
19        Me.lbx_テーブル.ColumnCount = 5
20        sql = "SELECT * FROM T_社員マスター;"
21    End Select
22
23    'リストボックスへセット
24    Me.lbx_テーブル.RowSource = sql
25  End Sub
```


オプションボタンの選択を変えると表示が切り替わるように、「grp_マスター選択」を選択して「更新後処理」のイベントプロシージャを作成します（図76）。

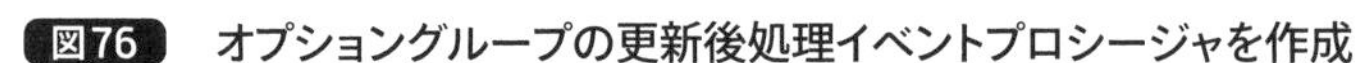

図76 オプショングループの更新後処理イベントプロシージャを作成

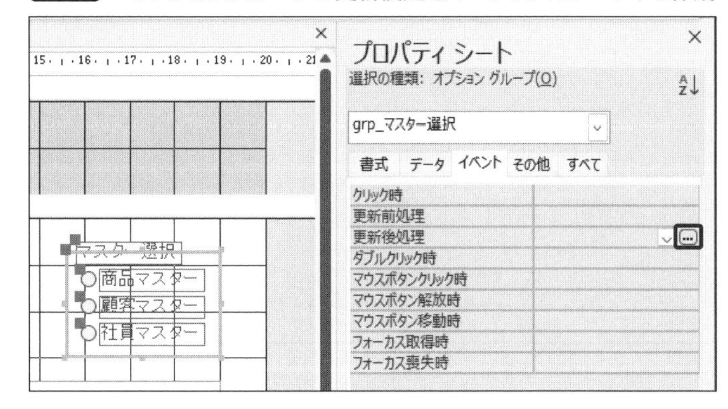

作成された「grp_マスター選択_AfterUpdate」プロシージャで、「setSourceListbox」プロシージャを呼び出します（**コード43**）。

コード43 「grp_マスター選択_AfterUpdate」プロシージャ（Form_F_マスター閲覧）

```
01  Private Sub grp_マスター選択_AfterUpdate()
02    '## オプションボタン更新後
03
04    Call setSourceListbox 'リストボックス更新
05  End Sub
```

動作確認をしましょう。P.383の**図23**でオプショングループの既定値を設定したので、最初は商品マスターが読み込まれます。オプションボタンをクリックして選択を切り替えると、対象のテーブルに内容が変化します（**図77**）。

図77 実行結果

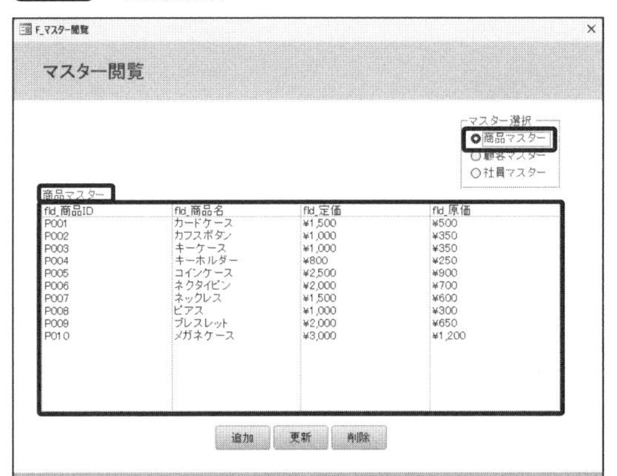

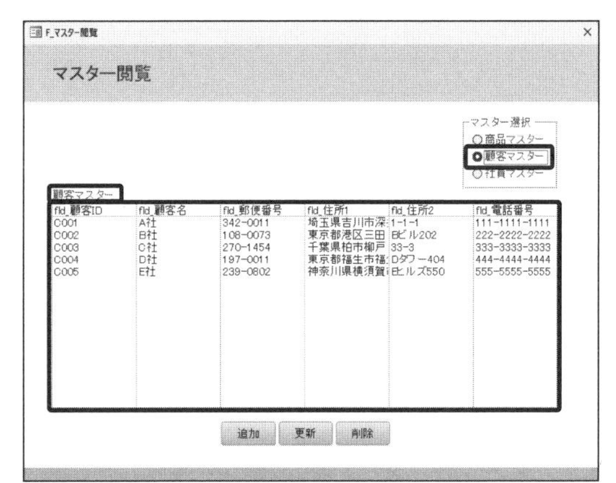

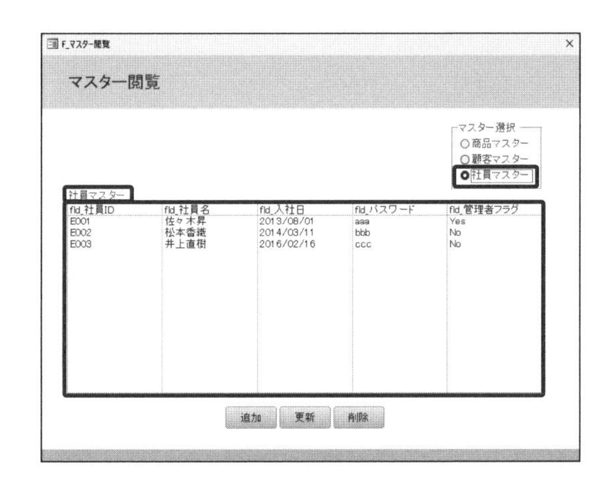

顧客マスターは「fld_住所1」のテキスト量が多くて見切れてしまうので、列幅を指定しましょう。ほかのテーブルは指定なしにすると、等間隔になります（**コード44**）。

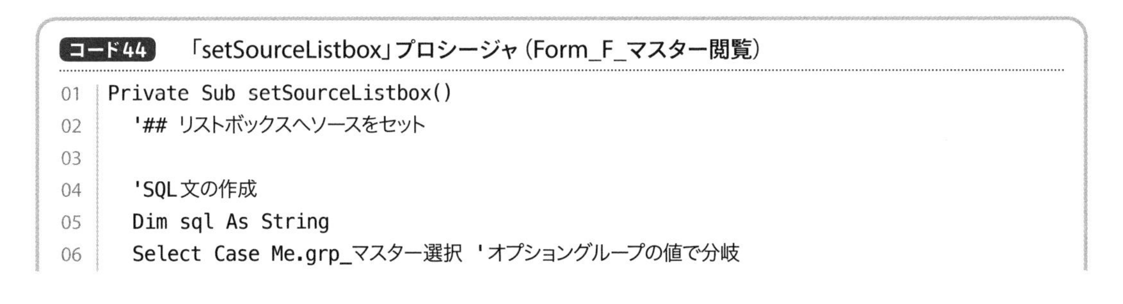

コード44 「setSourceListbox」プロシージャ（Form_F_マスター閲覧）

```
01 Private Sub setSourceListbox()
02     '## リストボックスへソースをセット
03 
04     'SQL文の作成
05     Dim sql As String
06     Select Case Me.grp_マスター選択 'オプショングループの値で分岐
```

```
07      Case 1 '商品マスターだったら
08        Me.lbl_テーブル.Caption = "商品マスター" '見出しラベル
09        Me.lbx_テーブル.ColumnCount = 4 '列数
10        Me.lbx_テーブル.ColumnWidths = ""  ←列幅
11        sql = "SELECT * FROM T_商品マスター;" 'SQL
12
13      Case 2 '顧客マスターだったら
14        Me.lbl_テーブル.Caption = "顧客マスター" '見出しラベル
15        Me.lbx_テーブル.ColumnCount = 6 '列数
16        Me.lbx_テーブル.ColumnWidths = "2cm;2cm;2.5cm;5.5cm;3cm"  ←列幅
17        sql = "SELECT * FROM T_顧客マスター;" 'SQL
18
19      Case 3 '社員マスターだったら
20        Me.lbl_テーブル.Caption = "社員マスター" '見出しラベル
21        Me.lbx_テーブル.ColumnCount = 5 '列数
22        Me.lbx_テーブル.ColumnWidths = ""  ←列幅
23        sql = "SELECT * FROM T_社員マスター;" 'SQL
24    End Select
25
26    'リストボックスへセット
27    Me.lbx_テーブル.RowSource = sql
28  End Sub
```

これで、対象が顧客マスターの場合のみ、列幅が指定されます（図78）。

図78　列幅が指定された

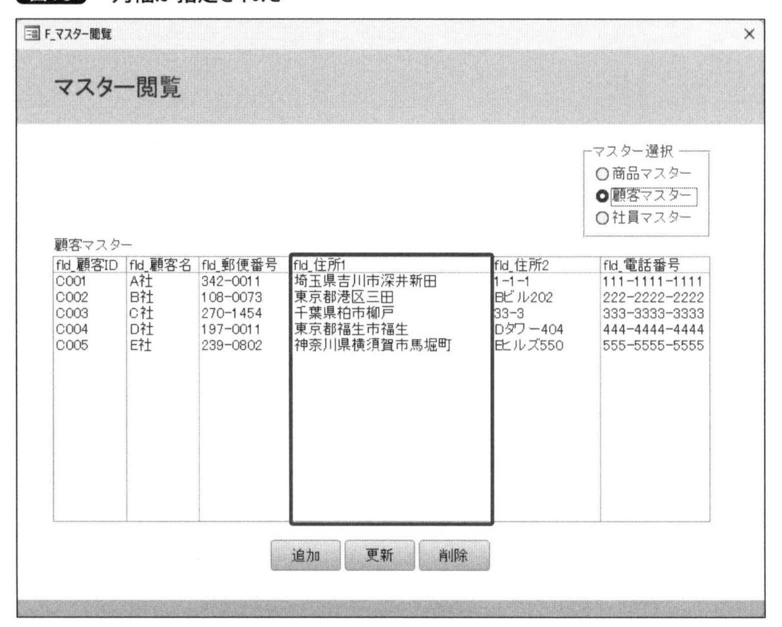

ログインユーザーによって社員情報の表示を変化させましょう。「F_メニュー」フォームに表示されているチェックボックスの値によって、違うSQLを設定します（**コード45**）。

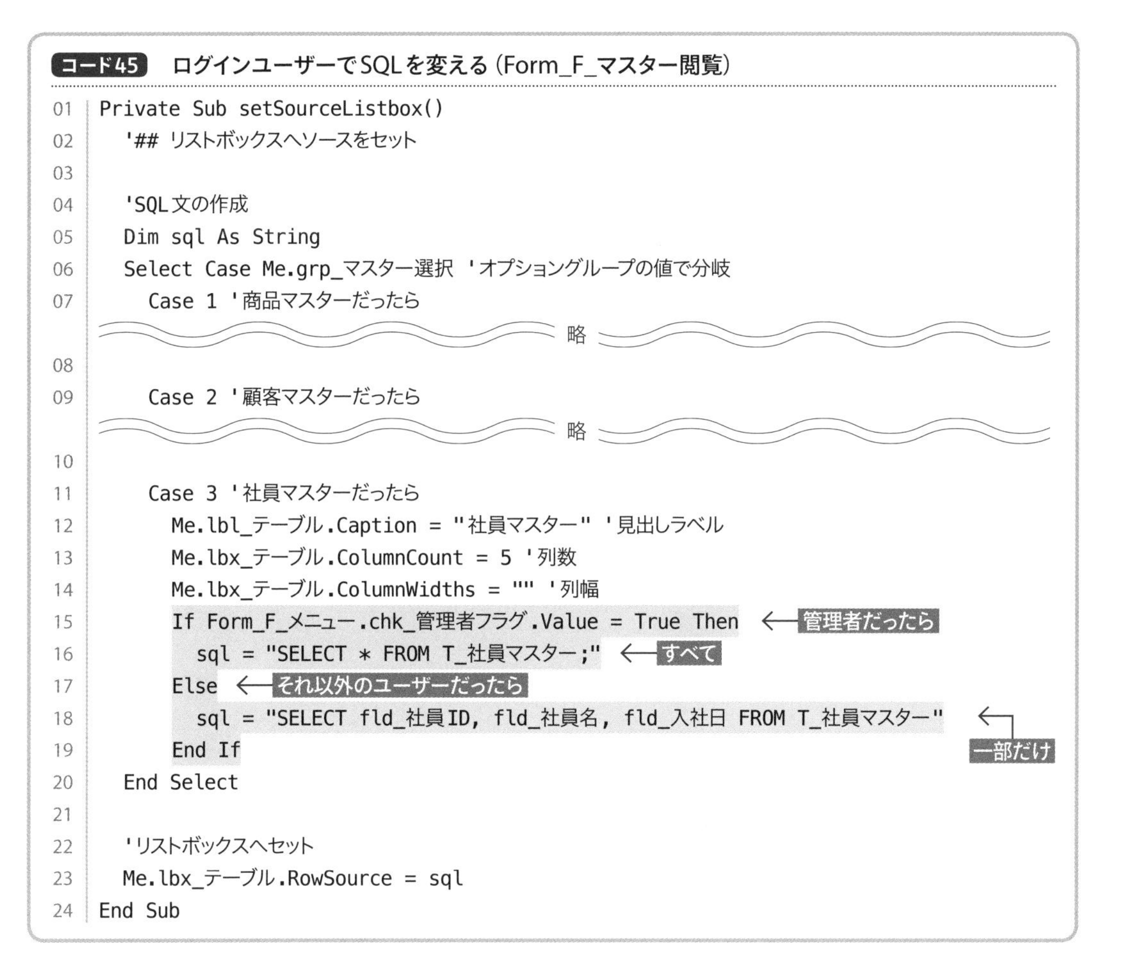

コード45 ログインユーザーでSQLを変える（Form_F_マスター閲覧）

```
01 Private Sub setSourceListbox()
02   '## リストボックスへソースをセット
03
04   'SQL文の作成
05   Dim sql As String
06   Select Case Me.grp_マスター選択 'オプショングループの値で分岐
07     Case 1 '商品マスターだったら
               略
08
09     Case 2 '顧客マスターだったら
               略
10
11     Case 3 '社員マスターだったら
12       Me.lbl_テーブル.Caption = "社員マスター" '見出しラベル
13       Me.lbx_テーブル.ColumnCount = 5 '列数
14       Me.lbx_テーブル.ColumnWidths = "" '列幅
15       If Form_F_メニュー.chk_管理者フラグ.Value = True Then  ← 管理者だったら
16         sql = "SELECT * FROM T_社員マスター;"  ← すべて
17       Else  ← それ以外のユーザーだったら
18         sql = "SELECT fld_社員ID, fld_社員名, fld_入社日 FROM T_社員マスター"  ← 一部だけ
19       End If
20   End Select
21
22   'リストボックスへセット
23   Me.lbx_テーブル.RowSource = sql
24 End Sub
```

動作確認すると、管理者の場合はすべてのフィールドが、管理者ではない場合は制限されたフィールドを取得して表示します（**図79**）。

図79 管理者でない場合は制限された情報を取得する

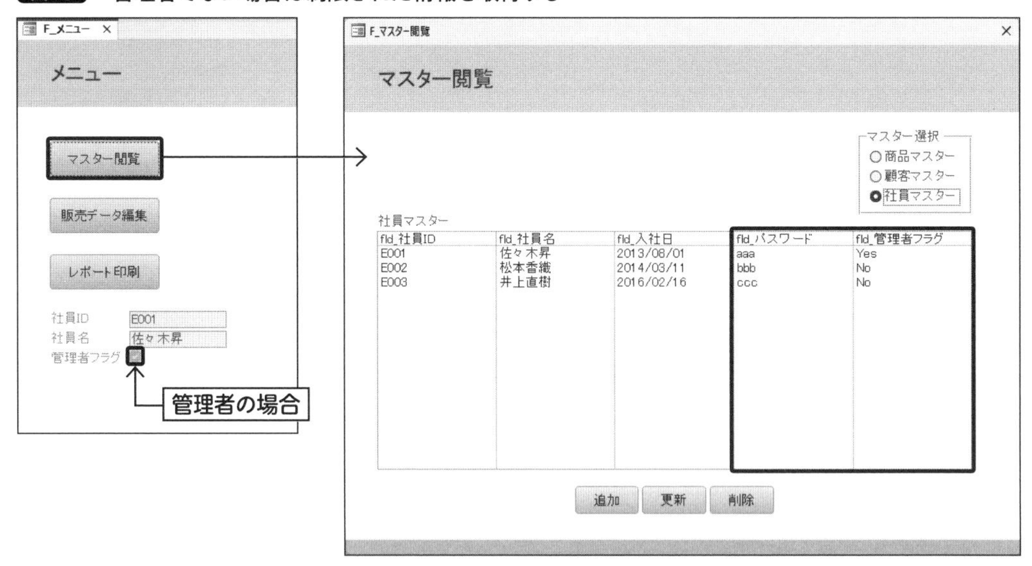

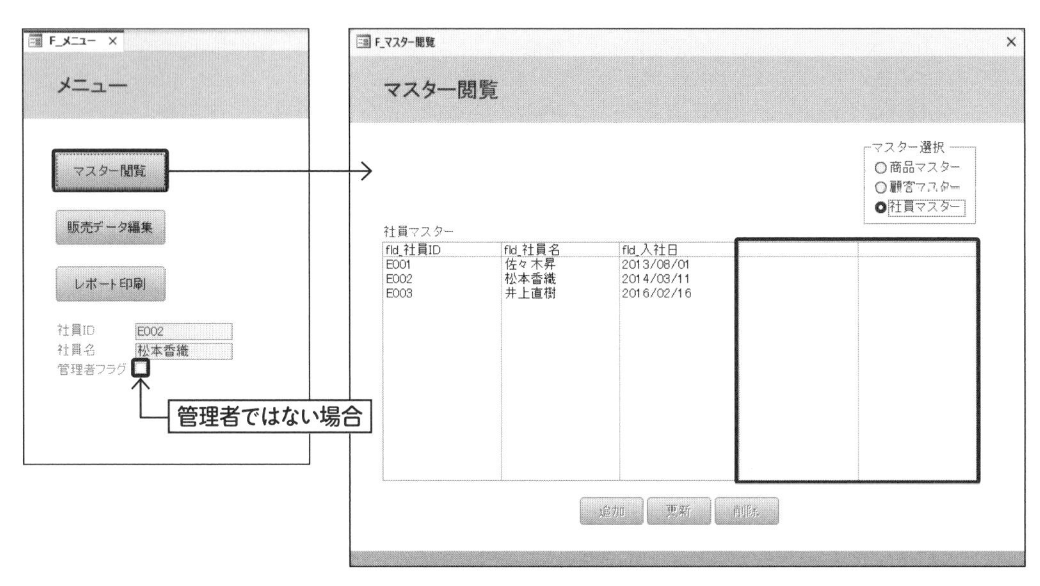

「追加」「更新」「削除」ボタンのクリック時イベントプロシージャをそれぞれ作成します。

最初に、「btn_追加_Click」プロシージャに**コード46**を書きます。ここでもSelect Caseを使って、オプショングループの値で開くフォームを変更します。

コード46 「btn_追加_Click」プロシージャ(Form_F_マスター閲覧)

```
01 Private Sub btn_追加_Click()
02   '## 追加ボタンクリック時
03 
04   Me.chk_更新.Value = False '更新チェックボックスをオフ
05 
06   Select Case Me.grp_マスター選択 'オプショングループの値で分岐
07     Case 1 '商品マスターだったら
08       DoCmd.OpenForm "F_商品マスター_編集", acNormal, , , , acDialog
09     Case 2 '顧客マスターだったら
10       DoCmd.OpenForm "F_顧客マスター_編集", acNormal, , , , acDialog
11     Case 3 '社員マスターだったら
12       DoCmd.OpenForm "F_社員マスター_編集", acNormal, , , , acDialog
13   End Select
14 
15   Call setSourceListbox 'リストボックス更新
16 End Sub
```

続いて、「btn_更新_Click」プロシージャに**コード47**を書きます。

コード47 「btn_更新_Click」プロシージャ(Form_F_マスター閲覧)

```
01 Private Sub btn_更新_Click()
02   '## 更新ボタンクリック時
03 
04   '選択されているか確認
05   If Me.lbx_テーブル.ItemsSelected.Count = 0 Then '選択されていなかったら
06     MsgBox "対象のレコードを選択してください", vbOKOnly + vbExclamation, "確認" 'メッセージ
07     Exit Sub '中止
08   End If
09 
10   Me.chk_更新.Value = True '更新チェックボックスをオン
11 
12   Select Case Me.grp_マスター選択 'オプショングループの値で分岐
13     Case 1 '商品マスターだったら
14       DoCmd.OpenForm "F_商品マスター_編集", acNormal, , , , acDialog
15     Case 2 '顧客マスターだったら
16       DoCmd.OpenForm "F_顧客マスター_編集", acNormal, , , , acDialog
17     Case 3 '社員マスターだったら
18       DoCmd.OpenForm "F_社員マスター_編集", acNormal, , , , acDialog
19   End Select
20 
21   Call setSourceListbox 'リストボックス更新
22 End Sub
```

最後に、「btn_削除_Click」プロシージャに**コード48**を書きます。

コード48 「btn_削除_Click」プロシージャ（Form_F_マスター閲覧）

```
01 Private Sub btn_削除_Click()
02   '## 削除ボタンクリック時
03
04   '選択されているか確認
05   If Me.lbx_テーブル.ItemsSelected.Count = 0 Then '選択されていなかったら
06     MsgBox "対象のレコードを選択してください", vbOKOnly + vbExclamation, "確認" 'メッセージ
07     Exit Sub '中止
08   End If
09
10   '確認メッセージ
11   If MsgBox("ID '" & Me.lbx_テーブル.Column(0) & "' の情報を削除します。よろしいですか?", _
12      vbOKCancel + vbQuestion, "確認") = vbCancel Then 'キャンセルを押されたら
13     Exit Sub '中止
14   End If
15
16   'SQL文作成
17   Dim sql As String
18   Select Case Me.grp_マスター選択 'オプショングループの値で分岐
19     Case 1 '商品マスターだったら
20       sql = "DELETE FROM T_商品マスター WHERE fld_商品ID='" & Me.lbx_テーブル.Column(0) & "';"
21     Case 2 '顧客マスターだったら
22       sql = "DELETE FROM T_顧客マスター WHERE fld_顧客ID='" & Me.lbx_テーブル.Column(0) & "';"
23     Case 3 '社員マスターだったら
24       sql = "DELETE FROM T_社員マスター WHERE fld_社員ID='" & Me.lbx_テーブル.Column(0) & "';"
25   End Select
26
27   '実行
28   If tryExecute(sql) Then '処理が成功した場合
29     Call setSourceListbox 'リストボックス更新
30     MsgBox "処理が終了しました", vbOKCancel + vbInformation, "終了" '終了メッセージ
31   End If
32 End Sub
```

この時点でのサンプルは、「CHAPTER8」フォルダー→「After」フォルダー→「8-5」フォルダー内に「SampleSystem8-5-1.accdb」という名前で収録されています。

8-5-2 「商品マスター 編集」フォームの実装

各マスターの編集フォームを実装します。

「F_商品マスター_編集」の「開く時」のイベントプロシージャを作成して、挿入された「Form_Open」プロシージャに**コード49**を書きます。

コード49 「Form_Open」プロシージャ（Form_F_商品マスター_編集）

```
01 Private Sub Form_Open(Cancel As Integer)
02     '## フォームが開く時
03 
04     If Form_F_マスター閲覧.chk_更新 = True Then
05         '更新ボタンが押されていた場合
06         Me.txb_商品ID.Value = Form_F_マスター閲覧.lbx_テーブル.Column(0) 'リストボックスの値を代入
07         Me.txb_商品名.Value = Form_F_マスター閲覧.lbx_テーブル.Column(1)
08         Me.txb_定価.Value = Form_F_マスター閲覧.lbx_テーブル.Column(2)
09         Me.txb_原価.Value = Form_F_マスター閲覧.lbx_テーブル.Column(3)
10         Me.txb_商品ID.Enabled = False '顧客IDテキストボックスを使用不可へ
11         Me.btn_追加.Enabled = False '追加ボタンを使用不可へ
12     Else
13         '追加ボタンが押されていた場合
14         Me.btn_更新.Enabled = False '更新ボタンを使用不可へ
15     End If
16 End Sub
```

これで、「追加」ボタンから開かれたとき、「更新」ボタンから開かれたときで**図80**のように動きが変わります。

図80 動きの違い

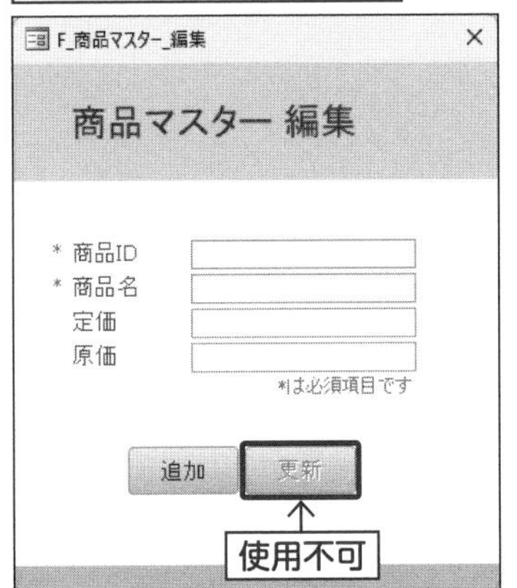

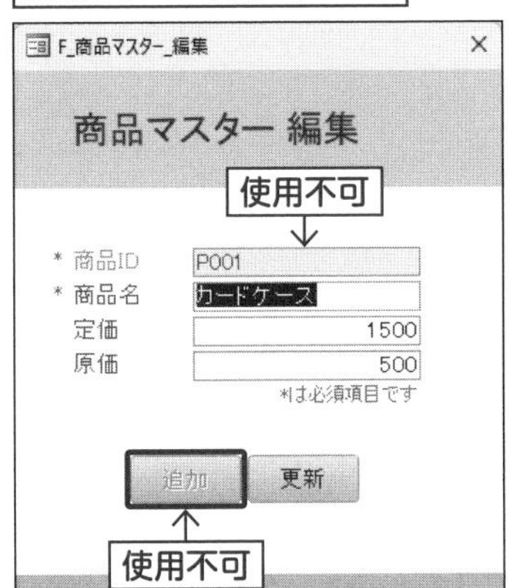

「追加」「更新」ボタンのクリック時イベントプロシージャをそれぞれ作成します。なお、ボタンに埋め込みマクロが設定されている場合、P.389の方法で削除してからイベントプロシージャを作成してください。「btn_追加_Click」プロシージャに**コード50**を書きます。

コード50 「btn_追加_Click」プロシージャ（Form_F_商品マスター_編集）

```
01 Private Sub btn_追加_Click()
02   '## 追加ボタンクリック時
03
04   '空欄確認
05   If IsNull(Me.txb_商品ID.Value) Or _
06      IsNull(Me.txb_商品名.Value) Then
07     MsgBox "必須項目を入力してください", vbOKOnly + vbExclamation, "確認" 'メッセージ
08     Exit Sub '中止
09   End If
10
11   '確認メッセージ
12   If MsgBox("新規の情報を追加します。よろしいですか?", _
13      vbOKCancel + vbQuestion, "確認") = vbCancel Then 'キャンセルを押されたら
14     Exit Sub '中止
15   End If
16
17   'SQL文作成
18   Dim sql As String
19   sql = _
20     "INSERT INTO T_商品マスター" & _
21       "(fld_商品ID, fld_商品名, fld_定価, fld_原価) " & _
22     "VALUES" & _
23       "('" & Me.txb_商品ID.Value & "', " & _
24       "'" & Me.txb_商品名.Value & "', " & _
25       Me.txb_定価.Value & ", " & _
26       Me.txb_原価.Value & ");"
27
28   '実行
29   If tryExecute(sql) Then '処理が成功した場合
30     MsgBox "処理が終了しました", vbOKCancel + vbInformation, "終了" '終了メッセージ
31     DoCmd.Close acForm, Me.Name, acSaveNo '自身を閉じる
32   End If
33 End Sub
```

ここで1つ注意が必要です。マスター編集のフォームでは、必須ではない項目を設けてあります。SQLでは、空欄は「'」や「#」の識別子の付かない **"Null"** という表記にする必要があるため、このままでは「定価」または「原価」が空欄だった場合に正しいSQL文になりません。

そのため、テキストボックスが空欄だった場合、"Null"を、値が入っていた場合は、適切な識別子を付

与する自作の関数を作りましょう。この関数は各マスター編集のフォームから呼び出したいので、標準モジュールである「M_Common」に「Public（どこからでも呼び出せる）」で書きます（**コード51**）。

コード51 関数プロシージャの追加（M_Common）

```
01 Public Function getCorrValue(ByVal tgt As Variant, attr As String) As String
02   '## 補正した値を取得
03
04   If IsNull(tgt) Or tgt = "" Then
05     getCorrValue = "Null" '空ならNullという文字列を返す
06   Else
07     getCorrValue = attr & tgt & attr '値が入っていたら識別子を付けて返す
08   End If
09 End Function
```

先ほど書いた「Form_F_商品マスター_編集」モジュールの「btn_追加_Click」プロシージャを、このgetCorrValue関数を使った方法に書き換えます。かっこ内の1つ目に対象のテキストボックスの値を、カンマで区切って2つ目に識別子を指定します。この場合は対象が数値なので識別子が不要なため、「""」（**空の文字列**）を指定しています（**コード52**）。

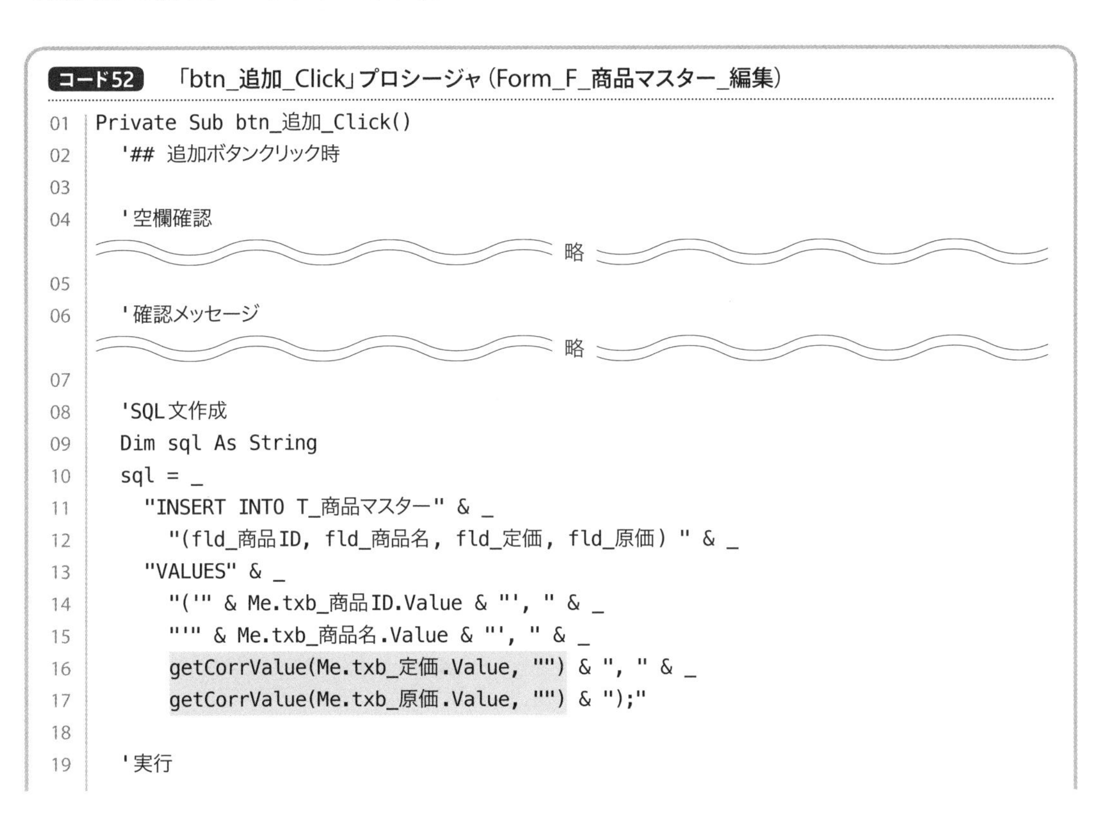

コード52 「btn_追加_Click」プロシージャ（Form_F_商品マスター_編集）

```
01 Private Sub btn_追加_Click()
02   '## 追加ボタンクリック時
03
04   '空欄確認
        略
05
06   '確認メッセージ
        略
07
08   'SQL文作成
09   Dim sql As String
10   sql = _
11     "INSERT INTO T_商品マスター" & _
12       "(fld_商品ID, fld_商品名, fld_定価, fld_原価) " & _
13     "VALUES" & _
14       "('" & Me.txb_商品ID.Value & "', " & _
15       "'" & Me.txb_商品名.Value & "', " & _
16       getCorrValue(Me.txb_定価.Value, "") & ", " & _
17       getCorrValue(Me.txb_原価.Value, "") & ");"
18
19   '実行
```

```
            略
20 End Sub
```

同じようにgetCorrValue関数を利用して、「btn_更新_Click」プロシージャにコード53を書きます。

コード53 「btn_更新_Click」プロシージャ(Form_F_商品マスター_編集)

```
01 Private Sub btn_更新_Click()
02   '## 更新ボタンクリック時
03 
04   '空欄確認
05   If IsNull(Me.txb_商品ID.Value) Or _
06      IsNull(Me.txb_商品名.Value) Then
07     MsgBox "必須項目を入力してください", vbOKOnly + vbExclamation, "確認" 'メッセージ
08     Exit Sub '中止
09   End If
10 
11   '確認メッセージ
12   If MsgBox("商品ID '" & Me.txb_商品ID.Value & "' の情報を更新します。よろしいですか?", _
13      vbOKCancel + vbQuestion, "確認") = vbCancel Then 'キャンセルを押されたら
14     Exit Sub '中止
15   End If
16 
17   'SQL文作成
18   Dim sql As String
19   sql = _
20     "UPDATE T_商品マスター " & _
21     "SET " & _
22       "fld_商品名='" & Me.txb_商品名.Value & "', " & _
23       "fld_定価=" & getCorrValue(Me.txb_定価.Value, "") & ", " & _   ┐
24       "fld_原価=" & getCorrValue(Me.txb_原価.Value, "") & " " & _    ┘ 関数を利用
25     "WHERE fld_商品ID='" & Me.txb_商品ID.Value & "';"
26 
27   '実行
28   If tryExecute(sql) Then '処理が成功した場合
29     MsgBox "処理が終了しました", vbOKCancel + vbInformation, "終了" '終了メッセージ
30     DoCmd.Close acForm, Me.Name, acSaveNo '自身を閉じる
31   End If
32 End Sub
```

この時点でのサンプルは、「CHAPTER8」フォルダー→「After」フォルダー→「8-5」フォルダー内に「SampleSystem8-5-2.accdb」という名前で収録されています。

8-5-3 「顧客マスター 編集」フォームの実装

「F_顧客マスター_編集」の「開く時」のイベントプロシージャを作成します。挿入された「Form_Open」プロシージャに**コード54**を書きます。

コード54 「Form_Open」プロシージャ（Form_F_顧客マスター_編集）

```
01 Private Sub Form_Open(Cancel As Integer)
02   '## フォームが開く時
03
04   If Form_F_マスター閲覧.chk_更新 = True Then
05     '更新ボタンが押されていた場合
06     Me.txb_顧客ID.Value = Form_F_マスター閲覧.lbx_テーブル.Column(0) 'リストボックスの値を代入
07     Me.txb_顧客名.Value = Form_F_マスター閲覧.lbx_テーブル.Column(1)
08     Me.txb_郵便番号.Value = Form_F_マスター閲覧.lbx_テーブル.Column(2)
09     Me.txb_住所1.Value = Form_F_マスター閲覧.lbx_テーブル.Column(3)
10     Me.txb_住所2.Value = Form_F_マスター閲覧.lbx_テーブル.Column(4)
11     Me.txb_電話番号.Value = Form_F_マスター閲覧.lbx_テーブル.Column(5)
12     Me.txb_顧客ID.Enabled = False '顧客IDテキストボックスを使用不可へ
13     Me.btn_追加.Enabled = False '追加ボタンを使用不可へ
14   Else
15     '追加ボタンが押されていた場合
16     Me.btn_更新.Enabled = False '更新ボタンを使用不可へ
17   End If
18 End Sub
```

これで、追加ボタンから開かれたとき、更新ボタンから開かれたときで**図81**のように動きが変わります。

図81 動きの違い

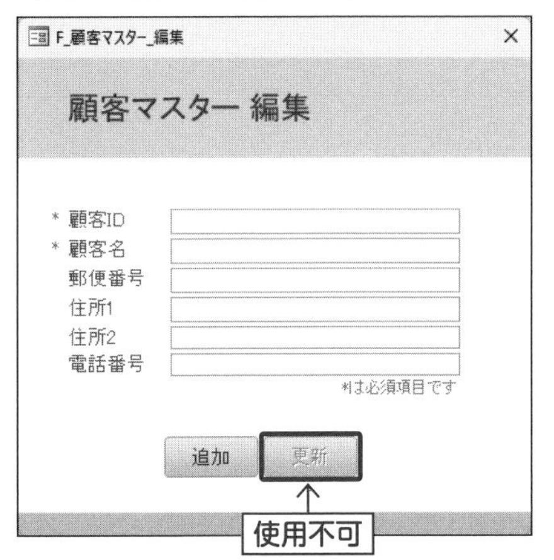

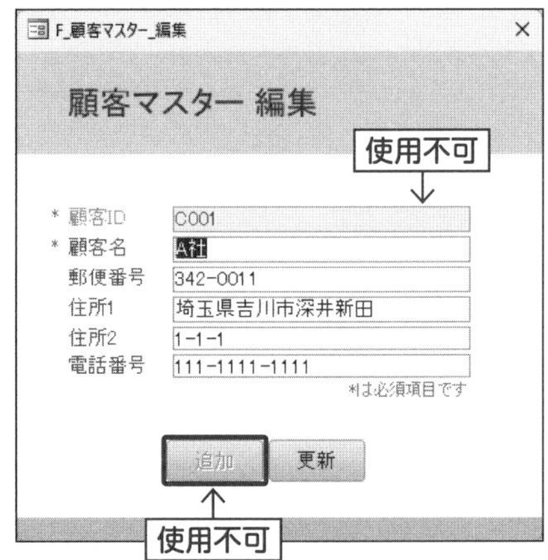

「追加」「更新」ボタンのクリック時イベントプロシージャをそれぞれ作成します。なお、ボタンに埋め込みマクロが設定されている場合、P.389の方法で削除してからイベントプロシージャを作成してください。

「btn_追加_Click」プロシージャに**コード55**を書きます。必須ではない項目にはP.441で作成したgetCorrValue関数を使って空欄可能にします。テキスト型なので、識別子は「'」です。

コード55 「btn_追加_Click」プロシージャ（Form_F_顧客マスター_編集）

```
01 Private Sub btn_追加_Click()
02   '## 追加ボタンクリック時
03 
04   '空欄確認
05   If IsNull(Me.txb_顧客ID.Value) Or _
06      IsNull(Me.txb_顧客名.Value) Then
07     MsgBox "必須項目を入力してください", vbOKOnly + vbExclamation, "確認" 'メッセージ
08     Exit Sub '中止
09   End If
10 
11   '確認メッセージ
12   If MsgBox("新規の情報を追加します。よろしいですか?", _
13      vbOKCancel + vbQuestion, "確認") = vbCancel Then 'キャンセルを押されたら
14     Exit Sub '中止
15   End If
16 
17   'SQL文作成
18   Dim sql As String
19   sql = _
20     "INSERT INTO T_顧客マスター" & _
21       "(fld_顧客ID, fld_顧客名, fld_郵便番号, fld_住所1, fld_住所2, fld_電話番号) " & _
22     "VALUES" & _
23       "('" & Me.txb_顧客ID.Value & "', " & _
24       getCorrValue(Me.txb_顧客名.Value, "'") & ", " & _
25       getCorrValue(Me.txb_郵便番号.Value, "'") & ", " & _
26       getCorrValue(Me.txb_住所1.Value, "'") & ", " & _
27       getCorrValue(Me.txb_住所2.Value, "'") & ", " & _
28       getCorrValue(Me.txb_電話番号.Value, "'") & ");"
29 
30   '実行
31   If tryExecute(sql) Then '処理が成功した場合
32     MsgBox "処理が終了しました", vbOKCancel + vbInformation, "終了" '終了メッセージ
33     DoCmd.Close acForm, Me.Name, acSaveNo '自身を閉じる
34   End If
35 End Sub
```

（24～28行目：関数を利用）

「btn_更新_Click」プロシージャに**コード56**を書きます。

コード56 「btn_更新_Click」プロシージャ (Form_F_顧客マスター_編集)

```
01 Private Sub btn_更新_Click()
02   '## 更新ボタンクリック時
03
04   '空欄確認
05   If IsNull(Me.txb_顧客ID.Value) Or _
06      IsNull(Me.txb_顧客名.Value) Then
07     MsgBox "必須項目を入力してください", vbOKOnly + vbExclamation, "確認" 'メッセージ
08     Exit Sub '中止
09   End If
10
11   '確認メッセージ
12   If MsgBox("顧客ID '" & Me.txb_顧客ID.Value & "' の情報を更新します。よろしいですか?", _
13      vbOKCancel + vbQuestion, "確認") = vbCancel Then 'キャンセルを押されたら
14     Exit Sub '中止
15   End If
16
17   'SQL文作成
18   Dim sql As String
19   sql = _
20     "UPDATE T_顧客マスター " & _
21     "SET " & _
22       "fld_顧客名='" & Me.txb_顧客名.Value & "', " & _
23       "fld_郵便番号=" & getCorrValue(Me.txb_郵便番号.Value, "'") & ", " & _  ┐
24       "fld_住所1=" & getCorrValue(Me.txb_住所1.Value, "'") & ", " & _        │ 関数を
25       "fld_住所2=" & getCorrValue(Me.txb_住所2.Value, "'") & ", " & _        │ 利用
26       "fld_電話番号=" & getCorrValue(Me.txb_電話番号.Value, "'") & " " & _  ┘
27     "WHERE fld_顧客ID='" & Me.txb_顧客ID.Value & "';"
28
29   '実行
30   If tryExecute(sql) Then '処理が成功した場合
31     MsgBox "処理が終了しました", vbOKCancel + vbInformation, "終了" '終了メッセージ
32     DoCmd.Close acForm, Me.Name, acSaveNo '自身を閉じる
33   End If
34 End Sub
```

この時点でのサンプルは、「CHAPTER8」フォルダー→「After」フォルダー→「8-5」フォルダー内に「SampleSystem8-5-3.accdb」という名前で収録されています。

8-5-4 「社員マスター_編集」フォームの実装

「F_社員マスター_編集」の「開く時」のイベントプロシージャを作成します。挿入された「Form_Open」プロシージャに**コード57**を書きます。

コード57 「Form_Open」プロシージャ (Form_F_社員マスター_編集)

```
01 Private Sub Form_Open(Cancel As Integer)
02     '## フォームが開く時
03 
04     If Form_F_マスター閲覧.chk_更新 = True Then
05         '更新ボタンが押されていた場合
06         Me.txb_社員ID.Value = Form_F_マスター閲覧.lbx_テーブル.Column(0) 'リストボックスの値を代入
07         Me.txb_社員名.Value = Form_F_マスター閲覧.lbx_テーブル.Column(1)
08         Me.txb_入社日.Value = Form_F_マスター閲覧.lbx_テーブル.Column(2)
09         Me.txb_パスワード.Value = Form_F_マスター閲覧.lbx_テーブル.Column(3)
10         Me.chk_管理者フラグ.Value = Form_F_マスター閲覧.lbx_テーブル.Column(4)
11         Me.txb_社員ID.Enabled = False '顧客IDテキストボックスを使用不可へ
12         Me.btn_追加.Enabled = False '追加ボタンを使用不可へ
13     Else
14         '追加ボタンが押されていた場合
15         Me.btn_更新.Enabled = False '更新ボタンを使用不可へ
16     End If
17 End Sub
```

これで、「追加」ボタンから開かれたとき、「更新」ボタンから開かれたときで**図82**のように動きが変わります。

図82 動きの違い

追加ボタンから開かれたとき

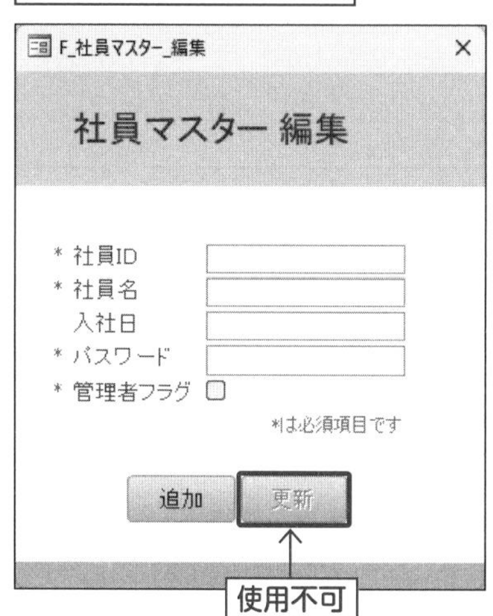

更新ボタンから開かれたとき

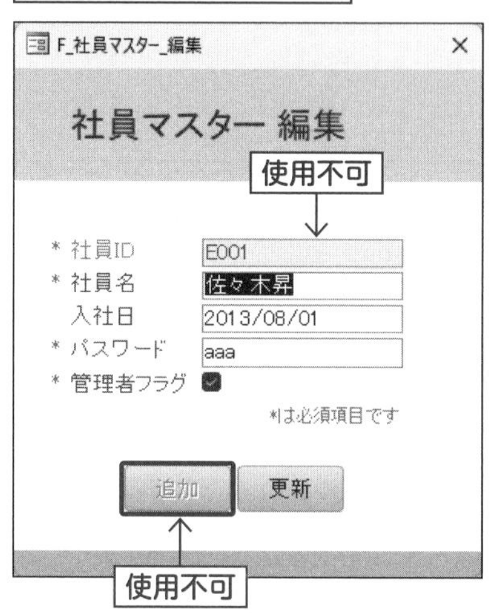

「追加」「更新」ボタンのクリック時イベントプロシージャをそれぞれ作成します。なお、ボタンに埋め込みマクロが設定されている場合、P.389の方法で削除してからイベントプロシージャを作成してください。

「btn_追加_Click」プロシージャに**コード58**を書きます。必須ではない項目にはP.441で作成したgetCorrValue関数を使って空欄可能にします。日付型なので、識別子は「#」です。

コード58　「btn_追加_Click」プロシージャ（Form_F_社員マスター_編集）

```
01 Private Sub btn_追加_Click()
02   '## 追加ボタンクリック時
03
04   '空欄確認
05   If IsNull(Me.txb_社員ID.Value) Or _
06      IsNull(Me.txb_社員名.Value) Or _
07      IsNull(Me.txb_パスワード.Value) Then
08     MsgBox "必須項目を入力してください", vbOKOnly + vbExclamation, "確認" 'メッセージ
09     Exit Sub '中止
10   End If
11
12   '確認メッセージ
13   If MsgBox("新規の情報を追加します。よろしいですか?", _
14      vbOKCancel + vbQuestion, "確認") = vbCancel Then 'キャンセルを押されたら
15     Exit Sub '中止
16   End If
17
18   'SQL文作成
19   Dim sql As String
20   sql = _
21     "INSERT INTO T_社員マスター" & _
22       "(fld_社員ID, fld_社員名, fld_入社日, fld_パスワード, fld_管理者フラグ) " & _
23     "VALUES" & _
24       "('" & Me.txb_社員ID.Value & "', " & _
25       "'" & Me.txb_社員名.Value & "', " & _
26       getCorrValue(Me.txb_入社日.Value, "#") & ", " & _  ←関数を利用
27       "'" & Me.txb_パスワード.Value & "', " & _
28       Me.chk_管理者フラグ.Value & ");"
29
30   '実行
31   If tryExecute(sql) Then '処理が成功した場合
32     MsgBox "処理が終了しました", vbOKCancel + vbInformation, "終了" '終了メッセージ
33     DoCmd.Close acForm, Me.Name, acSaveNo '自身を閉じる
34   End If
35 End Sub
```

「btn_更新_Click」プロシージャに**コード59**を書きます。

コード59 「btn_更新_Click」プロシージャ(Form_F_社員マスター_編集)

```
01 Private Sub btn_更新_Click()
02   '## 更新ボタンクリック時
03 
04   '空欄確認
05   If IsNull(Me.txb_社員ID.Value) Or _
06      IsNull(Me.txb_社員名.Value) Or _
07      IsNull(Me.txb_パスワード.Value) Then
08     MsgBox "必須項目を入力してください", vbOKOnly + vbExclamation, "確認" 'メッセージ
09     Exit Sub '中止
10   End If
11 
12   '確認メッセージ
13   If MsgBox("社員ID '" & Me.txb_社員ID.Value & "' の情報を更新します。よろしいですか?", _
14      vbOKCancel + vbQuestion, "確認") = vbCancel Then 'キャンセルを押されたら
15     Exit Sub '中止
16   End If
17 
18   'SQL文作成
19   Dim sql As String
20   sql = _
21     "UPDATE T_社員マスター " & _
22     "SET " & _
23       "fld_社員名='" & Me.txb_社員名.Value & "', " & _
24       "fld_入社日=" & getCorrValue(Me.txb_入社日.Value, "#") & ", " & _   ←関数を利用
25       "fld_パスワード='" & Me.txb_パスワード.Value & "', " & _
26       "fld_管理者フラグ=" & Me.chk_管理者フラグ.Value & " " & _
27     "WHERE fld_社員ID='" & Me.txb_社員ID.Value & "';"
28 
29   '実行
30   If tryExecute(sql) Then '処理が成功した場合
31     MsgBox "処理が終了しました", vbOKCancel + vbInformation, "終了" '終了メッセージ
32     DoCmd.Close acForm, Me.Name, acSaveNo '自身を閉じる
33   End If
34 End Sub
```

この時点でのサンプルは、「CHAPTER8」フォルダー→「After」フォルダー→「8-5」フォルダー内に「SampleSystem8-5-4.accdb」という名前で収録されています。また、このSection終了時のサンプルは、「CHAPTER8」フォルダー→「After」フォルダー内に「SampleSystem8-5.accdb」という名前でも収録されています。

8-6 レコードをコピーする機能

8-6-1 親情報の登録

このSection開始前のサンプルは、「CHAPTER8」フォルダー→「Before」フォルダー内に「SampleSystem 8-6.accdb」という名前で収録されています。

最後に、選択した親子情報をコピーする機能を加えましょう。「F_販売データ_一覧」フォームをデザインビューで開いて、ボタンを追加します（**図83**、**表9**）。

図83 「コピー」ボタンを追加

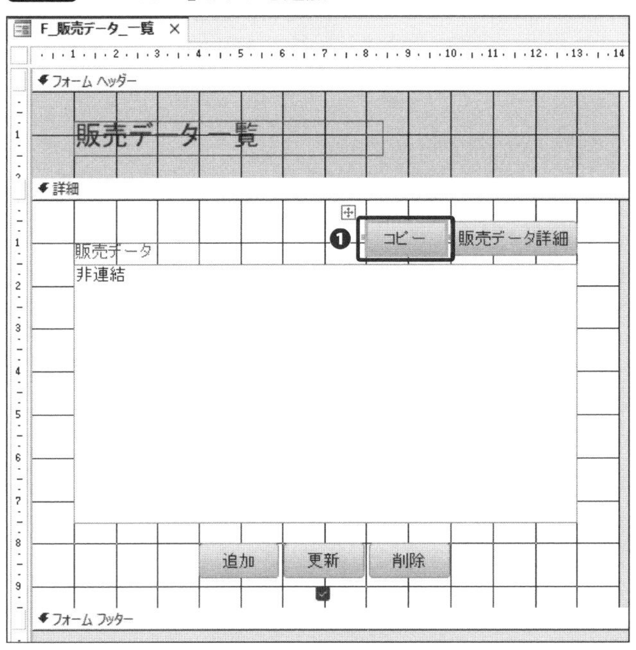

表9 ボタンのプロパティシート設定

番号	名前	標題	幅	高さ	上位置	左位置
❶	btn_コピー	コピー	1.9cm	0.8cm	0.5cm	8cm

このボタンの「クリック時」イベントプロシージャを作成し、**コード60**を書きます。メインの処理に入る前に、レコードの選択確認と確認メッセージの表示を行います。

コード60 「btn_コピー_Click」プロシージャ（Form_F_販売データ_一覧）

```
01 Private Sub btn_コピー_Click()
02   '## コピーボタンクリック時
03 
04   '汎用的に使う変数
05   Dim sql As String
06 
07   '選択されているか確認
08   If Me.lbx_販売データ.ItemsSelected.Count = 0 Then '選択されていなかったら
09     MsgBox "対象のレコードを選択してください", vbOKOnly + vbExclamation, "確認" 'メッセージ
10     Exit Sub '中止
11   End If
12 
13   '確認メッセージ
14   If MsgBox( _
15     "選択した販売情報と同じ内容を作成します。以下の点をご確認ください。" & vbNewLine & _
16     vbNewLine & _
17     "・顧客IDと詳細情報の内容がコピーされます。" & vbNewLine & _
18     "・売上日は本日(" & Date & ")となります。" & vbNewLine & _
19     "・社員情報は[" & Form_F_メニュー.txb_社員ID.Value & "]" & _
20     "[" & Form_F_メニュー.txb_社員名.Value & "]となります。" & vbNewLine & _
21     vbNewLine & _
22     "続行してよろしいですか?", vbOKCancel + vbQuestion, "確認") = vbCancel Then
23     Exit Sub
24   End If
25 
26   '=== 親情報の登録 ===
27     ←このあと実装
28   '=== 親情報の登録 ここまで ===
29 
30   '=== 子情報の登録 ===
31     ←8-6-2以降で実装
32   '=== 子情報の登録 ここまで ===
33 
34 End Sub
```

親情報の登録を行う処理は、**コード61**のように書きます。

コード61 親情報の登録（「btn_コピー_Click」プロシージャ）

```
01 Private Sub btn_コピー_Click()
02   '## コピーボタンクリック時
03
                         略
04
05   '=== 親情報の登録 ===
06   '親情報SQL文作成
07   sql = _
08     "INSERT INTO T_販売データ" & _
09       "(fld_売上日, fld_顧客ID, fld_社員ID) " & _
10     "VALUES" & _
11       "(#" & Date & "#, " & _
12       "'" & Me.lbx_販売データ.Column(2) & "', " & _
13       "'" & Form_F_メニュー.txb_社員ID.Value & "');"
14
15   '親情報SQLの実行
16   If tryExecute(sql) Then '処理が成功した場合
17     Call setSourceListbox 'リストボックス更新
18   Else
19     Exit Sub '失敗したら中止
20   End If
21   '=== 親情報の登録 ここまで ===
22
23   '=== 子情報の登録 ===
24    ←8-6-2以降で実装
25   '=== 子情報の登録 ここまで ===
26
27 End Sub
```

この時点でのサンプルは、「CHAPTER8」フォルダー→「After」フォルダー→「8-6」フォルダー内に「SampleSystem8-6-1.accdb」という名前で収録されています。

8-6-2 子情報の取り出しとSQLの作成

1つの親情報に対して子情報は複数存在する場合が多いため、複数のSQL文を1度に処理する方法も覚えておくと便利です。

ここまでは1つの値を持てるString型の変数へSQLを格納して実行してきましたが、複数の要素をまとめて持つことができるCollectionオブジェクトを使います（図84）。

図84 StringとCollection

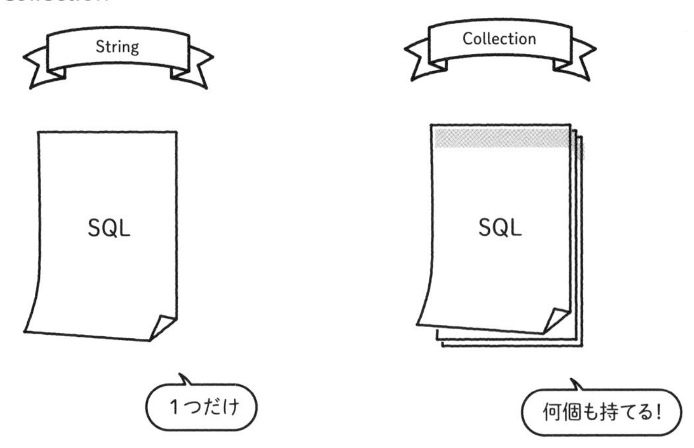

7-4 (P.359) で作成した「printRecordset」プロシージャを参考に、コピー対象の親IDに関する詳細IDのレコードセットを取り出しながら、同じ値を新規登録するINSERT文を作成してCollectionオブジェクトへ追加していきます（**コード62**）。

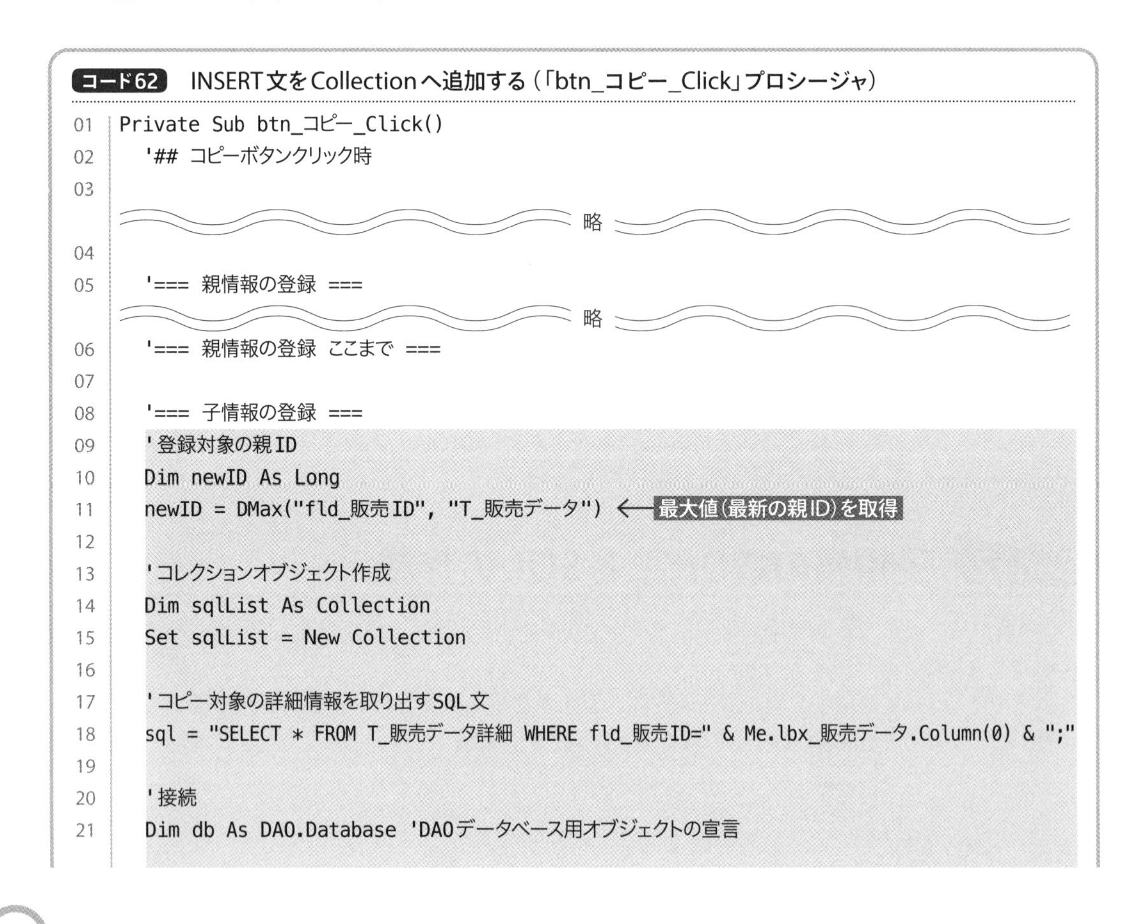

コード62 INSERT文をCollectionへ追加する（「btn_コピー_Click」プロシージャ）

```
01 Private Sub btn_コピー_Click()
02     '## コピーボタンクリック時
03
                          略
04
05     '=== 親情報の登録 ===
                          略
06     '=== 親情報の登録 ここまで ===
07
08     '=== 子情報の登録 ===
09     '登録対象の親ID
10     Dim newID As Long
11     newID = DMax("fld_販売ID", "T_販売データ") ←最大値(最新の親ID)を取得
12
13     'コレクションオブジェクト作成
14     Dim sqlList As Collection
15     Set sqlList = New Collection
16
17     'コピー対象の詳細情報を取り出すSQL文
18     sql = "SELECT * FROM T_販売データ詳細 WHERE fld_販売ID=" & Me.lbx_販売データ.Column(0) & ";"
19
20     '接続
21     Dim db As DAO.Database 'DAOデータベース用オブジェクトの宣言
```

```
22      Set db = CurrentDb '現在開いているデータベースへ接続
23
24      'レコードセットを開く
25      Dim rs As DAO.Recordset 'DAOレコードセットオブジェクト変数宣言
26      Set rs = db.OpenRecordset(sql) 'レコードセットの取得
27
28      '子情報SQL文作成
29      Do Until rs.EOF 'レコードセットが終了するまで処理を繰り返す
30        sql = _
31          "INSERT INTO T_販売データ詳細" & _
32            "(fld_販売ID, fld_商品ID, fld_単価, fld_個数) " & _
33          "VALUES" & _
34            "(" & newID & ", " & _
35            "'" & rs("fld_商品ID").Value & "', " & _
36            rs("fld_単価").Value & ", " & _
37            rs("fld_個数").Value & ");"
38        sqlList.Add sql 'SQLをコレクションへ追加
39        rs.MoveNext '次のレコードに移動する
40      Loop
41
42      'レコードセットを閉じる
43      rs.Close
44      Set rs = Nothing
45
46      '接続解除
47      db.Close
48      Set db = Nothing
49
50      '子情報SQLの実行
51       ←8-6-4で実装
52      '=== 子情報の登録 ここまで ===
53
54  End Sub
```

レコードセットの数だけINSERT文を作成してコレクションへ追加

この時点でのサンプルは、「CHAPTER8」フォルダー→「After」フォルダー→「8-6」フォルダー内に「SampleSystem8-6-2.accdb」という名前で収録されています。

8-6-3 子情報の登録（トランザクション処理）

複数のSQL文を持ったCollectionオブジェクトを実行するための関数を新たに作成します。「M_Common」モジュールにある「tryExecute」プロシージャを同じモジュールへコピー&ペーストして「tryMultiExecute」プロシージャという名前に変更します。あわせて、次の部分に変更を加えます（**コード63**）。

コード63 「tryMultiExecute」プロシージャの作成（M_Common）

```
01 Public Function tryMultiExecute(ByVal sqlList As Collection) As Boolean
02   '## 複数のSQLを実行
03
04   'エラーが起きたら「ErrorHandler」にジャンプする指示
05   On Error GoTo ErrorHandler
06
07   'トランザクション用オブジェクト作成
08   Dim ws As DAO.Workspace
09   Set ws = DBEngine(0)
10
11   '接続
12   Dim db As DAO.Database 'DAOデータベース用オブジェクトの宣言
13   Set db = CurrentDb '現在開いているデータベースへ接続
14
15   ws.BeginTrans
16
17   '実行
18   Dim sql As Variant
19   For Each sql In sqlList
20     db.Execute sql, dbFailOnError
21   Next sql
22
23   ws.CommitTrans
24
25   tryMultiExecute = True '成功だった場合、結果をTrueにする
26   GoTo Finally '正常に終了したら最終処理へジャンプ
27
28 ErrorHandler: '例外処理(エラーが起きたらここへジャンプ)
29   ws.Rollback
30   Dim msgTxt As String
31   msgTxt = "Error #: " & Err.Number & vbNewLine & vbNewLine & Err.Description & _
32            vbNewLine & vbNewLine & sql 'エラーメッセージと対象SQLを格納
33   MsgBox msgTxt, vbOKOnly + vbCritical, "エラー" 'メッセージ出力
34
35 Finally: '最終処理
36   If Not db Is Nothing Then '接続解除
37     db.Close
38     Set db = Nothing
39   End If
40   If Not ws Is Nothing Then
41     ws.Close
42     Set ws = Nothing
43   End If
44 End Function
```

注釈:
- 01行目 Collection ← 引数をコレクション型に
- 15行目 ← トランザクション開始
- 19行目 ← SQL文リストをループ
- 20行目 ← 1つずつ実行
- 23行目 ← 確定
- 15〜23行目: ここからここまでが1つのパッケージとして扱われる
- 29行目 ← 元の状態へ戻す
- 40行目 ← トランザクション用のオブジェクトを破棄

このプロシージャは、複数の処理を1つのパッケージと捉え、パッケージ単位でOKまたはNG処理をする**トランザクション処理**を行います。

パッケージ内の処理は、1つずつの実行を保留として扱い、すべて成功した場合のみ保留分を**確定**(**コミット**)します。もしも途中でエラーが起きた場合は、保留分を破棄することで元の状態に戻す、**ロールバック**と呼ばれる処理を行います(**図85**)。中途半端な処理状態で中断してしまった場合の、問題や矛盾を防ぐ効果があります。

図85 トランザクション処理

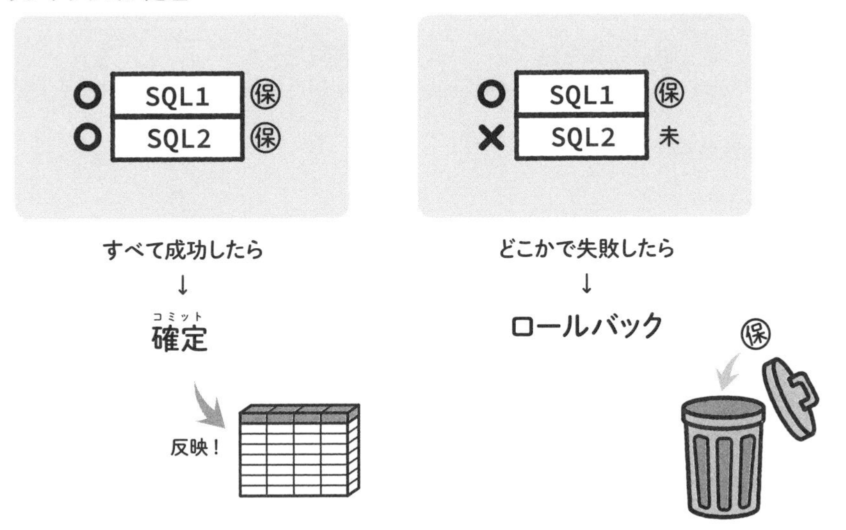

8-6-2 (P.451) で作成した複数のSQLコレクションを、「tryMultiExecute」プロシージャを使って実行するコードを書きましょう。「Form_F_販売データ_一覧」モジュールの「btn_コピー_Click」プロシージャに、Collectionオブジェクトに SQL文が1つ以上存在しているか確認したのち、実行します(**コード64**)。

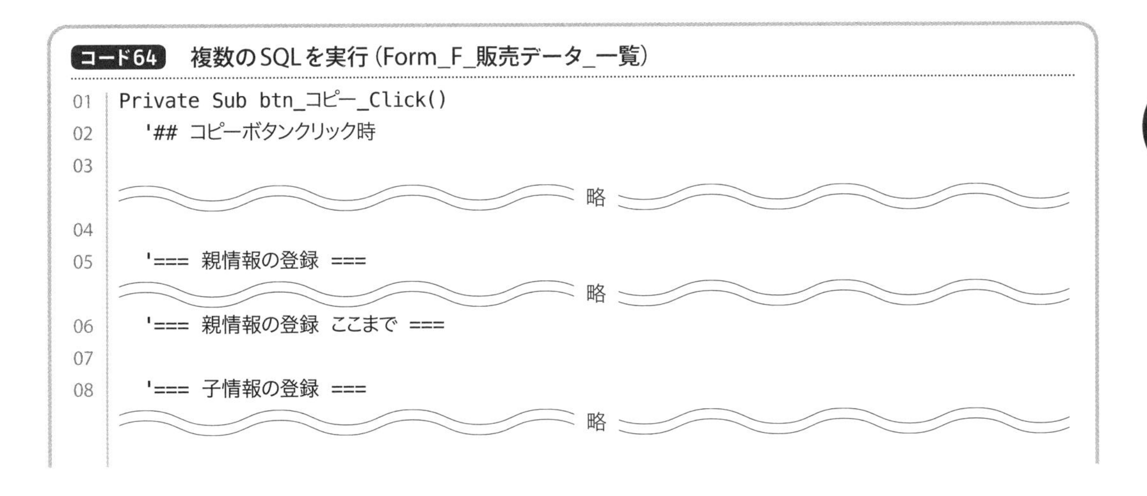

コード64 複数のSQLを実行(Form_F_販売データ_一覧)

```
01 Private Sub btn_コピー_Click()
02     '## コピーボタンクリック時
03 
   ～～～～～～～～～～ 略 ～～～～～～～～～～
04 
05     '=== 親情報の登録 ===
   ～～～～～～～～～～ 略 ～～～～～～～～～～
06     '=== 親情報の登録 ここまで ===
07 
08     '=== 子情報の登録 ===
   ～～～～～～～～～～ 略 ～～～～～～～～～～
```

```
09    '接続解除
10    db.Close
11    Set db = Nothing
12
13    '子情報がなかったら中止
14    If sqlList.Count = 0 Then
15      Exit Sub
16    End If
17
18    '子情報SQLの実行
19    If tryMultiExecute(sqlList) Then ←処理が成功した場合
20      MsgBox "処理が終了しました", vbOKCancel + vbInformation, "終了"   ←終了メッセージ
21    End If
22    '=== 子情報の登録 ここまで ===
23
24  End Sub
25
```

以上で、すべての機能が実装できました。

この時点でのサンプルは、「CHAPTER8」フォルダー→「After」フォルダー→「8-6」フォルダー内に「SampleSystem8-6-3.accdb」という名前で収録されています。また、このSection終了時のサンプルは、「CHAPTER8」フォルダー→「After」フォルダー内に「SampleSystem8-6.accdb」という名前でも収録されています。

8-7 レベル3アプリの完成

8-7-1 マスターテーブルの編集

レベル3アプリの機能がすべて実装されたので、操作方法と動作の確認を行いましょう。6-6-2を参考にナビゲーションウィンドウを隠した状態でスタートします。

ファイルを開くとログイン画面が表示されます。適切な社員IDとパスワードを入力して「ログイン」ボタンをクリックするとメニューフォームが開き、ログイン情報が表示されます（図86）。

図86　ログイン

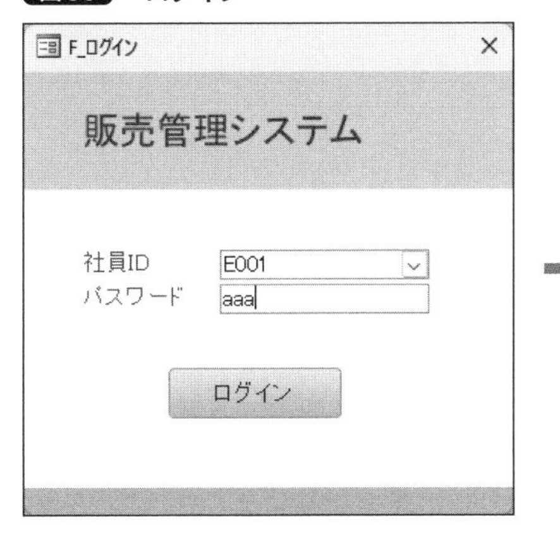

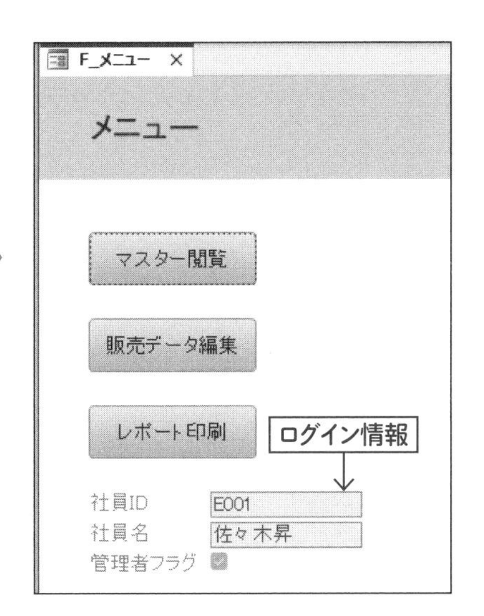

マスターの閲覧／編集は、メニューの「マスター閲覧」ボタンから開きます。右上のマスター選択で「商品マスター」「顧客マスター」「社員マスター」を切り替えることができます。「追加」「更新」「削除」ボタンはログインユーザーが管理者の場合のみ有効になります（図87）。

図87 マスター閲覧

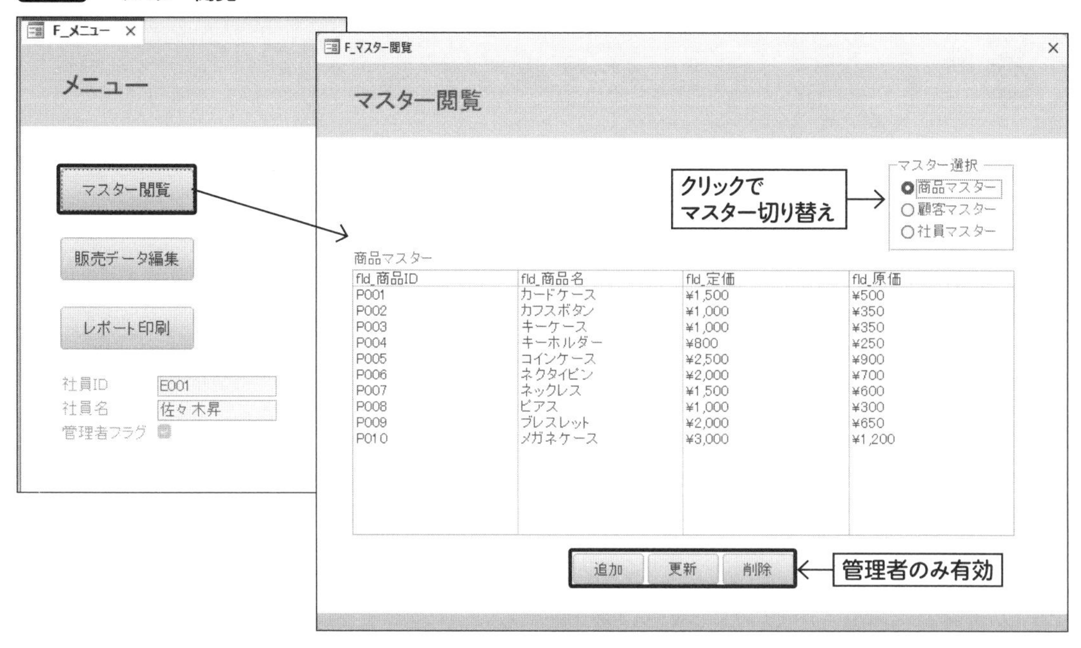

fld_商品ID	fld_商品名	fld_定価	fld_原価
P001	カードケース	¥1,500	¥500
P002	カフスボタン	¥1,000	¥350
P003	キーケース	¥1,000	¥350
P004	キーホルダー	¥800	¥250
P005	コインケース	¥2,500	¥900
P006	ネクタイピン	¥2,000	¥700
P007	ネックレス	¥1,500	¥600
P008	ピアス	¥1,000	¥300
P009	ブレスレット	¥2,000	¥650
P010	メガネケース	¥3,000	¥1,200

「追加」ボタンをクリックすると、現在選択されているマスターテーブルに対する編集フォームが開きます。編集フォームの各項目へ値を入力し「追加」ボタンをクリックすると、確認メッセージが表示されます(図88)。

図88 商品マスターへのレコード追加

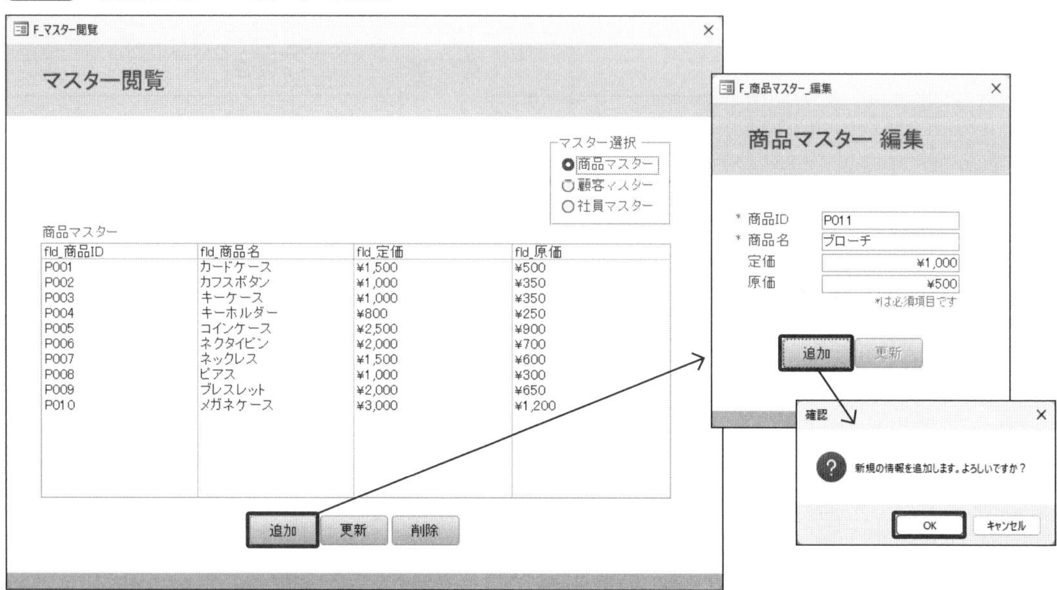

fld_商品ID	fld_商品名	fld_定価	fld_原価
P001	カードケース	¥1,500	¥500
P002	カフスボタン	¥1,000	¥350
P003	キーケース	¥1,000	¥350
P004	キーホルダー	¥800	¥250
P005	コインケース	¥2,500	¥900
P006	ネクタイピン	¥2,000	¥700
P007	ネックレス	¥1,500	¥600
P008	ピアス	¥1,000	¥300
P009	ブレスレット	¥2,000	¥650
P010	メガネケース	¥3,000	¥1,200

処理が終了するとメッセージが表示されて編集フォームが閉じます。リストボックスが更新されて結果を確認できます（図89）。

図89 結果の確認

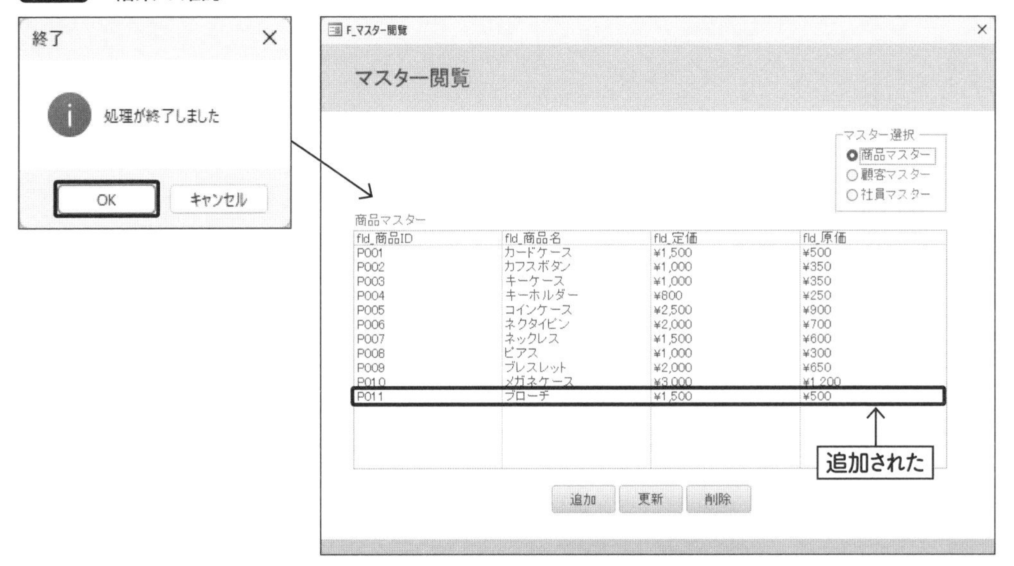

レコードを選択した状態で「更新」ボタンをクリックすると、選択した項目が入力された状態で編集フォームが開きます。編集フォームで値を書き換えて「更新」ボタンをクリックすると、確認メッセージが表示されます（図90）。

図90 商品マスターのレコード更新

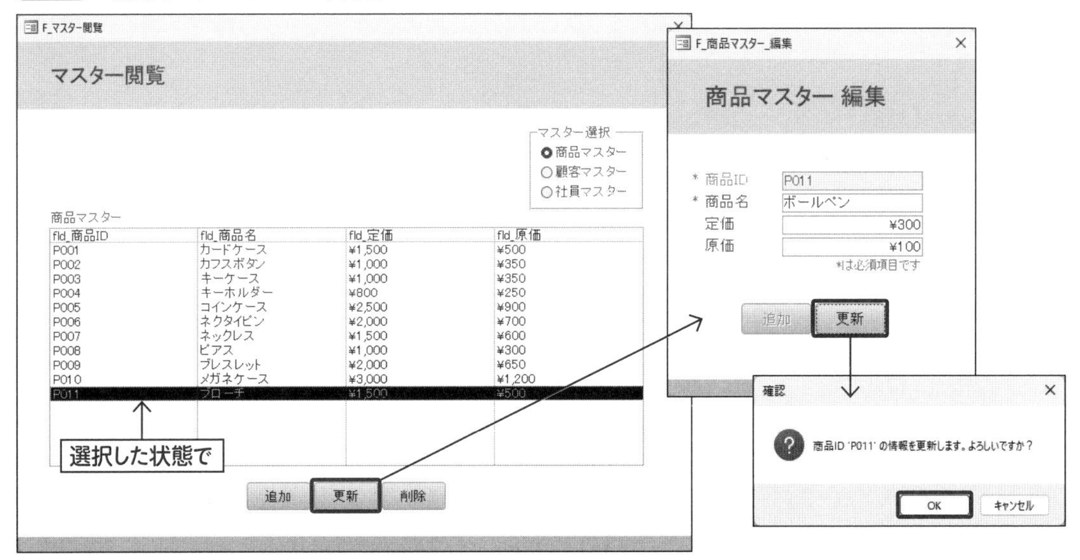

処理が終了するとメッセージが表示されて編集フォームが閉じます。リストボックスが更新されて結果を確認できます（図91）。

図91 結果の確認

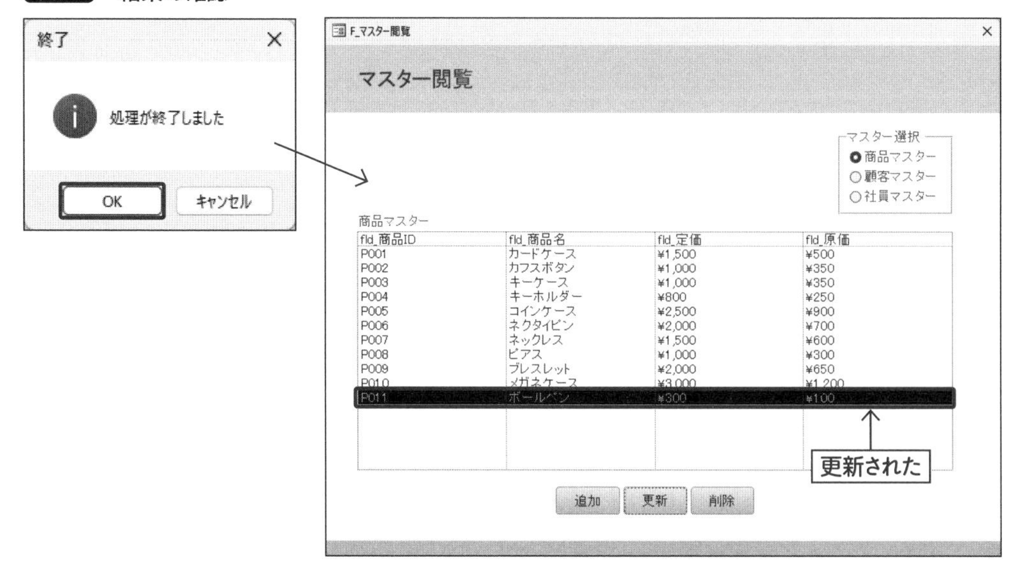

レコードを選択した状態で「削除」ボタンをクリックすると、確認メッセージが表示されます（図92）。

図92 商品マスターのレコード削除

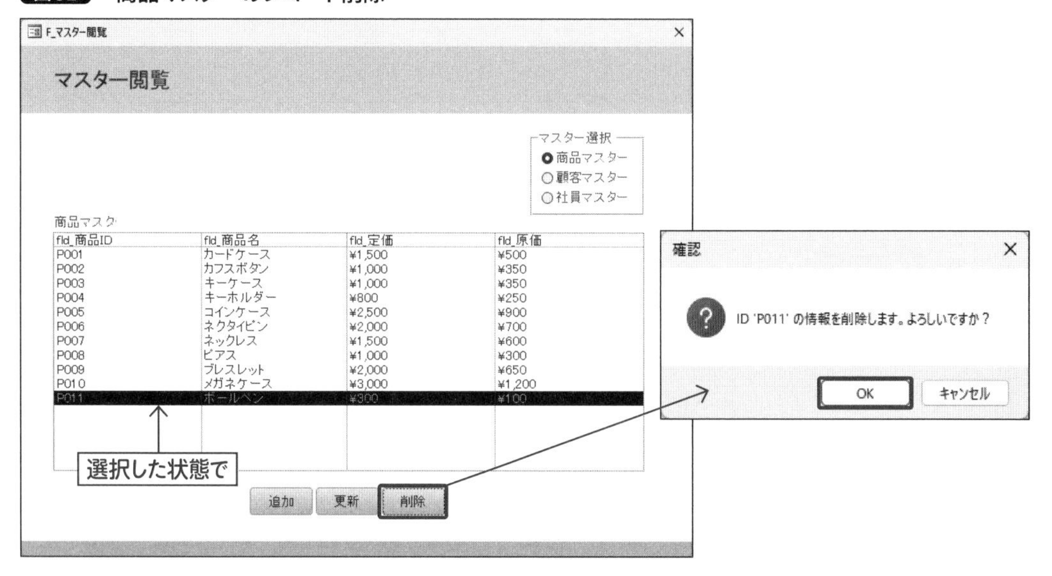

処理が終了するとメッセージが表示されます。リストボックスが更新されて結果を確認できます（図93）。

図93 結果の確認

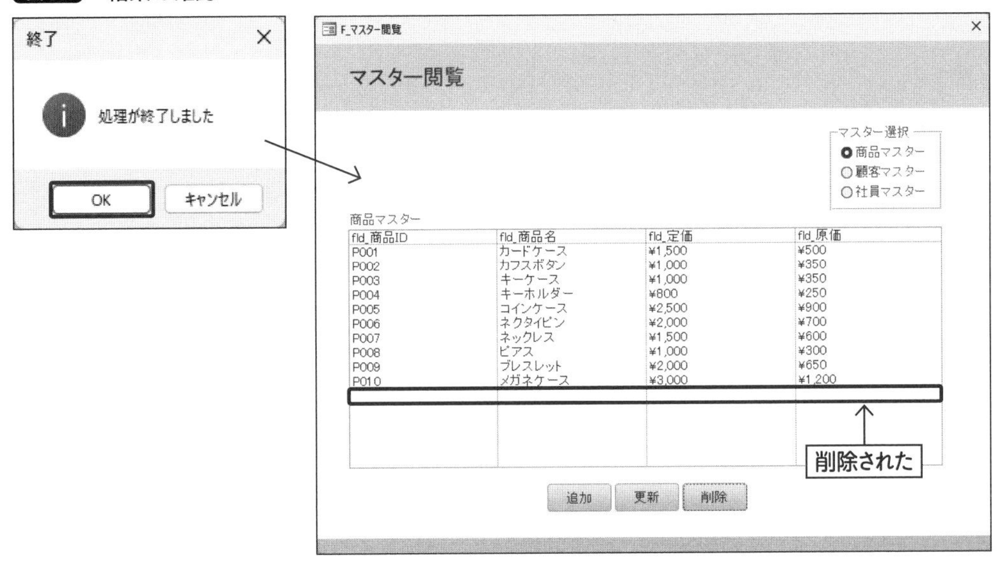

顧客マスターも同様の操作ができます（図94）。

図94 顧客マスター

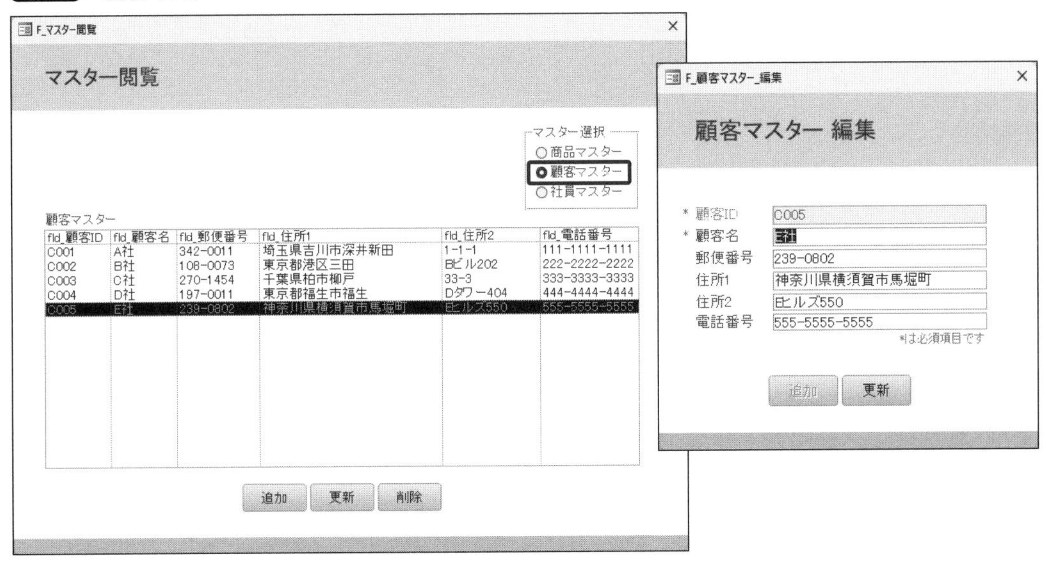

社員マスターも同様です。なお、社員マスターの場合、「fld_パスワード」「fld_管理者フラグ」のフィールドは管理者のみ閲覧可能となります(図95)。

図95 社員マスター

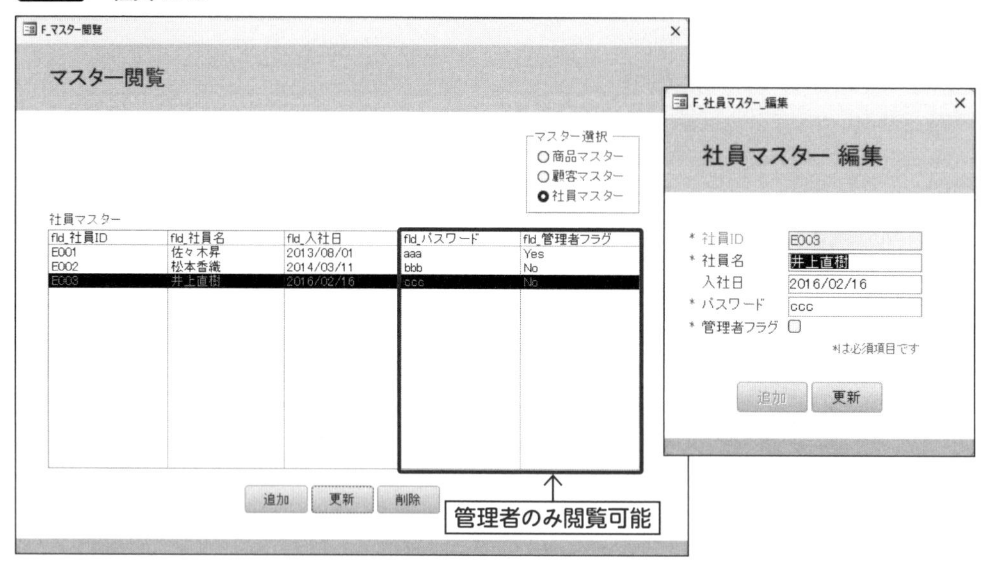

8-7-2 トランザクションテーブルの編集

販売データを新しく追加する場合、メニューから「販売データ編集」ボタンをクリックします。まずは親情報の登録が必要なため、「F_販売データ_一覧」フォームの「追加」ボタンから編集フォームを開いてレコードを追加します(図96)。

図96 親レコードの追加

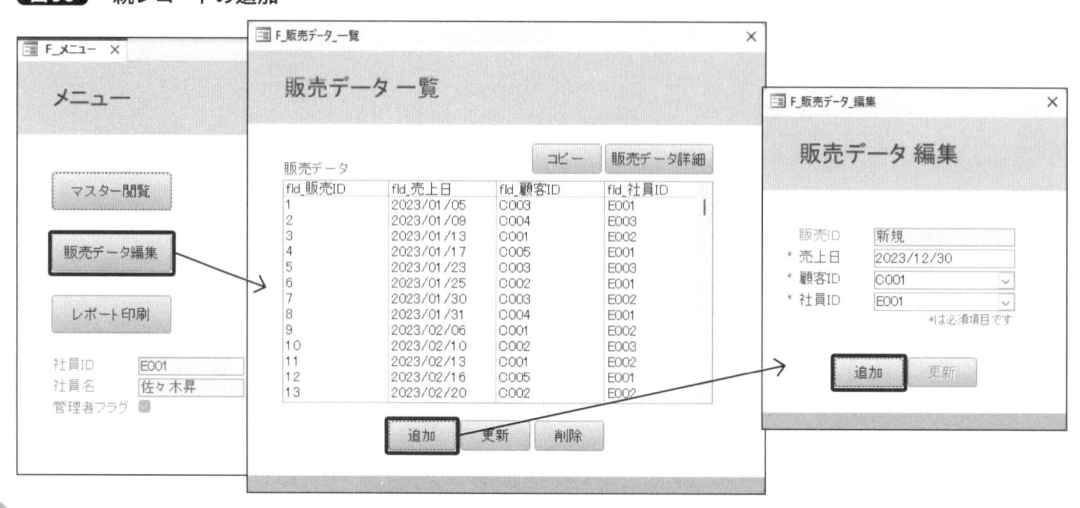

レコードが追加されると編集フォームは自動的に閉じて、リストボックスで追加レコードの内容が確認できます(**図97**)。なお、オートナンバー型の数値は違っていても問題ありません。キャプチャは「最適化と修復」(P.390)でデータベースを整理した状態で行っています。

図97 結果の確認

更新は、対象のレコードを選択した状態で「更新」ボタンをクリックします。選択した項目が入力された状態で編集フォームが開くので、任意のデータに書き換えます(**図98**)。

図98 親レコードの更新

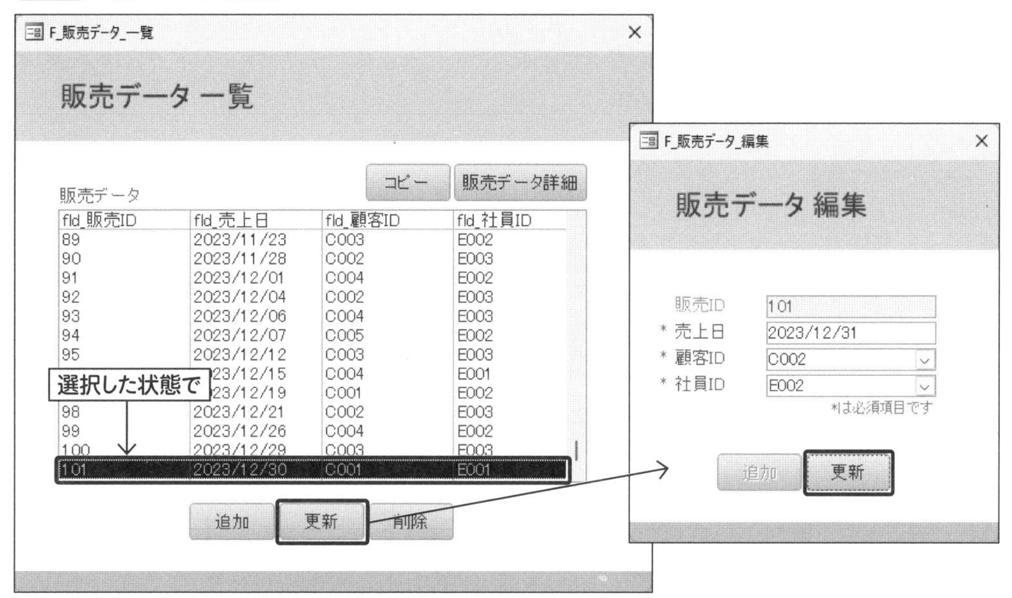

CHAPTER 1 CHAPTER 2 CHAPTER 3 CHAPTER 4 CHAPTER 5 CHAPTER 6 CHAPTER 7 CHAPTER 8 APPENDIX A

更新されると編集フォームは自動的に閉じて、リストボックスが更新されて対象レコードの内容が確認できます(図99)。

図99 結果の確認

この親レコードに関する子レコードの情報を閲覧するには、対象のレコードを選択した状態で「販売データ詳細」ボタンをクリックします(図100)。

図100 子レコードの閲覧

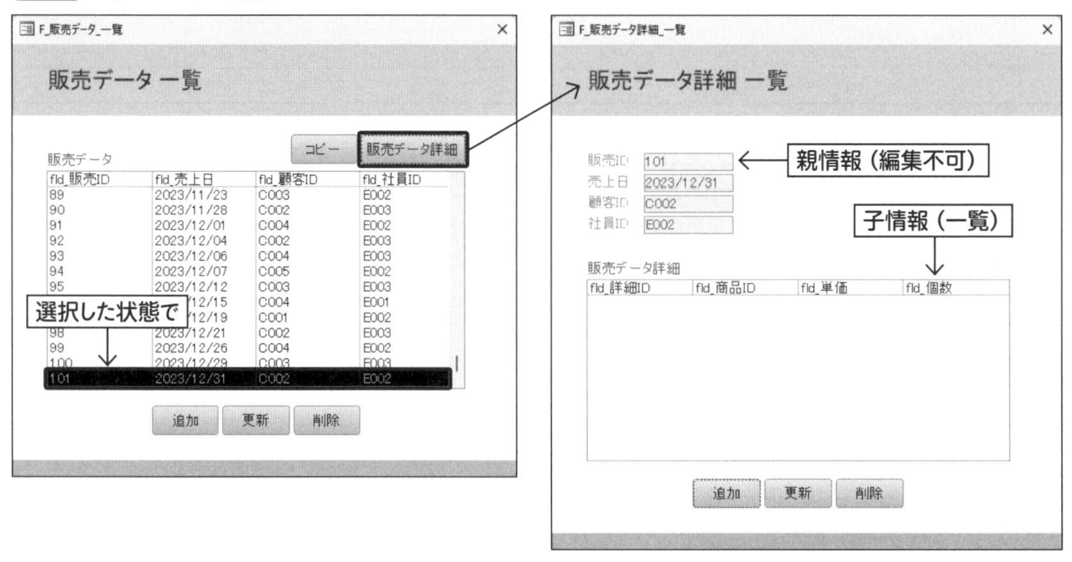

「F_販売データ詳細_一覧」フォームの「追加」ボタンから編集フォームを開いて、子情報を追加します(図101)。

図101 子レコードの追加

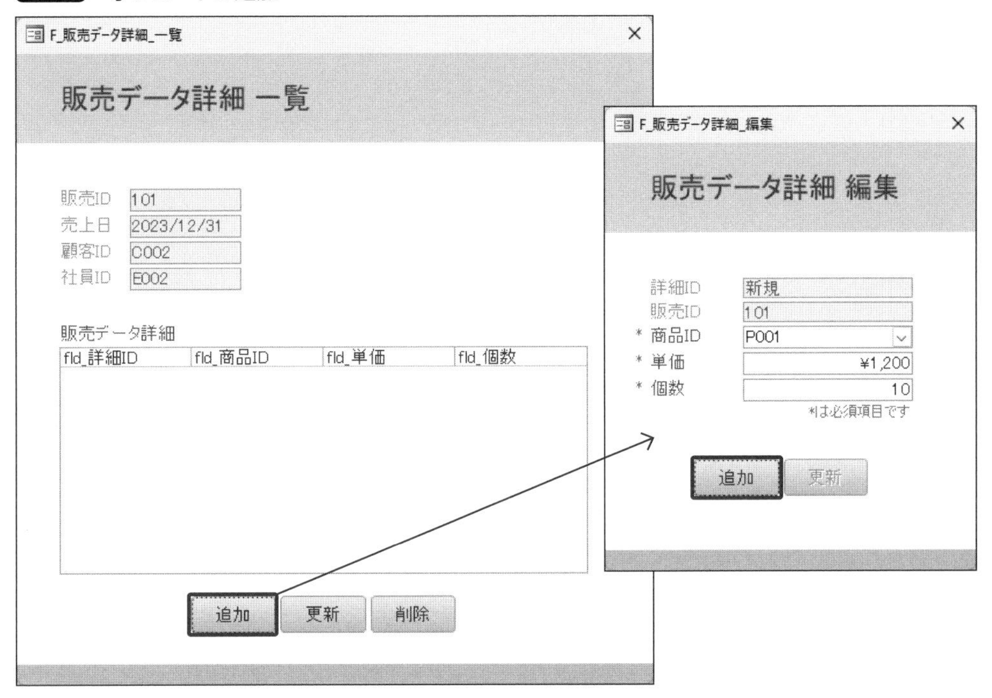

追加されると編集フォームは自動的に閉じ、リストボックスが更新されて追加レコードの内容が確認できます(図102)。

図102 結果の確認

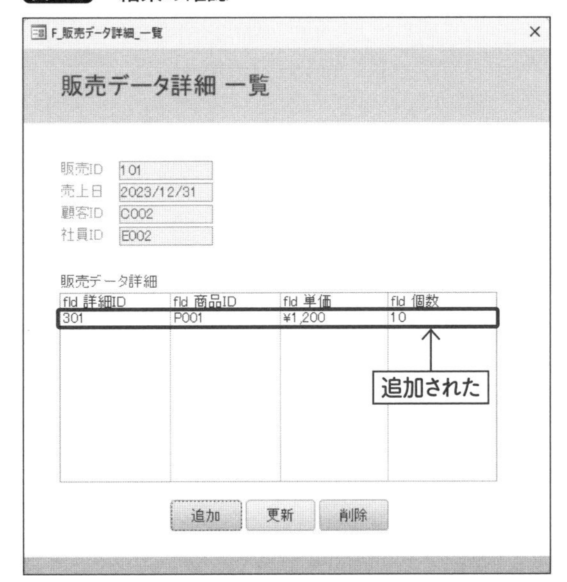

更新は、対象のレコードを選択した状態で「更新」ボタンをクリックします。選択した項目が入力された状態で編集フォームが開くので、任意のデータに書き換えます（図103）。

図103 子レコードの更新

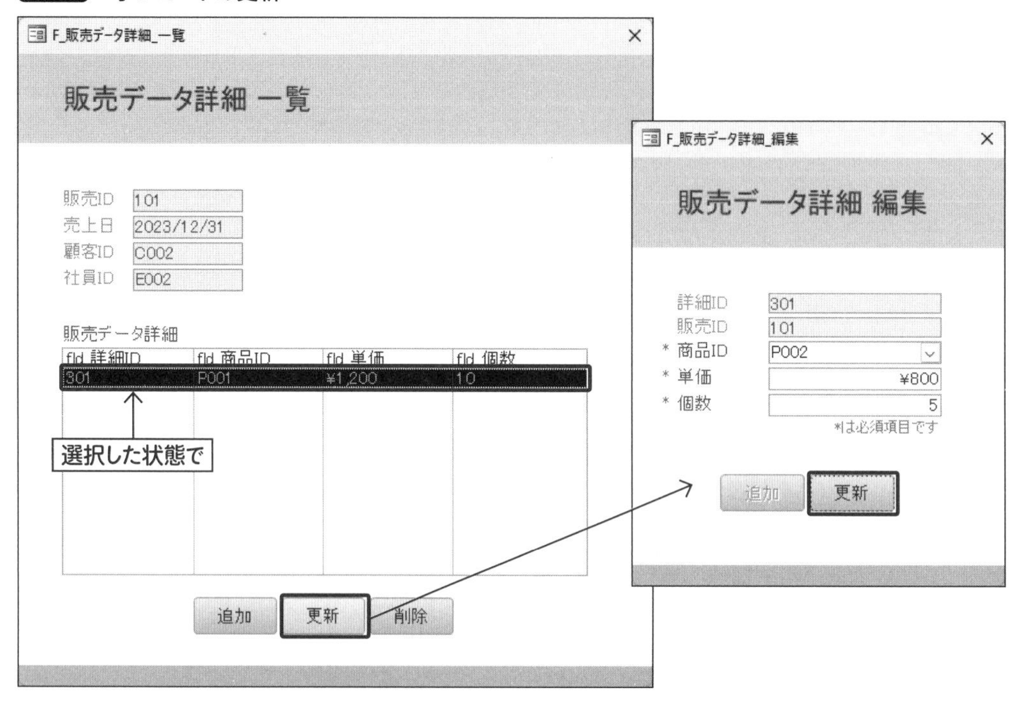

「更新」ボタンをクリックすると編集フォームは自動的に閉じ、リストボックスが更新されてレコードの内容が確認できます（図104）。

図104 結果の確認

削除は、対象のレコードを選択した状態で「削除」ボタンをクリックします。確認メッセージのあと、この画面上で削除が確認できます(**図105**)。

図105 子レコードの削除

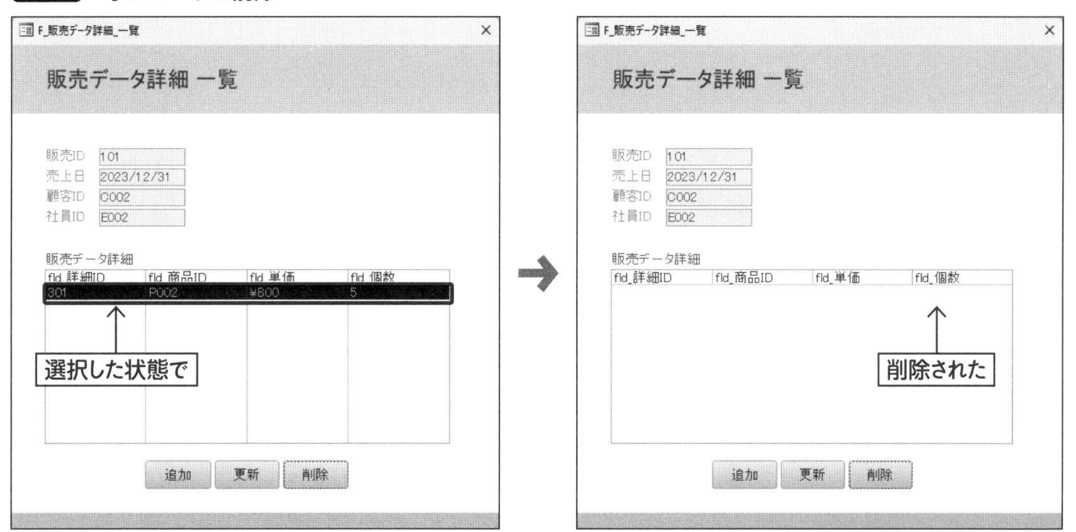

「F_販売データ詳細_一覧」フォームを閉じて、「F_販売データ_一覧」フォームへ戻ります。対象のレコードを選択した状態で「削除」ボタンをクリックすると、親レコードの削除ができます。「連鎖削除」の参照整合性が設定されているので、ここで削除する「販売ID」は、「T_販売データ詳細」テーブルで同じ「販売ID」を持つレコードも**すべて削除**されるため、確認メッセージを2回表示します(**図106**)。

図106 親データの削除

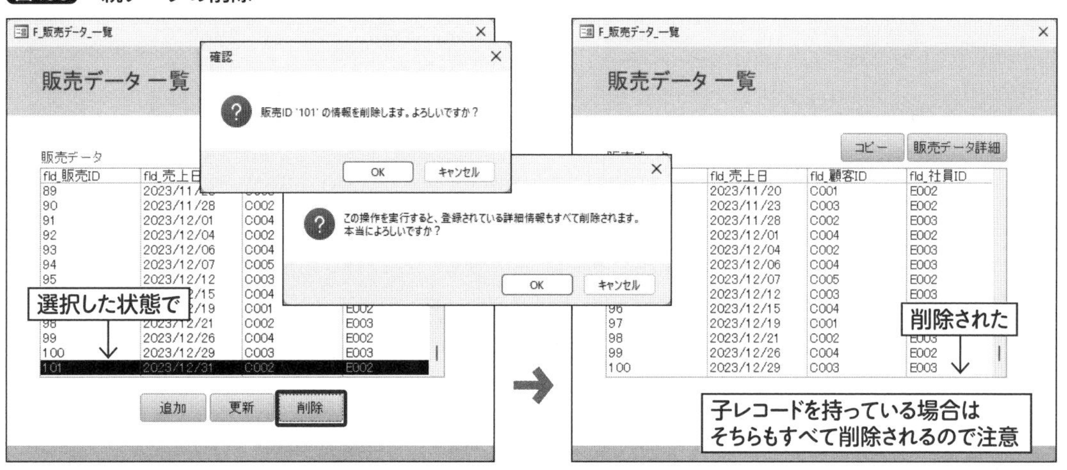

F_販売データ詳細_一覧」フォームで、レコードを選択した状態で「コピー」ボタンをクリックすると、親子情報を含めて同じ構成の販売情報をコピー追加することができます(**図107**)。ただし、売上日は本日、社員IDはログインユーザーのものになります。

図107 コピー機能

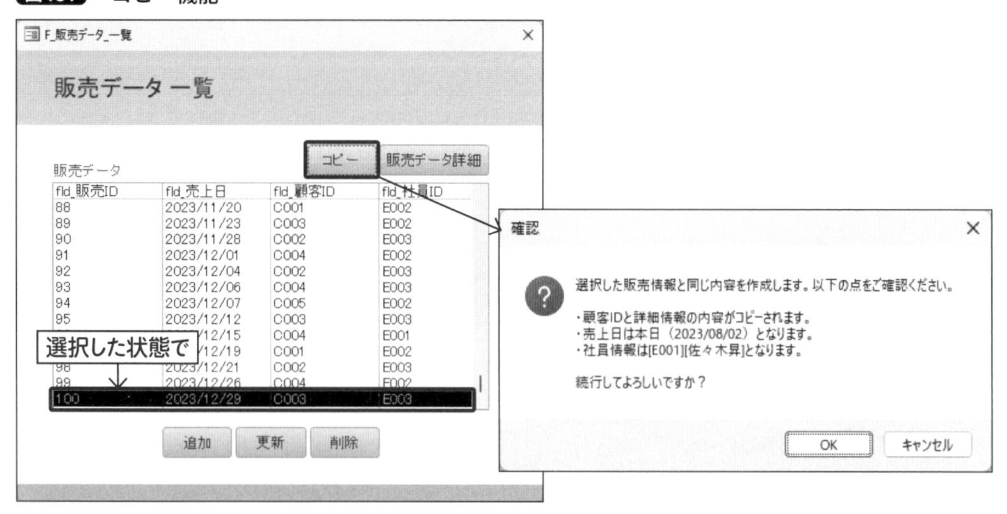

作成された親レコードの詳細を見てみると、コピー元と同じ構成の子レコードで登録されています(**図108**)。

図108 コピー結果

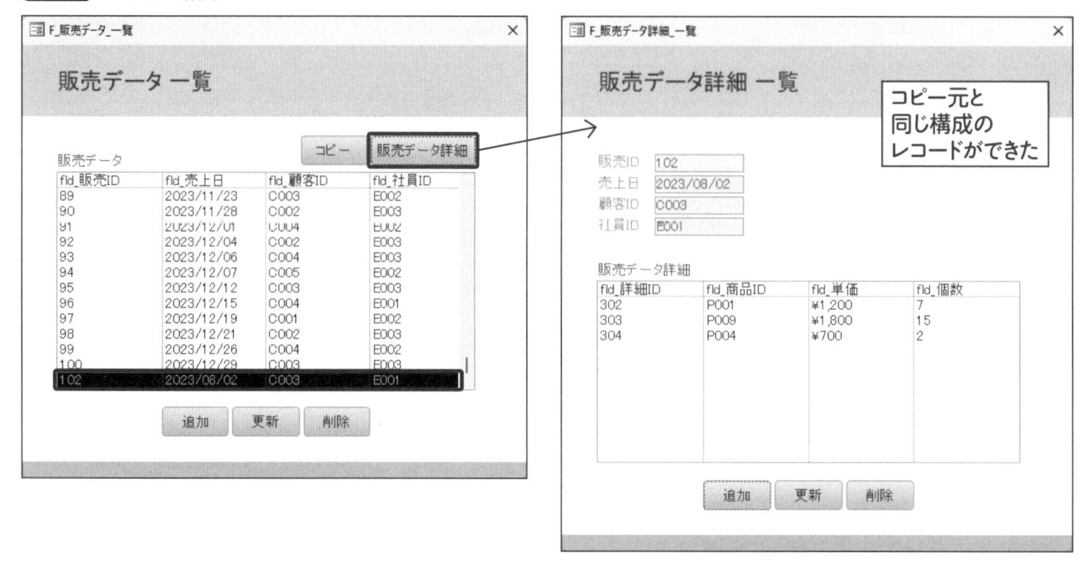

8-7-3 選択クエリの閲覧とレポート出力

売上一覧のレコードセットの閲覧と、2種類のレポートを出力するにはメニューから「レポート印刷」ボタンをクリックします。

リストボックスに一覧が表示されて、「開始日」「終了日」を設定して「絞り込み」ボタンをクリックするとレコードセットが絞り込まれ、「クリア」ボタンで解除できます（図109）。

図109 レコードセットの絞り込み

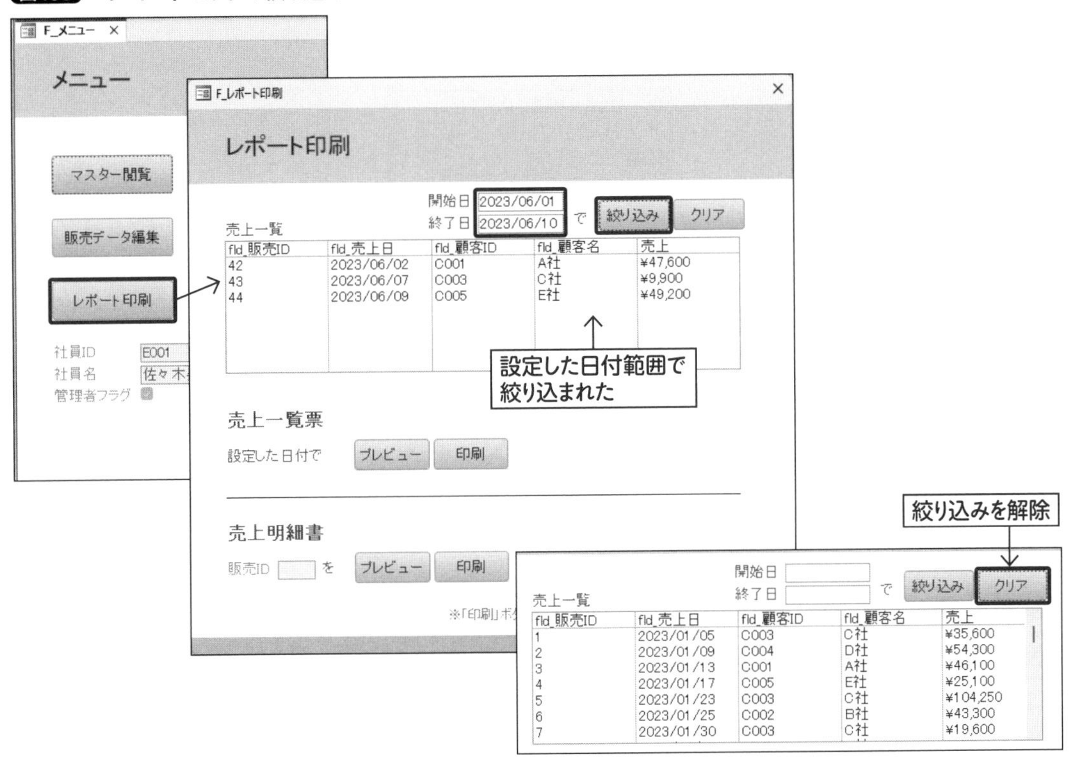

「R_売上一覧票」レポートは、上で設定した日付を条件に出力されます。「プレビュー」ボタンでは印刷プレビューが画面で確認でき、同じ内容が「印刷」ボタンをクリックすると、アクティブプリンターから印刷できます（図110）。

図110 売上一覧票の出力

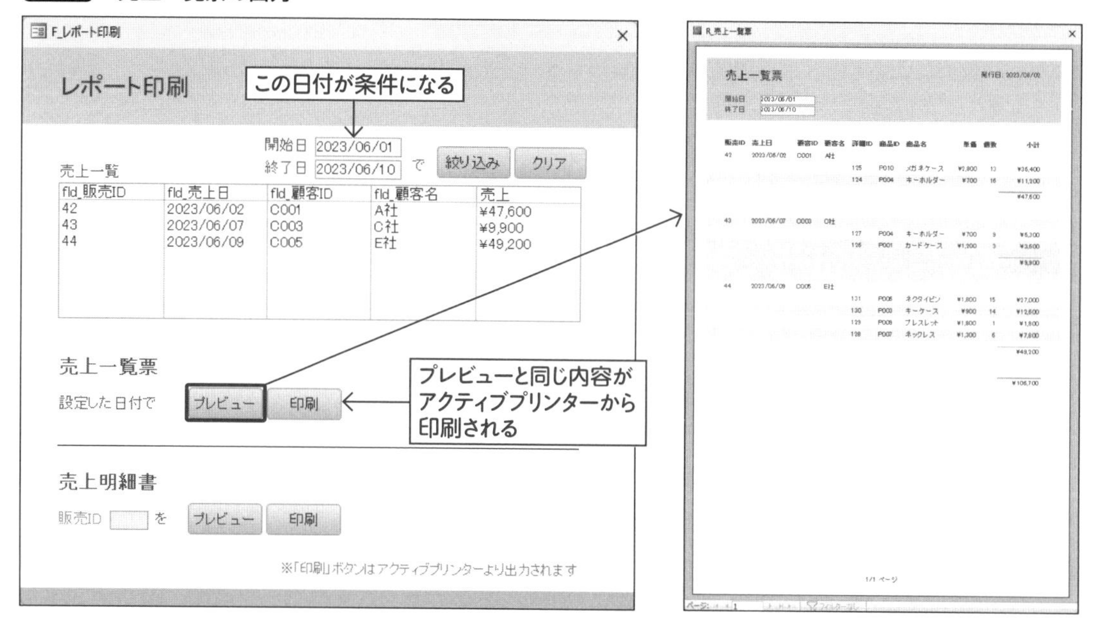

「R_売上明細書」レポートは、リストボックスで選択しているレコードが対象になります。「プレビュー」ボタンをクリックすると、印刷プレビューが画面で確認でき、同じ内容が「印刷」ボタンをクリックすると、アクティブプリンターから印刷できます（**図111**）。

図111 売上明細書の出力

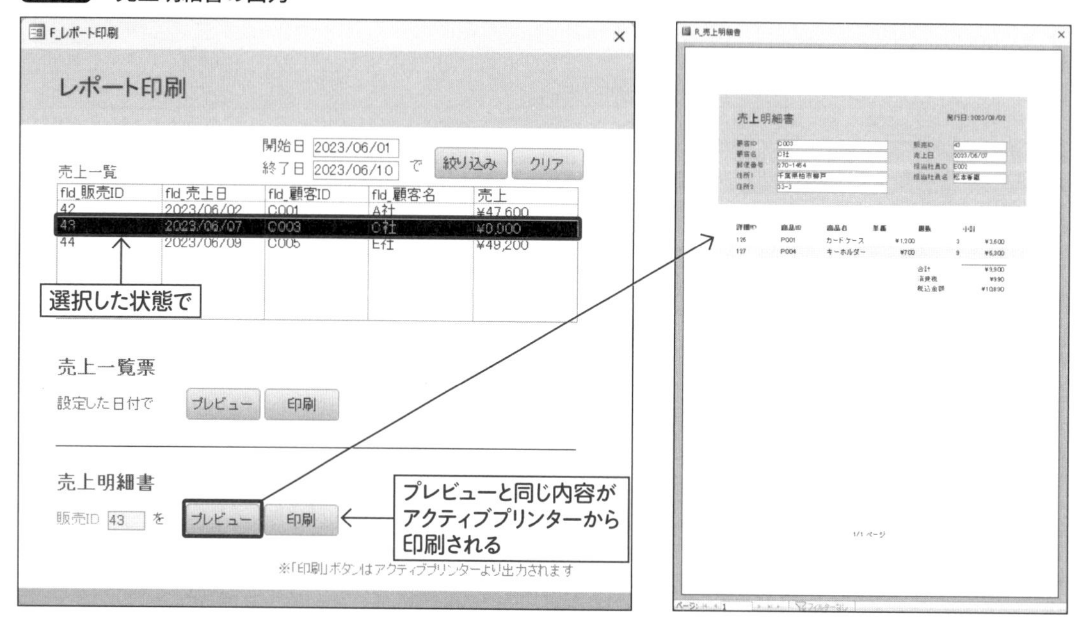

アプリの完成度を高めるテクニック

APPENDIX

A-1 画像を使った見栄えの向上

A-1-1 ボタンにアイコンの表示（レベル2、3に対応）

ボタンの標題はテキストのみではなく画像を設定することもできます。「F_メニュー」フォームをデザインビューで開いて、ボタンの表面を画像にしてみましょう。

最初にレイアウトを調整しておきます。3つのボタンを選択、「スペースの調整」を「狭い」に設定しておきます。続いて、サイズと位置を**表1**のように設定します（**図1**）。

図1はレベル3のものですが、レベル2でも同様です。

図1 ボタンのサイズと位置を調整

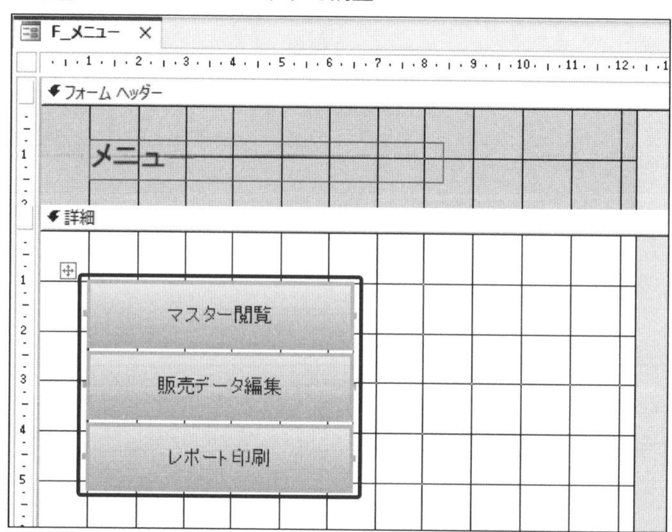

表1 プロパティシートの設定

名前	幅	高さ	上位置	左位置
btn_マスター閲覧	5.5cm	1.3cm	1cm	1cm
btn_販売データ編集	5.5cm	1.3cm		
btn_レポート印刷	5.5cm	1.3cm		

「btn_マスター閲覧」ボタンを選択して、プロパティシートで「すべて」タブから、「ピクチャ」の右端の「…」をクリックします(**図2**)。

図2 「ピクチャ」を設定

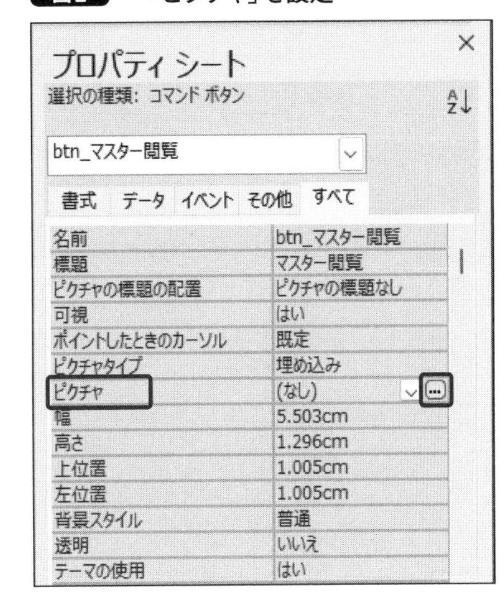

起動した**ピクチャビルダー**の「参照」をクリックします(**図3**)。

図3 ピクチャビルダー

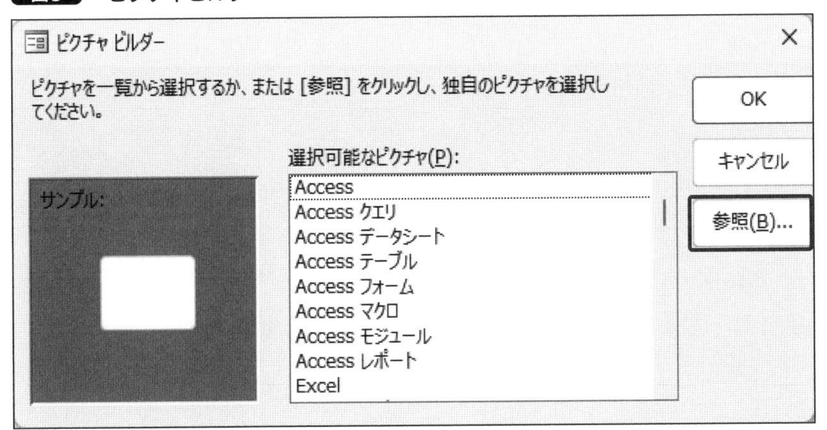

画像選択画面が開くので、サンプルの「APPENDIX」→「images」フォルダーに移動します。「すべてのファイル」を選択して「01.png」をダブルクリックします(**図4**)。

図4 画像を選択

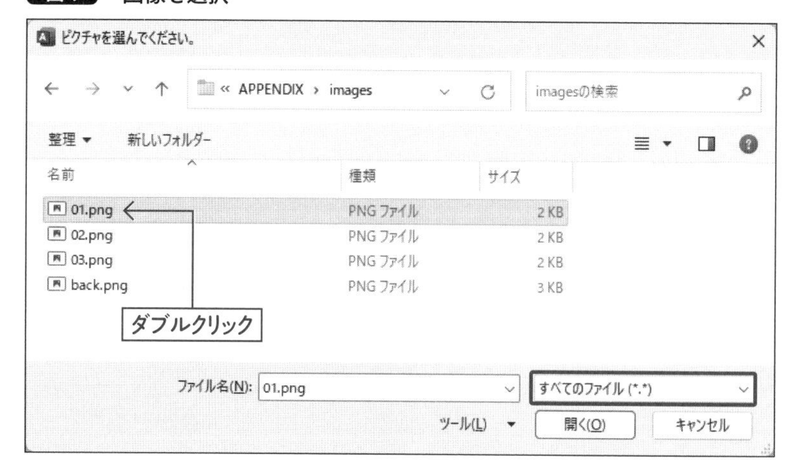

ピクチャビルダーに戻るので、「OK」をクリックします(図5)。

図5 「OK」をクリック

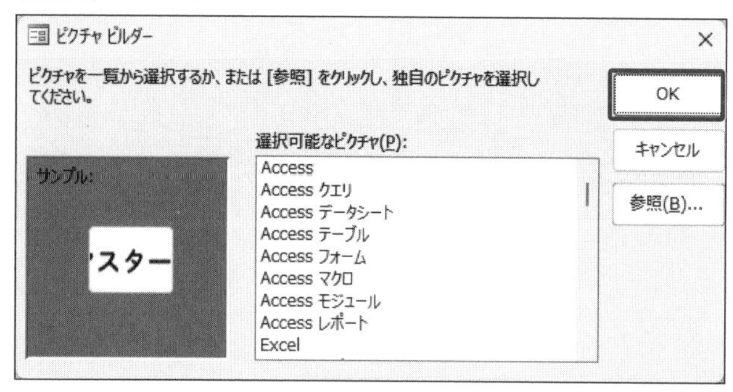

「btn_マスター閲覧」の表面が画像になって、見栄えがよくなりました(図6)。

図6 ボタンの表面が画像になった

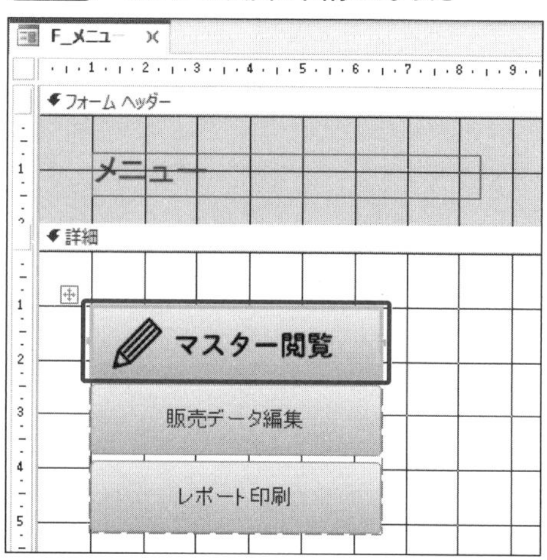

同様に、「btn_販売データ編集」ボタンには「02.png」を、「btn_レポート印刷」ボタンには「03.png」を設定すると、**図7**のようになります。

図7 3つのボタンの表面を画像に

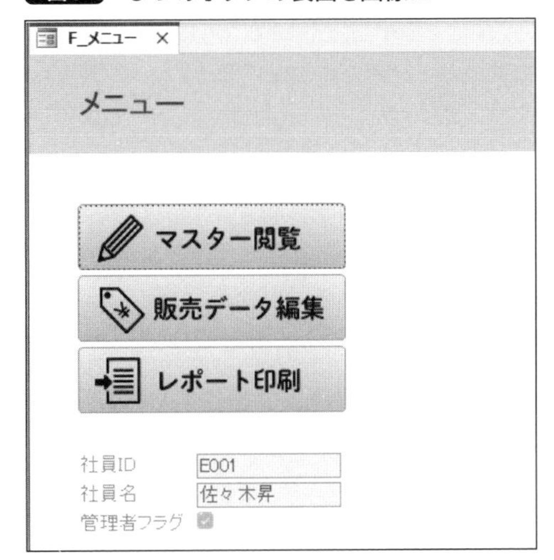

A-1-2 背景に画像の表示（レベル2、3に対応）

今度は、土台であるフォームに画像を設定してみましょう。「フォーム」を選択した状態で、「ピクチャ」の「…」をクリックします（**図8**）。

図8 「ピクチャ」を設定

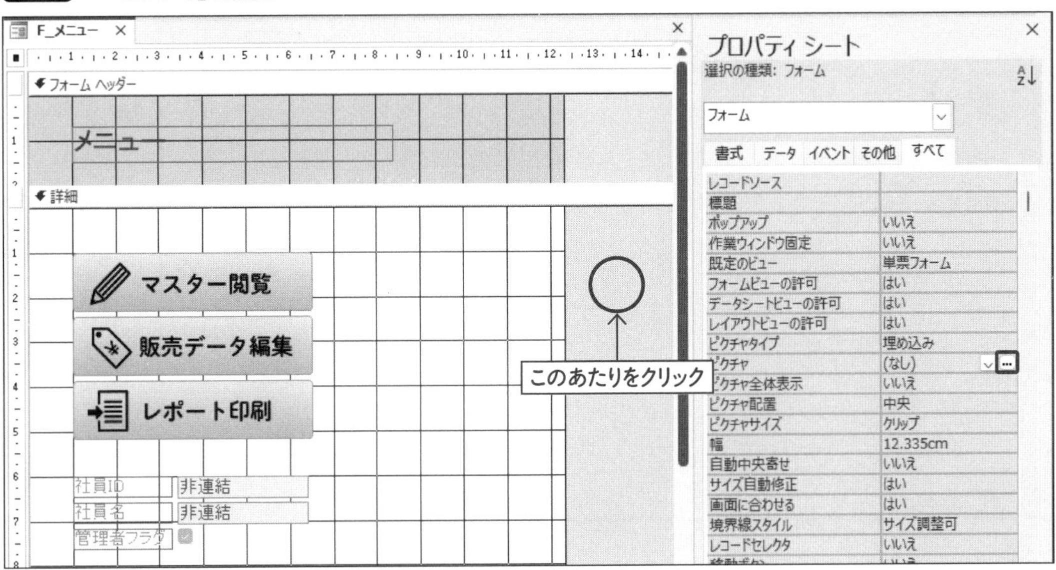

「図の挿入」ウィンドウが開くので、サンプルの「APPENDIX」→「images」フォルダーに移動して、「back.png」を選択します。

画像が挿入されたら、プロパティシートの「書式」タブから、「ピクチャ配置」を「右下」にします（図9）。場所は好みで変更していただいて構いません。

図9　配置を右下へ

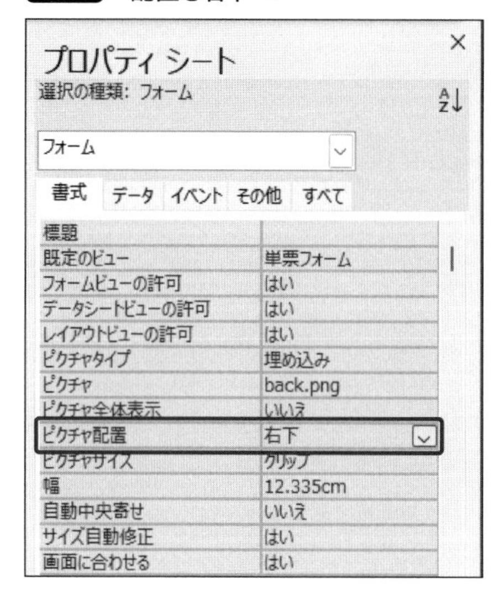

フォームビューに切り替えると、指定した位置に画像が表示されます（図10）。

図10　画像が表示された

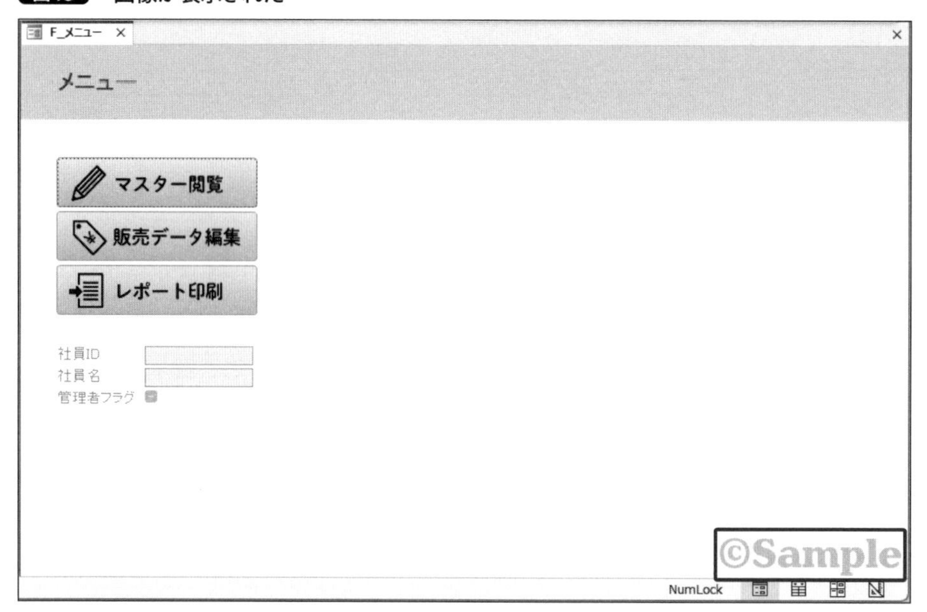

販売データ一覧の並び替え

A-2-1 新しい日付順に並び替え（レベル2に対応）

「F_メニュー」フォームから「販売データ編集」ボタンをクリックして「販売データ 一覧」フォームを開いたとき、「T_販売データ」テーブルの内容が表示されます（図11）。

現状では「fld_販売ID」の小さい順に並んでいますが、ここはデータを頻繁に追加していくので、新しいレコードが上に配置されていたほうが使い勝手がよいかもしれません。

図11 現状の表示

ID順に並んでいる

レベル2の場合、サブフォーム内に「T_販売データ」テーブルが表示されています。こちらの並び順を変更しましょう。「T_販売データ」テーブルをデータシートビューで開きます。「fld_売上日」フィールドの右端に出ている「▼」をクリックし、「降順で並び替え」を選択します（図12）。

図12 降順で並べ替え

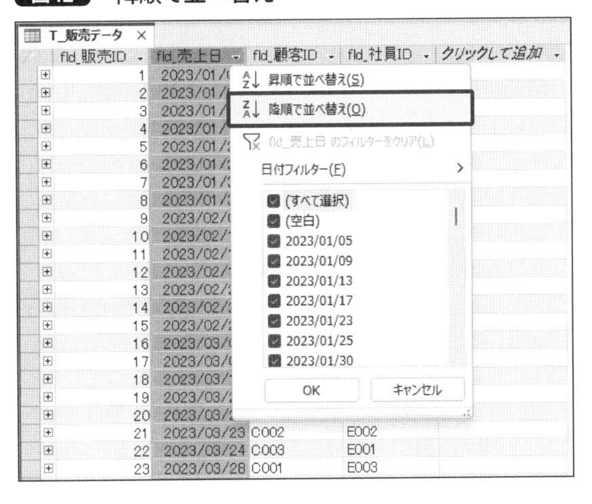

テーブルを保存して閉じ、再度「F_メニュー」フォームから「販売データ 一覧」フォームを開くと、売上日の新しい順に並びました（**図13**）。

図13 結果の確認

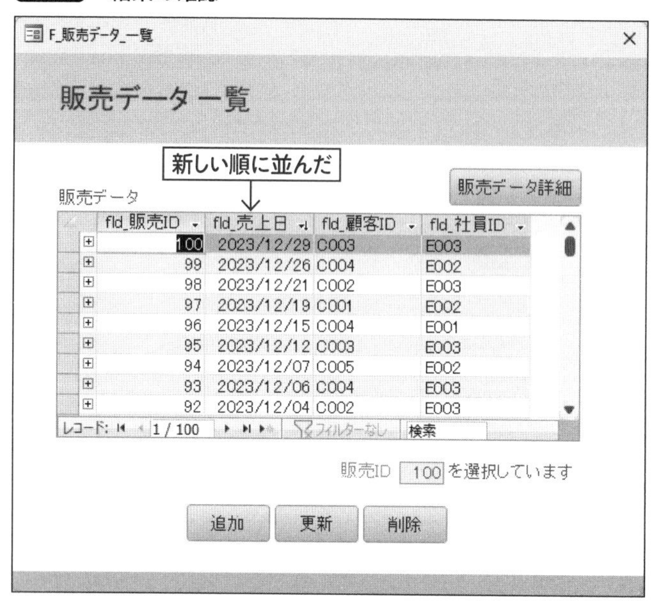

A-2-2 新しい日付順に並び替え（レベル3に対応）

レベル3の場合は、テーブルの変更は必要ありません。VBEで「Form_F_販売データ一覧」モジュールを開き、「setSourceListbox」プロシージャのSELECT構文を「fld_売上日」フィールドが降順になる条件を追記します（**コード1**）。

コード1 「setSourceListbox」プロシージャ（Form_F_販売データ一覧）

```
01 Private Sub setSourceListbox()
02     '## リストボックスへソースをセット
03 
04     'SQL文の作成
05     Dim sql As String
06     sql = "SELECT * FROM T_販売データ ORDER BY fld_売上日 DESC;"   ←順番の指定
07 
08     'リストボックスへセット
09     Me.lbx_販売データ.RowSource = sql
10 End Sub
```

モジュールを保存して、メニューから「販売データ 一覧」フォームを開くと、売上日の新しい順に並びました(**図14**)。

図14 結果の確認

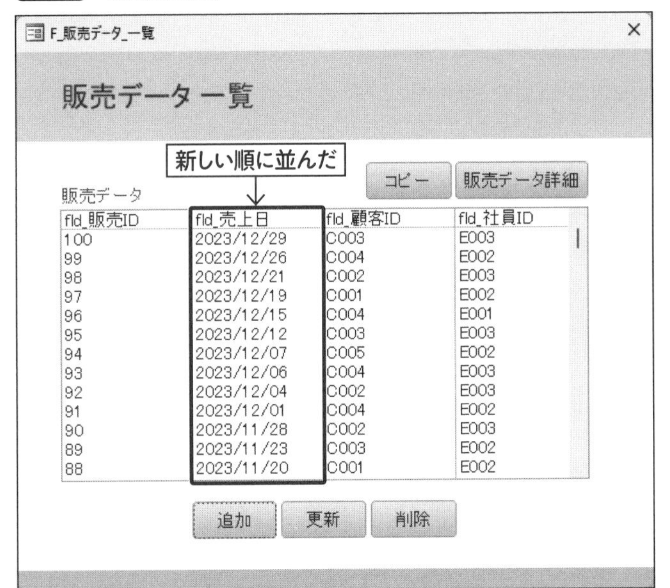

APPENDIX

リストボックスの数値の文字揃え

A-3-1 商品マスター（レベル3に対応）

レベル3ではSQLのSELECT構文でテーブルからレコードセットを取り出し、リストボックスで表示しています。リストボックスはテキスト型で、どの列も左詰めになってしまうため、数値や値段が読みにくく感じられるかもしれません（図15）。指定のフィールドだけ右揃えにしてみましょう。

図15 リストボックスは左詰め表示

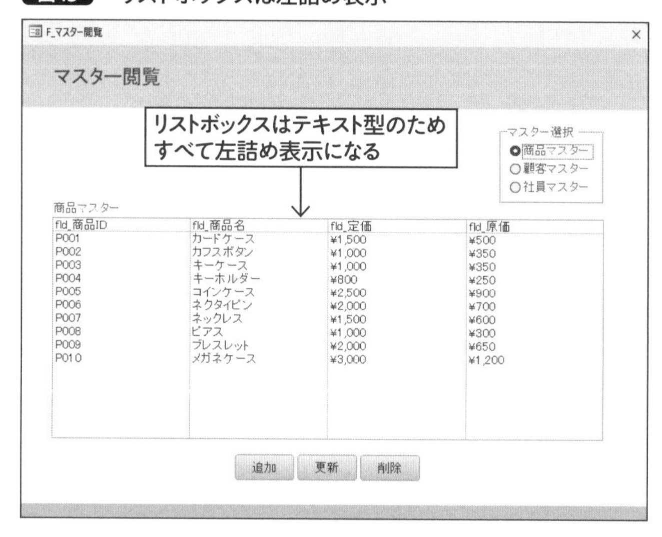

VBEで「Form_Fマスター閲覧」モジュールを開き、「setSourceListbox」プロシージャの「T_商品マスター」テーブルからレコードセットを取り出すSELECT構文を**コード2**のように変更します。

コード2 「setSourceListbox」プロシージャ（Form_F_マスター閲覧）

```
01 Private Sub setSourceListbox()
02   '## リストボックスへソースをセット
03
04   'SQL文の作成
05   Dim sql As String
06   Select Case Me.grp_マスター選択 'オプショングループの値で分岐
07     Case 1 '商品マスターだったら
08       Me.lbl_テーブル.Caption = "商品マスター" '見出しラベル
09       Me.lbx_テーブル.ColumnCount = 4 '列数
```

```
10        Me.lbx_テーブル.ColumnWidths = "" '列幅
11        sql = _
12          "SELECT " & _
13            "fld_商品ID, " & _
14            "fld_商品名, " & _
15            "Format(Format(fld_定価, '\\#,##0'), '@@@@@@@@') AS 定価, " & _
16            "Format(Format(fld_原価, '\\#,##0'), '@@@@@@@@') AS 原価 " & _
17          "FROM T_商品マスター;"
18
19      Case 2 '顧客マスターだったら
                                  略
20
21      Case 3 '社員マスターだったら
                                  略
22    End Select
23
24    'リストボックスへセット
25    Me.lbx_テーブル.RowSource = sql
26  End Sub
```

Accessのリストボックスには右詰め表示する機能はありませんが、**Format関数**を利用して「@(アットマーク)」の数で桁数を揃えることができます。桁数分文字が存在しない場合は、スペースが挿入されます。ただしこの関数を利用すると「¥」書式が消えてしまうので、さらにFormat関数を入れ子にして「¥」の書式も指定します。

動作確認してみると、指定のフィールドが右揃えの表示になりました(**図16**)。

図16 結果の確認

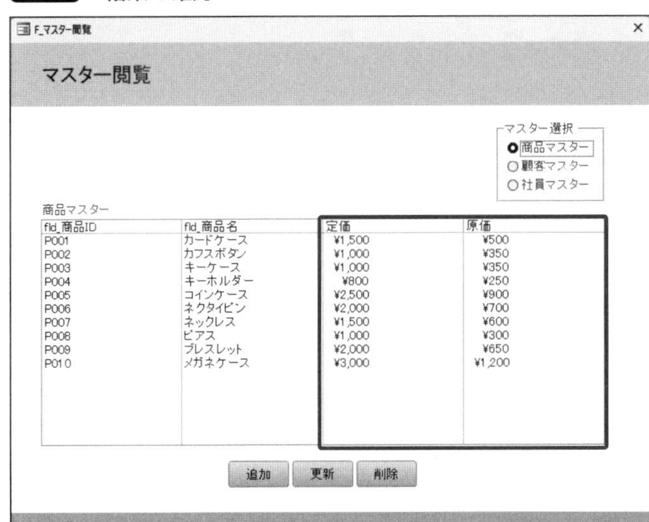

なお、リストボックスのデフォルトのフォントは「MS Pゴシック」です。これは**プロポーショナルフォント**という種類で、きれいに見せるために文字によって幅が異なり、厳密に桁幅が揃いません。きっちり桁幅を揃えたい場合は、「MSゴシック」などの「P」がついていないフォントを指定するとよいでしょう(**図17**)。

図17 リストボックスのフォントを「MSゴシック」にした例

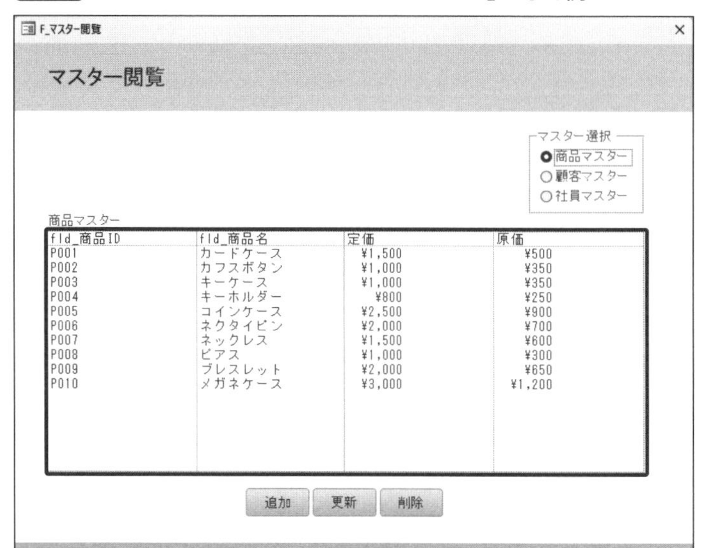

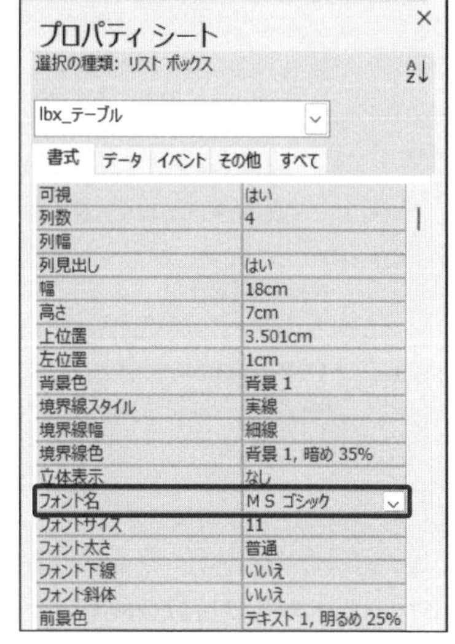

A-3-2 販売データ詳細（レベル3に対応）

「Form_F_販売データ詳細_一覧」モジュールの「setSourceListbox」プロシージャでも、同じように変更を加えます(**コード3**)。

コード3 「setSourceListbox」プロシージャ(Form_F_販売データ詳細_一覧)

```
01 Private Sub setSourceListbox()
02   '## リストボックスへソースをセット
03 
04   'SQL文の作成
05   Dim sql As String
06   sql = _
07     "SELECT " & _
08       "fld_詳細ID, " & _
09       "fld_商品ID, " & _
10       "Format(Format(fld_単価, '¥¥#,##0'), '@@@@@@@@') AS 単価, " & _
11       "Format(fld_個数, '@@@@@@@@') AS 個数 " & _
12     "FROM T_販売データ詳細 " & _
```

```
13        "WHERE fld_販売ID=" & Me.txb_販売ID.Value & ";"
14
15      'リストボックスへセット
16      Me.lbx_販売データ詳細.RowSource = sql
17  End Sub
```

動作確認すると、単価と個数が右揃えになりました（**図18**）。

図18　結果の確認

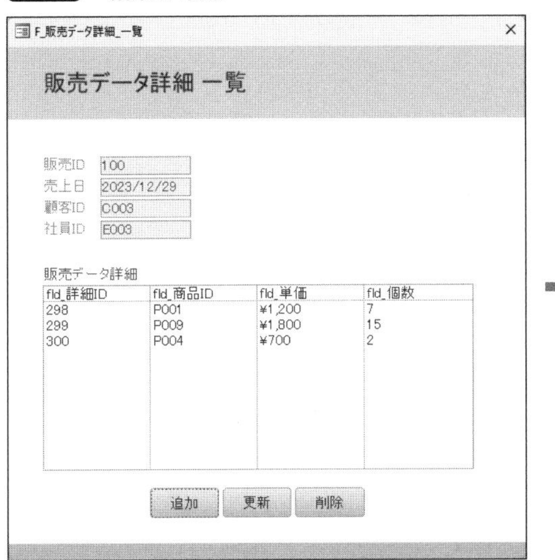

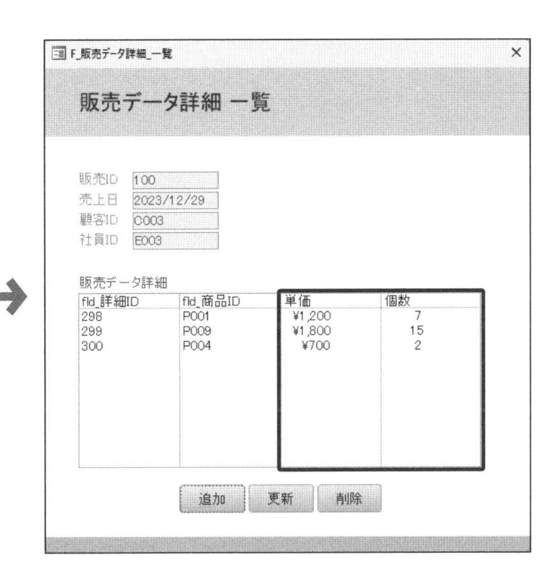

A-3-3 レポート印刷（レベル3に対応）

「Form_F_レポート印刷」モジュールの「setSourceListbox」プロシージャでも、同じように変更を加えます（**コード4**）。

コード4　「setSourceListbox」プロシージャ（Form_F_レポート印刷）

```
01  Private Sub setSourceListbox()
02      '## リストボックスへソースをセット
03
04      'SQL文の作成
05      Dim sql As String
06      sql = _
07        "SELECT " & _
08          "T_販売データ.fld_販売ID, " & _
09          "T_販売データ.fld_売上日, " & _
```

```
10          "T_販売データ.fld_顧客ID, " & _
11          "T_顧客マスター.fld_顧客名, " & _
12          "Format(Format(Sum(T_販売データ詳細.fld_単価*T_販売データ詳細.fld_個数), " & _
13            "'¥¥#,##0'), '@@@@@@@@@@') AS 売上 " & _
14        "FROM (T_販売データ INNER JOIN T_顧客マスター " & _
15          "ON T_販売データ.fld_顧客ID = T_顧客マスター.fld_顧客ID) " & _
16            "INNER JOIN T_販売データ詳細 " & _
17            "ON T_販売データ.fld_販売ID = T_販売データ詳細.fld_販売ID " & _
18        "GROUP BY " & _
19          "T_販売データ.fld_販売ID, " & _
20          "T_販売データ.fld_売上日, " & _
21          "T_販売データ.fld_顧客ID, " & _
22          "T_顧客マスター.fld_顧客名"
23
24    'SQL文の追記
                              略
25
26    'リストボックスへセット
27    Me.lbx_売上一覧.RowSource = sql
28  End Sub
```

動作確認してみると、売上が右揃えになりました(**図19**)。

図19 結果の確認

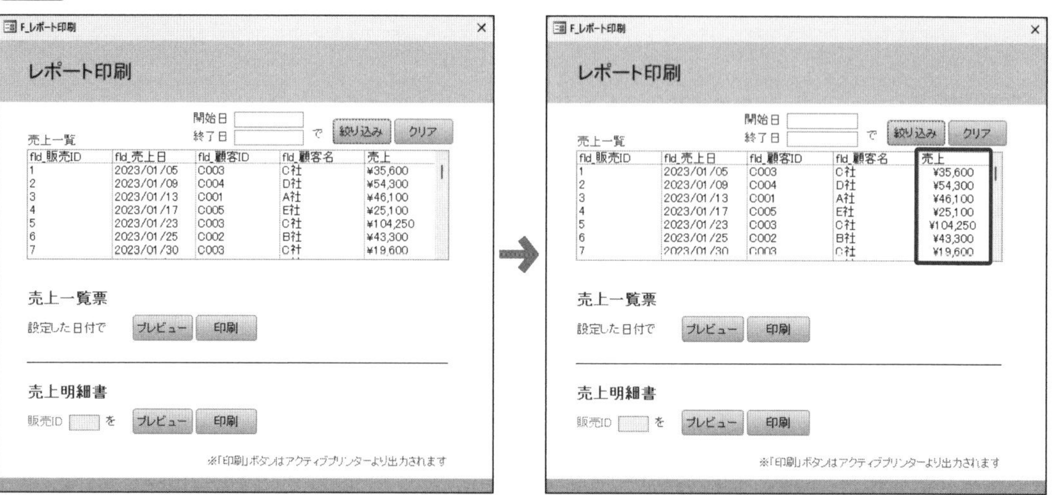

A-4 ユーザーの利便性の向上

A-4-1 選択クエリの出力（レベル1、2に対応）

選択クエリは、Excel形式に書き出すことができます。ほしいデータだけ取り出してExcelで扱うことができれば、グラフ化などの活用に便利です。

対象の選択クエリをナビゲーションウィンドウで選択した状態で、リボンの「外部データ」タブの「Excel」をクリックします。エクスポート先の選択ウィンドウが表示されるので、フォルダーとファイル名を指定して、「OK」をクリックします（図20）。なお、クエリにパラメーターがある場合、この段階で入力が要求されます。

図20 Excelへのエクスポート

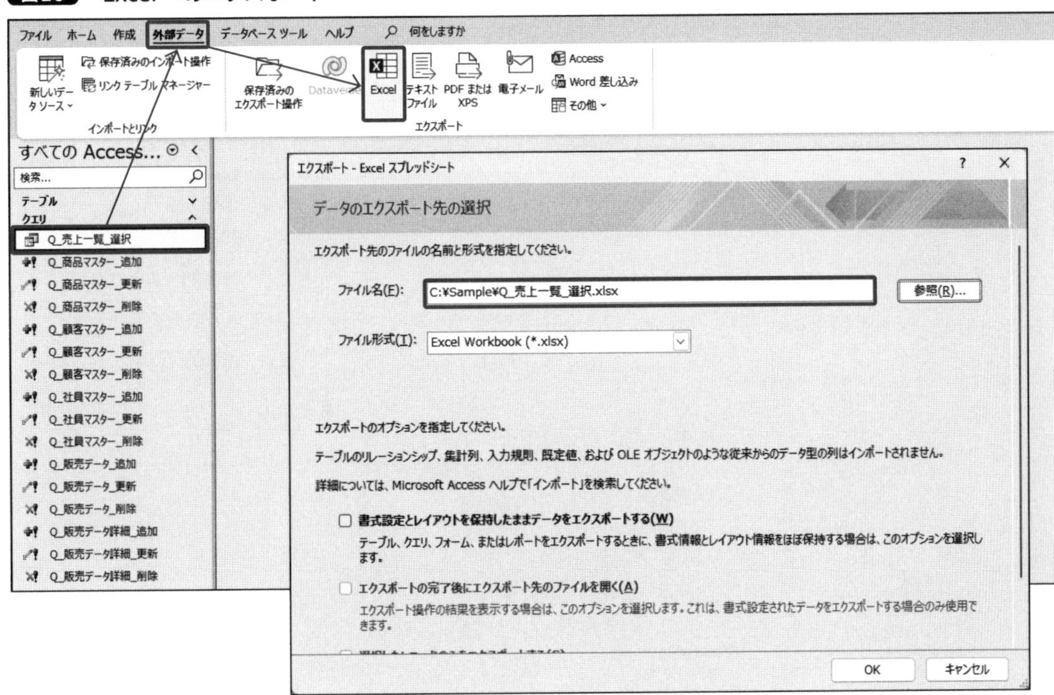

同じクエリを同じExcelファイル名で何度もエクスポートしたい場合、操作を保存しておくと便利です（図21）。

図21 エクスポート操作の保存

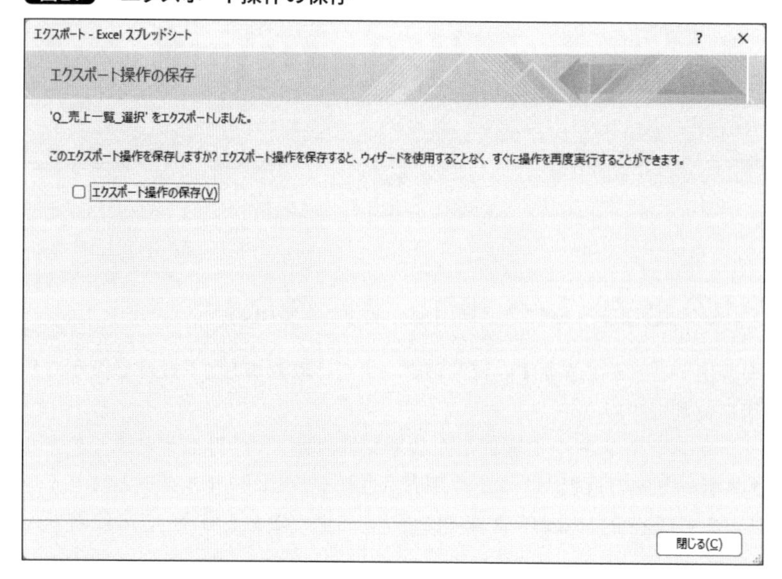

保存されたExcelファイルには、実行した選択クエリの結果が入っています(**図22**)。セルの幅が狭いと表示し切れない場合もありますので、適宜調整を行ってください。

図22 選択クエリを書き出したExcelファイル

	A	B	C	D	E
1	fld_販売ID	fld_売上日	fld_顧客ID	fld_顧客名	売上
2	1	2023/1/5	C003	C社	35,600.00
3	2	2023/1/9	C004	D社	54,300.00
4	3	2023/1/13	C001	A社	46,100.00
5	4	2023/1/17	C005	E社	25,100.00
6	5	2023/1/23	C003	C社	104,250.00
7	6	2023/1/25	C002	B社	43,300.00
8	7	2023/1/30	C003	C社	19,600.00
9	8	2023/1/31	C004	D社	77,600.00
10	9	2023/2/6	C001	A社	115,400.00
11	10	2023/2/10	C002	B社	73,600.00
12	11	2023/2/13	C001	A社	64,850.00
13	12	2023/2/16	C005	E社	63,600.00
14	13	2023/2/20	C002	B社	43,000.00
15	14	2023/2/23	C005	E社	18,900.00
16	15	2023/2/27	C001	A社	36,100.00
17	16	2023/3/2	C002	B社	58,200.00
18	17	2023/3/6	C004	D社	8,800.00
19	18	2023/3/17	C003	C社	44,950.00
20	19	2023/3/20	C004	D社	1,600.00
21	20	2023/3/21	C005	E社	57,650.00

A-4-2 右クリックのメニューの非表示化（レベル2、3に対応）

レベル2、3のアプリでは、オペレーターの操作範囲を制限するためにナビゲーションウィンドウを非表示にする方法を紹介しました。しかし、フォームやレポートは、右クリックで操作メニューが表示されてしまいます（図23）。

管理者には便利な機能でも、オペレーターには誤操作のリスクなどもありますので、このメニューを表示させないようにしてみましょう。

図23 右クリックでメニューが表示される

リボンの「ファイル」→「オプション」をクリックして、開いたオプション設定画面の「現在のデータベース」を選択し、「既定のショートカットメニュー」のチェックを外して「OK」をクリックします（図24）。

設定を反映させるには、ファイルを一度閉じる必要があります。

図24 既定のショートカットメニューを無効にする

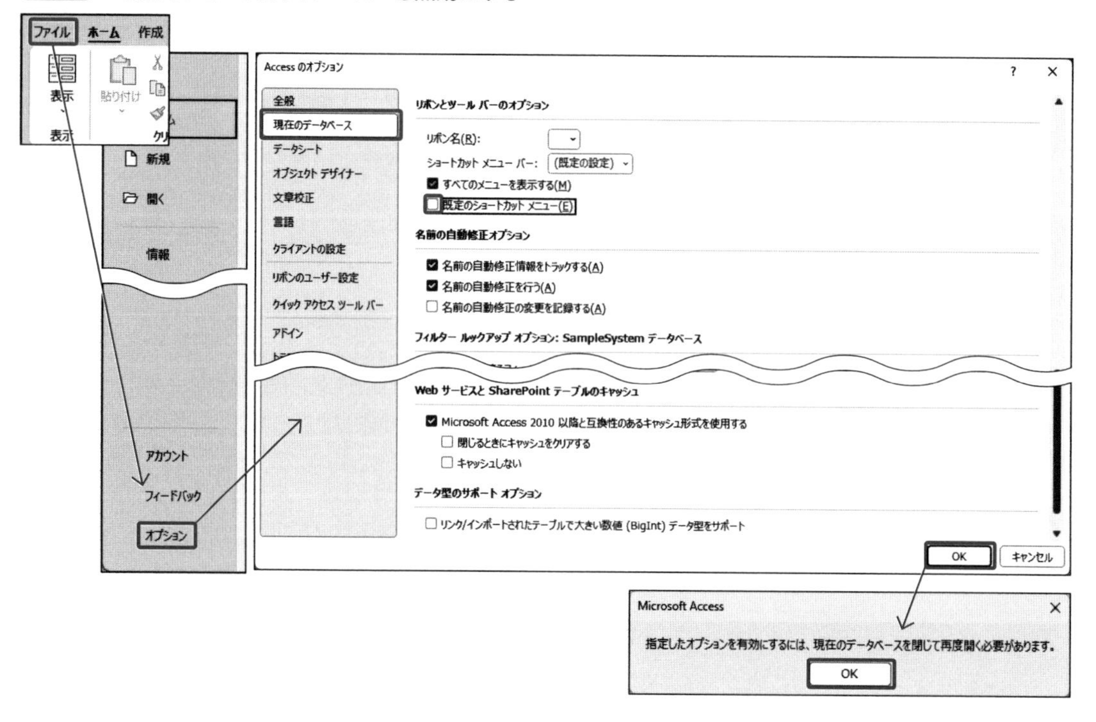

ファイルを開き直してみると、フォームやレポート上で右クリックしてもメニューが表示されなくなりました(**図25**)。

図25 結果を確認

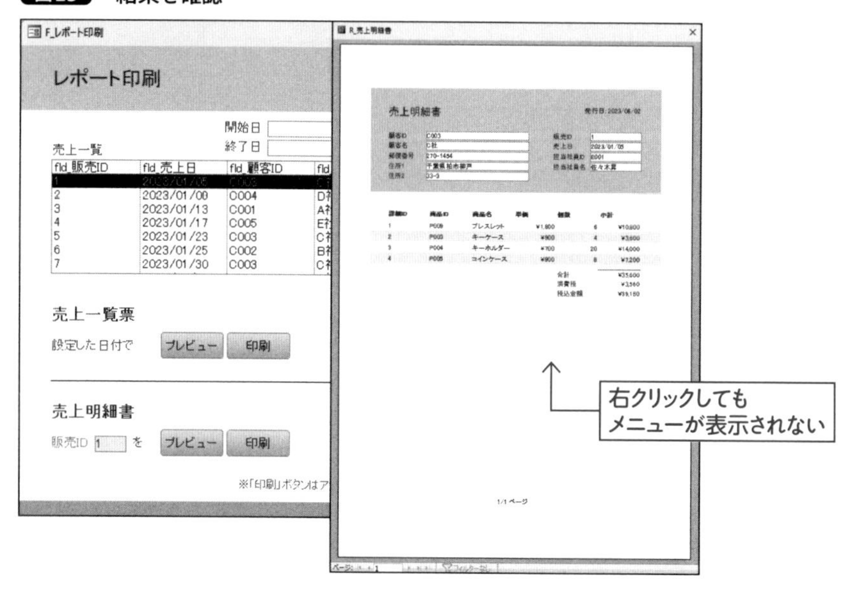

A-4-3　デフォルトの開始日／終了日の設定（レベル2、3に対応）

レベル2、3で「レポート印刷」フォームを使う際、日付でよく使う範囲があれば、「開始日」「終了日」の既定値に設定しておきましょう。既定値の日付で一覧が絞り込まれた状態でフォームが開くので、手間が省けます（**図26**）。

図26　日付に既定値を設定する

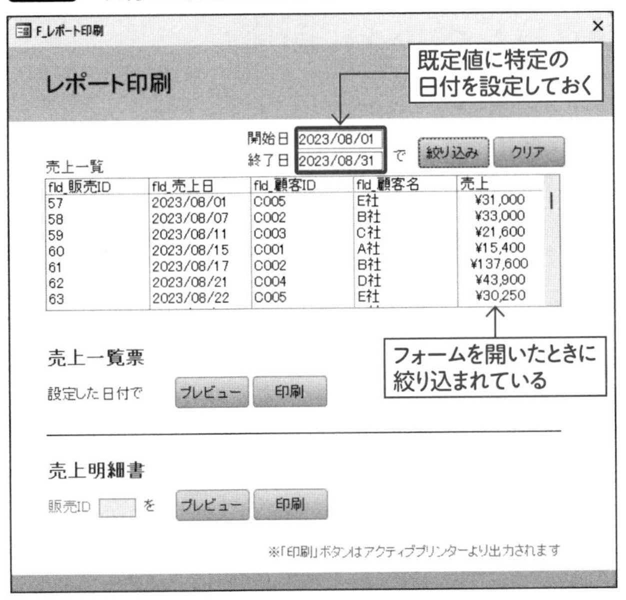

「F_レポート印刷」フォームをデザインビューで開いて該当のテキストボックスを選択し、プロパティシートの「データ」タブの「既定値」の欄に式を入力します（**図27**）。日付は便利な関数がたくさんあるので、組み合わせた例を**表2**にまとめてあります。好きな範囲にカスタマイズしてみてください。

図27　既定値の設定

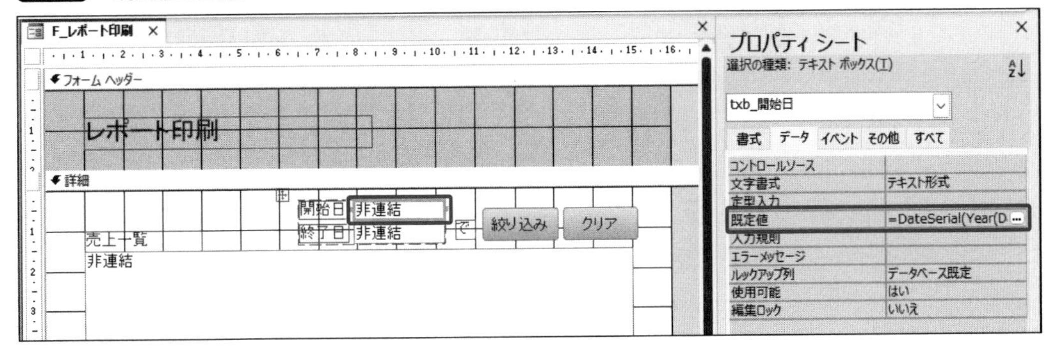

表2 日付の設定例

範囲	開始日	終了日
1年前から1週間後	=DateAdd("yyyy",-1,Date())	=DateAdd("d",7,Date())
1か月前から今日	=DateAdd("m",-1,Date())	=Date()
今月の1日から末日	=DateSerial(Year(Date()),Month(Date()),1)	=DateSerial(Year(Date()),Month(Date())+1,0)

A-4-4 最終単価の自動入力(レベル3に対応)

販売データ詳細の追加・更新の際、単価は直接入力です(**図28**)。すべての商品の単価を暗記するのは大変なので、コンボボックスから「商品ID」を選択したら、「同じ商品IDで最後に登録された単価」を参考値として入力されるようにしてみましょう。

図28 販売データ詳細の単価入力

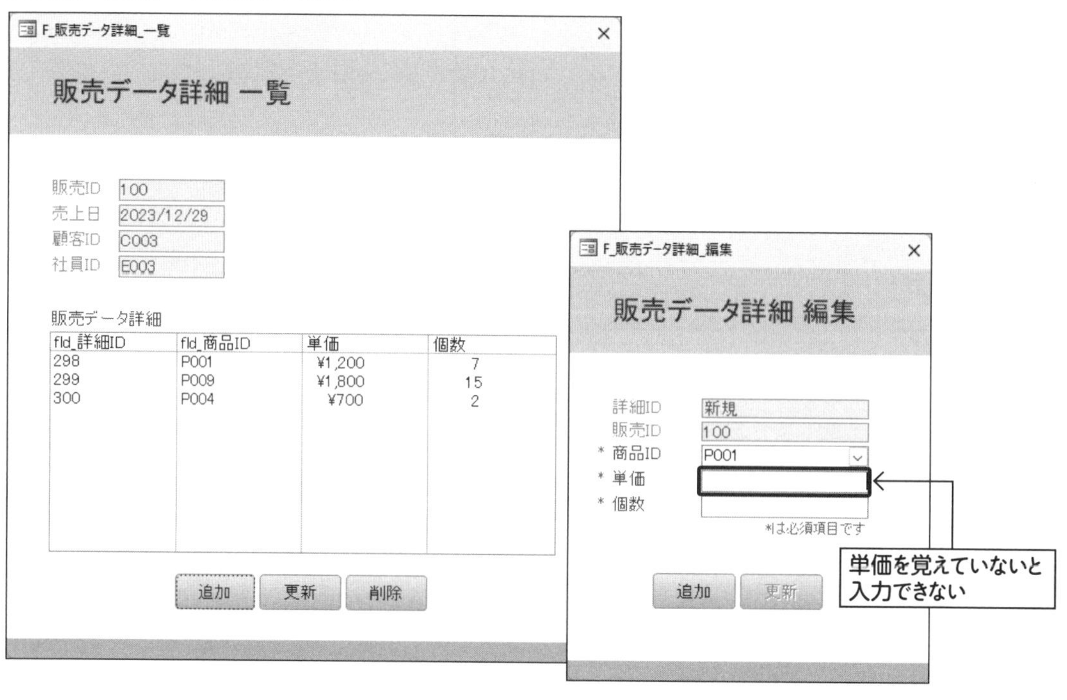

「F_販売データ詳細_編集」フォームの「cmb_商品ID」コンボボックスの「変更時」イベントプロシージャを作成します。「cmb_商品ID_Change」プロシージャに**コード5**のように書きます。

コード5　「cmb_商品ID_Change」プロシージャ（Form_F_販売データ詳細_編集）

```
01 Private Sub cmb_商品ID_Change()
02   '## 商品IDコンボボックスが変更された時
03
04   Dim id As Variant       ↓同商品の最新IDを取得
05   id = DMax("fld_詳細ID", "T_販売データ詳細", "fld_商品ID='" & Me.cmb_商品ID.Value & "'")
06   If IsNull(id) Then ←見つからなかったら
07     Me.txb_単価.Value = Null ←空欄
08   Else ←見つかったら
09     Me.txb_単価.Value = DLookup("fld_単価", "T_販売データ詳細", "fld_詳細ID=" & id)
10   End If          ↑────単価を代入
11 End Sub
```

これで、販売データ詳細の追加・更新の際、「商品ID」をコンボボックスから選択すると「同じ商品IDで最後に登録された単価」が参考値として入力（更新の場合は上書き）されます（図29）。

図29　結果の確認

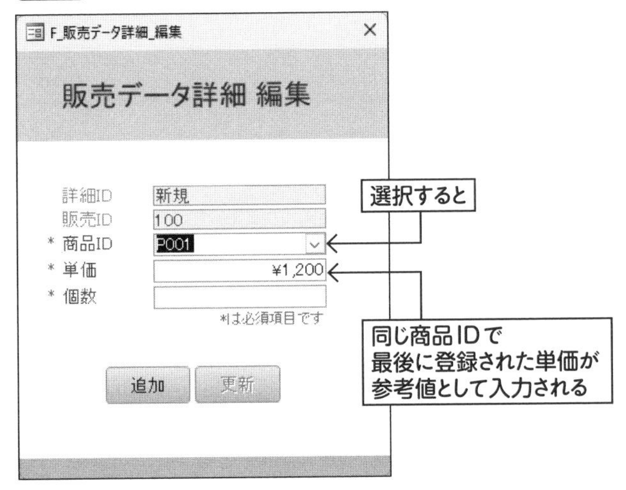

索引

R, S

T

U, V, W, Y

ア行

カ行

サ行

タ行

ナ行

ハ行

マ行

ヤ行

ラ行

［著者略歴］

今村 ゆうこ（いまむら ゆうこ）

非IT系企業の情報システム部門に所属するほか、ライター業、ブログ運営、動画配信など行うワーキングマザー。著書のイラストや図解も手掛けている。

著作

Access レポート＆フォーム 完全操作ガイド～仕事の現場で即使える
Access VBA　実践マスターガイド～仕事の現場で即使える
Excel VBA　ユーザーフォーム＆コントロール　実践アプリ作成ガイド
Excel & Access　連携実践ガイド～仕事の現場で即使える［増補改訂版］
スピードマスター　Accessデータベース　用語図鑑
（技術評論社）

●装丁
クオルデザイン　坂本真一郎
●本文デザイン
技術評論社　制作業務部
●DTP
SeaGrape
●編集
土井清志

●サポートホームページ
https://book.gihyo.jp/116

Access　実践マスターガイド
～仕事の現場で即使える

2023年12月15日　初　版　第1刷発行

著者　今村ゆうこ
発行者　片岡　巌
発行所　株式会社技術評論社
東京都新宿区市谷左内町21-13
電話　03-3513-6150　販売促進部
03-3513-6160　書籍編集部
印刷／製本　日経印刷株式会社

定価はカバーに表示してあります。

ISBN978-4-297-13875-2 C3055
Printed in Japan

■お問い合わせについて

本書の内容に関するご質問は、下記の宛先までFAXまたは書面にてお送りください。電話によるご質問、および本書に記載されている内容以外の事柄に関するご質問にはお答えできかねます。あらかじめご了承ください。

〒162-0846
東京都新宿区市谷左内町21-13
株式会社技術評論社　書籍編集部
「Access　実践マスターガイド
～仕事の現場で即使える」質問係
FAX番号　03-3513-6167

なお、ご質問の際に記載いただいた個人情報は、ご質問の返答以外の目的には使用いたしません。また、ご質問の返答後は速やかに破棄させていただきます。